U0162438

无线电能传输
——电动汽车及移动设备应用

［韩］ 林春泽 （Chun T. Rim）
［美］ 米春亭 （Chris Mi） 著

戴 欣 译

机械工业出版社

本书共分为六部分，其中第一部分简要介绍了移动电源、无线电源和电动汽车的概念。第二部分阐述了 IPT 的耦合线圈模型、回转器电路模型、磁镜模型和通用统一动态相量等理论。第三部分讨论了 RPEV 的动态充电问题，从引入动态充电开始，总结了 RPEV 的历史，解释了 I 型和 S 型超细供电导轨的设计，以及用于 IPTS 的控制器和补偿电路、有源抵消的电磁场抵消方法等。第四部分从静态充电和非对称线圈的介绍开始，解释了大容量 EV 充电器设计，以及 EV 充电器的电容式电能传输和异物检测。第五部分从耦合磁谐振系统的回顾开始，介绍了 IPT 手机和机器人的移动应用，阐述了中远程 IPT 和偶极子线圈自由空间全向 IPT，并讨论了机器人二维全向 IPT。第六部分阐述了无线核仪器和 SMF 等 WPT 的特殊应用，并展望了 WPT 的发展前景。

本书是电力电子、物联网和汽车行业的工程师，以及电动汽车和移动设备无线电力传输领域的工程师必不可少的设计和分析指南，也是相关专业研究生和高年级本科生的重要参考书。

图书在版编目（CIP）数据

无线电能传输：电动汽车及移动设备应用/（韩）林春泽（Chun T. Rim），（美）米春亭（Chris Mi）著；戴欣译. —北京：机械工业出版社，2023.2
书名原文：Wireless Power Transfer for Electric Vehicles and Mobile Devices
ISBN 978-7-111-72238-0

Ⅰ.①无…　Ⅱ.①林…②米…③戴…　Ⅲ.①无导线输电　Ⅳ.①TM724

中国版本图书馆 CIP 数据核字（2022）第 252478 号

机械工业出版社（北京市百万庄大街 22 号　邮政编码 100037）
策划编辑：任 鑫　　　　责任编辑：任 鑫
责任校对：潘 蕊 梁 静　封面设计：王 旭
责任印制：张 博
北京汇林印务有限公司印刷
2023 年 5 月第 1 版第 1 次印刷
184mm×260mm · 33 印张 · 2 插页 · 819 千字
标准书号：ISBN 978-7-111-72238-0
定价：228.00 元

电话服务　　　　　　　　　网络服务
客服电话：010-88361066　　机 工 官 网：www.cmpbook.com
　　　　　010-88379833　　机 工 官 博：weibo.com/cmp1952
　　　　　010-68326294　　金 书 网：www.golden-book.com
封底无防伪标均为盗版　　　机工教育服务网：www.cmpedu.com

译者序

　　电动汽车无线充电技术是当前无线电能传输技术领域研究的前沿热点技术。该技术为电动汽车提供了一种灵活、安全、高效的无线电能补给方式，有效缓解了电动汽车"充电焦虑"的难题。本书涵盖了电动汽车无线充电过程中的关键技术，具有较高的研究价值和应用参考意义。本书作者 Chun T. Rim 和 Chris Mi 教授是当前无线电能传输技术领域前沿研究专家，在电动汽车无线充电技术领域有着极高的学术造诣。两位教授也是译者长期的合作伙伴。译者希望通过本书能有效推动无线电能传输技术的推广和应用。

　　本书的翻译工作依托于无线电能传输技术国际联合研究中心，是在重庆大学无线电能传输技术研究团队支持下完成的。

　　在本书翻译过程中，得到了李艳玲博士、孙敏博士、蒋金橙博士、武晋德博士、夏梓壹博士、史可博士、侯信宇博士的帮助，在此一并表示感谢！

　　由于无线电能传输技术涉及的知识面较广，在本书翻译过程中，虽然查阅了相关文献，但限于译者水平，译文难免存在不妥之处，望广大读者批评指正。

译　者

原书前言

谈到无线电能传输（WPT），我们不能不提尼古拉·特斯拉（Nikola Tesla），他在100年前就进行了WPT和无线通信的历史性实验。尽管他没能向另一个大陆发送无线电能，但他激发了无线发送电能的想法。从那时起，几乎在无线电能传输领域每一个试验和每一份努力都在发展或者源于特斯拉的想法。他的发明之一便是三相感应电动机，这是一种WPT结构，因为感应电动机的定子和转子组成一个发送器（Tx）和接收器（Rx），形成一个变压器。变压器也是一种WPT结构，其中一次和二次绕组是WPT系统的Tx和Rx。令人惊讶的是，松散耦合变压器出现在感应电能传输（IPT）系统的等效电路中，这是目前应用最广泛的WPT技术。请注意，交流变压器的使用使人类社会的电气化成为可能——鉴于此，我们可以说WPT是现代社会的根源之一。

本书的作者从2008年开始就对WPT产生了兴趣，也就是在美国麻省理工学院著名的Soljacic在2.1m距离上无线发送60W功率的实验一年之后。

Chun T. Rim博士的研究从道路供电电动汽车（RPEV）的IPT开始，当时加利福尼亚州高级交通和公路（PATH）团队的合作伙伴已经在20世纪90年代展示了他们的RPEV公交车。作为一名电力电子工程师，他在审阅了关于PATH项目开发的最终报告后，起初并不完全相信RPEV的成功。PATH团队的60%的低效率和7.6cm的小间距看起来并不适用于商业化。他不由得想起了KAIST前总裁Nam P. Suh博士。Nam P. Suh坚持认为道路充电电动汽车相比于纯电池驱动电动汽车是更有竞争力的电动汽车商业化方案。在他的强烈支持和指导下，名为在线电动汽车（OLEV）的韩国版本道路充电电动汽车得到了加速发展和商业化。幸运的是，Rim博士成为这个估值超过4000万美元的韩国全国性项目核心成员之一。他是负责为OLEV开发IPT系统的关键团队成员之一，并在2013年之前为OLEV开发了四代IPT系统，那时他开始独立开发第五代IPT系统。他开发了U型、W型、I型和S型供电导轨，用于OLEV公共汽车、运动型多用途车和火车。OLEV巴士和火车分别于2014年和2010年部署并商业化。OLEV被世界经济论坛评选为"2010年50项最佳发明"和"2013年10项新兴技术中的第一项"。

Rim博士在成功开发了OLEV之后，将其在WPT的研究领域扩展到了静态电动汽车充电、移动设备充电、机器人电源和无人机电源。2013年，他首次证明了Soljacic的四个线圈的耦合磁共振不是先进的，可以等效地退化为两个线圈的传统IPT。此外，他还证明了采用创新偶极子线圈的传统IPT可以实现长5m、功率为209W的WPT。最近，他用同样的技术在12m的距离上用IPT获得了10W的功率传输。在2015年，通过在IPT上采用交叉偶极子线圈，对于都是平板型的发射接收线圈实现了 6 个自由度的移动充电，从而在自由空间提供连续无线供电。

他开发的一系列基于偶极子线圈的 IPT 显示了替换基于标准线圈的 IPT 的可能性，因为偶极子线圈将线圈的维度从两个减少到一个。这样，二维偶极子线圈可以产生与三维线圈相同的磁通分布。这种无量纲特性对于紧凑和远程应用［如物联网（IoT）和可穿戴设备］至关重要。Rim 博士目前正在开发特殊用途的 WPT 技术，如无线滑环、无线核仪器和合成磁场聚焦（SMF）。其中 SMF 通过合成 2013 年发明的阵列线圈的单独可控电流，可以提高磁场的分辨率。

除了上述 WPT 技术的新发展之外，Rim 博士还设想了 WPT 的新理论，因为他发现 WPT 几乎没有可用的理论。麦克斯韦方程不能直接用于线圈设计和磁场抵消问题。这就是为什么他为线圈设计开发了一个磁镜模型，为共振电路设计开发了一个回转器电路模型。在静态和动态 WPT 的分析和设计中，采用了他很久以前开发的相量变换方法。

与此同时，Chris Mi 博士于 2008 年开始了他在 WPT 的独立研究。在过去的 8 年中，他的团队开发了许多独特的 WPT 系统拓扑，包括双重 LCC 补偿拓扑、大功率电容无线功率传输（CPT）技术、低纹波动态 WPT 等。LCC 拓扑达到了 8kW，距离 150mm，效率超过 96%。基于 IPT 原理的动态充电系统的输出功率纹波小于 5%。CPT 系统在 150mm 的距离内达到 2.5kW 的功率水平，效率超过 92%。IPT 和 CPT 的结合使系统效率进一步提高到了 96%。

WPT 是目前正在被积极研究和广泛商业化的热门课题之一。尤其是在移动电话充电器和固定式电动汽车充电器中，WPT 在迅速成长，而 RPEV 最近也引起了全世界的关注。人们普遍预计，WPT 产业将在未来几十年持续增长。

不幸的是，从基础理论到工业应用，没有多少关于 WPT 的书籍能全面地解释这一课题。其中一个原因是 WPT 技术的快速发展。尽管作者的专业知识不能覆盖 WPT 的所有领域，但他们最终决定在 2016 年写一本关于 WPT 的书籍，作为 KAIST 无线电力电子两年一次的讲座的教科书。Rim 博士是这本书的主要作者，Chris Mi 博士撰写了本书中的一章，同时审阅和编辑了整本书。

考虑到 WPT 的快速发展，本书将在几年内进行修订，但我们希望本书的第 1 版将提供富有成效的最先进的技术见解，并有强有力的理论基础。本书可作为研究生或高年级本科生的教科书，也可作为工业工程师的设计与分析指导书。

作者希望这本书的读者了解到工程需要的哲学思想和基本理论。创新的理念和百年不变的发明来自对设计原理和实验的深刻理解。尤其是，工程师不应该过多地积累经验，也不应该低估理论。实际上，当涉及金属或磁心时，人们对 WPT 的磁场和电场估计还没有足够的理论基础。

本书第一部分简要介绍了移动电源、无线电源和电动汽车的概念。

第二部分阐述了 IPT 的耦合线圈模型、回转器电路模型、磁镜模型和通用统一动态相量等理论，后三种理论由 Rim 博士提出。这一部分对 WPT 初学者来说可能有些困难，读者可以跳过，直到强烈需要理论背景支持的时候再仔细研读。

在第三部分中，RPEV 的 IPT 内容被广泛覆盖，使这一部分成为本书最重要的章节。从 RPEV 的历史到 OLEV-IPT，对 I 型和 S 型的技术以及具体的设计问题，如控制器、补偿电路、电磁场抵消、大容差设计和供电导轨分段等进行了广泛的阐述。第8章动态充电简介主要由 KAIST 前总裁 Nam P. Suh 撰写。

第四部分解释了电动汽车静态充电的 IPT，大偏移量和电容充电问题及其解决的内容由 Chris Mi 撰写。该部分还介绍了一种可用于动态充电的异物检测技术。考虑到电动汽车充电的文献较多，由于本书的重点是移动电能的传输，因此本部分与动态充电的处理相比篇幅相对较小，但该部分列出的大量参考文献为对静态电充电感兴趣的读者提供了未涉及的更多细节。然而，静态充电的许多设计问题与动态充电的设计问题相似，因此本书第三部分的设计原则和问题可适用于该部分。请注意，反过来是不正确的，因为静态充电是动态充电的一种特殊形式，而动态充电不仅仅是静态充电的延伸。

在第五部分中，从耦合磁共振系统的回顾开始，介绍了 IPT 手机和机器人的移动应用，阐述了中远程 IPT 和偶极子线圈自由空间全向 IPT，并讨论了机器人二维全向 IPT。

第六部分阐述了无线核仪器和 SMF 等 WPT 的特殊应用，并展望了 WPT 的发展前景。

全书每章都包含一些问题和习题，这些问题和习题可能成为潜在的研究主题。

在不久的将来，包括人类在内的几乎所有有价值的物体都将连接到全球网络，这就是为什么物联网在运输、物流、证券、公共服务、家用电器、工厂自动化、军事、医疗保健、机器人、无人机和许多其他领域引起如此多的关注的原因。由于物联网包括传感器、通信设备和电源，因此 WPT 将在未来的物联网中发挥重要作用。考虑到传感器和通信技术相对成熟，可以说：

"无线电能对物联网的未来至关重要。"

由于这是本书的第 1 版，作者欢迎读者提出任何意见和评论，并将确保在未来版本中纳入任何必要的修改或修订。

作者们感谢所有帮助完成这本书的人。特别是，所呈现的大部分材料是作者及其研究小组其他成员多年工作的结果。感谢许多敬业的工作人员和研究生，他们为这本书做出了巨大的贡献并提供了支持材料。

作者们也要感谢其家人们，在写这本书的过程中他们给予了极大的支持和牺牲。

诚恳地感谢允许在本书中使用某些材料或图片等资源的机构和个人。虽然作者已尽最大努力获得允许使用公共领域和开放互联网网站上的材料，但如果遗漏了这些信息来源，作者们会为这种疏忽道歉，如果引起出版商的注意，也会在本书未来的版本中纠正这一点。本书中提及的任何产品或供应商的名称仅供参考，不得以任何方式解释为出版商或作者对此类产品或供应商的认可（或不认可）。

最后，作者非常感谢 John Wiley & Sons 有限公司及其编辑人员给予出版这本书的机会，并以各种可能的方式提供帮助，还要感谢 KAIST 的 Ji H. Kim 先生，他为这本书手稿的编写和整理提供了帮助。

Chun T. Rim
Chris Mi
2017 年 1 月 1 日

目　录

第四部分　纯电动汽车和插电式混合动力电动汽车的静态充电

第五部分　手机和机器人的移动应用

第一部分
引　言

　　本部分介绍了移动电力电子的概念以及与无线电能传输相关的基本知识，解释了移动电力电子和无线电力传输的最基本的原理和概念。

第 1 章　移动电力电子设备简介

1.1　移动电力电子设备概述

自 19 世纪电能问世以来，各种电源和负载的电能传输方法已经发生了变化。如图 1.1 所示，现在可移动负载越来越多，因此给电力运输、机器人和飞机等移动物体提供不间断电能供应变得非常重要。目前，我们主要依靠电线和电池给可移动物体提供电能。正如我们每天都注意到的那样，智能手机、平板电脑和台式计算机即使在市电断电的情况下也应该继续工作。然而，电线供电范围有限，电池供电时间有限，因此，如果采用电池或电线供电必须考虑供电范围和供电时间等问题。针对可移动物体充电，克服充电范围和充电时间的限制非常重要，这也是发展"移动电力电子"的动机。"移动电力电子"是 Chun T. Rim 博士在 2010 年创造的一个术语，根据发展移动电力电子的动机可以将移动电力电子定义为："为所有可移动的东西自由供应电能"。

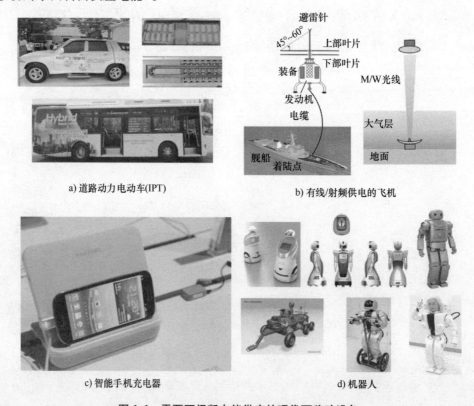

a) 道路动力电动车(IPT)　　　　　　　　　b) 有线/射频供电的飞机

c) 智能手机充电器　　　　　　　　　　　d) 机器人

图 1.1　需要不间断电能供应的现代可移动设备

通常，根据接收电能的负载（Rx）是否可移动，将电能传输（PT）分为静态和动态传输，如图 1.2 所示。在传统传输方式中固定式电能传输（SPT）是主要的电能使用形式，SPT 又分为电力系统稳定配置的 SPT 和电力系统可变配置的可拆卸 SPT。大多数电能传输仍然使用 STP，如高压电线、路灯和家用电器。如今，可拆卸 STP 更广泛地用于线缆型电动汽车（EV）和电动剃须刀等可移动物体充电，其接触点是裸露在外面的，这些类型的插入式充电器用户接口使用不便并且存在潜在的电击和火灾危险。

为了解决移动接收负载电能传输的强烈需求，已经研究了各种移动式电能传输（MPT）技术；根据功率发送源（Tx）和接收端负载的距离将 MPT 技术进一步分类为近距离 MPT 和远距离 MPT。对于近距离 MPT，电能传输范围通常从几厘米到几米。值得注意的是，电感、电容和电能传输导体分别对应电路元件 L、C 和 R。近距离电能传输系统在 Tx 和 Rx 之间主要使用电感耦合、电容耦合和电阻耦合。在近距离 MPT 中，电感式电能传输（IPT）由于在相对较低频率下可以传输较高功率而被广泛使用，而电容式电能传输（CPT）由于其工作频率高和传输距离短[1,2]而不常用。电导式电能传输作为移动电能传输的实用手段广泛使用了一个世纪，直到 IPT 的出现。

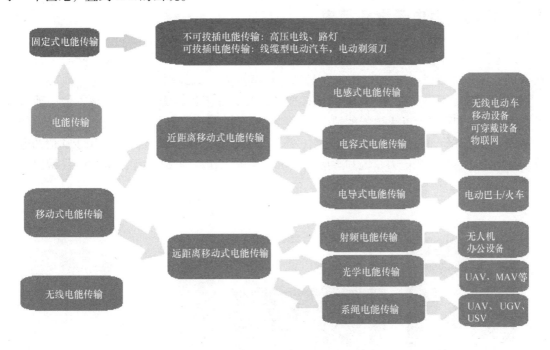

图 1.2　功率传输在移动性、距离和供电方式方面的分类

在远距离 MPT 策略中，为了突破其他电能传输技术传输距离的限制，已经对射频电能传输（RFPT）和光学电能传输进行了研究[3,4]，RFPT 使用的频率范围为 MHz 到 GHz 的电磁波。RFPT 完全不同于 IPT，例如，RFPT 的 Rx 功率密度通常与距离二次方的倒数成比例，但是 IPT 的 Rx 功率密度通常与距离六次方的倒数成比例，因为 IPT 的 Rx 磁通密度通常与距离的三次方成比例。此外，RFPT 的 Tx 和 Rx 器件之间没有磁耦合。另一方面，如果设计得当，RFPT 可以在很长的距离中提供能量[5,6]，见图 1.2。无线电能传输（WPT）不仅限于近距离 MPT（如 IPT 和 CPT），还包括远距离 MPT（如 RFPT 和光学 PT）。此外，WPT 不仅是电气的，而且是光学的，甚至是声学的。

在无线电能传输领域，IPT 是使用最广泛的[7-58]。由于其便利性、抗电击安全性、清洁度以及有竞争力的电源效率和价格，越来越多的移动设备、家用电器、工业传感器和电动汽车充电器开始支持无线充电。最终，包括可穿戴设备、传感器和智能汽车在内的大多数设备将合并到物联网（IoT），WPT 将在物联网的实现中发挥重要作用。物联网包括紧凑型通信设备、传感器和电源。

问题 1

（1）如何对具有可拉伸电缆的电动剃须刀和真空吸尘器进行分类？

（2）第（1）问中的电能传输方式属于 SPT 还是 MPT？

（3）SPT 和 MPT 的优势是什么？

（4）SPT 和 MPT 以及 IPT、CPT、RFPT 和激光 PT 之间的区别是什么？

1.2　移动电力电子设备简史

讨论移动电源或无线电源，我们就必须谈论到尼古拉·特斯拉（Nikola Tesla），特斯拉在 WPT 上进行了许多实验，如图 1.3 所示。特斯拉为"无线电能传输系统"创造了一个"世界体系"，尽管他没有像所希望的那样成功地在大陆上进行无线电能传输，但是他启发了许多工程师和科学家在无电线的情况下进行远程传输电力，如无线电报在 1895 年由伽利尔摩·马可尼（Guglielmo Marconi）发明，海因里希·赫兹在 1886 年发现了用于通信的电磁波。特斯拉在三相交流电力系统和感应电动机方面的工作，为 20 世纪的电力时代做出了最重要的贡献。

图 1.3　特斯拉（1856—1943）和他的 WPT 实验

特斯拉对交流磁场非常感兴趣，交流磁场是他许多发明的基础，例如无线通信、感应电机和 WPT 系统。经验丰富的工程师很容易认识到与电场和电路相比，磁场更难控制。磁铁和线圈的设计被认为是电气工程中最具挑战性的任务之一。如图 1.4 所示的特斯拉线圈，就是线圈很难设计和理解其特性的例子之一。他发明了这种线圈作为产生高频和高压电源的手段，该线圈也被用来产生电火花。那时，没有半导体开关可以承受高压，因此他使用机械开关来激发 LC 电路的谐振环。利用二次变压器的寄生电容和电感，将谐振电压提升到几十千伏，这种"谐振变压器"是特斯拉线圈的独特特性，与常规变压器完全不同，其更接近理想的变压器。例如，谐振变压器的输出电压与变压器一次绕组和二次绕组的匝数比不是简单的比例关系，而且在调谐时，它通常比匝数比高得多。这种奇怪的现象一直是特斯拉线圈设计中的一个棘手问题，但可以用本书第二部分中的耦合电感模型和回转器电路模型等理论来解释。

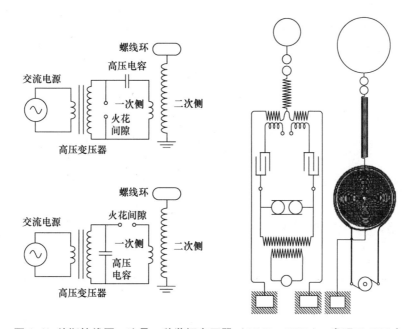

图 1.4　特斯拉线圈，这是一种谐振变压器（25kHz~2MHz），发明于 1891 年

了解特斯拉线圈是了解 WPT 的良好开端，其提供了许多有用的 WPT 设计技巧，而且特斯拉线圈设计涉及变压器设计、线圈设计、寄生电感和电容建模、补偿电路设计、绝缘问题、接地问题、开关和缓冲电路设计等。特斯拉使用图 1.4 中的特斯拉线圈进行无线电能传输实验。对于希望了解"谐振变压器"的研究人员，建议制作特斯拉线圈套件，但在操作时特别要注意高压电击的实验。出于安全原因，即使实验套件的电源电压仅为几伏，也不建议年轻科学家独自操作特斯拉线圈。对于初学者来说，使用双线圈 IPT 实验套件进行 WPT 实验会更容易，也更安全。

如上所述，最古老的 MPT 类型之一用于给有轨电车和火车的传导电力，它通过可拆卸的受电弓获取交流或直流电，如图 1.5 所示。这种导电动力电车已经使用了一个世纪，但正在被电池供电的或无线电车取代。由于空气中笨重的电力线和受电弓磨损问题，导电动力电车不再广泛用于城市地区，但由于缺乏一种可行的备选方案，传导电力在许多国家的地铁列车和高速列车中仍被广泛使用。

图 1.5　导电动力电车（左）及其受电弓（右），这是最古老的 MPT 类型之一

在移动电力电子的发展史上，要讲到的最后一个例子是绳系电动无人直升机。其在 1887 年由 Gustave Trouvé 首次建造和飞行，第二次世界大战期间应用在军事中并得到了发展。这种绳系无人机可用于连续监视和观察任务，如果需要的话，几个小时到几个星期内无须着陆。考虑到无人机市场的快速增长，即使这种绳系充电方式与 WPT 没有关系，但其仍然是值得注意的。

请注意，MPT 不一定是 WPT，它可以采用许多不同的形式，这将在下一节中讨论。如果我们把注意力放在移动式电能传输上，那么电池以及石油、天然气、煤和氢气都可以作为能量传递的手段。实际上，电池是电能传递的良好手段，是一种优良的电源。到目前为止，在处理 MPT 问题时，我们需要将电池视为一种持续向偏远地区供电的方式，因为我们现在每天都依赖它。

问题 2

（1）什么是能量收集？

（2）与 MPT 相比，能量收集有哪些优点和局限性？

（3）结合 MPT 讨论能量收集在物联网中的潜在应用。

1.3　远距离移动式电能传输（MPT）

由于图 1.2 中的近距离 MPT 将在第 2 章中进行解释，因此本节将简要介绍远距离 MPT。本节的目的之一是让读者熟悉除了传统 WPT 之外的其他 MPT 技术。

1.3.1　射频电能传输（RFPT）

射频电能或能量已广泛应用于雷达、微波炉、电磁脉冲（EMP）武器和 WPT。RFPT 的一个潜在应用是无线驱动飞机，如图 1.6 所示。

加拿大 SHARP（固定高空中继平台）项目正在研究一种频率为 2.45GHz 或

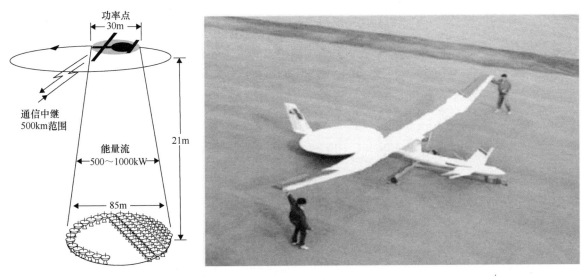

图 1.6　加拿大 SHARP（固定高空中继平台）**项目的射频动力飞机**

5.8GHz 的电动推进飞机，使用的是整流天线阵列，其射频到直流电源转换效率为 80%。整流天线是一种将 RF 接收功率转换为直流功率的设备。对于 10kW 的传输，在距地面 150m 处总的功率效率为 10%。该飞机的目标是在 20~30km 的平流层高度运行，这个高度几乎没有强气流，因此这是可以实现的，并可提供与地球轨道低空卫星相媲美的远距离监测。

　　如图 1.7 所示，Chun T. Rim 和 KAIST 航空航天工程系的 Chul Park 教授研究了平流层射频动力飞机的可行性，该飞机具有串联机翼天线结构，可从地面 Tx 天线接收射频功率，并且用电动螺旋桨获得升力[59]。飞机的质量和高度分别 m_s 和 h_s 表示。

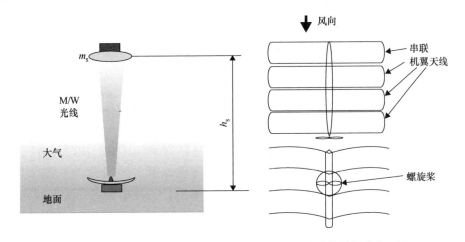

图 1.7　由 KAIST（Chun T. Rim 和 Chul Park）**设计的射频动力飞机**

理想情况下，飞机获得重力升力所需的速度和功率确定如下：

$$F_g = 0.5C_L\rho V^2 A = m_s g \Rightarrow V = \sqrt{\dfrac{m_s g}{0.5C_L\rho A}} \tag{1.1a}$$

$$P \equiv F_D V = 0.5 C_D \rho V^3 A = 0.5 C_D \rho \left[\frac{m_s g}{0.5 C_L \rho A} \right]^{\frac{3}{2}} A \qquad (1.1b)$$

式中，C_L、C_D、ρ、A 和 g 分别是升力系数、阻力系数、空气密度、机翼面积和重力加速度。

如图 1.8 所示，机翼跨度为 30m，重量为 200kg，所需速度和功率分别为 22m/s 和 8.5kW，这些参数对于飞行系统是可行的。

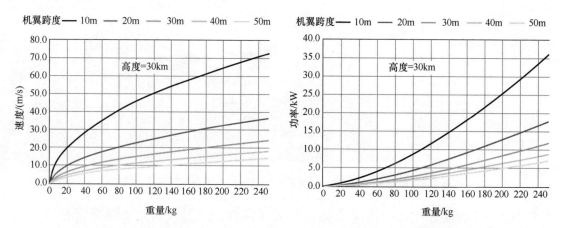

图 1.8 对于给定重量的 KAIST RF 动力飞机所需的飞行速度（顶部）和功率（底部）

如图 1.9 所示，若已知机翼跨度为 30m，高度为 30km，则发射射频功率的地面站的直径可以计算出来。

在 L 波段（2.45GHz）和 C 波段（10.0GHz）的射频频率时，有

$$L_{WS} \cong \frac{\lambda}{D} h_s = \frac{ch_s}{fD} \Rightarrow D \cong \frac{ch_s}{fL_{WS}} \qquad (1.2a)$$

$$D_{2.45GHz} = \frac{ch_s}{fL_{WS}} = \frac{3 \times 10^8 \, m/s \times 30km}{2.45GHz \times 30m} = 122m \qquad (1.2b)$$

$$D_{10GHz} = \frac{ch_s}{fL_{WS}} = \frac{3 \times 10^8 \, m/s \times 30km}{10GHz \times 30m} = 30m \qquad (1.2c)$$

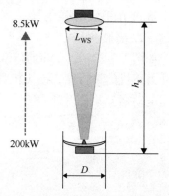

图 1.9 KAIST 射频动力飞机地面站所需的地面功率和直径

从式（1.2b）和式（1.2c）中可以看出，L 波段和 C 波段的地面站直径分别为 122m 和 30m，这是非常合理的建造参数。可以考虑地面站的大小和总功率效率来选择频率，其中 L 波段具有比 C 波段更高的功率效率。考虑到目前可用的射频组件和传播损耗，地面站的功率要求大约为 200kW[59]。根据上述计算可知，如果使用适当的射频组件，并正确设计了射频飞机，就可以建造平流层射频飞机。

美国 NASA 于 1978 年开始了通过微波发射地球静止轨道卫星上产生的太阳能的计划，它计划在 2.45GHz 处设置 1km 和 10km 直径的 Tx 和 Rx 天线，实现在地面上 750MW 的接收功率，1975 年在美国加利福尼亚州的戈德斯通和 1997 年在留尼汪岛的圣水湖分别进行了功率级别为几千瓦、缩小尺寸的 Tx 和 Rx 天线的实验。由于发射效率低、潜在有害的接收功率密度以及与地面太阳能发电相比极低的成本效益，使得美国 NASA 最终取消了该计划。

近年来，作为分布式传感器网络和物联网的能源，RFPT 的低功率应用得到了广泛的探索。射频能量收集[60]目前是一个热点问题，其追求的是小于 1mW 的极低功率或小于 1mJ 的极少量能量。办公室或房间内移动设备的射频功率传输也是一个值得关注的应用，其中 Tx 天线的动态定向和任意位置移动设备 Rx 天线的接收角狭窄是需要解决的重要问题。避免有害的射频能量暴露在人体和邻近的电子设备中也是一个具有挑战性的问题，同时，昂贵的 Tx 和 Rx 设备和强大的射频干扰也是一个难题。

> **问题 3**
> （1）如果功率传输因电力系统故障或恶劣天气而突然停止，那么 RFPT 的平流层无人机会发生什么情况？
> （2）针对（1）的问题有什么补救措施？
>
> **问题 4**
> （1）估计发射和维护用于太阳能发电和地球静止卫星的成本。
> （2）将（1）中与传统地面太阳能发电机的成本进行比较。

1.3.2　光学电能传输（光学 PT）

如果 Tx 和 Rx 之间保持良好的间隙，则光学电能传输是无线电能传输的一个很好的候选者。如图 1.10a 所示，NASA 马歇尔航天飞行中心研制了一种激光驱动的无人机，从激光发射的输入功率到太阳电池的输出功率，其总功率效率为 6.8%。这种效率的基本原理如下：

1）当前的激光效率为 25%（在不久的将来可以提高到 50%）。
2）太阳电池转换效率为 50%。
3）功率调节效率为 80%。
4）接收器效率为 75%。
5）大气传输效率为 90%。

a)　　　　　　　　　　　　　　　　b)

图 1.10　NASA 研制的激光驱动无人机和光束功率挑战测试的登山者号

尽管 6.8% 的功率效率远低于现代 IPT 设备，但光学无人机证明了可以不受任何电磁干扰（EMI）地对室内移动设备进行低功率的无线充电，如果激光的波长在红外（IR）波段，那么它对人体是非常安全的，除非功率水平非常高。与射频电能传输一样，这种光学 PT 也存在着 Tx 动态定向和任意位置移动设备 Rx 接收角窄的问题。此外，用于射频电能传输的转向方式在光学式电能传输中很难实现电子束转向，尽管其价格昂贵且转向角度有限。

如图 1.10b 所示，2005 年，在 NASA 进行光束功率挑战测试的过程中，萨斯喀彻温大学空间设计团队建造的一个登山者是在 200ft[⊖] 长的攀岩带上爬了 40ft。阳光是免费和丰富的，但在多云天气和夜间是不可用的；因此，人造 LED 或激光对于光学电能传输至关重要，可以提供可靠的光源。光学电能传输的一个基本缺点是，电能只能在视线范围内传输，不能通过障碍物或不透明材料传输，而 IPT 可以很容易地克服这些障碍。

问题 5

（1）当动力系统故障或恶劣天气导致动力传输突然停止时，带激光 PT 的无人机会发生什么情况？

（2）对（1）有什么补救措施？讨论车载电池是否是一个好的解决方案？

（3）如果无人机的入射角是可变的，有时这个入射角非常大该如何解决？

1.3.3 绳系电能传输（绳系 PT）

如前文所述，绳系 PT 适用于固定式无人机，用于持续任务，如监视、环境监测、火灾和犯罪监测、交通管制、通信中继、广播、搜索和救援以及视频捕获。当 Chun T. Rim 在 2007 年开始研究绳系无人直升机（UTH）时，还没有科学家在这方面做过研究，图 1.11 是绳系无人机的一个例子[61]，该研究的总结[61]如下所示。

UTH 的目标高度、总质量和总功率分别为 1km、200kg 和 25kW，见表 1.1。使用额定值为 1kV、25A 的电力电缆，其中 1km 电力电缆的质量和电阻分别为 95kg 和 12.1Ω。考虑到包括电力电缆损耗在内的总功率损耗为 9.5kW，UTH 的输送功率为 15.5kW，这足以提升 UTH 并提供任务有效载荷。

表 1.1　由 Chun T. Rim 设计的 KAIST UTH 的质量和功率预算

项目名称	质量/kg	功率/kW
TUH 平台（升降）	25	12.0
TUH 平台（其他）	40	0.5
TUH 有效载荷（雷达，红外）	30	1.0
电缆	95	9.5
设计余量	10	2.0
总计	200	25.0

如图 1.11 所示，在 UTH 上安装了一根避雷针，这是因为当绳系无人直升机因雷击而失败时在前人身上学到的教训。假设电缆缠绕在地面上并且安装电刷触点，以使电缆与地电源连接。

绳系 PT 还可以应用于地面车辆，如图 1.12a 所示。自 2011 年以来，Chun T. Rim 的团队开发了这种系留地面车辆（TGV）。对于 TGV，电缆缠绕在车辆上，并始终为电缆提供恒定的张力，以便它可以绕过拐角而不必担心卡住，而传统的电缆型地面车辆的承载电缆很容易卡在拐角处。

⊖　1ft＝0.3048m，后同。

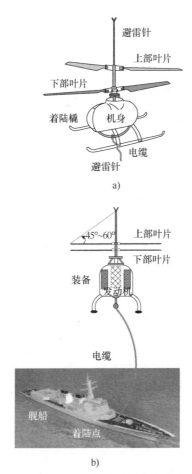

图 1.11　由 KAIST（Chun T. Rim）设计的绳系无人直升机配置和操作概念

a) 用于监视的绳系地面车辆

b) 绳系无人机进行环境监测

图 1.12　由 KAIST（Chun T. Rim）设计的绳系地面车辆和小型无人机

最近，Chun T. Rim 的团队开发了绳系无人机，设计了地面张力控制箱没有电刷接触的一种新型电缆缠绕机构[62]，如图 1.12b 所示。其中，电缆缠绕在地面或无人机上，当张力控制系统在无人机上时，它适用于漫游任务；相反，当张力控制系统在地面上时，它对于静止任务是有益的。通过设计一种新颖的电缆缠绕机构，使地面张力控制箱没有电刷接触[62]。

问题 6

讨论保护绳系无人机免受雷击的详细方法。

（1）例如，使用大电流流过时熔断的电流熔丝怎么样？

（2）如何将束缚电缆接地以避免雷电流旁路？请记住，雷电下的缠绕电缆暴露在极高的电压（一般为 MV）下，可能无法承受电击。

1.4　小结

本章给出了 MPT 的概述。移动电力电子产品最重要的竞争对手将是电池与 WPT。如果可以提供非常轻、小尺寸、便宜、持久和快速充电电池，那么电池将占据 WPT 的主导地位。然而，由于便利性和固有的安全性，WPT 变得越来越重要，电池需要充电。因此，WPT 不仅是竞争对手，也是电池的盟友。此外，如 RPEV 所确定的，WPT 可以替代或支配电池。绳系 PT 也是 MPT 的一个很好的候选者，也可以替代电池。大多数 WPT 和绳系 PT 需要电池作为应急电源，向系统提供可靠的电源。因此，MPT 的各个部分应该一起加强，以实现移动电力电子技术的进步。

参 考 文 献

1 M. Kline, I. Izyumin, B. Boser, and S. Sanders, "Capacitive power transfer for contactless charging," in *2011 ECCE Conference*, pp. 1398–1404.

2 B. Choi, D. Nguyen, S. Yoo, J. Kim, and C. Rim, "A novel source-side monitored capacitive power transfer system for contactless mobile charger using class-E converter," in *2014 VTC Conference*, pp. 1–5.

3 E.Y. Chow, "Wireless powering and the study of RF propagation through ocular tissue for development of implantable sensors," *IEEE Trans. Antennas Propag.*, vol. 59, no. 6, pp. 2379–2387, June 2011.

4 N. Wang *et al.*, "One-to-multipoint laser remote power supply system for wireless sensor networks," *IEEE Sensors J.*, vol. 12, no. 2, pp. 389–396, February 2012.

5 I. Shnaps and E. Rimon, "Online coverage by a tethered autonomous mobile robot in planar unknown environments," *IEEE Trans. Robot.*, vol. 30, no. 4, pp. 966–974, August 2014.

6 S. Choi *et al.*, "Tethered aerial robots using contactless power systems for extended mission time and range," in *2014 ECCE Conference*, pp. 912–916.

7 O.C. Onar, J. Kobayashi, and A. Khaligh, "A fully directional universal power electronic interface for EV, HEV, and PHEV applications," *IEEE Trans. Power Electron.*, vol. 28, no. 12, pp. 5489–5498, December 2013.

8 E. Waffenschmidt, "Free positioning for inductive wireless power system," in *2011 ECCE Conference*, pp. 3481–3487.

9 W. Zhong, X. Liu, and S. Hui, "A novel single-layer winding array and receiver coil structure for contactless battery charging systems with free-positioning and localized charging features," *IEEE Trans. Ind. Electron.*, vol. 58, no. 9, pp. 4136-4143, September 2011.

10 C. Park, S. Lee, G. Cho, S. Choi, and Chun T. Rim, "Omni-directional inductive power transfer system for mobile robots using evenly displaced multiple pick-ups," in *2012 ECCE Conference*, pp. 2492–2497.

11 C. Park, S. Lee, G. Cho, S. Choi, and Chun T. Rim, "Two-dimensional inductive power transfer system for mobile robots using evenly displaced multiple pickups," *IEEE Trans. Ind. Appl.*, vol. 50, no. 1, pp. 538–565, June 2013.

12 B. Che *et al.*, "Omnidirectional non-radiative wireless power transfer with rotating magnetic field and efficiency improvement by metamaterial," *Appl. Phys. A*, vol. 116, no. 4, pp. 1579–1586, April 2014.

13 W. Ng, C. Zhang, D. Lin, and S. Hui, "Two- and three-dimensional omnidirectional wireless power transfer," *IEEE Trans. Power Electron.*, vol. 29, no. 9, pp. 4470–4474, January 2014.

14 H. Li, G. Li, X. Xie, Y. Huang, and Z. Wang, "Omnidirectional wireless power combination harvest for wireless endoscopy," in *2014 BioCAS Conference*, pp. 420–423.

15 X. Li *et al.*, "A new omnidirectional wireless power transmission solution for the wireless endoscopic micro-ball," in *2011 ISCAS Conference*, pp. 2609–2612.

16 R. Carta *et al.*, "Wireless powering for a self-propelled and steerable endoscopic capsule for stomach inspection," *Biosens. Bioelectron.*, vol. 25, no. 4, pp. 845–851, December 2009.

17 T. Sun *et al.*, "Integrated omnidirectional wireless power receiving circuit for wireless endoscopy," *Electron. Lett.*, vol. 48, no. 15, pp. 907–908, July 2012.

18 B. Lenaerts and R. Puers, "An inductive power link for a wireless endoscope," *Biosens. Bioelectron.*, vol. 22, no. 7, pp. 1390–1395, February 2007.

19 B. Choi, E. Lee, J. Kim, and Chun T. Rim, "7m-off-long-distance extremely loosely coupled inductive power transfer system using dipole coils," in *2014 ECCE Conference*, pp. 858–863.

20 C. Park, S. Lee, G. Cho, and Chun T. Rim, "Innovative 5-m-off-distance inductive power transfer systems with optimally shaped dipole coils," *IEEE Trans. Power Electron.*, vol. 30, no. 2, pp. 817–827, November 2014.

21 Chun T. Rim and G. Cho, "New approach to analysis of quantum rectifier-inverter," *Electron. Lett.*, vol. 25, no. 25, pp. 1744–1745, December 1989.

22 Chun T. Rim, "Unified general phasor transformation for AC converters," *IEEE Trans. Power Electron.*, vol. 26, no. 9, pp. 2465–2475, September 2011.

23 J. Huh, W. Lee, S. Choi, G. Cho, and Chun T. Rim, "Frequency-domain circuit model and analysis of coupled magnetic resonance systems," *J. Power Electron.*, vol. 13, no. 2, pp. 275–286, March 2013.

24 A. Kurs, A. Karalis, R. Moffatt, J.D. Joannopoulos, P. Fisher, and M. Soljacic, "Wireless power transfer via strongly coupled magnetic resonance," *Science*, vol. 317, no. 5834, pp. 83–86, June 2007.

25 A.P. Sample, D.A. Meyer, and J.R. Smith, "Analysis, experimental results, and range adaption of magnetically coupled resonators for wireless power transfer," *IEEE Trans. Ind. Electron.*, vol. 58, no. 2, pp. 544–554, February 2011.

26 T. Imura and Y. Hori, "Maximizing air gap and efficiency of magnetic resonant coupling for wireless power transfer using equivalent circuit and Neumann formula," *IEEE Trans. Ind. Electron.*, vol. 58, no. 10, pp. 4746–4752, October 2011.

27 T.C. Beh, T. Imura, and Y. Hori, "Basic study of improving efficiency of wireless power transfer via magnetic resonance coupling based on impedance matching," in *2010 ISIE Conference*, pp. 2011–2016.

28 J. Park, Y. Tak, Y. Kim, Y. Kim, and S. Nam, "Investigation of adaptive matching methods for near-field wireless power transfer," *IEEE Trans. Antennas Propag.*, vol. 59, no. 5, pp. 1769–1773, May 2011.

29 J. Huh, W.Y. Lee, S.Y. Choi, G.H. Cho, and Chun T. Rim, "Explicit static circuit model of coupled magnetic resonance system," in *2011 ECCE-Asia Conference*, pp. 2233–2240.

30 E. Lee, J. Huh, X.V. Thai, S. Choi, and Chun T. Rim, "Impedance transformers for compact and robust coupled magnetic resonance systems," in *2013 ECCE Conference*, pp. 2239–2244.

31 R. Hui, W. Zhong, and C. Lee, "A critical review of recent progress in mid-range wireless power transfer," *IEEE Trans. Power Electron.*, vol. 29, no. 9, pp. 4500–4511, September 2014.

32 G. Covic, M. Kissin, D. Kacprzak, N. Clausen, and H. Hao, "A bipolar primary pad topology for EV stationary charging and highway power by inductive coupling," in *2011 ECCE Conference*, pp. 1832–1838.

33 S. Li and C. Mi, "Wireless power transfer for electric vehicle applications," *IEEE Trans. Emerg. Sel. Topics Power Electron.*, vol. 3, no. 1, pp. 4–17, March 2015.

34 S. Choi, J. Huh, W. Lee, and Chun T. Rim, "Asymmetric coil sets for wireless stationary EV chargers with large lateral tolerance by dominant field analysis," *IEEE Trans. Power Electron.*, vol. 29, no. 12, pp. 6406–6420, December 2014.

35 M. Budhia, G. Covic, and J. Boys, "Design and optimization of circular magnetic structures for lumped inductive power transfer systems," *IEEE Trans. Power Electron.*, vol. 26, no. 11, pp. 3096–3108, November 2011.

36 M. Budhia, J. Boys, G. Covic, and C. Huang, "Development of a single-sided flux magnetic coupler for electric vehicle IPT charging systems," *IEEE Trans. Ind. Electron.*, vol. 60, no. 1, pp. 318–328, January 2013.

37 T. Nguyen, S. Li, W. Li, and C. Mi, "Feasibility study on bipolar pads for efficient wireless power chargers," in *2014 APEC Conference*, pp. 1676–1682.

38 P. Meyer, P. Germano, M. Markovic, and Y. Perriard, Design of a contactless energy-transfer system for desktop peripherals," *IEEE Trans. Ind. Applic.*, vol. 47, no. 4, pp. 1643–1651, July 2011.

39 J. Shin *et al.*, "Design and implementation of shaped magnetic-resonance-based wireless power transfer system for roadway-powered moving electric vehicles," *IEEE Trans. Power Electron.*, vol. 61, no. 3, pp. 1179–1192, March 2014.

40 G. Elliott, J. Boys, and G. Covic, "A design methodology for flat pick-up ICPT systems," in *2006 ICIEA Conference*, pp. 1–7.

41 S. Lee *et al.*, "On-line electric vehicle using inductive power transfer system," in *2010 ECCE Conference*, pp. 1598–1601.

42 J. Huh, S. Lee, C. Park, G. Cho, and Chun T. Rim, "High performance inductive power transfer system with narrow rail width for on-line electric vehicles," in *2010 ECCE Conference*, pp. 647–651.

43 J. Huh, W. Lee, B. Lee, G. Cho, and Chun T. Rim, "Characterization of novel inductive power transfer systems for on-line electric vehicles," in *2011 APEC Conference*, pp. 1975–1979.

44 J. Huh, S. Lee, W. Lee, G. Cho, and Chun T. Rim, "Narrow-width inductive power transfer system for on-line electrical vehicles," *IEEE Trans. Power Electron.*, vol. 26, no. 12, pp. 3666–3679, December 2011.

45 S. Lee *et al.*, "Active EMF cancellation method for I-type pickup of on-line electric vehicles," in *2011 APEC Conference*, pp. 1980–1983.

46 W. Lee *et al.*, "Finite-width magnetic mirror models of mono and dual coils for wireless electric vehicles," *IEEE Trans. Power Electron.*, vol. 28, no. 3, pp. 1413–1428, March 2013.

47 S. Choi, J. Huh, W. Lee, S. Lee, and Chun T. Rim, "New cross-segmented power supply rails for road powered electric vehicles," *IEEE Trans. Power Electron.*, vol. 28, no. 12, pp. 5832–5841, December 2013.

48 S. Lee, B. Choi, and Chun T. Rim, "Dynamic characterization of the inductive power transfer system for online electric vehicles by Laplace phasor transform," *IEEE Trans. Power Electron.*, vol. 28, no. 12, pp. 5902–5909, December 2013.

49 S. Choi, B. Gu, S. Jeong, and Chun T. Rim, "Ultra-slim S-type inductive power transfer system for road powered electric vehicles," in 2014 *EVTeC Conference*, pp. 1–7.

50 S. Choi *et al.*, "Generalized active EMF cancel methods for wireless electric vehicles," *IEEE Trans. Power Electron.*, vol. 29, no. 11, pp. 5770–5783, November 2014.

51 C. Wang, O. Stielau, and G. Covic, "Design considerations for a contactless electric vehicle battery charger," *IEEE Trans. Ind. Electron.*, vol. 52, no. 5, pp. 1308–1314, October 2005.

52 C. Wang, G. Covic, and O. Stielau, "Power transfer capability and bifurcation phenomena of loosely coupled inductive power transfer systems," *IEEE Trans. Ind. Electron.*, vol. 51, no. 1, pp. 148–157, February 2004.

53 G. Covic and J. Boys, "Modern trends in inductive power transfer for transportation applications," *IEEE Trans. Emerg. Sel. Topics Power Electron.*, vol. 1, no. 1, pp. 28–41, March 2013.

54 O. Onar *et al.*, "A novel wireless power transfer for in-motion EV/PHEV charging," in *2013 APEC Conference*, pp. 2073–3080.

55 S. Choi, B. Gu, S. Jeong, and Chun T. Rim, "Advances in wireless power transfer systems for roadway-powered electric vehicles," *IEEE Trans. Emerg. Sel. Topics Power Electron.*, vol. 3, no. 1, pp. 18–35, March 2015.

56 B. Lee, H. Kim, S. Lee, C. Park, and Chun T. Rim, "Resonant power shoes for humanoid robots," in *2011 ECCE Conference*, pp. 1791–1794.

57 B. Choi, E. Lee, J. Huh, and Chun T. Rim, "Lumped impedance transformers for compact and robust coupled magnetic resonance systems," *IEEE Trans. Power Electron.*, vol. PP, no. 99, pp. 1, January 2015 (Early access article).

58 J. Kim *et al.*, "Coil design and shielding methods for a magnetic resonant wireless power transfer system," *Proc. IEEE*, vol. 101, no. 6, pp. 1332–1342, June 2013.

59 Chun T. Rim, "Feasibility study on pseudo anti-gravity spaceship and flying saucer," *Korea Aerospace Spring Conference*, April 2008, pp. 809–812.

60 U. Olgun *et al.*, "Investigation of rectenna array configurations for enhanced RF power harvesting," *IEEE Antennas and Wireless Propagation Letters*, vol. 10, pp. 262–265, April 2011.

61 Chun T. Rim, J S. Lee, and B.M. Min, "A tethered unmanned helicopter for aerial inspection: design issues and practical considerations," *International Forum on Rotorcraft Multidisciplinary Technology*, October 2007.

62 B.W. Gu, S.Y. Choi, Y.S. Choi, C. Cai, L. Seneviratne, and Chun T. Rim, "Novel roaming and stationary tethered aerial robots for continuous mobile missions in nuclear power plants," *Nuclear Engineering and Technology*, vol. 48, no. 4, pp. 982–996, August 2016.

第 2 章　无线电能传输（WPT）简介

2.1　WPT 系统的一般原理

2.1.1　WPT 系统的一般配置

WPT 的实验工具如图 2.1 所示，其中两个空气线圈用于无线电能传输，一个开关逆变器为 E 类谐振变换器，用于更高的开关频率。负载变压器用于使接收到的 Rx 线圈电压与负载电压水平相适应。

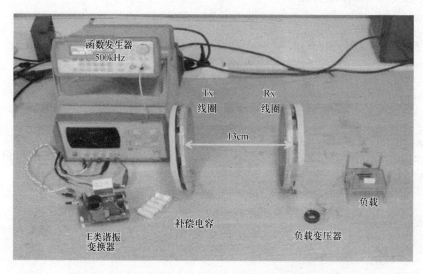

图 2.1　两个线圈的 WPT 系统示例，工作频率为 500kHz

现在大致介绍一下 WPT 系统。WPT 由发射（Tx）和接收（Rx）两部分组成，如图 2.2 所示。Tx 部分包括 AC 或 DC 电源、初级变换器、初级补偿器、初级通信链路、初级控制器以及线圈、金属板、天线、光源等 Tx 设备。Rx 部分由 Rx 设备（线圈、金属片、整流天线、太阳电池）、次级补偿器、次级控制器、次级变换器、次级通信链路、DC 或 AC 负载组成。

对于 IPT 和 CPT 系统，初级变换器由 AC-DC 整流器组成（如果使用一个 AC 源）和高频（HF）逆变器（DC-AC 功率转换），而次级变换器由一个高频 AC-DC 整流器（不需要一个高频 AC 负载）和 DC-DC 调节器（如果 DC 负载需要电压或电流调节）组成。高频逆变器和整流器（无源或有源开关）经常被使用。因为在大多数情况下，通过开放空间的无线

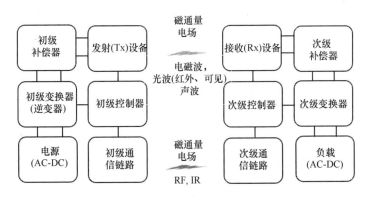

图 2.2 WPT 系统的一般配置

电能传输高频实现往往更容易。然而，这并非总是如此，并且在没有 HF 逆变器的情况下，有时将用于 50Hz、60Hz 或 400Hz 的公用电源用于 IPT。因此，在开始设计 IPT 时应始终询问使用 HF 逆变器的原因。HF 逆变器和 HF 整流器通常是软开关，其中每个开关的电压或电流在接通和断开时几乎为零。对于 RFPT 和光学 PT，初级转换器包括稳压 DC 电源和 RF 发生器（用于 RFPT 的情况），而次级转换器用于调节来自 Rx 设备的 DC 电源。

根据不同的应用，电源和负载类型可以是 AC 或 DC。例如，电源的范围从 AC 市电到电池，电池是典型的 DC 电源。感应加热是交流负载的情况，其中逆变器通常以小于几千赫兹的频率工作，并且功率等级上升到几千瓦到几兆瓦。另一种交流电源负载是电动机，这对电动汽车（EV）应用至关重要。

初级和次级补偿器通常是 IPT 和 CPT 中的无损 LC 电路，用于提高功率效率，它们起到增加电源侧和负载侧功率因数以及降低谐波电流和电压的作用，从而实现大功率传输和低电磁干扰（EMI）。对于 RFPT，补偿器可以是 RF 谐振电路或滤波器；对于光学 PT，补偿器可以是 DC 滤波器或电流平衡电路。

初级和次级通信链路交换诸如输出电压、负载电流、工作状态和组件温度之类的信息，用于控制变换器。由于 Tx 和 Rx 设备部件的物理分离，无线通信代替有线通信是不可避免的。通信链路的示例是诸如 ZigBee 和蓝牙的 RF 通信、红外（IR）通信，以及磁耦合或电耦合通信，其主要分别用于 IPT 和 CPT，通过调制输出或输入电压和电流来实现。

为了管理输入和输出功率（例如变换器和设备的开启和关闭），主控制器和/或辅助控制器是至关重要的。每个 Tx 和 Rx 控制器通过自身监控组件或通过另一部件中组件的通信链路，从电源、负载、转换器、补偿器和设备获取状态，电压和电流信息。与普通控制器（通常是系统中的单个控制器）不同，WPT 中的控制器彼此分离，但它们必须非常良好地协调以便成功地进行无线电能传输。由于 Tx 和 Rx 部件可以任意分开，并且可能是多个未知状态，因此整个 WPT 系统的控制需要高度可靠的通信链路，良好的灵活性，从而管理各种突发情况，如空载、开路、短路、过电压、欠电压、瞬态过冲、浪涌电流和通信故障等。控制器通常由微处理器组成，但有时也采用简单的传统比例-积分-微分（PID）控制器。尽管在移除通信链路方面存在困难和低效，但如果可以单独地或甚至独立地控制 Tx 和 Rx 部件，那将是理想的。一些创新工程师已经探索了这一点，努力消除烦琐的通信链路并避免复杂的控制。

Tx 和 Rx 设备的设计使得无论 Tx 和 Rx 各器件之间的距离和位移如何，它们都可以有效地传输大功率。对于线圈（用于 IPT）和金属板（用于 CPT）的设计，对给定的尺寸，磁通量和电场的相互耦合应分别最大化。对于天线（用于 RFPT）和光源或太阳电池（用于光学 PT）的设计，考虑功率效率以及 Tx 和 Rx 器件的方向性是至关重要的，因为它们通常具有非常窄的波束宽度。此外，应该有可靠的 RF 功率链路（用于 RFPT）和光功率链路（用于光学 PT），因为它们分别是一种 RF 和光耦合。

WPT 系统的设计高度依赖于能量传输的媒介。例如，用于增加磁通量的 IPT 线圈的设计原理不能用于 RFPT 天线的设计，以增加电磁（EM）波的波束方向性。在图 2.2 中的 WPT 的所有模块中，多数情况下，Tx 和 Rx 设备可能是最具挑战性的设计。

请注意，图 2.2 中的 Tx 和 Rx 部分，如 Tx 和 Rx 器件、电源、电源负载、转换器和补偿器不一定是一个，而是多个，具体取决于应用。

问题 1

无线电源是否应从 Tx 转移到 Rx？如果没有，当无线电源从 Rx 转移回 Tx 时，它怎么能实现呢？这些将在后续的 2.2 节中获得一些线索。

2.1.2　WPT 的一般要求

理想的 WPT 系统应该是什么样的？提供对任何 WPT 都有效的一般答案是不可能的。然而，我们可以从 WPT 普遍接受的理想特征（例如功率效率）开始寻找答案。一般要求摘要如图 2.3 所示。那些希望了解道路动力电动汽车具体要求的读者可以参阅本书第 8 章和第 9 章。下面将具体阐述 WPT 系统的总体要求。

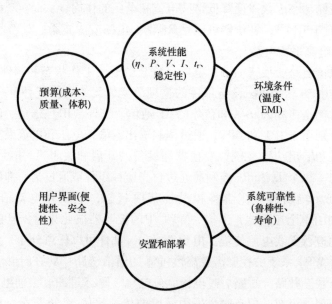

图 2.3　WPT 系统的一般要求

1）功率效率。WPT 系统的功率效率越高，性能越好。这是对的吗？通常称为"效率"的能效定义应该仔细考虑。一般而言，效率并不一定意味着功率效率，但是可能意味着能效，甚至经济效率和管理效率。因此，当讨论中涉及非技术问题时，使用"能效"一词是明智的。另一个观点是测量效率的点。术语"系统效率"通常用于 WPT，通常定义为在电源处测量的输入功率与在图 2.2 所示负载下测量的输出功率之比。因此，系统效率是最保守的值，因为它是 WPT 系统中定义的所有效率中最低的。另一个观点是测量效率的时间。如果没有特别需求，则应在 WPT 系统稳定状态下的很长一段时间内测量效率。然而，在 WPT 中有时使用瞬时效率或准稳态效率来反映负载的动态行为，例如在电动汽车（EV）和可移动电子设备的情况下。此外，在 WPT 中的不同位置经常测量效率。

"良好的效率"并不等同于"高效率"。为了获得 WPT 系统的高效率，通常使用大电缆和高额定电流的电子元器件。当然，专业工程师在给定的成本、质量、体积和性能等方面力求提高 WPT 的效率。总之，效率不可避免地需要与其他系统参数进行权衡以获得良好的效率，这不一定太高。

2）成本、质量和体积。如上所述，在许多情况下，WPT 系统的成本、质量和体积比效率更重要。WPT 系统的成本并不总是意味着开发成本，大规模生产的成本通常更为重要。当我们试图降低 WPT 系统的成本、质量和体积时，不仅要提高效率，还要考虑元器件的容纳、散热、系统可靠性和 EMI 恶化。紧凑型 WPT 系统由于散热能力降低而具有难以容纳部件和部件高温的问题。对于智能手机、智能平板和 EV 的许多应用，Tx 和 Rx 的扁平形状优于体积形状。如果设计不当，WPT 系统中的轻质材料和少量材料往往会增加 EMI。因此，成本、质量和体积不应单独最小化，而应与容纳度、设备温度、系统可靠性和 EMI 进行折中。这些设计问题可分为系统可靠性和环境条件两类，如下所述。

3）系统可靠性。WPT 系统的可靠能量传输和可靠操作对于商业化是至关重要的。如上所述，随着元器件温度的升高，诸如半导体开关电子元器件的可靠性将降低。磁心的磁特性，例如磁导率和磁滞损耗，会因温度而急剧变化，这可能会降低 WPT 系统的系统性能。WPT 系统对外力和冲击的机械稳健性也很重要。因此，应减轻这种可靠性降低，实现足够的设计余量以及有效的散热，可以实现高度可靠的 WPT 系统。

在许多 WPT 系统中，Tx 和 Rx 的距离、横向位移和取向是变化的，这导致了由于 Tx 和 Rx 之间相互耦合的改变而引起的无线功率等级和谐振频率的变化。如果处理不当，这些问题可能会使 WPT 系统的可靠运行恶化。对于可靠的 WPT 系统，通过控制 HF 逆变器或 HF 整流器的工作频率或占空比来调节功率或电流/电压是优选的。有时，可采用初级和次级补偿电路在外部变化方法，应对操作条件的变化。

为了获得高系统可靠性，可以使用多个 Tx 和 Rx 来消除特定 Tx 和 Rx 的死区。由于 LCR 谐振电路（通常称为"谐振回路"）的高品质因数（Q）受到敏感频率变化的影响，因此通常选择低 Q 以提高 IPT 和 CPT 的频率灵敏度。强调这一点之前，这个重要的设计原则在 WPT 应用中没有得到很好的解决，并且研究人员经常选择不必要的过大的 Q，例如 2000，以增加无线传输电能的距离。

虽然商业化需要长寿命，但在实践中，寿命需要适度，以避免过度设计和非必需的强大的处理系统。

4）环境条件：环境温度、湿度、EMI 等。包括环境温度、湿度、污染、天气（如雨、雪、冰、霜、盐水、风等）、机械振动、公用电源和相邻设备产生的 EMI 噪声等，这些对 WPT 系统的设计和使用至关重要。对于诸如 EV 和军用设备的 WPT 的户外应用，WPT 系统的暴露部分（通常为 Tx 和 Rx）必须能够承受环境温度的大变化。由于内部发热，WPT 系统内的温度通常高于环境温度。

必须满足 WPT 的 EMI 规定，应在非常早期的设计阶段加以考虑，以避免后期的重大设计变更。由于磁场、电场和辐射电磁波（EM 波）必须在很大的频率范围内进行调节，无源和有源屏蔽、抵消技术以及接地技术都广泛用于 WPT 系统。国际非电离辐射防护委员会（ICNIRP）指南广泛用于 WPT，其中针对每个频率给出磁场、电场和 EM 波的特定值。例如，根据 ICNIRP 2010 指南，B 字段应低于 $27\mu T$（3kHz～10MHz）。注意，ICNIRP 指南并未实际规范 WPT 或保证安全，但除欧洲少数国家外，大多数国家都广泛采用。为了使 WPT 系统商业化，它还应该满足传统的 EMI 法规或全球标准，例如 IPT 的 Qi 标准。

5）系统性能：功率、电压、电流、响应时间、稳定性等。毋庸置疑，如果满足上述基本要求，WPT 就能满足所需的系统性能。WPT 系统有许多设计考虑因素，例如输入功率输出功率和功率因数，每个组件的额定电压和电流，谐波电流和电压，瞬态响应时间以及 WPT 系统的频率稳定性适用于不同的运行条件和负载变化。磁性材料、开关转换器、控制器以及 Tx 和 Rx 的相对运动的非线性特性（预计在未来的 WPT 中仍然是具有挑战性的问题）使得系统难以保持良好的性能。从这个意义上说，WPT 的发展是一个永无止境的事。

6）安置和部署。如上所述，在 EMI、热设计和系统的整体配置方面，WPT 系统中的组件的容纳是非重要的。将 WPT 系统安置到任务系统也是一个重要问题。例如，将无线充电器（其为 WPT 系统）容纳到电动汽车中是需要精确的机械和电气接口的艰巨的系统任务。

WPT 系统商业化的另一个重要考虑因素是系统的部署。如果没有足够的 Tx 部件基础设施，则无法在需要的地方使用可移动的 Rx 部件。部署系统的许多 Tx 部件需要大量的成本、时间和精力。例如，日本需要部署数百万的 EV 充电器来为相似数量的 EV 充电。此外，由于道路建设和逆变器和电源导轨等设备的安装，在道路上部署 WPT 系统的 Tx 部分是道路动力电动车中最具挑战性的问题。与 Wi-Fi 一样，物联网应用需要大量的 Tx 部件，以提供无处不在的无线充电环境。

7）用户界面：方便、安全、美观的设计。尽管技术性能优异并且成本具有竞争力，但如果用户不能感受到应用 WPT 产品的便利性和美感满意度，则 WPT 系统也可能不会被广泛使用。安全也是公众非常关注的问题，公众对电磁场（EMF）的潜在危险持怀疑态度。机械和电气安全要求对 WPT 系统至关重要。

8）总结。关于 WPT 系统的要求，上述方面可不按重要性顺序，但却是彼此强烈相关的。与其他系统一样，WPT 系统是机械和电气间的复杂系统，WPT 系统的设计需要进行全面的权衡。注意，系统效率已合并到图 2.3 中的系统性能中。可以说，WPT 系统的开发不是科学步骤的按部就班，而是一种整体系统工程的艺术。

2.2 感应电能传输（IPT）简介

本节将介绍 IPT 的基本原理和配置。关于不同应用和 IPT 问题的具体讨论将在本书的后续章节中进行。

2.2.1　IPT 的基本原则

如图 2.4 所示，IPT 系统的原理是基于多个电感的磁通量相互交换，其中 N_1 匝 Tx 线圈由电压（或电流）源驱动，而 N_2 匝 Rx 线圈则连接到负载（或有时是有源负载，如电池和电流源）。

让我们首先考虑空载情况，如图 2.4a 所示。当源电流流动时，从 Tx 线圈产生磁通量，其中部分磁通量循环（ϕ_{11}）并且其余部分与 Rx 线圈（ϕ_{12}）相交，这将引起感应电压。由于没有负载电流，因此 Rx 不会产生磁通量。然而，存在开路感应电压。

对于有载情况，如图 2.4b 所示，Rx 线圈也与 Tx 类似的方式产生磁通量。Tx 线圈的感应电压怎么样，这是由相交的磁通到 Tx 线圈（ϕ_{21}）引起的吗？在 Tx 和 Rx 线圈之间应该没有区别，并且 Tx 线圈处的感应电压可能影响源电流，这又会导致 Tx 磁通量（ϕ_{11} 和 ϕ_{12}）的变化。在大多数情况下，两个电感器不仅存在磁耦合而且还通过源极和负载侧电路存在电耦合。

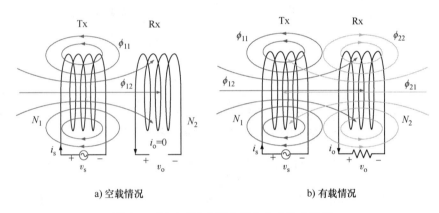

a) 空载情况　　　　　　　　　　　　b) 有载情况

图 2.4　瞬时时域内两个耦合电感的磁通量

问题 2

（1）叠加定理是否适用于图 2.4 中 Tx 和 Rx 的磁通量？

（2）如果在线圈中使用磁心怎么办？

（3）磁心的线性度是否会影响叠加定理的适用性？

一般来说，IPT 系统由四个麦克斯韦方程组中的安培定律和法拉第定律控制，如图 2.5 所示。IPT 系统在稳态下对于正弦磁场、电场和低频电流密度的控制方程，意味着工作频率的 EM 波长远大于 IPT 系统的大小，使 D 近似等于 0。具体如下：

$$\nabla \times \boldsymbol{H} = \boldsymbol{J}（安培定律） \tag{2.1a}$$

$$\nabla \times \boldsymbol{E} = -\mathrm{j}\omega \boldsymbol{B}（法拉第定律） \tag{2.1b}$$

电能传输原理可以解释如下：

1）根据安培定律，Tx 线圈产生的时变磁通量。

2）根据法拉第定律，Rx 线圈产生的感应电压，其中磁通量来自 Tx 线圈。

3）通过 Rx 线圈电流在 Tx 线圈处产生称为 back-emf（反电动势）的感应电压。

4）向 Tx 线圈供电并从 Rx 线圈取电；因此，无线电能通过线圈传递。

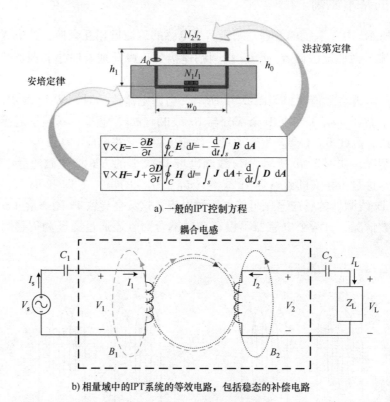

a) 一般的IPT控制方程

b) 相量域中的IPT系统的等效电路，包括稳态的补偿电路

图 2.5　IPT 系统的基本原则

从上述四个步骤可以看出，IPT 系统本质上是一个变压器。然而，与理想变压器的主要区别在于，由于存在磁耦合电感，所以在一次侧和二次侧都具有相对大的漏电感。这就是我们需要电容器的原因，如图 2.5b 所示，它们主要用于消除漏电感的电抗。根据电源和负载类型，补偿电容可以串联或并联；图 2.5b 显示了串联-串联补偿的示例。本书第 14 章详细分析了补偿电路的特性。

为了更好地理解，图 2.5a 磁路的概念是近似分析的，假设磁心的横截面积 A_0 和厚度 w_1 相等，磁导率为 μ_c，气隙为 h_0，宽度为 w_0，线圈高度为 h_1，一次（Tx）和二次（Rx）线圈的匝数分别为 N_1、N_2。假设频率为 f_s 的正弦电流，所有变量都是相量。

由源电流 $I_s(=I_1)$，通过安培定律得到磁场强度的计算如下：

$$\oint \vec{H} \mathrm{d}\vec{l} = H_{\mathrm{core}}\{2w_0 + 2(h_1 - h_0)\} + H_{\mathrm{air}}2h_0 = N_1 I_1 \tag{2.2}$$

从磁通量的连续性原理，可以得到：

$$\phi_{\mathrm{core}} = B_{\mathrm{core}} A_0 \approx B_{\mathrm{air}} A_0 = \phi_{\mathrm{air}} \Rightarrow B_{\mathrm{core}} = \mu_c \mu_0 H_{\mathrm{core}} \approx B_{\mathrm{air}} = \mu_0 H_{\mathrm{air}} \tag{2.3}$$

其中假设空气中的均匀磁通量为 $h_0 \ll w_1$，由于边缘效应，$h_0 > w_1$ 当然不适用，并且无法应用简单的计算。

将式（2.3）应用于式（2.2）中，可以确定磁通密度如下：

$$H_{\text{core}}\{2w_0+2(h_1-h_0)\}+H_{\text{air}}2h_0 \approx \frac{B_{\text{air}}}{\mu_{\text{c}}\mu_0}2(w_0+h_1-h_0)+\frac{B_{\text{air}}}{\mu_0}2h_0=N_1I_1$$

$$\Rightarrow B_{\text{air}}=\frac{\mu_0N_1I_1}{\dfrac{2(w_0+h_1-h_0)}{\mu_{\text{c}}}+2h_0} \approx \frac{\mu_0N_1I_1}{2h_0}, \text{其中 } \mu_{\text{c}} \gg \frac{w_0+h_1}{h_0} \tag{2.4}$$

注意，简化方程对于 $\mu_{\text{c}}>100$ 是有效的，其中气隙 h_0 较大超过 1cm，总的圆形磁心直径小于 1m。

最后，获得的二次线圈感应电压如下：

$$V_2=\text{j}\omega_{\text{s}}N_2\phi_{\text{core}}=\text{j}\omega_{\text{s}}N_2B_{\text{air}}A_0 \approx \frac{\text{j}\omega_{\text{s}}\mu_0A_0N_1N_2}{2h_0}I_1 \tag{2.5}$$

$$\therefore \phi_{\text{core}}=B_{\text{air}}A_0 \approx \frac{\mu_0N_1I_1A_0}{2h_0}, \omega_{\text{s}} \equiv 2\pi f_{\text{s}}$$

从式（2.5）可以看出，IPS 的感应电压、工作频率与 Tx 和 Rx 的匝数成正比，但它与气隙成反比。这就解释了为什么在 IPS 中优选更高的频率，因为提供了更高的感应电压，这可能导致更高的无线功率。然而，这种较高的频率导致转换器的开关损耗增加，磁心损耗增加以及由于表层深度减小导致导线的传导损耗如下：

$$\delta=\sqrt{\frac{2}{\omega_{\text{s}}\mu_0\mu_{\text{c}}\sigma}} \tag{2.6}$$

式中，σ 是线圈导线的电导率。

注意到式（2.5），如果气隙大于几厘米，IPT 对磁导率不敏感。当磁心的磁导率降低时，对于更高的频率就不是这样。从式（2.5）还可以看出，感应电压 V_2 的相位比源电流 I_1 的相位提前 90°，这与理想变压器的特性完全不同，如下所示：

$$V_2=\frac{N_2}{N_1}V_1, I_1=\frac{N_2}{N_1}I_2 \tag{2.7}$$

这就解释了为什么 IPT 系统特斯拉线圈的行为对于习惯于理想变压器的工程师来说是如此奇怪。如图 2.4 所示，式（2.5）是一个回转器，在稳态下具有 R_{m} 的假想跨阻增益，如下所示：

$$R_{\text{m}} \approx \frac{\omega_{\text{s}}\mu_0A_0N_1N_2}{2h_0} \tag{2.8}$$

本书第 5 章将广泛讨论 IPT 系统的回转器行为，其中不仅分析了耦合电感器，还分析了谐振 LC 电路。

请注意，图 2.6 所示的等效电路仅在一次侧由电流源驱动时有效，其中二次感应电压仅由一次电流确定，与负载电流无关。因此，由电流源驱动的耦合电感器的输出电压类似于理想电压源。

问题 3

注意式（2.8），Rx 的感应电压不仅与工作频率成正比，而且与匝数 N_1 和 N_2 成正比。因此可以通过增加 N_1 或 N_2 来增加输送功率吗？如果是真的，此行为的后果是什么？

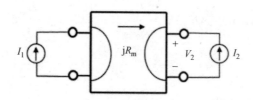

图 2.6   用于静态相量域中电流源输入的 IPT（特斯拉线圈）的等效电路

2.2.2   IPT 系统的配置

如图 2.7 所示，IPT 系统的配置可以通过对图 2.2 所示一般 WPT 系统的轻微改变得到。

初级和次级变换器通常是逆变器和整流器，工作在几 kHz 到几 MHz 的频率下。有时模拟放大器或 RF 放大器不是用于开关变换器，而是用于低功率高频应用，其中功率效率不受关注或开关损耗大幅度增加。

Tx 和 Rx 线圈通常构成弱磁耦合，这取决于线圈的距离和取向。根据应用目的和工作频率，Tx 和 Rx 线圈可能有也可能没有磁心。当使用磁心时，可以增加磁耦合并且可以减少 EMF 泄漏；然而，磁心损耗和磁心质量是使用磁心的缺点。请注意，只要电路参数发生变化，磁耦合就不依赖于工作频率，这将在第 4 章中讨论。当然，磁耦合实际上会发生变化，因为磁心的磁导率通常会下降，寄生电阻和电容会变大，使得在更高频率时的影响将非常严重。然而，重要的是将间接原因与观察到的现象的深层原因区分开来，这些原因不能通过实验进行彻底探索，但可以通过适当的理论或模型清楚地理解。

补偿电路主要构成有 LC 谐振电路，其中 Tx 和 Rx 线圈提供电感 L。注意，IPT 系统的线圈电感可用作开关变换器的平滑电感器。

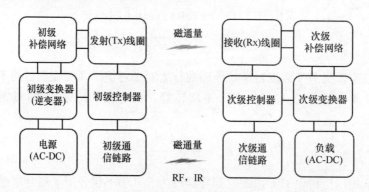

图 2.7   IPT 系统的结构

根据 IPT 系统的应用，变换器、补偿电路和线圈彼此不同。例如，IPT 系统可分为谐振与非谐振、接触与非接触、静态与动态充电、单向与双向功率流、电流源与电压源、自由度（全向）等。

电动汽车的 IPT 系统的结构及其电路图如图 2.8 所示，其中 IPT 系统是谐振的、非接触的、静态或动态充电、单向功率流、电流源和单一自由度。该系统的详细分析和设计将在本书的第三部分中进行。

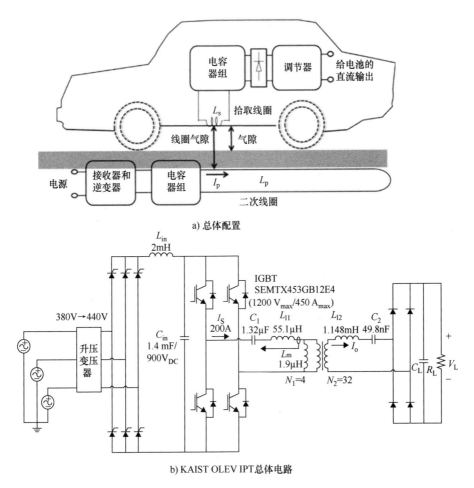

a) 总体配置

b) KAIST OLEV IPT总体电路

图 2.8 电动汽车的 IPT 系统示例

问题 4

    IPT 系统逆变器功率因数的物理意义是什么？如果不统一，后果是什么？IPT 系统整流器的功率因数如何？如何计算其功率因数？注意，对于零电压开关操作，逆变器的输出应该是呈感性的，即非单位功率因数。

2.3 电容式电能传输（CPT）简介

    如上所述，由于其低功率传输能力和高工作频率，CPT 系统与 IPT 系统相比尚未在 WPT 中广泛使用。CPT 系统具有在紧密、薄层和低功率应用的优点。

    CPT 系统的配置如图 2.9 所示，其中除了 Tx 极板、Rx 极板以及基于电场的通信链路之外，其他模块与 IPT 系统非常相似。

    如图 2.10a 所示，两对平行金属板也可用于通信链路，对 CPT 系统至关重要。理想情况下，两个平行板之间没有交联电场，补偿电路的设计非常简单。

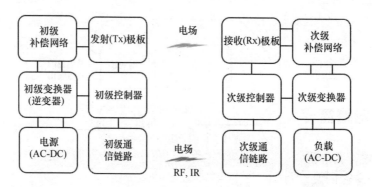

图 2.9   CPT 系统的结构

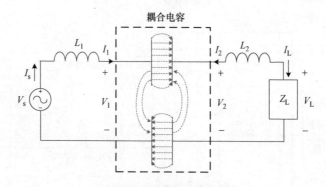

a) 具有电场分布的分布电容模型

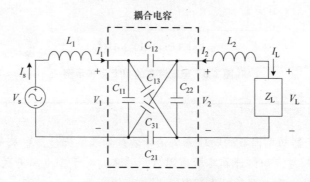

b) 集总电容模型，带6个电容器

图 2.10   等效电路相量域中的 CPT 系统

　　然而，通常会在耦合电容中产生强漏电通量。双端口电路有 6 个电容，由两对耦合电容组成，如图 2.10b 所示。这些电容根据 Tx 和 Rx 极板的气隙和位移而变化。因此，补偿电路应该解决负载变化和这些电容变化，从而可以以高效率和高功率因数最大化功率输送。

　　幸运的是，复杂的电容电路可以减少为 4 个电容，而不会失去一般性，这将在第 21 章中与恒定 EV 充电器的 CPT 系统的详细设计一起说明。

　　与所有其他 WPT 系统一样，CPT 系统具有 Tx 和 Rx 极板之间电隔离的能力，如果它们的表面是绝缘的，但 Tx 和 Rx 极板的高压保护、接地和屏蔽对于商业化是必不可少的。

> **问题 5**
>
> 与 IPT 系统相比，CPT 系统为什么说具有较低的 WPT 等级？请注意，组件的工作频率和额定电压通常会限制 WPT 功率等级。

2.4 谐振电路简介

如前文所述，通常由 *LC* 组件组成的谐振电路用于 IPT 系统和 CPT 系统作为补偿电路。然而，经常被误解的是，在 IPT 系统和 CPT 系统中谐振 *LC* 电路的目的是通过品质因数（*Q*）来放大功率或能量。实际上，如果所需的功率输送很小，则谐振不是强制性的，使得线圈漏电感的电压降可能由于小电流而不会很大。通过适当的谐振电路可以最大化传输的功率或效率；当然，效率始终低于总效率。

2.4.1 不谐振 IPT 系统

为了更清晰地说明谐振电路的基本原理，先看一下不谐振 IPT 电路，如图 2.11 所示。如前面部分所述，IPT 系统是一种耦合电感，即具有匝数比为 $N_1 : N_2$ 的变压器，漏电感为 L_{11}、L_{12} 和磁化电感为 L_m，假设没有内部电阻。如果源电压是正弦波，则系统的 DC 增益（对应于输出电压）可以确定如下：

$$对于较小的 R_m, G_V = \frac{V_o}{V_s} = \frac{nL_m}{L_{11}+L_m} \left| \frac{R_o}{j\omega_s\{(L_m//L_{11})n^2+L_{12}\}+R_o} \right| \ll \frac{nL_m}{L_{11}+L_m} \quad \because n \equiv \frac{N_2}{N_1} \quad (2.9)$$

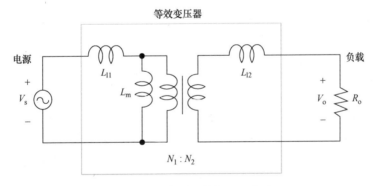

图 2.11 稳态时不谐振 IPT 电路

从式（2.9）可以看出，与电抗相比，输出电压在小负载电阻下迅速下降，这使得无法实现大功率输出。对于普通的变压器，漏电感相对较小并且没有问题，但是由于线圈之间的松耦合，IPT 系统的 Tx 和 Rx 线圈的漏电感往往很大。

2.4.2 谐振 IPT 系统中的漏电感补偿方法

抵消电感的电抗对于高功率输出至关重要，可行的解决方案是将电容与 Tx 和 Rx 线圈串联或并联，如图 2.12 所示。

电容的选择并不简单，需要对其效果进行大量详细的思考。让我们从一个简单的想法开

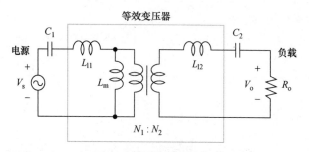

图 2.12 稳态时串联谐振 IPT

始，每个电容消除一次侧和二次侧的漏电感，如图 2.13 所示。阻抗为零的谐振条件如下：

$$Z_1 = jX_{l1} - jX_{c1} = 0 \tag{2.10a}$$

$$Z_2 = jX_{l2} - jX_{c2} = 0 \tag{2.10b}$$

式中

$$X_{l1} = \omega_s L_{l1}, \quad X_{c1} = \frac{1}{\omega_s C_1}, \quad X_{l2} = \omega_s L_{l2}, \quad X_{c2} = \frac{1}{\omega_s C_2}, \quad X_m = \omega_s L_m \tag{2.11}$$

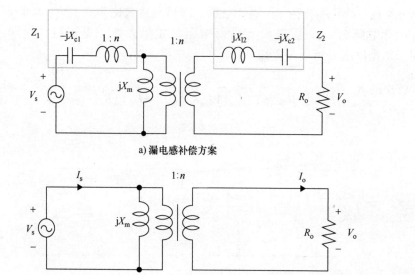

a) 漏电感补偿方案

b) 等效电路

图 2.13 串联谐振 IPT 中的漏电感补偿方案

如图 2.13 所示，IPT 系统的输出电压和源电流变为

$$V_o = n V_s \tag{2.12a}$$

$$I_s = n I_o + \frac{V_s}{j\omega_s L_m} \tag{2.12b}$$

该补偿方案的优点在于输出电压是理想的电压源，仅由 Tx 和 Rx 线圈的匝数比决定。然而，该方案具有用于电阻性负载的无功电流分量，如式（2.12b）右项所示。对于弱耦合的电感器情况，该无功电流可能非常大，其中 L_m 非常小。因此，这种泄漏补偿方案在实际中很少使用。

2.4.3　谐振 IPT 系统中的线圈补偿方法

另一种在实际中广泛使用的方法是通过每个电容补偿 Tx 和 Rx 线圈的总电感，如图 2.14 所示。使每个阻抗为零的谐振条件成为

$$Z_1 = jX_{11} - jX_{c1} + jX_m = 0 \tag{2.13a}$$

$$Z_2 = jX_m + (jX_{12} - jX_{c2})/n^2 = 0 \tag{2.13b}$$

首先，让我们从源极侧分析电路。如图 2.14b 所示，电路 Z_3 源极侧的阻抗变为

$$
\begin{aligned}
Z_3 &= jX_m // (jX_{12} - jX_{c2} + R_o)/n^2 \\
&= \frac{jX_m(jX_{12} - jX_{c2} + R_o)/n^2}{jX_m + (jX_{12} - jX_{c2} + R_o)/n^2} \\
&= \frac{jX_m(jX_{12} - jX_{c2} + R_o)/n^2}{R_o/n^2}, \quad \because jX_m + (jX_{12} - jX_{c2})/n^2 = 0 \\
&= \frac{jX_m(jX_{12} - jX_{c2})}{R_o} + jX_m \\
&= \frac{jX_m(jX_{12} - jX_{c2} + jX_m n^2 - jX_m n^2)}{R_o} + jX_m \\
&= \frac{jX_m(-jX_m n^2)}{R_o} + jX_m \\
&= \frac{X_m^2 n^2}{R_o} + jX_m \equiv R_{eq} + jX_m, \quad \because R_{eq} \equiv \frac{X_m^2 n^2}{R_o}
\end{aligned}
\tag{2.14}
$$

从式（2.14）中可以看出，Z_3 简单地变为磁化电感的电抗和与输出电阻成反比的等效电阻之和。输出侧的短路看起来像输入侧的开路，反之亦然，这个概念很难让初学者理解。

由于式（2.13a）的谐振条件导致零阻抗，所以从源极侧分析的最后一步是找到图 2.14c 的等效电路。如图 2.14d 所示，当负载为电阻时，线圈补偿方法让源功率因数变得统一，源电流确定如下：

$$I_s = \frac{V_s}{R_{eq}} = \frac{R_o V_s}{X_m^2 n^2} \tag{2.15}$$

遗憾的是，输出电压、输出侧阻抗和输出功率因数等输出特性无法通过图 2.14 的源极侧等效电路确定。这就是我们需要负载侧等效电路的原因，如图 2.15 所示。由于图 2.15a 中的戴维南等效电路不存在，因此获得了诺顿等效电路，如图 2.15b 所示（读者可试着自己获得戴维南等效电压和阻抗）。

诺顿电流源和阻抗确定如下：

$$I_{th} = \frac{V_s}{jX_{11} - jX_{c1}} = \frac{V_s}{jX_{11} - jX_{c1} + jX_m - jX_m} = \frac{jV_s}{X_m} \tag{2.16a}$$

$$
\begin{aligned}
Z_4 &= jX_m // (jX_{11} - jX_{c1}) = \frac{jX_m(jX_{11} - jX_{c1})}{jX_m + jX_{11} - jX_{c1}} \\
&= \frac{jX_m(jX_{11} - jX_{c1} + jX_m - jX_m)}{0} = \frac{jX_m(-jX_m)}{0} = \frac{X_m^2}{0} = \infty
\end{aligned}
\tag{2.16b}
$$

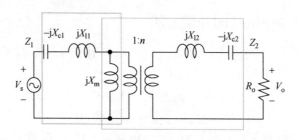

a) 线圈电感补偿方案

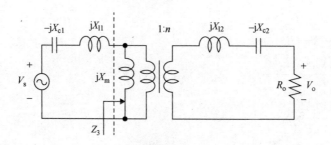

b) 图a的源极侧等效电路

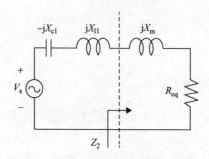

c) 图b的简化源极侧等效电路

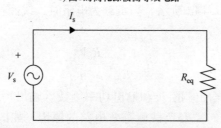

d) 图c的最终简化源极侧等效电路

图 2.14   从源极侧看串联-串联谐振 IPT 系统中的线圈补偿方案

在式（2.16）中，使用了式（2.13a）的谐振条件并找到诺顿等效电路成为理想的电流源。因此，无论二次侧电路阻抗如何，从负载侧 Z_5 观察到的阻抗都是无限大的。

最后，从负载观察到理想的电流源，输出电压变为

$$V_o = \frac{I_{th}}{n}R_o = \frac{jV_s}{nX_m}R_o \tag{2.17}$$

如式（2.17）所示，输出电压与电压源的相位差为 90°。

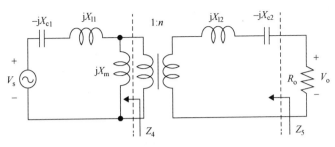

a) 图2.14a的负载侧等效电路

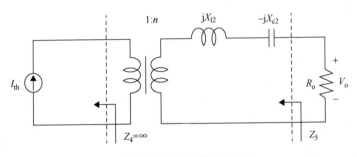

b) 简化后图a的负载侧等效电路

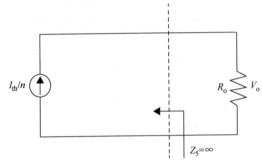

c) 图b的最终简化的负载侧等效电路

图 2.15　从负载侧看，串联谐振 IPT 中的线圈补偿方案

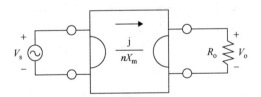

图 2.16　回转器作为串联谐振 IPT 线圈补偿方案的等效电路

问题 6

为什么我们应该从源极侧和负载侧来看电路（见图 2.14 和图 2.15），而不是一边呢？实际上，如果只对输出电压或电流感兴趣，不必选择从源极侧看电路。

如图 2.14 和图 2.15 所示，可以得出结论，IPT 线圈补偿是一种回转器，如图 2.16 所

示。从式（2.16a）开始，回转器增益为虚数值，如下：

$$G \equiv \frac{I_o}{V_s} = \frac{I_{th}/n}{V_s} = \frac{j}{nX_m} = \frac{j}{n\omega_s L_m} \tag{2.18}$$

例如，从式（2.14）的源极侧 R_{ep} 看到的阻抗也可以从回转器特性中找到，如下所示：

$$R_{eq} = \frac{1}{GG^* R_o} = \frac{X_m^2 n^2}{R_o} \tag{2.19}$$

回转器模型的一个优点是不必从源极侧和负载侧找到等效电路，可以从模型中了解整个电路特性。具有谐振电路的 IPT 和系统回转器模型将在第 5 章中解释。

尽管两个电路之间没有直接的物理关系，但看到图 2.16 和图 2.6 的回转器等效电路的相似性是非常了不起的。不要忘记，回转器等效电路仅对静态单一固有频率情况有效，不再适用于动态、瞬态或多次谐波情况。

所建议的 IPT 线圈补偿的缺点之一是在无负载条件下存在无限大的源电流，这将导致 $R_{eq} = 0$。因此，当输出端开路时，式（2.13）的上述理想谐振条件不被使用。此外，线圈参数根据 Tx 和 Rx 线圈的距离和未对准而变化；因此，在这些条件下不能保持谐振条件。

2.4.4　谐振 IPT 中的其他补偿方法

使用两个补偿电容的其他谐振 IPT 是串联-并联（SP）、并联-串联（PS）和并联-并联（PP）谐振电路，如图 2.17 所示。也可以将电流源用于 4 个补偿电路。因此，有 8 个使用两个电容器的补偿电路，将在第 5 章和第 14 章进行分析，本章不再详细说明。

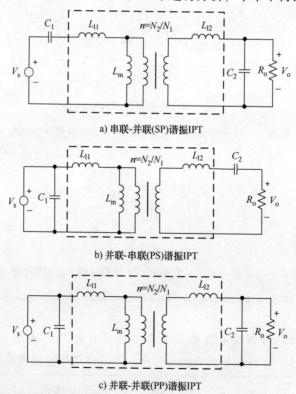

a) 串联-并联(SP)谐振IPT

b) 并联-串联(PS)谐振IPT

c) 并联-并联(PP)谐振IPT

图 2.17　其他带有两个电容的谐振 IPT，由电压源驱动

双电容方案是最简单的 IPT 补偿配置，因为每个 Tx 线圈和 Rx 线圈都需要无功补偿。此外，双电容方案不需要额外的电感，这对于低成本、紧凑型 IPT 系统的制造非常有利。

在补偿电容的数量不受限制的情况下，存在一些谐振补偿电路。一个例子是三电容补偿电路，如图 2.18 所示。与双电容补偿电路一样，即使电路拓扑相同。这种三电容补偿电路的特性也可能彼此完全不同，这取决于谐振方案。如图 2.18a 所示，每个电感由相应的电容补偿，完全补偿后没有电抗元件残留，如图 2.18b 所示。

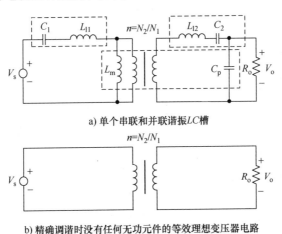

a) 单个串联和并联谐振 LC 槽

b) 精确调谐时没有任何无功元件的等效理想变压器电路

图 2.18　三电容器谐振 IPT 中的各自的电感补偿方案

另一类补偿电路是 LCC，其中附加电感与两个电容一起使用，如图 2.19 所示。应该能够找到更多电感和更多电容的其他补偿电路；然而，理解基本的双电容补偿电路和 LCC 电路是很重要的，因为其他补偿电路经常利用它们的特性。

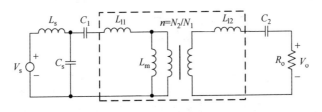

图 2.19　谐振 IPT 的一次侧 LCC 补偿电路

为了理解这种 LCC 谐振补偿，检查了 LC 谐振回路，如图 2.20 所示。如图 2.20b 所示，图 2.20a 所示的诺顿等效电路由电流源和阻抗组成，其定义如下：

$$I_{in} = \frac{V_s}{j\omega_s L_s} \tag{2.20a}$$

$$Z_{in} = j\omega_s L_s // \frac{1}{j\omega_s C_s} \tag{2.20b}$$

在式（2.20b）中，当 LC 谐振回路调谐到其谐振频率时，Z_{in} 变为无穷大，如图 2.20c 所示。

将图 2.20 中的诺顿等效电路应用于图 2.19 的 LCC 电路，如图 2.21 所示，其中等效电流源与式（2.20a）相同，等效电压源如下：

$$V_{th} = j\omega_s L_m I_{in} = j\omega_s L_m \frac{V_s}{j\omega_s L_s} = \frac{L_m}{L_s} V_s = V_o \qquad (2.21)$$

从式（2.21）可以看出，LCC 电路在调谐到二次侧谐振电路时具有带同相源电压的电压源特性，即 $Z_{out} = 0$，如图 2.21c 所示。LCC 电路的一个非常有用的特性是普遍使用的理由之一，即该补偿电路对一次侧线圈参数变化是鲁棒的。如图 2.21a 所示，由于一次 LC 谐振回路的电流源特性，IPT 系统的传递函数对 L_{11}、L_m 和 C_1 的变化不敏感。只要二次谐振回路 Z_{out} 的阻抗保持为零，IPT 系统就相当于理想的电压源。当然，这种奇妙的特性是通过牺牲额外的一次侧 LC 网络的紧凑性和成本而获得的。此外，Z_{out} 不保持为零并且由于线圈参数变化而变化，这将导致谐振 IPT 的失谐。

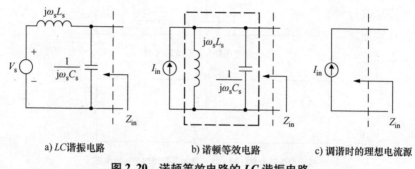

a) LC谐振电路　　　　b) 诺顿等效电路　　　　c) 调谐时的理想电流源

图 2.20　诺顿等效电路的 LC 谐振电路

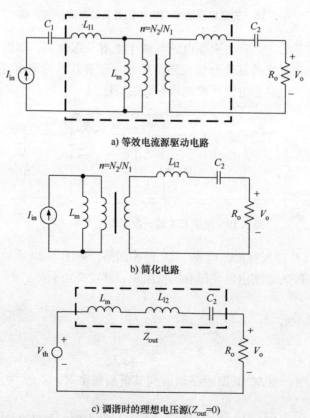

a) 等效电流源驱动电路

b) 简化电路

c) 调谐时的理想电压源($Z_{out}=0$)

图 2.21　静态相量域中图 2.19 的基于一次侧 LCC 补偿电路的电路分析

2.4.5　关于谐振电路的讨论

到目前为止所讨论的，采用谐振补偿电路的 IPT 系统与非谐振 IPT 系统相比可以提供大功率。通过适当选择补偿电路的拓扑和谐振方案，IPT 可以等效于理想电压源（见图 2.13、图 2.14、图 2.18 和图 2.21）或理想电流源（见图 2.15 和图 2.20）。

可以说，通过消除电感或电容的电抗，可以改善 WPT 中的功率流。然而，补偿电路的特性因线圈距离、未对准变化和负载的变化而变化。

除了消除 Tx 和 Rx 器件的电抗之外，谐振补偿电路还具有许多其他特性具体如下：

1）滤除开关谐波。谐振补偿电路通常是一个良好的谐波滤波器，通过 LC 谐振网络传递开关变换器的基波分量，并抑制更高或更低的开关谐波，如图 2.22 所示。图中串联-并联补偿电路可以有效地滤除奇次谐波。通常，由于谐振 IPT 系统的良好带通滤波，Tx 和 Rx 的电流几乎是正弦的。

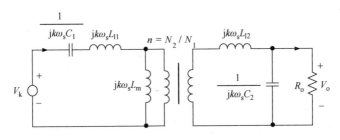

a) 来自逆变器的第 k 次谐波的等效电路

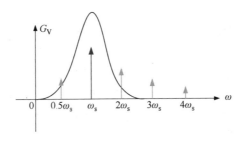

b) IPT 系统的传递函数与逆变器的 k 次谐波

图 2.22　示例的 IPT 谐振补偿电路的切换谐波滤波特性

2）动态性能缓慢和瞬态峰值。使用谐振补偿电路的缺点是减慢系统动态性能和瞬态峰值。与其他滤波器一样，谐振补偿电路具有有限的动态响应时间。然而，要计算响应时间并分析 IPT 系统的系统动态性能并不容易，因为系统阶次很高。

此外，正弦电压源的系统响应需要特别小心。例如，LC 谐振回路是最简单的谐振补偿电路，可以连接到二极管整流器负载，如图 2.23a 所示。将源频率调谐到谐振频率的情况下，可以通过相量变换来分析谐振电路的包络行为[1,2]。如图 2.23b 所示，LC 谐振回路的瞬态响应表明峰值电流或电压可能是稳态值的几倍，这将导致 IPT 系统的电容器和线圈的电流和电压额定值显著增加。

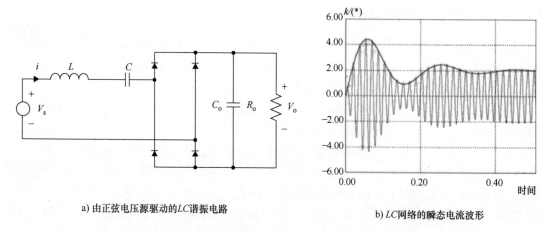

a) 由正弦电压源驱动的 *LC* 谐振电路   b) *LC* 网络的瞬态电流波形

图 2.23 连接到整流器负载的 *LC* 谐振补偿电路的示例

2.5 小结

在各种 WPT 中，例如 IPT、CPT、RFPT 和光学 PT，选择 WPT 方法通常是我们遇到的第一步。对于长距离应用，IPT 和 CPT 可能不是优选的，但可以考虑 RFPT 和光学 PT。对于潜艇应用，电流隔离以及水的渗透变得更为重要，并且只有近距离能量传输允许上述四种方法。对于较长距离的潜艇应用，这些方法都不合适，但声波能量传输可能是另一种选择，尽管这里没有介绍。

综上所述，Tx 和 Rx 设备、补偿器和变换器是 WPT 系统最大功率和高效率的关键因素。这些模块具有特定的系统动力学，通常以非线性模式运行。WPT 系统在稳态下的静态行为可能不是系统设计的充分条件，但可能是唯一的必要条件。对于实际的系统设计，始终必须考虑 WPT 系统在瞬态中的动态行为。尽管 WPT 系统的动态过程很重要，但由于初学者难以理解，因此在引言章节中没有充分讨论。在本书第 13 章和第 14 章中，WPT 系统的动态行为与控制器设计问题将一起被引入。

参 考 文 献

1 Chun T. Rim, "Unified general phasor transformation for AC converters," *IEEE Trans. Power Electron.*, vol. 26, no. 9, pp. 2465–2475, September 2011.

2 S. Lee, B. Choi, and Chun T. Rim, "Dynamic characterization of the inductive power transfer system for online electric vehicles by Laplace phasor transform," *IEEE Trans. Power Electron.*, vol. 28, no. 12, pp. 5902–5909, December 2013.

第3章 电动汽车（EV）简介

3.1 电动汽车简介

3.1.1 电动汽车的历史

电动汽车（Electric Vehicles，EV）的发明和商业化早于内燃机汽车。尽管内燃机发明于距今 150 多年前的 1860 年，并于 1900 年被广泛商业化使用[1,2]。电动汽车发明于 1827 年，比内燃机早了 30 多年，并于 1839 年开始商业化使用[3,4]。起初，以蒸汽机、汽油机和电动机为动力的汽车中，电动汽车比汽油车更受欢迎，因为电动汽车既舒适又易于操作。若要发动当时的汽油发动机，必须由一个手摇曲柄在外部施加起动转矩，这对女士来说是极不友好的。

在 20 世纪初期电动汽车是速度最快、续驶里程最长的汽车，直到强劲轻盈的内燃机汽车问世。1900 年，美国汽车销售中约有 $\frac{1}{3}$ 是电动汽车。然而，不久之后，由于一些历史事件，电动汽车被内燃机汽车取代。在 20 世纪初，道路基础设施得到了显著改善，这使得车辆可以行驶比当时续驶里程约 100km 的电动车更长的距离。此外，在得克萨斯州、加利福尼亚州和俄克拉荷马州发现了大量的石油储备，最终使汽油车的运营成本低于电动汽车。由于电起动器与消声器的发明，分别缓解了内燃机的手摇起动与噪声问题。最后，亨利·福特在 1913 年大规模生产汽油车使其价格比电动汽车低，此举成为电动汽车从市场迅速消失的导火索。从那时起，近百年来内燃机一直占据着汽车发动机的主导地位，但电动汽车并没有消失，仍在火车和小型车辆等少数范围内使用。

自 1990 年以来，通用汽车开始开发 Impact 和 EV1 等现代电动车型。然后克莱斯勒、福特、宝马、日产、本田和丰田也生产了一定数量的电动汽车。然而，由于电动汽车的续驶里程有限且价格相对较高，其市场份额很难扩大，这一直是电动汽车商业化的障碍。最近，由于石油燃烧导致的全球变暖、空气污染以及石油价格的不断升高再次引起公众对电动汽车的关注。此外，过去二十年里车载锂电池的价格和能量密度的技术突破，大大提高了电动汽车的可取性。

尽管 2016 年电动汽车仅占全球汽车市场份额中的几个百分点，但其增长率每年约为 100%。2015 年，全球最畅销的纯电动汽车（BEV）是日产 Leaf，全球销量为 20 万辆，特斯拉 Model S 的销量约为 10 万辆[5]。到 2016 年，充电电动汽车的续驶里程已延伸到 300 多 km；然而，与等价的内燃汽车相比，电动汽车的价格在没有税收激励时仍然不具备竞争力。包括插电式混合动力电动汽车（PHEV）在内，电动汽车在挪威、中国、美国和日本的市场渗透率迅速增长。

3.1.2 电动汽车的优缺点

电动汽车的耗能优于以化石燃料作为动力的内燃机汽车，电能可以由化石燃料（煤、石油和天然气）、核能和可再生能源（风能、太阳能、水力和潮汐能）等各种能源产生。

电动汽车的二氧化碳和其他气体排放量可能小于或等于内燃机汽车，这取决于电动汽车发电所用的燃料和技术。电动汽车的一个优点是其行驶过程中的零污染排放，因此其可以显著减少城市地区的空气污染（这正是现代大城市面临的问题）。

虽然电动汽车从电池到车轮的能效通常高于90%，但在传输过程中仍会损失动力，从4%（韩国）~30%（美国）不等。电动汽车是利用再生制动来补偿这种损耗，再生制动可以吸收车辆的动能并将其存储到车载电池中。

此外，从发动机到车轮的能效来看，内燃机汽车也存在类似的能量输送问题。加油站或充电站是一种昂贵的社会基础设施，在成本比较中应当考虑。所有这些经济因素最终都反映在加油的价格上。一般来说很难准确地比较加油的价格，因为它取决于国家和地区的石油/天然气价格、发电和输电成本。如果粗略估计一个价格，韩国电动汽车的加油成本约为0.015美元/km，假设一辆客车为0.1美元/kW·h和0.15kW·h/km，而韩国的一辆内燃机汽车的加油成本是1.2美元/L和20km/L，约0.060美元/km。计算出的内燃机汽车的加油成本是韩国电动汽车的4倍。如果使用电动汽车充电成本为0.10kW·h/km，而内燃机汽车是15km/L，则相对加油成本变为8倍。以上估计的内燃机汽车的加油成本可能低于其他国家，例如美国的天然气成本更低，电费比韩国高。

> **问题1**
> 计算你所在国家使用电动机和内燃机公交车的加油费用。为了公平比较，假设每种情况下乘客数量、空调和道路状况相同。

3.1.3 电动汽车的结构

电动汽车一般由传统车身和电动汽车特定部件组成，例如车载充能器（通常为充电器）、车载能量存储器（通常为车载电池）、功率转换器（通常为逆变器）和电机/传动系统（通常为电动机和变速器），如图3.1所示。将电动汽车与内燃机汽车进行类比是很有意思的：电动充电器与加油站，车载电池与油箱，逆变器与燃油喷射器，电机与内燃机。

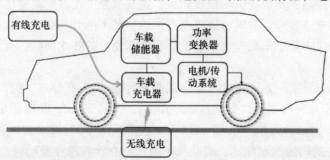

图3.1　一般电动汽车结构图，由有线充电与无线充电器充电

3.2　电动汽车的分类

根据能源种类/补充能量方法，以及上述电动汽车的特定组件和各种应用，可以将电动汽车分为多种类别。

3.2.1　按能源或充能分类

电动汽车的分类依据之一是能源种类或者充能方法，如外部充能和车载发电机。

外部补充能量方法可进一步分类如下：

1）有线电动汽车。电动列车（地铁、地面电车、高速列车）和无轨电车/公共汽车都采用与空中轨线/地面电力线直接接触的方式。广泛使用的带有电缆充电器的电动汽车以及线路连接的飞行器也可以归类为有线电动汽车。

2）无线电动汽车（WEV）。比如说道路供电电动汽车（RPEV）中一种在线电动汽车（OLEV），通过电磁感应从路面下埋置的高频电力电缆采集无线传输的电力。WEV 类电动汽车配备有固定无线充电器。在工业中广泛使用的具有非接触式电力系统（CPS）的小型运载工具也是属于无线电动汽车。

3）太阳能/射频供电的电动汽车。这指的是使用除电力之外的太阳能和射频等其他能源驱动（包括地面车辆，飞行器和水上交通工具）的电动汽车。太阳能乘用车、太阳能无人机、太阳能船和 RF 平流层无人机是其潜在应用的良好范例。

4）电池更换的电动汽车（BSEV）。这是一种特殊的充能方法，由机器人将汽车电池替换为已充满的电池。该方法的缺点是需要增加额外的电池成本和昂贵的电池更换系统，而优点是充电时间（更换电池）短，更换下的电池由于优化的慢充电模式而拥有更长的使用寿命。

车载发电机为电动汽车提供以下多种能源的电力：

1）内燃机驱动的电动汽车。车载内燃机［例如，汽油、柴油或液化石油气（LPG）发动机］可以为电动汽车发电或提供机械动力，这种汽车被称为混合动力电动汽车（HEV）。HEV 由内燃机、电池、变速器和电动机/发电机的多种可能组合而成的。

2）燃料电池驱动的电动汽车。车载燃料电池电动汽车（FCEV）利用燃料电池直接产生电力。

3）核能电动载具。船载核电站或核电池可在几个月或几年内无须充能即可产生电力，这对核潜艇和航天器至关重要。

外部加油和车载发电机的组合也是可能的。插电式混合动力电动汽车（PHEV）就是一个例子，其中外部可充电电线/无线电源设备、板载内燃机与电池安装在一起。

3.2.2　按部件分类

电动汽车主要由车载储能、电力转换器和机车三种主要部件组成。

电动汽车中主要使用的车载储能设备如下：

1）电池。可再充电的化学电池（如锂离子电池），广泛用于电池电动汽车（BEV），或者说纯电动汽车（PEV），有时也被称为全电动汽车（FEV）。不可充电的电池可用于玩具车，但通常不属于电动汽车。电动汽车电池可以在静止或移动时充电。

2）超级电容器。具有更大电容和更高能量密度的电容器可用于快速充电和放电的电动汽车。与电池电动汽车（BEV）不同，超级电容器电动汽车（SEV）具有无限长的充电/放电周期，瞬时功率容量更高（通常为20倍）。目前正在开发的大多数先进超级电容器具有与锂离子电池几乎相同的能量密度（kW·h/kg）。

3）飞轮。在短时间内，飞轮可以有效地存储动能，可用于电动汽车。当然，飞轮本身不能提供足够的能量来实现长距离行驶。

4）混合能量存储。因为上面提到的能量存储器具有优点和缺点，所以经常使用混合能量存储器。电池和超级电容器是一种很好的组合，其中超级电容器提供瞬时高功率/频繁的再生制动，而电池提供长时间的低功率。转换器通常连接超级电容器和电池。通过这种方式，延长了电池寿命并提高了整体效率。

电动汽车中使用的电力转换器和机车相关度极高，可分为以下几类：

1）逆变器-交流电机。由于大多数电动汽车都使用DC电源，因此在电动汽车中需要使用称为逆变器的DC-AC变换器驱动如三相异步电机（IM）和无刷直流电机（BLDC）等。速度和转矩控制环对于逆变器-电机系统响应驾驶员的命令至关重要。逆变器-电机与传输模块经常被制作成一个组合系统。

2）斩波器-直流电机。传统上，直流电机被用于需要大起动转矩的一些电动汽车，例如电动火车（通常是地铁列车和有轨电车）和叉车。DC-DC变换器被称为斩波器，用来驱动直流电机。

3.2.3　电动汽车的应用

电动汽车可应用于地面、空中、海上（船舶/水下）和太空等应用领域。

如上所述，地面车辆包括BEV、PEV、PHEV、FCEV和SEV。它们也可以分类为道路电动车和铁路电动车。

道路电动车可根据应用进一步分类为电动客车、电动公交车、电动出租车、电动手推车、电动拖车、电动卡车、电动摩托车、电动自行车、电动滑板车、社区电动车、电动高尔夫球车、电动牛奶车、电动叉车和电动轮椅等。地面车辆的一个特殊应用是太空漫游车，其中包括用于太阳能探测月球和火星的载人和无人太空飞行器。

铁路电动车还可以根据轻轨列车、地铁列车、有轨电车（街道列车）和高速（快速运输）列车等应用进一步分类。通常它们从架空线通过受电弓获得电力。与传统的柴油机车相比，电动列车具有更好的功率重量比和更高的激振功率，可实现快速加速以及再生制动，从而实现更高的能效。另一种特殊的铁路电动车是磁悬浮列车，其中不存在机械轨道，但磁悬浮轨道支撑浮动车辆，其通常由无线电力供应并由线性异步电动机驱动。然而，磁悬浮列车非常昂贵并且行驶中需要大量电能来维持车辆悬浮。

在航空初期，机载电动车一度激起了航空人巨大的热情，这种热情现已复苏。最近，可充电无人机被人们作为拍照、监视和运输货物的工具广泛应用。如上所述，由地面射频提供动力的平流层无人机许多时候会执行本地卫星的任务。太阳能或燃料电池驱动的无人机也正在作为潜在的未来无人机进行广泛测试。载人飞机可以通过使用可充电电池、燃料电池、太阳能或者来自地面的射频电源飞行，一般来说，其能量足够支撑约2h或1000km的短距离飞行。

海上电动车包括电池船、太阳能船、电动渡船和潜水艇。与机载电动车相比，海上电动车具有大量的空间和重量可用于储能，但由于运输效率低，需要大量的能源。因此，电池船的长充电时间和大功率是其商业化的难题之一。对于太阳能船，问题在于太阳电池所需的表面通常约为船的 10 倍。除了这个问题，电池船很安静，航行范围接近无限。潜艇在执行任务时经常使用电池来保持安静；这些电池有些由地面上的柴油或汽油发动机充电，有些是由核能和燃料电池提供动力。

太空电动车具有悠久的使用历史。电池、太阳能，还有核能长期用于航天器的动力源。为了使用电力推进航天器，静电离子推进器、电弧喷射火箭和霍尔效应推进器正在开发中。

问题 2

（1）提出能源、充能方法、能量储存和电动汽车应用的新组合。

（2）提出不可行或不合适的电动汽车的能源，充能方法，储能和应用的任何组合。

3.3　电动汽车的技术和其他问题

尽管最近电动汽车的数量在迅速增长，但距离其广泛使用，仍有许多技术、经济和环境问题有待解决。

如果我们将讨论局限于典型的地面电动汽车，如 BEV、PHEV 和 RPEV，可能最大的瓶颈是与电池相关的问题，即电池本身和电池充电问题。期望电池尺寸、成本、寿命、充电时间和充电自由度得到改进。

其中一个重要的技术问题是电气安全，包括电磁场（EMF）发射、电磁兼容性（EMC）和电磁保护，当利用磁场进行无线电能传输时，经常使用高电压电池以获得更高的功率和更高的效率。电动汽车和电动客车中广泛应用的是高于 300V 的直流电。

在能效方面，电动汽车的"油箱到车轮"效率比同等水平的内燃机汽车高几倍，但电动汽车的"车轮到车轮"效率并不是全都高于内燃机汽车的车型。电动汽车的车轮效率不仅与电动汽车本身有关，而且与电力生产方法有关。为了公平比较，内燃机汽车的"井到车"效率应包括勘探、采矿、精炼、运输和加油所消耗的能源。

电动汽车的充电成本和充电基础设施是一个重要的经济问题，需要与内燃机汽车进行比较，其中加油成本和充电站的价格比电动汽车贵几倍。

电网基础设施是有关电动汽车的重要技术和经济问题。如果控制不当，电动汽车的大规模商业化将需要更多的发电厂和电网基础设施。然而，如果电动汽车充电主要在有许多汽车都未使用电力的晚上，那么电网的负担将显著减轻。如果在电网电力不足时进行车对电网（V2G）连接，它甚至可以帮助稳定电网。这种 V2G 功率可以减少对新发电厂的需求，但它会缩短电池使寿命并限制一定的驾驶自由。因此，在电池技术突破与高效转换器被开发出之前，连接电网并不是一个很好的解决方案。

电动汽车的普及还必须解决一系列令人焦虑问题。一种解决方案是创造出一种新的电池，它具有更高的能量密度和更低的价格，几分钟的充电时间与至少一千次的使用周期，但由于储能量大，电力设施充电容量大，仍然存在易爆炸问题。另一种更可行的解决方案是道路无线充电，其本身不需要电池并且可利用任何机会在行驶途中充电。

在寒冷气候下，加热对电动汽车是一个严重的问题，因为需要消耗大量的能量来保持车辆内部温暖并对窗户进行除霜。对于传统的内燃汽车而言，这是一项简单的任务，内燃机中的热量是一种废物般的存在。但是，如果电动汽车连接到电网，则可以在不使用电池能量的情况下对其进行预热或预冷。

问题 3

（1）评估太阳能电动汽车在一天中可用的太阳能和每日行驶距离方面的可行性。

（2）设计适合 EV 的可展开太阳电池板，以满足（1）的要求。

电动汽车的社会影响之一在于其高公共交通效率，这是通过从私人交通到公共交通（例如火车，有轨电车和公共汽车）的转变实现的。从技术和经济角度来看，尽管私人电动汽车现在正在努力与内燃机汽车竞争，但电动汽车在很多国家的公共交通领域更容易应用与实现。

政府鼓励和促进电动汽车在全球范围广泛应用，以减少空气污染和化石燃料消耗，并鼓励相关技术创新。

问题 4

设计政府激励措施，促进电动汽车的广泛使用。如果可能的话，设计不需要政府预算的激励措施。

参 考 文 献

1 H.O. Hardenberg and O. Horst, *Samuel Morey and His Atmospheric Engine*, Warrendale, PA, 1992.

2 D. Clerk, *Gas and Oil Engines*, Longman Green & Co, 7th edn, 1897, pp. 3–5.

3 M. Guarnieri, "Looking back to electric cars," *Proc. HISTELCON 2012: The Origins of Electrotechnologies.* doi:10.1109/HISTELCON.2012.6487583.

4 A.P. Loeb, "Steam versus electric versus internal combustion: choosing the vehicle technology at the start of the automotive age," *Transportation Research Record, Journal of the Transportation Research Board of the National Academies*, No. 1885, at 1.

5 J. Cobb, *Plug-in Pioneers: Nissan Leaf and Chevy Volt Turn Five Years Old*, HybriCars.com, 2015. doi: http://www.hybridcars.com/plug-in-pioneers-nissan-leaf-and-chevy-volt-turn-five-years-old/.

第二部分
感应电能传输（IPT）理论

本部分介绍了三种用于分析和设计感应电能传输（IPT）的基本理论。

引入耦合电感模型作为 IPT 的基础理论，提供了对不同模型的 IPT 系统的原理的广义理解。

作者最近引入的回转器电路模型作为基于 IPT 系统电路的建模技术，以对电路友好的工具提供了深入的见解。预计该模型将成为 IPT 系统分析和设计所必需的最有用工具之一。

尽管之前有一种理想的磁镜模型，但作者最近也引入了一种磁镜模型。这种增强型磁镜模型适用于有限长度的芯板，这在实际计算电感和磁场方面非常有用。

最后，作者也介绍了通用的统一动态相量。包括 IPT 系统的任何线性 AC 电路的静态和动态性能可以通过理论进行分析，而无须计算方程式，通过检查等效的固定电路，读卡器可以处理 AC 转换器和 IPT 系统，如传统的 DC 电路。

第 4 章　耦合线圈模型

4.1　简介

为了模拟广义 IPT 系统，让我们考虑两个独立的电流源驱动的耦合线圈，分别如图 4.1 所示。注意一次和二次线圈的电流和电压的定义在图 4.1a 中是对称的；这样做使得一次线圈和二次线圈不一定就是发射线圈和接收线圈。该无线电能传输的方向在耦合线圈中可以是任意的。然而，如果二次侧电流源的方向被反向定义，不会令人困惑，因为如图 4.1b 所示的磁通量的定义不变。对于这种不对称电流源的定义，显然功率从一次线圈流向二次线圈；然而，事实并非如此，并不像讨论出的功率流向。当前方向的惯例只是为了方便而不改变物理现象。

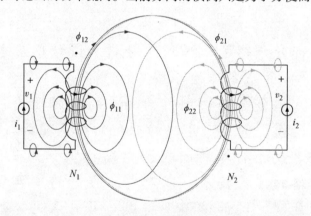

a) 对称电流源的定义

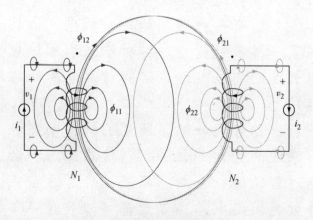

b) 不对称电流源的定义

图 4.1　两个耦合线圈分别由任意独立电流源驱动

注意两个耦合线圈的极性，其中二次侧的点显示在图 4.1a 的底部，这是为了保持使所有电流流入点产生的磁通量方向相同。二次侧的点位于图 4.1b 的上侧，其中二次电流方向反向，但二次电流产生的磁通量的方向不变。但请记住，互感的磁通量 ϕ_{12} 和 ϕ_{21} 的方向是相反的。

线圈的电流和电压不一定是正弦波，可以是任何波形，除非本章另有规定。此外，两个线圈之间的磁耦合不一定很高，可以任意小。然而，假定本章所有线圈都没有任何寄生电容和非线性的，而且 IPT 系统的工作频率足够低，所以不必考虑电磁辐射和传输延迟。只要它不是非线性的，线圈可以是无磁心的或有磁心的。

根据安培定律，任何通过导线的导电电流都会产生磁通量，如图 4.1 所示。一次线圈产生的一些磁通量与二次线圈（ϕ_{11}）相交，其余的循环（ϕ_{12}）。这适用于二次线圈，交叉磁通量 ϕ_{21} 和自循环磁通量 ϕ_{22}，如图 4.1 所示。这里，图 4.1 中的导线寄生电感不计入耦合线圈模型，但它可以单独考虑为集中电感。因此，仅考虑线圈产生的磁通量。

现在将重点关注一次侧和二次侧的电压。根据法拉第的理论，线圈的电压可以通过微分确定（通过上面的点表示）。磁通量与线圈相交的情况如图 4.1a 所示。

$$v_1 = N_1(\dot{\phi}_{11} + \dot{\phi}_{12} - \dot{\phi}_{21}) \tag{4.1a}$$

$$v_2 = N_2(\dot{\phi}_{22} + \dot{\phi}_{21} - \dot{\phi}_{12}) \tag{4.1b}$$

对于图 4.1b 所示的非对称情况，v_2 的极性反转如下：

$$v_1 = N_1(\dot{\phi}_{11} + \dot{\phi}_{12} - \dot{\phi}_{21}) \tag{4.1c}$$

$$v_2 = N_2(\dot{\phi}_{22} + \dot{\phi}_{21} - \dot{\phi}_{12}) \tag{4.1d}$$

式（4.1d）中 $\dot{\phi}_{12}$ 极性反转的原因是，法拉第定律中的感应电压是根据电流方向产生的磁通量定义的。作为二次侧电流源极性的变化不会改变二次电流产生磁通量的方向，因此感应电压 v_2 的极性应改变以保持与式（4.1b）有同样的关系。

不要低估在变量定义中保持正确符号的难度。这很容易混淆，读者必须小心分辨电流、电压、功率和场的极性。我们将这种极性问题称为 "$-1x$ 问题"。伴随着 "$2x$ 问题"、这是由时间、频率和空间现象的对称结构引起的，这些 $2x$ 问题是混淆和误解的最大根源。因此在定义现象的极性和对称配置时需要谨慎和耐心。

在式（4.1）中，假设所有磁通量与每个线圈的所有绕组 N_1 和 N_2 都相交，并且没有磁通量与绕组的部分相交。图 4.1 显示了当磁通量仅与绕组的一部分相交时的情况，其可以由许多耦合变压器建模。为了避免复杂的讨论，只考虑简单的情况，这不会降低所提出的理论的普遍性。

根据安培定律，确定每个磁通量与其对应的电流成比例，如下：

$$\phi \; \alpha \; i, \;\; \because \phi = \int_s \boldsymbol{B} \cdot d\boldsymbol{S}, \;\; \boldsymbol{B} = \mu \boldsymbol{H}, \;\; \oint_l \boldsymbol{H} \cdot d\boldsymbol{l} = Ni \tag{4.2}$$

通过等效电感的感应电压来规范地定义电感，如下所示：

$$v = N\dot{\phi} = L\dot{i} \Rightarrow L \equiv \frac{N\phi}{i} \tag{4.3}$$

将式（4.3）代入式（4.1）得到以下等式：

$$v_1 = N_1(\dot{\phi}_{11} + \dot{\phi}_{12} - \dot{\phi}_{21}) = L_{11}\dot{i}_1 + (L_{12}\dot{i}_1 - L_{21}\dot{i}_2/n) \;\; 对于对称的情况 \tag{4.4a}$$

$$v_2 = N_2(\dot{\phi}_{22} + \dot{\phi}_{21} - \dot{\phi}_{12}) = L_{12}\dot{i}_2 + (L_{21}\dot{i}_2 - nL_{12}\dot{i}_1) \quad \text{对于对称的情况} \tag{4.4b}$$

$$v_1 = N_1(\dot{\phi}_{11} + \dot{\phi}_{12} - \dot{\phi}_{21}) = L_{11}\dot{i}_1 + (L_{12}\dot{i}_1 - L_{21}\dot{i}_2/n) \quad \text{对于不对称的情况} \tag{4.4c}$$

$$v_2 = -N_2(\dot{\phi}_{22} + \dot{\phi}_{21} - \dot{\phi}_{12}) = -L_{12}\dot{i}_2 - (L_{21}\dot{i}_2 - nL_{12}\dot{i}_1) \quad \text{对于不对称的情况} \tag{4.4d}$$

其中电感和匝数比定义如下：

$$L_{11} \equiv \frac{N_1\phi_{11}}{i_1}, \quad L_{12} \equiv \frac{N_2\phi_{22}}{i_2}, \quad L_{12} \equiv \frac{N_1\phi_{12}}{i_1}, \quad L_{21} \equiv \frac{N_2\phi_{21}}{i_2} \tag{4.5a}$$

$$n = \frac{N_2}{N_1} \tag{4.5b}$$

从式（4.4）可以得出集总电路元件模型，如图 4.2 所示。注意两个耦合线圈的极性，其中二次侧的点显示在底部，以保持流入点的所有电流产生的磁通量方向相同，这也适用于图 4.1，尽管点未显示。

在图 4.2 中，耦合线圈之间没有漏磁通，并且互磁通量变为

$$\phi_{\mathrm{m}} \equiv \phi_{12} - \phi_{21} \tag{4.6}$$

在式（4.6）中，即使我们现在正在考虑它们两者，但两个磁通量仍然不需要彼此连接。

由于磁通量的变化，电路理论无法对其进行分析，所以在随后的章节中，我们将为图 4.2 所示的磁模型找到合适电路模型。

4.2 变压器模型

有必要用电路代替图 4.2 的磁耦合部分，以找到 IPT 系统的等效电路。因此，除了图 4.2 的漏电感外的磁耦合部分都会被重新聚焦，如图 4.3 所示。其中二次侧电流源的极性反转，但磁通量 ϕ_{21} 的方向由于其上的点不变而不变，如图 4.2b 所示。

如图 4.2b 和图 4.3 所示，与图 4.2a 相比，经常使用耦合线圈，因为它与从一次线圈到二次线圈功率传输的物理极性很好地匹配。当从左到右供电时，所有一次和二次电压与电流同相位（正）。注意，当一次和二次电流同相时，从一次侧和二次侧产生的磁通量相互抵消，这导致 ϕ_{m} 减小。然而，图 4.3 的"物理上正确"模型可能会误导初学者认为功率流应该从一次线圈到二次线圈，而 ϕ_{21} 总是在 ϕ_{12} 的反方向。如前一节所述，不存在功率流极性的偏好，任何电压和电流的相位和极性都是任意的。甚至主电流源和二次侧电流源的频率和相位也可能彼此不同。

让我们找到图 4.3 中 L_{12} 和 L_{21} 之间的关系，它们分别是一次侧和二次侧的电感，共享磁通 ϕ_{m}。从式（4.5a）和式（4.6）发现 L_{12} 如下：

$$L_{12} \equiv \frac{N_1\phi_{12}}{i_1} = \frac{N_1\phi_{\mathrm{m}}}{i_1}\bigg|_{i_2=0} = \frac{N_1 N_1 i_1}{i_1 \mathscr{R}_{\mathrm{m}}} = \frac{N_1^2}{\mathscr{R}_{\mathrm{m}}} \tag{4.7}$$

式中，$\mathscr{R}_{\mathrm{m}}$ 定义为图 4.3 磁耦合线圈的磁阻，它是一匝情况下由式（4.2）确定的电流和磁通的比值。同样，L_{21} 可以从式（4.5a）和式（4.6）中找到如下：

$$L_{21} \equiv \frac{N_2\phi_{21}}{i_2} = \frac{N_2\phi_{\mathrm{m}}}{-i_2}\bigg|_{i_1=0} = \frac{N_2 N_2 i_2}{i_2 \mathscr{R}_{\mathrm{m}}} = \frac{N_2^2}{\mathscr{R}_{\mathrm{m}}} \tag{4.8}$$

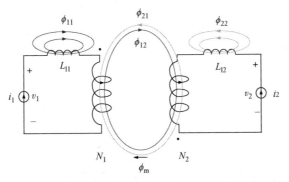

a) 对称电流源的定义

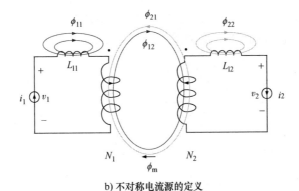

b) 不对称电流源的定义

图 4.2　两个耦合线圈的简化集总电路元件模型

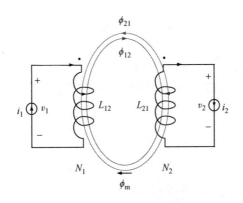

图 4.3　一种简单的无漏电感磁耦合线圈模型

在式（4.8）中，相对于 ϕ_m，i_2 的极性反转与 ϕ_{21} 的磁通方向相同，如式（4.6）所示。比较式（4.7）和式（4.8），其中磁阻 $\mathscr{R}_m$ 是常见的，电感具有以下关系：

$$L_{21}=n^2L_{12}=n^2L_m \quad \because L_{12}\equiv L_m \tag{4.9}$$

将式（4.9）应用于式（4.4c）和式（4.4d）会产生以下结果：

$$v_1=L_{11}\dot{i}_1+(L_{12}\dot{i}_1-L_{21}\dot{i}_2/n)=L_{11}\dot{i}_1+L_m(\dot{i}_1-n\dot{i}_2)\equiv L_{11}\dot{i}_1+v_m \tag{4.10a}$$

$$v_2=-L_{12}\dot{i}_2-(L_{21}\dot{i}_2-nL_{12}\dot{i}_1)=(nL_m\dot{i}_1-n^2L_m\dot{i}_2)L_{12}\dot{i}_2=nv_m-L_{12}\dot{i}_2 \tag{4.10b}$$

$$\because v_{\mathrm{m}} = L_{\mathrm{m}}(\dot{i}_1 - n\dot{i}_2) = L_{\mathrm{m}}\dot{i}_{\mathrm{m}}, \quad i_{\mathrm{m}} \equiv i_1 - ni_2 \qquad (4.10\mathrm{c})$$

式（4.10）的电路重建如图 4.4 所示，其中变压器是理想的变压器，其匝数比为 n，L_{m} 在物理上与磁化电感相对应，其定义如下：

$$L_{\mathrm{m}} \equiv \frac{N_1 \phi_{\mathrm{m}}}{i_{\mathrm{m}}} = \frac{N_1^2}{\mathscr{R}_{\mathrm{m}}} \qquad (4.11)$$

对于磁心的设计，式（4.11）对于确定给定最大磁通密度的 L_{m} 和 i_{m} 非常有用。

如图 4.4 所示，IPT 系统的等效电路确实是传统的变压器。然而，主要差异之一是漏电感 L_{l1} 和 L_{l2} 的值，它们与传统变压器中的磁化电感 L_{m} 相比而言非常小（通常约为 1%）。IPT 系统中的漏电感通常大于磁化电感（通常为 100% ~ 10000%）。此外，尽管频率相同，但一次和二次线圈的电压和电流通常相位不同。与连接到耦合线圈的谐振电路一起，二次电流在许多情况下与一次电流成二次方关系，这与传统变压器完全不同。二次电压和电流不是由 IPT 系统中的匝数比 n 直接确定的，因此我们改变了二次电流的极性，以便将 IPT 系统与标准变压器区分开来。

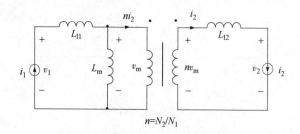

$$n = N_2/N_1$$

图 4.4　两个耦合线圈的变压器模型

回想一下，如图 4.4 所示，显式变压器模型通常适用于源电流的任意波形。理论上，可以将直流电流源应用于图 4.4 所示的等效电路。

显式变压器模型（也称为"变压器模型"）的优点在于确定了两个漏电感、磁化电感和理想变压器的 4 个电路元件的物理特性。因此，该模型对于 IPT 系统的线圈设计是方便和有用的。

4.3　M 模型

在 IPT 系统中广泛使用的另一类模型是相互耦合的模型，称为 M 模型，如图 4.5 所示。在前面的显式变压器模型中，用 3 个参数而不是 4 个参数描述了两个耦合线圈，如下所示：

$$v_1 = L_1 \dot{i}_1 - M\dot{i}_2 \qquad (4.12\mathrm{a})$$

$$v_2 = M\dot{i}_1 - L_2 \dot{i}_2 \qquad (4.12\mathrm{b})$$

从式（4.12）可以看到，既没有匝数比也没有变压器，如图 4.5b 所示。一次侧从属电压源的极性在图 4.5b 所示的时刻反转，但如果 i_2 的极性反向定义，它可以再次反转，如图 4.5c 所示，这就是图 4.1a 和图 4.2a 对称配置的目的。实际上，图 4.5c 更常用，但应仔细定义 i_2 的极性。

从显式变压器模型式（4.10）开始，式（4.12）可以通过重新排列组合来推导：

$$v_1 = L_{l1}\dot{i}_1 + L_m(\dot{i}_1 - n\dot{i}_2) = (L_{l1} + L_m)\dot{i}_1 - nL_m\dot{i}_2 \equiv L_1\dot{i}_1 + M\dot{i}_2 \tag{4.13a}$$

$$v_2 = (nL_m\dot{i}_1 - n^2L_m\dot{i}_2) - L_{l2}\dot{i}_2 = nL_m\dot{i}_1 - (n^2L_m + L_{l2})\dot{i}_2 \equiv M\dot{i}_1 - L_2\dot{i}_2 \tag{4.13b}$$

$$\because M \equiv nL_m, \quad L_1 \equiv L_{l1} + L_m, \quad L_2 \equiv L_{l2} + n^2L_m \tag{4.13c}$$

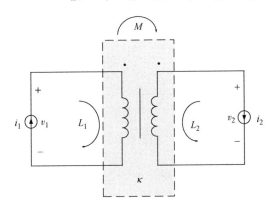

a) 隐式变压器模型

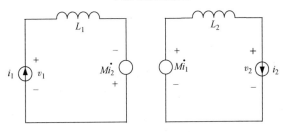

b) 图a所示的等效电路

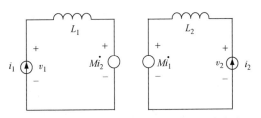

c) 用于电流源对称方向的M模型的替代等效电路

图 4.5 两个耦合线圈的 M 模型

如式（4.13）所示，L_1 和 L_2 分别是一次侧和二次侧的电感，M 是由匝数比 n 和电感 L_m 的乘积确定的互感。这就是我们要将 M 模型称为隐式变换器模型的原因，其中一些物理参数没有明确出现。通常 M 的值可以通过给定的几何关系算出来，就像本章给出的附录所示。

M 模型与图 4.6 中描述的变换器模型完全等价。

让我们测试图 4.5b 中通过电压源提供的电能。首先，分别求出一次侧的瞬时输入功率和二次侧的瞬时输出功率，具体如下：

$$p_1(t) = -i_1(M\dot{i}_2) \tag{4.14a}$$

$$p_2(t) = i_2(M\dot{i}_1) \tag{4.14b}$$

$$\Rightarrow p_1(t) = -M i_1 \dot{i}_2 \neq M i_2 \dot{i}_1 = p_2(t) \tag{4.14c}$$

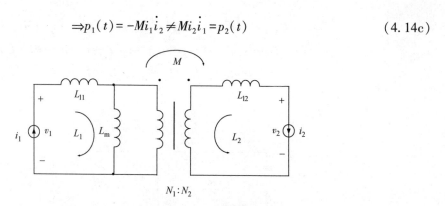

图 4.6 与 M 模型等价的变压器模型

对于 i_1 和 i_2 的任意电流，如式 (4.14) 所得，不保留瞬时输入和输出功率。然后，我们可以考虑稳态中单频率的正弦情况，其描述如下：

$$p_1(t) = -i_1(M\dot{i}_2) \Rightarrow P_1 = -\mathrm{Re}\left\{ I_1^*(Mj\omega_s I_2) \right\} \tag{4.15a}$$

$$p_2(t) = i_2(M\dot{i}_1) \Rightarrow P_2 = \mathrm{Re}\left\{ I_2^*(Mj\omega_s I_1) \right\} \tag{4.15b}$$

$$\therefore P_1 = -\mathrm{Re}\left\{ I_1^*(Mj\omega_s I_2) \right\} = -\mathrm{Re}\left\{ \left(I_1^*(Mj\omega_s I_2) \right)^* \right\} = -\mathrm{Re}\left\{ I_1(-Mj\omega_s I_2^*) \right\}$$

$$= \mathrm{Re}\left\{ I_2^*(Mj\omega_s I_1) \right\} = P_2 \tag{4.15c}$$

从式 (4.15) 中可以看出，M 模型的功率保持静态相位域。可以说，在正弦电源驱动的 M 模型情况下，无线电能通过电压源进行传输。

问题 1

为什么不保留瞬时功率，但要在式 (4.14) 和式 (4.15) 中保留静态功率？

在互感器和传统变压器中广泛使用的一个重要参数是耦合系数或耦合因子 κ，它也表示为 k。如图 4.6 所示，变压器的一次和二次开路电压增益使我们了解两个线圈在静态相量域中相互耦合的程度如下：

$$\kappa^2 \equiv \frac{V_2}{V_1}\bigg|_{I_2=0} \times \frac{V_1}{V_2}\bigg|_{I_1=0} = \left(\frac{L_m}{L_{l1}+L_m} n \right) \left(\frac{n^2 L_m}{L_{l2}+n^2 L_m} \frac{1}{n} \right) \tag{4.16a}$$

$$= \frac{n L_m}{L_{l1}+L_m} \frac{n L_m}{L_{l2}+n^2 L_m} = \frac{M}{L_1} \frac{M}{L_2} = \frac{M^2}{L_1 L_2}$$

$$\Rightarrow \kappa = \frac{M}{\sqrt{L_1 L_2}} = \frac{n L_m}{\sqrt{(L_{l1}+L_m)(L_{l2}+n^2 L_m)}} \tag{4.16b}$$

对于理想的变压器，耦合系数是统一的，如下所示：

$$\kappa^2 = \frac{V_2}{V_1}\bigg|_{I_2=0} \times \frac{V_1}{V_2}\bigg|_{I_1=0} = \left(\frac{L_m}{0+L_m} n \right) \left(\frac{n^2 L_m}{0+n^2 L_m} \frac{1}{n} \right) = n \frac{1}{n} = 1 \tag{4.17a}$$

$$\Rightarrow \kappa = \frac{M}{\sqrt{L_1 L_2}} = 1 \quad \text{或} \quad M = \sqrt{L_1 L_2} \tag{4.17b}$$

但是，对于耦合系数很小的 IPT，互感相对较小，如下所示：

$$M=\kappa\sqrt{L_1L_2}\ll\sqrt{L_1L_2}, \kappa\ll1 \tag{4.18}$$

M 模型的优点是简单，但由于具有独立电压源，基于电路的分析是不允许的。

4.4 T 模型

耦合线圈的另一个有用的模型是 T 模型，它由三个电感组成，类似于字母"T"，如图 4.7 所示。

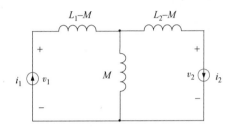

图 4.7 两个耦合线圈的 T 模型

这个 T 模型可以从式（4.13）的 M 模型中通过重新排列项来导出，如下所示：

$$v_1=L_1\dot{i}_1-M\dot{i}_2=(L_1-M)\dot{i}_1+M(\dot{i}_1-\dot{i}_2) \tag{4.19a}$$

$$v_2=M\dot{i}_1-L_2\dot{i}_2=-(L_2-M)\dot{i}_2+M(\dot{i}_1-\dot{i}_2) \tag{4.19b}$$

式（4.19）的电路重构为图 4.7。然而，因为没有电流隔离，图 4.7 并不是耦合线圈的精确等效电路。除了这个隔离问题，图 4.7 也可称为耦合线圈的精确等效电路。

值得注意的是，除了参数 M 之外，T 模型的电感值不一定是正的。实际上，它们在以下条件下将变为负的：

$$L_1-M<0\Rightarrow L_1<M=\kappa\sqrt{L_1L_2}\Rightarrow L_1^2<\kappa^2L_1L_2\Rightarrow L_1/L_2<\kappa^2 \tag{4.20a}$$

$$L_2-M<0\Rightarrow L_2<M=\kappa\sqrt{L_1L_2}\Rightarrow L_2^2<\kappa^2L_1L_2\Rightarrow L_2/L_1<\kappa^2 \tag{4.20b}$$

在对称结构下，$L_1=L_2$ 和式（4.20）的两个条件都不成立；这意味着 T 模型的两个电感都是正的。然而，假设在不对称情况下，$L_1<L_2$，满足式（4.20a），这将导致负电感值。

T 模型的优点在于简单性和通用性，可用于基于电路的分析。T 模型的缺点是无法找到匝数比和耦合因子等电路参数。

问题 2

（1）当式（4.20）中的电感变为负值时，它的物理能量和系统稳定性发生了什么变化？

（2）具有正电容的电容器与负电感有什么相似和不同之处？

（3）负电感与负电阻的相似性和区别是什么？

4.5 进一步讨论和结论

前文证明了变压器模型、M 模型和 T 模型是等价的，描述了它们的优、缺点，所以对模型的选择可能是任意的。因此，可以任意选择能够提供解决方案的模型。

在电路分析中，变压器模型和 T 模型是首选的，而基于方程的分析则更倾向于 M 模型。当使用 M 模型时，只看到 L_1 和 L_2 的电感，独立电压源看起来像零阻抗理想电压源，然而，通过一次和二次电路相互作用，独立电压源可以等效于任何电抗。

以上三种模型不仅适用于静态正弦电流源，也适用于暂态状态下的任意电流源。此外，该模型对于电压源是有效的，并且与任何电路兼容，如图 4.8 中的示例所示。

虽然不包括在模型的推导中，但详细的变压器模型可以包括导通损耗和磁心损耗（磁滞损耗和涡流损耗）以及寄生电容的电阻，如图 4.9 所示。当然，这种变压器模型与任意电源和外部电路兼容，就像传统的变压器一样。

在 IPT 系统的设计中，广泛探讨了气隙和横向偏移对漏感、磁化电感和耦合线圈匝数的影响。由于变压器模型给我们提供了所有电路参数的详细信息，所以我们采用该模型。

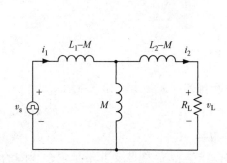

图 4.8　一个由任意电源驱动的有效的 T 模型

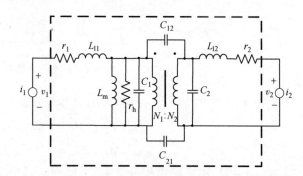

图 4.9　带有寄生电容的耦合线圈的变压器模型

附录

如图 4.10 所示，两个单匝线圈之间的互感一般可以得到。线圈的形状和方向可以是任意的，电流和磁通可以是直流的也可以是交流的（尽管这里对直流情况作了说明），这并不影响互感。为了清楚地表明下面的推导对于实时变量和相量变量都是有效的，这里采用箭头型向量表示法。

使用双积分 Neumann 公式[1,2]，图 4.10 的互感可以计算如下：

$$M_{ij} \equiv \frac{\phi_i}{I_j} = \frac{\mu_0}{4\pi} \oint_{C_i} \oint_{C_j} \frac{\mathrm{d}\vec{l}_i \mathrm{d}\vec{l}_j}{|\vec{R}_{ij}|} \tag{4.21}$$

根据 Stokes 定理和矢量的概念计算磁通量如下：

$$\phi_i = \int_{S_i} \vec{B} \mathrm{d}\vec{s}_i = \int_{S_i} (\nabla \times \vec{A}) \mathrm{d}\vec{s}_i = \int_{C_i} \vec{A} \mathrm{d}\vec{l}_i = \int_{C_i} \left(\frac{\mu_0 I_j}{4\pi} \int_{C_j} \frac{\mathrm{d}\vec{l}_j}{|\vec{R}_{ij}|} \right) \mathrm{d}\vec{l}_i \tag{4.22}$$

式中，M_{ij} 是第 i 个环形线圈和第 j 个环形线圈之间的互感；ϕ_i 是通过第 i 个环形线圈表面 S_i 的磁通量；I_j 是第 j 个环形线圈轮廓 C_j 的电流；μ_0 是自由空间的渗透率（取 $4\pi \times 10^{-7}$）；$\vec{B}$ 是由电流 I_j 产生的磁通密度；$\vec{A}$ 是由电流 I_j 产生的矢量电位；$\mathrm{d}\vec{l}_i$ 是轮廓 C_i 上的无穷小长度向量。$\mathrm{d}\vec{l}_j$是轮廓 C_j 上的无穷小长度向量；$\vec{R}_{ij}$ 是 $\mathrm{d}\vec{l}_i$ 和 $\mathrm{d}\vec{l}_j$ 两点之间的距离矢量；$\mathrm{d}\vec{s}_i$ 是轮廓 C_i 上的无穷小表面矢量。

于是，N_i 和 N_j 的多匝互感就变成了

$$M_{ij,t} = N_i N_j M_{ij,t} = N_i N_j \frac{\mu_0}{4\pi} \oint_{C_i} \oint_{C_j} \frac{\mathrm{d}\vec{l}_i \cdot \mathrm{d}\vec{l}_j}{|\vec{R}_{ij}|} \tag{4.23}$$

式（4.21）中总磁通与 N_i 和 N_j 成正比。

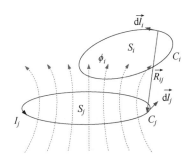

图 4.10 两个任意回路之间的互感

习　题

4.1　交流电源可以通过变压器传输，但直流电源不能通过变压器传输，这常常被变压器的本质误解。让我们使用图 4.11a 中的显式变压器模型来研究这个假象，它没有内部电阻和寄生电容，但是有一个有限的磁化电流。因此，当变压器的磁化电流 I_m 达到饱和电流 I_m 时，变压器失去了其磁感应能力。假设 $V_s = 100\mathrm{V}$，$L_{11} = 10\mu\mathrm{H}$，$L_m = 90\mu\mathrm{H}$，$L_{12} = 80\mu\mathrm{H}$，$I_m = 3\mathrm{A}$，$n = 4$。假设 $R_1 = \infty$。

（a）输出电压用 v_2 描述，如图 4.11b 所示。解释为什么电压波形保持一段时间不变，然后最终急剧下降到零。

（b）确定图 4.11b 所示的输出电压电平 V_o 和不饱和时间 T_1。

（c）图 4.11c 中的给定交流输入电压绘制输出电压 v_2，假设两个周期的 $T_2 = 20\mathrm{ms}$。寻找最终使变压器饱和的最大输入电压 V_m。

（d）提出了降低变压器饱和的方法（提示，改变交流电压的起始相位）。我们能以这种方式增大多少 V_m？

4.2　检查负载电流对图 4.11a 中变压器的影响，假设除了 $R_1 = 10\Omega$ 外，电路参数与习题 4.1 相同。

（a）用图 4.11b 中的阶跃输入电压绘制输出电压 v_2。解释电压波形，特别是与零负载电流情况的差别。

（b）确定图 4.11b 的输出电压电平 V_o 和不饱和时间 T_1。

（c）用图 4.11c 的给定交流输入电压绘制输出电压 v_2，假设两个周期的 $T_2 = 20\mathrm{ms}$。找出最终使变压器饱和的最大输入电压 V_m。

（d）将 a~c 项的上述结果与零负载电流情况的结果进行比较。负载电流是否会使变压器的饱和特性恶化？

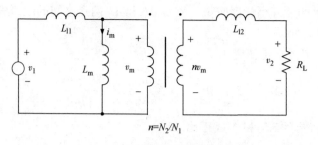

a) 无损耗的显式变压器模型

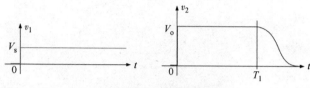

b) 阶跃输入及其对应输出响应

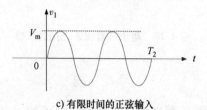

c) 有限时间的正弦输入

图 4.11　有限饱和电流的变压器的瞬态响应

4.3　计算在同一平面上的两个圆形线圈之间的互感。假设线圈的内径和外径分别为 1m 和 2m，且两个线圈的匝数均为 4。

参 考 文 献

1 J.D. Jackson, *Classical Electrodynamics*, John Wiley & Sons, 1975, pp. 176 and 263.

2 C.R. Paul, *Inductance Loop and Partial*, John Wiley and Sons, Inc., Hoboken, NJ, USA, 2010.

第5章 回转器电路模型

5.1 简介

电感式电能传输系统（IPTS）被越来越多地使用在电动汽车、消费级电子器件、医疗设备、照明、工业自动化、防御系统和远程传感器等领域[1-14]。在大多数 IPTS 中，补偿电路显得至关重要。它通过补偿产生自耦合线圈的无功功率来提升负载的功率。在已有的文献中记录了各种各样的补偿电路，比如电压源型 SS 结构（V-SS）电路、电压源型 SP 结构（V-SP）电路以及 *LCL* 结构电路[15-42]。每一种补偿电路在给定的谐振频率下都有自己特定的电气特性，比如电源对负载的电压/电流增益、独立负载 R_L 的输出特性、电源的功率因数、电源相位角的符号以及对开路/短路负载的容差[15-35,43]。因此，在 IPTS 设计之初，对给定的应用场合，选择最合适的电路是非常重要的。

一个典型的补偿电路展示如图 5.1 所示。它主要包含了将无线电能传输至负载的耦合电感，以及两个补偿电容。同时也能使用更多的电容和电感[36-42,44,59-62]。对这些补偿电路的分析目前主要是运用基本等式法，通常包含矩阵运算。通过求解电路方程，可以确定电路的特性。因此，求解方程的方法非常通用、统一而且明确。然而，对包含超过 4 个电抗元件的补偿电路，求解方程会显得枯燥而且费时。作为解决这些问题的另一种选择，本章介绍了一种对 IPTS 建模的图形法。相较于基本等式法而言，图形化方法的好处广为人知[46,63-73]。电路平均法在开关变换器的建模中被广泛使用，因为它允许在电路图上进行操作。采用图形法，使手动计算高阶电路变得很容易，同时能带给我们丰富的机理认识，还可以得到开关变换器作为电子变压器的一种统一而通用的等效电路[46]。

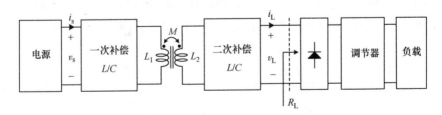

图 5.1 IPTS 补偿电路的典型结构

在本章中，所有 IPTS 本身具有回转器的特性都得到了阐释并通过图形法进行了证实。回转器是一种基本的电路元件，Tellegen 在 1948 年基于理想变压器应该对应存在一种补偿装置这一想法，引进了回转器的概念[45]。在电力电子领域中，我们在对 AC 变换器的分析中首次使用了回转器，通过用回转器表示 D-Q 变换的 AC 子电路[46]。磁性元件在电气领域中是通过将绕组当作回转器来进行建模的，回转器能够将电流转换为磁力或者反过来[47]。基本开关变换器的功率过程特性已经可以通过回转器来建模[48,49]。通过使用我们提出的方法，补偿电路的分析会被大大简化。这种方法非常适合实际中的使用，因为它简单而且系统化。我们给出如下理由：

1）它很简单，因为分析过程采用图形化的步骤而且不包含复杂公式。

2）它很系统化，因为分析过程可以以一种统一的形式应用到不同的补偿电路中。首先，在电源和负载保持不变的情况下，补偿电路等效变换为一种基于回转器的电路；其次，可利用回转器的特性对"电源对负载"和"负载对电源"的电气特性进行分析。以上提到的这些方面会在一些 IPTS 的补偿电路的分析中得到体现。

这种方法是如此的通用以至于它不仅适用于谐振频率，而且也适用于任何频率。等效串联电阻（ESR）的影响也可以被考虑进去，但受限于篇幅，我们没有仔细讨论它。具体来说，带有调谐频率是独立磁耦合的补偿电路，所提出的方法是兼容的。这归功于耦合线圈回转器模型的特性：所有依赖于耦合的磁力行为都被包含在了回转器的增益之中，通过补偿剩余的无功功率部分（其值是磁耦合独立的），调节得以实现。这启示我们：这种分析方法适用于价格低廉并且高度可靠的 IPTS，不需要复杂的控制算法来跟踪期望的因气隙变化而改变的调节频率[15,16,22,30,31]。

电源对负载的电压/电流增益仅取决于负载 R_L 的输出特性、电源侧的功率因数、电源相位角的符号以及对开路/短路的宽容度。对"位于电源和负载之间"的补偿电路来说，这些都是重要的电气特性，在使用本方法进行分析时都应该要考虑到。在独立磁耦合调节的情况下，将广泛使用的补偿电路：V-SS、I-SP 以及 V-LCL-P 作为例子进行了分析，得出的结论与之前文献中的研究结果完全一致。另外，在保持本方法简单和系统化的前提下，不谐振对电气特性带来的影响也被估计了[74]。

5.2 补偿电路的回转器表达

在本节中，我们将推导谐振电路和耦合电感的回转器形式，同时给出了回转器的重要特性。纵观整章，我们都假定 IPTS 处于稳态，并且高频谐波被包含在 v_s 或者 i_s 中（见图 5.1）。其中，v_s 和 i_s 由电源产生，由于补偿电路的带通滤波器式的频率响应，对基频分量几乎没有影响。考虑到在稳态连续导通模式下 v_L 和 i_L 的唯一基频分量，整流器被建模成电阻 R_L[15-44,58]。

如图 5.2 所示，一个回转器是一个线性、时不变、无损的二端口网络，它将一个端口的电压转换为另一个端口的电流[45]。它是一个双边的网络，其信号由二次端口传回至一次端口，也可以从一次端口传送至二次端口。它的电压电流关系按如下给定：

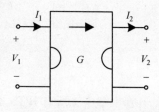

$$I_2 = G \times V_1 \tag{5.1a}$$

$$I_1 = G^* \times V_2 \tag{5.1b}$$

图 5.2　回转器的电路模型

式中，I_1、V_1 是一次端口电流和电压的相量；I_2、V_2 是二次端口电流和电压的相量，它们的参考方向按图 5.2 所示；G 为回转器前向增益；G^* 为回转器反向增益，为复数。注意到"复数回转器"的概念是第一次在这里被提及[74]，"复数"的意义需要被谨慎地对待。

从式（5.1）注意到，二次电流 I_2 是被一次电压 V_1 唯一确定的，反之亦然。另外，因为反向增益 G^* 是前向增益 G 的共轭复数，一次有功功率 P_1 和二次有功功率 P_2 是相同的，但它们的无功功率是符号相反的。

$$P_1 \equiv \mathrm{Re}(V_1 I_1^*) = \mathrm{Re}(G V_1 V_2^*) = \mathrm{Re}\{(G^* V_1^* V_2)^*\} = \mathrm{Re}(G^* V_1^* V_2) = \mathrm{Re}(I_2^* V_2) \equiv P_2 \tag{5.2a}$$

$$Q_1 \equiv \mathrm{Im}(V_1 I_1^*) = \mathrm{Im}(G V_1 V_2^*) = \mathrm{Im}\{(G^* V_1^* V_2)^*\} = -\mathrm{Im}(G^* V_1^* V_2) = -\mathrm{Im}(I_2^* V_2) \equiv -Q_2 \tag{5.2b}$$

注意，只有当复回转器是按式（5.1）定义时，式（5.2）表示的功率关系才是对的。

> **问题 1**
>
> （1）定义复回转器为 $I_2 = G \times V_1$ 和 $I_1 = G \times V_2$，并将此定义应用于式（5.2），以了解该定义的物理意义。求出前向增益为 G 时存在有功功率的条件。
>
> （2）求解复回转器 $I_2 = G^* \times V_1$ 和 $I_1 = G \times V_2$ 的另一种定义。这个定义符合式（5.2）吗？

5.2.1　具有无源元件的回转器的实现

应该强调，仅使用无源元件就可以实现一个回转器。图 5.3 展示了一种回转器，它由阻抗 Z 和 $-Z$ 组成（它们在稳态下都是复数）。图 5.3a 和图 5.3b 是等效的，并且可以通过 T-Π 变换相互推导。

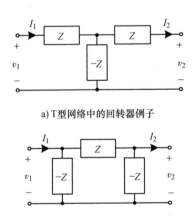

a) T型网络中的回转器例子

b) Π型网络中的回转器例子

图 5.3　仅由纯虚数阻抗 Z 和 $-Z$ 组成的回转器的例子

图 5.3 中电路的电流电压关系采用简单的计算就可以推导出来。对图 5.3a 中的 V_1 和 V_2 应用基尔霍夫电压定律，可以得到下式：

$$V_2 = (-Z) \times (I_1 - I_2) + Z \times (-I_2) = -Z \times I_1 \tag{5.3a}$$

$$V_1 = (-Z) \times (I_1 - I_2) + Z \times I_1 = Z \times I_2 \tag{5.3b}$$

同样，对图 5.3b 中的 I_1 和 I_2 应用基尔霍夫电流定律，可以得到下式：

$$I_2 = \left(-\frac{1}{Z}\right) \times (-V_2) + \frac{1}{Z} \times (V_1 - V_2) = \frac{1}{Z} \times V_1 \qquad (5.4a)$$

$$I_1 = \left(-\frac{1}{Z}\right) \times V_1 + \frac{1}{Z} \times (V_1 - V_2) = -\frac{1}{Z} \times V_2 \qquad (5.4b)$$

注意，式（5.3）和式（5.4）不要求任何具体的假设，它们适用于所有情况。用 I_1 和 I_2 的形式重写式（5.3），然后与式（5.4）比较，可以得出：图 5.3a 和图 5.3b 具有完全相同的电压电流关系（V_1, V_2, I_1, I_2）。

$$I_2 = \frac{1}{Z} \times V_1 \qquad (5.5a)$$

$$I_1 = -\frac{1}{Z} \times V_2 \qquad (5.5b)$$

比较式（5.5）和式（5.1）可以发现，图 5.3 所示的电路可以构成一个回转器的充分必要条件为，阻抗 Z 必须是纯虚数的，如下式所示：

$$-\frac{1}{Z} = \left(\frac{1}{Z}\right)^* \quad \Leftrightarrow \quad \mathrm{Re}(Z) = 0 \qquad (5.6)$$

问题 2

证明式（5.6），假设 $Z = R + \mathrm{j}X$。注意 X 可以是正的也可以是负的。

在这样的情况下，图 5.3a 和图 5.3b 可以被图 5.4 中的回转器等效代替，它的前向增益 G 是导纳 $1/Z$，即

$$G = \frac{1}{Z} = \frac{1}{\mathrm{j}X} \qquad (5.7)$$

当图 5.3 中的 Z 不是纯虚数时，用回转器替代 T 型或者 Π 型网络，式（5.1）中描述的无损回转器需要替换成一个有损的回转器，也就是说回转器的反向增益 $-1/Z$ 不再是前向增益 $1/Z$ 的共轭复数。此时，式（5.2）不再成立。注意，这样的回转器仍然是线性时不变的，并且 I_2 和 I_1 仍然分别被 V_1 和 V_2 唯一确定。这个概念是在 ESR 需要被考虑时提出的。包含 ESR 的谐振电路的广义模型在 5.2.4 节中有简短的讨论。

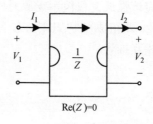

图 5.4 图 5.3 的等效回转器模型
（当且仅当 Z 为纯虚数时）

问题 3

（1）如果回转器器定义为式（5.5），实部 $Z = R + \mathrm{j}X$ 非零，如果在电路上施加交流输入电压 V_s 和阻性负载 R_L，用式（5.2）求解图 5.3a 和图 5.3b 中输入和输出的有功功率和无功功率。

（2）此时，功率效率是多少？在计算功率和效率时使用式（5.5）所示的回转器关系，会使计算更容易。

由式（5.6）和式（5.7）可知，图 5.4 中的回转器因为它的前向增益 G 是纯虚数，所以是对称的；当一次侧颠倒过来，前向增益保持不变（忽略功率流动的方向）。在本章的剩下部分中，前向增益 G 就是指回转器增益。

纯虚数阻抗 Z 和 $-Z$ 可以用无功元件电感 L 和电容 C（这些元件在一个我们感兴趣的角频率 ω_0 处发生谐振）来实现，ω_0 如下所示：

$$\omega_0 = \frac{1}{\sqrt{LC}} \tag{5.8}$$

图 5.5 说明了这一点。注意，L 的导纳 $1/\mathrm{j}X_0$ 变成了回转器增益，其中 X_0 是 $L\text{-}C$ 谐振电路的特征阻抗，其表达式如下：

$$X_0 \equiv \sqrt{\frac{L}{C}} = \omega_0 L = \frac{1}{\omega_0 C} \tag{5.9}$$

为不失通用性，图 5.5 中的 L 和 C 可以互相交换。

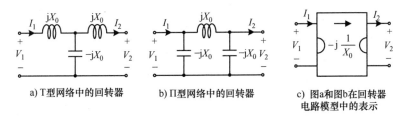

a) T 型网络中的回转器　　b) Π 型网络中的回转器　　c) 图 a 和图 b 在回转器
　　　　　　　　　　　　　　　　　　　　　　　　　　　　　　电路模型中的表示

图 5.5　用无功元件实现回转器

基于图 5.5，谐振电路以及作为主要元件在补偿电路中使用的耦合电感可以被具有纯虚数增益 G 的回转器所代替。

这是一个令人惊讶的事实！起初被参考文献［74］的作者所发现：对称的 T 形和 Π 形网络在谐振的条件下可以等效地变为一个具有纯虚数增益的回转器。

5.2.2　IPT 系统中的回转器：谐振电路

图 5.6a 展示了一种具有串联-并联关系的谐振电路，其中 L 和 C 在我们关注的角频率 ω_0 处发生谐振。这种谐振电路在许多补偿电路中都能见到，比如 L 和 C 是分别是二次并联补偿电路的二次自感 L_2 以及补偿电容 C_2[15-35]。如图 5.6b 所示，串联-串联谐振电路 $L\text{-}C$ 被等效为短路，可以以串联的形式加入到图 5.6a 的电路中，而并不影响外部的电压电流关系（V_1, V_2, I_1, I_2）。然后图 5.6a 中的回转器 T 型网络就出现了。因此，图 5.6a 中的电路可以用回转器的形式进行等效变换，如图 5.6c 所示。注意，图 5.6a 中的并联电容 C 变成了串联，它的导纳变成了图 5.6c 中的回转器增益。

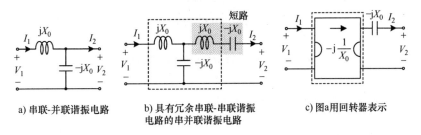

a) 串联-并联谐振电路　　b) 具有冗余串联-串联谐振　　c) 图 a 用回转器表示
　　　　　　　　　　　　　　　电路的串并联谐振电路

图 5.6　用回转器表示一个串联-并联谐振电路

　　同样的方法可以应用到并联-串联谐振电路（见图5.7a）中，这种电路在谐振电路中也是非常常见的。比如，电容 C 和电感 L 是一次补偿电路中的一次补偿电容 C_1 和自感 L_1[15-35]。这里再次假设 L-C 在角频率 ω_0 处谐振。从图5.7b可知，多余的并联-并联谐振电路 L-C 可以等效为开路，它以并联的形式加入到电路中，然后一个回转器 Π 型网络（见图5.5b）就出现了。这样，图5.7a中的原始电路就变成了图5.7c中带回转器的电路。其中图5.7a中串联的电感 L 变成了图5.7c的并联形式，C 的导纳变成了回转器增益。

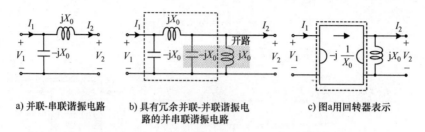

a) 并联-串联谐振电路　　b) 具有冗余并联-并联谐振　　c) 图a用回转器表示
电路的并串联谐振电路

图 5.7　并联-串联谐振电路的回转器表示

　　当谐振电路并非完全谐振，即不像图5.6a和图5.7a所示的那样，它们也可以用回转器来表示。在这种情况下，可额外加入串联-串联或者并联-并联谐振电路，就像图5.6b和图5.7b所示的那样，也能构造出 T 型或者 Π 型网络。由于方法的相似性，我们像图5.6和图5.7那样来处理图5.8和图5.9，而具体的解释就省略了。注意，这种回转器建模可使谐振电路表示在一般的角频率域中。

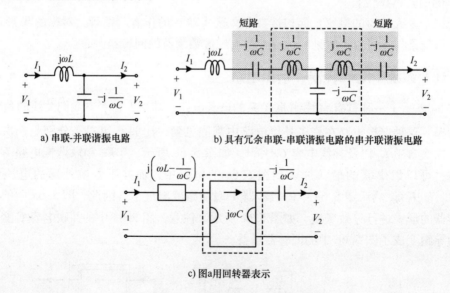

a) 串联-并联谐振电路　　b) 具有冗余串联-串联谐振电路的串并联谐振电路

c) 图a用回转器表示

图 5.8　串联-并联谐振电路的回转器表示

5.2.3　IPT 系统中的回转器：耦合电感

　　图5.10将耦合电感用回转器来表示。图5.10a展示了具有互感 M 的耦合电感 L_1 和 L_2，而图5.10b则是著名的 T 模型，尽管没有考虑电气隔离，但它提供了一种等效的电压电流关

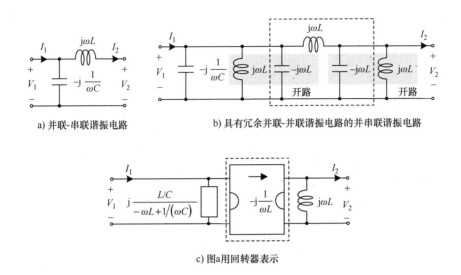

a) 并联-串联谐振电路

b) 具有冗余并联-并联谐振电路的并串联谐振电路

c) 图a用回转器表示

图 5.9　并联-串联谐振电路的回转器表示

系 (V_1, V_2, I_1, I_2) [58]。从图 5.10b 中可以发现，耦合电感就像图 5.5a 描述的那样，确实内含了一个回转器 T 型网络，可以进一步表示成图 5.10c 的形式。在这里，$-M$ 可以视为一个电容（因为它是负的电感），其等效电容表达式为 [50]

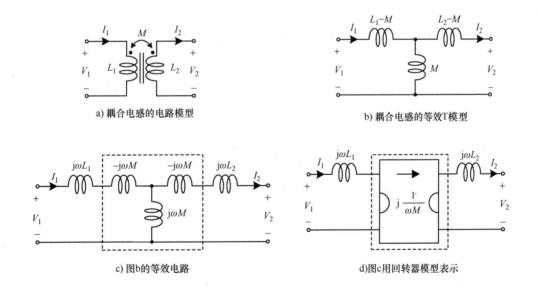

a) 耦合电感的电路模型

b) 耦合电感的等效T模型

c) 图b的等效电路

d)图c用回转器模型表示

图 5.10　耦合电感的回转器表示

$$\frac{1}{j\omega C_{\text{eff}}} = -j\omega M \Rightarrow C_{\text{eff}} = \frac{1}{\omega^2 M} \qquad (5.10)$$

因此，等效电路变为了图 5.10d 所示的回转器形式。应当注意，在任意角频率下，图 5.10d 所示的等效电路都是有效的。

5.2.4　IPT 系统中的回转器：包含 ESR 的情况

包含 ESR 的谐振电路也可以用回转器模型来表达。这要求将式（5.1）所描述的无损回转器拓展为非无损的形式。图 5.11a 展示了一种包含 ESR 的串联-并联谐振电路。为不失通用性，假设等效串联电阻 r_L 和 r_C 具有不同的值，L 和 C 也并非完全谐振。同图 5.8b 描述的类似，可以额外加入具有 $-r_C$ 的串联-串联谐振电路，如图 5.11b 所示。考虑式（5.5）和图 5.3a 所示的 T 形网络，注意，图 5.11b 虚线框中的 T 形网络可以用具有前向增益 $[r_C-j/(\omega C)]^{-1}$ 的回转器来替代，如图 5.11c 所示。注意，这时图 5.11c 中的回转器前向增益不是纯虚数的（不像图 5.8c 那样）。因此，当电压电流关系（V_p, V_s, I_p, I_s）仍然像式（5.5）那样进行描述时，回转器不是无损的。其阻抗为 $Z=-r_C+j/(\omega C)$，电流表达式如下：

$$I_2 = \frac{1}{-r_C+j/(\omega C)} \times V_1 \tag{5.11a}$$

$$I_1 = -\frac{1}{-r_C+j/(\omega C)} \times V_2 \tag{5.11b}$$

a) 包含ESR的串联-并联谐振电路

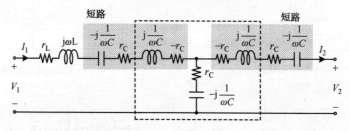

b) 带有包括ESR的冗余串联-串联谐振电路的串联-并联谐振电路

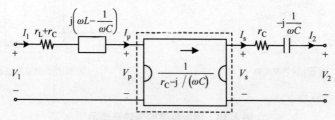

c) 图a用具有复杂前馈增益和功率损耗的回转器表示

图 5.11　串联-并联谐振电路的回转器表示

尽管在这里没有阐述，但相同的分析方法也可以应用到串联-并联谐振电路上。

问题 4

注意，在图 5.11 中 $r_C = 0$ 且 r_L 非零的特殊情况下，可以使用虚数增益回转器模型，这在许多实际应用中是一个非常合理的假设。这也适用于并联谐振电路的情况吗？

在本节的讨论中，我们可以看到，具有纯虚数增益 G 的回转器可以用无损的处于谐振状态下的无功元件来实现。在谐振电路和耦合电感中就能找到这样的回转器。这说明 IPTS 中的补偿电路天生就具有回转器的特性，因此可以被视为一种回转器的组合。

5.3　纯虚数增益回转器的电路特性

在本节中，回转器的电路特性主要用作给定补偿电路的分析。同上一节讨论的那样，假定回转器增益是纯虚数的，即 $G = jX$，如图 5.12 所示。因此，本节中的回转器电路特性是有效的，无论我们感兴趣的输出端口是一次侧还是二次侧。图 5.12 所示的外端口的电压电流关系如下所示：

$$I_2 = jX \times V_1 \tag{5.12a}$$

$$I_1 = -jX \times V_2 \tag{5.12b}$$

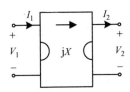

图 5.12　具有纯虚数增益 jX 的回转器

为了推导本节回转器的电路特性，式（5.12）的电压电流关系是基本的。

5.3.1　源型转换法则：电压到电流以及电流到电压

回转器能将理想电压源转换为理想电流源，或者反过来。这一点在图 5.13 中得到了说明。其中在回转器的二次侧，等效电路按从右到左进行了建模。这个模型可以直接从式（5.12）推导出来。

5.3.2　终端阻抗转换法则

当回转器的二次阻抗为 $Z_2 = R_2 + jX_2$，如图 5.14 的左端所示，阻抗 $Z_1 = R_1 + jX_1$ 就是转换的 Z_2 在一次侧的等效电阻，可以按下式推导：

$$Z_1 = \frac{V_1}{I_1} = \frac{I_2/(jX)}{-jXV_2} = \frac{I_2}{X^2 V_2} = \frac{1}{X^2 Z_2} \tag{5.13}$$

从式（5.13）可知，当 Z_2 从二次侧转换至一次侧时，存在以下四个重要的特性：

1）短路变成了开路，反之亦然：

$$|Z_1|\,|_{|Z_2|=0} = \infty \tag{5.14a}$$

$$|Z_1|\,|_{|Z_2|=\infty} = 0 \tag{5.14b}$$

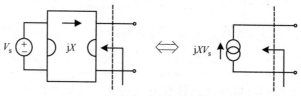

a) 电压源到电流源的转换

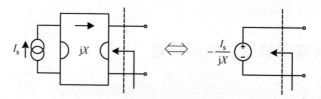

b) 电流源到电压源的转换

图 5.13　回转器的源型转换法则

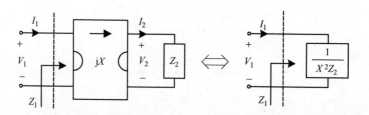

图 5.14　回转器的终端阻抗转换法则：二次阻抗 Z_2 和它在一次侧的等效阻抗

2）阻抗的幅值 $|Z|$ 被 $X^2|Z|^2$ 除，即

$$|Z_1| = |Z_2| \times \frac{1}{X^2 |Z_2|^2} \tag{5.15}$$

3）Z_1 的功率因数和 Z_2 一样，即

$$\cos(\angle Z_1) = \frac{R_1}{\sqrt{R_1^2 + X_1^2}} = \frac{\dfrac{R_2}{X^2(R_2^2 + X_2^2)}}{\sqrt{\left\{\dfrac{R^2}{X^2(R_2^2 + X_2^2)}\right\}^2 + \left\{\dfrac{X_2}{X^2(R_2^2 + X_2^2)}\right\}}} \tag{5.16}$$

$$= \frac{R^2}{\sqrt{R_2^2 + X_2^2}} = \cos(\angle Z_2)$$

4）感性的 Z_2 变成了容性的 Z_1，或者反过来：

$$\mathrm{Im}(Z_2) > 0 \Rightarrow \mathrm{Im}(Z_1) < 0 \tag{5.17a}$$

$$\mathrm{Im}(Z_2) < 0 \Rightarrow \mathrm{Im}(Z_1) > 0 \tag{5.17b}$$

5.3.3　无端接阻抗转换法则

从上一小节中可知，在回转器的二次侧的终端阻抗 Z 可以转换到一次侧，或者反过来。这一点可以延展到本节中的无端接阻抗。可以发现，二次侧的无端接阻抗可以被移动到一次侧，同时并不影响外端口的电压-电流关系（V_1, V_2, I_1, I_2）。

当 Z 串联到回转器的二次侧，如图 5.15a 左边所示，它的外端口电压-电流关系可以按下式推导：

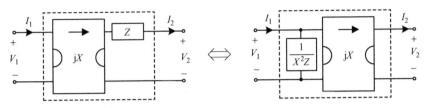

a) 二次端口(左)及其等效电路(右)的串联无端接阻抗 Z

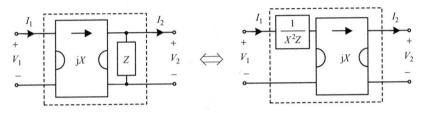

b) 二次端口(左)并联的无端接阻抗 Z 及其等效电路(右)

图 5.15　回转器无端阻抗的转换法则

$$V_2 = \left(-\frac{1}{jX}\right) \times I_1 + Z \times (-I_2) \tag{5.18a}$$

$$V_1 = \frac{1}{jX} \times I_2 \tag{5.18b}$$

按 I_1 和 I_2 的形式重组式（5.18），可以得到下式：

$$I_2 = jXV_1 \tag{5.19a}$$

$$I_1 = X^2 Z V_1 - jXV_2 \tag{5.19b}$$

相同的电压-电流关系可以从图 5.15a 右端的电路推得。在图 5.15a 的两个电路间，表现出了一种等效性。当 Z 并联到二次侧时（见图 5.15b），也可以应用相同的方法。因此，具体的解释就省略了。

从图 5.15 表现出的等效性可知，二次串联阻抗 Z 可以等效地转换为一次侧的并联阻抗 $1/(X^2 Z)$，反之亦然。注意，5.3.1 节描述的终端阻抗转换法则是当图 5.15a 中 $V_2 = 0$ 时的特殊情况（或者图 5.15b 中的 $I_2 = 0$）。

利用这个特性，在两个回转器之间的几个阻抗 Z 都可以移动到外端口。通过使用 5.3.4 节描述的回转器的合并法则，可以使得分析过程简化。图 5.16 展示了一个例子，其中 Z_1 和 Z_2 按并联-串联的形式插入到了分别具有增益 jX_1 和 jX_2 的回转器之间。连续变换 Z_1 和 Z_2，如图 5.16 的电路 1 和电路 2 所示，变换出了图 5.16c 所示的等效电路，它具有和图 5.16a 所示电路一样的外端口电压-电流关系（V_1, V_2, I_1, I_2）。

5.3.4　回转器合并法则：多个串联的回转器

如图 5.17 所示，根据串联回转器的个数是奇数还是偶数，多个串联的回转器可以合并

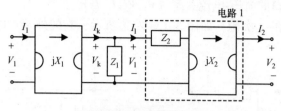

a) 两个回转器之间的阻抗Z_1和Z_2

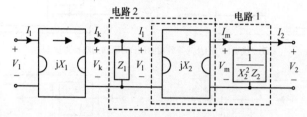

b) 图a的等效电路(虚线框中的电路被等效地替换)

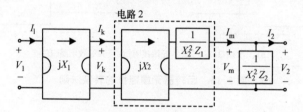

c) 图b的等效电路(虚线框中的电路被等效地替换)

图 5.16　回转器无端阻抗转换法则的运用

成一个理想变压器或者一个回转器。这源于回转器的固有特性，即它使一个端口的电压转换为另一个端口的电流，反之亦然。

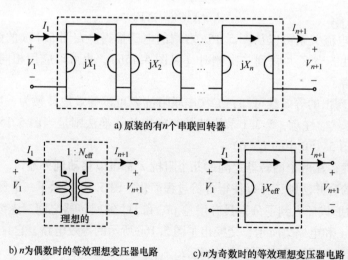

a) 原装的有n个串联回转器

b) n为偶数时的等效理想变压器电路　　　c) n为奇数时的等效理想变压器电路

图 5.17　回转器合并法则: n 个串联回转器及其等效电路

当 n 个回转器（增益分别为 jX_1，jX_2，$\cdots$，jX_n）级联并且 n 为偶数时，每个回转器引起的电压与电流之间的转换也就出现了偶数次。这时，n 个回转器可以合并为一个理想变压器，其等效电压比 N_{eff} 按下式给出：

$$N_{\text{eff}} = \prod_{i=1}^{n/2} \left(-\frac{X_{2i-1}}{X_{2i}} \right) \tag{5.20}$$

N_{eff} 为实数。同时，这暗示我们一个理想变压器就是一种特殊的回转器。然而，反过来却不正确。同样地，当 n 为奇数，电压与电流的变换发生了奇数次。因此，n 个串联的回转器可以合并为一个具有前向增益 jX_{eff} 的回转器，其中 jX_{eff} 的表达式为

$$jX_{\text{eff}} = jX_n \prod_{i=1}^{(n-1)/2} \left(-\frac{X_{2i-1}}{X_{2i}} \right) \tag{5.21}$$

它是一个纯虚数；因此，它仍然具有和前向增益相同的反向增益。

5.4　用本章中的方法对完全调谐的补偿电路进行分析

基于前面章节的讨论，我们可以分析补偿电路，还可以推导电源和负载之间重要的电气特性，包括：电源到负载的增益、负载 R_L 的输出特性、电源功率因数、电源相位角的符号、R_L 开路或短路的宽容度。为了验证提出的回转器分析方法的有效性，我们将三个使用最广泛的补偿器电路作为例子进行讨论[15-43]：V-SS 电路、I-SP 电路和 V-LCL-P 电路。不同补偿电路的分析有两个通用的步骤，即

1）电源和负载保持不变，将补偿电路等效转换为基于回转器的电路。

2）用回转器电路的特性分析电源到负载和负载到电源的电气特性。

通过本节可以看到，提出的基于回转器的方法可以以一种统一的形式应用到不同的补偿电路上，并且它提供了一种分析 IPTS 中补偿电路简单而系统化的手段。

5.4.1　V-SS 电路

V-SS 电路由一个电压源、两个补偿电容和耦合电感组成的（见图 5.18a）。它本身的特性从各种文献中已经广为人知，比如取决于负载 R_L 的电压-电流增益、电源的一致功率因数以及当 R_L 开路时将引起电源的不安全操作[15-21,26-31,43]。这些特性要求 V-SS 的电源角频率 ω_s 按下式补偿：

$$\omega_s = \frac{1}{\sqrt{L_1 C_1}} = \frac{1}{\sqrt{L_2 C_2}} = \omega_0 \tag{5.22}$$

注意，在式（5.22）所示条件下磁耦合系数 k 是独立的。

像 5.2.3 节描述的那样，用图 5.10 中的回转器代替耦合电感，图 5.18a 中 V-SS 电路可以等效地转换为图 5.18b 中的电路。考虑到图 5.18c 中简化的等效电路，图 5.18b 串联-串联谐振电路 L_1-C_1 和 L_2-C_2 变成了短路。

根据图 5.18c 所示的回转器模型和前面章节所叙述的回转器特性，电源-负载增益和电源功率因数可以用一种简单的方法直接在电路图中求得。利用 5.3.2 节描述的回转器特性，可以推导电源-负载增益 A_G，其中电压源和回转器的组合等效于一个电流源。因此，负载电

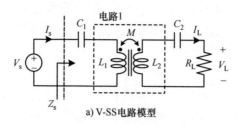

a) V-SS电路模型

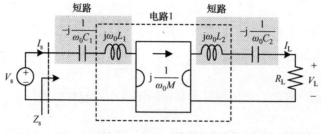

b) 图a与回转器的等效V-SS电路

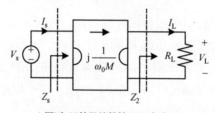

c) 图b与回转器的等效V-SS电路

图5.18 V-SS 电路及其等效回转器模型

流 I_L 仅被电压源 V_s 和回转器增益 $-1/(j\omega_0 M)$ 决定，这同时说明，I_L 是独立于 R_L 的，即

$$\frac{\partial I_L}{\partial R_L} = 0 \tag{5.23}$$

A_G 就是图 5.18c 中的回转器增益，即

$$A_G \equiv \frac{I_L}{V_s} = -\frac{1}{j\omega_0 M} \tag{5.24}$$

通过利用 5.3.1 节提到的回转器特性，可以得到电源功率因数。因为当回转器的二次阻抗转换为二次阻抗时，功率因数保持不变，二次功率因数和二次功率因数相等，即

$$PF\big|_{Z_s} = PF\big|_{Z_2} = \cos 0 = 1 \tag{5.25}$$

式中，Z_s 和 Z_2 分别为从电源看过去的阻抗和从二次侧看过去的阻抗，如图 5.18c 所示。因此，电源没有无功功率比。

通过运用 5.3.2 节提到的回转器特性，电源相位角 $\angle Z_s$ 的极性也可以确定。如图 5.18c 所示，Z_2 是纯阻性的；因此。Z_s 也是纯阻性的，如下式所示：

$$\text{Im}(Z_s) = 0 \tag{5.26}$$

因此，当电压源 V_s 被桥型逆变器补偿时（比如通常用来驱动补偿电路的全桥和板桥逆变器），电流 I_s 并不会滞后于 V_s，而且构成全桥逆变器的开关也不会实现 ZVS 开启。

当 R_L 开路或者短路时，电源的安全性也容易得到验证。当回转器将二次侧的开路转换为一次侧的短路时（或者反过来），电源电流 I_s 在 $R_L = 0$ 时变为 0，在 $R_L = \infty$ 时变为无穷大，表明 V-SS 电路在 R_L 开路时是不安全的：

$$\lim_{R_L \to \infty} |I_s| = \infty \tag{5.27}$$

在本小节中，基于回转器分析方法得出的 V-SS 电路特性完全符合相关文献的研究，证实了基于回转器的分析方法的有效性[15-21,26-31,43]。

5.4.2　I-SP 电路

I-SP 电路如图 5.19a 所示，由电流源、两个补偿电路和耦合电感组成。通过电压源型整流器的反馈控制来调节电源电流 I_s，电流源可以被补偿[51-56]。为了实现期望的特性，比如独立于负载 R_L 的电流-电流增益，它的电源角频率 ω_s 应该被调节到二次侧谐振角频率，并且 ω_s 是独立于磁耦合系数 k 的[43]，即

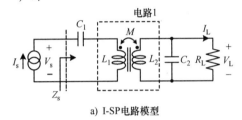

a) I-SP电路模型

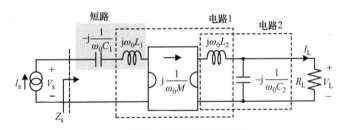

b) 图a和回转器的等效I-SP电路

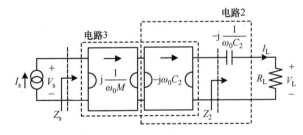

c) 图b和回转器的等效I-SP电路

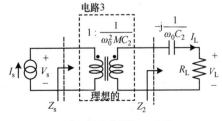

d) 图c和回转器的等效I-SP电路

图 5.19　I-SP 电路及其等效回转器电路

$$\omega_s = \frac{1}{\sqrt{L_2 C_2}} = \omega_0 \qquad (5.28)$$

在图 5.19a 中，耦合电感可以被图 5.10 的回转器模型替代，等效电路变成了图 5.19b 所示的形式。接着串联-串联谐振电路 L_1-C_1 变为短路，串联-并联谐振电路 L_2-C_2 被图 5.6 中的回转器替代，变为图 5.19c 的等效电路。既然两个级联的回转器等效为一个变压器，如图 5.17b 所示，图 5.19c 中的电路可以进一步简化为图 5.19d 的电路。

像前面章节分析的那样，利用回转器的特性，电源到负载的增益 A_G 和电源侧的功率因数可以从图 5.19d 的等效电路中轻易获得。因为电流源 I_s 连接到了变压器的一次侧，负载电流 I_L 仅仅由电压比和 I_s 决定。这说明了 I-SP 电路的 I_L 与 R_L 无关的特性：

$$\frac{\partial I_L}{\partial R_L} = 0 \qquad (5.29)$$

电源到负载的增益 A_1 由图 5.19d 中变压器的等效占空比给出，即

$$A_1 \equiv \frac{I_L}{I_s} = \omega_0^2 M C_2 \qquad (5.30)$$

像 5.2.1 节讨论的那样，电源测的功率因数等效于图 5.19d 中 Z_2 侧的功率因数，即

$$PF|_{Z_s} = PF|_{Z_2} = \frac{R_L}{\sqrt{R_L^2 + \left(\dfrac{1}{\omega_0 C_2}\right)^2}} \qquad (5.31)$$

应该注意到，式（5.31）提供了两个参数：R_L 和 $1/(\omega_0 C_2)$，它们完全决定了电源侧的无功功率占比，这可以很简单地推导出来。

利用 5.3.2 节和 5.3.3 节描述的回转器特性，可以确定电源相位角 $\angle Z_s$ 的极性。因为图 5.19d 所示的变压器是偶数个串联的回转器的等效，容性的 Z_2 可以转换为容性的 Z_s，即

$$\mathrm{Im}(Z_s) < 0 \qquad (5.32)$$

因此，电源电压 V_s 的相位角滞后于 I_s。

当 R_L 开路或者短路时，电源的安全性也需要确认。当回转器将二次侧开路转换为一次侧短路，并且图 5.19d 的变压器为偶数个回转器的级联时，电压源 V_s 在 $R_L = 0$ 时变为 0。当 $R_L = \infty$ 时 V_s 变为无穷大，表明 I-SP 电路在开路时的运行是不安全的：

$$\lim_{R_L \to \infty} |V_s| = \infty \qquad (5.33)$$

同样的，这里仍用回转器模型来分析 I-SP 的特性，其结果与参考文献 [43] 的研究完全一致。

5.4.3　V-LCL-P 电路

V-LCL-P 电路由两个电感 L_0 和 L_1、耦合电感的一次电容 C_1 组成，二次侧被并联补偿，如图 5.20a 所示。

V-LCL-P 电路的磁耦合系数 k 独立调谐的情况如下[36-42]：

$$\omega_s = \frac{1}{\sqrt{L_0 C_1}} = \frac{1}{\sqrt{L_1 C_1}} = \frac{1}{\sqrt{L_2 C_2}} = \omega_0 \qquad (5.34)$$

从图 5.20a 可以看到串联-并联谐振电路 L_0-C_1 以及耦合电感可以分别被图 5.6 和图 5.10 的回转器等效地代替，于是等效电路变成了图 5.20b 所示的形式。然后串联-串联谐振电路

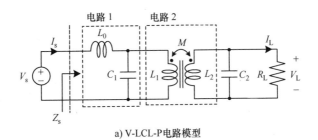

a) V-LCL-P电路模型

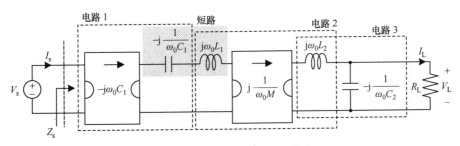

b) 图a和回转器的等效V-LCL-P电路

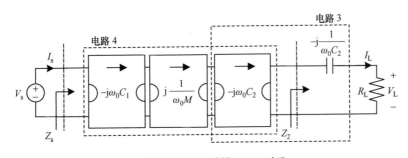

c) 图b和回转器的等效V-LCL-P电路

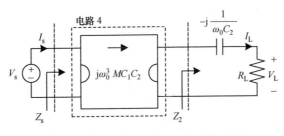

d)图c和回转器的等效V-LCL-P电路

图 5.20　V-LCL-P 电路以及等效回转器模型

C_1-L_1 变为了短路，串联-并联谐振电路 L_2-C_2 可以被图 5.6 的回转器模型代替。因此，考虑到三个回转器级联的情况，图 5.20b 可以进一步简化为图 5.20c。利用图 5.17b 描述的回转器的特性，三个回转器可以被单个回转器替代，如图 5.20d 所示。

从图 5.20d 所示的回转器模型以及 5.2.2 节的回转器特性可知，电源到负载的增益以及电源侧的功率因数可以很容易地确定。因为回转器一次端口的电压源等效于二次的电流源，从图 5.20d 可以直接发现 I_L 独立于 R_L，即

$$\frac{\partial I_L}{\partial R_L}=0 \tag{5.35}$$

电压源到负载的增益 A_G 就是图 5.20d 的回转器增益，即

$$A_G \equiv \frac{I_L}{V_s} = j\omega_0^3 MC_1 C_2 \qquad (5.36)$$

电源侧的功率因数也可以很容易地从图 5.20d 所示的电路模型和 5.3.1 节讨论的特性中获得。它和图 5.20d 中回转器二次侧的功率因数等效，即

$$PF\big|_{V_s} = PF\big|_{Z_2} = \frac{R_L}{\sqrt{R_L^2 + \left(\dfrac{1}{\omega_0 C_2}\right)^2}} \qquad (5.37)$$

另外，注意到 Z_2 容性的是，而式（5.17）描述的 Z_s 是感性的，可以确定电源相角 $\angle Z_s$ 的符号。因此，当它设定为桥型逆变器时，电源可以在 ZVS 导通模式下运行，即

$$Im(Z_s) > 0 \qquad (5.38)$$

当 R_L 开路或者短路时，电源的安全性也需要确认。当回转器将二次开路转换为一次短路时，电源电流 I_s 在当 $R_L = \infty$ 时 V_s 变为无穷大，表明 V-LCL-P 电路在开路时的运行是不安全的，即

$$\lim_{R_L \to \infty} |I_s| = \infty \qquad (5.39)$$

仍用回转器模型来分析 V-LCL-P 电路的特性，其结果与本章参考文献 [36-42] 的研究完全一致。

5.4.4 讨论

本节只展示了三个补偿电路：V-SS、I-SP 和 V-LCL-P，在所有补偿电路中，选择了它们作为例子，是因为它们揭示了任何补偿电路都能转化为回转器电路的规律。如图 5.8 和图 5.9 所示，因为具有任意数量的无功元件的补偿电路都可以解耦成串联或者并联的冗余 LC 谐振电路。

针对任意 IPTS，我们提出的基于回转器的图形化方法的应用步骤如下：

1）如图 5.10 所示，用回转器替代 IPTS 的耦合电感。

2）如图 5.8 和图 5.9 所示，如果需要，增加额外的 LC 谐振槽，构建 T 型或 Π 型网络，进一步成为等效的回转器。

3）把回转器之间的阻抗移动到末端，如图 5.16 所示；将多个回转器合并为单个回转器或者变压器，如图 5.17 所示。

使用这种方法，就可以得到最简单的等效电路，它由回转器、变压器以及被动电路元件组成，可以用来进一步分析有用的表达式和 IPTS 的决定性特征。当这个标准和 5.3 节描述的回转器特性一起使用时，拓扑设计和补偿电路的分析都是可能的，即我们可以根据需要实现的某种特性来决定使用哪种电路。

5.5 用提出的方法分析失谐的补偿电路

尽管补偿电路在一般情况下是完美调谐的，但是像耦合线圈未对准以及耦合线圈间突然出现外来物体，类似于这样的扰动，都能轻易使电路失谐[57]。为了实现 IPTS 的高可靠性，分析失谐后补偿电路的电气特性在设计之初就显得至关重要。尤其是当补偿电路具有很高的负载品质因数时，它会使得 IPTS 对参数摄动变得非常敏感[43]。然而，要量化这些影响通常

包括一系列复杂的方程，这使得重要参数的辨识变得非常困难。在本节，我们将展示运用回转器方法也能不加任何近似地分析失谐带来的影响，同时也保持了分析方法的简单以及系统的特性。这揭示了回转器方法的实际作用：在运用时，它并不要求虚功元件的完美调谐。

完美调谐情况下，大多数情况下我们考虑的失谐参数一般是耦合电感参数，即 M、L_1 和 L_2。因为耦合电感没对准或者耦合线圈附近出现外来物体，都会使得这些参数发生改变。比如，当耦合线圈的距离降低或者两个线圈都包含磁心时，L_1 和 L_2 和 M 会从它们的标称值处开始增加；当可导的外来物体在耦合线圈旁边出现时，L_1、L_2 和 M 都会从标称值处开始减少。其他的参数，比如补偿电容和电感对这些扰动都相对地不敏感。因此，在本节中，耦合电感参数 M、L_1 和 L_2 都被认为是失谐参数。

失谐的耦合电感参数 M、L_1 和 L_2 可以表示成标称值 M_0、L_{10} 和 L_{20} 处的偏离 ΔM、ΔL_1 和 ΔL_2，如下所示：

$$M = M_0 + \Delta M \tag{5.40a}$$

$$L_1 = L_{10} + \Delta L_1 \tag{5.40b}$$

$$L_2 = L_{20} + \Delta L_2 \tag{5.40c}$$

基于式（5.40），耦合电感和它们的等效 T 模型可以表示成图 5.21a 和图 5.21b。然后等效的回转器模型可以像图 5.10 那样推导，如图 5.21c 所示。比较图 5.10d 和图 5.21c 可以发现，M 的偏移被完全包含在了回转器的增益 $-1 / \{ j\omega(M_0 + \Delta M) \} = -1 / (j\omega M)$ 之中，而 L_1 和 L_2 的偏移全部表示成了电感的偏移 $L_{10} + \Delta L_1$ 和 $L_{20} + \Delta L_2$，它们与回转器并联。

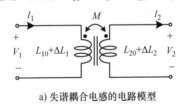

a) 失谐耦合电感的电路模型

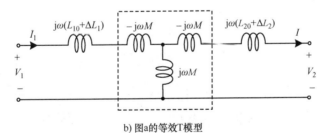

b) 图a的等效T模型

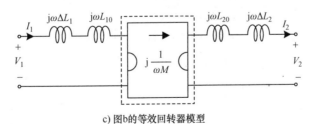

c) 图b的等效回转器模型

图 5.21　失谐耦合电感的回转器表达

在本节中，失谐的 V-LCL-P 电路如图 5.22a 所示被作为例子来分析。假设 V-LCL-P 电路是完全调谐的，其标称值为 L_{10} 和 L_{20}，即

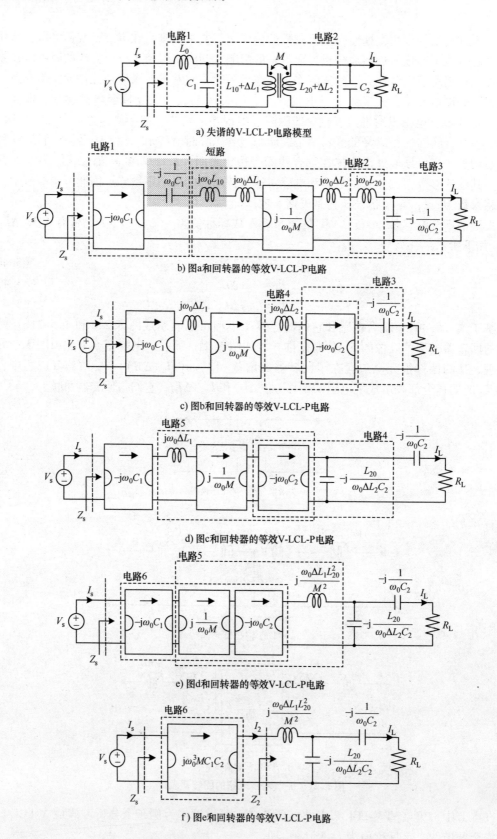

a) 失谐的V-LCL-P电路模型

b) 图a和回转器的等效V-LCL-P电路

c) 图b和回转器的等效V-LCL-P电路

d) 图c和回转器的等效V-LCL-P电路

e) 图d和回转器的等效V-LCL-P电路

f) 图e和回转器的等效V-LCL-P电路

图 5.22 失谐的 V-LCL-P 及其等效的回转器电路

$$\omega_{\mathrm{s}}=\frac{1}{\sqrt{L_0 C_1}}=\frac{1}{\sqrt{L_{10} C_1}}=\frac{1}{\sqrt{L_{20} C_2}}=\omega_0 \tag{5.41}$$

失谐的耦合电感用图 5.21c 所示的回转器模型代替，其等效电路如图 5.22b 所示。因为所有耦合电感中自感的偏移被建模成 ΔL_1 和 ΔL_2，图 5.22b 中的 L_{10} 和 L_{20} 仍然代表完美调谐的电感。因此，谐振电路 $L_{20}\text{-}C_2$ 和 $L_{10}\text{-}C_1$ 可以分别被图 5.6 中的回转器和短路替代，其等效电路如图 5.22c 所示。通过应用 5.3.3 节描述的回转器的特性，图 5.22c 中与最右侧回转器一次端口相级联的失谐扰动 ΔL_2 可以等效地移动到二次端口，像图 5.22d 中并联的电容 $C_2 \Delta L_2/L_{20}$。失谐扰动 ΔL_1 可以用同样的方式移动到最右边回转器的二次端口，等效电路如图 5.22e 所示。然后我们可以看到三级级联的回转器，根据 5.3.4 节可知，可以用一个回转器来替代，从而进一步得出图 5.22f 的等效简化电路。注意到没有失谐扰动时，图 5.22f 与图 5.20d 等效，即 $\Delta M=\Delta L_1=\Delta L_2=0$。

从图 5.22f 中简化的回转器模型中可知，失谐的效应可以用 5.4 节中描述的完美调谐情况下的方法来估计。根据 5.3.2 节描述的回转器的特性，回转器一次端口的电压源变成了二次端口的电流源。因此，图 5.22f 中回转器二次端口的电流 I_2 完全被电压源 V_s 和回转器增益决定。然后负载电流 I_L 可以通过将电流处以 I_L/I_2（在 $C_2 \Delta L_2/L_{20}$ 和 $C_2\text{-}R_2$ 之间）来决定，然后电源到负载的增益 A_G 按下式给定：

$$A_\mathrm{G} \equiv \frac{I_2}{V_\mathrm{s}} \times \frac{I_\mathrm{L}}{I_2}$$

$$= \mathrm{j}\omega_0^3 (M_0+\Delta M) C_1 C_2 \times \frac{L_{20}}{(L_{20}+\Delta L_2)+\mathrm{j}\omega_0 R_\mathrm{L} \Delta L_2 C_2} \tag{5.42}$$

从式（5.42）中可以看出，失谐的 ΔL_1 并没有影响电源到负载的增益。这是因为当和电流源 I_2 串联时，电感 $\Delta L_1 L_{20}^2/(M_0+\Delta M)^2$ 是多余的。

电源 V_s 的功率因数可以通过使用 5.3.1 节描述的回转器特性来进行推导，其中当回转器二次阻抗转换为一次阻抗时，功率因数保持不变。因此，失谐对电源侧功率因数带来的影响可以被清晰地讨论（见图 5.22f 中的 Z_2）。不止如此，通过确定 Z_2 是感性还是容性，可以得到电源不再是 ZVS 时工作的情况。如果 Z_2 是感性的，Z_s 变为了容性，电源电压不再领先于电源电流 I_s，也不再处于 ZVS 的导通工作状态。因此，可以定量地发现 $\Delta L_1 \gg 0$ 或者 $\Delta M \ll 0$ 可以在电源处引起很高的开关损失。

5.6　实例设计与实验验证

提出的基于回转器的分析方法已经通过 V-LCL-P 补偿电路进行了验证，其中包括了完全调谐和失谐两种情况。图 5.23 和图 5.24 分别展示了实验元件以及电路结构。通过小心选择补偿元件 C_1、C_2 和 L_0 的电容和电感，式（5.41）中的谐振频率 f_0 设置为 $f_0=100\mathrm{kHz}$。目标负载的功率为 85W，耦合线圈 L_1 和 L_2 的距离为 5.5cm。为了让耦合线圈失谐，铁心平板被有意地放在耦合线圈旁边，如图 5.23b 所示。所有的电路参数展示在表 5.1 中。

考虑频率在 80kHz 到 120kHz 变化，和计算结果（包括图 5.25 中的完全调谐和失谐两种情况）相比较，其中已经忽略了无功元件 L_0、L_1、L_2、C_1 和 C_2 的寄生阻抗，可以估计出电源到负载的增益 A_G 以及电源相位角 $\angle Z_\mathrm{s}$。为了说明实验结果和理论计算结果（无损）的差异仅来源于 ESR，包含 ESR 的理论计算结果也展示在了图 5.25 中，并用计算机仿真进行了绘图。在谐振频率 $f_0 = 100\text{kHz}$ 时，理论计算结果和实验结果非常匹配，这表明了我们所提出的方法的有效性。实线和虚线的差异表明了在所提出方法的精确度上，虚功元件的功率损耗带来的影响。精确度取决于 V_s 到负载 R_L 的功率效率，在 f_0 处被估计的功率效率为 91%（完全调谐）和 81%（失谐）。考虑所有这些影响，会使得分析变得非常复杂并且在实际应用中很难处理。实验结果和虚线匹配得很好，而且产生的小差异主要是因为寄生阻抗和 L_0 中磁心损耗的非线性的估计误差。

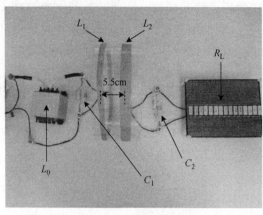

a) 完全调谐案例的原型制作

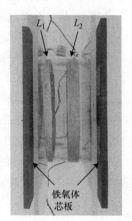

b) 失谐耦合线圈

图 5.23　实验原型

表 5.1　在电源频率为 100kHz 时的实验电路参数

电路器件	值
线性放大器 A	MP108FD （200V_{max}，100W_{max}）
电感耦合线圈组： 完全调谐（$k = 0.288$）	$N_1 = 9$ $L_1 = 41.2\mu\text{H}$ $R_1 = 256\text{m}\Omega$ $N_2 = 17$ $L_2 = 127\mu\text{H}$ $R_2 = 483\text{m}\Omega$
电感耦合线圈组： 失谐（$k = 0.340$）	$N_1 = 9$ $L_1 = 48.3\mu\text{H}$ $R_1 = 263\text{m}\Omega$ $N_2 = 17$ $L_2 = 142\mu\text{H}$ $R_2 = 510\text{m}\Omega$
一次补偿电感 L_0	$L_0 = 41.2\mu\text{H}$ $R_{L0} = 43.2\text{m}\Omega$
一次补偿电容 C_1	$C_1 = 62.2\text{nF}$ $R_{C1} = 33.5\text{m}\Omega$
二次补偿电容 C_2	$C_2 = 19.9\text{nF}$ $R_{C2} = 21.2\text{m}\Omega$

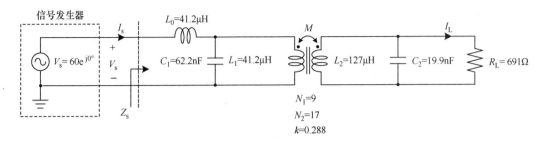

图 5.24 V-LCL-P 电路的实验电路结构：完全调谐

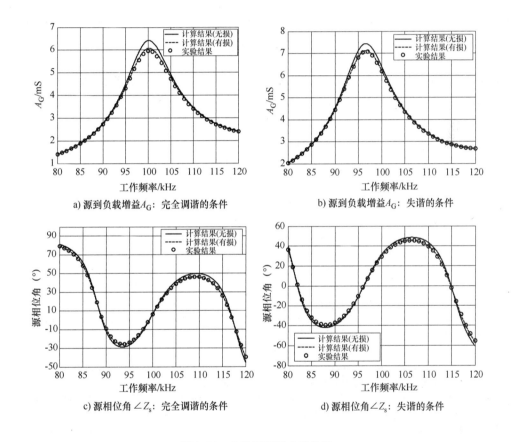

a) 源到负载增益 A_G：完全调谐的条件

b) 源到负载增益 A_G：失谐的条件

c) 源相位角 $\angle Z_s$：完全调谐的条件

d) 源相位角 $\angle Z_s$：失谐的条件

图 5.25 电路原型的实验结果

5.7 小结

通过前几节的讨论，我们发现不仅是磁耦合线圈，其实所有 IPTS 都内在地具有回转器特性。我们提出了一种使用回转器特性的图形化方法来对 IPTS 进行建模。该方法利用了这种特性并且提供了一种简单而系统化的分析补偿电路电气特性的方法。通过对广泛使用的补偿电路的分析，包括 V-SS 电路、I-SP 电路和 V-LCL-P 电路，可以发现这种方法并没有包含高阶的方程并且能够用相同的套路应用到不同的补偿电路上。不止如此，我们发现失谐的影响也可以用这种方法来估计，同时还能保证方法的简单与系统化。

> **问题 5**
>
> （1）回转器模型的一个限制是它仅适用于静态电路分析。是否可以建议扩展适用于动态电路分析的回转器模型？
>
> （2）回转器模型与相量变换（或动态相量）之间的关系是什么？你可以从这个比较中得到一些想法，并且可以成为所谓"动态回转器模型"的新建模先驱，这种模型尚未出现。
>
> （3）回转器模型与电路 DQ 变换之间的关系是什么[72,73]？

习　题

5.1　确定实验电路在完全调谐条件下的效率，如图 5.24 所示，参数见表 5.1，并分析具有线圈内阻的回转器电路，类似于图 5.20。

5.2　确定实验电路在失谐条件下的效率，如图 5.24 所示，参数见表 5.1，并分析具有线圈内阻的回转器电路，类似于图 5.22。

参 考 文 献

1 G.A. Covic and J.T. Boys, "Inductive power transfer," *Proceedings of the IEEE*, vol. 101, no. 6, pp. 1276–1289, June 2013.

2 E. Abel and S. Third, "Contactless power transfer-An exercise in topology," *IEEE Trans. Magn.*, vol. MAG-20, no. 5, pp. 1813–1815, September–November 1984.

3 A.W. Green and J.T. Boys, "10 kHz inductively coupled power transfer-concept and control," in *Proc. 5th Int. Conf. on Power Electron. Variable-Speed Drives*, October 1994, pp. 694–699.

4 Y. Hiraga, J. Hirai, A. Kawamura, I. Ishoka, Y. Kaku, and Y. Nitta, "Decentralised control of machines with the use of inductive transmission of power and signal," in *Proc. IEEE Ind. Appl. Soc. Annual Meeting*, 1994, vol. 29, pp. 875–881.

5 A. Kawamura, K. Ishioka, and J. Hirai, "Wireless transmission of power and information through one high-frequency resonant AC link inverter for robot manipulator applications," *IEEE Trans. Ind. Applic.*, vol. 32, no. 3, pp. 503–508, May/June 1996.

6 J.M. Barnard, J.A. Ferreira, and J.D. van Wyk, "Sliding transformers for linear contactless power delivery," *IEEE Trans. Ind. Electron.*, vol. 44, no. 6, pp. 774–779, December 1997.

7 D.A.G. Pedder, A.D. Brown, and J.A. Skinner, "A contactless electrical energy transmission system," *IEEE Trans. Ind. Electron.*, vol. 46, no. 1, pp. 23–30, February 1999.

8 J.T. Boys, G.A. Covic, and A.W. Green, "Stability and control of inductively coupled power transfer systems," *IEE Proceedings – Electric Power Applications*, vol. 147, no. 1, pp. 37–43, 2000.

9 K.I. Woo, H.S. Park, Y.H. Choo, and K.H. Kim, "Contactless energy transmission system for linear servo motor," *IEEE Trans. Magn.*, vol. 41, no. 5, pp. 1596–1599, May 2005.

10 G.A.J. Elliott, G.A. Covic, D. Kacprzak, and J.T. Boys, "A new concept: asymmetrical pick-ups for inductively coupled power transfer monorail systems," *IEEE Trans. Magn.*, vol. 42, no. 10, pp. 3389–3391, October 2006.

11 P. Sergeant and A. Van den Bossche, "Inductive coupler for contactless power transmission," *IET Electr. Power Applic.*, vol. 2, pp. 1–7, 2008.

12 J.T. Boys and A.W. Green, "Intelligent road studs – lighting the paths of the future," *IPENZ Trans.*, vol. 24, no. 1, pp. 33–40, 1997.

13 H.H. Wu, G.A. Covic, and J.T. Boys, "An AC processing pickup for IPT systems," *IEEE Trans. Power Electron. Soc.*, vol. 25, no. 5, pp. 1275–1284, May 2010.

14 H.H. Wu, G.A. Covic, J.T. Boys, and D. Robertson, "A series tuned AC processing pickup," *IEEE Trans. Power Electron. Soc.*, vol. 26, no. 1, pp. 98–109, January 2011.

15 W. Chwei-Sen, G.A. Covic, and O.H. Stielau, "Power transfer capability and bifurcation phenomena of loosely coupled inductive power transfer systems," *IEEE Trans. Ind. Electron.*, vol. 51, no. 1, pp. 148–157, February 2004.

16 W. Chwei-Sen, O.H. Stielau, and G.A. Covic, "Design considerations for a contactless electric vehicle battery charger," *IEEE Trans. Ind. Electron.*, vol. 52, no. 5, pp. 1308–1314, October 2005.

17 W. Chwei-Sen, G.A. Covic, and O.H. Stielau, "General stability criterions for zero phase angle controlled loosely coupled inductive power transfer systems," in *2001 IECON Conference*, pp. 1049–1054.

18 K. Aditya and S.S. Williamson, "Comparative study of series–series and series–parallel compensation topologies for electric vehicle charging," in *2014 ISIE Conference*, pp. 426–430.

19 K. Aditya and S. S. Williamson, "Comparative study of series–series and series-parallel compensation topology for long track EV charging application," in *2014 ITEC Conference*, pp. 1–5.

20 C. Yuan-Hsin, S. Jenn-Jong, P. Ching-Tsai, and S. Wei-Chih, "A closed-form oriented compensator analysis for series–parallel loosely coupled inductive power transfer systems," in *2007 PESC Conference*, pp. 1215–1220.

21 S. Chopra and P. Bauer, "Analysis and design considerations for a contactless power transfer system," in *2011 INTELEC Conference*, pp. 1–6.

22 G.B. Joung and B.H. Cho, "An energy transmission system for an artificial heart using leakage inductance compensation of transcutaneous transformer," *IEEE Trans. Power Electron.*, vol. 13, no. 6, pp. 1013–1022, November 1998.

23 A.J. Moradewicz and M.P. Kazmierkowski, "Contactless energy transfer system with FPGA-controlled resonant converter," *IEEE Trans. Ind. Electron.*, vol. 57, no. 9, pp. 3181–3190, September 2010.

24 J. How, Q. Chen, Siu-Chung Wong, C.K. Tse, and X. Ruan, "Analysis and control of series/series–parallel compensated resonant converters for contactless power transfer," *IEEE Journal of Emerging and Selected Topics in Power Electronics*, vol. PP, no. 99, p. 1, 2014.

25 S.-Y. Cho, I.-O. Lee, S. Moon, G.-W. Moon, B.-C. Kim, and K.Y. Kim, "Series–series compensated wireless power transfer at two different resonant frequencies," in *2013 ECCE Conference*, pp. 1052–1058.

26 W. Zhang, S.-C. Wong, C.K. Tse, and Q. Chen, "Analysis and comparison of secondary series- and parallel-compensated inductive power transfer systems operating for optimal efficiency and load-independent voltage-transfer ratio," *IEEE Trans. Power Electron.*, vol. 29, no. 6, pp. 2979–2990, June 2014.

27 W. Zhang, S.-C. Wong, and C.K. Tse, "Compensation technique for optimized efficiency and voltage controllability of IPT systems," in *2012 ISCAS Conference*, pp. 225–228.

28 W. Zhang, S.-C. Wong, C.K. Tse, and Q. Chen, "Load-independent current output of inductive power transfer converters with optimized efficiency," in *2014 IPEC Conference*, pp. 1425–1429.

29 W. Zhang, S.-C. Wong, C.K. Tse, and Q. Chen, "Analysis and comparison of secondary series- and parallel- compensated IPT systems," in *2013 ECCE Conference*, pp. 2898–2903.

30 Z. Wei, S.-C. Wong, C.K. Tse, and C. Qianhong, "Design for efficiency optimization and voltage controllability of series–series compensated inductive power transfer systems," *IEEE Trans. Power Electron.*, vol. 29, no. 1, pp. 191–200, January 2014.

31 X. Ren, Q. Chen, L. Cao, X. Ruan, S.-C. Wong, and C.K. Tse, "Characterization and control of self-oscillating contactless resonant converter with fixed voltage gain," in *2012 IPEMC Conference*, pp. 1822–1827.

32 O.H. Stielau and G.A. Covic, Design of loosely coupled inductive power transfer systems," *International Conference on Power System Technology*, 2000, pp. 85–90.

33 H. Abe, H. Sakamoto, and K. Harada, "A noncontact charger using a resonant converter with parallel capacitor of the secondary coil," *IEEE Trans. Ind. Applic.*, vol. 36, no. 2, pp. 444–451, March–April 2000.

34 J.L. Villa, J. Sallan, J.F. Sanz Osorio, and A. Llombart, "High-misalignment tolerant compensation topology for ICPT systems," *IEEE Trans. Ind. Electron.*, vol. 59, no. 2, pp. 945–951, February 2012.

35 J. Sallan, J.L. Villa, A. Llombart, and J.F. Sanz, "Optimal design of ICPT systems applied to electric vehicle battery charge," *IEEE Trans. Ind. Electron.*, vol. 56, no. 6, pp. 2140–2149, June 2009.

36 M.L.G. Kissin, H. Chang-Yu, G.A. Covic, and J.T. Boys, "Detection of the tuned point of a fixed-frequency LCL resonant power supply," *IEEE Trans. Power Electron.*, vol. 24, no. 41, pp. 1140–1143, April 2009.

37 H. Hao, G.A. Covic, and J.T. Boys, "An approximate dynamic model of LCL-T-based inductive power transfer power supplies," *IEEE Trans. Power Electron.*, vol. 29, no.10, pp. 5554–5567, October 2014.

38 C.Y. Huang, J.T. Boys, and G.A. Covic, "LCL pickup circulating current controller for inductive power transfer systems," *IEEE Trans. Power Electron.*, vol. 28, no. 4, pp. 2081–2093, April 2013.

39 C.Y. Huang, J.E. James, and G.A. Covic, "Design considerations for variable coupling lumped coil systems," *IEEE Trans. Power Electron.*, vol. 30, no. 2, pp. 680–689, February 2015.

40 N.A. Keeling, G.A. Covic, and J.T. Boys, "A unity-power-factor IPT pickup for high-power applications," *IEEE Trans. Ind. Electron.*, vol. 57, no. 2, pp. 744–751, February 2010.

41 C.W. Wang, G.A. Covic, and O.H. Stielau, "Investigating an LCL load resonant inverter for inductive power transfer applications," *IEEE Trans. Power Electron.*, vol. 19, no. 4, pp. 995–1002, July 2004.

42 H. Hao, G.A. Covic, and J.T. Boys, "A parallel topology for inductive power transfer power supplies," *IEEE Trans. Power Electron.*, vol. 29, no. 3, pp. 1140–1151, March 2014.

43 Y.H. Sohn, B.H. Choi, E.S. Lee, G.C. Lim, G.H. Cho, and Chun T. Rim, "General unified analyses of two-capacitor inductive power transfer systems," *IEEE Trans. Power Electron.*, vol. 30, no. 1, pp. 6030–6045, November 2015.

44 Z. Pantic, B. Sanzhong, and S. Lukic, "ZCS LCC-compensated resonant inverter for inductive-power-transfer application," *IEEE Trans. Ind. Electron.*, vol. 58, no. 9, pp. 3500–3510, August 2011.

45 B.D.H. Tellegen, "The gyrator, a new electric network element," *Philips Res. Rep.*, vol. 3, pp. 81–101, April 1948.

46 Chun T. Rim, Dong Y. Hu, and G.-H. Cho, "Transformers as equivalent circuits for switches: general proofs and D-Q transformation-based analyses," *IEEE Trans. Ind. Applic.*, vol. 26, no. 4, pp. 777–785, July/August 1990.

47 D.C. Hamill, "Lumped equivalent circuits of magnetic components: the gyrator-capacitor approach," *IEEE Trans. Power Electron.*, vol. 8, no. 2, pp. 97–103, April 1993.

48 S. Singer and R.W. Erickson, "Canonical modeling of power processing circuits based on the POPI concept," *IEEE Trans. Power Electron.*, vol. 7, no. 1, pp. 37–43, January 1992.

49 A. Cid-Pastor, L. Martinez-Salamero, C. Alonso, R. Leyva, and S. Singer, "Paralleling DC–DC switching converters by means of power gyrators," *IEEE Trans. Power Electron.*, vol. 22, no. 6, pp. 2444–2453, November 2007.

50 K. Woronowicz, A. Safaee, T. Dickson, M. Youssef, and S. Williamson, "Boucherot bridge based zero reactive power inductive power transfer topologies with a single phase transformer," in *2014 IEVC Conference*, pp. 1–6.

51 J. Huh, S.W. Lee, W.Y. Lee, G.H. Cho, and Chun T. Rim, "Narrow-width inductive power transfer system for online electrical vehicles," *IEEE Trans. Power Electron.*, vol. 26, no. 12, pp. 3666–3679, December 2011.

52 S.Y. Choi, B.W. Gu, J. Huh, W.Y. Lee, J.G. Cho, and Chun T. Rim, "Asymmetric coil sets for wireless stationary EV chargers with large lateral tolerance by dominant field analysis," *IEEE Trans. Power Electron.*, vol. 29, no. 12, pp. 6406–6420, December 2014.

53 C.B. Park, S.W. Lee, and Chun T. Rim, "Innovative 5 m-off-distance inductive power transfer systems with optimally shaped dipole coils," *IEEE Trans. Power Electron.*, vol. 30, no. 2, pp. 817–827, February 2015.

54 C.B. Park, S.W. Lee, G.-H. Cho, S.-Y. Choi, and Chun T. Rim, "Two-dimensional inductive power transfer system for mobile robots using evenly displaced multiple pick-ups," *IEEE Trans. Ind. Applic.*, vol. 50, no. 1, pp. 558–565, January–February 2014.

55 S.W. Lee, B. Choi, and Chun T. Rim, "Dynamics characterization of the inductive power transfer system for on-line electric vehicles by Laplace phasor transform," *IEEE Trans. Power Electron.*, vol. 28, no. 12, pp. 5902–5909, December 2013.

56 B.H. Choi, J.P. Cheon, J.H. Kim, and Chun T. Rim, "7 m-off-long-distance extremely loosely coupled inductive power transfer systems using dipole coils," in *2014 ECCE Conference*, pp. 858–863.

57 S.Y. Choi, B.W. Gu, S.Y. Jeong, and Chun T. Rim, "Advances in wireless power transfer systems for road powered electric vehicles," *IEEE Journal of Emerging and Selected Topics in Power Electronics*, vol. 3, no. 1, pp. 18–36, March 2015.

58 R.L. Steigerwald, "A comparison of half-bridge resonant converter topologies," *IEEE Trans. Power Electron.*, vol. 3, no. 2, pp. 174–182, April 1988.

59 S. Li, W. Li, J. Deng, and C. Mi, "A Double-sided LCC compensation network and its tuning method for wireless power transfer," *IEEE Transactions on Vehicle Technology*, issue 99, pp. 1–12, 2014.

60 F. Lu, H. Hofmann, J. Deng, and C. Mi, "Output power and efficiency sensitivity to circuit parameter variations in double-sided LCC-compensated wireless power transfer system," in *2015 APEC Conference*, pp. 597–601.

61 J. Deng, F. Lu, W. Li, R. Ma, and C. Mi, "ZVS double-side LCC compensated resonant inverter with magnetic integration for electric vehicle wireless charger," in *2015 APEC Conference*, pp. 1131–1136.

62 J. Deng, F. Lu, S. Li, T. Nguyen, and C. Mi, "Development of a high efficiency primary side controlled 7 kW wireless power charger," *IEEE International Electric Vehicle Conference*, 2014, pp. 1–6.

63 G.W. Wester and R.D. Middlebrook, "Low-frequency characterization of switched DC–DC converters," *IEEE Transactions an Aerospace and Electronic Systems*, vol. AES-9, pp. 376–385, May 1973.

64 R. Tymerski and V. Vorperian, "Generation, classification and analysis of switched-mode DC-to-DC converters by the use of converter cells," in *1986 INTELEC Conference*, pp. 181–195.

65 V. Vorperian, R. Tymerski, and F.C. Lee, "Equivalent circuit models for resonant and PWM switches," *IEEE Trans. Power Electron.*, vol. 4, no. 2, pp. 205–214, April 1989.

66 V. Vorperian, "Simplified analysis of PWM converters using the model of the PWM switch: Parts I and II," *IEEE Transactions on Aerospace and Electronic Systems*, vol. AES-26, pp. 490–505, May 1990.

67 S. Freeland and R.D. Middlebrook, "A unified analysis of converters with resonant switches," *in 1987 PESC Conference*, pp. 20–30.

68 A. Witulski and R.W. Erickson, "Extension of state-space averaging to resonant switches and beyond," *IEEE Trans. Power Electron.*, vol. 5, no, 1, pp. 98–109, January 1990.

69 D. Maksimovic and S. Cuk, "A unified analysis of PWM converters in discontinuous modes," *IEEE Trans. on Power Electron.*, vol. 6, no. 3, pp. 476–490, July 1991.

70 D.J. Shortt and F.C. Lee, "Extensions of the discrete-average models for converter power stages," in *1983 PESC Conference*, pp. 23–37.

71 O. AL-Naseem and R.W. Erickson, "Prediction of switching loss variations by averaged switch modeling," in *2000 APEC Conference*, pp. 242–248.

72 Chun T. Rim, D.Y. Hu, and G.-H. Cho, "The graphical D-Q transformation of general power switching converters," in *1998 Industry Applications Society Annual Meeting*, pp. 940–945.

73 Chun T. Rim, N.S. Choi, G.C. Cho, and G.-H. Cho, "A complete DC and AC analysis of three-phase controlled-current PWM rectifier using circuit D-Q transformation," *IEEE Trans. Power Electron.*, vol. 9, no. 4, pp. 390–396, July 1994.

74 Y.H. Son, B.H. Choi, G.-H. Cho, and Chun T. Rim, "Gyrator-based analysis of resonant circuits in inductive power transfer systems," *IEEE Trans. on Power Electronics*, vol. 31, no. 10, pp. 6824–6843, October 2016.

第6章 磁镜模型

6.1 简介

　　无线电能传输技术以其方便、安全、相当高的功率效率受到了人们的广泛关注。用于移动电子设备和机器人的无线电池充电器[1-9]，无线电动汽车（EV）[例如在线电动汽车（OLEV）[10-27]]，以及生物医学植入设备（如起搏器、磁性神经刺激器和不需要手术的血压传感器[28-35]），都是应用这种新技术的例子。在采用电感耦合的无线电能传输系统中，主线圈和拾取线圈均含有高磁导率的铁心，以提高传输功率和系统效率。例如，铁磁芯板可以在磁共振成像（MRI）和磁通泵中产生强磁通[36-39]。在用于移动电子设备和机器人的无线电池充电器中，无论设备位置如何，都使用非常轻的芯板来传输均匀的功率。铁氧体磁心还用于电动汽车[40-45]和道路供能电动汽车的无线电池充电器，以传输超过几十千瓦的高功率[10-23]。

　　为了提高线圈的性能，必须明确线圈之间的磁阻、磁心的磁滞损耗以及磁心的最大允许磁通。因此，线圈的磁场分布对线圈的有效设计至关重要。然而，除了电场计算之外，很难计算涉及核心的磁场。磁心扭曲磁通路径，这意味着没有能够找到任意磁心形状磁阻的简单方法。一个简单的分析方法（如与电场有关的计算）对于磁场计算是至关重要的。

　　对于具有无限磁导率和无限宽的平面磁心，通常使用理想的磁镜模型来计算磁场分布，其中与磁心表面相反点的源电流大小相同的磁镜电流取代了复杂磁心对磁场的影响[39]。该模型与计算理想导体电场的图像电荷法相似。当电流源位于理想芯板上时，使用该模型是非常方便和有用的，当自由空间中的磁阻减半时，理想芯板可精确地将磁心表面的磁通密度加倍。对于具有有限磁导率和有限线圈尺寸的圆柱形磁心线圈，通过有限元法（FEM）模拟确定镜像电流值减小[39]，但其仅在几个特定情况下进行了计算。在实际应用中，需要更广泛地适用于有限宽度平面磁心盒的磁镜模型。然而，大多数涉及电感式电能传输系统（IPTS）的论文[1-23,36-45]只依赖于模拟和实验，而没有建立适当的等式模型来确定给定线圈结构的磁通密度。

　　在本章中，解释了有限宽度芯板的封闭等分形式的改进磁镜模型（IM^3）。然而，由于建模的困难和复杂性，在这种情况下，假定岩心的渗透性是无限的。通过引入一个比源电流小的合适的镜电流，可以确定芯板上的磁通密度。通过有限元模拟，严格验证了镜电流与源电流之比是芯板宽度和电源电流与芯板之间距离的函数。将所提出的IM^{3}应用于无线电动汽车用到的单线圈和双线圈，分析了开放芯板上的磁通密度，找出了开放芯板上或开放芯板上方的最大点，这对线圈的设计至关重要，以避免局部磁饱和。此外，通过引入连续的镜像电流，分析了拾取端芯板置于主芯板上时的磁通密度，并通过实验（包括现场试验）广泛验证了所提出的IM^{3}模型的实用性。

符号说明

I_s 源电流的值（A）

I_m 镜像电流的值（A）

B_1 具有开放芯板的单线圈的磁通密度（T）

B_2 具有开放芯板的双线圈的磁通密度（T）

B_3 平行芯板单线圈的磁通密度（T）

B_4 平行芯板双线圈的磁通密度（T）

d_s 芯板表面与源电流中心之间的垂直距离（m）

d_m 芯板表面与镜电流中心之间的垂直距离（m）

d 芯板表面与源电流或镜像电流中心之间的垂直距离（m）

d_c 芯板的厚度（m）

w_s 源电流中心从芯板表面中心的水平位移（m）

w_o 芯板的宽度（m）

l_o 芯板的长度（m）

r_s 从芯板表面中心到源电流中心的半径（m）

r_m 从芯板表面中心到镜电流中心的半径（m）

x 从芯板表面中心开始的测量点的水平值（m）

y 测量点距芯板表面中心的垂直值（m）

h 主芯板与拾取芯板表面之间的气隙（m）

μ_o 自由空间的渗透率，$4\pi \times 10^{-7}$（H/m）

μ_r 芯板的相对渗透率

a_x 水平方向上的单位向量

a_y 竖直方向上的单位向量

γ_1 单线圈的镜像电流与源电流之比

γ_2 双线圈的镜像电流与源电流之比

α_1 单线圈镜电流模型 γ_1 曲线拟合系数

α_2 双线圈镜电流模型 γ_2 曲线拟合系数

6.2   改进的磁镜模型线圈与开放芯板

通过计算具有有限宽度、无限长度和无限磁导率芯板线圈的磁通密度，从而确定了 IM^3 的镜像电流大小为一个等式的形式。假设磁心无损耗，源电流可以是任意的，即直流或交流。这里同时考虑单线圈和双线圈，因为它们都在需要显示设计模型的 OLEV 中有所应用[17-19]。主线圈上没有拾取线圈，因此，芯板的一半自由空间是开放的。利用 Ansoft Maxwell（V12）软件对二维情况进行了有限元仿真，验证了模型的正确性。

6.2.1   有限宽度的单线圈

在 OLEV 中使用的带有拾取线圈的单线圈如图 6.1 所示。其中，单线圈的长度无限长，但其宽度 w_o 通常小于 1m[17]。在芯板上流动的电流被分成两部分，并从芯板上回流，拾取线圈的宽度略大于单线圈的宽度，以提供横向公差。为了处理这个实际问题，通过简化问题并逐步地解决它。在本节中，首先考虑的是具有开放芯板的单线圈的情况，如图 6.2 所示。

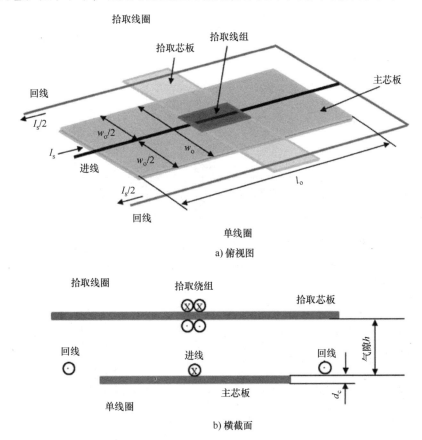

a) 俯视图

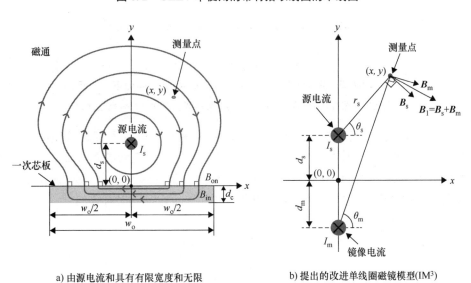

b) 横截面

图 6.1 OLEV 中使用的带有拾取线圈的单线圈

a) 由源电流和具有有限宽度和无限磁导率的芯板组成的单线圈

b) 提出的改进单线圈磁镜模型(IM³)

图 6.2 提出的一种具有开放芯板的单线圈的 IM³

　　磁通量被芯板严重扭曲，因此，在分析上似乎很难确定。然而，当磁导率无限大时，芯板表面上的磁场接近垂直，如图 6.3 所示。因此，可以采用改进的磁镜模型求解，该模型中，镜像电流对芯板表面水平方向 x 的源电流产生抵消磁场。图 6.3 为芯板表面磁通密度角随相对磁导率的有限元模拟结果。结果表明，当相对磁导率超过 1000 时，磁通近似于垂直。因此，它适用于大多数实际的核心材料，该值通常在 2000~5000 之间。

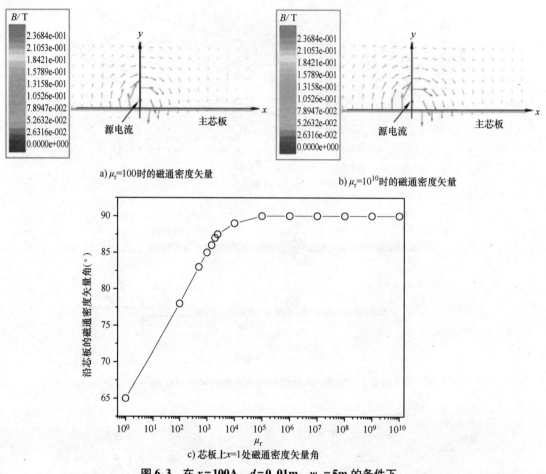

a) $\mu_r = 100$ 时的磁通密度矢量

b) $\mu_r = 10^{10}$ 时的磁通密度矢量

c) 芯板上 $x=1$ 处磁通密度矢量角

图 6.3　在 $x = 100A$，$d = 0.01m$，$w_o = 5m$ 的条件下，
沿开放芯板相对磁导率 $x = 1m$ 的单线圈磁通密度的 FEM 模拟结果

　　然而，对于单线圈来说，在表面到核心的距离 d_m 和镜像电流 I_m 还未确定时 IM³ 不是已知的。对于有限宽度的单线圈，距离 d_m 不等于源电流到芯板表面的距离 d_s，如图 6.2。此外，镜像电流 I_m 应该从封闭形式的方程中找到，而不是像参考文献[39]中那样从特定的数字中找到。由于目前还没有理论分析，本章用各种条件下的磁场模拟对它们进行了验证。

　　由安培定律可得：

$$\oint \boldsymbol{H} \cdot \mathrm{d}\boldsymbol{l} = I \quad \oint \boldsymbol{B} \cdot \mathrm{d}\boldsymbol{l} = \mu_o I \tag{6.1}$$

　　用于镜像电流 I_m 的开路单线圈 B_1 和在任意测量点 (x, y) 处的源电流 I_s 的磁通密度可由下式获得：

$$B_1 \equiv |\boldsymbol{B}_1| = |\mu_o\boldsymbol{H}_1| = \left| \frac{\mu_o I_s}{2\pi} \frac{\alpha_x(y-d_s)-\alpha_y x}{r_s^2} + \frac{\mu_o I_m}{2\pi} \frac{\alpha_x(y+d_m)-\alpha_y x}{r_m^2} \right|$$

$$= \frac{\mu_o I_s}{2\pi} \sqrt{\left\{ \frac{y-d_s}{r_s^2} + \gamma_1 \frac{y+d_m}{r_m^2} \right\}^2 + \left\{ \frac{x}{r_s^2} + \gamma_1 \frac{x}{r_m^2} \right\}^2} \quad (\text{当} \ |x| < \frac{w_o}{2}, 0 \leqslant y \ \text{时}) \tag{6.2a}$$

$$r_s = \sqrt{x^2 + (y-d_s)^2}, r_m = \sqrt{x^2 + (y+d_m)^2} \tag{6.2b}$$

通过磁场 FEM 模拟，如图 6.4 和图 6.5 所示，发现在以下条件下，磁通密度 B_1 的仿真结果最适合式（6.2）中的 IM^3：

$$d_m = d_s = d, \quad \gamma_1 \equiv \frac{I_m}{I_s} \cong \left(1 - e^{-w_o/(\alpha_1 y)} \right) \quad \because \alpha_1 \cong 1.7 \tag{6.3}$$

幸运的是，无论其他参数是什么，镜像电流和源电流到核心表面的距离都是相同的。这可以通过芯板表面的边界条件来解释，即 $y = 0$，磁通垂直于芯板表面，磁导率为无穷大。因为当 $y = 0$ 时，$\gamma_1 = 1$。由式（6.3）可知，任何测量点只有当 $d_m = d_s$ 和 $I_m = I_s$ 时，才满足边界条件 $(x, 0)$。然而，正如图 6.4 所示，γ_1 是核心宽度 w_o 的函数。在没有芯板的情况下，镜像电流的大小为零，接近理想情况。$\gamma_1 = 1$，芯板宽度 w_o 增加。

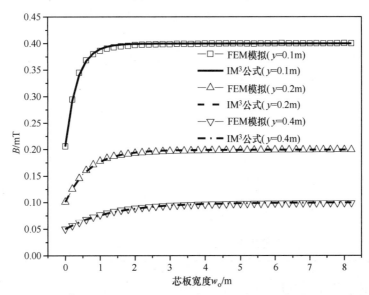

图 6.4 在 $\mu_r = 10^7$，$I_s = 100\text{A}$，$d = 0.01\text{m}$ 的条件下，沿 $w_o(0, y)$ 方向不同的 y 的开放芯板单线圈磁通密度 IM^3 与 FEM 模拟结果的比较

因此，当 w_o 为 ∞ 时，磁通密度最终达到预期的两倍。奇怪的是，γ_1 不是关于 d 的函数而是测量点 y 的函数。这表明，当距离 d 变化时，镜像电流变化不大，但在远离芯板时，镜像电流减小，如式（6.3）所示。换句话说，即使线圈的结构是固定的，也应该根据不同的测量点相应地改变镜像电流。这可以从物理上解释，因为有限宽度芯板引起的磁通量对观测者在测量点上的贡献随着观测因子 w_o/y 的增加而增加，如式（6.3）所示。所提出的模型与理想磁镜模型有很大的不同，在理想磁镜模型中，镜像电流不受观测者的影响。然而，在提出的 IM^3 中，由于各观测因子的不同，各观测者的镜像电流可能不同。

式（6.2）和式（6.3）的 IM^3 也很好地拟合了不同测量高度 y 时 x 方向的仿真结果，

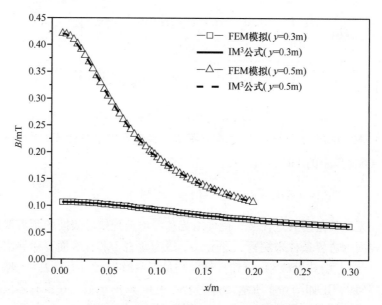

图 6.5　在 $\mu_r = 10^7$，$I_s = 100A$，$d = 0.45m$，$w_o = 3m$ 的条件下，在 (x,y)
沿 x 方向不同的 y 的开放芯板单线圈磁通密度 IM^3 与 FEM 模拟结果的比较

如图 6.5 所示。除了图 6.4 和图 6.5 所示的对比结果外，还进行了大量的仿真来验证式（6.3）的曲线拟合。对于式（6.2）和式（6.3）的使用需要谨慎，因为所建议的模型适用于芯板内的区域，即 $|x| < w_o / 2$。结果表明，该模型对 $|x| < w_o / 4$ 有较高的准确度，误差在 5% 以内。对于芯板的边缘，磁场的边缘效应占主导地位，提出的磁镜模型 IM^3 偏离简化的理想条件，误差约为 20%。这对于线圈设计来说不是一个实际的问题，在线圈设计中，导线在芯板上，也就是说，感兴趣的区域被限制在芯板的内部。

问题 1

（1）式（6.3）的理由是什么？换句话说，指数函数有什么可能的解释或物理意义吗？

（2）为什么 $\alpha_1 \approx 1.7$？它实际上是一个特定数字 $\sqrt{3}$ 的近似值吗？

6.2.2　有限宽度的双线圈

本节将以双线圈[17]为模型进行讲解，其中芯板的长度 l_o 为无穷大，而宽度 w_o 为有限长度。双线圈由芯板和进线、回线组成，如图 6.6 所示。由于单线圈的几何性质和结构各不相同，所提出的单线圈 IM^3 不能用于双线圈。因此，在这种情况下，应该对单线圈做类似的工作。

由于双线圈有两个方向相反的源电流，假设芯板对磁通量的影响可以模拟为两个镜像电流，如图 6.7 所示。如前一节所述，无论其他参数如何，镜像电流和源电流到芯板表面的距离是相同的。源电流和镜像电流在任意点 (x,y) 处的磁通密度由安培定律确定，如式（6.4a）和式（6.4b）所示。

$$B_2 \equiv |\boldsymbol{B}_2| = \frac{\mu_o I_s}{2\pi}\left\{\left(-\frac{y-d}{r_{s1}^2}+\frac{y-d}{r_{s2}^2}\right)\alpha_x + \left(\frac{x+w_s}{r_{s1}^2}-\frac{x-w_s}{r_{s2}^2}\right)\alpha_y\right\}$$

$$+\frac{\mu_o I_m}{2\pi}\left\{\left(-\frac{y+d}{r_{m1}^2}+\frac{y+d}{r_{m2}^2}\right)\alpha_x+\left(\frac{x+w_s}{r_{m1}^2}-\frac{x-w_s}{r_{m2}^2}\right)\alpha_y\right\}\Bigg| \tag{6.4a}$$

$$=\frac{\mu_o I_s}{2\pi}\sqrt{\left(-\frac{y-d}{r_{s1}^2}+\frac{y-d}{r_{s2}^2}-\gamma_2\frac{y+d}{r_{m1}^2}+\gamma_2\frac{y+d}{r_{m2}^2}\right)^2+\left(\frac{x+w_s}{r_{s1}^2}-\frac{x-w_s}{r_{s2}^2}+\gamma_2\frac{x+w_s}{r_{m1}^2}-\gamma_2\frac{x-w_s}{r_{m2}^2}\right)^2}\quad(\text{当}\,|x|<\frac{w_o}{2},0\leqslant y\ \text{时})$$

$$r_{s1}=\sqrt{(x+w_s)^2+(y-d)^2}\,,\ r_{s2}=\sqrt{(x-w_s)^2+(y-d)^2}$$

$$r_{m1}=\sqrt{(x+w_s)^2+(y+d)^2}\,,\ r_{m2}=\sqrt{(x-w_s)^2+(y+d)^2} \tag{6.4b}$$

式中，r_{s1}、r_{s2}、r_{m1} 和 r_{m2} 是测量点到各电流源中心的距离。

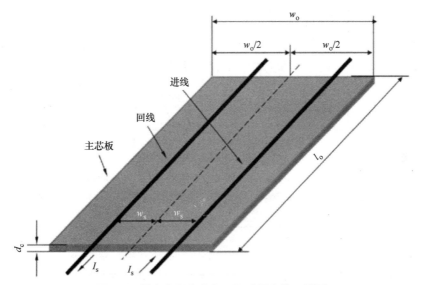

图 6.6　具有有限宽度和无限磁导率的双线圈

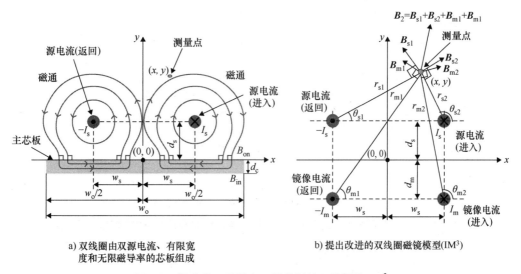

a) 双线圈由双源电流、有限宽
度和无限磁导率的芯板组成

b) 提出改进的双线圈磁镜模型(IM³)

图 6.7　提出的一种具有开放芯板的双线圈的 IM³

通过广泛的磁场有限元模拟，包括结果如图 6.8～图 6.10 所示，发现在以下条件下，磁通密度 B_2 的仿真结果最适合式（6.4）的 IM³：

$$\gamma_2 \equiv \frac{I_m}{I_s} \approx \left(1 - e^{-(w_o + 2w_s)/(\alpha_2 y)}\right) \quad \because \alpha_2 \approx 2.4 \tag{6.5}$$

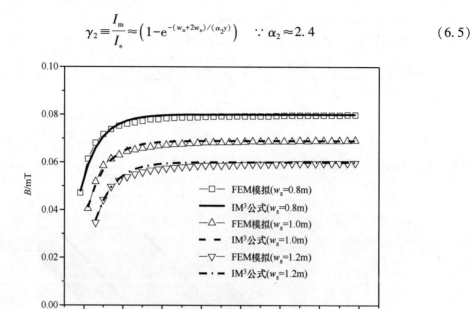

图 6.8　在 $\mu_r = 10^7$，$I_s = 100A$，$d = 0.01m$，$y = 0.4$ 的条件下，
在（0, y）沿 w_o 方向不同的 w_s 的开放芯板双线圈磁通密度 IM^3 与 FEM 模拟结果的比较

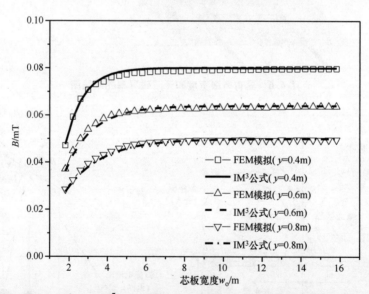

图 6.9　在 $\mu_r = 10^7$，$I_s = 100A$，$d = 0.01m$，$w_s = 0.8m$ 的条件下，
在（0, y）沿 w_o 方向不同的 y 的开放芯板双线圈磁通密度 IM^3 与 FEM 模拟结果的比较

在式（6.5）中，γ_2 仅是与芯板宽度 w_o、线位移 w_s 和测量点高度 y 有关的函数。如图 6.8 和图 6.9 所示，镜像电流的大小接近理想的情况，也就是说，$\gamma_2 = 1$，芯板宽度指数增加。值得注意的是，式（6.5）的曲线拟合参数 α_2 不同于式（6.3），这证实了双线圈不能被建模为两个单线圈的组合。式（6.4）和式（6.5）的 IM^3 与芯板内部区域的仿真结果吻合较好，即 $|x| < w_o/2$。

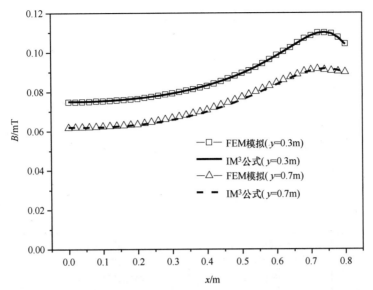

图 6.10 在 $\mu_r = 10^7$，$I_s = 100A$，$d = 0.45m$，$w_s = 0.8m$，$w_o = 10m$ 的条件下，沿 x 方向不同的 y 的开放芯板双线圈磁通密度 IM^3 与 FEM 模拟结果的比较

问题 2

α_1 和 α_2 之间的关系是什么？应该有很好的理由证明式（6.3）和式（6.5）具有相同的指数形式且 $(\alpha_2 - 1) \approx 2(\alpha_1 - 1)$。如果你能正确地回答问题 1 和问题 2，你可能可以基于此写一篇优秀的论文，并在期刊上发表。

6.2.3 单线圈局部饱和度

在许多使用铁氧体芯板的 IPTS 中，芯板的局部饱和会降低功率传输，因为 IPTS 的谐振频率会因磁阻变化而发生变化[23]。因此，在 IPTS 线圈的设计中至关重要的是将磁心的峰值磁通密度保持在允许极限以下。借助于所提出的 IM^3 的分析形式，可以找到核的最大磁通密度。有两个可能的局部饱和点：一个在芯板上，另一个在芯板内。

对于具有开放芯板的单线圈的情况，从式（6.3）发现，当 $y = 0$ 时，$\gamma_1 = 1$。因此，可获得芯板 $B_{1,\text{on}}$ 上的磁通密度方程的非常简单的形式，如下：

$$B_{1,\text{on}} = B_1 \big|_{y=0} = \frac{\mu_o I_s}{\pi} \frac{x}{d^2 + x^2} \quad (\text{当} \, |x| < \frac{w_o}{2} \text{时}) \tag{6.6}$$

然后发现最大磁通密度点如下：

$$\frac{\partial B_{1,\text{on}}}{\partial x} \bigg|_{x=x_{1m}} = \frac{\mu_o I_s}{\pi} \frac{d^2 - x^2}{(d^2 + x^2)^2} \bigg|_{x=x_{1m}} = 0 \quad \Rightarrow x_{1m} = \pm d$$

$$\therefore B_{1m,\text{on}} \equiv \frac{\mu_o I_s}{\pi} \frac{x}{d^2 + x^2} \bigg|_{x=x_{1m}} = \frac{\mu_o I_s}{2\pi d} \tag{6.7}$$

还发现，芯板上的局部饱和发生在 $(d, 0)$ 和 $(-d, 0)$ 点处，并且随着距离 d 减小，饱和度变得更加严重。

另一方面，芯板中的磁通密度 $B_{1,\text{in}}$ 的方程如下：

$$B_{1,\text{in}} \equiv B_1 \mid_{-d_c<y<0} = \frac{1}{l_o d_c}\int_x^\infty l_o B_{1,\text{on}}\mathrm{d}x \cong \frac{1}{d_c}\int_x^{w_o/2}\frac{\mu_o I_s}{\pi}\frac{x}{d^2+x^2}\mathrm{d}x$$

$$= \frac{\mu_o I_s}{2\pi d_c}\ln\frac{d^2+w_o^2/4}{d^2+x^2}\left(\text{当}\,|x|<\frac{w_o}{2}\text{时}\right) \tag{6.8}$$

在式（6.8）中，假设芯板上的所有磁通量都被吸收到芯板中，并且对于给定的 x 值，内部磁通密度是均匀的，如图 6.11 所示。从式（6.8）可以发现，芯板中的局部饱和发生在源电流的正下方，如下所示：

$$B_{1\text{m},\text{in}} \equiv B_{1,\text{in}}\mid_{x=0} = \frac{\mu_o I_s}{2\pi d_c}\ln\left(1+\frac{w_o^2}{4d^2}\right) \tag{6.9}$$

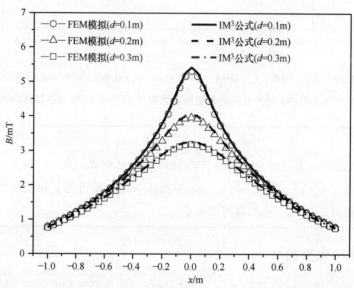

图 6.11　在条件 $\mu_r=10^7$，$I_s=100\text{A}$，$d_c=0.02\text{m}$，$w_o=3\text{m}$ 的情况下，带有沿 x 不同 d 的开放芯板单线圈的磁通密度 IM^3 与 FEM 模拟结果的比较

局部饱和可以发生在芯板上或芯板中。因此，由式（6.7）和式（6.9）确定的磁通密度应同时低于允许极限。在 OLEV 应用中[23]，其中 $I_s=200\text{A}$，$B_{1\text{m}}=0.1\text{T}$，$w_o=0.8\text{m}$，可以确定 $d=0.40\text{mm}$，这比传统的直径为 20mm 利兹线小得多。换句话说，只要电流小于 5000A，对于传统的导线，芯板上的局部饱和度可以忽略不计。如果在这个例子中使用较薄的绞合线，即 $d=10\text{mm}$，则从式（6.9）计算出 $d_c=2.95\text{mm}$。这意味着如果其厚度大于 3mm，则芯板不会局部饱和，这就是 OLEV 的情况[23]。应该注意的是，芯板的厚度是要注意的最主要参数，以避免局部饱和。

6.2.4　双线圈局部饱和度

对于具有开放芯板的双线圈的情况，从式（6.5）发现，当 $y=0$ 时 $\gamma_2=1$。因此，获得了芯板 $B_{2,\text{on}}$ 上磁通密度方程的一种非常简单的形式，如下所示：

$$B_{2,\text{on}} \equiv B_2\mid_{y=0} = \frac{\mu_o I_s}{\pi}\left\{\frac{w_s+x}{d^2+(w_s+x)^2}+\frac{w_s-x}{d^2+(w_s-x)^2}\right\}\quad\left(\text{当}\,|x|<\frac{w_o}{2}\text{时}\right) \tag{6.10}$$

然后找到最大磁通密度点，如下所示：

$$\frac{\partial B_{2,\mathrm{on}}}{\partial x}\bigg|_{x=x_{2\mathrm{m}}}=\frac{\mu_0 I_{\mathrm{s}}}{\pi}\left\{\frac{d^2-(w_{\mathrm{s}}+x)^2}{\{d^2+(w_{\mathrm{s}}+x)^2\}^2}-\frac{d^2-(w_{\mathrm{s}}-x)^2}{\{d^2+(w_{\mathrm{s}}-x)^2\}^2}\right\}\bigg|_{x=x_{2\mathrm{m}}}=0 \tag{6.11}$$

$$\Rightarrow x_{2\mathrm{m}}=\pm\sqrt{w_{\mathrm{s}}^2+d^2-2d\sqrt{w_{\mathrm{s}}^2+d^2}}\cong\pm(w_{\mathrm{s}}-d)\quad(\text{当 } d\ll w_{\mathrm{s}} \text{ 时})$$

式（6.11）表明，如果 d 远小于 w_{s}，则芯板表面上的磁通密度最大点接近式（6.7）的单线圈情况。这代表了实际案例[23]。通过考虑 $x=0$ 处的对称性来获得芯板 $B_{2,\mathrm{in}}$ 中的磁通密度方程，如下所示：

$$B_{2,\mathrm{in}}\equiv B_2\big|_{-d_{\mathrm{c}}<y<0}=\frac{1}{l_{\mathrm{o}}d_{\mathrm{c}}}\int_x^\infty l_{\mathrm{o}}B_{2,\mathrm{on}}\mathrm{d}x$$

$$=\frac{1}{d_{\mathrm{c}}}\int_0^x\frac{\mu_{\mathrm{o}}I_{\mathrm{s}}}{\pi}\left\{\frac{w_{\mathrm{s}}+x}{d^2+(w_{\mathrm{s}}+x)^2}+\frac{w_{\mathrm{s}}-x}{d^2+(w_{\mathrm{s}}-x)^2}\right\}\mathrm{d}x$$

$$=\frac{\mu_{\mathrm{o}}I_{\mathrm{s}}}{2\pi d_{\mathrm{c}}}\left\{\ln\frac{d^2+(w_{\mathrm{s}}+x)^2}{d^2+w_{\mathrm{s}}^2}-\ln\frac{d^2+(w_{\mathrm{s}}-x)^2}{d^2+w_{\mathrm{s}}^2}\right\} \tag{6.12}$$

$$=\frac{\mu_{\mathrm{o}}I_{\mathrm{s}}}{2\pi d_{\mathrm{c}}}\ln\left\{\frac{d^2+(w_{\mathrm{s}}+x)^2}{d^2+(w_{\mathrm{s}}-x)^2}\right\}\quad\because 0\leqslant x<w_{\mathrm{o}}/2$$

为了确定式（6.12）的局部饱和点，探索了它的导数，找到最大值为

$$\frac{\partial B_{2,\mathrm{in}}}{\partial x}\bigg|_{x=x_{3\mathrm{m}}}=0\Rightarrow x_{3\mathrm{m}}=\sqrt{w_{\mathrm{s}}^2+d^2}\approx w_{\mathrm{s}}(\text{当 }d\ll w_{\mathrm{s}}\text{时})$$

$$\therefore B_{2\mathrm{m},\mathrm{in}}\equiv|B_{2,\mathrm{in}}|\big|_{x=x_{3\mathrm{m}}}\cong|B_{2,\mathrm{in}}|\big|_{x=w_{\mathrm{s}}}=\frac{\mu_{\mathrm{o}}I_{\mathrm{s}}}{2\pi d_{\mathrm{c}}}\ln\left(1+\frac{4w_{\mathrm{s}}^2}{d^2}\right) \tag{6.13}$$

与单线圈情况一样，芯板中的局部饱和度恰好低于源电流，如式（6.13）所示。通过模拟验证局部饱和结果，显示与理论结果的良好一致性，如图 6.12 所示。

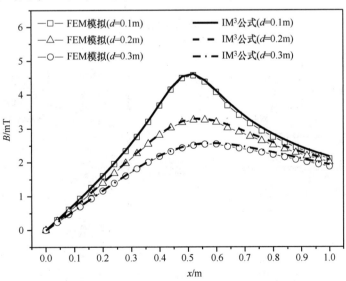

图 6.12　在条件 $\mu_{\mathrm{r}}=10^7$，$I_{\mathrm{s}}=100\mathrm{A}$，$d_{\mathrm{c}}=0.02\mathrm{m}$，$w_{\mathrm{o}}=3\mathrm{m}$ 的情况下，
带有沿 x 不同 d 的开放芯板双线圈的磁通密度 IM^3 与 FEM 模拟结果的比较

6.3 具有平行芯板线圈的改进磁镜模型

6.3.1 单线圈和有限宽度的拾取线圈

所提出的 IM³ 扩展到 IPTS 的分析，其中拾取线圈放置在主单线圈上并且线圈彼此磁耦合。这个问题可以用位于两个平行导电平面之间线电荷的方式来处理，如图 6.13 所示。在图像电荷模型中，位于两个导电平面之间的线电荷被导电平面的每一侧无限地反射，具有交替的极性，如图 6.13a 所示。在本节中假设，对于两个平行芯板，在 $\pm d$，$\pm(2h \pm d)$，$\pm(4h \pm d)$… 的相同极性下，可能会发生相同的无限反射，如图 6.13b 所示。其中对用于具有有限宽度的单线圈 IM³ 和拾取芯板进行建模。这是合理的，因为每个芯板都需要所有反射镜像电流，以确保其芯板上的水平磁场为零，如第 6.2.1 节所述。

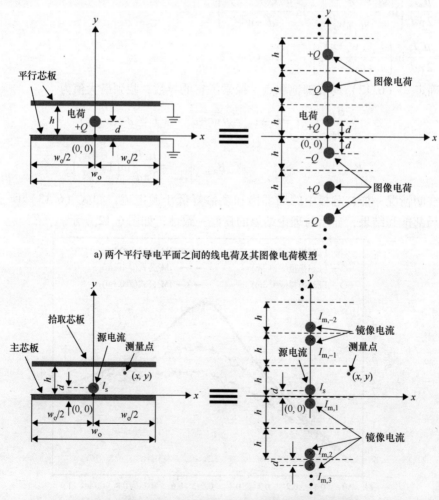

a) 两个平行导电平面之间的线电荷及其图像电荷模型

b) 具有无限磁导率的两个平行芯板之间的源电流及其镜像电流模型

图 6.13 图像电荷模型和提出的 IM³ 用于单线圈和有限宽度的拾取芯板的类比

所有上侧镜像电流和下侧镜像电流具有相同的值。这是因为镜像电流的大小与芯板表面的距离无关，仅由观察点确定，如式（6.3）所示。考虑 $2n+1$ 次反射间隙 h 的平行芯板之间的任何点 (x, y) 处的磁通密度由式（6.2）确定，如下：

$$B_3 \equiv |\boldsymbol{B}_3| = \left| \frac{\mu_o I_s}{2\pi} \sum_{k=-n}^{+n} \left\{ \gamma_{1,2k} \frac{\alpha_x(y-d+2hk) - \alpha_y x}{x^2 + (y-d+2hk)^2} + \gamma_{1,2k+1} \frac{\alpha_x(y+d+2hk) - \alpha_y x}{x^2 + (y+d+2hk)^2} \right\} \right|$$

（当 $|x| < \dfrac{w_o}{2}, 0 \leqslant y \leqslant h$ 时） (6.14)

在式（6.14）中、γ_1、k 是通过将单线圈的 IM^3 连续施加到具有开放芯板的双板情况确定的，如下所示：

$$\gamma_{1,0} = 1,$$
$$\gamma_{1,1} = \gamma_1(y) = (1 - e^{-w_o/(\alpha_1 y)}), \quad \gamma_{1,-1} = \gamma_1(h-y),$$
$$\gamma_{1,2} = \gamma_{1,-1}|_{y=0} \gamma_1(y) = \gamma_1(h)\gamma_1(y), \quad \gamma_{1,-2} = \gamma_{1,1}|_{y=h}\gamma_1(h-y) = \gamma_1(h)\gamma_1(h-y),$$ (6.15)
$$\gamma_{1,3} = \gamma_{1,-2}|_{y=0}\gamma_1(y) = \gamma_1^2(h)\gamma_1(y), \quad \gamma_{1,-3} = \gamma_{1,2}|_{y=h}\gamma_1(h-y) = \gamma_1^2(h)\gamma_1(h-y),$$
$$\cdots$$
$$\gamma_{1,k} = \gamma_1^{k-1}(h)\gamma_1(y), \gamma_{1,-k} = \gamma_1^{k-1}(h)\gamma_1(h-y), \quad k = 1, 2, 3, \cdots, 2n+1$$

在式（6.15）中，$\gamma_{1,0}$ 表示源电流，$\gamma_{1,1}$ 表示第一个向下镜像电流，如图 6.13 所示。另外，$\gamma_{1,-1}$ 表示第一向上镜像电流，其大小随着测量点远离拾取芯板而减小。$\gamma_{1,2}$ 表示第二向下镜像电流，它是第一向上镜像电流的反射，以形成边界条件，当 $y=0$ 时其等于 $\gamma_{1,-1}$ 并随着 y 的增加而减小。类似地，这个迭代过程可以永久地继续。应用式（6.15）到式（6.14）产生以下完整解决方案（代表矢量形式）：

$$\boldsymbol{B}_3 = \frac{\mu_o I_s}{2\pi} \left\{ \frac{\alpha_x(y-d) - \alpha_y x}{x^2 + (y-d)^2} + \gamma_1(y) \frac{\alpha_x(y+d) - \alpha_y x}{x^2 + (y+d)^2} \right\}$$
$$+ \frac{\mu_o I_s}{2\pi} \sum_{k=1}^{+n} \gamma_1(y) \left\{ \gamma_1^{2k-1}(h) \frac{\alpha_x(y-d+2hk) - \alpha_y x}{x^2 + (y-d+2hk)^2} + \gamma_1^{2k}(h) \frac{\alpha_x(y+d+2hk) - \alpha_y x}{x^2 + (y+d+2hk)^2} \right\}$$
$$+ \frac{\mu_o I_s}{2\pi} \sum_{k=-1}^{-n} \gamma_1(h-y) \left\{ \gamma_1^{-2k-1}(h) \frac{\alpha_x(y-d+2hk) - \alpha_y x}{x^2 + (y-d+2hk)^2} + \gamma_1^{-2k-2}(h) \frac{\alpha_x(y+d+2hk) - \alpha_y x}{x^2 + (y+d+2hk)^2} \right\}$$

（当 $|x| < \dfrac{w_o}{2}, 0 \leqslant y \leqslant h$ 时）

(6.16)

式（6.15）表明，对于较大的 k 值，多次反射的镜像电流呈指数减小。然后确定将 $\gamma_{1,k}$ 减小到 e^{-1} 所需的反射次数如下：

$$\gamma_{1,2n+1}|_{y=0} = \gamma_1^{2n}(h)\gamma_1(0) = (1 - e^{-w_o/(\alpha_1 h)})^{2n} = e^{-1} \Rightarrow n = \frac{1}{-2\ln(1 - e^{-w_o/(\alpha_1 h)})}$$ (6.17)

例如，当图 6.14a 中的 $w_o/h = 40$ 时，由式（6.17）预测的反射次数 n 高达 8.3×10^9。当图 6.15 中的 $w_o/h = 4$ 时，它变为 5。这意味着对于小气隙的情况，反射率几乎变为一致，并且可以使用理想的磁镜模型代替所提出的模型。而当 n 很小时，所提出的模型适用于大的气隙。

如图 6.14 和图 6.15 所示，在下一小节中，式（6.16）和式（6.18）的磁通密度分别通过各种条件的 FEM 模拟来验证。它们变为零近线，因为在 $y=h$ 处测量的反射电流与强度方面的对应电流相同，如下面子部分中的式（6.15）和式（6.20）所示，因此相互抵消。结果发现，建议的 IM^3 结果类似于有限元模拟的更大 n 值，由式（6.17）或 w_o/h 确定。后者对应于 w_o 高度处的镜像电流，其贡献变小。

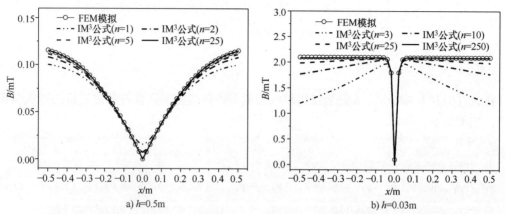

图 6.14　在条件 $\mu_r = 10^7$，$I_s = 100A$，$d_c = 0.01m$，$w_o = 20m$ 的情况下，在 (x, h) 处沿 x 的不同 n 的单线圈的磁通密度与拾取芯板 IM^3 与 FEM 模拟结果的比较

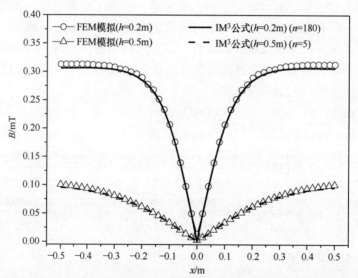

图 6.15　在条件 $\mu_r = 10^7$，$I_s = 100A$，$d_c = 0.01m$，$w_o = 3m$ 的情况下，在 (x, h) 处沿 x 的不同 h 的单线圈的磁通密度与拾取芯板 IM^3 与 FEM 模拟结果的比较

6.3.2　双线圈和有限宽度的拾取线圈

与前面的单线圈情况一样，双线圈和有限宽度的拾取线圈可以通过提出的 IM^3 建模。

考虑 $2n+1$ 次反射的间隙 h 的平行芯板之间的任何点 (x, y) 处的磁通密度，如图 6.16 所示，由式（6.4）确定，如下所示：

$$B_4 = \frac{\mu_o I_s}{2\pi} \sum_{k=-n}^{+n} \gamma_{2,2k} \left\{ \left(-\frac{1}{\gamma_{s1,k}^2} + \frac{1}{\gamma_{s2,k}^2} \right) (y - d + 2hk) \alpha_x + \left(\frac{x + w_s}{\gamma_{s1,k}^2} - \frac{x - w_s}{\gamma_{s2,k}^2} \right) \alpha_y \right\}$$

$$+\frac{\mu_o I_s}{2\pi}\sum_{k=-n}^{+n}\gamma_{2,2k+1}\left\{\left(-\frac{1}{\gamma_{m1,k}^2}+\frac{1}{\gamma_{m2,k}^2}\right)(y+d+2hk)\alpha_x+\left(\frac{x+w_s}{\gamma_{m1,k}^2}-\frac{x-w_s}{\gamma_{m2,k}^2}\right)\alpha_y\right\}$$

$$\left(\text{当}\,|x|<\frac{w_o}{2},0\leqslant y\leqslant h\,\text{时}\right)\tag{6.18}$$

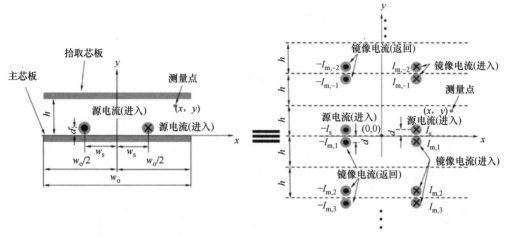

图 6.16　用于双线圈和有限宽度的拾取板建议的 IM³

这里适当调整式（6.4）和式（6.5）以考虑多次反射，如下所示：

$$\gamma_{s1,k}=\sqrt{(x+w_s)^2+(y-d+2hk)^2},\ \gamma_{s2,k}=\sqrt{(x-w_s)^2+(y-d+2hk)^2}$$

$$\gamma_{m1,k}=\sqrt{(x+w_s)^2+(y+d+2hk)^2},\ \gamma_{m2,k}=\sqrt{(x-w_s)^2+(y+d+2hk)^2}$$

$$\gamma_{2,0}=1,\quad \gamma_2(y)=\left(1-e^{-(w_o+2w_s)/(\alpha_2 y)}\right),\tag{6.19}$$

$$\gamma_{2,k}=\gamma_2^{k-1}(h)\gamma_2(y),\quad \gamma_{2,-k}=\gamma_2^{k-1}(h)\gamma_2(h-y),\quad k=1,2,3,\cdots,2n+1\tag{6.20}$$

通过 FEM 模拟验证，式（6.18）中的磁通密度对各种条件具有良好的一致性，如图 6.17 所示。

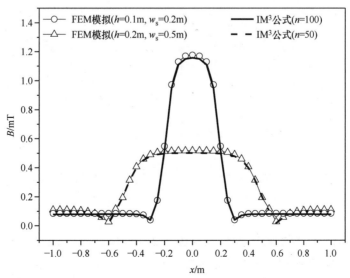

图 6.17　在条件 $\mu_r=10^7$，$I_s=100\text{A}$，$d_c=0.01\text{m}$，$w_o=5\text{m}$ 的情况下，
在（0，h）处沿 x 的不同 h 的双线圈的磁通密度与拾取芯板 IM³ 与 FEM 模拟结果的比较

6.4 实例设计和实验验证

6.4.1 具有开放芯板的单线圈和双线圈的磁通密度

涉及带有开放芯板的单线圈的实验装置由绞合线和厚度为 2cm 的铁氧体芯板组成，如图 6.18 所示。源电流的频率和幅度分别选择为 20kHz 和 10A，并且芯板的磁导率约为 2000。当 $y=0.25$m 和 $y=0.45$m 时，测量单线圈的磁通密度，并与所提出的式（6.2）模型的结果和 FEM 模拟的结果进行比较，如图 6.19 所示。

使用相同的开放芯板，设置双线圈，并测量不同 w_s 值的磁通密度，然后与所提出的式（6.4）模型和 FEM 模拟的结果进行比较，如图 6.20 所示。IM³ 和图 6.19 和图 6.20 中 FEM 模拟之间的小误差源于核心渗透率的差异，因为式（6.2）和式（6.4）的模型假设为无限渗透率，而在 FEM 模拟中将其设置为 2000。由于导线的长度有限，实验结果偏离 IM³ 和 FEM 模拟得到大的 x 值，$l_o=1.5$m。

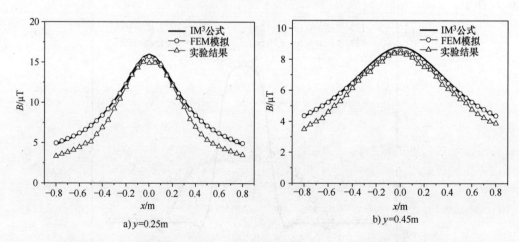

图 6.18 用于测量具有开放芯板的单线圈的磁通密度的实验装置

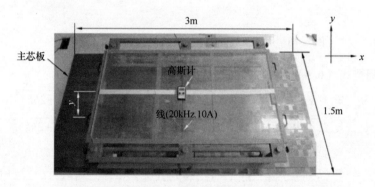

a) $y=0.25$m

b) $y=0.45$m

图 6.19 在条件 $\mu_r=2000$，$I_s=10$A，$d_c=0.01$m，$w_o=3$m 的情况下，单线圈的磁通密度与开放芯板沿 x 不同 y 的 IM³，FEM 模拟和实验结果的比较

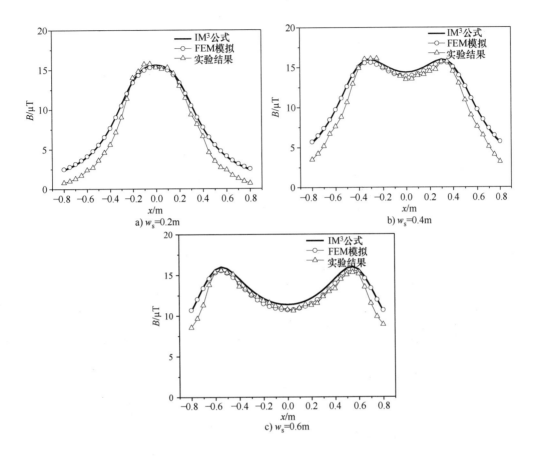

图 6.20　在条件 $\mu_r = 2000$，$I_s = 10A$，$d_c = 0.01m$，$w_o = 3m$ 的情况下，单线圈的磁通密度与开放的核心板在 $y = 0.25m$ 处沿 x 不同 w_s 的 IM³，FEM 模拟和实验结果的比较

给定具有有限长度的导线，通常，磁通密度由 $\sin\phi$ 因子退化，如下所述[46]：

$$B = \frac{\mu_o I_s}{2\pi x}\sin\phi，\quad \because \sin\phi \equiv \frac{l_o/2}{\sqrt{x^2 + (l_o/2)^2}} \tag{6.21}$$

例如，当 $x = l_o/2 = 0.75m$ 时，退化因子为 $1/\sqrt{2}$，并且发现式（6.21）很好地解释了图 6.19 和图 6.20 中的偏差。允许小误差，所提出的 IM³ 可用于这些类型的线圈的实际设计。

为了验证芯板上的最大磁通密度点，如式（6.7）和式（6.11）所预测的，对图 6.18 所示的测试装置进行了实验测量。

6.4.2　单线圈和双线圈开放芯板上的最大磁通密度

如图 6.21 和图 6.22 所示，实验结果非常适合不同 d 值的 FEM 模拟，并且与式（6.7）和式（6.11）提出的 IM³ 模型相匹配。轻微的不匹配也可以通过芯板的有限渗透率和有限长度来解释。所提出的 IM³ 假设无限渗透率和无限长度，并且在进行 FEM 模拟的同时，还假设具有有限渗透率和无限长度。由于高斯计的测量间隙约为 1cm，还涉及系统测量误差，如

图 6.23b 所示，因此，测量的磁通密度在导线附近不会变为零，这与 6.3.1 节中的讨论形成对比。忽略小误差，所提出的模型都可以用于局部饱和点的预测。

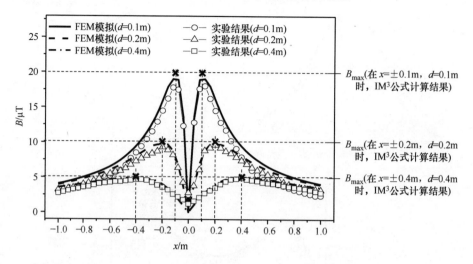

图 6.21　在条件 $\mu_r=2000$，$I_s=10A$，$w_o=3m$ 的情况下，最大磁通密度及其在带有开放芯板的单线圈芯板上的点（即在 $y=0$ 处沿 x 不同 d 的 IM³）FEM 模拟和实验结果的比较

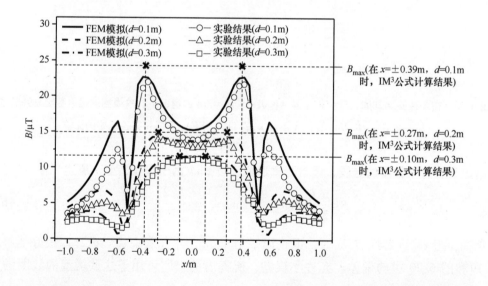

图 6.22　在条件 $\mu_r=2000$，$I_s=10A$，$w_o=0.5m$，$w_o=3m$ 的情况下，最大磁通密度及其在带有开放芯板的双线圈芯板上的点（即在 $y=0$ 处沿 x 不同 d 的 IM³）FEM 模拟和实验结果的比较

6.4.3　具有平行芯板的单线圈和双线圈的磁通密度

在这种情况下的实验装置是通过在主芯板上放置一个拾取芯板来实现的，如图 6.23 所示。源电流的频率和幅度分别设定为 20kHz 和 10A。测量单线圈和带有拾取线圈的双线圈磁通密度，并与提出的式（6.16）和式（6.18）模型以及 FEM 模拟进行比较，显示了出相当

好的一致性，分别如图 6.24 和图 6.25 所示。不匹配特性可以通过有限磁导率、芯板的有限长度以及高斯计的测量间隙来解释。

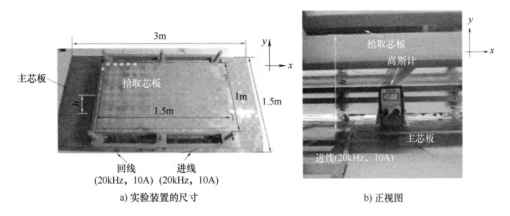

a) 实验装置的尺寸　　　　　　　b) 正视图

图 6.23　用于测量具有拾取芯板的双线圈的磁通密度的实验装置

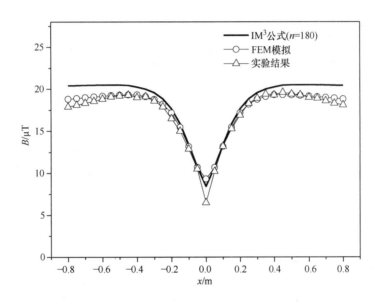

图 6.24　在条件 $\mu_r = 2000$，$I_s = 10A$，$d = 0.01m$，$h = 3m$，$w_o = 3m$ 的情况下，最大磁通密度及其在带有开放芯板的单线圈芯板上的点（即在 $y = 0.2m$ 处沿 x 的 IM^3）FEM 模拟和实验结果的比较

因此，所提出的模型可以用于无线电能传输线圈设计，同时考虑到了边缘附近的小误差。

6.4.4　在线电动汽车的现场测试

使用具有开放芯板的单线圈进行涉及 OLEV 的现场测试。该试验使用绞合线和芯板，宽度为 0.8m，厚度为 0.01m，长度为 5m，如图 6.26 所示。芯板具有透气率约为 2000 的铁氧体芯板。OLEV 的源电流的频率和幅度分别为 20kHz 和 200A。两根导线放在芯板上，导线之间的间距为 0.2m，如图 6.26 所示。每根导线在相同方向上承载 100A 的电流，

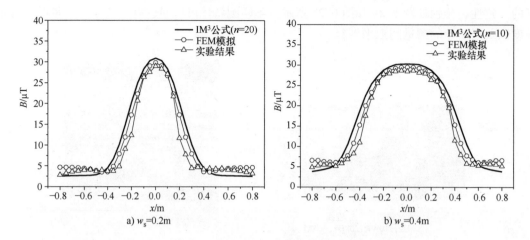

a) $w_s = 0.2m$ b) $w_s = 0.4m$

图 6.25　在条件 $\mu_r = 2000$，$I_s = 10A$，$d = 0.01m$，$h = 0.3m$，$w_o = 0.2m$ 的情况下，

最大磁通密度及其在带有开放芯板的单线圈芯板上的点（即在 $y = 0.2m$

处沿 x 不同 w_s 的 IM^3）FEM 模拟和实验结果的比较

以便在芯板的中心附近产生均匀的磁通密度。使用图 6.26 所示的测量线测量 OLEV 单线圈的磁通密度，并与式（6.2）的结果进行比较，假设中心有 200A 的单个电流源，如图 6.27 所示。

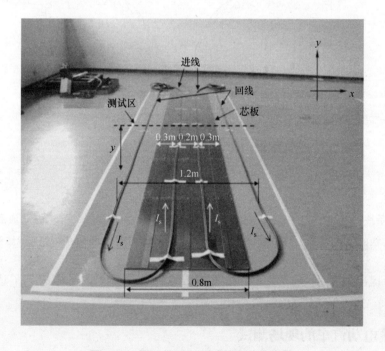

图 6.26　用于 OLEV 测试的实验单线圈

实验结果显示，与提出的 IM^3 相比，由于分流电流源的空间为 0.2m，所以场分布略微变宽。

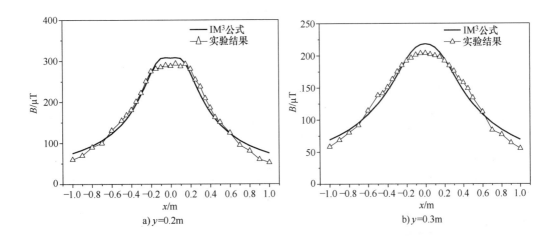

a) y=0.2m

b) y=0.3m

图 6.27 在条件 $\mu_r = 2000$, $I_s = 100A$, $d = 0.03m$, $h = 0.3m$, $w_o = 0.8m$ 的情况下，对于沿着 x 不同的 y 的 OLEV 的单线圈的磁通密度的 IM³ 和实验结果的比较

采用稀疏芯的骨架结构双线圈用于 OLEV，通过混凝土浇筑提高线圈的耐久性，并通过减少芯的数量来降低建造成本，如图 6.28 所示。然而，即使具有稀疏结构，与理

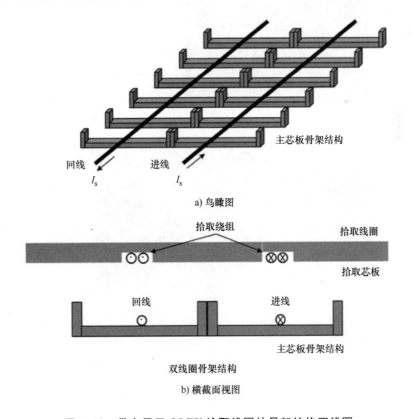

a) 鸟瞰图

b) 横截面视图

图 6.28 带有用于 OLEV 拾取线圈的骨架结构双线圈

想芯板[17]的情况相比，骨架结构双线圈的磁通密度仅减少 8%。为了在中心和两个边缘获得强磁通密度，设置了三个垂直极，如图 6.28b 和图 6.29a 所示。由于用于保护电线的纤维增强塑料（FRP）管的厚度，如图 6.29a 所示，电线与芯 d 之间的距离略有增加，从而防止芯板局部饱和，如式（6.7）、式（6.9）、式（6.11）和式（6.13）所示。沿着测试道路上的测量线测量具有用于 OLEV 的开放芯板的骨架结构双线圈的磁通密度，如图 6.29b 所示。如图 6.30 所示，在平均磁通密度分布方面，实验结果与提出的 IM³ 仍然很好地吻合。偏差主要是由于三个垂直极点，其中磁通密度略高于式（6.4）的结果。

因此，通过实验验证，如果允许小的误差，则所提出的 IM³ 适用于 OLEV 的线圈设计。

a) 在测试道路上安装双线圈

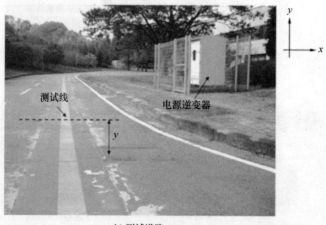

b) 测试道路

图 6.29　用于 OLEV 的双线圈和测试道路

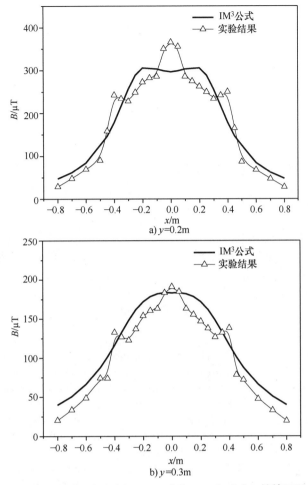

图 6.30　在条件 $\mu_r = 2000$，$I_s = 200A$，$d = 0.05m$，$w_s = 0.3m$，$w_o = 0.8m$ 的情况下，对于沿着 x 不同 y 的 OLEV 的双线圈的磁通密度的 IM^3 和实验结果的比较

6.5　小结

　　本章已经解释了具有有限宽度和无限磁导率的芯板闭合等式的改进磁镜模型（IM^3）。所提出的模型已经通过 FEM 模拟和大量实验得到了严格的验证。

　　结果表明，如果允许相当小的误差，模型可用于预测带有开放芯板或平行板的单线圈和双线圈的磁通密度，对于 2000 的渗透率，其小于 5%。此外，还可以计算磁局部饱和点及其大小，这对于诸如 OLEV 的无线电能传输的线圈设计是至关重要的。甚至可以适用于低渗透率的更广义的磁镜模型留待进一步的工作。

> **问题 3**
>
> 　　作为工程理论，IM^3 在准确性和物理原理方面看起来并不完美。讨论所提模型作为具有不完善性的工程理论的有效性。请注意，没有任何方法可以完全证明理论，并且对于所有时间和适用领域都是如此。

习 题

6. 1

（a）绘制式（6.6）中的具有给定电流的无限长圆形电缆的图。

（b）对两条相同的无限长圆形电缆重复问题（a），距离为 $d/2$。注意，由于叠加定理，每个电缆的两个图可以简单地求和，这可以适用于这些磁镜电流，找到最大磁场值。

（c）如果每个电缆的总安培匝数相同，则讨论单根电缆和两根电缆的局部磁饱和。讨论电缆形状（圆形与矩形）和电缆缠绕方法（单个与束）对局部磁饱和的影响。

6. 2　如图 6. 30 所示，IM^3 可被近似地识别为适用于图 6. 28 的骨架结构的芯板。然而，不确定稀疏结构的镜像电流是否以与平面结构的规范芯板类似的方式运行。确定如何通过图 6. 28 的 FEM 模拟获得图 6. 30。

参 考 文 献

1 B.H. Lee, H.J. Kim, S.W. Lee, C.B. Park, and C.T. Rim, "Resonant power shoes for humanoid robots," in *IEEE Energy Conversion Congress and Exposition (ECCE)*, 2011, pp. 1791–1794.

2 W.X. Zhong, X. Liu, and S.Y. Hui, "A novel single-layer winding array and receiver coil structure for contactless battery charging systems with free-positioning and localized charging features," *IEEE Trans. on Ind. Electron.*, vol. 58, no. 9, pp. 4136–4144, September 2011.

3 L. Jingkun, X. Guizhi, H. Minchai, and L. Lijuan, "Application of wireless energy transfer based on BCI to the power system of intelligent wheelchair," in *IEEE International Conference on Networking and Digital Society (ICNDS)*, 2010, pp. 35–38.

4 W.P. Choi, W.C. Ho, X. Liu, and S.Y.R. Hui, "Bidirectional communication technique for wireless battery charging systems and portable consumer electronics," in *IEEE Applied Power Electronics Conference and Exposition (APEC)*, 2010, pp. 2251–2259.

5 P. Arunkumar, S. Nandhakumar, and A. Pandian, "Experimental investigation on mobile robot drive system through resonant induction technique," in *IEEE International Conference on Computer and Communication Technology (ICCCT)*, 2010, pp. 699–705.

6 T. Imura and Y. Hori, "Maximizing air gap and efficiency of magnetic resonant coupling for wireless power transfer using equivalent circuit and Neumann formula," *IEEE Trans. on Ind. Electron.*, vol. 58, no. 10, pp. 4746–4752, October 2011.

7 S. Rajagopal and F. Khan, "Multiple receiver support for magnetic resonance based wireless charging," in *IEEE International Conference on Communications (ICC)*, 2011, pp. 1–5.

8 H. Jabbar, Y.S. Song, and T.T. Jeong, "RF energy harvesting system and circuits for charging of mobile devices," *IEEE Trans. on Consumer Electron.*, vol. 56, no. 1, pp. 247–253, February 2010.

9 Y. Yao, H. Zhang, and Z. Geng, "Wireless charger prototype based on strong coupled magnetic resonance," in *IEEE Electronic and Mechanical Engineering and Information Technology (EMEIT)*, 2011, pp. 2252–2254.

10 G.A.J. Elliott, S. Raabe, G.A. Covic, and J.T. Boys, "Multiphase pickups for large lateral tolerance contactless power-transfer systems," *IEEE Trans. on Ind. Electron.*, vol. 57, no. 5, pp. 1590–1598, May 2010.

11 C.Y. Huang, G.A. Covic, J.T. Boys, and S. Ren, "LCL pick-up circulating current controller for inductive power transfer systems," in *IEEE Energy Conversion Congress and Exposition (ECCE)*, 2010, pp. 640–646.

12 H.L. Li, A.P. Hu, and G.A. Covic, "Current fluctuation analysis of a quantum AC–AC resonant converter for contactless power transfer," in *IEEE Energy Conversion Congress and Exposition (ECCE)*, 2010, pp. 1838-1843.

13 M.L.G. Kissin, G.A. Covic, and J.T. Boys, "Steady-state flat-pickup loading effects in polyphase inductive power transfer systems," *IEEE Trans. on Ind. Electron.*, vol. 58, no. 6, pp. 2274–2282, June. 2011.

14 N.A. Keeling, G.A. Covic, and J.T. Boys, "A unity-power-factor IPT pickup for high-power applications," *IEEE Trans. on Ind. Electron.*, vol. 57, no. 2, pp. 744–751, February 2010.

15 H.H. Wu, J.T. Boys, and G.A. Covic, "An AC processing pickup for IPT systems," *IEEE Trans. on Power Electron.*, vol. 25, no. 5, pp. 1275–1284, May 2010.

16 H.H. Wu, G.A. Covic, J.T. Boys, and D.J. Robertson, "A series-tuned inductive-power-transfer pickup with a controllable AC-voltage output," *IEEE Trans. on Power Electron.*, vol. 26, no. 1, pp. 98–109, January 2011.

17 S.W. Lee, J. Huh, C.B. Park, N.S. Choi, G.H. Cho, and C.T. Rim, "On-line electric vehicle using inductive power transfer system," in *IEEE Energy Conversion Congress and Exposition (ECCE)*, 2010, pp. 1598–1601.

18 J. Huh and C.T. Rim, "KAIST wireless electric vehicles – OLEV," in *JSAE Annual Congress*, 2011, invited paper.

19 N.P. Suh, D.H. Cho, and C.T. Rim, "Design of on-line electric vehicle (OLEV)," in *Plenary Lecture at the 2010 CIRP Design Conference*, 2010.

20 J. Huh, S.W. Lee, C.B. Park, G.H. Cho, and C.T. Rim, "High performance inductive power transfer system with narrow rail width for on-line electric vehicles," in *IEEE Energy Conversion Congress and Exposition (ECCE)*, 2010, pp. 647–651.

21 S.W. Lee, W.Y. Lee, J. Huh, H.J. Kim, C.B. Park, G.H. Cho, and C.T. Rim, "Active EMF cancellation method for I-type pick-up of on-line electric vehicles," in *IEEE Applied Power Electronics Conference and Exposition (APEC)*, 2011, pp. 1980–1983.

22 J. Huh, W.Y. Lee, G.H. Cho, B H. Lee, and C.T. Rim, "Characterization of novel inductive power transfer systems for on-line electric vehicles," in *IEEE Applied Power Electronics Conference and Exposition (APEC)*, 2011, pp. 1975–1979.

23 J. Huh, S.W. Lee, W.Y. Lee, G.H. Cho, and C.T. Rim, "Narrow-width inductive power transfer system for on-line electric vehicles," *IEEE Trans. on Power Electron.*, vol. 26, no. 12, pp. 3666–3679, December 2011.

24 M. Pahlevaninezhad, P. Das, J. Drobnik, P.K. Jain, and A. Bakhshai, "A new control approach based on the differential flatness theory for an AC/DC converter used in electric vehicles," *IEEE Trans. on Power Electron.*, vol. 27, no. 4, pp. 2085–2103, April 2012.

25 M. Budhia, G.A. Covic, and J.T. Boys, "Design and optimization of circular magnetic structures for lumped inductive power transfer systems," *IEEE Trans. on Power Electron.*, vol. 26, no. 11, pp. 3096–3108, Nov. 2011.

26 H.L. Li, A.P. Hu, and G.A. Covic, "A direct AC–AC converter for inductive power transfer systems," *IEEE Trans. on Power Electron.*, vol. 27, no. 2, pp. 661–668, February 2012.

27 H. Matsumoto, Y. Neba, K. Ishizaka, and R. Itoh, "Model for a three-phase contactless power transfer system," *IEEE Trans. on Power Electron.*, vol. 26, no. 9, pp. 2676–2678, September 2011.

28 C. Zheng and D. Ma, "Design of monolithic CMOS LDO regulator with D^2 coupling and adaptive transmission control for adaptive wireless powered bio-implants," *IEEE Trans. on Circuit and Systems*, vol. 58, no. 10, pp. 1–11, October 2011.

29 C. Zheng and D. Ma, "Design of monolithic low dropout regulator for wireless powered brain cortical implants using a line ripple rejection technique," *IEEE Trans. on Circuit and Systems*, vol. 57, no. 9, pp. 686–690, September 2010.

30 S.J.A. Majerus, P C. Fletter, M.S. Damaser, and S.L. Garverick, "Low-power wireless micro nanometer system for acute and chronic bladder-pressure monitoring," *IEEE Trans. on Biomedical Engineering*, vol. 58, no. 3, pp. 763–767, March 2011.

31 A.K. Ramrakhyani, S. Mirabbasi, and M. Chiao, "Design and optimization of resonance-based efficient wireless power delivery systems for biomedical implants," *IEEE Trans. on Biomedical Engineering*, vol. 5, no. 1, pp. 48–63, February 2011.

32 M. Kianiand and M. Ghovanloo, "An RFID-based closed-loop wireless power transmission system for biomedical applications," *IEEE Trans. on Circuit and Systems*, vol. 57, no. 4, pp. 260–264, April 2010.

33 P. Cong, W.H. Ko, and D.J. Young, "Wireless batteryless implantable blood pressure monitoring microsystem for small laboratory animals," *Sensors and Materials J.*, vol. 10, no. 2, pp. 327–340, February 2010.

34 X. Luo, S. Niu, S.L. Ho, and W.N. Fu, "A design method of magnetically resonating wireless power delivery systems for bio-implantable devices," *IEEE Trans. on Magnetics*, vol. 47, no. 10, pp. 3833–3836, October 2011.

35 P. Cong, N. Chaimanonart, W.H. Ko, and D.J. Young, "A wireless and batteryless 10-bit implantable blood pressure sensing microsystem with adaptive RF powering for real-time laboratory mice monitoring," *IEEE J. on Solid-State Circuits*, vol. 44, no. 12, pp. 3631–3644, December 2009.

36 Z. Bai, S. Ding, C. Li, C. Li, and G. Yan, "A newly developed pulse-type microampere magnetic flux pump," *IEEE Trans. on Applied Superconductivity*, vol. 20, no. 3, pp. 1667–1670, June 2010.

37 D. Zhang, *et al.*, "Research on M_gB_2 superconducting magnet with iron core for MRI," *IEEE Trans. on Applied Superconductivity*, vol. 20, no. 3, pp. 764–768, June 2010.

38 D. Zhang, *et al.*, "Research on stability of M_gB_2 superconducting magnet for MRI," *IEEE Trans. on Applied Superconductivity*, vol. 21, no. 3, pp. 2100–2103, June 2011.

39 C.H. Moon, H.W. Park, and S.Y. Lee, "A design method for minimum-inductance planar magnetic-resonance-imaging gradient coils considering the pole-piece effect," *Journal of Measurement Science and Technology*, vol. 10, pp. 136–141, August 1999.

40 U.K. Madawala and D.J. Thrimawithana, "Current sourced bi-directional inductive power transfer system," *IET Trans. on Power Electron.*, vol. 4, no. 4, pp. 471–480, September 2010.

41 H.H. Wu, A. Gilchrist, K. Sealy, P. Israelsen, and J. Muhs, "A review on inductive charging for electric vehicles," in *IEEE International Electric Machines and Drives Conference (IEMDC)*, 2011, pp. 143–147.

42 M. Budhia, G.A. Covic, and J.T. Boys "A new IPT magnetic coupler for electric vehicle charging systems," in *36th Annual Conference on IEEE Industrial Electronics Society (IECON)*, 2010, pp. 2487–2492.

43 U.K. Madawala and D.J. Thrimawithana, "A bidirectional inductive power interface for electric vehicles in V2G systems," *IEEE Trans. on Indust. Electron.*, vol. 58, no. 10, pp. 4789–4796, October 2011.

44 Y. Hori, "Future vehicle society based on electric motor, capacitor and wireless power supply," in *IEEE International Power Electronics Conference (IPEC)*, 2010, pp. 2930–2934.

45 D.J. Thrimawithana, U.K. Madawala, and Y. Shi, "Design of a bi-directional inverter for a wireless V2G system," in *IEEE International Conference on Sustainable Energy Technologies (ICSET)*, 2010, pp. 1–5.

46 D.K. Cheng, *Field and Wave Electromagnetics*, Pearson Education, New Jersey, 1994.

第7章 通用统一动态相量

7.1 简介

本章将解释了为什么需要一般的统一线性时不变模型用于任何 AC 转换器。

转换器中的电源开关随时间改变电路配置。因此，所有开关转换器本质上都是时变的，并且开关不可避免地会产生开关谐波。在电力电子技术的历史中，如何正确处理开关转换器的时变性质可能是众多模型和分析中最重要的问题[1-23]。其中，基于开关函数的傅里叶分析技术[1,3,4]用于稳态的基波和谐波分析，平均技术[2,10]用于直流转换器的静态和动态分析，D-Q 变换[5,7,11,13,14]用于三相交流变频器分析，转换器静态和动态分析的电路变换[7,8,11,13]引起了电力电子专家的极大关注。

1990 年在本章参考文献［8］首次中引入的用于单相交流变换器分析的相量变换已发展到各个领域[24-30]。甚至应用于谐波分析的动态相量[28-30]是相量变换的积分形式。传统的相量概念，即正弦曲线的幅度和相位是恒定的[31]，通过相量变换用广义的时变相量代替。它不仅适用于单相 DC-AC、AC-DC 和 AC-AC 转换器分析，也适用于任何谐振转换器分析。最近，提出了一种包含多相交流变换器的统一的面向电路的相变变换，这种变换先前已经以复杂的方式由电路 D-Q 变换[7,11,13]覆盖[32]。这种新的相量转换极大地简化了 AC 转换器分析，因此任何平衡多相 AC 转换器都可以退化为单相转换器，并且 AC 转换器中的多个开关可以用具有复杂匝数比的等效变压器代替，而不管开关的数量。

现在可以建立一个面向相量变换的分析程序，如图 7.1 所示。根据"开关组完全等同于具有由开关组的开关功能确定的时变匝数比的变压器"的原理，用于分析转换器的任何开关电路都可以用相应的电子变压器代替[7]。如果开关功能受到转换器电流或电压的影响，则系统处于 DCM（非连续导通模式）并成为非线性系统。如果开关功能仅由外部命令确定，即开启/关闭占空比，则系统处于 CCM（连续导通模式），并且就使用线性电路元件而言变为线性系统。线性开关系统中的开关变压器可以进行平均，并用于基波分量分析，以确定稳态特性，即电压增益 G_V、输出功率 P_o、效率 η、直流工作点、功率因数（PF）和动态状态特性［即传递函数 $G_V(s)$，上升/下降时间和系统稳定性］。EMI（电磁干扰）和 THD（总谐波失真）设计的谐波分析可以通过从开关变压器模型得到的谐波电压/电流源来执行。

然而，一般来说，相量变换的 AC 电路动态分析尚不可能。通过传统的相量变换，AC 转换器被转换成包含具有复数匝数比的虚拟电阻器和电子变压器的电路[8,32]。传统的线性变换，例如拉普拉斯变换、傅里叶变换和 z 变换，仅处理实变量，不能直接应用于电压和电流是复变量的复杂电路。

在本章中，首先介绍了复拉普拉斯变换用于相量变换复电路的动力学分析，并证明了复拉普拉斯变换是一种非常有用的数学工具；因此，建立了包括 IPT 系统在内的所有开关变换器的完整分析流程。注意，统一的通用动态相量不仅适用于 IPT 系统，而且适用于任何线性交流电路。因为在文献中有相当多的例子涉及 IPT 系统的动力学，所以，本书介绍了这种非常普遍的技术。没有这个非常简单和强大的理论的帮助，很难找到一个高阶 IPT 系统的动态响应。

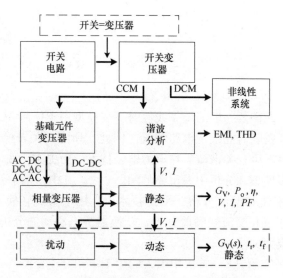

图 7.1　基于相量变换的开关变流器分析流程

7.2　交流电路的复拉普拉斯变换

7.2.1　复拉普拉斯变换理论

复拉普拉斯变换最初是由庞加莱（Poincare）[33,34] 提出的，是之前拉普拉斯变换的广义形式，如下：

$$\boldsymbol{F}(s) = \int_0^\infty \boldsymbol{f}(t)\,\mathrm{e}^{-st}\mathrm{d}t, \boldsymbol{f}(t)；复变量 \tag{7.1}$$

式（7.1）中的时域变量不再是实数，而是复数。然而，近年来，这一概念逐渐被应用于工程领域，如数字信号处理[35] 和时变控制[36-38]。现在，这一理论将应用于涉及复杂电路的电力电子领域。将式（7.1）以一种能给我们带来有意义的物理意义的方式应用于复杂电路并不简单，但在本章中我们将阐明一种方法。

> **问题 1**
> 与传统实变量相比，式（7.1）中的拉普拉斯变换，哪一个被认为是复数？换句话说，复变量加上复数 s 可能会产生另一个复数。

7.2.2　统一通用相量变换

选用三相整流器来表示复拉普拉斯变换过程，如图 7.2a 所示。假设三相整流器平衡良好，且具有较强的抗干扰能力。*LC* 输入滤波器和输出滤波器可以充分减小开关谐波，从而不会对基本电压或电流分量产生显著影响。所述旋转时间框架内的转换器可由提出的幂不变相量变换[32]转换为静止时间框架内的电路，如图 7.2b 所示。系统指令从 7 到 3 退化，虽然电路仍处于时域中，但仍会出现虚电阻，这应与交流电感和电容的常规电抗区分开来。

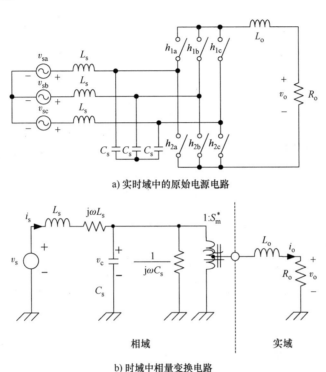

a) 实时域中的原始电源电路

b) 时域中相量变换电路

图 7.2　三相整流器的相量变换示例

7.2.3　复拉普拉斯变换在复电路元件中的应用

相量变换后的交流电路，也称为复电路，可以分解为相域中的 9 个电路元件，如图 7.3 所示。它们是线性时不变电路元件，即相量电压源、相量电流源、相量电感、相量电容、相量实电阻、相量虚电阻、复矩阵变压器、复 VSI（电压源逆变器）变压器、复 CSI（电流源逆变器）变压器。因此，如果复拉普拉斯变换可以应用于每个复电路元件，那么由复电路元件组成的任何复电路一般都可以用复拉普拉斯变换来分析。

7.2.3.1　相量感应

首先，应用复拉普拉斯变换对相量变换电感器，即本章所称的相量电感器进行了应用实形式的拉普拉斯变换。

执行的时域方程相量电感器，如图 7.3a 中①所示，具体如下：

$$\boldsymbol{v}_{\mathrm{L}} = L \frac{\mathrm{d}\boldsymbol{i}_{\mathrm{L}}}{\mathrm{d}t} \tag{7.2}$$

式中，v_L 和 i_L 分别为相位电感在时域内的复电压和电流；L 为实值电感。由于复变量可以分解为实部和虚部，式（7.2）可以改写为

$$v_{Lr} + jv_{Li} = L\left(\frac{di_{Lr}}{dt} + j\frac{di_{Li}}{dt}\right),\because j \equiv \sqrt{-1} \tag{7.3}$$

式中，v_L 和 i_L 分别使用实时变量定义为

$$v_L \equiv v_{Lr} + jv_{Li}, \quad i_L \equiv i_{Lr} + ji_{Li} \tag{7.4}$$

将式（7.3）分解为实部方程和虚部方程，得到实时域中的两组独立方程，分别为

$$v_{Lr} = L\frac{di_{Lr}}{dt}$$

$$v_{Li} = L\frac{di_{Li}}{dt} \tag{7.5}$$

式（7.7）的常规拉普拉斯变换可应用于式（7.5），不存在数学问题，如下：

$$V_{Lr}(s) = L\{sI_{Lr}(s) - i_{Lr}(0)\}$$

$$V_{Li}(s) = L\{sI_{Li}(s) - i_{Li}(0)\} \tag{7.6}$$

$$F(s) \equiv \int_0^\infty f(t)e^{-st}dt, f(t):\text{实变量} \tag{7.7}$$

将复拉普拉斯变换式（7.1）应用于式（7.4）并利用式（7.6）得到如下关系式：

$$V_L(s) \equiv \int_0^\infty v_L e^{-st}dt = \int_0^\infty (v_{Lr} + jv_{Li})e^{-st}dt = \int_0^\infty v_{Lr}e^{-st}dt$$

$$+ j\int_0^\infty v_{Li}e^{-st}dt = V_{Lr}(s) + jV_{Li}(s)$$

$$= L\{sI_{Lr}(s) - i_{Lr}(0)\} + jL\{sI_{Li}(s) - i_{Li}(0)\} = sL\{I_{Lr}(s) + jI_{Li}(s)\} - L\{i_{Lr}(0) + ji_{Li}(0)\}$$

$$= sLI_L(s) - Li_L(0) \tag{7.8}$$

$$= \int_0^\infty L\frac{di_L}{dt}e^{-st}dt$$

由式（7.8）可知，直接应用复拉普拉斯变换式（7.1）和式（7.2）的结果与传统的基于拉普拉斯变换的方法式（7.3）~式（7.7）相同。这意味着复拉普拉斯变换对相位电感是有效的。因此，复拉普拉斯转换域的等效电路，如图 7.3b 中①所示，以下方程来源于式（7.8）：

$$I_L(s) = \frac{V_L(s)}{sL} + \frac{i_L(0)}{s} \tag{7.9}$$

重要的是要注意，复拉普拉斯变换的电压和电流，即式（7.8）和式（7.9）可以分解成关于拉普拉斯算子的实部和虚部作为实数值，这是传统拉普拉斯变换中的复数值。

问题 2

当我们从式（7.2）推导出式（7.8）时，为什么应将拉普拉斯算子视为实数值？如果我们将 s 视为复数，式（7.9）会发生什么？注意，复变量的实部和虚部只有在将 s 视为与拉普拉斯变换无关时才能独立进行拉普拉斯变换。

7.2.3.2　相量电容器

复拉普拉斯变换在相移电容上的应用也可以采用类似于上述相移电感的方法。相位电容器的控制时域方程如图 7.3a 中②所示，具体如下：

$$i_C = C \frac{\mathrm{d}\boldsymbol{v}_C}{\mathrm{d}t} \tag{7.10}$$

对式（7.10）做复拉普拉斯变换，得到如下拉普拉斯方程：

$$\boldsymbol{I}_C(s) = sC\boldsymbol{V}_C(s) - C\boldsymbol{v}_C(0) \text{ 或 } \boldsymbol{V}_C(s) = \frac{\boldsymbol{I}_C(s)}{sC} + \frac{\boldsymbol{v}_C(0)}{s} \tag{7.11}$$

可以获得复拉普拉斯变换域中式（7.11）的等效电路，如图 7.3b 中②所示，其中电压源项表示初始电容电压，如果为零则可以去除。

7.2.3.3　相量的实部电阻器

将复拉普拉斯变换应用于相位实际电阻，如图 7.3a 中③所示，由于其控制时域方程式如下，因此很简单：

$$\boldsymbol{v}_R = R\boldsymbol{i}_R \tag{7.12}$$

对式（7.12）做复拉普拉斯变换，得到如下拉普拉斯方程：

$$\boldsymbol{V}_R(s) = R\boldsymbol{I}_R(s) \tag{7.13}$$

复拉普拉斯变换域中式（7.13）的等效电路如图 7.3b 中③所示。

7.2.3.4　相量的虚部电阻器

如图 7.3a 中④所示，将复拉普拉斯变换应用于相位虚部电阻，用于控制时域方程，如下：

$$\boldsymbol{v}_X = \mathrm{j}X\boldsymbol{i}_X \tag{7.14}$$

对式（7.14）做复拉普拉斯变换，得到如下拉普拉斯方程：

$$\boldsymbol{V}_X(s) = \mathrm{j}X\boldsymbol{I}_X(s) \tag{7.15}$$

复拉普拉斯变换域中式（7.15）的等效电路如图 7.3b 中④所示。

7.2.3.5　复矩阵变压器

复矩阵变压器，如图 7.3a 中⑤所示，是 AC-AC 变换器的相量变换等效电路元件，即矩阵变换器，其控制时域公式如下[32]：

$$\boldsymbol{v}_o = \boldsymbol{v}_s \boldsymbol{S}_m, \quad \boldsymbol{i}_s = \boldsymbol{i}_o \boldsymbol{S}_m^* \tag{7.16}$$

式中，$\boldsymbol{S}_m$，即 $S_m \mathrm{e}_s^{\mathrm{j}\varphi}$ 最后的 S 是下标，是表示电压转换比 S_m 和基本分量的源和输出电压之间的相位差 φ_s 的复数匝数比。$\boldsymbol{S}_m^*(=S_m \mathrm{e}_s^{-\mathrm{j}\varphi})$ 是复数匝数比的复共轭，表示源电流和输出电流之间的关系。值得注意的是，复数匝数比既不包括开关谐波也不包括时变分量；因此，它只是一个时不变的复数。假设图 7.3 中复变压器模型的复杂匝数比已被扰动[8]。因此，变压器模型具有固定的复匝比；扰动电压源和电流源被排除在模型之外。在此条件下，将复拉普拉斯变换应用于式（7.16），得到如下拉普拉斯方程：

$$\boldsymbol{V}_o(s) = \boldsymbol{V}_s(s)\boldsymbol{S}_m, \quad \boldsymbol{I}_s(s) = \boldsymbol{I}_o(s)\boldsymbol{S}_m^* \tag{7.17}$$

复拉普拉斯变换域中的式（7.17）等效电路如图 7.3b 中⑤所示。

7.2.3.6　复 VSI 变压器

复 VSI 变压器，如图 7.3a 中⑥所示，是 DC-AC 电压源变换器的相量变换等效电路元件。也就是说，电压源逆变器或电流源整流器，其控制时域方程[32]如下：

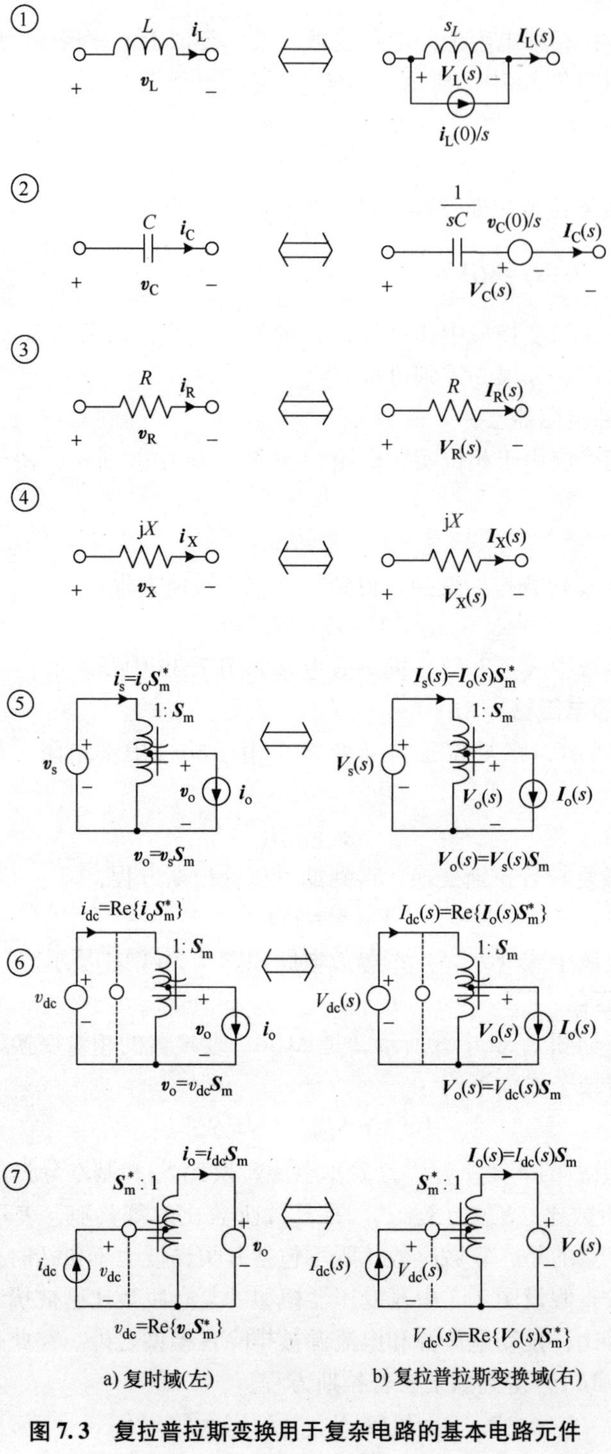

a) 复时域(左)   b) 复拉普拉斯变换域(右)

图 7.3 复拉普拉斯变换用于复杂电路的基本电路元件

$$v_o = v_{dc} \boldsymbol{S}_m, \quad i_{dc} = \mathrm{Re}\{\boldsymbol{i_o} \boldsymbol{S}_m^*\} \tag{7.18}$$

式中使用烦琐的实部操作来描述在实时域电路中不存在复杂电压和电流的事实。也就是说，直流侧电路。虚线与图 7.3a 中⑥的小圆圈一起表示划分实域（左侧）和复域（右侧）的边界线，其中小圆圈表示虚拟电流源[32]使流入 DC 侧的复变压器的虚电流无效。除了这个由虚线和小圆组成的实部操作部分外，图 7.3⑥和⑦中的复变压器与图 7.3⑤完全相同。

式（7.18）的 S_m 是恒定的复数匝数比，如上述复杂矩阵变压器情况所述；因此，将复拉普拉斯变换应用于式（7.18）得到以下拉普拉斯方程：

$$V_o(s) = V_{dc}(s)S_m$$

$$I_{dc}(s) = \int_0^\infty \mathrm{Re}\{i_o S_m^*\}\,\mathrm{e}^{-st}\mathrm{d}t = \mathrm{Re}\left\{\int_0^\infty i_o \mathrm{e}^{-st}\mathrm{d}t S_m^*\right\} = \mathrm{Re}\{I_o(s)S_m^*\}$$

(7.19)

从式（7.19）可以看出，实部运算符 $\mathrm{Re}\{\ \}$ 对于拉普拉斯算子作为实数的复拉普拉斯变换是有效的。复拉普拉斯变换域中式（7.19）的等效电路如图 7.3b 中⑥所示。

问题 3

实部运算符是线性的吗？自己证明 $\mathrm{Re}\{ax_1+bx_2\} = a\mathrm{Re}\{x_1\}+b\mathrm{Re}\{x_2\}$。

7.2.3.7　复 CSI 变压器

复 CSI 变压器，如图 7.3a 中⑦所示，是电流源 DC-AC 变换器的相量变换等效电路元件，即电流源逆变器或电压源整流器，其控制时域方程[32]为如下：

$$i_o = i_{dc}S_m, \quad v_{dc} = \mathrm{Re}\{v_o S_m^*\}$$

(7.20)

这类似于式（7.18），实部操作用于与复 VSI 变压器外壳相同的目的。虚线与图 7.3⑦中的小圆圈一起，也划分了实域（左侧）和复域（右侧），其中小圆圈表示虚拟电压源[32]，用于抵消直流侧复合变压器的虚电压。

式（7.20）中的 S_m 也是恒定的复数匝数比。因此，将复拉普拉斯变换应用于式（7.20）得到以下拉普拉斯方程：

$$I_o(s) = I_{dc}(s)S_m$$

$$V_{dc}(s) = \int_0^\infty \mathrm{Re}\{v_o S_m^*\}\,\mathrm{e}^{-st}\mathrm{d}t = \mathrm{Re}\left\{\int_0^\infty v_o \mathrm{e}^{-st}\mathrm{d}t S_m^*\right\} = \mathrm{Re}\{v_o(s)S_m^*\}$$

(7.21)

从式（7.21）看出，实部运算符 $\mathrm{Re}\{\ \}$ 对于拉普拉斯算子作为实数的复拉普拉斯变换也是有效的。在复拉普拉斯变换域中，式（7.21）的等效电路如图 7.3b 中⑦所示。复拉普拉斯变换在相量电压源和相量电流源中的应用在此不再单独列出；然而，它们固有地包括在上述讨论中，例如，在式（7.16）和式（7.17）中。

7.2.4　复拉普拉斯变换在复电路中的应用

将复拉普拉斯变换应用于图 7.2b 所示的各个复杂电路元件，假设初始条件为零，并重建，从而得到频域电路，如图 7.4 所示。显然，复拉普拉斯变换与传统的拉普拉斯变换非常相似，在图 7.4 中电感器和电容器的阻抗用拉普拉斯形式表示。然而，应该注意的是，众所周知且非常方便的拉普拉斯变换可以用于复域电路，但是对于本章中内容来说使用复拉普拉斯变换是不可能的。此外，处理稳态[32]的实部运算并不容易，下一节将对此进行说明。

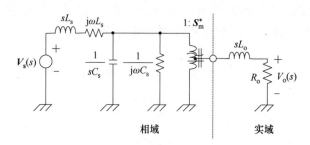

图 7.4　复拉普拉斯变换三相整流器

7.3　复拉普拉斯变换电路的分析

动态响应和静态响应可以通过所提出的复拉普拉斯变换来分析。本章使用示例三相整流器（见图 7.4）详细说明分析过程。

7.3.1　复拉普拉斯变换电路的静态分析

在稳定状态下，电感器短路，电容器打开，用于复拉普拉斯变换电路，如图 7.5a 所示。这与传统的拉普拉斯变换情况相同，其中 $s{\rightarrow}0$ 处于稳定状态。

源电压 V_s 是表示源电压幅度和相位的复数值，如图 7.2a 所示。角频率 ω 与源电压的角频率相同。复变压器左侧的戴维南等效电路，如图 7.5b 所示。其可以大大简化分析，其中戴维南等效电压和阻抗如下：

$$V_{t1} = \frac{\dfrac{1}{j\omega C_s}}{j\omega L_s + \dfrac{1}{j\omega C_s}} V_s = \frac{1}{1 - \omega^2 L_s C_s} V_s \tag{7.22}$$

$$Z_{t1} = \frac{j\omega L_s \dfrac{1}{j\omega C_s}}{j\omega L_s + \dfrac{1}{j\omega C_s}} = \frac{j\omega L_s}{1 - \omega^2 L_s C_s} \tag{7.23}$$

当寻求右侧部分的另一个戴维南等效电路时，可以消除图 7.5b 中的复变压器，并考虑复变压器是线性的，如图 7.5c 所示。戴维南等效电压是图 7.5b 所示的开路电压，其中没有电流流动，如下：

$$V_{t2} = V_2 \big|_{I_o=0} = V_1 S_m^* \big|_{I_o=0} = V_{t1} S_m^* \tag{7.24}$$

戴维南等效电阻可以从图 7.5b 中计算，如下：

$$Z_{t2} \equiv \frac{V_1 S_m^*}{-I_o} \bigg|_{V_{t1}=0} = \frac{(-I_o S_m Z_{t1}) S_m^*}{-I_o} = Z_{t1} S_m S_m^* = Z_{t1} |S_m|^2 \equiv Z_{t1} S_m^2 \tag{7.25}$$

最后，图 7.5c 可以进一步简化，以便在相域和实域上稍微谨慎地删除烦琐的实部运算，如下所示：

$$V_o = \mathrm{Re}\{V_{t2} - Z_{t2} I_o\} = \mathrm{Re}\{V_{t2}\} - \mathrm{Re}\{Z_{t2}\} I_o \equiv V_{t3} - Z_{t3} I_o \tag{7.26}$$

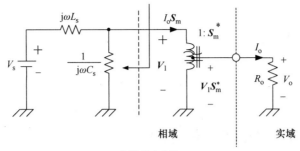

a) 初始静态电路

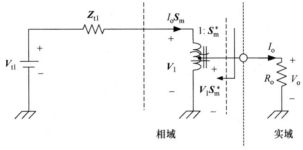

b) 源端的第一个戴维南等效电路

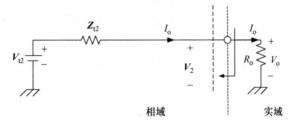

c) 去掉复变压器的第二个戴维南等效电路

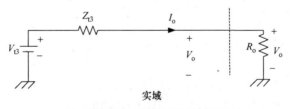

d) 去掉实部算子的第三个戴维南等效电路

图 7.5 三相整流器的静态等效电路

式中

$$V_{t3} \equiv \mathrm{Re}\{V_{t2}\}, \quad Z_{t3} \equiv \mathrm{Re}\{Z_{t2}\} \tag{7.27}$$

从式（7.26）和式（7.27）可以看出，图 7.5d 的最终电路仅包括实部变量，现在可以进行传统的电路分析。因此，直流输出电压可以从式（7.22）~式（7.27）计算，如下：

$$V_{o} = \frac{R_{o}}{Z_{t3}+R_{o}}V_{t3} = \frac{R_{o}}{\mathrm{Re}\{Z_{t2}\}+R_{o}}\mathrm{Re}\{V_{t2}\} = \frac{R_{o}}{\mathrm{Re}\{Z_{t1}S_{m}^{2}\}+R_{o}}\mathrm{Re}\{V_{t1}S_{m}^{*}\}$$

$$= \frac{R_{\mathrm{o}}}{\mathrm{Re}\left\{\dfrac{\mathrm{j}\omega L_{\mathrm{s}}}{1-\omega^2 L_{\mathrm{s}} C_{\mathrm{s}}}\right\} S_{\mathrm{m}}^2 + R_{\mathrm{o}}} \mathrm{Re}\left\{\frac{V_{\mathrm{s}} S_{\mathrm{m}}^*}{1-\omega^2 L_{\mathrm{s}} C_{\mathrm{s}}}\right\} = \frac{R_{\mathrm{o}}}{0+R_{\mathrm{o}}} \frac{\mathrm{Re}\left\{V_{\mathrm{s}} S_{\mathrm{m}}^*\right\}}{1-\omega^2 L_{\mathrm{s}} C_{\mathrm{s}}} = \frac{\mathrm{Re}\left\{V_{\mathrm{s}} S_{\mathrm{m}}^*\right\}}{1-\omega^2 L_{\mathrm{s}} C_{\mathrm{s}}} \tag{7.28}$$

注意，Z_{t3} 变为零，因为式（7.23）或式（7.25）的实部为零；因此，式（7.28）的分析结果非常简单。对于该示例，DC 相量分析的过程似乎有些复杂，这是需要详细说明的。然而，如本章参考文献［32］所示，电路定向相量分析甚至可以非常简单，只需要非常少的方程。

7.3.2 复拉普拉斯变换电路的动态分析

图 7.4 中所示的复拉普拉斯变换三相整流器可以用类似于上述静态分析情况的方式进行分析，用于动力学表征，如图 7.6 所示。由于图 7.6a 所示的复拉普拉斯变换电路是线性的，因此得到复变压器左半部分的戴维南等效电路，如图 7.6b 所示，其中戴维南等效电压和阻抗如下：

$$V_{t1}(s) = \frac{1/(sC_{\mathrm{s}}+\mathrm{j}\omega C_{\mathrm{s}})}{sL_{\mathrm{s}}+\mathrm{j}\omega L_{\mathrm{s}}+1/(sC_{\mathrm{s}}+\mathrm{j}\omega C_{\mathrm{s}})} V_{\mathrm{s}}(s) = \frac{1}{1+(sL_{\mathrm{s}}+\mathrm{j}\omega L_{\mathrm{s}})(sC_{\mathrm{s}}+\mathrm{j}\omega C_{\mathrm{s}})} V_{\mathrm{s}}(s) \tag{7.29}$$

$$Z_{t1}(s) = \frac{(sL_{\mathrm{s}}+\mathrm{j}\omega L_{\mathrm{s}})\dfrac{1}{sC_{\mathrm{s}}+\mathrm{j}\omega C_{\mathrm{s}}}}{(sL_{\mathrm{s}}+\mathrm{j}\omega L_{\mathrm{s}})+\dfrac{1}{sC_{\mathrm{s}}+\mathrm{j}\omega C_{\mathrm{s}}}} = \frac{sL_{\mathrm{s}}+\mathrm{j}\omega L_{\mathrm{s}}}{1+(sL_{\mathrm{s}}+\mathrm{j}\omega L_{\mathrm{s}})(sC_{\mathrm{s}}+\mathrm{j}\omega C_{\mathrm{s}})} \tag{7.30}$$

图 7.6b 中的复变压器可以通过在实部运算器左侧找到戴维南等效电路来消除，如图 7.6c 所示。戴维南等效电压是图 7.6b 所示的开路电压，没有电流流过，如下：

$$V_{t2}(s) = V_2(s)\big|_{I_{\mathrm{o}}(s)=0} = V_1(s) S_{\mathrm{m}}^*\big|_{I_{\mathrm{o}}(s)=0} = V_{t1}(s) S_{\mathrm{m}}^* \tag{7.31}$$

戴维南等效电阻从图 7.6b 计算如下：

$$Z_{t2}(s) \equiv \frac{V_1(s) S_{\mathrm{m}}^*}{-I_{\mathrm{o}}(s)}\bigg|_{V_{t1}(s)=0} = \frac{-I_{\mathrm{o}}(s) S_{\mathrm{m}} Z_{t1}(s) S_{\mathrm{m}}^*}{-I_{\mathrm{o}}(s)} = Z_{t1}(s) S_{\mathrm{m}} S_{\mathrm{m}}^* = Z_{t1}(s) S_{\mathrm{m}}^2 \tag{7.32}$$

图 7.6c 可通过删除实部运算符进行简化，如下：

$$V_3(s) = \mathrm{Re}\{V_2(s)\} = \mathrm{Re}\{V_{t2}(s)-Z_{t2}(s)I_{\mathrm{o}}(s)\}$$
$$= \mathrm{Re}\{V_{t2}(s)\} - \mathrm{Re}\{Z_{t2}(s)\} I_{\mathrm{o}}(s) \equiv V_{t3}(s) - Z_{t3}(s) I_{\mathrm{o}}(s) \tag{7.33}$$

式中

$$V_{t3}(s) \equiv \mathrm{Re}\{V_{t2}(s)\} = \mathrm{Re}\{V_{t1}(s) S_{\mathrm{m}}^*\}, \quad Z_{t3}(s) \equiv \mathrm{Re}\{Z_{t2}(s)\} = \mathrm{Re}\{Z_{t1}(s)\} S_{\mathrm{m}}^2 \tag{7.34}$$

从式（7.33）和式（7.34）可以得出图 7.6d 的最终电路；该电路在传统的拉普拉斯变换域中，不存在复变量。因此，输出电压传递函数可以从式（7.29）~式（7.34）计算如下：

$$V_{\mathrm{o}}(s) = \frac{R_{\mathrm{o}}}{Z_{t3}(s)+sL_{\mathrm{o}}+R_{\mathrm{o}}} V_{t3}(s) = \frac{R_{\mathrm{o}}}{\mathrm{Re}\{Z_{t1}(s)\} S_{\mathrm{m}}^2+sL_{\mathrm{o}}+R_{\mathrm{o}}} \mathrm{Re}\{V_{t1}(s) S_{\mathrm{m}}^*\} \tag{7.35}$$

与式（7.28）中的静态情况相比，动态情况的实际操作非常复杂，如下所示：

$$\mathrm{Re}\{V_{t1}(s) S_{\mathrm{m}}^*\} = \mathrm{Re}\left\{\frac{V_{\mathrm{s}}(s) S_{\mathrm{m}}^*}{1+(sL_{\mathrm{s}}+\mathrm{j}\omega L_{\mathrm{s}})(sC_{\mathrm{s}}+\mathrm{j}\omega C_{\mathrm{s}})}\right\} = \mathrm{Re}\left\{\frac{V_{\mathrm{s}}(s) S_{\mathrm{m}}^*}{1+(s^2-\omega^2) L_{\mathrm{s}} C_{\mathrm{s}}+\mathrm{j}2\omega s L_{\mathrm{s}} C_{\mathrm{s}}}\right\}$$

$$= \mathrm{Re}\left\{\frac{V_{\mathrm{s}}(s) S_{\mathrm{m}}^* \{1+(s^2-\omega^2) L_{\mathrm{s}} C_{\mathrm{s}}-\mathrm{j}2\omega s L_{\mathrm{s}} C_{\mathrm{s}}\}}{\{1+(s^2-\omega^2) L_{\mathrm{s}} C_{\mathrm{s}}+\mathrm{j}2\omega s L_{\mathrm{s}} C_{\mathrm{s}}\}\{1+(s^2-\omega^2) L_{\mathrm{s}} C_{\mathrm{s}}-\mathrm{j}2\omega s L_{\mathrm{s}} C_{\mathrm{s}}\}}\right\}$$

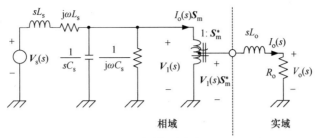

a) 初始动态电路

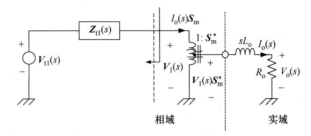

b) 源端的第一个戴维南等效电路

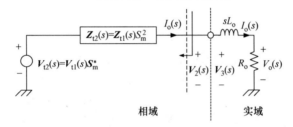

c) 去掉复变压器的第二个戴维南等效电路

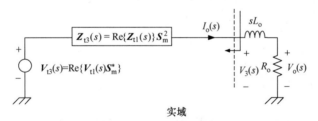

d) 去掉实部算子的第三个戴维南等效电路

图 7.6　复拉普拉斯域中三相整流器的动态等效电路

$$
= \frac{\mathrm{Re}\{V_s(s)S_m^* \{1+(s^2-\omega^2)L_sC_s-\mathrm{j}2\omega sL_sC_s\}\}}{\{1+(s^2-\omega^2)L_sC_s\}^2+4\omega^2s^2L_s^2C_s^2}
$$

$$
= \frac{\mathrm{Re}\{V_s(s)S_m^*\}\{1+(s^2-\omega^2)L_sC_s\}+\mathrm{Im}\{V_s(s)S_m^*\}2\omega sL_sC_s}{\{1+(s^2-\omega^2)L_sC_s\}^2+4\omega^2s^2L_s^2C_s^2} \tag{7.36}
$$

$$
\mathrm{Re}\{Z_{t1}(s)\} = \mathrm{Re}\left\{\frac{sL_s+\mathrm{j}\omega L_s}{1+(sL_s+\mathrm{j}\omega L_s)(sC_s+\mathrm{j}\omega C_s)}\right\}
$$

$$
= \frac{\mathrm{Re}\{(sL_s+\mathrm{j}\omega L_s)\{1+(s^2-\omega^2)L_sC_s-\mathrm{j}2\omega sL_sC_s\}\}}{\{1+(s^2-\omega^2)L_sC_s\}^2+4\omega^2s^2L_s^2C_s^2}
$$

$$= \frac{sL_s\{1+(s^2-\omega^2)L_sC_s\}+(\omega L_s)2\omega sL_sC_s}{\{1+(s^2-\omega^2)L_sC_s\}^2+4\omega^2s^2L_s^2C_s^2}$$

$$= \frac{sL_s\{1+(s^2+\omega^2)L_sC_s\}}{\{1+(s^2-\omega^2)L_sC_s\}^2+4\omega^2s^2L_s^2C_s^2} \tag{7.37}$$

应当注意,在式(7.36)中使用虚部操作 Im{} 并且实部操作不直接适用于分母。式(7.36)和式(7.37)构成了本章的关键部分,因为将说明如何把复拉普拉斯变换电路进行实部运算应用于一个例子。

如前一节所强调的,拉普拉斯算子在式(7.36)和式(7.37)的实部操作中被视为非复数。对于那些熟悉拉普拉斯算子通常应该是复数的想法的读者来说,这可能是非常奇怪的。此外,提出的复拉普拉斯变换式(7.1)应用于复变量,如图7.3所示。目前值得注意的是,在与复拉普拉斯变换相关的复域中提出的实部操作的有效性。我们现在从一个复拉普拉斯变换函数 $F(s)$ 开始,假设它可以分解为两个传统的真实拉普拉斯变换函数,$F_r(s)$ 和 $F_i(s)$,如下所示:

$$\boldsymbol{F}(s)=F_r(s)+jF_i(s) \tag{7.38}$$

式中

$$\boldsymbol{F}(s)\equiv\int_0^\infty \boldsymbol{f}(t)\,e^{-st}dt, F_r(s)\equiv\int_0^\infty f_r(t)\,e^{-st}dt, F_i(s)\equiv\int_0^\infty f_i(t)\,e^{-st}dt \tag{7.39}$$

$$\boldsymbol{f}(t)=f_r(t)+jf_i(t)\,,\quad \because f_r(t)\,,f_i(t)\in R^1:实数 \tag{7.40}$$

注意,如果拉普拉斯算子是实数,则式(7.39)的 $F_r(s)$ 和 $F_i(s)$ 具有实数值,因为它们对应的时域函数 $f_r(t)$ 和 $f_i(t)$ 是实数。因此,仅当拉普拉斯算子是复数时,$F_r(s)$ 和 $F_i(s)$ 才变为复数值。换句话说,传统拉普拉斯变换函数中复变量的性质不是源于时域函数,而是源于复拉普拉斯算子的假设。从式(7.38)和式(7.40)可以看出,复拉普拉斯变换中的实部运算对真实拉普拉斯算子有效,如下:

$$\mathrm{Re}\{\boldsymbol{F}(s)\}=\mathrm{Re}\left\{\int_0^\infty \boldsymbol{f}(t)\,e^{-st}dt\right\}=\int_0^\infty \mathrm{Re}\{\boldsymbol{f}(t)\}\,e^{-st}dt \quad s\in R^1$$

$$= \int_0^\infty f_r(t)\,e^{-st}dt=F_r(s)=\mathrm{Re}\{F_r(s)+jF_i(s)\} \quad s\in R^1 \tag{7.41}$$

然而,从式(7.41)开始,本章中解释的复拉普拉斯变换仅对真实拉普拉斯算子有效,不应被误解。式(7.41)显示的只是一种找到复拉普拉斯函数的实部的方法,也就是说,它不一定在实际应用中将拉普拉斯算子强加于实数上。为了进一步澄清这个可论证的陈述,引入了式(7.7)中代表 $F_r(s)$ 和 $F_i(s)$ 之一的常规真实拉普拉斯变换函数 $F(s)$,如下:

$$F(s)\equiv\frac{b_0+b_1s^1+b_2s^2+\cdots+b_ms^m}{a_0+a_1s^1+a_2s^2+\cdots+a_ns^n}, \quad \because \{a_k\}\in R^1, 1\leqslant k\leqslant n, \{b_k\}\in R^1, 1\leqslant k\leqslant m, a_n\neq0, b_m\neq0$$

$$= \frac{G_z(s)}{G_p(s)}, G_p(s)=a_0+a_1s^1+a_2s^2+\cdots+a_ns^n,$$

$$G_z(s)=b_0+b_1s^1+b_2s^2+\cdots+b_ms^m \tag{7.42}$$

假设 $F(s)$ 由具有实系数的多项式函数 $G_p(s)$ 和 $G_z(s)$ 组成,这是具有诸如普通电路的实变量的线性系统中的情况。允许复数极点 p_k 和零点 z_k,式(7.42)的 $F(s)$ 可以用以下形式重写：

$$F(s)=\frac{b_{\mathrm{m}}(s-z_0)(s-z_1)\cdots(s-z_{\mathrm{m}})}{a_{\mathrm{n}}(s-p_0)(s-p_1)\cdots(s-p_{\mathrm{n}})},G_{\mathrm{p}}(s)=a_{\mathrm{n}}(s-p_0)(s-p_1)\cdots(s-p_{\mathrm{n}}),$$
$$G_{\mathrm{z}}(s)=b_{\mathrm{m}}(s-z_0)(s-z_1)\cdots(s-z_{\mathrm{m}}) \tag{7.43}$$

请注意，$G_{\mathrm{p}}(s)$ 中的复极点或 $G_{\mathrm{z}}(s)$ 中的复零点始终具有相应的复共轭对，因此系数可以是实数，如下面的复极对情况所示：

$$(s-p_{\mathrm{k}})(s-p_{\mathrm{k}}^*)=s^2-s(p_{\mathrm{k}}+p_{\mathrm{k}}^*)+p_{\mathrm{k}}p_{\mathrm{k}}^*=s^2-s2\mathrm{Re}\{p_{\mathrm{k}}\}+|p_{\mathrm{k}}|^2,1\leqslant k\leqslant n \tag{7.44}$$

时域函数 $f(t)$，即式（7.43）的逆拉普拉斯变换，不包括式（7.7）中定义的复数值。因此，复极点对或零对不会产生任何复杂的时域值。以这种方式，真实的拉普拉斯变换函数 $F_{\mathrm{r}}(s)$ 和 $F_{\mathrm{i}}(s)$ 虽然具有复数极点或零，但是被拉普拉斯逆变换为仅具有实数值的时域函数。总之，重要的不是拉普拉斯算子的本质，而是 $F(s)$ 中的实系数。因此，通过找到关于 s 的 $F(s)$ 的实部和虚部作为实数，可以方便地将复拉普拉斯变换函数 $F(s)$ 分解为 $F_{\mathrm{r}}(s)$ 和 $F_{\mathrm{i}}(s)$，如式（7.36）和式（7.37）所示。从这个观点来看，s 可以被称为伪实数变量，用于所提出的复拉普拉斯变换中的实部或虚部运算。

7.3.3　复拉普拉斯变换电路的微扰分析

在上一节中，源电压 $V_{\mathrm{s}}(s)$ 仅被视为用于大信号动态分析的输入。但是，如图 7.2b 或图 7.6a 所示，复变压器是大多数应用中的控制驱动器。对于时变复数匝数比 S_{m}，复变压器不再是线性的，尽管它对于恒定的 S_{m} 是线性的，正如上文所讨论的。因此，复拉普拉斯域中的扰动复变压器模型忽略了两个扰动变量的乘积如下：

$$\begin{aligned}\boldsymbol{v}_{\mathrm{o}}&\equiv\boldsymbol{V}_{\mathrm{o}}+\hat{\boldsymbol{v}}_{\mathrm{o}}=\boldsymbol{v}_{\mathrm{s}}\boldsymbol{s}_{\mathrm{m}}\equiv(\boldsymbol{V}_{\mathrm{s}}+\hat{\boldsymbol{v}}_{\mathrm{s}})(\boldsymbol{S}_{\mathrm{m}}+\hat{\boldsymbol{s}}_{\mathrm{m}})=\boldsymbol{V}_{\mathrm{s}}\boldsymbol{S}_{\mathrm{m}}+\boldsymbol{V}_{\mathrm{s}}\hat{\boldsymbol{s}}_{\mathrm{m}}+\boldsymbol{S}_{\mathrm{m}}\hat{\boldsymbol{v}}_{\mathrm{s}}+\hat{\boldsymbol{v}}_{\mathrm{s}}\hat{\boldsymbol{s}}_{\mathrm{m}}\\&\cong\boldsymbol{V}_{\mathrm{s}}\boldsymbol{S}_{\mathrm{m}}+\boldsymbol{V}_{\mathrm{s}}\hat{\boldsymbol{s}}_{\mathrm{m}}+\boldsymbol{S}_{\mathrm{m}}\hat{\boldsymbol{v}}_{\mathrm{s}}\\\boldsymbol{i}_{\mathrm{s}}&\equiv\boldsymbol{I}_{\mathrm{s}}+\hat{\boldsymbol{i}}_{\mathrm{s}}=\boldsymbol{i}_{\mathrm{o}}\boldsymbol{s}_{\mathrm{m}}^*\equiv(\boldsymbol{I}_{\mathrm{o}}+\hat{\boldsymbol{i}}_{\mathrm{o}})(\boldsymbol{S}_{\mathrm{m}}^*+\hat{\boldsymbol{s}}_{\mathrm{m}}^*)=\boldsymbol{I}_{\mathrm{o}}\boldsymbol{S}_{\mathrm{m}}^*+\boldsymbol{I}_{\mathrm{o}}\hat{\boldsymbol{s}}_{\mathrm{m}}^*+\boldsymbol{S}_{\mathrm{m}}^*\hat{\boldsymbol{i}}_{\mathrm{o}}+\hat{\boldsymbol{i}}_{\mathrm{o}}\hat{\boldsymbol{s}}_{\mathrm{m}}^*\\&\cong\boldsymbol{I}_{\mathrm{o}}\boldsymbol{S}_{\mathrm{m}}^*+\boldsymbol{I}_{\mathrm{o}}\hat{\boldsymbol{s}}_{\mathrm{m}}^*+\boldsymbol{S}_{\mathrm{m}}^*\hat{\boldsymbol{i}}_{\mathrm{o}}\end{aligned} \tag{7.45}$$

除了式（7.45）的大信号常数变量之外，小信号扰动变量如图 7.7a 所示，如下：

$$\begin{aligned}\hat{\boldsymbol{v}}_{\mathrm{o}}&\cong\boldsymbol{V}_{\mathrm{s}}\hat{\boldsymbol{s}}_{\mathrm{m}}+\boldsymbol{S}_{\mathrm{m}}\hat{\boldsymbol{v}}_{\mathrm{s}}\\\hat{\boldsymbol{i}}_{\mathrm{s}}&\cong\boldsymbol{I}_{\mathrm{o}}\hat{\boldsymbol{s}}_{\mathrm{m}}^*+\boldsymbol{S}_{\mathrm{m}}^*\hat{\boldsymbol{i}}_{\mathrm{o}}\end{aligned} \tag{7.46}$$

应用于式（7.46）的复拉普拉斯变换，如图 7.7b 所示，结果如下：

$$\begin{aligned}\hat{\boldsymbol{V}}_{\mathrm{o}}(s)&\cong\boldsymbol{V}_{\mathrm{s}}\hat{\boldsymbol{S}}_{\mathrm{m}}(s)+\boldsymbol{S}_{\mathrm{m}}\hat{\boldsymbol{V}}_{\mathrm{s}}(s)\\\hat{\boldsymbol{I}}_{\mathrm{s}}(s)&\cong\boldsymbol{I}_{\mathrm{o}}\hat{\boldsymbol{S}}_{\mathrm{m}}^*(s)+\boldsymbol{S}_{\mathrm{m}}^*\hat{\boldsymbol{I}}_{\mathrm{o}}(s)\end{aligned} \tag{7.47}$$

考虑到 $s_{\mathrm{m}}=s_{\mathrm{m}}\mathrm{e}^{\mathrm{j}\varphi s}$ 和 $s_{\mathrm{m}}^*=s_{\mathrm{m}}\mathrm{e}^{-\mathrm{j}\varphi s}$，式（7.46）中的扰动复数匝数比可以进一步解析如下：

$$\begin{aligned}\hat{\boldsymbol{s}}_{\mathrm{m}}&=\hat{s}_{\mathrm{m}}\mathrm{e}^{\mathrm{j}\phi_{\mathrm{s}}}+\mathrm{j}\hat{\phi}_{\mathrm{s}}S_{\mathrm{m}}\mathrm{e}^{\mathrm{j}\phi_{\mathrm{s}}}=(\hat{s}_{\mathrm{m}}/S_{\mathrm{m}}+\mathrm{j}\hat{\phi}_{\mathrm{s}})\boldsymbol{S}_{\mathrm{m}}\\\hat{\boldsymbol{s}}_{\mathrm{m}}^*&=\hat{s}_{\mathrm{m}}\mathrm{e}^{-\mathrm{j}\phi_{\mathrm{s}}}-\mathrm{j}\hat{\phi}_{\mathrm{s}}S_{\mathrm{m}}\mathrm{e}^{-\mathrm{j}\phi_{\mathrm{s}}}=(\hat{s}_{\mathrm{m}}/S_{\mathrm{m}}-\mathrm{j}\hat{\phi}_{\mathrm{s}})\boldsymbol{S}_{\mathrm{m}}^*\end{aligned} \tag{7.48}$$

式（7.48）的复拉普拉斯变换得到以下结果：

$$\begin{aligned}\hat{\boldsymbol{S}}_{\mathrm{m}}(s)&=\{\hat{s}_{\mathrm{m}}(s)/S_{\mathrm{m}}+\mathrm{j}\hat{\phi}_{\mathrm{s}}(s)\}\boldsymbol{S}_{\mathrm{m}}\\\hat{\boldsymbol{S}}_{\mathrm{m}}^*(s)&=\{\hat{s}_{\mathrm{m}}(s)/S_{\mathrm{m}}-\mathrm{j}\hat{\phi}_{\mathrm{s}}(s)\}\boldsymbol{S}_{\mathrm{m}}^*\end{aligned} \tag{7.49}$$

图 7.7b 的扰动复拉普拉斯变换变换器模型可应用于图 7.6a 的扰动分析，如图 7.8a 所

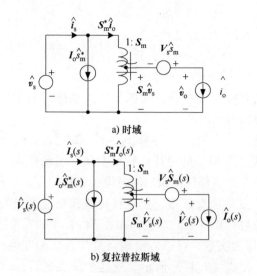

a) 时域

b) 复拉普拉斯域

图 7.7　扰动复变压器模型

示。源电压也被扰动，因此，图 7.8a 中有三个独立的电压和电流源，其中源极侧 LC 滤波器用戴维南电阻 $Z_{t1}(s)$ 代替，与式（7.30）相同，并且扰动的戴维南电压 $V_{t1}(s)$ 如下：

$$\hat{V}_{t1}(s) = \frac{1}{1+(sL_s+j\omega L_s)(sC_s+j\omega C_s)}\hat{V}_s(s) \tag{7.50}$$

去除复变压器并获得三个独立源的戴维南开路电压，图 7.8c 中找到了一个更简化的等效电路，其中戴维南电阻 $Z_{t2}(s)$ 与式（7.32）和扰动的戴维南相同电压 $V_{t2}(s)$ 如下：

$$\hat{V}_{t2}(s) = S_m^*\hat{V}_{t1}(s) - S_m^* I_o Z_{t1}(s)\hat{S}_m(s) + V_1\hat{S}_m^*(s) \tag{7.51}$$

最后，去掉实部运算符，图 7.8d 中可以看到戴维南等效电路，其中戴维南电阻 $Z_{t3}(s)$ 与式（7.34）相同，并且扰动的戴维南电压 $V_{t3}(s)$ 如下：

$$\hat{V}_{t3}(s) = \mathrm{Re}\{\hat{V}_{t2}(s)\} \tag{7.52}$$

现在，通过对图 7.8d 应用传统的实域电路分析可以获得扰动的输出电压，这与式（7.35）非常相似，如下所示：

$$\hat{V}_o(s) = \frac{R_o}{Z_{t3}(s)+sL_o+R_o}\hat{V}_{t3}(s) = \frac{R_o}{\mathrm{Re}\{Z_{t1}(s)\}S_m^2+sL_o+R_o}\mathrm{Re}\{\hat{V}_{t2}(s)\} \tag{7.53}$$

其中 $\mathrm{Re}\{Z_{t1}(s)\}$ 与式（7.37）相同，$\mathrm{Re}\{V_{t2}(s)\}$ 可以使用式（7.49）~式（7.51）获得：

$$\begin{aligned}
\mathrm{Re}\{\hat{V}_{t2}(s)\} &= \mathrm{Re}\{S_m^*\hat{V}_{t1}(s) - S_m^* I_o Z_{t1}(s)\hat{S}_m(s) + V_1\hat{S}_m^*(s)\} \\
&= \mathrm{Re}\{S_m^*\hat{V}_{t1}(s)\} - I_o\mathrm{Re}\{S_m^* Z_{t1}(s)\{\hat{S}_m(s)/S_m + j\hat{\phi}_S(s)\}S_m\} \\
&\quad + \mathrm{Re}\{V_1\{\hat{S}_m(s)/S_m - j\hat{\phi}_S(s)\}S_m^*\} \\
&= \mathrm{Re}\{S_m^*\hat{V}_{t1}(s)\} - I_o S_m^2[\mathrm{Re}\{Z_{t1}(s)\}\hat{S}_m(s)/S_m - \mathrm{Im}\{Z_{t1}(s)\}\hat{\phi}_S(s)] \\
&\quad + [\mathrm{Re}\{V_1 S_m^*\}\hat{S}_m(s)/S_m + \mathrm{Im}\{V_1 S_m^*\}\hat{\phi}_S(s)]
\end{aligned} \tag{7.54}$$

与用于获得式（7.36）和式（7.37）的方式类似的方式，可以如下找到 $\mathrm{Re}\{S_m^* V_{t1}(s)\}$ 和 $\mathrm{Im}\{Z_{t1}(s)\}\hat{\phi}_S(s)$，即

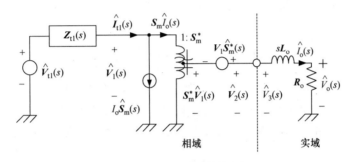

a) 原始扰动电路

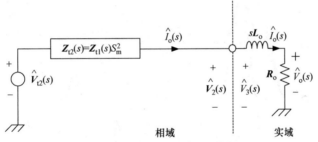

b) 源端的第一个戴维南等效电路

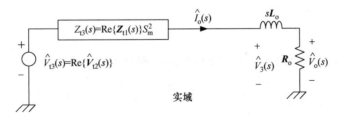

c) 去掉复变压器的第二个戴维南等效电路

d) 去掉实部算子的第三个戴维南等效电路

图 7.8 复拉普拉斯域中三相整流器的扰动电路

$$\mathrm{Re}\{\boldsymbol{S}_\mathrm{m}^*\hat{\boldsymbol{V}}_\mathrm{t1}(s)\} = \frac{\mathrm{Re}\{\boldsymbol{S}_\mathrm{m}^*\hat{\boldsymbol{V}}_\mathrm{s}(s)\}\{1+(s^2-\omega^2)L_\mathrm{s}C_\mathrm{s}\}+2\mathrm{Im}\{\boldsymbol{S}_\mathrm{m}^*\hat{\boldsymbol{V}}_\mathrm{s}(s)\}\omega sL_\mathrm{s}C_\mathrm{s}}{\{1+(s^2-\omega^2)L_\mathrm{s}C_\mathrm{s}\}^2+4\omega^2 s^2 L_\mathrm{s}^2 C_\mathrm{s}^2} \tag{7.55}$$

$$\mathrm{Im}\{\boldsymbol{Z}_\mathrm{t1}(s)\} = \frac{\mathrm{Im}\{(sL_\mathrm{s}+\mathrm{j}\omega L_\mathrm{s})\{1+(s^2-\omega^2)L_\mathrm{s}C_\mathrm{s}-\mathrm{j}2\omega sL_\mathrm{s}C_\mathrm{s}\}\}}{\{1+(s^2-\omega^2)L_\mathrm{s}C_\mathrm{s}\}^2+4\omega^2 s^2 L_\mathrm{s}^2 C_\mathrm{s}^2}$$

$$= \frac{\omega L_s \{1-(s^2+\omega^2)L_s C_s\}}{\{1+(s^2-\omega^2)L_s C_s\}^2+4\omega^2 s^2 L_s^2 C_s^2} \tag{7.56}$$

7.4 复拉普拉斯变换电路的仿真验证

在本章讨论的复拉普拉斯变换中，引入了一些有争议的概念和数学要素。因此，严格验证这一理论是至关重要的。实验验证虽然在大多数情况下给我们提供了实际的见解，但在这个时候并不受欢迎，因为即使实验结果与理论估计吻合得很好，也不足以令人信服。在不考虑开关谐波的情况下，利用图7.2a的状态方程对下列电路参数进行了时域数值模拟，除非另有规定：

$$V_s = 440\angle\frac{\pi}{3} \quad S_m = 0.90\angle\frac{\pi}{4} \quad f_s = 60\text{Hz}$$

$$L_s = 5\text{mH} \quad C_s = 300\mu\text{F} \quad L_o = 3\text{mH} \quad R_L = 10\Omega \tag{7.57}$$

式（7.57）的时域瞬态响应所有零初始条件和电路参数如图7.9所示，该变换器稳定在2~3个周期内，但由于阶跃源电压突变，承受较大的瞬态峰值电压应力。

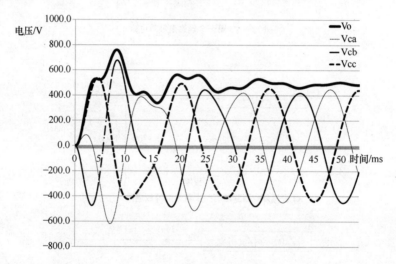

图7.9 使用式（7.57）中参数的图7.2a的三相整流器示例的输出电压和输入电容器电压的瞬态仿真结果

7.4.1 静态分析的验证

直流输出电压分析结果的有效性验证式（7.28）的时域模拟不同切换函数，也就是说 S_m 和 ϕ_S。直流电压增益如下：

$$G_V = \frac{V_o}{V_s} = \frac{1}{V_s}\frac{\text{Re}\{V_s S_m^*\}}{1-\omega^2 L_s C_s} = \frac{1}{V_s}\frac{\text{Re}\{V_s e^{j\phi_V}S_m e^{-j\phi_s}\}}{1-\omega^2 L_s C_s} = \frac{S_m\cos(\phi_V-\phi_S)}{1-\omega^2 L_s C_s} \equiv \frac{S_m\cos\phi_{VS}}{1-\omega^2 L_s C_s} \tag{7.58}$$

通过时域仿真验证，如图7.10所示，作为 ϕ_{VS} 函数的直流电压增益式（7.58）完全在0.1%误差范围内，这被认为是一个仿真误差。在图7.2a所示的示例电路中，如果使用四象限交流开关，则直流增益 G_V 可以为负。

7.4.2　动态扰动分析的验证

小信号传递函数可以从式（7.53）～式（7.56）、式（7.37）和式（7.49）中得到。为简单起见，假设源电压相量具有零相位角，分析结果不会失去一般性，因为响应将与源电压相关。

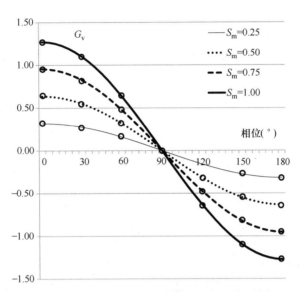

图 7.10　图 7.2a 所示的不同匝数比下直流电压增益与电源电压和开关功能之间的相位差的静态模拟结果

$$(V_s = 440 \angle \frac{\pi}{3},\ S_m:\ 变量,\ f_s = 60\text{Hz},\ L_s = 5\text{mH},\ C_s = 300\mu\text{F},\ L_o = 3\text{mH},\ R_L = 10\Omega)$$

这样，小信号源电压传递函数可以如下找到：

$$
\begin{aligned}
G_v(s) &\equiv \frac{\hat{V}_o(s)}{\hat{V}_s(s)} = \frac{1}{\hat{V}_s(s)} \frac{R_o}{\text{Re}\{\boldsymbol{Z}_{t1}(s)\} S_m^2 + sL_o + R_o} \text{Re}\{\hat{\boldsymbol{V}}_{t2}(s)\} \Big|_{\hat{S}_m(s) = \hat{\phi}_S(s) = 0} \\
&= \frac{R_o}{\hat{V}_s(s)} \frac{\text{Re}\{\boldsymbol{S}_m^* \hat{\boldsymbol{V}}_{t1}(s)\}}{\text{Re}\{\boldsymbol{Z}_{t1}(s)\} S_m^2 + sL_o + R_o} \\
&= \frac{R_o}{\hat{V}_s(s)} \frac{\text{Re}\{\boldsymbol{S}_m^* \hat{\boldsymbol{V}}(s)\}\{1+(s^2-\omega^2)L_sC_s\} + 2\text{Im}\{\boldsymbol{S}_m^* \hat{\boldsymbol{V}}(s)\}\omega sL_sC_s}{sL_s\{1+(s^2+\omega^2)L_sC_s\}S_m^2 + (sL_o+R_o)[\{1+(s^2-\omega^2)L_sC_s\}^2 + 4\omega^2 s^2 L_s^2 C_s^2]} \\
&= S_m R_o \frac{\cos\phi_S\{1+(s^2-\omega^2)L_sC_s\} - 2\sin\phi_S \omega sL_sC_s}{sL_s\{1+(s^2+\omega^2)L_sC_s\}S_m^2 + (sL_o+R_o)[\{1+(s^2-\omega^2)L_sC_s\}^2 + 4\omega^2 s^2 L_s^2 C_s^2]}
\end{aligned} \tag{7.59}
$$

示例转换器的幅度频率响应可以从式（7.59）获得，如下：

$$
\begin{aligned}
|G_v(\omega_c)| &\equiv |G_v(s)| \Big|_{s=j\omega_c, \omega=\omega_s} \\
&= S_m R_o \frac{|\cos\phi_S\{1-(\omega_s^2+\omega_c^2)L_sC_s\} - j2\sin\phi_S\omega_s\omega_cL_sC_s|}{|j\omega_cL_s\{1+(\omega_s^2-\omega_c^2)L_sC_s\}S_m^2 + (j\omega_cL_o+R_o)[\{1-(\omega_s^2+\omega_c^2)L_sC_s\}^2 - 4\omega_s^2\omega_c^2L_s^2C_s^2]|}
\end{aligned} \tag{7.60}
$$

注意，ω_c 是可变控制角频率，而 ω_s 是固定源电压角频率，并且复拉普拉斯传递函数的频率响应可以通过使 $s=\mathrm{j}\omega_c$ 来计算，正如在传统的拉普拉斯变换情况中那样。其他小信号传递函数，虽然没有在这里求出，也可以通过类似于式（7.59）和式（7.60）中使用的方法得到。

如图 7.11 所示，式（7.60）的理论计算值与时域仿真结果相差在±0.1 以内，其中除匝数比外，在式（7.57）的电路参数下，在源电压中插入一个小扰动信号。这些误差来自于对模拟输出电压的不准确测量，其中一些谐波波纹仍然存在。研究发现，在 68～70Hz 和 191～193Hz 处存在两个极点，大致对应于输入滤波器谐振频率 130Hz 和源频率 60Hz 的加值。这可以解释为，调制控制信号对源电压产生频率的差和每个频率的相加，这些频率与输入滤波器谐振。

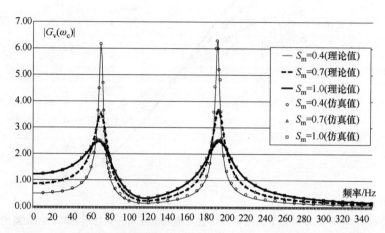

图 7.11　图 7.2a 示例转换器幅度增益的小信号频率响应的仿真结果

$$\left(V_s=440\angle 0,\ \phi_{VS}=\frac{\pi}{12},\ f_s=60\mathrm{Hz},\ L_s=5\mathrm{mH},\ C_s=300\mu\mathrm{F},\ L_o=3\mathrm{mH},\ R_L=10\Omega\right)$$

7.5　小结

将复拉普拉斯变换应用于包含复变量的相量变换电路的动态特性分析，并通过仿真验证了该方法的有效性。结合交流变换器的静态分析理论[32]，并通过本章提出的复拉普拉斯变换建立了一般统一相量变换理论。任何具有多相和开关的线性时变交流变换器都可以用包括复变压器的复杂电路代替，并且可以通过一般的统一相量变换理论进行分析。

> **问题 4**
>
> 　　所提出的复拉普拉斯变换到 AC 转换器的关键概念可以概括为传统的拉普拉斯变换技术，该技术可以应用于关于 s 作为实数的复杂 AC 电路。你能说出所提出的复拉普拉斯变换和传统的动态相量之间的区别吗？

习　题

7.1　确定带有电容-电阻负载的电流源逆变器的动态特性。

7.2　确定具有输出全桥二极管整流器和电容器负载的串联-串联补偿 IPT 电路的动态特性。为简单起见，假设一次侧和二次侧独立地完全谐振。

7.3　对于具有相位角控制的输出全桥有源整流，重复回答问题 7.2。

参 考 文 献

1 D.W. Novotny, "Switching function representation of polyphase inverters," in *IEEE Ind. Applic. Society Conf. Rec.* 1975, pp. 823–831.

2 R. Middlebrook and S. Cuk, "A general unified approach to modeling switching power converter stages," in *IEEE PESC* 1976, pp. 18–34.

3 P. Wood, "General theory of switching power converters," in *IEEE PESC* 1979, pp. 3–10.

4 A. Alesina and M.G.B. Venturini, "Solid-state power conversion: a Fourier analysis approach to generalized transformer synthesis," *IEEE Trans. Circuits Syst.*, vol. CAS-28, no. 4, pp. 319–330, April 1981.

5 K.D.T. Ngo, "Low frequency characterization of PWM converter," *IEEE Trans. Power Electron.*, vol. PE-1, pp. 223–230, October 1986.

6 V. Vorperian, R. Tymersky, and F.C. Lee, "Equivalent circuit models for resonant and PWM switches," *IEEE Trans. Power Electron.*, vol. PE-4, no. 2, pp. 205–214, April 1989.

7 C.T. Rim, D.Y. Hu, and G.H. Cho, "Transformers as equivalent circuits for switches: general proofs and D–Q transformation-based analyses," *IEEE Trans. Ind. Applic.*, vol. 26, no. 4, pp. 777–785, July/August 1990.

8 C.T. Rim and G.H. Cho, "Phasor transformation and its application to the DC/AC analyses of frequency phase-controlled series resonant converters (SRC)," *IEEE Trans. Power Electron.*, vol. 5, pp. 201–211, April 1990.

9 V. Vorperian, "Simplified analysis of PWM converters using the model of the PWM switch, part I and part II," *IEEE Trans. Aerospace Electron. Syst.*, vol. 26, no. 3, pp. 490–505, 1990.

10 S.R. Sanders, J.M. Noworolski, X.Z. Liu, and G.C. Verghese, "Generalized averaging method for power conversion circuits," *IEEE Trans. Power Electron.*, vol. 6, pp. 251–259, April 1991.

11 C.T. Rim, N.S. Choi, G.C. Cho, and G.H. Cho, "A complete DC and AC analysis of three-phase controlled-current rectifier using circuit D–Q transformation," *IEEE Trans. Power Electron.*, vol. 9, no. 4, pp. 390–396, July 1994.

12 H.C. Mao, D. Boroyevich, and C.Y. Lee, "Novel reduced-order small signal model of a three-phase rectifier and its application in control design and system analysis," *IEEE Trans. Power Electron.*, vol. 13, no. 3, pp. 511–521, May 1998.

13 J. Chen and K.D.T. Ngo, "Graphical phasor analysis of three-phase PWM converters," *IEEE Trans. Power Electron.*, vol. 16, no. 5, pp. 659–666, September 2001.

14 P. Szczesniak, Z. Fedyczak, and M. Klytta, "Modeling and analysis of a matrix-reactance frequency converter based on buck-boost topology by DQ0 transformation," in *13th International Power Electronics and Motion Control Conference (EPE-PEMC 2008)*, pp. 165–172.

15 S. Kwak, and T. Kim, "An integrated current source inverter with reactive and harmonic power compensators," *IEEE Trans. Power Electron.*, vol. 24, no. 2, pp. 348–357, February 2009.

16 B. Yin, R. Oruganti, S.K. Panda, and A.K.S. Bhat, "A simple single-input–single-output (SISO) model for a three-phase rectifier," *IEEE Trans. Power Electron.*, vol. 24, no. 3, pp. 620–631, March 2009.

17 J. Sun, "Small-signal methods for AC distributed power systems – a review," *IEEE Trans. Power Electron.*, vol. 24, no. 11, pp. 2545–2554, November 2009.

18 V. Valdivia, A. Barrado, A. Laazaro, P. Zumel, C. Raga, and C. Fernandez, "Simple modeling and identification procedures for 'black-box' behavioral modeling of power converters based on transient response analysis," *IEEE Trans. Power Electron.*, vol. 24, no. 12, pp. 2776–2790, December 2009.

19 J. Sun, Z. Bing, and K.J. Karimi, "Input impedance modeling of multi pulse rectifiers by harmonic linearization," *IEEE Trans. Power Electron.*, vol. 24, no. 12, pp. 2812–2820, December 2009.

20 J. Dannehl, F. Fuchs, and P. Thøgersen, "PI state space current control of grid-connected PWM converters with LCL filters," *IEEE Trans. Power Electron.*, vol. 25, no. 9, pp. 2320–2330, September 2010.

21 R. Bucknall, and K. Ciaramella, "On the conceptual design and performance of a matrix converter for marine electric propulsion," *IEEE Trans. Power Electron.*, vol. 25, no. 6, pp. 1497–1508, June 2010.

22 S. Kim, Y. Yoon, and S. Sul, "Pulse width modulation method of matrix converter for reducing output current ripple," *IEEE Trans. Power Electron.*, vol. 25, no. 10, pp. 2620–2629, October 2010.

23 R. Barazarte, G. González, and M. Ehsani, "Generalized gyrator theory," *IEEE Trans. Power Electron.*, vol. 25, no. 7, pp. 1832–1837, July 2010.

24 C.T. Rim, *"A complement of imperfect phasor transformation,"* in Korea Power Electronics Conference, Seoul, 1999, pp. 159–163.

25 S. Ben-Yaakov, S. Glozman, and R. Rabinovici, "Envelope simulation by spice-compatible models of linear electric circuits driven by modulated signals," *IEEE Trans. Ind. Applic.*, vol. 37, no. 2, pp. 527–533, March/April 2001.

26 Y. Yin, R. Zane, J. Glaser, and R.W. Erickson, "Small-signal analysis of frequency-controlled electronic ballasts," *IEEE Trans. Circuits Syst. – I: Fundamental Theory and Applications*, vol. 5, no. 8, August 2003.

27 Z. Ye, P.K. Jain, and P.C. Sen, "Phasor-domain modeling of resonant inverters for high-frequency AC power distribution systems, " *IEEE Trans. Power Electron.*, vol. 24, no. 4, pp. 911–924, April 2009.

28 P. Mattavelli, A.M. Stanković, and G.C. Verghese, "SSR analysis with dynamic phasor model of thyristor-controlled series capacitor," *IEEE Trans. Power Syst.*, vol. 14, pp. 200–208, February 1999.

29 A.M. Stanković, S.R. Sanders, and T. Aydin, "Dynamic phasors in analysis of unbalanced polyphase ac machines," *IEEE Trans. Energy Conversion*, vol. 17, no. 1, pp. 107–113, March 2002.

30 J.A. de la O Serna, "Dynamic phasor estimates for power system oscillations," *IEEE Trans. Instrum. Meas.*, vol. 56, no. 5, pp. 1648–1657, October 2007.

31 C.P. Steinmetz, *"Complex quantities and their use in electrical engineering,"* in Proc. AIEE Int. Elect. Congress, Chicago, IL, 1894, pp. 33–74.

32 C.T. Rim, "Unified general phasor transformation for AC converters," *IEEE Trans. Power Electron.*, accepted for publication.

33 R.C. Paley and N. Wiener, *Fourier Transforms in the Complex Domain*, American Mathematical Society Colloquium Publications, vol. 19, 1934.

34 M.A.B. Deakin, "The ascendancy of the Laplace transform and how it came about", *Archive for History of Exact Sciences*, vol. 44, no. 3, pp. 265–286, 1992.

35 W.S. Steven, *The Scientists and Engineers Guide to Digital Signal Processing*, California Technical Publishing, San Diego, CA, 1997, pp. 567–604.

36 N. Bayan and S. Erfani, *"Frequency analysis of linear time-varying systems: a new perspective,"* in Proc. of IEEE Midwest Symposium on Circuits and Systems, 2005, pp. 1494–1497.

37 N. Bayan and S. Erfani, *"Laplace transform approach to analysis and synthesis of Bessel type linear time-varying systems,"* in Proc. of IEEE Midwest Symposium on Circuits and Systems, 2007, pp. 919–923.

38 S. Erfani, *"Extending Laplace and Fourier transforms and the case of variable systems: a personal perspective,"* in Proc. of IEEE Signal Processing, Long Island Section, 2007. Available at: http://www.ieee.li/pdf/viewgraphs/laplace.pdf.

第三部分
道路供电电动汽车（RPEV）的动态充电

在本部分中，将讨论动态充电问题，这将是本书最重要的内容。

本部分从引入动态充电开始，总结了RPEV的历史，解释了I型和S型超细供电导轨的窄幅供电导轨，其中供电导轨的宽度对于RPEV的基础设施的道路建设是重要的。

此外，还解释了用于IPT系统的控制器和补偿电路、有源抵消的电磁场（EMF）抵消方法、使用双线圈提供的大容差设计，以及供电导轨分段和部署的问题。

第8章 动态充电简介

8.1 RPEV 简介

根据联合国政府间气候变化专门委员会（IPCC）的第四次评估报告，除非工业化国家 CO_2 排放降低 100%，地球大气的平均 CO_2 浓度降低 50%，否则地球的环境温度可能比工业化前的温度上升超过 2℃[1]。如果不控制温度的上升，可能会带来许多不利的生态后果，如热浪、干旱、热带气旋和极端潮汐。为了防止这种生态灾难，许多国家现在都在限制温室气体的排放。

历史上重大的新技术进步已经成为经济增长的引擎。而经济的增长，也增加了能源的使用。由于现在主要的能源来自化石燃料，大气中温室气体的浓度，特别是 CO_2 的浓度已经增加了许多。因此，我们必须制定解决办法，在不对环境造成损伤的情况下实现未来的经济增长。

目前全世界大约有 8 亿辆内燃机（ICE）在使用。这些汽车是温室气体的主要来源，尤其是 CO_2。因此，解决全球变暖问题的有效方法是用电动汽车（EV）取代所有内燃机汽车。电动汽车的使用也将改善主要城市周围的空气质量。

为了取代内燃机，许多汽车公司正在开发"插电式"电动汽车，它使用可在家中或充电站充电的锂离子（或聚合物）电池。然而，插电式电动汽车的基本前提带来了许多问题。首先，锂电池的成本很高。其次，锂电池很重。第三，锂电池的充电时间太长，需要昂贵的充电站基础设施。最后也是最重要的，地球上锂的供应是有限的。地球上只有大约 1000 万 t 的锂可以经济地开采，这足以供应大约 8 亿辆汽车使用，几乎与今天正在使用的汽车数量相同。

更换电动汽车的电池可以大大减少为电池充电的时间，但由于备用电池和昂贵的机器人更换设施，其成本很高。电动汽车每站自动充电可以降低电池容量，减少额外的充电时间，但自动充必不可少的高功率充电站对电网而言是一个巨大的负担。

如果只是考虑降低道路基础设施的成本，道路供电电动汽车（RPEV）可以很好地解决这个电池与充电问题。在线电动汽车（OLEV）大大简化了埋在道路中的一次线圈，大大降低了道路基础设施成本[3-13]。

8.2 OLEV 的功能要求与参数设计

本章参考文献［3］~［5］提供了一种 OLEV 的高级设计方法。您将能够看到 OLEV 的系统是如何设计的。

8.2.1　OLEV 的功能要求、参数设计和约束条件

我们期望 OLEV 的性能与使用内燃机的汽车大致相同。OLEV 的最高级别功能要求（FR）如下[3-5]：

FR1＝用电力推动车辆

FR2＝将电力从地下电缆传输到车辆

FR3＝驾驶车辆

FR4＝制动车辆

FR5＝反转运动方向

FR6＝改变车速

FR7＝在没有外部电源时提供电力

FR8＝为地下电缆供电

约束条件如下：

C1＝管理电力系统的安全规定

C2＝OLEV 的价格（应与具有内燃机发动机的汽车竞争）

C3＝没有温室气体排放

C4＝系统的长期耐久性和可靠性

C5＝道路与车辆底部之间的空间间隙的车辆规定

可供选择的 OLEV 设计参数（DP）如下：

DP1＝电动机

DP2＝地下线圈

DP3＝传统转向系统

DP4＝传统制动系统

DP5＝电极性

DP6＝电机驱动

DP7＝可充电电池

DP8＝电力供应系统

问题 1

上述 FR、C 和 DP 的选择不是固定的，是可以改变的。你能根据自己的工程经验判断还能再添加两个 FR、C 和 DP 吗？

8.2.2　二次侧功能要求与参数设计

进行本节工作之前，必须先分解上一节中给出的第一级 FR 和 DP，直到设计完成，并且包含完整实现所需的所有细节为止。

二次侧功能要求是最高级别参数设计要求，同时也是一级功能要求的子要求[3-5]。例如，FR1 可以分解为较低级别的功能要求，例如 FR11、FR12 等，它们是 DP1 的功能要求。然后设计合适的 DP11 满足 FR11 的条件。这些较低级别的功能需求和参数设计提供了设计的进一步细节。有许多专利[8-13]描述了 OLEV 系统的细节[6,7]，包括较低级别的功能需求和参

数设计方法[5]。

8.2.3 设计矩阵

设计矩阵（DM）将功能要求向量（{FR}）与参数设计向量（{DP}）联系起来，参数设计向量（{DP}）在选择满足功能向量要求的参数后可以表示出来。根据独立公理，功能要求向量必须相互独立。

OLEV 项目的集成团队构建了用于线上电动汽车系统的设计矩阵，以识别和消除多个级别的功能需求之间的耦合[6,7]。其最终的设计是解耦或分离设计。当存在耦合时，通过设计改动使带有耦合的矩阵元素变得比其他元素小得多，从而使耦合效应最小化。

8.2.4 功能要求与参数设计的建模

对于给定的需求可能对应有几个不同的参数组。在这种情况下，通过使用不同参数组设计建模和仿真来得出最终的参数组。在实际搭建硬件之前，还通过建模和模拟确定参数组的最终值。

8.3 道路供电电动汽车的前景讨论

本章参考文献 [3] ~ [5] 简要介绍了未来车辆的前景及其对能源、环境、经济等的影响。

8.3.1 能源和环境

发展 OLEV 公共汽车和小汽车的两个基本原因是为了改善大城市的空气质量和减少地球大气中的 CO_2 的含量以减缓全球变暖。如果我们从主要城市的街道上移除装有内燃机的汽车，空气质量将会改善。然而，温室气体的总排放量取决于具体的发电方式，发电方式可能会逐渐变化。但在短期内使用 OLEV 可能不会影响世界的主要能源需求（火电）。

根据 IEA[2] 的报告，2006—2030 年世界能源使用量将以每年 1.6% 的速度增长，从 11.73 亿 t 石油当量（MTOE）增加到 17000 MTOE，增长了 45%，非经济合作组织国家占增长的 87%。2005 年，非经合组织国家的能源消耗超过了经济合作组织。全球对天然气的需求增长加快，每年增长 1.8%，其在总能源需求中的份额上升到 22%。世界对煤炭的需求平均每年增长 2%，其在全球能源需求中的份额从 2006 年的 26% 上升到 2030 年的 29%，而煤炭是产生 CO_2 的主要来源。虽然除了一些欧洲经济合作组织国家外，所有区域的核电站数量都将增加，但与能源使用量的增加相比，核能的使用量将从 6% 减少到 5%。现代可再生能源技术正在迅速发展，将在十年内超过天然气成为仅次于煤炭的第二大电力来源。

> **问题 2**
> （1）选择韩国以外的国家，计算能替换目前运营的所有地面车辆能耗的，产生 1GW 的功率的发电厂数量。
> （2）对比换算前后国家 CO_2 排放总量。如果需要，可以引入适当的假设。

8.3.2　道路供电电动汽车与电能供应

举个例子，为了用 OLEV 汽车取代 2009 年韩国使用的所有内燃机汽车，韩国需要投入两座核电站用于发电。目前，韩国 40% 的电力来自核电站。在韩国，电力成本仅占化石燃料成本的 22.7%。

世界上许多国家没有石油。如果这些国家想在不造成全球变暖的前提下，用 RPEV 汽车和公共汽车取代所有由内燃机驱动的汽车，它们将不得不依赖核能。

为了减少 CO_2 的排放，我们必须使用更多的核电站和可再生能源来发电。在丹麦，风力发电约占全国用电量的 20%。在我们开发出其他绿色发电技术之前，许多国家在未来 50 年将不得不依赖核能。像韩国这样的国家并不适合使用可再生能源。根据国际能源委员会（International Energy Commission）的数据，到 2050 年，世界各国共需要新建 1750 座核电站（或相当于其他核电站）以满足全球能源需求，每年约新建 35 座核电站。

8.3.3　道路供电电动汽车与插电式电池汽车

插电式电池汽车的开发人员正寄希望于低成本的轻型电池。然而，任何电池体积和重量的减少都有一个基本的限制，因为电池需要基本的物理结构和空间用于实现发电功能。此外，已知的锂储量有限。尽管海水中也含有锂，但除非开发出一种低成本的新技术，否则提炼海水锂的成本非常高昂。

虽然这些全电池汽车相对于 RPEV 有优势。在人口密度非常低的地区，为 RPEV 铺设地下线圈的成本是不合理的，因为它们需要许多充电站，这会增加十分可观的成本。在这些地区，内燃机汽车可能是最好的选择。

插电式电池汽车的实现存在许多重大问题，包括充电时间长，充电站需要高功率容量，以及充电速率提高时的效率降低。

8.3.4　电磁安全

为了确保 RPEV 的安全性没有任何问题，设计的系统必须在允许限度内使人们尽可能少地暴露在电磁场（EMF）中。当不可避免地暴露于电场中时，电磁场的大小应被控制在远低于安全允许的水平。为 OLEV 设计的分段供电系统和专门设计的线圈将进一步降低电磁场水平，以提高安全性。

8.4　结束语：动态充电的必要性

正如前面几节所明确指出的，电动汽车显示了其作为未来交通工具的潜力，但动态充电的高性价比解决方案是 RPEV 能否成功的关键。虽然现在 RPEV 可能无法取代大多数车辆，但全球市场份额的急剧增加标志了其未来的成功。

动态充电的基本难点之一是感应电能传输（IPT）系统不仅要对电应力具有较强的鲁棒性，还要同时具有较强的抗机械冲击能力，这在道路工程学会中是一个相当新的挑战。此外，它应当足够便宜和简单，可以在大范围内部署。此外，电动汽车不断移动和改变敏感参数，如横向偏移和气隙，这比静态充电器中一旦停车参数就固定下来的情况要困难得多。

开发这样一个道路供电电动汽车系统，同时满足所有的苛刻要求，乍一看似乎是一项艰巨的工作。然而，KAIST 团队已经证实，道路供电电动汽车（即线上电动汽车）是完全可以开发的，并且可能是未来运输的一个极有前景的方向。

参 考 文 献

1 Intergovernmental Panel on Climate Change (IPCC), Fourth Assessment Report (AR4): Climate Change, 2007.

2 International Energy Agency, OECD, *World Energy Outlook*, 2008.

3 N.P. Suh, *The Principles of Design*, Oxford University Press, New York, 1990.

4 N.P. Suh, *Axiomatic Design: Advances and Applications*, Oxford University Press, New York, 2001.

5 N.P. Suh, D.H. Cho, and Chun T. Rim, "Design of on-line electric vehicle (OLEV)," *Plenary Lecture at the 2010 CIRP Design Conference in Nantes*, France, April 19–21, 2010, pp. 3–8.

6 Chun T. Rim, "Wireless charging research activities around the world: KAIST Tesla Lab (Part)," *IEEE Power Electronics Magazine*, vol. 1, no. 2, pp. 32–37, June 2014.

7 Chun T. Rim, "A review of recent developments of wireless power transfer systems for road powered electric vehicles," *IEEE Transportation Electrification Newsletter*, September/October 2014.

8 N.P. Suh, D.H. Cho, Chun T. Rim, S.J. Jeon, J.H. Kim, and S. Ahn, "Method and device for designing a current supply and collection device for a transportation system using an electric vehicle," US Patent Application 13/810,066, 2011, USA.

9 S.H. Chang, J.G. Cho, G.H. Cho, D.H. Cho, Chun T. Rim, and N.P. Suh, "Ultra slim power supply device and power acquisition device for electric vehicle," US Patent Application 13/262,879, 2010, USA.

10 N.P. Suh, D.H. Cho, Chun T. Rim, S.J. Jeon, J.H. Kim, and S. Ahn, "Power supply device, power acquisition device and safety system for electromagnetic induction-powered electric vehicle," US Patent Application 13/202,753, 2010, USA.

11 N.P. Suh, S.H. Chang, D.H. Cho, J.G. Cho, and Chun T. Rim, "Power supply apparatus for on-line electric vehicle, method for forming same and magnetic field cancelation apparatus," US Patent Application 13/501,691, 2010, USA.

12 N.P. Suh, D.H. Cho, Chun T. Rim, J.W. Kim, K.M. Park, and B.Y. Song, "Modular electric-vehicle electricity supply device and electrical wire arrangement method," US Patent Application 13/510,218, 2010, USA.

13 S.J. Jeon, D H. Cho, Chun T. Rim, and G.H. Jeong, "Load-segmentation-based full-bridge inverter and method for controlling same," US Patent Application 13/518,213, 2009, USA.

第9章　道路供电电动汽车的历史

9.1　简介

传统的交通工具，严重依赖内燃机，在减少 CO_2 等温室气体排放和减轻城市空气污染方面，在全球范围内面临着越来越大的压力，虽然页岩气的经济开采延长了"石油时代"，但电动汽车（EV）仍变得比以往任何时候都更具吸引力。因此，汽车制造商一直在开发各种电动汽车，如纯电池（BEV）[1-4]、混合电动汽车（HEV）[5-8]、插电式混合电动汽车（PHEV）[9-11]、电池更换电动汽车（BREV）[12-15]和道路供电电动汽车（RPEV）[16-99]。尽管电池在 130 多年前就已经实现了商业化，但电动汽车商业化的最大挑战可能是电池，电池仍然很笨重且很昂贵[100]。此外，电池是由稀缺材料制成，例如锂，仅在少数国家有矿藏，锂还可能引发汽车爆炸事故。电池的充电是电动汽车商业化的另一个障碍，因为电池的能量密度较低，需要在短距离行驶后频繁充电。目前可用的 20min 快速充电时间[101-103]对于习惯快速加油的驾驶员来说仍然太长，且电池寿命严重恶化，需要相当昂贵的大型充电设施等问题也很突出。据报道，快充（不到 5min）技术极具发展前景[104]，但这种技术使快速充电问题变得更糟；不过在该技术成熟后，具有很好的经济效益。在开发电动汽车部件方面的其他挑战，如轻便而强劲的发动机、高效而紧凑的逆变器以及各种动力总成单元，相对来说比较简单，不再是技术问题，而是经济问题。

不幸的是，电动汽车，如 PEV 和 BREV 严重依赖大型电池；因此，电池的创新对于这些车辆的商业化至关重要。相对而言，HEV、PHEV 和 RPEV 的商业化不需要电池创新；换句话说，它们可以在市场上使用当前价格合理的 EV 电池。因此，尽管 HEV 的电池的作用仅限于短期的能量回收，但在众多电动汽车中，这种车型在全球市场上越来越受欢迎。用于向 RPEV 传输电能的供电导轨完全部署在道路下方时，RPEV 可以在行驶时直接从道路获得所需的电能，而不需要蓄电池进行牵引。因此，RPEV 基本上不存在电动汽车与电池有关的问题，即使是在与内燃机竞争的情况下，也很有希望成为未来小型汽车、客车、出租车、公共汽车、电车、卡车、拖车和火车等交通工具。尽管电动汽车不存在电池问题，但迄今为止，电动汽车还没有广泛应用。RPEV 在商业化过程中最大的挑战是以高效、经济和安全的方式经过道路传输大功率。电力传输可以是有线的，也可以是无线的。因为没有合适的无线传输方式，传统上首选前者。虽然有线电动公交车[16-18]已不再广泛应用于城市地区，但令人惊讶的是，最高速的列车仍然是通过受电弓这种有线电力传输设备供电[19,20]。由于受电弓的磨损和维护问题，随着数百千瓦的电力可用，有线传输逐渐被无线传输所取代。因此，各种无线功率传输系统（WPTS）[21-99]被广泛应用于 RPEV。因此，各种无线电能传输系统（WPTS）[21-99]已被广泛开发用于 RPEV。因此，有必要将重点放在无线 RPEV 上，并将有线 RPEV 排除在讨论范围之外。

在本章中，将从 19 世纪 90 年代开始介绍 RPEV 无线供电系统的发端到现代尖端技术的完整历史。其中探讨了感应电能传输系统（IPTS）发展中的重要技术问题，并总结了 RPEV 发展的主要里程碑，重点介绍了最近商业化的在线电动汽车（OLEV）的发展。

9.2 RPEV 无线电能传输系统基础

9.2.1 无线电能传输系统的总体配置

RPEV 的 WPT 应能够通过中等的气隙高效地传输大功率，以避免 RPEV 与道路之间发生碰撞。WPT 由两个子系统组成：一个是提供电能的道路子系统，包括整流器、高频逆变器、一次电容器组和供电导轨；另一个是接收电能的车载子系统，包括接收线圈、二次电容器组、整流器和电池调节器，如图 9.1a 所示。道路子系统应既坚固又便宜，能够长时间承受恶劣的道路环境，并且长距离安装的经济效益好，而车载子系统应体积小、重量轻，以便用于 RPEV。

一般而言，WPTS 可分为感应功率传输系统（IPTS）[21-99]、耦合磁谐振系统（CMRS）[105-107] 和电容功率传输系统（CPTS）[110]。学术界此前认为这三个系统完全不同；然而，人们发现 CMR 只是一种特殊的 IPT 形式，其因为品质因数 Q 非常高，谐振中继器延长了功率传输距离[107]。此外，CMR 适用于长距离的功率传输，而 IPT 更适合于短距离的大率传输的说法已经不再正确。因为本章参考文献[108-109]表明，在 Q 不是很高的情况下使用 IPT 可以达到 5m 长距离电能传输的新世界纪录。考虑到多个谐振中继器保持谐振较为困难，很高品质因数 Q，并且拾取器的体积很大，一般来说，传统的 CMRS 不适合 RPEV。此外，CPTS 不适用于 RPEV，因为在气隙为 20cm 情况下，需要一个大面积的导体传输千瓦级的功率，导体可能大于车辆的底部空间。因此，虽然 CMRS 和 CPTS 完全排除在论文之外，但在后续章节中将详细论述 IPTS。

如图 9.1b 所示，RPEV 任务系统不仅包括 WPTS 系统，还包括控制系统和 EV 系统。控制系统对电动车来说是独一无二的，也是至关重要的，因为它能够感知和识别电动汽车，然后适当地打开和关闭逆变器。此外，它还监控 IPTS 和 RPEV 的运行状况，并提供会计服务和通信链路。

9.2.2 IPTS 的基本原理

本节将对用于 RPEV 的 IPTS 基本原理，而非所有的 WPTS 基本原理做简要说明。IPTS 由 4 个麦克斯韦方程中的安培定律和法拉第定律控制，如图 9.2a 所示。可以简单地解释如下：

1）根据安培定律，从供电导轨交流（AC）电流产生事变磁通量。

2）根据法拉第定律，拾取线圈与供电导轨耦合，感应出电压。

3）电能通过磁耦合实现无线传输，其中电容器组用来抵消感抗。

稳态中的正弦磁场，电压和电流的 IPTS 控制方程如下：

$$\nabla \times \boldsymbol{H} = \boldsymbol{J} \quad (\text{安培定律}) \tag{9.1a}$$

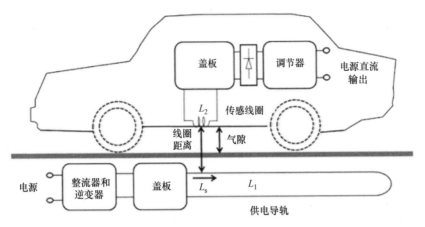

a) RPEV无线电能传输系统的结构[86]

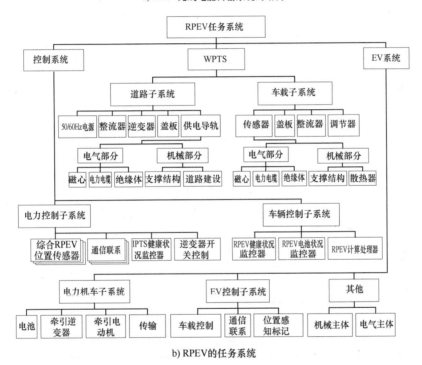

b) RPEV的任务系统

图9.1 RPEV 和 IPTS 的整体结构

$$\nabla \times \boldsymbol{E} = -\mathrm{j}\omega\boldsymbol{B} \quad \text{（法拉第定律）} \tag{9.1b}$$

为了向供电导轨中提供适当的高频交流电流，需要引入高频开关逆变器，并在拾取线圈侧安装整流器，以获得直流电压，为 RPEV 车载电池供电，如图 9.1a 和图 9.2b 所示。同时，行人受到的电磁力（EMF）应受 ICNIRP 指南等的限制[111,112]。这就是无源和有源 EMF 消除技术如此发展的原因[113-125]。

如图 9.2b 所示，在 IPTS 中 LC 谐振的目的不是通过品质因数 Q 放大功率，这一点经常被误解。事实上，如果所需的功率输出很小，因为电流小，线圈漏感的电压降不会很大，谐振不是强制性的[86-88]。此外，IPT 逆变器的开关频率 f_s 不一定精确地调谐到 LC 电路的谐振

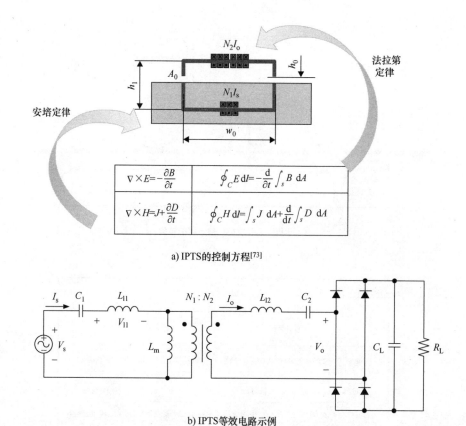

a) IPTS的控制方程[73]

b) IPTS等效电路示例

图 9.2　用于 RPEV 的 IPTS 等效电路的基本原理

频率 f_r。通常，f_s 比 f_r 高一点，以保证逆变器的零电压切换（ZVS）[60,61]。根据电源和负载类型，补偿电容器可以与电源或负载串联或并联。图 9.2b 所示为适合大功率应用串联补偿示例，输出特性是理想的电压源[60,61]。

问题 1

　　除了以上两个方程，你认为还有哪些麦克斯韦方程与 IPT 相关或有用？

9.2.3　IPTS 的基本要求

　　如图 9.3 所示，应用于 RPEV 的 IPTS 与用于静态充电的传统的 IPTS 不同，因为需要充分考虑更大的横向偏移、更高的气隙和更低的施工成本等额外要求。此外，RPEV 的 IPTS 应能在极端高温和低温、高湿度和重复机械冲击等恶劣的道路条件下至少 10 年。从根本上说，公路下的高压电力线应具有良好的电气和机械保护，但在潮湿、脆弱的结构条件下，电力一般与公路不相容。因此，如何有效地构建道路子系统是一个十分具有挑战性的课题。另一方面，车载子系统也应适应恶劣的道路条件和 RPEV 振动的工作条件，并满足严格的车辆技术和立法规定。

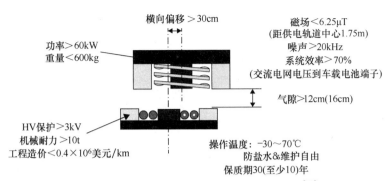

图 9.3　应用于 RPEV 的 IPTS 预期要求示例[73]

9.2.4　IPTS 的设计问题

IPTS 的设计目标总结如下：

1）尽可能增加磁耦合，以获得更高的感应电压。

2）在给定的功率容量、设备额定值和成本下提高功率效率。

3）使模块尽可能紧凑，以适应给定的空间和重量。

4）不增加或取消电动势。

5）处理由于拾取端偏移、气隙变化、甚至温度变化引起的谐振频率变化和耦合系数的变化。

为了达到设计目标，应解决以下几个 IPTS 特有的重要设计问题：

1）开关频率。RPEV 的逆变器和整流器的开关频率影响着整体性能。随着开关频率 f_s 的增加，线圈和电容器的尺寸在相同功率下减小，但由于集肤效应，开关损耗和铁心损耗以及导线的导通损耗增加。在开关频率低于 20kHz 的情况下，噪声可能是一个问题[61]。如图 9.2b 所示，RPEV 与频率有关的另一个独特特征是，对于更高的开关频率，分布式供电导轨 V_{11} 中的电压应力增大，与频率成正比，并且线路电流如下：

$$V_{11} = j\omega_s L_{11} I_s \tag{9.2a}$$

$$\frac{\partial V_{11}}{\partial x} = j\omega_s I_s \frac{\partial L_{11}}{\partial x} \tag{9.2b}$$

由于这些限制，开关频率往往不低于 20kHz，但也不超过 50kHz。对于 OLEV，在考察 20kHz、25kHz 和 30kHz 后，最终选择频率为 20kHz。RPEV 与静态无线 EV 之间的 IPT 互操作性是一个重要问题，需要进一步研究，因为 RPEV 的 IPT 设计并不是固定充电装置的直接延伸。RPEV 集成产品开发团队的设计目标包括低基础设施成本、高功率、连续供电和运行中的低波动，这对静态充电装置来说并不重要。

2）大功率大电流。除了 RPEV 的高工作频率外，有数百安培的大电流和数百千瓦的大功率[60,61]使处理电缆、转换器和设备变得困难。例如，额定值为 300A、绝缘等级为 20kV 的绞合线未进行商业批量生产。具有高电压和大电流额定值且工作频率高于 20kHz 的电容器和 IGBT 变得稀缺。此外，在 RPEV 的 IPT 中使用的所有逆变器、整流器、线圈、电容器和电缆都在室外运行，碎片、盐分和潮湿材料可能会损坏它们。

3）功率效率。为了使 RPEV 与内燃机汽车（ICEV）竞争，功率效率或能源效率不应太低。考虑到电网损耗和燃料成本，从交流电源到电池的直流输出功率，总功率效率的底线约为 50%[61]。幸运的是，现代集成产品开发团队的功率效率超过 80%[60,61]。更重要的是，在设计逆变器和拾取端时，过热引起的温度过高，功率损耗是一个更严重的问题。

4）线圈设计。为了将供电导轨上的磁场集中到拾取端，减少漏磁，从而获得较大的感应电压和较低的 EMF 水平，一种新型的线圈设计对 IPT 至关重要。这种设计对于道路子系统来说独一无二，因为每千米的成本也很重要；因此，道路供电导轨应足够低，不会降低整个 RPEV 解决方案的经济可行性，拾取端不笨重，以便在 RPEV 底部安装。

5）绝缘。为了保证 IPTS 的稳定运行，应在道路子系统和车载子系统上提供几千伏的绝缘水平。道路电源的绝缘非常重要，因为高压是通过道路上的分布式供电导轨传输的而不是一个点感应的，并且供电导轨上突然偏移的拾取线圈的反电动势会使高压上升。当寻求高功率输出时，拾取线圈的绝缘也是一个重要问题，因为拾取线圈的大输出电流会产生高电压，如果不适当地降低，电压可能高达 10kV。

6）供电导轨分段。RPEV 通常需要许多沿着道路的 IPTS，因为供电导轨无法无限部署。供电导轨应该分段，这样每个分段都可以独立地打开和关闭。供电导轨的长度是一个重要的设计问题，因为如果由于逆变器和开关盒数量的增加而使长度非常短，则成本过高，而如果由于电阻的增加而使长度非常长，则功率损失将过大。除此之外，在确定分割方案时，还应考虑电缆使用量、电动势水平和车辆长度。

7）道路施工。为了减少交通阻塞，IPTS 的道路施工时间应尽可能短。此外，由于碎片和泥土，在道路工作中还存在许多困难。在几天或几周的道路施工期间，将 IPTS 的所有电气部件保持清洁在实际中是一个重要的问题。应该有一个灵活巧妙的办法来克服这些问题。

8）谐振频率变化。由于气隙变化、横向偏移和纵向运动导致供电导轨和拾取端之间的磁耦合变化，道路子系统和车载子系统的谐振频率将显著变化。此外，供电导轨上的不同车辆和不同数量的车辆的频率变化是不同的。应该有智能线圈设计和逆变器设计，以适应这些频率变化或具备现场调谐能力。

9）动态谐振电路的控制。如图 9.2b 所示，谐振电路具有有限的动态响应时间，可能会产生高压和电流峰值，从而损坏电气设备。应当适度控制它们，以便降低电压和电流水平，在这种情况下，交流电路的频率响应可以通过最近发展的拉普拉斯相量变换进行处理[126]。谐振 LC 电路在动态相量域中具有一阶响应[127]；因此，具有两个以上谐振电路的高阶 IPTS 可以使用通用相量变换处理[52,56,60,126,127]。

9.3 RPEV 早期的历史

9.3.1 RPEV 的起源："电气化铁路变压器系统"的概念

RPEV 的概念源于一个专利，即 M. Hustin 和 M. Leblanc 于 1894 年在法国发明的"电气化铁路变压器系统"[21]，其中一个大气隙变压器被移植到一个列车上用于电能传输，如图 9.4 所示。在专利中，他们提出了 IPTS 在供电线路部署、向拾取线圈传输大功率、降低传导和涡流损耗等方面的几个设计问题，这些问题至今仍然是重要的设计问题。

9.3.2 RPEV 的首次开发

在 20 世纪 70 年代的石油危机期间，美国对 RPEV 的兴趣增加，有几个研究小组开始调

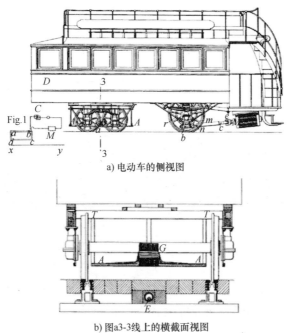

a) 电动车的侧视图

b) 图a3-3线上的横截面视图

图 9.4　1894 年的第一个 RPEV 的专利[21]

查 RPEV，以减少公路车辆中石油的使用[21-44]。为了验证 RPEV 技术可行性，于 1976 年劳伦斯伯克利国家实验室开始研制电动汽车[24,25,27]。研制了一台用于 8kW 无线电能传输的 IPTS 样机；然而，它不是一个完整运作的系统[37]。1979 年，圣巴巴拉电动巴士项目开始，开发了另一个 RPEV 样机[30-35]。

在 RPEV 的两个前沿项目之后，1992 年，先进交通和公路项目的合作伙伴在加州大学伯克利分校确定 RPEV 技术可行性[42,43]。在整个 PATH 计划中，对 RPEV 进行了广泛的研究和现场试验[43]，包括 IPT 的设计、IPT 到总线的安装、供电导轨的道路建设以及环境影响研究。PATH 团队在输出功率为 60kW、气隙为 7.6cm 的情况下实现了 60% 的效率。然而，由于高功率轨道大约 100 万美元/km 的建设成本、沉重的线圈、噪声，以及相对较低的效率和一次侧数千安培的大电流，PATH 计划没有成功地商业化。此外，小的气隙不符合道路安全规定，并且小于 10cm 的横向偏移不能实际应用[43]。尽管实际应用存在局限性，但 PATH 团队的工作得到了很好的记录[42,43]，并鼓舞了现代电动车的后续研究和开发。

9.4　OLEV 的发展

一种现代的 RPEV 是 OLEV，它解决了 PATH 团队工作中遗留的大部分问题，如图 9.5~图 9.7 所示。OLEV 项目于 2009 年由 KAIST（包括 Chun T. Rim），韩国[45-78]领导的研究小组启动。新颖的线圈设计和道路施工技术以及 20kHz 合理的系统运行频率使系统在输出 60kW 时，最高的效率达到 83%，系统气隙为 20cm，横向公差为 24cm[61]。此外，OLEV 的供电导轨建设成本（占 RPEV 总部署成本的 80% 以上[45]）已至少大幅降低至 PATH 项目的 $\frac{1}{3}$。初级电流也可以降低到合理的 200A，并且电池尺寸已经显著降低到 20kW·h，并且还可以通过增加供电导轨的长度来进一步降低。

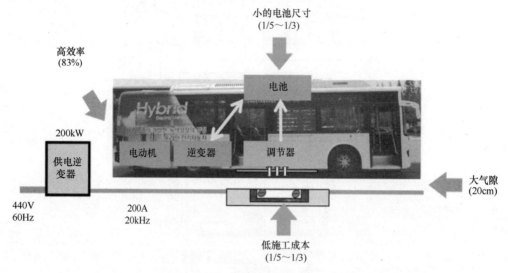

图 9.5　由 KAIST 开发的 OLEV 概念巴士[73]（获得 IEEE 许可）

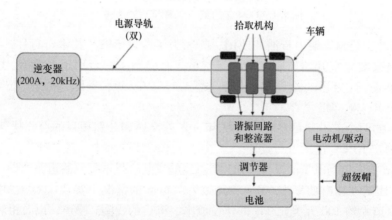

图 9.6　OLEV（平面视图）的 IPTS 的总体结构

图 9.7　OLEV 的 IPTS 道路建设

　　如图 9.8 和图 9.9 所示为第一代（1G）OLEV 的概念演示汽车，第二代（2G）OLEV 的公交车和第三代（3G）OLEV 客车，在 2009 年韩国科学技术研究院的测试场地进行开发和广泛的测试，并且在 2010 年，三列 OLEV 列车（3⁺G）在韩国首尔公园成功部署。

2012 年韩国丽水国际博览会上，两辆升级版的 OLEV（3⁺G）公交车投入使用。2012 年起，另外两辆 OLEV（3⁺G）公交车在韩国科学技术学院主校区全面投入使用[73]。最近，两辆 OLEV 公交车（3⁺G）在韩国 Gumi 48km 的线路上首次商业化。

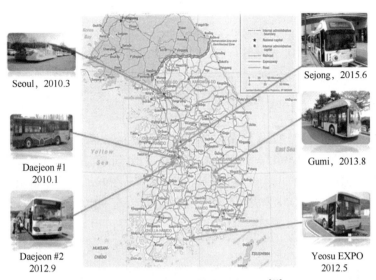

Seoul，2010.3

Daejeon #1 2010.1

Daejeon #2 2012.9

Sejong，2015.6

Gumi，2013.8

Yeosu EXPO 2012.5

图 9.8　OLEV 在韩国的部署现状[73]

	1G(电动汽车)	2G(公交车)	3G(SUV)	3⁺G(公交车)	3⁺G(列车)	4G(公交车)
日期	2009.2.27	2009.7.14	2009.8.14	2010.1.31	2010.3.9	2010—正在开发
车辆						
系统规格	气隙=1cm 效率=80%	气隙=17cm 效率=72%	气隙=17cm 效率=71%	气隙=20cm 效率=83%	气隙=12cm 效率=74%	气隙=20cm 效率=80%
	所有效率都是测量交流电源侧到车载电池端					
EMF	10mG	51mG	50mG	50mG	50mG	<10mG
供电轨道(宽度)	20cm	140cm	80cm	80cm	80cm	10cm
拾取机构						
功率	3kW/拾取机构	6kW/拾取机构	15kW/拾取机构	15kW/拾取机构	15kW/拾取机构	25kW/拾取机构
拾取机构质量	20kg	80kg	110kg	110kg	110kg	80kg
尺寸	55×18×4cm³	160×60×11cm³	170×80×8cm³	170×80×8cm³	170×80×8cm³	80×100×8cm³

图 9.9　OLEV 及其 IPTS 的发展综述[73]

第四代（4G）OLEV 也已经开发出来，与上一代 OLEV 相比，具有更实用的性能，如更窄的 10cm 轨道宽度，更大的 40cm 横向偏移，更低的电动势水平，更低的供电导轨建设成本。目前，第五代（5G）OLEV 的开发正在进行中，其中提出了一种超薄的 S 形供电线圈，轨道宽度为 4cm，供电导轨建设成本和时间都大大减少[76]。

问题 2

讨论各代供电导轨的散热器。在炎热的夏天，由供电线路的连续大电流引起的温升可能是一场灾难。

9.4.1 第一代（1G）OLEV

1G OLEV 于 2009 年 2 月 27 日发布，是一辆配备机械控制拾取装置的高尔夫球车，在 3mm 横向偏移范围内自动对准 45m 供电导轨，如图 9.10 所示。1G OLEV 供电导轨和拾取线圈均采用 e 型芯，如图 9.9 所示，在 20kHz 开关频率下，在 1cm 气隙下输出功率为 3kW，系统总效率达到 80%[73]。1G OLEV 成功证明了无线电能传输到电动汽车的可行性，并成为未来发展的基础。

图 9.10 OLEV 的 1G 高尔夫球车平台[73]

9.4.2 第二代（2G）OLEV

2G OLEV 于 2009 年 7 月 14 日发布，专注于大幅改善 1G 无机械运动部件的 OLEV 的空气间隙，最终达到 17cm 的气隙，符合道路规定，韩国达到了 12cm 的气隙，日本达到了 16cm 气隙。同时，采用 10 拾取线圈，在最大输出功率为 60kW 时，最大效率达到效率 72%。如图 9.11 所示[50]供电导轨宽度为 1.4m，总长度为 240m，采用沥青路面，提供与正常道路相同的摩擦力。为了实现 17cm 的气隙，研制了 U 型供电导轨和 IPTS 的平拾取线圈，其中 U 型得名于供电导轨的横截面，如图 9.12 所示。在 ICNIRP 指南中，一对回电电缆线用于减轻供电导轨的 EMF[111,112]。对于 U 型供电导轨和 I 型拾取线圈，发现由于边缘效应，随着气隙的增大，供电导轨与拾取线圈之间的磁通有效面积增大，如图 9.12 和图 9.13 所示。

图 9.11　KAIST Munji 校区带有 4 条供电导轨的测试轨道（每条 60m）**的 2G OLEV**[73]

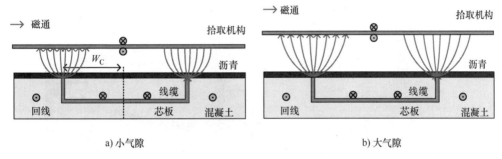

a) 小气隙　　　　　　　　　　　　　b) 大气隙

图 9.12　用于小气隙和大气隙的 U 型供电导轨和 I 型拾取线圈横截面[73]

　　当输出功率下降到最大输出功率的一半，感应电压或磁通密度达到最大值的 70.7% 时，横向偏移达到 23cm，如图 9.13b 所示。如图 9.12 所示，采用 20kHz 的高工作频率显著降低了供电导轨芯板的横截面，是 PATH 团队的 50 倍[43]。选择 20kHz 的原因是它是人的听力范围内的最低频率，可以减轻线路电压应力，如式（9.2）所示。距离拾取线圈 5cm 的铝板可适当地屏蔽向上的磁通量。

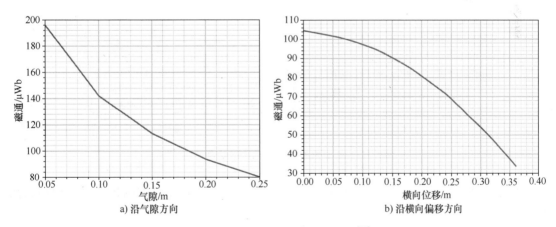

a) 沿气隙方向　　　　　　　　　　　b) 沿横向偏移方向

图 9.13　2G IPTS 的磁通量特性[73]

9.4.3　第三代（3G）OLEV

　　2009 年 8 月 14 日发布的 3G OLEV SUV（运动型多用途车），采用 W 型供电导轨和重叠双线圈的平面拾取装置，如图 9.9 所示，功率更高，横向偏移更大。因此，采用平拾取磁心后，2G OLEV 向上的漏磁通量得到了显著的减小，这就减少了供电导轨与拾取线圈之间的漏磁。不再需要磁场屏蔽，如铝板以及额外的空间。3G OLEV 的整体效率和气隙分别为 71% 和 17cm，这是一个差强人意的数据；因此，对整个系统进行了重新设计，包括巷道整流器和逆变器、供电导轨、拾音器和车载调节器，在 20cm 气隙的情况下，最大效率达到 83%，这种新设计被称为 3G⁺OLEV。为测试目的建造了 4 辆 3G⁺OLEV 客车，如图 9.9 所示，另有 6 辆 3G⁺OLEV 客车全部投入运行，而在首尔公园部署了 3 辆 3G⁺OLEV 列车，如图 9.14 所示。

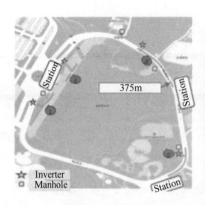

图 9.14　行驶在首尔公园 2.2km 长的道路上的 3G⁺OLEV 列车，375m 的路面敷设了 24m 的供电导轨[73]

如图 9.15 所示，W 型供电导轨，有许多"W"型核心，在相同的气隙中，总磁阻比 2G OLEV 小 $\frac{3}{4}$，对每个的气隙，最终使输出功率从 6kW 提升到 15kW。此外，将供电导轨宽度降低到 70cm，仅为 2G OLEV 的一半，可以降低 OLEV 商业化部署成本。

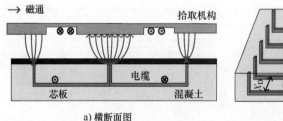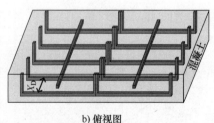

a) 横断面图　　　　　　　　　　　　　　　　b) 俯视图

图 9.15　W 型供电导轨及平拾取线圈视图[73]

距离 1.75m 处的 EMF 符合 ICNIRP 准则，因为磁通量极性相反的两根电力电缆相互抵消了[73]。

2G OLEV 在开发过程中发现的问题之一是供电导轨固有的薄弱结构，其核心将混凝土一分为二，承受来自重型车辆的严重机械应力。为了弥补这一机械缺陷，提出供电导轨骨骼结构磁心，如图 9.15b 所示，并注册为专利[63]，其中骨骼结构磁心与骨芯 X_D 一起安装。虽然磁心间的间隙较大，但磁通量并没有明显减小，如图 9.16 所示。

此外，在电力铁路道路施工期间，混凝土可以通过骨骼结构磁心渗透下来。因此，供电导轨采用两根铁条加固，其中电缆线由 FRP（纤维增强塑料）管道保护，其耐久性与混凝

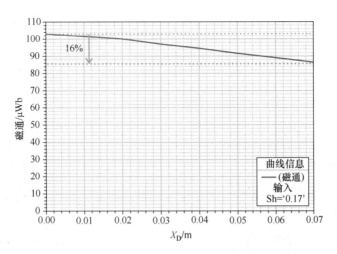

图 9.16　不同骨骼结构磁心的模拟磁通特性 X_D[73]

土基本相同，如图 9.17 所示。在实际应用中，由于受天气和碎片的影响，供电导轨的巷道建设需要几周时间，这一延迟阻碍了 OLEV 的商业化。

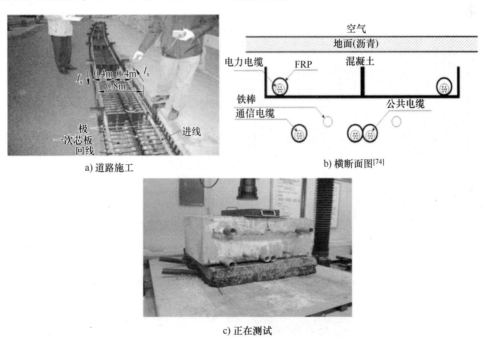

图 9.17　3G OLEV 的 W 型供电导轨[73]（获得 IEEE 许可）

9.4.4　第四代（4G）OLEV

如图 9.18 所示，2010 年发布的 4G OLEV 总线采用创新的 I 型结构，最大输出功率为 27kW，双拾取线圈的气隙为 20cm，横向偏移为 24cm[60,61]。如图 9.19a 所示，I 型供电导轨的名字源于它的前端形状，只有 10cm 的宽度，这使得部署成本比 3G OLEV 降低了 20%。不像前几代 OLEV，对于行人的 EMF 非常低，距离供电导轨中心 1m 处磁通量低至 $1.5\mu T$[61]，因为供电导轨沿道路有交变磁极，如图 9.19b 所示。如图 9.20 所示，4G OLEV 采用 I 型供电导轨模块，把部署时间缩短在几小时内，这也是 3G OLEV 的不足之一。I 型电源模块包括内部的供电导轨和电容器组，如图 9.20a 所示，应至少在 10 年内对高湿度和外部机械冲击具有鲁棒性，符合图 9.3 所示系统要求。

图 9.18　KAIST Munji 校区的 4G OLEV 巴士[73]

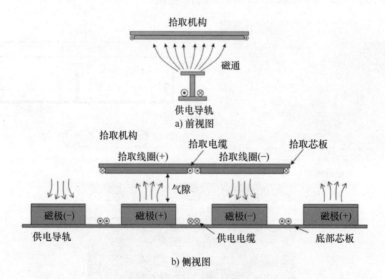

图 9.19　I 型供电导轨与双平面拾取线圈[61]（获得 IEEE 许可）

a) 原型模块

b) 部署在24m测试现场的模块

图 9.20　4G OLEV I 型电源模块[73]

9.4.5　第五代（5G）OLEV

为了进一步降低建设成本，提高供电线路的鲁棒性，最近提出了超薄 S 型芯的 5G OLEV，从正面看呈 S 形，如图 9.21c 所示[76]。S 型电源模块的宽度只有 4cm，而 I 型电源模块的宽度为 10cm；因此，S 型模型减少了构建成本和部署时间。此外，S 型模型更容易折叠，这意味着部署后不再需要连接电力电缆。在道路表面部署 S 型电源模块的影响是最小的，幸运的是，这并没有改变现有的道路运行条件。

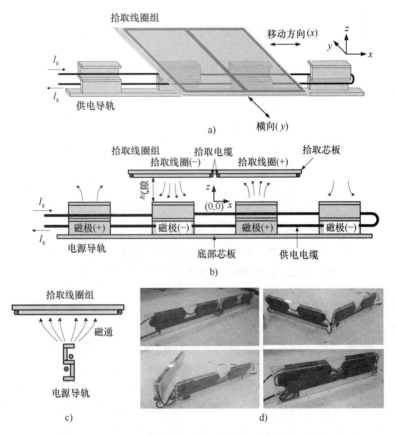

图 9.21　制作超薄 S 型电源模块[71]（获得 IEEE 许可）

9.5　OLEV 的一些技术和经济问题

本节讨论了一些实际的技术问题，如电动势的取消和分段以及一些经济问题，如组件成本和区域经济分析。由于页面限制，这里不讨论 OLEV 的基本工作原理，包括 IPTS 的稳态运作[47,48,60,61]和动态特性[56,62,75,126,127]。

9.5.1　广义有源 EMF 抵消方法

在 OLEV 的 IPTS 中，总 EMF（即供电导轨和拾取线圈产生的 EMF 的总和）应低于 IC-NIRP 行人安全指南。EMF 抵消方法中，被动方法依赖于铁磁材料、导电材料和选择性表面来抵御射频干扰[113-125]，这对 OLEV 来说已经足够。PATH 团队[43]的 RPEV 采用了有源 EMF 抵消设计，在没有 RPEV 的情况下，抵消线圈可以减少 EMF。另一种有源 EMF 抵消设计是通过适当控制反向电流用于 OLEV 的拾取线圈[125]。然而，EMF 是由 IPTS 的供电导轨和拾取线圈共同产生的，如图 9.22 所示；因此，在没有精确的电动势检测和复杂的控制电路的情况下，必须同时消除它们，在实际使用中应予以避免。

一种广义的有源 EMF 设计原理，可推广到任何 IPTS[78]，其中有三种设计方法：独立自电动势抵消法（ISEC）、3dB 优势电动势抵消法（3DEC）和无泄漏电动势抵消法（LFEC）。在没有 EMF 传感器和控制电路的情况下，在每个供电导轨和拾取线圈中加入一个有源 EMF 抵消线圈，每个主线圈产生的 EMF 可以被各自对应的抵消线圈独立抵消，如图 9.22 所示。

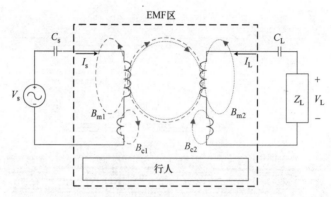

图 9.22　一次侧和二次侧的独立自 EMF 抵消（ISEC）方法，从每个主线圈中提取其抵消电流[78]（获得 IEEE 许可）

由于各抵消线圈的电流均来自其对应的主线圈，故抵消线圈的磁通量与主线圈的磁通量同相；因此，电动势 B_t 独立于相位和负载条件如下：

$$B_t = (B_{m1} + B_{c1}) + (B_{m2} + B_{c2}) \approx 0 \quad \because \quad B_{c1} \approx -B_{m1}, \quad B_{c2} \approx -B_{m2} \quad 和$$

$$B_k \equiv B_{kx}x_0 + B_{ky}y_0 + B_{kz}z_0, k \text{ 表示 } t, m1, m2, c1, c2 \tag{9.3}$$

3DEC 方法与 ISEC 方法相结合，使一次和二次消去设计完全分离成为可能，因此在 IPTS 的实际设计中非常有用。对于实际中很常见的全谐振 IPTS[60,61]，一次电流和二次电流是正交的，即 $B_{1x} \perp B_{2x}$，$B_{1y} \perp B_{2y}$，$B_{1z} \perp B_{2z}$。B_1 低于准则 3dB 时，B_t 的总磁场约束为 ICNIRP 准则，准则[78]如下所示：

$$B_t \equiv |B_t| = \sqrt{|B_1|^2 + |B_2|^2} = \sqrt{B_1^2 + B_2^2} \leqslant \sqrt{B_1^2 + B_1^2} = \sqrt{2}B_1 \leqslant B_{ref}$$

$$\because B_1 \equiv |B_1|, B_2 \equiv |B_2|, \quad B_2 \leqslant B_1 \tag{9.4}$$

基于 ISEC 和 3DEC 的 4G I 型 IPTS 的设计实例如图 9.23 所示，其中供电导轨由于自身产生的低电动势而没有使用抵消线圈[60,61]。

如图 9.24 所示，如果电动势抵消线圈涉及不需要的磁链，则感应负载电压下降；因此，强烈建议基于 LFEC 方法设计抵消线圈，使磁链不与之相交。如图 9.25 所示验证了 LFEC 方法，可以将负载电压提高 21%[78]。

9.5.2　交叉分段动力导轨（X-轨）

与传统电动汽车不同的是，RPEV 需要有自己的道路，当 RPEV 在道路上行驶时，启动

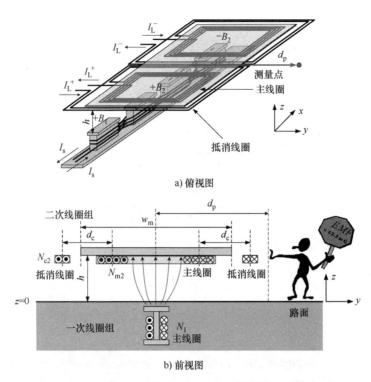

a) 俯视图

b) 前视图

图 9.23　I 型 IPTS 有源电动势抵消设计实例[78]　（获得 IEEE 许可）

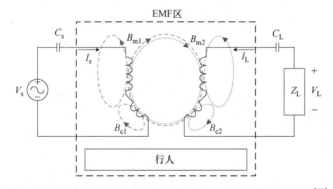

图 9.24　取消与主磁链紧密耦合线圈是一个较差的设计案例[78]

供电导轨，除此之外应该停用以免浪费电能，并防止对行人产生不必要的电磁辐射。这就是为什么供电线路有时被分割成几个子轨道。每个子轨道都可以通过逆变器的开关盒，提供高频电流来激活，如图 9.26 所示。为 OLEV 开发的第一个分段供电导轨，集中开关类型是由几个子轨道、一束供电电缆和一个集中开关盒组成的，其中在一个时间点逆变器通过开关盒与几对供电电缆中的一根相连接。集中式的缺点之一是需要太多的电力电缆束。这就是为什么提出分布式开关供电导轨，如图所示 9.26b 所示，它由几个子轨道、一对公用供电电缆和位于两个子轨道之间的多个开关盒组成。因此，与集中电缆相比，电缆的总长度可以减少，尤其是对于更多的电缆。然而，分布式电源需要共用的供电电缆，增加了电力轨道建设成本和传导功率损耗，如图 9.17b 所示。最近提出的交叉分段供电导轨（X-轨），由分段子导

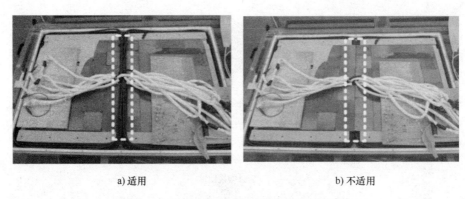

a) 适用   b) 不适用

图 9.25　在设计拾取装置上 LFEC 的应用[78]

轨、自动补偿开关盒、控制信号线和道路线束组成，如图 9.26c 所示，在目前开发的分段中，具有最短的电力电缆长度，并且逆变器可以驱动多个 RPEV，而不像以前的分段一次只激活一个子导轨。

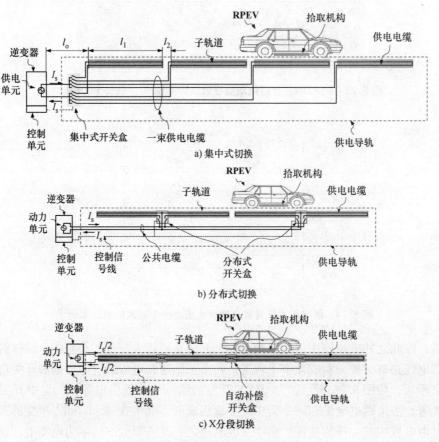

图 9.26　RPEV 供电线路分段[74]

如图 9.27 所示，与分布式开关相比，X-轨的电缆成本降低了近一半，随着分段子线路数量的增加，电缆长度缩减效应占主导地位。

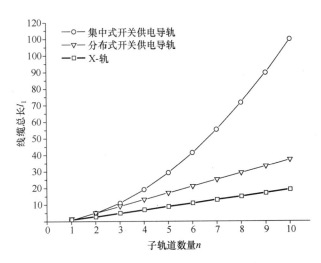

图 9.27　X-轨电缆线总长度与常规开关导轨电缆线总长度的比较[74]

长 2m 的 I 型子轨道演示的一个 X-轨模型，其无拾取端的磁通量如图 9.28 所示。被激活的子轨道产生足够的磁通量，通过在供电导轨中心测量 EMF，被 X-轨减弱了[74]。

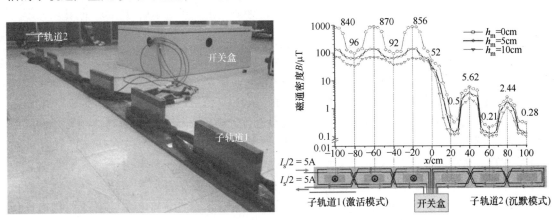

a) 整体实验装置　　　　　　　　　　　　b) 轨上磁通测量

图 9.28　X-轨的实验装置[74]

9.5.3　OLEV 的简要经济分析

可以直接从实际开发中得到 W 型和 I 型道路子系统的花销，两者的比较如表 9.1 所示。

表 9.1　W 型和 I 型道路子系统[45]构件成本比较

单价			W 型（3G OLEV）		I 型（4G OLEV）		备注
模块	元件	费用/（美元/km）	数量/km	总计/（美元/km）	数量/km	总计/（美元/km）	
逆变器（100kW）	—	55000	4	220000	4	220000	

（续）

单价			W 型（3G OLEV）		I 型（4G OLEV）		备注
模块	元件	费用/ （美元/km）	数量/km	总计/ （美元/km）	数量/km	总计/ （美元/km）	
电缆	供电电缆	54000	2	108000	4.4	237600	250A
	公共电缆	54000	2	108000	2	108000	250A
电缆保护装置	FRP 管	15000	4	60000	0	0	20EA
	FRP 封装	26000	0	0	1	25920	
	Rib 型	250000	1	250000	0	0	
	Square 型	96000	0	0	1	96000	
电容	容量箱	5000	40	20000	0	0	
	模块类型	300	0	0	500	150000	
道路结构	混凝土	60000	1	60000	0	0	3.5m 宽 5cm 厚
	沥青 不覆盖	2000	1	2000	0.5	1000	
	沥青覆盖层	11000	1	11000	0	0	
杂项	—	50000	1	50000	0.2	10000	
合计				1069000		848520	

研制的 I 型发动机的总部件成本为 85 万美元/km，是 W 型发动机的 79%。在实际备受关注的大规模生产中，当考虑一般的成本降低率时，在 R&D 阶段的花销是组件成本的 2~5 倍。

如图 9.29a 所示，对韩国首尔地区的总成本进行分析，比较 OLEV 与其他现有车辆的经济可行性。据估计，每辆车每年行驶 2 万 km，首尔的主要道路（约 600km）敷设的是 OLEV-IPTS，大规模生产的双向道路每千米的成本约为 80 万美元。考虑了市区的重量和速度，以及车辆的空气阻力和空调消耗。OLEV 的必要输出功率确定为 100kW。此外，假设 OLEV 电池容量为 20kW，市区每千米平均能耗为 1kWh/km。OLEV 电池的寿命和价格预计分别为 10 年和 440 美元/kW。其他车辆的参数，如 PHEV、BEV 和 ICE 都是保守的假设。从图 9.29a 可以看出，OLEV 的单位车辆价格和总次成本估计比任何其他候选车辆都要低得多。此外，还分析了部署这些车辆的总费用，包括 10 年的基础设施和操作费用，如图 9.29b 所示。无论车辆数量多少，PEV 都是最昂贵的解决方案，而 OLEV 则是任何车辆数量中最便宜的解决方案。由于 OLEV-IPTS 的经济性和相对较低的车辆价格和运行成本，OLEV 比其他任何车辆都便宜 24 倍。

将 OLEV 系统在韩国的商业化成本和收益汇总[45]，如图 9.30 所示。该费用包括电力轨道建设、研发投资、电力轨道、逆变器、基础设施维护费用以及道路使用费和应急充电站费用。假设韩国 30% 的道路是由 OLEV-IPTS 敷设的。尽管 OLEV 的投资成本很高，但 30 年的收益是 13 倍以上。

由于效益成本（B/C）比和净现值（NPV）分别远高于 1 和 0，如图 9.31 所示，OLEV 商业化的投资成本可在 2024 年得到补偿。因此，OLEV 在韩国的商业化具有很高的经济可行性，因为 2038 年的 B/C 为 5.8，NPV 为 794 亿美元。

费用	BEV	PHEV	ICE	OLEV
一辆车	50×10³美元 [(45~60)× 10³美元]	35×10³美元 [(22~55)× 10³美元]	20×10³ 美元	(20~25)× 10³美元
能源(10年)	3.6×10³ 美元	7.8×10³ 美元	20×10³ 美元	4×10³ 美元
家用充电器	5×10³美元	5×10³美元	0	(0~5)×10³美元
车辆单价	58.6×10³ 美元	47.8×10³ 美元	40.0×10³ 美元	(24~34)× 10³美元
红外(充电器)	3500EA	700EA	700EA	600km
价格(红外设施)	5×10⁶ 美元	5×10⁶ 美元	5×10⁶ 美元	0.8×10⁶ 美元/km
成本总计	17.5×10⁹美元	3.5×10⁹美元	3.5×10⁹美元	0.48×10⁹美元

a) 投资成本比较

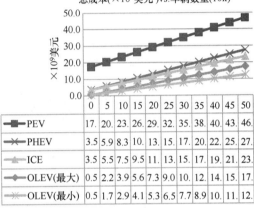

总成本(×10⁹美元)vs.车辆数量(10k)

	0	5	10	15	20	25	30	35	40	45	50
PEV	17.	20.	23.	26.	29.	32.	35.	38.	40.	43.	46.
PHEV	3.5	5.9	8.3	10.	13.	15.	17.	20.	22.	25.	27.
ICE	3.5	5.5	7.5	9.5	11.	13.	15.	17.	19.	21.	23.
OLEV(最大)	0.5	2.2	3.9	5.6	7.3	9.0	10.	12.	14.	15.	17.
OLEV(最小)	0.5	1.7	2.9	4.1	5.3	6.5	7.7	8.9	10.	11.	12.

b) 总成本与车辆数量

图 9. 29 比较在首尔部署车辆的成本分析

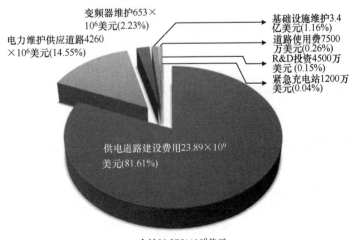

变频器维护653×10⁶美元(2.23%)

基础设施维护3.4亿美元(1.16%)

电力维护供应道路4260×10⁶美元(14.55%)

道路使用费7500万美元(0.26%)

R&D投资4500万美元(0.15%)

紧急充电站1200万美元(0.04%)

供电道路建设费用23.89×10⁹美元(81.61%)

合计29.275×10⁹美元

a) 投资成本

图 9.30 OLEV 在整个韩国商业化 30 年的成本和效益[45]

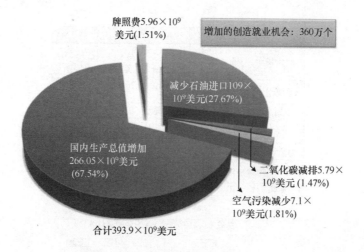

b) 总效益

图 9.30　OLEV 在整个韩国商业化 30 年的成本和效益[45]（续）

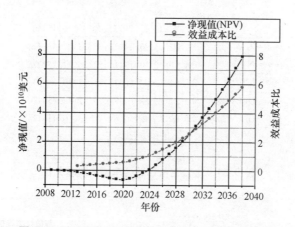

图 9.31　B/C 和 NPV 对韩国 OLEV 商业化的影响

问题 3

选择世界上的另一个城市，计算电动汽车的经济性。

9.6　其他研究团队对道路供电电动汽车的研究趋势

9.6.1　奥克兰大学研究团队

自 20 世纪 90 年代以来，新西兰奥克兰大学的一个研究团队（即奥克兰团队），一直在提出各种用于无线充电的 IPTS[79-89]。其中，解决了采用铁氧体棒代替铁氧体板环路线圈的问题，因为它们结构紧凑、重量轻、EMF 低，如图 9.32 所示。然而，圆形线圈由于其低功率传输能力和较小的横向偏差，不适合大功率可再生能源电动汽车。理论上，圆线圈直径越大，横向偏移越大，但由于汽车底部空间有限，行人 EMF 增大，在实际应用中并不适用。

2010 年提出了由矩形芯板和垂直损伤电缆组成的双面线圈，如图 9.33 所示，具有较高的横向偏移和较大的耦合系数[80]。提出的铁心结构大大降低了一次线圈和二次线圈之间的磁阻。正如前一节 2G OLEV 所述，双面线圈也存在类似的问题，如向上漏磁，除了两端外，其结构与 I 型拾取线圈相似。

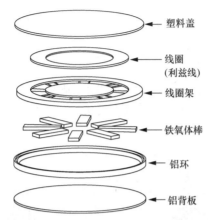

图 9.32 奥克兰团队使用铁氧体棒的圆形线圈的扩展视图[79]

图 9.33 奥克兰团队使用的双面线圈[80]

之后，引入了由芯板上水平缠绕电缆组成的单侧极化线圈，如图 9.34 所示[81-84]。与圆形线圈相比，获得了更大的耦合系数以及更好的横向和纵向偏移。此外，改进后的单面极化线圈，在单面线圈之间添加另一个线圈，如图 9.34c 所示，或线圈相互重叠，如图 9.34d 所示，性能得到了改善，如图 9.35 所示。

如图 9.35 所示，为当一次侧为圆形线圈，二次侧为圆形线圈、双分路线圈和单面极化线圈时，无补偿的能量传输情况。如图 9.35a 所示，二次侧采用圆形线圈，线圈居中时，功率传递最大，但功率传递带非常窄，容易发生失配。另一方面，图 9.35b 采用单面极化线圈作为二次侧，只能捕获其中心的水平磁通。这里的要点是，本质上，当两个线圈中心对准时，垂直的非极化圆拓扑不能将功率转移到单面极化线圈（水平磁通敏感拓扑），因此需要相互偏移来获取磁通。此外，这种功率传递是次优的（较低且具有两个窄带），但也意味着车辆必须与一次线圈偏移来传递功率。图 9.35d 显示了二次线圈使用多线圈单面磁拓扑的例子（见图 9.34c 或 d 所示），其中包括两个独立的线圈，它们对水平和垂直磁通分量都很敏

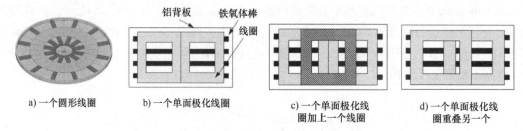

a) 一个圆形线圈　　b) 一个单面极化线圈　　c) 一个单面极化线圈加上一个线圈　　d) 一个单面极化线圈重叠另一个

图 9.34　奥克兰团队创造的线圈结构[81]

感。当与一次线圈中心对齐时，这种二次侧可以实现大功率传输。此外，尽管位置发生偏移，但它显示出较宽的横向容差和更好的耦合效果。

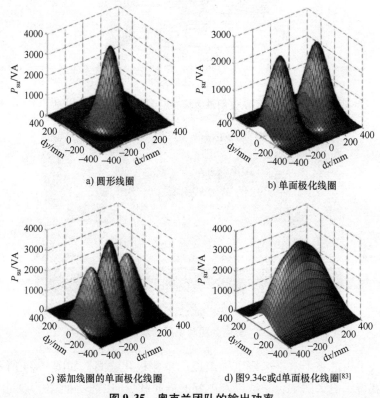

a) 圆形线圈　　　　　　　　　b) 单面极化线圈

c) 添加线圈的单面极化线圈　　d) 图9.34c或d单面极化线圈[83]

图 9.35　奥克兰团队的输出功率

　　奥克兰团队提出了一种包括许多小型供电板的 IPT 系统用于 RPEV，其中供电板的长度要比车辆短得多，可以避免不必要的通电和加载[89]，如图 9.36 所示。然而，该方案需要考虑许多因素，如增加的控制复杂性和部署，以及地下供电板的维护成本，这些供电板应能够适应严酷的道路环境，如图 9.3 所示。

9.6.2　庞巴迪研究团队

　　庞巴迪研究团队（即庞巴迪团队）自 2010 年以来已经开发了多个用于有轨电车和公交车静态和动态充电的 IPT 系统[90-97]，如图 9.37 所示。由于 PRIMOVE 项目将 IPTS 技术应用于运输部门，庞巴迪团队为其 IPTS 使用了 20kHz 的工作频率和三相电力系统，从而在不超过 EMF

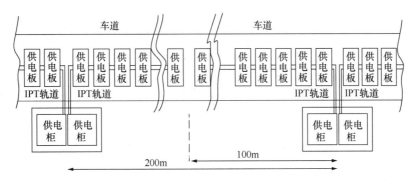

图 9.36 奥克兰团队提出的基于多个小型供电板的 IPT 系统的结构[89]

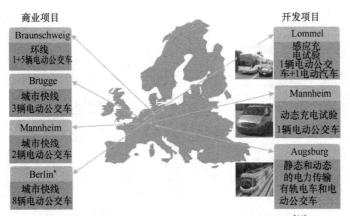

图 9.37 庞巴迪团队的 RPEV 商业化和开发项目[96]

标准的情况下获得更高的功率密度。在静态和动态充电方面,PRIMOVE 有轨电车在德国奥格斯堡实现了 250kW 的功率传输,如图 9.38 所示。一次线圈与二次线圈之间的气隙约为 6cm,有轨电车的横向偏移低至几厘米;因此,IPTS 的设计比在普通道路上使用要容易得多。

图 9.38 庞巴迪团队 PRIMOVE 有轨电车项目[96]

考虑到有轨电车等大型车辆,IPTS 最好使用三相电力系统,因为与单相电力系统相比,可以将更高的电力传输给拾取线圈。这些高功率输送能力和提高的电力效率的优点,可能抵消最初的投资成本(即采购更复杂和昂贵的高频逆变器和电源线圈)。总的来说,目前还不清楚 RPEV 的多相电力系统是否优于单相电力系统,因为其成本高且复杂。与以往的研究团队相比,庞巴迪团队的工作并没有太多的公开获取信息。从 2013 年起,PRIMOVE 最大功率为 200kW 的公交车已经在德国的 Brunswick 和 Mannheim 以及比利时的 Bruges 部署和运营[97]。

9.6.3 ORNL 研究团队

橡树岭国家实验室（ORNL）自 2011 年以来一直在研究 RPEV 的 IPTS[98,99]，其研究应用使用了许多圆形电源线圈和拾取线圈，如图 9.39 和图 9.40 所示。由于圆形线圈的几何限制和线圈间的磁耦合系数沿电源线圈的方向波动，横向偏移本质上是很小的。ORNL 还使用了约 20kHz 的工作频率，因受到 GEM 车上 72V 铅酸电池的限制，在实现 2.2kW 的最大功率传输同时，传输效率达到 74%。

图 9.39 RPEV 高尔夫车平台线圈[99]
（获得 IEEE 许可）

图 9.40 RPEV 实验高尔夫车平台[99]

9.6.4 韩国铁路研究院团队

2012 年以来，韩国铁路研究院（Korea Railroad Research Institute，KRRI）团队一直在为一列高速列车开发 IPTS，实现了 820kW 的最大输出功率，系统效率为 83%，气隙为 5cm[129]。对于小型拾取尺寸以及 IPTS 的成本降低，采用 60kHz 的工作频率，这是 1G、2G、3G、4G 和 5G OLEV 的 3 倍，由于其简单的控制和低成本特性，使用单相电力系统代替三相电力系统，如图 9.41 所示。为了实现 1mW 级高频逆变器，将 5 台采用 IGBT 模块的 200kW 级全桥脉冲调幅（PAM）谐振逆变器并联，以此节约成本[129]。

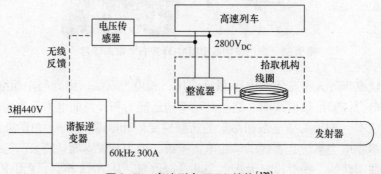

图 9.41 高速列车 IPTS 结构[129]

此外，4 个拾取机构并取，即每个拾取机构 200kW，拾取机构的输出电压直接由通过电压传感器和无线反馈系统的谐振逆变器的电流控制。如图 9.42 所示，没有任何额外的调节器或电池，将导致拾取侧体积过大，出现重量和成本问题[129]。

正如前面关于 6G OLEV 的章节所述，补偿电容组和供电线路上的大电压应力成为高功率级 IPTS 在工作频率超过 20kHz 时的一个重要问题。为了解决这一问题，必须使用分布式补偿电容，它与发射器和拾取线圈串联，有效降低电力电缆之间的电压应力，如图 9.43 和图 9.44 所示。IPTS 使用的供电导轨和拾取装置的结构与 3G 和 3⁺G OLEV 基本相同，因为这些结构可以保证几个显著的优点，如低建设成本和时间、高功率传输能力、沿轨道连续电能传输和低 EMF 的特点。在系统集成测试中，KRRI 制作了一条 128m 长的供电导轨，如图 9.45 所示。在这次集成测试中，使用 IPTS 的高速列车成功运行并加速到 10km/h。

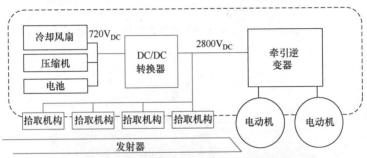

图 9.42　基于 IPTS 的高速列车的结构框图

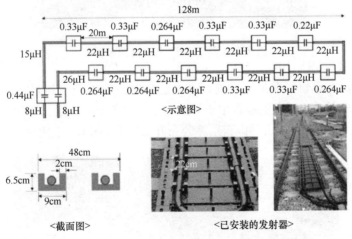

图 9.43　高速列车发射器的原理图和实物图[129]

9.6.5　Endesa 研究小组

2013 年 4 月以来，Endesa 研究小组参与了交通运营和道路引导应用车辆倡议联盟（VICTORIA）项目，为 RPEV 采用了基于 IPTS 的传统插电式充电、静态充电和动态充电三种充电技术。因此，当 RPEV 夜间停在公交终点站时，可以使用插电式充电器充电。白天，RPEV 可在设有供电导轨的无线充电公交车站和公交专用道上进行部分充电，同时在其上移动，延长车辆行驶范围[130]。对于固定和动态充电，Endesa 研究小组并没有采用多个小供电

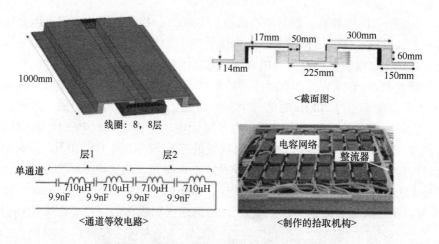

图 9.44　高速列车拾取机构的原理图和实物图

图 9.45　基于 IPTS 的高速列车视图

板,而是采用了供电导轨,保证了其连续的电能传输,施工成本和时间低,控制简单等优点。采用矩形拾取器,U 型供电导轨用于静止充电与动态充电的互操作性,如图 9.46 所示,该 U 型供电导轨曾在 2011 年由韩国科斯特公司开发的 2G OLEV 上使用[99]。

图 9.46　维多利亚项目[131] 开发的 RPEV 的 U 型供电导轨(左)
和矩形拾取线圈(右)(获得 IEEE 许可)

如图 9.47 所示,2014 年 12 月以来,西班牙马拉加 16 路公交车 10km 线路上部署运行

图 9.47　维多利亚项目开发的用于三次充电的 RPEV[132]

了一辆最大功率传输为 50kW 的 RPEV。

在 10km 的总公交线路内，沿线安装了 10 段供电导轨，总长 300m，其中 8 段电源轨的动态充电间隔为 12.5m，其他两段固定充电供电导轨的间隔为 300m，如图 9.48 所示。此外，采用自动控制系统，以与 1G OLEV 相同的方式自动控制方向盘跟随道路中心，以最大限度地减少横向偏移，从而实现有效的动力传递[132]。不幸的是，与其他研究团队相比，Endesa 研究小组的工作没有太多的公开信息。

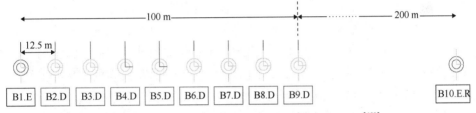

图 9.48　西班牙马拉加 10 个分段供电导轨的原理图[132]

9.6.6　INTIS 研究小组

自 2011 年以来，集成基础设施解决方案（INTIS）研究小组一直在研究 SCEV 和 RPEV 的 IPTS，以提供从开发到现场测试的工程服务和咨询[133,134]。现在，INTIS 研究小组在德国 Lathen 的测试中心拥有一条 25m 长的供电导轨，测试中心有可用于从元件级到完整的系统级评估的 SCEV 和 RPEV 的 IPTS。

基于单相电源系统，在工作频率达到 35kHz 时，SCEV 和 RPEV 的 IPTS 测试供电导轨，可用于最大输出功率为 200kW 的测试。而测试中心采用拥有两个并联 U 型供电导轨的双 U 型供电导轨。目前，INTIS 研究小组为 SCEV 和 RPEV 开发了两种 IPTS[135]，工作频率为 30kHz，最大输出功率为 30kW，气隙为 10cm。

9.7　互操作 IPT：第六代（6G）OLEV

虽然 RPEV 不存在电池问题，并准备商业化，但由于初始投资成本高，目前还没有得到广泛的应用。为了解决这一问题，在公众的支持下，我们可能需要强大的动力建设可再生能源电动汽车国家基础设施。因此，最好的部署方案之一是将 SCEV 设计为完全兼容 IPTS，以便 RPEV 在路上无线充电，如图 9.49 所示，因为毫无疑问，由于 SCEV 的方便和安全运行，在不久的将来，SCEV 将在世界范围内得到广泛的应用，取代有线电动汽车充电器。然而，用于 RPEV 的 IPTS 的设计考虑与 SCEV 有很大的不同，因为用于 RPE 的 IPTS 将需要满足额外的系统需求，如低施工成本和时间、低电压应力、大横向偏移、高功率输送能力和连续供电等。

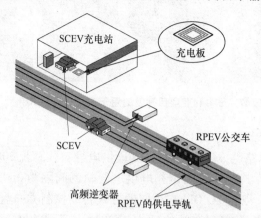

图 9.49　与 RPEV 供电导轨兼容的 SCEV 的理想概念[128]

为了管理 RPEV 和 SCEV 之间的互操作性问题，以满足 RPEV 的设计目标，最近提出了 6G OLEV，使用一种新的无磁心供电导轨[117]。如图 9.50，所提出的无磁心供电导轨基本与应用于 3G 和 3+G 的 U 型和 W 型供电导轨类似，但是没有衬底。因此，提出的无磁心供电导轨可以沿公路产生均匀磁场，此外，一个由 SAE J2954 SCEV 决定的矩形拾取线圈完全兼容的供电导轨 RPEV，可以持续不断地从供电导轨获取均匀的输出功率，如图 9.50a 所示。此外，由于无磁心供电导轨完全消除了衬板，与传统的有磁心供电导轨相比，其施工成本和工期可以进一步降低。

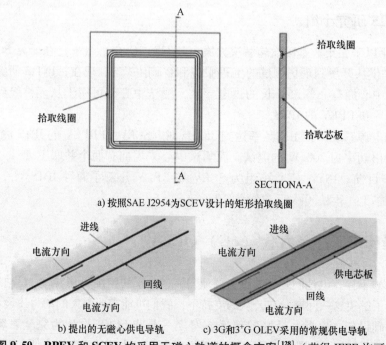

a) 按照SAE J2954为SCEV设计的矩形拾取线圈

b) 提出的无磁心供电导轨　　　c) 3G和3+G OLEV采用的常规供电导轨

图 9.50　RPEV 和 SCEV 均采用无磁心轨道的概念方案[128]（获得 IEEE 许可）

同时，补偿电容器组的大电压应力和供电导轨的分布式电能 V_{11} 是 RPEV 一个独特的特性。因为电压应力直接正比于他的开关频率 f_s 和它的供电电流 I_s，所以这工作频率被限制在 20KHz 左右的一个主要原因，如式（9.2）所示。

然而，根据磁镜模型[66]可知，当衬板无限长且相对磁导率无穷大时，带芯板的供电导轨抗扰度是不带衬板的 2 倍；因此，根据其减小的电感，预计所提出的无磁心供电导轨的电压应力将会是之前的一半，这样，为了使 SCEV 满足 SAE J2954 的标准，工作频率可以从 20kHz 增加到 85kHz，与给定 20kHz 的轨道电流相比，电压应力只有大约 2 倍。此外，与有磁心的供电导轨相比，无磁心供电导轨能保证较大的横向偏移，因为当采用无磁心供电导轨时，拾取线圈沿横向偏移的自感变化很小，可以忽略不计。

为了验证所提出的无磁心供电导轨的独特特性，提出了两种仿真模型，即带矩形拾取线圈的 SCEV 无磁心供电导轨和带矩形拾取器的 SCEV 无磁心供电导轨，如图 9.51 所示。

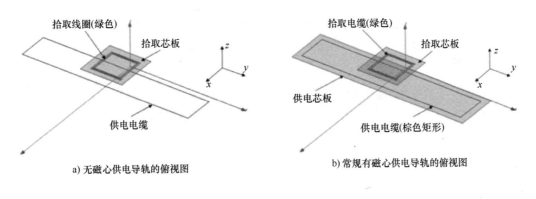

a) 无磁心供电导轨的俯视图　　　　　　b) 常规有磁心供电导轨的俯视图

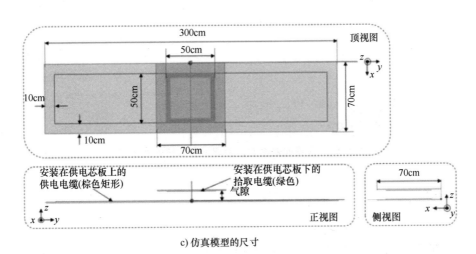

c) 仿真模型的尺寸

图 9.51　采用矩形拾取线圈的无磁心供电导轨的
Maxwell 仿真模型[128]（获得 IEEE 许可）

仿真结果表明，本节提出的无磁心供电导轨的自感系数约为传统有磁心供电导轨的一半，如图 9.52a 所示。同时，本节提出的无磁心供电导轨的互感系数也达到传统有磁心供电导轨的一半，如图 9.52b 所示。

此外，所提无磁心的拾取线圈沿着横向偏移的自身电感变化与可以忽略，如图 9.53 所示，这意味着相比于传统有磁心的供电导轨，无磁心供电导轨可以保证 SCEV 和 RPEV 更大的横向偏移[128]。

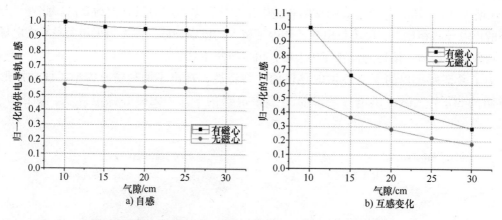

图 9.52　沿气隙有/无芯板的电力线的自感[128]（获得 IEEE 许可）

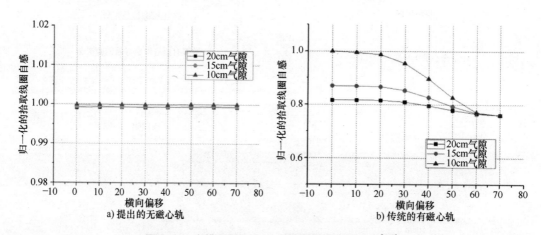

图 9.53　有横向偏移时，拾取线圈自感的变化[128]

9.8　小结

本章全面介绍了 RPEV 的 IPTS 技术从诞生到发展至今的历程。一个世纪以来，IPT 的尺寸、重量、效率、气隙、横向偏移、EMF 和成本都有了很大的提高，因此 RPEV 正在成为未来运输可行的解决方案。在 RPEV 广泛应用于公共交通的将来，首先商业化的 OLEV 是一个强有力的选择。更经济、更紧凑、更高效、鲁棒性更好、更易于部署和维护的 IPTS 将受到未来商业化的欢迎。

参 考 文 献

1 J.T. Salihi, P.D. Agarwal, and G.J. Spix, "Induction motor control scheme for battery-powered electric car (GM-Electrovair I)," *IEEE Trans. on Industry and General Applications*, vol. IGA-3, no. 5, pp. 463–469, September 1967.

2 J.R. Bish, and G.P. Tietmeyer, "Electric vehicle field test experience," *IEEE Trans. on Vehicular Technology*, vol. 32, no. 1, pp. 81–89, February 1983"

3 J. Dixon, I. Nakashima, E.F. Arcos, and M. Ortuzar, "Electric vehicle using a combination of ultra capacitors and ZEBRA battery," *IEEE Trans. on Industrial Electronics*, vol. 57, no. 3, pp. 943–949, March 2010.

4 C.H. Kim, M.Y. Kim, and G.W. Moon, "A modularized charge equalizer using a battery monitoring IC for series-connected Li-ion battery string in electric vehicles," *IEEE Trans. Power Electron.*, vol. 28, no. 8, pp. 3779–3787, November 2012.

5 J. Malan and M.J. Kamper, "Performance of hybrid electric vehicle using reluctance synchronous machine technology," in *IEEE Industrial Applications Conference*, 2000, pp. 1881–1887.

6 N.A. Rahim, H.W. Ping, and M. Tadjuddin, "Design of axial flux permanent magnet brushless DC motor for direct drive of electric vehicle," in *IEEE Power Electronics Society General Meeting*, 2007, pp. 1–6.

7 M. Ceraolo, A. Donato, and G. Franceschi, "A general approach to energy optimization of hybrid electric vehicles," *IEEE Trans. on Vehicular Technology*, vol. 57, no. 3, pp. 1433–1441, May 2008.

8 Y. Cheng, R. Trigui, C. Espanet, A. Bouscayrol, and S. Cui, "Specifications and designs of a PM electric variable transmission for Toyota Prius II," *IEEE Trans on Vehicular Technology*, vol. 60, no. 9, pp. 4106–4114, November 2011.

9 F.L. Mapelli, D. Tarsitano, and M. Mauri, "Plug-in hybrid electric vehicle: modeling, prototype, realization, and inverter losses reduction analysis," *IEEE Industrial Electronics*, vol. 57, no. 2, pp. 598–607, February 2010.

10 E. Tara, S. Shahidinejad, and E. Bibeau, "Battery storage sizing in a retrofitted plug in hybrid electric vehicle," *IEEE Trans. on Vehicular Technology*, vol. 59, no. 6, pp. 2786–2794, July 2010.

11 S.G. Li, S.M. Sharkh, F.C. Walsh, and C.N. Zhang, "Energy and battery management of a plug-in series hybrid electric vehicle using fuzzy logic," *IEEE Trans. on Vehicular Technology*, vol. 60, no. 8, pp. 3571–3585, October 2011.

12 P. Lombardi, M. Heuer, and Z. Styczynski, "Battery switch station as storage system in an autonomous power system: optimization issue," *IEEE Power and Energy Society General Meeting*, 2010, pp. 1–6.

13 M. Takagi. Y. Iwafune, K. Yamaji, H. Yamato, K. Okano, R. Hiwatari, and T. Ikeya, "Economic value of PV energy storage using batteries of battery-switch stations," *IEEE Trans. on Sustainable Energy*, vol. 4, no. 1, pp. 164–173, January 2013"

14 J.J. Jamian, M.W. Mustafa, Z. Muda, and M.M. Aman, "Effect of load models on battery-switching station allocation in distribution network," in *IEEE International Conference on Power and Energy*, 2012, pp. 189–193.

15 M. Takagi, Y. Iwafune, H. Yamamoto, K. Yamaji, K. Okano, R. Hiwatari, and T. Ikeya, "Energy storage of PV using batteries of battery-switch stations," in *IEEE International Symposium on Industrial Electronics (ISIE)*, 2010, pp. 3413–3419.

16 J.H. Gauss, "Can the trolley coach compete economically with the gas or diesel bus where no overhead facilities exist?," *Trans. of American Institute of Electrical Engineers*, vol. 66, no. 1, pp. 264–268, January 1947.

17 A.B. Mcmillon, "Trolley coaches replace buses," *Trans. of American Institute of Electrical Engineers*, vol. 68, no. 1, pp. 403–406, July 1949.

18 J.P. Senior, "The trolley bus," *Student's Quarterly Journal*, vol. 20, no. 77, pp. 11–16, September 1949.

19 S. Midya, D. Bormann, T. Schutte, and R. Thottappillil, "Pantograph arcing in electrified railways – mechanism and influence of various parameters – Part I: with DC traction power supply?," *IEEE Trans. on Power Delivery*, vol. 24, no. 4, pp. 1931–1939, October 2009.

20 T. Uzuka, "Faster than a speeding bullet: an overview of Japanese high-speed rail technology and electrification," *IEEE Electrification Magazine*, vol. 1, no. 1, pp. 11–20, September 2013.

21 M. Hutin and M. Leblanc, "Transformer system for electric railways," Patent US 527,857, 1894.

22 J.G. Bolger, "Supplying power to vehicles," Patent US 3,914,562, 1975.

23 J.G. Bolger, "Roadway for supplying power to vehicle and method of using the same," Patent US 4,007,817, 1977.

24 J.G. Bolger and F.A. Kirsten, "Investigation of the feasibility of a dual mode electric transportation system," Lawrence Berkeley National Laboratory Report, LBL6301, May 1977.

25 J.G. Bolger, M.I. Green, L.S. Ng, and R.I. Wallace, "Test of the performance and characteristics of a prototype inductive power coupling for electric highway systems," Lawrence Berkeley National Laboratory Report, LBL7522, p. 1, July 1978.

26 J.G. Bolger, F.A. Kirsten, and L.S. Ng, "Inductive power coupling for an electric highway system," in *Proc. IEEE 28th Vehicular Technology Conference*, 1978, pp. 137–144.

27 J.G. Bolger, L.S. Ng, D.B. Turner, and R.I. Wallace, "Testing a prototype inductive power coupling for an electric vehicle highway system," in *Proc. IEEE 29th Vehicular Technology Conference*, 1979, pp. 48–56.

28 C.E. Zell and J.G. Bolger, "Development of an engineering prototype of a road powered electric transit vehicle system," in *Proc. 32nd IEEE Vehicular Technology Conference*, 1982, pp. 435–438.

29 J.G. Bolger, "Power control system for electrically driven vehicle," Patent US 4,331,225, 1982.

30 Santa Barbara Electric Bus Project, Phase 3A-final report, Santa Barbara Research Paper, September 1983.

31 Santa Barbara Electric Bus Project, Prototype development and testing program phase 3B-final report, Santa Barbara Research Paper, Sept. 1984.

32 Santa Barbara Electric Bus Project, Test facilities development and testing program-static test report, Santa Barbara Research Paper, June 1985.

33 Santa Barbara Electric Bus Project, Prototype development and testing program phase 3C-final report, Santa Barbara Research Paper, May 1986.

34 K. Lashkari, S.E. Schladover, and E.H. Lechner, "Inductive power transfer to an electric vehicle," in *Proc. of 8th International Electric Vehicle Symposium*, 1986.

35 E.H. Lechner and S.E. Schladover, "The road powered electric vehicle – an all-electric hybrid system," in *Proc. of 8th International Electric Vehicle Symposium*, 1986.

36 J.G. Bolger and L.S. Ng, "Inductive power coupling with constant voltage output," Patent US 4,253,345, 1988.

37 S.E. Schladover, "Systems engineering of the road powered electric vehicle technology," in *Proc. of 9th International Electric Vehicle Symposium*, 1988.

38 J.G. Bolger, "Roadway power and control system for inductively coupled transportation system," Patent US 4,836,344, 1989.

39 M. Eghtesadi, "Inductive power transfer to an electric vehicle-an analytical model," in *Proc. 40th IEEE Vehicular Technology Conference*, 1990, pp. 100–104.

40 K.W. Klontz, D.M. Divan, D.W. Novotny, and R.D. Lorenz, "Contactless battery charging system," Patent US 5,157,319, 1992.

41 K.W. Klontz, D.M. Divan, D.W. Novotny, and R.D. Lorenz, "Contactless coaxial winding transformer power transfer system," Patent US 5,341,280, 1994.

42 J.G. Bolger, "Urban electric transportation systems: the role of magnetic power transfer," in *IEEE WESCON94 Conference*, 1994, pp. 41–45.

43 California PATH Program, "Road powered electric vehicle project track construction and testing program phase 3D," *California PATH Research Paper*, pp. 3–5, March 1994.

44 K.W. Klontz, D.M. Divan, D.W. Novotny, and R.D. Lorenz, "Contactless power delivery system for mining applications," *IEEE Trans. on Industry Applications*, vol. 31, no. 1, pp. 27–35, January 1995.

45 KAIST OLEV team, "Feasibility studies of On-Line Electric Vehicle (OLEV) Project," KAIST Internal Report, August 2009.

46 N.P. Suh, D.H. Cho, and Chun T. Rim, "Design of on-line electric vehicle (OLEV)," *Plenary lecture at the 2010 CIRP Design Conference*, 2010, pp. 3–8.

47 S.W. Lee, J. Huh, C.B. Park, N.S. Choi, G.H. Cho, and Chun T. Rim, "On-line electric vehicle (OLEV) using inductive power transfer system," in *IEEE Energy Conversion Congress and Exposition (ECCE)*, 2010, pp. 1598–1601.

48 J. Huh, S.W. Lee, C.B. Park, G.H. Cho, and Chun T. Rim, "High performance inductive power transfer system with narrow rail width for on-line electric vehicles," in *IEEE Energy Conversion Congress and Exposition (ECCE)*, 2010, pp. 647–651.

49 Chun T. Rim, "The difficult technologies in wireless power transfer," *Trans. of the Korean Institute of Power Electronics (KIPE)*, vol. 15, no. 6, pp. 32–39, December 2010.

50 S.W. Lee, C.B. Park, J.G. Cho, G.H. Cho, and Chun T. Rim, "Ultra slim U and W power supply and pick-up coil design for OLEV," in *Korean Institute of Power Electronics (KIPE) Annual Summer Conference*, 2010, pp. 353–354.

51 G.H. Jung, K.H. Lee, H.G. Kim, Y J. Cho, B.Y. Song, Y.D. Son, E.H. Park, J.Y. Park, J.Y. Choi, B.O. Kong, J. Huh, H.S. Son, J.G. Cho, Chun T. Rim, and S.J. Jeon, "Non-touch inductive power transfer system for OLEV," in *Korean Institute of Electrical Engineering (KIEE) Annual Summer Conference*, 2010, pp. 1054–1055.

52 C.B. Park, S.W. Lee, and Chun T. Lim, "Dynamic phasor transformation using complex Laplace transformation," in *Korean Institute of Power Electronics (KIPE) Annual Fall Conference*, 2010, pp. 46–47.

53 G.H. Jung, K.H. Lee, H.G. Kim, Y J. Cho, B.Y. Song, Y D. Son, E.H. Park, J.Y. Park, J.Y. Choi, B.O. Kong, J. Huh, H.S. Son, J.G. Cho, Chun T. Rim, and S.J. Jeon, "Power supply and pick-up system for OLEV," in *Korean Institute of Power Electronics (KIPE) Annual Summer Conference*, 2010, pp. 218–219.

54 J. Huh, W.Y. Lee, J.G. Cho, G.H. Cho, and Chun T. Rim, "A study on current source-transformer resonance inductive power transfer system," in *Korean Institute of Power Electronics Annual Summer Conference*, 2010, pp. 355–356.

55 Chun T. Rim, "Electric vehicle system," Patent WO 2010 076976, 2010.

56 Chun T. Rim, "Unified general phasor transformation for AC converters," *IEEE Trans. on Power Electron.*, vol. 26, no. 9, pp. 2465–2745, September 2011.

57 S.W. Lee, C.B. Park, J.G. Cho, G.H. Cho, and Chun T. Rim, "Ultra slim supply and pick-up coils for on-line electric vehicles (OLEV)," *Trans. of the Korean Institute of Power Electronics (KIPE)*, vol. 16, no. 3, pp. 274–282, August 2011.

58 J. Huh and Chun T. Rim, "KAIST wireless electric vehicles – OLEV," in *JSAE Annual Congress*, 2011.

59 S.W. Lee, W.Y. Lee, J. Huh, H.J. Kim, C.B. Park, G.H. Cho, and Chun T. Rim, "Active EMF cancellation method for I-type pick-up of on-line electric vehicles (OLEV)," in *IEEE Applied Power Electronics Conference and Exposition (APEC)*, 2011, pp. 1980–1983.

60 J. Huh, W.Y. Lee, G.H. Cho, B.H. Lee, and Chun T. Rim, "Characterization of novel inductive power transfer systems for on-line electric vehicles (OLEV)," in *IEEE Applied Power Electronics Conference and Exposition (APEC)*, 2011, pp. 1975–1979.

61 J. Huh, S.W. Lee, W.Y. Lee, G.H. Cho, and Chun T. Rim, "Narrow-width inductive power transfer system for on-line electrical vehicles (OLEV)," *IEEE Trans. on Power Electron.*, vol. 26, no. 12, pp. 3666–3679, December 2011.

62 S.W. Lee, C.B. Park, and Chun T. Rim, "An analysis of DQ inverter for wireless power transfer by complex Laplace-phasor transformation," in *Korean Institute of Power Electronics Annual Summer Conference*, 2011, pp. 192–193.

63 N.P. Suh, D.H. Cho, G.H. Cho, J.G. Cho, Chun T. Rim, and S.H. Jang, "Ultra slim power supply and collector device for electric vehicle," Patent KR 1010406620000, 2011.

64 S.Z. Jeon, D.H. Cho, Chun T. Rim, and G.H. Jeong, "Load-segmentation-based full bridge inverter and method for controlling same," Patent WO 2011 078424, 2011.

65 S.Z. Jeon, D.H. Cho, Chun T. Rim, and G.H. Jeong, "Load-segmentation-based 3-level inverter and method for controlling the same," Patent WO 2011 078425, 2011.

66 N.P. Suh, D.H. Cho, J.G. Cho, Chun T. Rim, J. Huh, J.H. Kim, C.S. Choi, K.H. Lee, B.Y. Song, Y.J. Cho, and C.H. Rim, "Monorail type power supply device for electric vehicle including EMF cancellation apparatus," Patent WO 2011 046374, 2011.

67 N.P. Suh, S.H. Jang, D.H. Cho, G.H. Cho, Chun T. Rim, S.W. Lee, C.B. Park, J. Huh, and H.J. Kim, "Space division multiplexed power supply and collector device," Patent WO 2011 152678, 2011.

68 N.P. Suh, S.H. Jang, D.H. Cho, G.H. Cho, Chun T. Rim, J. Huh, B.H. Lee, and Y.H. Kim, "Cross-type segment power supply," Patent WO 2011 152677, 2011.

69 J. Huh, and Chun T. Rim, "A new coil set with core for magnetic resonant systems," in *Korean Institute of Power Electronics Annual Summer Conference*, 2012, pp. 625–626.

70 N.P. Suh, S.H. Jang, D.H. Cho, G.H. Cho, Chun T. Rim, S.W. Lee, and C.B. Park, "EMI cancellation device in power supply and collector device for magnetic induction power transmission," Patent WO 2011 149263, 2012.

71 W.Y. Lee, J. Huh, S.Y. Choi, X.V. Thai, J.H. Kim, E.A. Al-Ammar, M.A. El-Kady, and Chun T. Rim, "Finite-width magnetic mirror models of mono and dual coils for wireless electric vehicles," *IEEE Trans. on Power Electronics*, vol. 28, no. 3, pp. 1413–1428, March 2013.

72 Chun T. Rim, "Trend of road powered electric vehicle technology," *Magazine of the Korean Institute of Power Electronics (KIPE)*, vol. 18, no. 4, pp. 45–51, August 2013.

73 Chun T. Rim, "The development and deployment of on-line electric vehicles (OLEV)," *IEEE Energy Conversion Congress and Exposition (ECCE)*, 2013.

74 S.Y. Choi, J. Huh, W.Y. Lee, S.W. Lee, and Chun T. Rim, "New cross-segmented power supply rails for road powered electric vehicles," *IEEE Trans. on Power Electron*, vol. 28, no. 12, pp. 5832–5841, December 2013.

75 S. Lee, B. Choi, and Chun T. Rim, "Dynamics characterization of the inductive power transfer system for on-line electric vehicles (OLEV) by Laplace phasor transform," *IEEE Trans. on Power Electron.*, vol. 28, no. 12, pp. 5902–5909, December 2013.

76 S.Y. Choi, B.W. Gu, S.Y. Jeong, and Chun T. Rim, "Ultra-slim S-type inductive power transfer system for road powered electric vehicles," in *International Electric Vehicle Technology Conference and Automotive Power Electronics in Japan (EVTeC and APE Japan)*, accepted for publication.

77 S.Y. Choi, J. Huh, W.Y. Lee, J.G. Cho, and Chun T. Rim, "Asymmetric coil sets for wireless stationary EV chargers with large lateral tolerance by dominant field analysis," *IEEE Trans. on Power Electron.*, accepted for publication.

78 S.Y. Choi, B.W. Gu, S.W. Lee, W.Y. Lee, J. Huh, and Chun T. Rim, "Generalized active EMF cancel methods for wireless electric vehicles," *IEEE Trans. on Power Electron.*, accepted for publication.

79 M. Budhia, G.A. Covic, and J.T. Boys, "Design and optimization of magnetic structures for lumped inductive power transfer systems," *IEEE Trans. on Power Electron.*, vol. 26, no. 11, pp. 3096–3108, November 2011.

80 M. Budhia, G.A. Covic, and J.T. Boys, "A new magnetic coupler for inductive power transfer electric vehicle charging systems," in *Proc. 36th Annual Conf. IEEE Ind. Electron.*, November 2010, pp. 2487–2492.

81 M. Budhia, J.T. Boys, G.A. Covic, and C.-Y. Huang, "Development of a single-sided flux magnetic coupler for electric vehicle IPT charging systems," *IEEE Trans. on Ind. Electron.*, vol. 60, no. 1, pp. 318–328, January 2013.

82 G.A. Covic, L.G. Kissin, D. Kacprzak, N. Clausen, and H. Hao, "A bipolar primary pad topology for EV stationary charging and highway power by inductive coupling," in *IEEE Energy Conversion Congress and Exposition (ECCE)*, September 2011, pp. 1832–1838.

83 M. Budhia, G.A. Covic, J.T. Boys, and C.-Y. Huang, "Development and evaluation of single sided flux couplers for contactless electric vehicle charging," in *IEEE Energy Conversion Congress and Exposition (ECCE)*, September 2011, pp. 614–621.

84 A. Zaheer, D. Kacprzak, and G.A. Covic, "A bipolar receiver pad in a lumped IPT system for electric vehicle charging applications," in *IEEE Energy Conversion Congress and Exposition (ECCE)*, September 2012, pp. 283–290.

85 G.A. Covic, J.T. Boys, M. Kissin, and H. Lu, "A three-phase inductive power transfer system for roadway power vehicles," *IEEE Trans. Ind. Electron.*, vol. 54, no. 6, pp. 3370–3378, December 2007.

86 C.S. Wang, O.H. Stielau, and G.A. Covic, "Design considerations for a contactless electric vehicle battery charger," *IEEE Trans. Ind. Electron.*, vol. 52, no. 5, pp. 1308–1314, October 2005.

87 J.T. Boys, G.A. Covic, and A.W. Green, "Stability and control of inductively coupled power transfer systems," *IEE Proc. EPA*, vol. 147, pp. 37–43, August 2002.

88 C.S. Wang, G.A. Covic, and O.H. Stielau, "Power transfer capability and bifurcation phenomena of loosely coupled inductive power transfer systems," *IEEE Trans., Industrial Electronics*, vol. 51, no. 1, pp. 148–157, 2004.

89 G.A. Covic and J.T. Boys, "Modern trends in inductive power transfer for transportation applications," *IEEE Journal of Emerging and Selected Topics in Power Electronics*, vol. 1, no. 1, pp. 28–41, March 2013.

90 J. Meins and S. Carsten, "Transferring energy to a vehicle," Patent WO 2010 000494, 2010.

91 J. Meins and K. Vollenwyder, "System and method for transferring electrical energy to a vehicle," Patent WO 2010 000495, 2010.

92 K. Vollenwyder, J. Meins, and C. Struve, "Inductively receiving electric energy for a vehicle," Patent US 0055751, 2012.

93 M. Zengerle, "Transferring electric energy to a vehicle using a system which comprises consecutive segments for energy transfer," Patent US 0217112, 2012.

94 K. Vollenwyder and J. Meins, "Producing electromagnetic fields for transferring electric energy to a vehicle," Patent US 8,544,622, 2013.

95 R. Czainski, J. Meins, and J. Whaley, "Transferring electric energy to a vehicle by induction," Patent US 0248311, 2013.

96 J. Meins, "German activities on contactless inductive power transfer," in *IEEE Energy Conversion Congress and Exposition (ECCE)*, 2013.

97 Bombardier website, http://insideevs.com/brunswick-gets-first-of-five-electric-buses-with-wireless-charging/, https://sustainablerace.com/bombardier-begins-operation-first-inductive-high-power-charging-station-primove-electric-buses/.

98 O.C. Onar, J.M. Miller, S.L. Campbell, C. Coomer, C.P. White, and L.E. Seiber, "A novel wireless power transfer for in-motion EV/PHEV charging," in *IEEE Applied Power Electronics Conference and Exposition (APEC)*, 2013, pp. 3073–3080.

99 J.M. Miller, O.C. Onar, and P.T. Jones, "ORNL developments in stationary and dynamic wireless charging," in *IEEE Energy Conversion Congress and Exposition (ECCE)*, 2013.

100 E. Fox and A. Albright, "Vehicle propelled by electricity," Patent US 281,859, 1883.

101 N.H. Kutkut, D.M. Divan, D.W. Novotny, and R.H. Marion, "Design consideration and topology selection for a 120-kW IGBT converter for EV fast charging," *IEEE Trans. on Power Electronics*, vol. 13, no. 1, pp. 238–244, January 1998.

102 C. Praisuwanna and S. Khomfoi, "A quick charger station for EVs using pulse frequency technique," in *IEEE Energy Conversion Congress and Exposition (ECCE)*, 2013, pp. 3595–3599.

103 J.D. Marus and V.L. Newhouse, "Method for charging a plug-in electric vehicle," Patent US 0234664, 2013.

104 B. Kang and G. Ceder, "Battery materials for ultrafast charging and discharging," *Nature*, vol. 458, pp. 190–193, March 2009.

105 J. Huh, W.Y. Lee, S.Y. Choi, G.H. Cho, and Chun T. Rim, "Explicit static circuit model of coupled magnetic resonance system," in *IEEE Energy Conversion Congress and Exposition (ECCE) – Asia*, May 2011, pp. 2233–2240.

106 J. Huh, W.Y. Lee, S.Y. Choi, G.H. Cho, and Chun T. Rim, "Frequency-domain circuit model and analysis of coupled magnetic resonance systems," *Journal of Power Electronics*, vol. 13, no. 2, pp. 275–286, March 2013.

107 E.S. Lee, J. Huh, X.V. Thai, S.Y. Choi, and Chun T. Rim, "Impedance transformers for compact and robust coupled magnetic resonance systems," in *IEEE Energy Conversion Congress and Exposition (ECCE)*, September 2013, pp. 2239–2244.

108 C.B. Park, S.W. Lee, and Chun T. Rim, "5m-off-long-distance inductive power transfer system using optimum shaped dipole coils," in *IEEE Energy Conversion Congress and Exposition (ECCE) – Asia*, June 2012, pp. 1137–1142

109 C.B. Park, S.W. Lee, and Chun T. Rim, "Innovative 5m-off-long-distance inductive power transfer system with optimum shaped dipole coils," *IEEE Trans. Power Electron.*, accepted for publication.

110 M. Hanazawa, N. Sakai, and T. Ohira, *"SUPRA: supply underground power to running automobiles,"* in *IEEE International Electric Vehicle Conference*, IEVC2012, Greenville, March 2012.

111 Guidelines for limiting exposure to time-varying electric and magnetic fields (up to 300 GHz), ICNIRP Guidelines, 1998.

112 Guidelines for limiting exposure to time-varying electric and magnetic fields (up to 100 kHz), ICNIRP Guidelines, 2010.

113 P.R. Bannister, "New theoretical expressions for predicting shielding effectiveness for the plane shield case," *IEEE Transactions on Electromagnetic Compatibility*, vol. EMC-10, no. 1, pp. 2–7, March 1968.

114 P. Moreno and R.G. Olsen, "A simple theory for optimizing finite width ELF magnetic field shields for minimum dependence on source orientation," *IEEE Transactions on Electromagnetic Compatibility*, vol. 39, no. 4, pp. 340–348, November 1997.

115 Y. Du, T.C. Cheng, and A.S. Farag, "Principles of power-frequency magnetic field shielding with flat sheets in a source of long conductors," *IEEE Transactions on Electromagnetic Compatibility*, vol. 38, no. 3, pp. 450–459, August 1996.

116 S.Y. Ahn, J.S. Park, and J.H. Kim, "Low frequency electromagnetic field reduction techniques for the on-line electric vehicles (OLEV)," in *IEEE International Symposium on Electromagnetic Compatibility*, 2010, pp. 625–630.

117 J.H. Kim and J.H. Kim, "Analysis of EMF noise from the receiving coil topologies for wireless power transfer," in *IEEE Asia-Pacific Symposium on Electromagnetic Compatibility*, 2012, pp. 645–648.

118 H.S. Kim and J.H. Kim, "Shielded coil structure suppressing leakage magnetic field from 100 W-class wireless power transfer system with higher efficiency," in *IEEE Microwave Workshop Series on Innovative Wireless Power Transmission Technologies, Systems and Applications*, 2012, pp. 83–86.

119 S.Y. Ahn, H.H. Park, and J.H. Kim, "Reduction of electromagnetic field (EMF) of wireless power transfer system using quadruple coil for laptop applications," in *IEEE Microwave Workshop Series on Innovative Wireless Power Transmission Technologies, Systems and Applications*, 2012, pp. 65–68.

120 S.C. Tang, S.Y.R. Hui, and H.S. Chung, "Evaluation of the shielding effects on printed circuit board transformers using ferrite plates and copper sheets," *IEEE Trans. on Power Electron.*, vol. 17, no. 6, pp. 1080–1088, November 2002.

121 X. Liu and S.Y.R. Hui, "An analysis of a double-layer electromagnetic shield for a universal contactless battery charging platform," *IEEE Power Electronics Specialists Conference (PESC)*, June 2005, pp. 1767–1772.

122 P. Wu, F. Bai, Q. Xue, and S.Y.R. Hui, "Use of frequency selective surface for suppressing radio-frequency interference from wireless charging pads," *IEEE Trans. Ind. Electron.*, accepted for publication.

123 M.L. Hiles and K.L. Griffing, "Power frequency magnetic field management using a combination of active and passive shielding technology," *IEEE Trans. on Power Delivery Electronics*, pp. 171–179, 1998.

124 C. Buccella and V. Fuina, "ELF magnetic field mitigation by active shielding," in *IEEE International Symposium on Industrial Electronics*, 2002, pp. 994–998.

125 J. Kim, J.H. Kim, and S.Y. Ahn, "Coil design and shielding methods for a magnetic resonant wireless power transfer system," *Proceedings of the IEEE*, vol. 101, no. 6, pp. 1332–1342, June 2013.

126 C.B. Park, S.W. Lee, and Chun T. Rim, "Static and dynamic analyses of three-phase rectifier with LC input filter by Laplace phasor transformation," in *Energy Conversion Congress and Exposition (ECCE)*, September 2012, pp. 1570–1577.

127 Chun T. Rim and G.H. Cho, "Phasor transformation and its application to the DC/AC analyses of frequency phase-controlled series resonant converters (SRC)," *IEEE Trans. Power Electron.*, vol. 5, no. 2, pp. 201–211, April 1990.

128 V.X. Thai, S.Y. Choi, S.Y. Jeong, and Chun T. Rim, "Coreless power supply rails compatible with both stationary and dynamic charging of electric vehicles," in 2015 *IEEE International Future Energy Electronics Conference (IEEE IFEEC 2015)*, 978-1-4799-7657-7.

129 J.H. Kim, B.S. Lee, J.H. Lee, and J.H. Baek, "Development of 1 MW inductive power transfer system for a high speed train," *IEEE Trans. on Ind. Electron.*, vol. 62, no. 10, pp. 6242–6250, October 2015.

130 Endesa web site, http://futurenergyweb.es/endesa-desarrolla-en-malaga-un-sistema-para-cargar-un -autobus-electrico-en-movimiento-y-sin-cables/?lang=en.

131 E. Mascarell, "VICTORIA: towards and intelligent e-mobility," UNPLUGGED Final Event, 2015.

132 J.A. Ruiz, "ITS systems developing in Malaga," in *2nd Congress EU Core Net Cities*, 2014.

133 INTIS web site, http://www.intis.de/intis/mobility.html.

134 Technical Article eCarTec 2014 in INTIS web site, http://www.intis.de/intis/assets/flyer_intis_testing_e.pdf, http://www.intis.de/intis/assets/ecartec2014_e.pdf.

135 Technical Information 30 kW coil system VW T5 transporter in INTIS web site, http://www.intis.de/intis/assets/ti_intis_t5_e.pdf.

第 10 章　窄幅单相供电导轨（Ⅰ型）

10.1　简介

由于全球变暖和石油资源的枯竭，汽车制造商一直在致力于开发电动汽车，如混合动力电动汽车（HEV）、插电式混合动力汽车（PHEV）、电池电动汽车（BEV）等。在这些新能源汽车中，BEV 是未来最有前途的类型之一。然而，由于其高昂的价格，沉重的电池以及电池需要巨大空间等缺点，BEV 尚未进入许多潜在客户的市场。其他的因素是有限的锂资源，比正常燃料汽车短的续驶里程，充电时间长以及频繁的充电要求。

为了解决这些问题，开发出了基于 IPTS 的电动汽车[1-7]。美国加利福尼亚州的先进的公共交通和高速公路（PATH）团队合作率先开发了一种道路动力感应动力传输电动汽车，通过 7.6cm 的气隙实现了 60% 的电能传输效率[1-3]。新西兰奥克兰大学的一个研究小组也提出了使用磁耦合系统的电动汽车[4-6]。然而，对于具有道路动力 EV 的 IPTS 的实际使用，IPTS 的气隙必须符合道路规则，例如韩国为 12cm，日本为 16cm。具有大气隙的功率传递效率也应该足够高，例如超过 70%，使得与内燃机车辆相比，EV 实际上可以减少 CO_2 排放。此外，基础设施建设成本和车辆价格必须低于其他竞争车型。

为了传输大量电能，同时提高整体效率并降低电源的电压和电流额定值，IPTS 应工作在谐振模式下[8-18]。各种 IPTS 有以下几种谐振模式：并联谐振模式[1-6,8-11]、串联谐振模式[7,13,14]和串并联谐振模式[12]。考虑输入阻抗和输出阻抗、线圈寄生参数和负载特性，有必要选择合适的谐振模式。无论谐振模式如何，IPTS 中的谐振电路或"谐振变压器"的设计都是具有挑战性的工作，因为 IPTS 的动态和静态行为，包括负载和电源的变化，在实践中难以表现[26-31]。IPTS 对于横向偏移也应该具有鲁棒性，横向偏移是车辆中心与道路电源之间的距离[19,20]，以确保在车辆在道路上行驶时足够的动力。为了满足这些要求，开发了 OLEV[7]，它代表了道路动力电动汽车的最新和最高级的发展。

在本章中，介绍了一个新的 IPTS 系统，它用于窄轨道宽度为 10cm 的 OLEV，具有大约 24cm 的横向偏移的小型拾取器和 20cm 的气隙，并通过仿真和实验对 IPTS 进行了分析和验证，实现了 35kW 的最大输出功率。输出功率为 27kW 时有最大效率 74%。事实证明，由电流源驱动的 IPTS 在负载侧的观点上等效地是理想的电压源[21-24]。

符号说明

EMF　　电磁场

L_p　　　供电导轨的总电感

L_s　　　拾取机构的总电感

L_{ll}　　　供电导轨的漏电感

L_{l2}	拾取机构的漏电感
L_{m}	供电导轨的磁化电感
C_1	供电导轨的补偿电容
C_2	拾取机构的补偿电容
R_{L}	负载电阻
R_{o}	从二次侧到负载的等效输出电阻
r_{p}	供电导轨的内阻
r_{s}	拾取机构的内阻
I_{s}	输入电流（有效值）
I_{Lm}	磁化电流（有效值）
I_{o}	输出电流（有效值）
V_{th}	戴维南等效电压（有效值）
V_{Lm}	磁化电感下的感应电压（有效值）
V_{o}	输出电压等效输出电阻（有效值）
N_1	供电导轨两极的匝数
N_2	两个拾取线圈的匝数
n	匝数比 N_2/N_1
ω_{i}	供电导轨角频率
ω_{s}	切换角频率

10.2 窄幅 I 型 IPTS 设计

10.2.1 OLEV 之前的设计

图 10.1 中的总线显示了 OLEV（一种道路无线供电的 EV）的概念。这种车辆可以将电池需求减少到之前的 1/5，这是电动汽车商业化的关键障碍之一。

图 10.1 OLEV 的原理图

自 2009 年以来已经开发了三种版本的 OLEV[7]。第一个版本于 2009 年 2 月 27 日公布，是一辆 OLEV 高尔夫球车，配备 20cm 宽的铁轨，包括 E 型铁心和机械控制的拾取机构，自动与铁轨对齐。通过 1cm 的气隙，它可以将 3kW 的功率传输到车辆，整体系统效率达到

80%。第二个版本于 2009 年 7 月 14 日公布，是一辆 OLEV 公交车。为了增加气隙，开发了一种扁平且超薄的单轨，称为 U 型 IPTS，宽度为 140cm。这个 IPTS 公交车可通过 17cm 的气隙，用 10 个接收器以 5.2kW 的功率传输 52kW。从 60Hz，380V 输入三相电源到 OLEV 汽车上的最大传输效率为 72%。第三个版本于 2009 年 8 月 14 日公布，是一款 OLEV 运动型多用途车（SUV）。应用于这种 OLEV 的 IPTS，称为 W 型 IPTS，包括由沿着道路放在一起的两个单轨构成的双轨。为了从 IPTS 的 W 型双轨获得更多功率，开发了一种纤薄的 W 型多绕组拾取机构，通过 20cm 的气隙提供每次拾取 15kW 的功率。最大功率传输效率为 74%。引入"骨芯结构"[7] 作为 IPTS 的第三种类型。它采用独特的混凝土浇筑方法，提高了供电导轨的耐用性。U 型和 W 型线圈的参数见表 10.1。

表 10.1 U 型和 W 型线圈的参数

	U 型	W 型
导轨宽度	140cm	80cm
移位	20cm	15cm
EMF	5.1μT	5.0μT
气隙	17cm	20cm
输出功率	5.2kW/拾取	15kW/拾取
效率	72%	74%

对于 3~60m 的 OLEV 用于分段长度的供电导轨的线电感其范围，U 型单轨测量值约为 $1\mu H/m$，对于 W 型双轨测量值约为 $2\mu H/m$。对于 200A 的线电流，由该电感引起的线电压应力为 1~3kV。因此，串联加入电容器组以抵消电感的感应电压，并且使用具有超过 5kV 绝缘能力的高频电力电缆来承受高压应力。这解释了为什么 OLEV IPTS 通常在一次侧采用串联谐振模式。为了消除拾取器的高压应力并将最大功率传递给车辆，谐振电容器也被串联插入到拾取器中。然而，当车辆沿着道路行驶时，线路电感和反电动势电压会突然剧烈的变化。因此，恒流交流电源[15,16] 被用于 OLEV IPTS[7]。

IPTS 的电源逆变器工作在 60Hz，440V 的三电压源下，在大约 20kHz 的工作频率下提供输出电流为 200A。IPTS 的工作频率增加到尽可能高，可保证传输所需的功率，同时避免产生噪声并最小化 IPTS 的体积，保证逆变器和 IPTS 的整流器上的开关损耗以及高频电缆和线圈的传导损耗为可接受的大小。例如，PATH 团队[3] 研究中使用的工作频率为 400Hz，但最近的工作[5-7] 中使用的频率分别为 10kHz、38.4kHz 和 20kHz。

问题 1

使用磁镜模型，验证供电导轨的线路电感：U 型单轨约为 $1\mu H/m$，W 型双轨约为 $2\mu H/m$。

10.2.2 IPTS I 型供电导轨

迄今为止开发的用于 OLEV 的 IPTS 需要宽的轨道以提供足够大的气隙，从而导致了强电磁场（EMF）。除了 EMF 问题之外，先前 IPTS 的允许横向偏移小于 20cm，如果太小就不能保证 OLEV 的自由驾驶。为了解决这些问题，本章将介绍一种新的 IPTS，其供电导轨宽度非常窄，宽度仅为 10cm，沿着道路交替使用极性磁极，如图 10.2 所示。其名称为"I型"，源于电源导轨的正面形状，如图 10.2c 所示。每个磁极由铁氧体磁心和转向电缆组成，磁极通过铁氧体磁心相互连接。磁通密度 B 的有限元模拟结果如图 10.3 所示。图中表明磁通密度在极点中心达到最大值，随着偏离中心逐渐减小，每极中间最小。每极的磁场极性根据每极的电流方向反转。因此，主磁通量在最近的磁极中循环。如果需要，可以通过将每个磁极布置在适当的距离来实现更大的气隙。由于相邻磁极的这种交替磁极性（见图 10.2），供电导轨周围的行人受到的 EMF 可以大大减少。这是由具有相反极性的邻域极点的 EMF 抵消的结果。宽拾取也可以实现大的横向偏移，所提出的 IPTS 的窄供电导轨其宽度小至80cm，如图 10.2 所示。

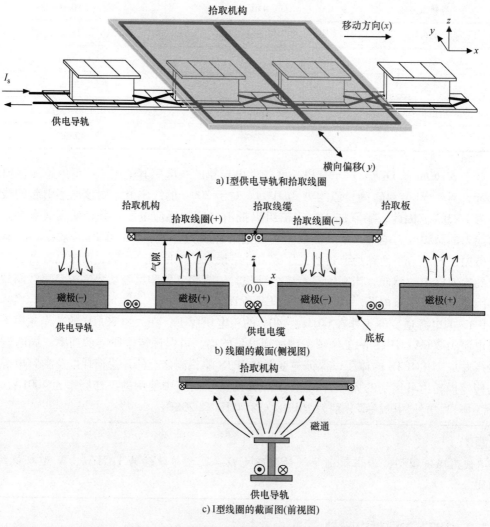

a) I 型供电导轨和拾取线圈

b) 线圈的截面(侧视图)

c) I 型线圈的截面图(前视图)

图 10.2　窄幅 I 型 IPTS 的供电导轨和拾取端

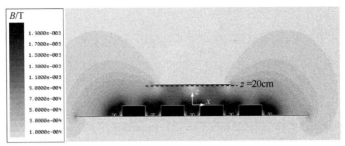

a) 磁通密度分布(侧视图)

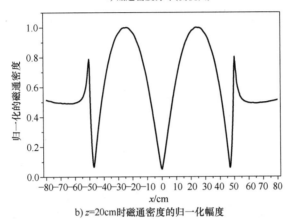

b) z=20cm时磁通密度的归一化幅度

图 10.3　拟议的带有拾取芯的 Ⅰ 型供电导轨的磁通密度分布。该模拟由 Maxwell 2D（V12）进行

10.2.3　供电导轨设计

所提出的 IPTS 的设计参数包括极板尺寸（宽度 w_p、长度 l_p、高度 h_p 和厚度 t_p）、极距 d、底板尺寸（宽度 w_b 和厚度 t_b）以及供电导轨匝数 N_1，如图 10.4 所示。通过模拟和实验验证了每个参数对磁通密度的影响。如图 10.2b 所示，每极的电流产生磁通量，因此，合成磁通量是各个磁通量的叠加。对于覆盖两个磁极的拾取器，如图 10.2 所示，泄漏到邻近极点的磁通量相对较小。Ⅰ 型 IPTS 的简化磁路，忽略了流向邻极的所有磁通量，如图 10.5 所示。$\mathcal{R}_{cp}$，$\mathcal{R}_{c1}$，$\mathcal{R}_{c2}$，$\mathcal{R}_{air}$，$\mathcal{R}_1$ 分别为极高、电源导轨的芯板、拾取器的核心板、极和拾取器之间的气隙以及两极之间的气隙的磁阻，磁漏磁通用 Φ_1 表示，磁互磁通用 Φ_m 表示。简化的磁阻电路，如图 10.5b 所示，磁互通 Φ_m 可以通过如下计算：

$$\Phi_m = \frac{N_1 l_s}{2\mathcal{R}_{cp}+\mathcal{R}_{c1}+\mathcal{R}_1//(\mathcal{R}_{c2}+2\mathcal{R}_{air})} \cdot \frac{\mathcal{R}_1}{\mathcal{R}_1+(\mathcal{R}_{c2}+2\mathcal{R}_{air})} \qquad (10.1)$$

第 k 个磁阻 $\mathcal{R}_k$ 由下式给出，其中 $\mu_o = 4\pi \times 10^{-7} H/m$，$\mu_c$ 是相对磁导率，A_{eff} 是有效面积：

$$\mathcal{R}_k \equiv \frac{l_k}{\mu_o \mu_{c,k} A_{eff,k}} \qquad (10.2)$$

由于不能容易地计算所提出的 Ⅰ 型 IPTS 的有效面积 A_{eff}，因此很难手动确定 $\mathcal{R}_k$；这就是为什么只能依靠计算机模拟。它可以从式（10.1）中识别出来，然而，由于并联漏磁阻 $\mathcal{R}_1$

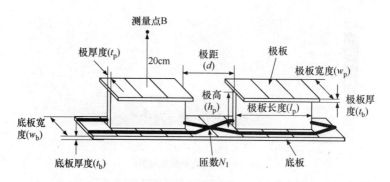

图 10.4 拟议的 I 型 IPTS 的设计参数。如果物理绕组是一个，有效匝数 N_1 变为 2

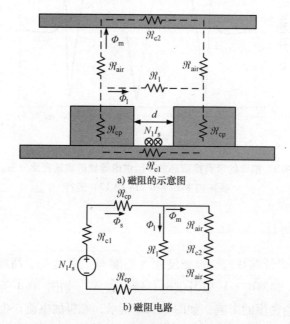

a) 磁阻的示意图

b) 磁阻电路

图 10.5 拟议的 I 型 IPTS 的简化磁路忽略了流入邻域极点的所有其他磁通量

的增加，磁互通 Φ_m 将增加，直到极距 d 达到最佳值。当 d 增加时，由于磁极和芯板的磁阻增加，它将再次减小。为了找出最佳距离，对从 5cm 到 45cm 的 d 进行了 FEM 三维模拟，如图 10.6a 所示。发现每个磁极上方的磁通密度最大时磁极距离为 20cm。

关于功率的最灵敏的参数是每个磁极的匝数，如图 10.6b 所示，只要没有磁饱和，极厚度和极宽度对功率传输几乎没有影响，如图 10.6c 和 d 所示。为了最大限度地降低电缆和铁氧体磁心的成本、拾取尺寸和最大化功率输出，参数选择见表 10.2。底板厚度 t_b 选择为 1cm，以使最大功率输送时磁心不饱和，底板宽度 w_b 选择为 10cm，作为最小化供电导轨宽度和最大化功率输送之间的折中。匝数被确定为电缆成本和电力输送能力之间的折中，电极长度也被确定为在最小化行人的 EMF 和最大化电力输送之间的折中。经过几次试错法实验后，可以对参数进行最终确定。

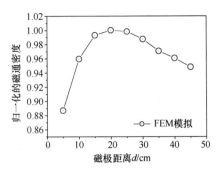

a) 沿极距的归一化磁通密度的FEM模拟结果。核心的渗透率为2000，模拟的供电导轨有五个极，其尺寸为w_p=7cm，w_b=10cm，l_p=30cm，h_p=10cm，t_b=1cm，t_p=2cm，一个绕组以200A，20kHz流动

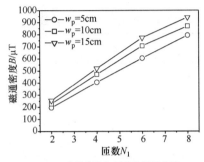

b) 磁通密度与匝数的测量结果

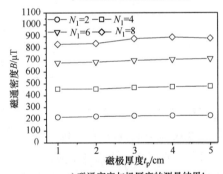

c) 磁通密度与极厚度的测量结果1

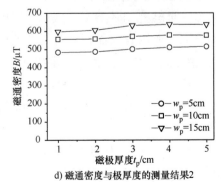

d) 磁通密度与极厚度的测量结果2

图 10.6　供电导轨的磁通密度的模拟和测量结果取决于设计参数。为实验实施了具有 10 个极的供电导轨，并且使用轨道中心处的两个极进行测量以避免任何不对称的结果。输入电流为 200A 和 20kHz，供电导轨的底板宽度 w_b 和厚度 t_b 分别为 10cm 和 1cm

183

10.2.4 拾取端设计

考虑到要在汽车底部的有限空间来设置拾取机构，OLEV SUV 先前的 IPTS 实现每次拾取 15kW 的输出功率对于 OLEV 汽车来说有点小。因此，应增加每单位拾取的输出功率。为了满足超过 20kW 的功率要求[24]，提出的 I 型 IPTS 的输出功率为 25kW，比之前的 OLEV SUV IPTS 高 10kW。为了增加输出功率，根据表 10.2 中列出的参数确定值有意设计了拾取机构。考虑到车辆底部的有限空间和横向偏移容差，拾取宽度和长度分别确定为 80cm 和 100cm。由于拾取电缆和磁心的发热，最大输出电流受温度上升的限制，因此，输出电流额定值选择为 50A。考虑到由于内部电阻引起的 50V 电压降，输出开路电压额定值设置为 550V，输出功率为 25kW。

表 10.2 线圈参数的设计参数

	I 型
极距（d）	20cm
极长（l_p）	30cm
极厚度（t_p）	2cm
极板宽度（w_p）	7cm
底板宽度（w_b）	10cm
底板厚度（t_b）	1cm
匝数（N_1）	4

拾取机构另外的重要设计参数是线圈匝数 N_2，其被确定为提供如下的输出开路电压 V_o：

$$|V_o| = N_2 \omega_s \Phi_m = N_2 \omega_s A_{eff} |B| \tag{10.3}$$

磁通量及其密度定义为拾取机构上的峰值，位于每个极点正上方的位置，如图 10.4 所示。然而，找到式（10.3）中的有效面积 A_{eff} 并不容易。因此，使用 FEM 模拟确定。由于窄供电导轨明显的边缘效应和宽幅拾取，所以有效面积约为气隙的极板面积 A_p 的两倍（α），如图 10.7 所示。最后，N_2 的理论值由式（10.3）推导确定如下：

$$N_2 = \frac{|V_o|}{\omega_s A_{eff} |B|} = \frac{|V_o|}{2\pi \times f_s \alpha A_p |B|} \approx \frac{550}{2\pi \times 20k \times 2 \times 0.021 \times 0.00354} = 29.4 \tag{10.4}$$

式中，极板面积 A_p 由表 10.2 可得

$$A_p = w_p \times l_p = 0.07 \times 0.30 = 0.021 \tag{10.5}$$

在式（10.4）中，f_s 是逆变器开关频率，B 由 FEM 模拟确定。在实际中调整拾取匝数 N_2，并在几次额外实验后最终确定为 32。

还有许多实际中需考虑因素，例如市售零件的允许电压和电流额定值，EV 电池的电压和容量额定值以及整流器额定值。因此，应通过实验修改基线拾取的设计。

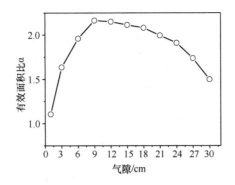

图 10.7　通过 FEM 三维模拟计算的所提出的 I 型 IPTS 的有效面积比与气隙的曲线。由于两个线圈的不对称结构的边缘效应，有效面积比增加。表 10.2 给出了模拟结构的尺寸

10.3　全谐振电流源 IPTS 分析

10.3.1　整体配置

　　IPTS 由电源逆变器、供电导轨、拾取线圈和全桥整流器组成。图 10.8 显示了多个车辆供电的 IPTS 完整的系统结构图，图 10.9 显示了用于为车辆供电的等效电路的示意图。因为供电导轨是受控电流源，所以多个车辆可以彼此独立地从道路获得电能，只要所需电能的总和在电源逆变器的容量内。对于过载情况，应采用一些功率调度，但本章并不涉及。IPTS 的电源逆变器采用 60Hz，440V 三相电压源工作，供电导轨输出电流为 200A，工作频率约为 20kHz。选择 20kHz 的开关频率来传输所需的功率，同时避免产生可听噪声，最小化 IPTS 的大小，并保持逆变器中的开关损耗以及供电导轨中由于高频时交流电阻的增加导致的传导损耗在可接受的范围之内。为了消除高压应力和无功功率，使用了集总电容，在此表示为图 10.9 中的 C_1 和 C_2。供电导轨和拾取机构之间的相互作用导致具有磁化电感 L_m 的等效变压器。通过用电源逆变器调节供电导轨电流来构成等效电流源。为了实现最大功率输出，本章选择了"完全谐振方案"，其中电容器 C_2 不仅被调谐到 L_{l2} 而且被调谐到 L_m。图 10.10 显示了图 10.9 的简化等效电路。

> **问题 2**
> 　　在图 10.8 中，当供电导轨上的车辆数量增加时，电源逆变器的输出电压会发生什么变化。假设恒定电流源，用等效电阻替换每辆车并观察电压。

10.3.2　电流源 IPTS

　　假设本章中使用的逆变器以开关角频率 ω_s 运行，略高于供电导轨的固有谐振角频率 ω_i。这种频率差异使 IPTS 始终具有电感性，从而可以保证稳定的电流切换。在松散耦合的 IPTS 的情况下，$L_1 \gg L_m$，ω_i 可以在式（10.6）中给出。稳定状态下的供电电流 I_s 由逆变器输出电压和励磁电压之间的差值 ΔV_{in}，以及式（10.8）确定的等效残余输入电感 ΔL 和供电导轨的

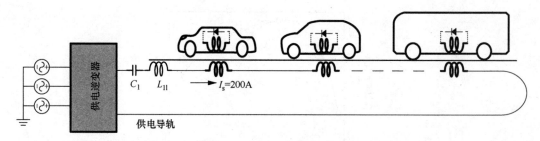

图 10.8 一个完整的系统图，可以从 IPTS 为多个车辆供电

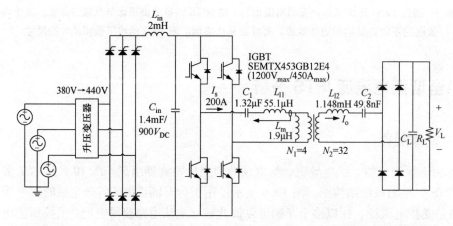

图 10.9 提出的 IPTS 的整体示意图，显示了电源逆变器，供电导轨和拾取器

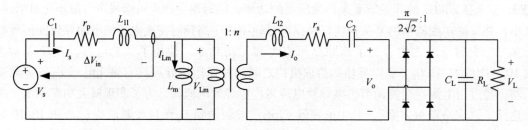

图 10.10 所提出的具有恒定电流控制的 IPTS 的简化等效电路

内阻 r_p 确定，如图 10.10 所示。通过使用励磁线使供电导轨的内部电阻远小于残余电抗，即 $r_p \ll (\omega_s L_{l1} - 1/\omega_s C_1)$，可以如式（10.7）中给出的那样确定 I_s。磁化电压 V_{Lm} 包括拾取器的反射阻抗的影响。对于恒流源 IPTS，应根据 V_{Lm} 改变 V_s。电流 I_s 由逆变器调节，使得它可以被视为恒流源。式（10.7）中的 ΔV_{in} 和 ΔL 由式（10.8）确定。

$$\omega_i \equiv \frac{1}{\sqrt{L_p C_1}} = \frac{1}{\sqrt{(L_{l1} + L_m) C_1}} \approx \frac{1}{\sqrt{L_{l1} C_1}} (\because L_{l1} \gg L_m) \quad (10.6)$$

$$I_s = \frac{V_s - V_{Lm}}{r_p + j\left(\omega_s L_{l1} - \dfrac{1}{\omega_s C_1}\right)} \approx \frac{V_s - V_{Lm}}{j\left(\omega_s L_{l1} - \dfrac{1}{\omega_s C_1}\right)} = \frac{\Delta V_{in}}{j\omega_s \Delta L} \quad (10.7)$$

$$\Delta V_{\text{in}} \equiv V_s - V_{\text{Lm}}, \ \Delta L \equiv L_{11} - \frac{1}{\omega_s^2 C_1} \tag{10.8}$$

10.3.3　传统的二次谐振 IPTS

传统的二次谐振 IPTS[13]，如图 10.11 所示，其特征在于

$$j\omega_s L_{12} + \frac{1}{j\omega_s C_2} = 0 \tag{10.9}$$

从戴维南等效电路（见图 10.11b）可以看出，传统 IPTS 的输出电压受到磁化电感的限制，如下所示：

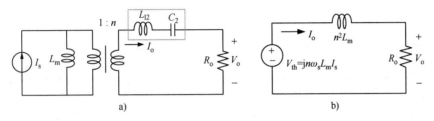

图 10.11　传统电流源 IPTS 和具有仅二次谐振及其简化电路

$$|V_o| = \frac{n\omega_s L_m |I_s|}{\sqrt{1 + \left(\frac{n^2\omega_s L_m}{R_o}\right)^2}} = n\omega_s L_m |I_s| \sqrt{1 - \left(\frac{n|I_o|}{|I_s|}\right)^2} \tag{10.10}$$

在式（10.10）和图 10.11 中，使用下面给出的输出电阻 R_o 代替图 10.10 中的负载电阻 R_L，并且将全桥整流器等效地转换为理想变压器[25,28]：

$$R_o = \frac{\pi^2}{8} R_L \tag{10.11}$$

传统 IPTS 的输出功率 P_o 可以从式（10.10）获得如下：

$$P_o = \frac{|V_o|^2}{R_o} = \frac{(n\omega_s L_m |I_s|)^2}{R_o + \frac{(n^2\omega_s L_m)^2}{R_o}} = n\omega_s L_m |I_s| |I_o| \sqrt{1 - \left(\frac{n|I_o|}{|I_s|}\right)^2} \tag{10.12}$$

如式（10.10）和式（10.12）所述，传统电流源 IPTS 的输出电压和输出功率与输出电流的特性如图 10.12 所示，其中发现最大输出功率太小而不能用于 OLEV 等高功率应用。例如，如果 $|I_s| = 200\text{A}$ 且 $n = 10$，在 $R_o = n^2\omega_s L_m = 23.9\Omega$ 时实现最大输出功率，仅为 4.8kW。

10.3.4　完全谐振的 IPTS

为了消除图 10.11b 中残余电感的电压降来增加输出功率，针对所提出的 IPTS 引入了完全谐振方案，如图 10.13 所示，其中补偿电容 C_2 现在调谐到所有电感组件，如下：

$$j\omega_s L_m + j\frac{\omega_s L_{12}}{n^2} + \frac{1}{j\omega_s n^2 C_2} = 0 \tag{10.13}$$

为了在式（10.13）中所述的完全谐振条件下分析所提出的 IPTS，图 10.10 中的电路等

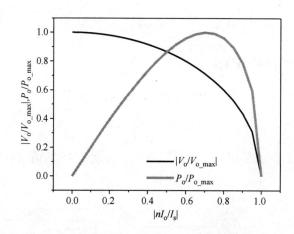

图 10.12　传统电流源 IPTS 的输出电压和输出功率的理论特性，仅具有二次谐振

效地从一次侧变换，如图 10.13 所示。供电导轨的内部电阻 r_p 和二次侧拾取机构的内部电阻 r_s 也都包括在内。

将谐振条件式（10.13）应用于图 10.13c 中的等效电路，输出电流和输出电压以简化为下面的两个等式，其中 I_o^* 是从一次侧视角反射的输出电流：

$$I_o = \frac{I_o^*}{n} = \frac{j\omega_s L_m I_s}{n\left(j\omega_s L_m + j\frac{\omega_s L_{12}}{n^2} + \frac{1}{j\omega_s n^2 C_2}\right) + \frac{r_s + R_o}{n}} = \frac{jn\omega_s L_m I_s}{r_s + R_o} = j\frac{Q_m}{n}I_s \tag{10.14}$$

$$V_o = \frac{jn\omega_s L_m I_s R_o}{r_s + R_o} \approx jn\omega_s L_m I_s \quad r_s \ll R_o \tag{10.15}$$

式（10.14）中，品质因数 Q_m 定义为

$$Q_m \equiv \frac{n^2 \omega_s L_m}{r_s + R_o} \tag{10.16}$$

对于大输出电阻，所提出的 IPTS 的输出电压 V_o 几乎恒定；因此，它近似于一个理想的电压源，如图 10.13d 所示。

由式（10.15）知，输出功率 P_o 确定如下：

$$P_o = \frac{|V_o|^2}{R_o} = \frac{(n\omega_s L_m |I_s|)^2 R_o}{(r_s + R_o)^2} \tag{10.17}$$

输出功率 P_o 与输入电流 $|I_s|$ 的二次方成比例，理论上可以大大增加 $R_o = r_s$；然而，它受到电缆电流额定值和拾取机构补偿电容 C_2 的额定电压的最大输出电流 I_o 的限制。

从图 10.13b 可以看出，考虑到所有二次阻抗的影响，可以确定磁化电感 V_{Lm} 的电压，如下所示：

$$V_{Lm} = I_s\left\{j\omega_s L_m // \left(j\omega_s \frac{L_{12}}{n^2} + \frac{1}{j\omega_s n^2 C_2} + \frac{r_s + R_o}{n^2}\right)\right\} = j\omega_s L_m I_s(1 - jQ_m) \tag{10.18}$$

由式（10.18）可知磁化电流 I_{Lm} 为

$$I_{Lm} = \frac{V_{Lm}}{j\omega_s L_m} = I_s(1 - jQ_m) \tag{10.19}$$

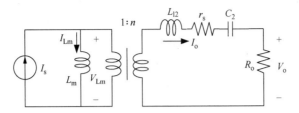

a) 拟议IPTS的简化电路：整流器用等效电阻R_o代替

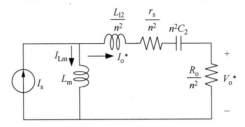

b) 消除变压器的拟议IPTS的简化电路，其中，$I_o^* = nI_o$和$V_o^* = V_o/n$

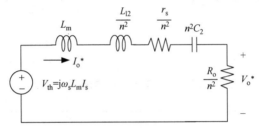

c) 拟议IPTS的简化戴维南电路

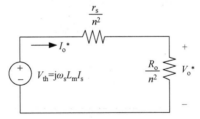

d) 理想电压源特性的最终等效电路

图 10.13　完全谐振 IPTS 的等效简化电路

$$|I_{Lm}| = |I_s|\sqrt{1+Q_m^2} \tag{10.20}$$

在式（10.20）中，对于高输出功率或小输出电阻 R_o，磁化电流 I_{Lm} 急剧增大，会导致大的 Q_m，IPTS 的磁心将会饱和，由此输出功率 P_o 也受到限制。本章的实验验证了磁心饱和对输出功率和电压的影响。

从图 10.13b 可以看出，IPTS 的电流关系如下：

$$I_s = I_{Lm} + I_o^* \text{ 或 } I_{Lm} = I_s - I_o^* = I_s + (-I_o^*) \tag{10.21}$$

式（10.21）和式（10.14），式（10.15）和式（10.19）的相量矢量图显示在图10.14中，这对于查看它们与 I_s 的相位关系很有用。值得注意的是，输出电流总是滞后输入电流 $\pi/2$，并且输出电流的幅度可能远大于输入电流的幅度，这是所提出的 IPTS 的特斯拉线圈特性。另一方面，传统变压器的输入和输出电流或电压由相互之间具有很小相位差是由匝数比决定的。由于 I_s 和 I_o 之间的 $\pi/2$ 的相位差，IPTS 的 I_s 和 I_o 的 EMF 抵消应该彼此分开。这一事实已经应用于具有主动 EMF 抵消的拾取机构的设计[27]。从图 10.14 还可以看出，反射输出电流 I_o^* 和磁化电流 I_{Lm} 可以远大于重载情况下的输入电流 I_s。简单起见，假设 $n = 1$，输出电流 I_o 大的时候与 I_{Lm} 相同并且与 I_s 无关。

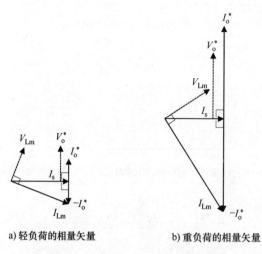

a) 轻负荷的相量矢量　　　　　　　b) 重负荷的相量矢量

图 10.14　完全谐振 IPTS 的相量矢量图

问题 3

（1）从式（10.14）和式（10.20）中找到 I_s 的 I_o 和 I_{Lm} 之间的直接关系。

（2）对于小负载电阻，I_o 与 I_{Lm} 成正比，即大 Q_m，这意味着 IPTS 的磁心是否可能会因输出电流增大而饱和。

（3）提出利用（2）中的饱和特性保护 IPTS 电流过电流的解决办法，思考是否还有其他限制输出电流的解决方案？

10.4　方案设计与实验验证

图 10.15 显示了 IPTS，包括 I 型宽窄供电导轨和它的拾取机构。选择供电导轨匝数为 4，拾取线圈匝数为 32，将气隙增加到 20cm，为 OLEV 和轨道提供更大的空间。为给 OLEV 提供足够的功率，输入电流选择 200A，开关频率选择为 20kHz。这些参数是根据所提出的设计方案初步选定的，但是，在对已实现的 OLEV 系统进行几次实验之后，它们最终被确定下来。

该拾取机构由两个线圈组成，它们的感应交流电压 AC 独立整流之后连续累加，为负载提供高直流电压。为了消除拾取机构的高压应力，将两个线圈分成 4 个子线圈，每个线圈 8 匝。通过补偿电容串联，用精密的 LCR 仪表测量供电导轨和拾取机构 L_1、L_2 的电感量，结果分别为 57μH 和 1.27mH，互感系数为 1.9μH。在图 10.13 中给出了谐振模式方案，由电感量确定补偿电容为 49.8nF。如图 10.15b 所示，电动势消除线圈附在拾取机构上以减少线圈电流产生的磁场。IPTS 的主要实验参数见表 10.3。

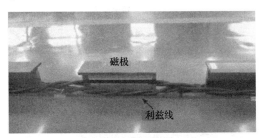

a) 用于实验的供电导轨

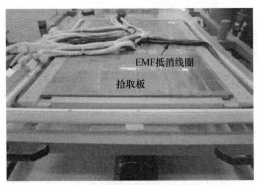

b) 实验的拾取线圈

图 10.15　实验采用的窄供电导轨和拾取线圈

如图 10.16 给出了当 IPTS 在完全谐振模式下工作时的输入电流，输出电流和输出电压的实测波形。输出电流与输入电流之比接近 $\pi/2$，输出电流与输出电压几乎相等，这与图 10.14 所示的相量图非常一致。

表 10.3　实验条件

参数	数值	参数	数值
L_1	57μH	N_2	32
L_2	1.27mH	气隙	20cm
L_m	1.9μH	输入电流	200A
C_1	1.32μF	开关频率	20kHz
C_2	49.8nF	拾取端大小	80cm×100cm
N_1	4	负载特性	阻性

10.4.1　输出电压

如图 10.15 所示，IPTS 的输出电压在理论上应保持恒定，而不考虑所提出的完全谐振模式的输出电流。如图 10.17 所示为输出电压和功率的两种补偿方案（即二次谐振方案和完

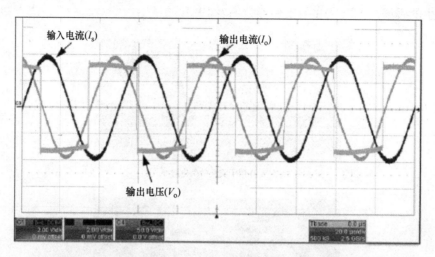

图10.16　完全谐振 IPTS 的输入电流、输出电流和输出电压的波形（分别在供电导轨和拾取线圈处测量输入和输出电流，并在全桥整流器的输入端测量输出电压）

全谐振方案）在作为输出电流的功能上相互比较。在二次谐振方案中，随着 I_o 的增大，电压骤降。与之相反，完全谐振方案的输出电压随着 I_o 增加而线性减小。

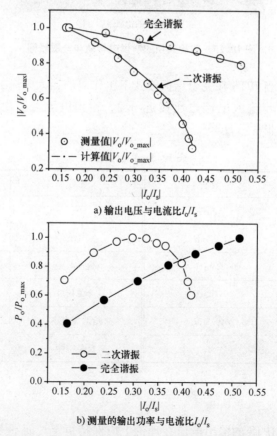

a) 输出电压与电流比 I_o/I_s

b) 测量的输出功率与电流比 I_o/I_s

图10.17　两种补偿方案的输出电压和输出功率的比较：二次谐振和完全谐振方案

实验结果如图 10.18 所示，直到 $I_o = 70A$ 时才出现电压骤降，但当输出电流超过 70A 时，对于完全谐振方案，输出电压会大幅度降低。实验发现，电压骤降有两种类型，如图 10.18 所示，第一种是线性电压骤降，第二种是突变电压骤降。如图 10.19 所示，通过将开关频率调到完全谐振频率可以看出，电压骤降是由于 I_o 过大时，IPTS 的谐振频率发生变化造成的。

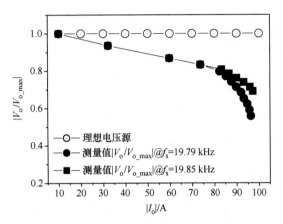

图 10.18　输出电流过大时，由于内阻和部分磁心饱和引起的输出电压降的实验结果。适当地将开关频率从 **19.79kHz** 改为 **19.85kHz**，以调节到不同的谐振频率，可以减小突变电压降

实验结果如图 10.19 所示，当输出电流从 70A 增加到 100A 时，最优开关频率增大了约 4% 然而，由于逆变器在导轨上需要驱动多个具有不同负载条件的 OLEV，因此，频率方案不适用于解决电压骤降问题。为了解决这个问题，拾取机构应设计为更高输出电压以减少给定功率的输出电流或机械，电气控制的可变电感器或电容器，应用于补偿拾取线圈中的电感的变化以进一步工作。

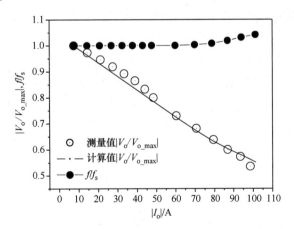

图 10.19　输出电压突然变化与开关频率之间关系的实验结果［通过将开关频率增加大于其原始频率的 4%，改善了过大输出电流（这里约为 70A）随输出电压变化的情况］

10.4.2　输出功率和效率

输出功率和效率涉及许多系统参数，因此，本章首选实验验证。为了评估所提议 IPTS

的输出功率和效率，在输入变压器和在负载电阻处测量输出功率，如图 10.9 所示。当拾取机构与磁极中心正确对准，且 IPTS 处于最佳开关频率下时，测量最大输出功率，以消除拾取线圈因输出电流过大（35kW，气隙 20cm）而产生的局部漏感变化的影响。

在输出功率为 27kW 时，最大功率传输效率为 74%，即 $V_o = 408V$，$I_o = 66.2A$，如图 10.20 所示。效率包括逆变器功率损耗、供电导轨和拾取机构中的传导损耗、磁心损耗和整流器功率损耗。由于输入电流是恒定的，无论输出电流是多少，在逆变器和供电导轨中都存在一定的固定功耗。在轻载情况下，逆变器功率损耗和供电导轨传导损耗占总输入功率的很大一部分，因此，效率随着输出功率的增加而提高。随着输出功率的增加，这些功率损耗的比例降低，效率最终降低。

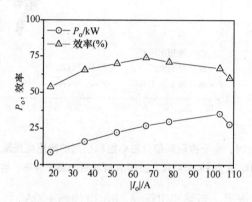

图 10.20　输出功率和效率的实验结果

10.4.3　空间功率变化

测量了拾取机构与磁极中心错位时的输出功率变化。当拾取机构沿道路（x 方向）离开磁极中心时，输出功率降低，在磁极交叉点达到近 1kW，如图 10.21 所示。相反，当在 20cm 内横向移动（y 方向）时，输出功率超过 20kW，在距供电导轨中心 24cm 处变成一半，如图 10.22 所示。车辆行驶方向的输出功率变化应通过其他方法加以改善，或通过适当的方法（如多次使用拾取机构和供电导轨）来最小化。为了解决这个问题，还有待于进一步的工作。

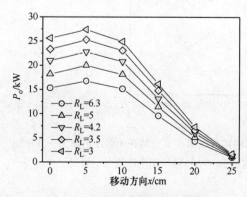

图 10.21　输出功率随运动方向
（x）变化的实验结果

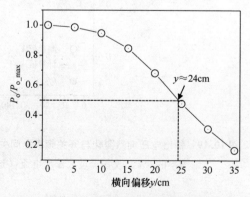

图 10.22　归一化输出功率变化与
横向偏移（y）的实验结果

10.4.4　电磁干扰

一般电气设备运行时都会产生磁场，但应低于所有频率范围内允许的 EMF 水平。如图 10.23 所示，测量了供电导轨周围的电动势和拟定 IPTS 的启动。如前几节所述，由于 I 型磁极的交变极性，供电导轨产生的电动势大大降低。在距供电导轨车道中心 1m 处，该值低至 1.5μT，对于早期版本的 OLEV IPTS，该值约为 20μT。该 EMF 水平符合 ICNIRP 指南中的要求，20kHz 时为 6.25μT。

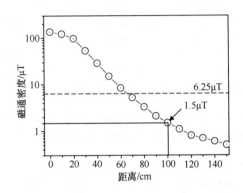

图 10.23　EMF 对于道路旁的行人的实验结果

10.5　小结

本章介绍了一种新型的集成产品开发团队，其供电导轨宽度非常窄（仅为 10cm），气隙很大（为 20cm），基础设施成本较低，并通过仿真和实验进行了验证。所提出的完全谐振电流源 IPTS 具有理想的电压源特性，具有较大的横向偏移、较低的 EMF、较高的输出功率等特性，对实际应用具有重要意义。通过仿真和实验，设计了一种最佳的 I 型供电导轨，并对其进行了表征和验证，表明该供电导轨在实际应用中效果良好。该 IPTS 将先前 IPTS 中用于 OLEV[7] 的气隙从 17cm 提高到 20cm，将供电导轨宽度从 80cm 减小到 10cm，将 EMF 水平降至 6.25μT 以下，并在 27kW 下实现最大输出功率高达 35kW，总功率效率为 74%。

习　题

10.1　对于给定的拾取量，通过增加图 10.9 所提出的 I 型 IPTS 的二次绕组的匝数，可以将负载电压提高一倍，使其达到目标值的两倍。如果可能，保持其他参数和性能不变，包括供电导轨的所有参数，电源电流、负载功率和工作频率。

（a）由于这种负荷而不可避免地改变了哪些参数？

（b）什么将成为影响效率和负载质量因数？

10.2

（a）如何将源电流加倍而不是提高负载电压？讨论这两种方法的优点和缺点。

（b）找到一个总的结论。

参 考 文 献

1 J.G. Bolger, F.A. Kirsten, and LS. Ng, "Inductive power coupling for an electric highway system," in *Proc. IEEE 28th Vehicular Technology Conference*, 1978, vol. 28, pp. 137–144.

2 C.E. Zell, and J.G. Bolger, "Development of an engineering prototype of a road powered electric transit vehicle system," in *Proc. 32nd IEEE Vehicular Technology Conference*, 1982, vol. 32, pp. 435–438.

3 M. Eghtesadi, "Inductive power transfer to an electric vehicle-an analytical model," in *Proc. 40th IEEE Vehicular Technology Conference*, 1990, pp. 100–104.

4 A.W. Green, and J.T. Boys, "10 kHz inductively coupled power transfer concept and control," in *Proc. 5th Int. Conf. IEE Power Electron and Variable-Speed Drivers*, 1994, pp. 694–699.

5 G.A.J. Elliott, J.T. Boys, and A.W. Green, "Magnetically coupled systems for power transfer to electric vehicles," in *Proc. Int. Conf. Power Electron. Drive Syst.*, 1995, pp. 797–801.

6 G.A. Covic, J.T. Boys, M.L.G. Kissin, and H G. Lu, "A three-phase inductive power transfer system for road powered vehicles," *IEEE Trans. on Ind. Electron.*, vol. 54, pp. 3370–3378, December 2007.

7 S.W. Lee, J. Huh, C.B. Park, N.S. Choi, G.H. Cho, and C.T. Rim, "On-line electric vehicle using inductive power transfer system," in *IEEE Energy Conversion Congress and Exposition (ECCE)*, 2010, pp. 1598–1601.

8 C.S. Wang, O.H. Stielau, and G.A. Covic, "Design consideration for a contactless electric vehicle battery charger," *IEEE Trans. on Ind. Electron.*, vol. 52, pp. 1308–1314, October 2005.

9 P. Si, and A.P. Hu, "Analysis of DC inductance used in ICPT power pick-ups for maximum power transfer," in *Proc. IEEE/PES Transmission and Distribution Conference and Exhibition*, pp. 1–6, 2005.

10 J.T. Boys, and G.A. Covic, "DC analysis technique for inductive power transfer pick-ups," *IEEE Power Electronics Letters*, vol. 1, pp. 51–53, June 2003.

11 M.L.G. Kissin, C.Y Huang, G.A. Covic, and J.T. Boys, "Detection of the tuned point of a fixed-frequency LCL resonant power supply," *IEEE Trans. on Power Electron.*, vol. 24, pp. 1140–1143, April 2009.

12 P. Nagatsuka, N. Ehara, Y. Kaneko, S. Abe, and T. Yasuda, "Compact contactless power transfer system for electric vehicles," in *International Power Electronics Conference (IPEC)*, 2010, pp. 807–813.

13 G.B. Joung, and B.H. Cho, "An energy transmission system for an artificial heart using leakage inductance compensation of transcutaneous transfer," *IEEE Trans. on Power Electron.*, vol. 13, pp. 1013–1022, November 1998.

14 S. Valtechev, B. Borges, K. Brandisky, and J.B. Klaassens, "Resonant contactless energy transfer with improved efficiency," *IEEE Trans. on Power Electron.*, vol. 24, pp. 685–699, March 2009.

15 M. Borage, S. Tiwari, and S. Kotaiah, "Analysis and design of an LCL-T resonant converter as a constant-current power supply," *IEEE Trans. on Ind. Electronics*, vol. 52, pp. 1547–1554, December 2005.

16 B. Mangesh, T. Sunil, and K. Swarna, "LCL-T resonant converter with clamp diodes: a novel constant-current power supply with inherent constant-voltage limit," *IEEE Trans. on Ind. Electron.*, vol. 54, pp. 741–746, April 2007.

17 B.L. Cannon, J.F. Hoburg, D.D. Stancil, and S.C. Goldstein, "Magnetic resonance coupling as a potential means for wireless power transfer to multiple small receivers," *IEEE Trans. on Power Electron.*, vol. 24, pp. 1819–1825, July 2009.

18 D.L. O'Sullivan, M.G. Egan, and M.J. Willers, "A family of single-stage resonant AC/DC converters with PFC," *IEEE Trans. on Power Electron.*, vol. 24, pp. 398–408, February 2009.

19 G.A.J. Elliott, S. Raabe, G.A. Covic, and J.T. Boys, "Multiphase pickups for large lateral tolerance contactless power-transfer systems," *IEEE Trans. on Ind. Electron.*, vol. 57, pp. 1590–1598, May 2010.

20 M.L.G. Kissin, J.T. Boys, and G.A. Covic, "Interphase mutual inductance in polyphase inductive power transfer systems," *IEEE Trans. on Ind. Electron.*, vol. 56, pp. 2393–2400, July 2009.

21 J. Huh, S.W. Lee, C.B. Park, G.H. Cho, and C.T. Rim, "High performance inductive power transfer system with narrow rail width for on-line electric vehicles," in *IEEE Energy Conversion Congress and Exposition (ECCE)*, 2010, pp. 1598–1601.

22 C.S. Wang, G.A. Covic, and O.H. Stielau, "Power transfer capability and bifurcation phenomena," *IEEE Trans. on Ind. Electron.*, vol. 51, pp. 148–157, February 2004.

23 H.H. Wu, G.A. Covic, J.T. Boys, and D.J. Robertson, "A series-tuned inductive-power transfer pickup with a controllable AC-voltage output," *IEEE Trans. on Power Electron.*, vol. 26, pp. 98–109, November 2011.

24 J. Huh, B.H. Lee, W.Y. Lee, G.H. Cho, and C.T. Rim, "Characterization of novel inductive power transfer systems for on-line electric vehicles," in *IEEE Applied Power Electronics Conference and Exposition (APEC)*, 2011, pp. 1975–1979.

25 R.L. Steigerwald, "A comparison of half-bridge resonant converter topologies," *IEEE Trans. on Power Electron.*, vol. 3, pp. 174–182, April 1998.

26 C.H. Moon, H.W. Park, and S.Y. Lee, "A design method for minimum-inductance planar magnetic-resonance-imaging gradient coils considering the pole-piece effect," *Measurement Science and Technology*, vol. 10, pp. 136–141. August 1999.

27 S.W. Lee, W.Y. Lee, J. Huh, H.J. Kim, C.B. Park, G.H. Cho, and C.T. Rim, "Active EMF cancellation method for I-type pick-up of on-line electric vehicles," in *IEEE Applied Power Electronics Conference and Exposition (APEC)*, 2011, pp. 1980–1983.

28 C.T. Rim and G.H. Cho, "Phasor transformation and its application to the DC/AC analyses of frequency phase-controlled series resonant converters (SRC)," *IEEE Trans. on Power Electron.*, vol. 5, pp. 201–211, April 1990.

29 C.T. Rim, D.Y. Hu, and G.H. Cho, "Transformers as equivalent circuits for switches: general proofs and D-Q transformation-based analyses," *IEEE Trans. on Ind. Applic.*, vol. 26, no. 4, pp. 777–785, July/August 1990.

30 C.T. Rim, "Unified general phasor transformation for AC converters," *IEEE Trans. on Power Electron.*, vol. 26, no. 9, pp. 2465–2475, September 2011.

31 S. Lee, B. Choi, and C.T. Rim, "Dynamics characterization of the inductive power transfer system for on-line electric vehicles by Laplace phasor transform," *IEEE Trans. on Power Electron.*, vol. 28, no. 12, pp. 5902–5909, December 2013.

第 11 章　窄幅双相供电导轨（I 型）

11.1　简介

电动汽车（EV）被期望成为传统内燃机汽车的替代品，引起了人们的关注。电动汽车仍然存在一些问题，例如频繁的快速充电和电池的深度放电等问题，这些问题会导致电动汽车上昂贵的电池的寿命缩短[1,2]。电动车的静止无线充电方式可以解决传统充电方式的不方便和存在一些危险性的问题[3-9]。然而，电动汽车有限的续航里程和电池的寿命仍然是制约因素。

为了解决电动汽车的这些问题，提出了道路供电电动汽车（Road Powered Electric Vehicles，RPEV）作为纯电动汽车普及的跳板[10-23]，其动力来源于埋在道路下的供电导轨无线供电。为了缩小供电导轨，增加施工的便捷性，确保经济性，提出了一种 I 型供电导轨，它的宽度仅有 10cm[18]。U 型和 W 型导轨的磁极被布置在车辆行驶方向的垂直平面上，因此拾取端的感应电压与车辆沿行驶方向的位置几乎无关。I 型供电导轨的磁极沿驱动方向交替放置，以减小导轨的宽度并扩大气隙，如图 11.1 所示。由于这种交替放置磁极的方式，感应电压的拾取取决于不同的位置。在供电导轨的特定位置，拾取端的电压接近于 0V。

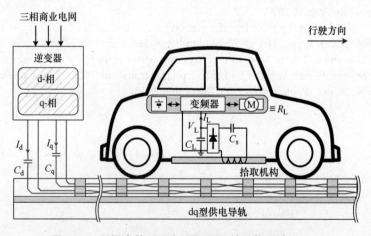

图 11.1　所提出的 dq 型 I 型 IPTS 的总体系统

在本章中，提出了一种 dq 型供电导轨的感应电能传输系统[24]（IPTS）。如图 11.2 所示。为了使拾取的感应输出电压尽可能地相对于拾取位置沿驱动方向，dq 型供电导轨由 d 绕组和 q 绕组组成，分别用两个独立控制的电流磁化，以平衡供电导轨的电流。针对供电导轨中紧凑的多相绕组，给出了一种共享磁心的集成绕组方法。本章中还给出了理论分析结果，并通过实验对其进行了验证。

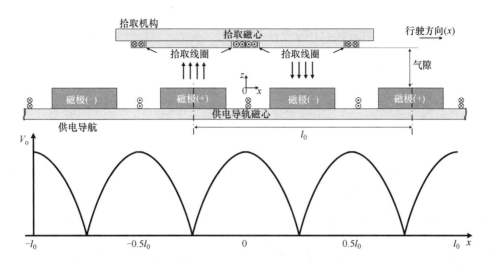

图 11.2 传统 Ⅰ型 IPTS 的结构和其拾取端感应电压 V_o 与供电导轨上的拾取端位置的关系

11.2 dq 型供电导轨设计

本节回顾了一种传统的Ⅰ型 IPTS 的特点，并研究了它的缺点，提出了 dq Ⅰ型供电导轨。为了进行公平的比较，传统的Ⅰ型供电导轨和所提出的 dq 型供电导轨都采用了相同的拾取方式。采用串联谐振补偿方案，如图 11.2 所示，本章仅研究 IPTS 基本部件的静态特性，因此，本章中的变量是静态相量，是一个复数。

11.2.1 传统 Ⅰ型 IPTS 的空间感应电压变化

拾取端的感应电压 V_o 相对于传统的Ⅰ型 IPTS 驱动方向的位置如图 11.1 所示，其中感应电压与供电导轨和拾取端之间的磁耦合成正比。因此，V_o 在空间上是周期的，它在零磁耦合的位置接近于零，因为输出功率 P_o 与 V_o 的二次方成正比，因此功率在这些位置上也为零[18]。如果车辆停在Ⅰ型供电导轨上的任意位置，车辆可能无法从供电导轨上获得任何动力。

根据本章文献[18] 的实验观测，可以用正弦形式近似描述感应拾取电压 $V_o(x)$ 的空间分布，如式（11.1）所示：

$$V_o(x) = \left| V_a \cos \frac{2\pi x}{l_0} \right| \tag{11.1}$$

式中，x、V_a 和 l_0 分别是Ⅰ型供电导轨的拾取端位移、感应电压的空间幅度和空间周期长度。$V_o(x)$ 的解析表达式过于复杂，目前无法得到。

问题 1

通过使用任何理论或仿真（如果不可避免的话）来验证式（11.1）是正确的。应考虑一下你所提出的模型的气隙变化。可以使用任何近似，这比找到一个精确但非常复杂的模型要好。

11.2.2 dq 型供电导轨的设计与分析

为了补偿 $V_o(x)$ 的波谷部分并使其均匀化，应在图 11.1 所示的传统 I 型供电导轨的磁极之间添加另一个可使拾取磁极磁化的磁极。简单地说，另一个供电导轨被放置在空间位置差别 $l_0/4$ 处，使其磁极位于现有供电导轨的磁极之间，可以并行添加，如图 11.3 所示。空间位移距离的确定使得附加导轨的感应电压峰值被放置在现有供电导轨 $V_o(x)$ 的波谷点。现有的供电导轨和附加供电导轨分别被称为 d 供电导轨和 q 供电导轨，通过这种配置，可以通过将各供电轨的感应电压组合起来从而消除感应电压为零的点。I 型供电导轨的一个主要优点是与 U 型或 W 型供电导轨相比，供电导轨的宽度窄、施工成本低，但两条分开供电导轨的钢轨宽度较宽，又削弱了这一优势。两条分离导轨应通过将供电导轨集成为一个来缩小。

为了集成 d 和 q 供电导轨，q 供电导轨磁极周围的绕线应穿过 d 供电导轨的磁极。为了给导线留出空间，图 11.3 中的每个磁极应该分成两部分，如图 11.4a 所示。图 11.4a 中，利用分开的磁极和重叠绕组之间的空间，两个分开的绕组可以集成到一个单一的供电导轨中。由于图 11.4a 中每个磁极分别绕线的线圈结构较为复杂，所以不能用于较长的供电导轨。因此类似于本章参考文献［18］中的 I 型供电导轨，每个磁极的分离绕组可以用一根线缠绕，如图 11.4b 所示。

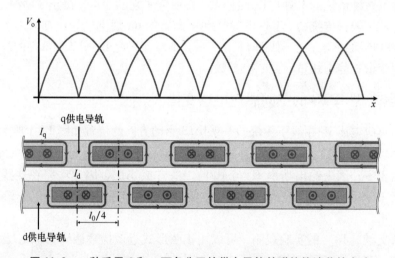

图 11.3　一种采用 d 和 q 两条分开的供电导轨并联补偿波谷的方法

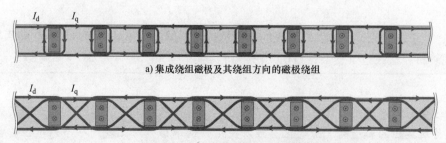

a) 集成绕组磁极及其绕组方向的磁极绕组

b) 每相一根线的长供电导轨上实用的绕组方法

图 11.4　提出的 dq 供电导轨的集成绕组方法

图 11.5 显示了所提出的 dq I 型供电导轨和拾取端，其中 Φ_d 和 Φ_q 分别是 d 和 q 供电导轨到拾取端的相互连接磁通。每个互连磁通 V_d 和 V_q 的感应拾取电压可计算如下：

$$V_d = j\omega_o \Phi_d N_2 \tag{11.2}$$

$$V_q = j\omega_o \Phi_q N_2 \tag{11.3}$$

式中，N_2 和 ω_o 分别是 IPTS 的拾取端匝数和工作角频率。拾取端 V_{0dq} 的感应电压的综合大小如下：

$$V_{0dq} \equiv |V_d + V_q| = |j\omega_o N_2 (\Phi_d + \Phi_q)| = \omega_o N_2 |\Phi_d + \Phi_q| \tag{11.4}$$

互连磁通 $\Phi_d(x)$ 的空间分布可以用正弦形式近似描述，如下所示：

$$\left|\Phi_d(x)\right| = \left|\Phi_0 \cos\left(\frac{2\pi x}{l_0}\right)\right| \tag{11.5}$$

式中，Φ_0 是空间函数的振幅。考虑到 q 供电导轨的空间位移，得到了类似的 $\Phi_q(x)$：

$$\left|\Phi_q(x)\right| = \left|\Phi_0 \sin\left(\frac{2\pi x}{l_0}\right)\right| \tag{11.6}$$

考虑相位分量，假设 d 供电导轨为零相位，空间磁通变为

$$\Phi_d = \Phi_0 e^{j\theta} \cos\left(\frac{2\pi x}{l_0}\right) \tag{11.7}$$

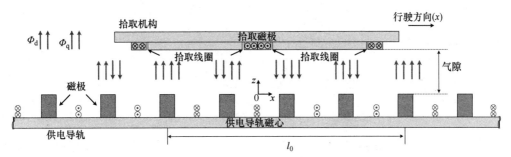

a) 所提出的IPTS的侧面视图

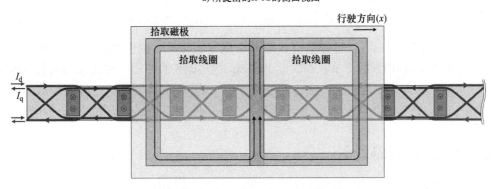

b) 建议的IPTS的顶部视图与供电导轨和拾取端的绕组配置

图 11.5　所提出的 dq I 型供电导轨和拾取端

假设 q 供电导轨由具有任意相位差的电流源驱动，则 Φ_q 变为

$$\Phi_q = \Phi_0 e^{j\theta} \sin\left(\frac{2\pi x}{l_0}\right) \tag{11.8}$$

将式（11.7）和式（11.8）代入式（11.4），结果如下：

$$V_{0dq} = \omega_o N_2 \Phi_0 \sqrt{1 + \sin(4\pi x/l_0) \cos\theta} \tag{11.9}$$

从式（11.9）可以看出，V_{0dq} 是 x 和 θ 的函数。如果式（11.9）中的 $\cos\theta$ 项变为零，则可以完全消除 V_{0dq} 对 x 的依赖。因此，$\theta = 90°$ 的 V_{0dq} 变为

$$V_{0dq} \big|_{\theta=90°} = \omega_o N_2 \Phi_0 \tag{11.10}$$

只要 Φ_d 和 Φ_q 的相位差保持在 90°，则 V_{0dq} 与沿驱动方向的拾取位移无关。为了保持磁通相位差，应保持 I_d 和 I_q 之间的相位差，I_d 和 I_q 是每条供电线路的驱动电流。从安培定律来看，Φ_d 和 Φ_q 的相位都分别与 I_d 和 I_q 完全相同。

11.2.3 与 I 型供电导轨的对比

考虑到车辆停在供电导轨上的任意位置，空间平均功率代表车辆的功率接受性。拾取端的输出功率与拾取感应电压的二次方成正比[18]。I 型 IPTS 的拾取感应电压分布如下：

$$V_{oI}(x) = \left| \omega_o N_2 \Phi_0 \cos\frac{2\pi x}{l_0} \right| \tag{11.11}$$

由式（11.11）可知，I 型 IPTS 空间平均拾取端感应电压 $\overline{V}_{oI}$ 如下所示：

$$\overline{V}_{oI} = \frac{1}{l_0} \int_0^{l_0} V_{oI}(x) \, dx = \frac{2}{\pi} \omega_o N_2 \Phi_0 \tag{11.12}$$

由式（11.10）可知，V_{0dq} 的空间分布如下所示：

$$V_{0dq}(x) = \omega_o N_2 \Phi_{0dq} \tag{11.13}$$

I 型 IPTS 的空间平均拾取端感应电压如下所示：

$$\overline{V}_{0dq} = \frac{1}{l_0} \int_0^{l_0} V_{0dq}(x) \, dx = \omega_o N_2 \Phi_{0dq} \tag{11.14}$$

从式（11.12）和式（11.14）可以得出，在相同的空间平均拾取感应电压下，dq I 型 IPTS 的互连磁通 Φ_0 可以减小。通过降低 Φ_{0dq}，可以保持供电导轨的铁氧体磁心的峰值磁通密度，从而减小铁氧体材料的体积。由于 Φ_0 与通过供电导轨的电流成正比，所以电流也可以降低。假设 $\overline{V}_{0dq}$ 与 $\overline{V}_{oI}$ 相同，且各供电线路的电流密度相同，则所提出的 dq I 型供电导轨的线材厚度可为 I 型 IPTS 的 $2/\pi$。本章提出的 dq I 型 IPTS 的两相结构使其绕组长度是 I 型的两倍，即是 I 型绕组长度的 $4/\pi$ 倍。尽管 dq I 型 IPTS 需要多用 27% 的线，增加了硬件上的复杂性，但 dq I 型 IPTS 不会存在 I 型 IPTS 的空间周期性零感应电压位置。

11.3 IPTS 的电路设计

为了分别为 d 和 q 供电导轨提供直流和交流电源，本节设计了相应的控制电路和功率电路，并通过仿真验证了控制电路的正确性。

11.3.1 IPTS 的功率电路

图 11.6 显示了所提出的 dq I 型 IPTS 的电路图。供电导轨的每个相位都由专用逆变器驱动。逆变器输出电流的幅值 I_d 和 I_q 由电流幅值控制器控制，控制器使供电导轨的驱动电流一

致性地被控制，以防止负载变化和供电导轨与拾取端之间激磁电感的变化。I_{qsen} 和 I_{dsen} 分别是电流传感器对 I_q 和 I_d 的检测电流。通过控制逆变器的直流电容电压，可以调节逆变器的输出电流幅值。电流幅值控制器控制独立电压源，产生逆变器直流电容电压，从而根据施加的外部控制电压将输出电流调节到指定的幅度。该电压源由采用传统电压模式 PWM 控制器的 BUCK 变换器构成。

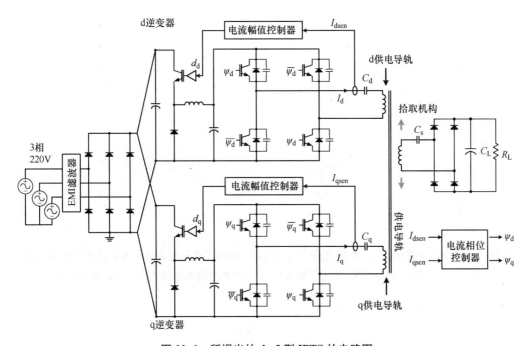

图 11.6　所提出的 dq Ⅰ 型 IPTS 的电路图

11.3.2　功率电路相移分析

图 11.7a 给出了所提出的 dq Ⅰ 型 IPTS 的等效电路模型，其中 $V_d(V_q)$、$C_d(C_q)$、L_{ld} (L_{lq})、$L_{md}(L_{mq})$、L_{ls}、C_s、R'_L 和 n 为 d（q）相位逆变器输出电压，d（q）相位一次谐振电容，d（q）供电导轨的漏感，d（q）电源导轨与拾取端之间的激磁电感，二次漏感，二次串联电容，全桥整流器对负载电阻 R_L 的参考电阻，以及一次绕组和二次绕组的匝数比。

所述拾取 V_o 的组合感应电压可导出如下：

$$V_o = V_{od} + V_{oq} = n(\mathrm{j}\omega L_{md}I_d + \mathrm{j}\omega L_{mq}I_q) \tag{11.15}$$

假设 $I_d \perp I_q$，那么

$$I_q = \mathrm{j}I_d \tag{11.16}$$

将式（11.16）代入式（11.15），有

$$V_o = \mathrm{j}\omega n(L_{md}I_d + \mathrm{j}L_{mq}I_d) \tag{11.17}$$

根据拾取机构的串联谐振条件，在推导[18]中可以省略 L_{ls}、C_s 的串联谐振回路。R'_L 的输出电流如下：

$$I_o = \frac{V_o}{R'_L} = \frac{\mathrm{j}\omega n(L_{md} + \mathrm{j}L_{mq})I_d}{R'_L} \tag{11.18}$$

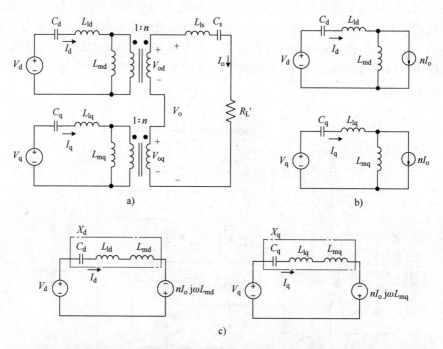

图 11.7 **a）**所提出的 **dq I 型 IPTS** 的等效电路模型，省略了具有参考负载电阻 R'_L 的全桥整流器，**b）**图 a 的简化电路模型，消除了变压器，**c）**使用戴维南等效电路的简化电路模型

从图 11.7c 中得出 I_d 和 I_q 如下：

$$I_d = \frac{V_d + nI_o j\omega L_{md}}{jX_d} \tag{11.19a}$$

$$I_q = \frac{V_q + nI_o j\omega L_{mq}}{jX_q} \tag{11.19b}$$

将式（11.18）改为式（11.19），V_d 和 V_q 如下：

$$V_d = I_d \left\{ 1 - \omega^2 C_d(L_{ld}+L_{md}) + \frac{\omega^3 n^2 L_{md}^2 C_d}{R'_L} + j\frac{\omega^3 n^2 L_{md}L_{mq}C_d}{R'_L} \right\} \bigg/ \omega C_d \tag{11.20a}$$

$$V_q = I_q \left\{ 1 - \omega^2 C_q(L_{lq}+L_{mq}) + \frac{\omega^3 n^2 L_{mq}^2 C_q}{R'_L} + j\frac{\omega^3 n^2 L_{mq}L_{md}C_q}{R'_L} \right\} \bigg/ \omega C_q \tag{11.20b}$$

V_d 与 V_q $\Delta\theta$ 的相位差如下：

$$\Delta\theta = \angle V_d - \angle V_q = \tan^{-1}\left(\frac{\frac{\omega^3 n^2 L_{md}L_{mq}C_d}{R'_L}}{1 - \omega^2 C_d(L_{ld}+L_{mq}) + \frac{\omega^3 n^2 L_{mq}^2 C_d}{R'_L}} \right) -$$

$$\left\{ 90 + \tan^{-1}\left(\frac{\frac{\omega^3 n^2 L_{mq}L_{md}C_q}{R'_L}}{1 - \omega^2 C_q(L_{lq}+L_{mq}) + \frac{\omega^3 n^2 L_{mq}^2 C_d}{R'_L}} \right) \right\} \tag{11.21}$$

从式（11.15）和式（11.16）中可以看出，激磁电感 L_{md} 和 L_{mq} 在等效电路模型中是拾取位移 x 的函数：

$$L_{md} = L_{m0} \left| \sin \frac{2\pi x}{l_0} \right| \tag{11.22a}$$

$$L_{mq} = L_{m0} \left| \cos \frac{2\pi x}{l_0} \right| \tag{11.22b}$$

式中，L_{m0} 是最大的激磁电感。

可以使用式（11.21）和式（11.22）绘制 $\Delta\theta$，如图 11.8 所示。如式（11.9）所指出的，I_d 和 I_q 之间的相对相位差对于获得的感应拾取电压的空间不变性特性是非常重要的。为了保证 I_d 和 I_q 之间的 90°相位差，应该控制相位 $\Delta\theta$，如图 11.8 所示，这取决于拾取端的位移 x。为了消除相移依赖特性，因此需要一个电流相位控制器在不管 x 是多少情况下来保持 I_d 和 I_q 之间的相位差。

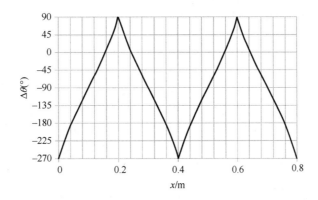

图 11.8　假设 I_d 和 I_q 之间为 90°相位差，$\Delta\theta$ 相对于拾取端位移 x 曲线

11.3.3　IPTS 控制电路

电流幅值控制器的原理图如图 11.9 所示。两个相位都使用相同的控制器，这里只描述了 d 相位的控制器。I_{dsen} 是使用霍尔效应的隔离电流传感器的感应二次电流。R_1 将 I_{dsen} 转换为电压。为了检测 I_d 的幅值，设置有峰值检测器跟踪此电压的包络线，R_2 和 R_3 分压使得 PWM 控制器误差放大器的有合适的输入范围。插入 D_1 和 D_2 以抵消 D_3 的正向电压降。V_{con} 是调整的 PWM 控制器的外部控制电压。假设误差放大器的增益是无限的，R_2 和 R_3 比 R_1 大得多，则 I_{dsen} 的受控振幅如下：

$$I_{dsen} = \frac{R_2 + R_3}{R_1 R_3} V_{con} \tag{11.23}$$

考虑到电流传感器的传感增益，被控 I_d 如下：

$$I_d = \frac{I_{dsen}}{A_s} \tag{11.24}$$

所提出的 dq I 型 IPTS 的电流相位控制器如图 11.10 所示。时钟发生器产生 Ψ_d，这是 IPTS 之前定义的工作频率。将 I_{dsen} 转换为电压，由比较器产生与 I_{dsen} 相同相位的 ϕ_d。为了使

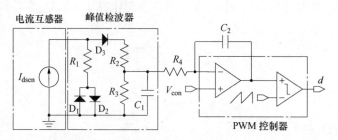

图 11.9　逆变器的电流幅值控制器

I_d 和 I_q 之间产生 90°的相位差，移相器利用有源积分器和比较器将 ϕ_d 延迟 90°，相移器中的比较器产生 ϕ_d 移相 90°的脉冲，记为 ϕ_{d90}。采用锁相环（PLL）比较了 ϕ_{d90} 与 ϕ_q 之间的相位差，采用 T 触发器构成的分频器保证了 q 相逆变器开关频率 Ψ_q 的占空比为 50%。Ψ_q 的相位由锁相环的反馈环控制，使得 ϕ_{d90} 与 ϕ_q 之间的相位差为零；也就是说，I_d 和 I_q 的相位差达到 90°。图 11.11 显示了当前相位控制器的时序图。

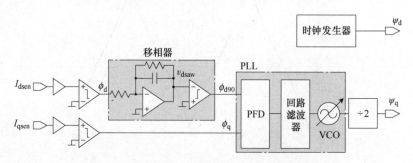

图 11.10　IPTS 逆变器的电流相位控制器

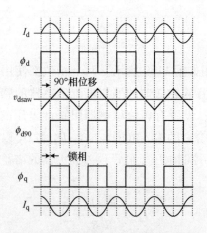

图 11.11　电流相位控制器的时序图

11.3.4　设计的仿真验证

为了验证所提出的 IPTS 对于各种拾取端位移的空间特性，使用 Ansoft Maxwell（V14）磁瞬态仿真器进行了瞬态仿真，结果如图 11.12 所示。将沿驱动方向 x 方向的各种拾取位移的瞬态仿真结果绘制成三维图形。由于所提出的 IPTS 的结构是空间周期性的，因此对半空间周期（即 $l_0/2$）的仿真结果即可以表示 IPTS 的全部空间特性。正如前几节所讨论的，V_o 没有随拾取端的位移变化而有波谷部分，但几乎是恒定的。

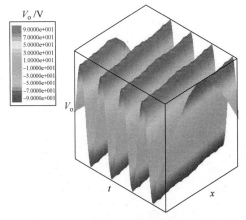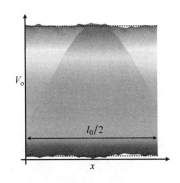

a) 仿真拾取端感应电压随不同拾取位置x的关系　　b) 侧面视角的拾取端的感应电压束

图 11. 12　所提出的 IPTS 的瞬态有限元仿真结果

11.4　实例设计与实验验证

图 11.13 展示了所提出的 dq I 型 IPTS，包括 dq 至供电导轨、拾取端和逆变器，并进行实验验证。供电导轨各相位的匝数分别为 4 次和 40 次，供电导轨磁极顶部与磁心之间的气隙为 15cm。作为验证所提出的 IPTS 空间特性的初步试验平台，供电导轨各阶段的输入电流被缩小为 20 A_{rms}，工作频率为 20kHz，与 I 型导轨的输入电流一致。拾取端绕组由两个分离的绕组组成，它们串联在一起，从而能有效地累加每个拾取端的感应电压。串联谐振电容的一部分安装在绕组之间，以缓解导线之间的电压应力[18]。

表 11.1 给出了所提出的 IPTS 的参数。由于所提出的 IPTS 的激磁电感在空间上变化，L_{md} 和 L_{mq} 指的是将拾取端定位于供电导轨上每相的输出电压最大值处的激磁电感。

表 11.1　提出的 IPTS 的参数

参数	数值	参数	数值
L_{1d}，L_{1q}	105μH	工作频率	20kHz
L_{md}，L_{mq}	2.4μH	N_{1d}，N_{1q}	4
C_d，C_q	660μF	N_2	40
L_{1s}	1.89mH	拾取端尺寸	90cm×120cm
C_s	33.3nF	l_0	80cm
I_d，I_q	20A_{rms}	气隙	15cm

注：测量的激磁电感，其中拾取端位于最大输出电压处。

a) 俯视图   b) 所提出的dq电源轨道的侧视图

c) 拾取端磁心下的拾取线圈   d) 在夹具上的拾取端

e) dq-IPTS的逆变器

图 11.13 所提出的用于实验验证的 dq I 型 IPTS

图 11.14 显示了供电导轨电流的波形，供电导轨电流的检测相位，锁相环的输入相位，以及锁相环的 VCO 控制电压。电流幅值控制器对每个相位的电流幅度在指定范围内进行了很好的调节。在图 11.14b 中，所提出的电流相位控制器的锁相环使 ϕ_{d90} 和 ϕ_q 锁定，从而使 ϕ_{d90} 和 ϕ_q 之间的相位差为零。在稳态模式下，VCO 控制电压通过反馈回路也是稳定的。

所测得的 dq I 型 IPT 系统的空间输出功率变化如图 11.15 所示。当只开启 d 供电导轨时，空间输出功率特性与 I 型导轨完全相同。一个空间周期 l_0 内的两个波谷处，输出功率在接近于零。负载阻值改变时的空间输出功率特性如图 11.15b 所示。与 I 型的特点不同，波谷点不存在，车辆可按所提出的 dq 供电导轨进行供电，从而沿行驶方向任意位移。

图 11.15b的轻微变化主要来自于非正弦空间分布的磁通和非理想情况控制电流。

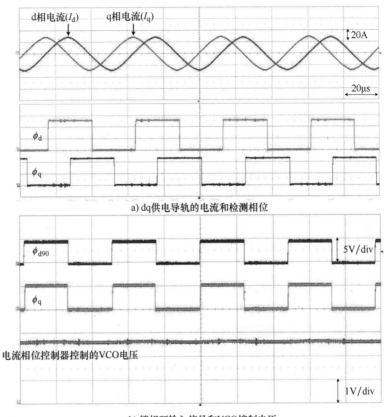

a) dq供电导轨的电流和检测相位

b) 锁相环输入信号和VCO控制电压

图 11.14　所提出的 IPT 系统的波形

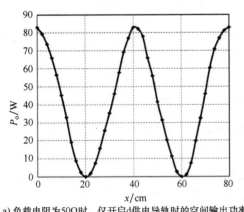

a) 负载电阻为50Ω时，仅开启d供电导轨时的空间输出功率变化

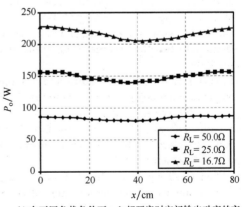

b) 在不同负载条件下，dq都开启时空间输出功率的变化

图 11.15　所提出的 IPT 系统的输出功率对于拾取端位置偏移和负载条件改变下的测量结果

11.5　小结

I 型 IPTS 的主要问题是空间功率沿车辆运行方向的变化特性从 100% 降至 11%。由于所提出的 IPTS 具有与 I 型相同的运行特性，因此其宽度窄、气隙大、输出功率高、工程造价低等优点依然保留。所提出的 dq I 型供电导轨由两个绕组相组成，由分离的电流源驱动，该电流源的幅值和相对相位由逆变器内嵌的电流幅值和相位控制器控制。

问题 2

假设波动的输出功率得到很好的调节，随后供给了电动汽车的车载电池，比较前一章单一的 I 型 IPTS 与本章 dq I 型 IPTS 在给定尺寸、功率和效率等方面的优缺点。

习　　题

11.1　将所提出的双相 IPTS 扩展到三相 IPTS，系统中已配备了均匀分布的三相供电导轨和相应的平衡逆变器。

（a）论证感应输出电压对于电动汽车的同一方向的移动也是恒定的。

（b）讨论三相 IPTS 与双相 IPTS 相比，在绕组复杂度和磁心有效面积（即供电导轨与拾取端之间的磁耦合系数）方面的优缺点。

11.2　另一种解决单相供电导轨输出电压波动的可能方法是采用双拾取法实现电动汽车的行驶方向。讨论在电动汽车行驶方向上，双相供电导轨与双拾取法的优缺点。

参 考 文 献

1　C.-S. Wang, O.H. Stielau, and G.A. Covic, "Design considerations for a contactless electric vehicle battery charger," *IEEE Trans.on Ind. Electron.*, vol. 52, no. 5, pp. 1308–1314, October 2005.

2　M.G. Egan, D.L. O'Sullivan, J.G. Hayes, M.J. Willers, and C.P. Henze, "Power factor corrected single stage inductive charger for electric vehicle batteries," *IEEE Trans. on Ind. Electron.*, vol. 54, no. 2, pp. 1217–1226, April 2007.

3　J. Sallan, J.L. Villa, A. Llombart, and J.F. Sanz, "Optimal design of ICPT systems applied to electric vehicle battery charge," *IEEE Trans. on Ind. Electron.*, vol. 56, no. 6, pp. 2140–2149, June 2009.

4　J.L. Villa, J. Sallan, J.F. Sanz Osorio, and A. Llombart, "High-misalignment tolerant compensation topology for ICPT systems," *IEEE Trans. on Ind. Electron.*, vol. 59, no. 2, pp. 945–951, February 2012.

5　M. Budhia, J.T. Boys, G.A. Covic, and C,Y Huang, "Development of a single-sided flux magnetic coupler for electric vehicle IPT charging systems," *IEEE Trans. on Ind. Electron.*, vol. 60, no. 1, pp. 318–328, January 2013.

6　R. Chen, C. Zheng, Z.U. Zahid, E. Faraci, W. Yu, J.-S. Lai, M. Senesky, D. Anderson, and G. Lisi, "Analysis and parameters optimization of a contactless IPT system for EV charger," in *IEEE APEC*, March 2014, pp. 1654–1661.

7　S.Y. Choi, J. Huh, W.Y. Lee, and C.T. Rim, "Asymmetric coil sets for wireless stationary EV chargers with large lateral tolerance by dominant field analysis," *IEEE Trans. on Power Electron.*, vol. 29, no. 12, pp. 6406–6420, December 2014.

8　J.G. Bolger, F.A. Kirsten, and L.S. Ng, "Inductive power coupling for an electric highway system," in *Proc. IEEE 28th Veh. Technol. Conf.*, March 1978, vol. 28, pp. 137–144.

9　C.E. Zell and J.G. Bolger, "Development of an engineering prototype of a road powered electric transit vehicle system," in *Proc. 32nd IEEE Veh. Technol. Conf.*, May 1982, vol. 32, pp. 435–438.

10　M. Eghtesadi, "Inductive power transfer to an electric vehicle-analytical model," in *Proc. 40th IEEE Veh. Technol. Conf.*, May 1990, pp. 100–104.

11　G.A. Covic, J.T. Boys, M.L.G. Kissin, and H.G. Lu, "A three phase inductive power transfer system for road powered vehicles," *IEEE Trans. on Ind. Electron.*, vol. 54, no. 6, pp. 3370–3378, December 2007.

12　G. Elliott, S. Raabe, G.A. Covic, and J.T. Boys, "Multiphase pickups for large lateral tolerance contactless power-transfer systems," *IEEE Trans. on Ind. Electron.*, vol. 57, no. 5, pp. 1590–1598, May 2010.

13　S.W. Lee, J. Huh, C.B. Park, N.S. Choi, G.H. Cho, and C.T. Rim, "On-line electric vehicle using inductive power transfer system," in *IEEE ECCE*, September 2010, pp. 1598–1601.

14　J. Huh, S.W. Lee, C.B. Park, G.H. Cho, and C.T. Rim, "High performance inductive power transfer system with narrow rail width for on-line electric vehicles," in *IEEE ECCE*, 2010, pp. 1598–1601.

15　M.L.G. Kissin, G.A. Covic, and J.T. Boys, "Steady-state flat-pickup loading effects in polyphase inductive power transfer systems," *IEEE Trans. on Ind. Electron.*, vol. 58, no. 6, pp. 2274–2282, June 2011.

16　J. Huh, S.W. Lee, W.Y. Lee, G.H. Cho, and C.T. Rim, "Narrow-width inductive power transfer system for online electrical vehicles," *IEEE Trans. on Power Electron.*, vol. 26, no. 12, pp. 3666–3679, December 2011.

17　S. Chopra and P. Bauer, "Driving range extension of EV with on-road contactless power transfer – a case study," *IEEE Trans. on Ind. Electron.*, vol. 60, no. 1, pp. 329–338, January 2013.

18　G.A. Covic and J.T. Boys, "Modern trends in inductive power transfer for transportation applications," *IEEE J. of Emerging and Selected Topics in Power Electron.*, vol. 1, no. 1, pp. 28–41, March 2013.

19　J. Shin, S. Shin, Y. Kim, S. Ahn, S. Lee, G. Jung, S.-J. Jeon, and D.g-H. Cho, "Design and implementation of shaped magnetic-resonance-based wireless power transfer system for road powered moving electric vehicles," *IEEE Trans. on Ind. Electron.*, vol. 61, no. 3, pp. 1179–1192, March 2014.

20　A. Zaheer, G.A. Covic, and D. Kacprzak, "A bipolar pad in a 10-kHz 300-W distributed IPT system for AGV applications," *IEEE Trans. on Ind. Electron.*, vol. 61, no. 7, pp. 3288–3301, July 2014.

21　M. Budhia, G. Covic, J. Boys, and M. Kissin, "Inductive power transfer system primary track topologies," PCT WO 2011/145953, November 24, 2011.

22　N. Suh, S. Chang, G. Cho, D. Cho, C.T. Rim, J. Huh, S. Lee, H. Kim, and C. Park, "Space-division multiple power feeding and collecting apparatus," PCT WO 2011/152678, December 8, 2011.

23　C. Park, S. Lee, S.-Y. Jeong, G.H. Cho, and C.T. Rim, "Uniform power I-type inductive power transfer system with DQ-power supply rails for on-line electric vehicles," *IEEE Trans. on Power Electron.*, vol. 30, no. 11, pp. 6446–6455, November 2015.

第 12 章　超细供电导轨（S 型）

12.1　简介

在各种电动汽车中，如电力电动车、混合动力电动车、插电式混合动力电动车等，道路动力电动车在解决电池相关问题方面具有优势[1-24]。事实上，RPEV 本就不需要电池提供牵引力，因为它们在道路下的供电导轨上运行时可以直接获得所需要的功率。因此，RPEV 没有电池问题。

本章提出了一种新型 4cm 宽的超细 S 型电能供给模块，以减少施工时间和商业化费用。通过在供电导轨中应用这种模型的理念，在敷设期间，供电导轨间不再需要电缆连接。与先前的 4G OLEV 的 I 型供电导轨相比，通过 FEA 模拟和实验对所提出的 S 型供电导轨在其核心厚度方面进行了验证和优化。实验结果表明了原型电源模块集的传递功率、效率和横向容差。

12.2　超细 S 型供电导轨的设计

总体来说，感应耦合电能传输系统包含两个子系统[23]：一个是能量传送的道路子系统，另一个是从道路子系统接收能量的车载子系统。如图 12.1 所示，道路子系统包含一个带有自整流的高频逆变器，储能电容 C_s 和供电导轨，而车载面子系统由拾取线圈组、储能电容 C_o、高频整流器和一个可以用电池代替的负载电阻 R_L。

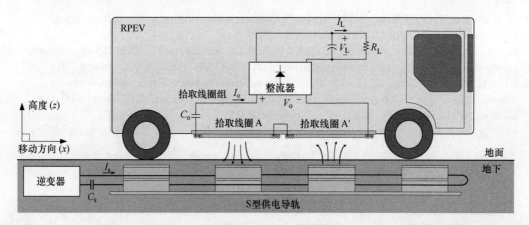

图 12.1　RPEV 采用所提出的超细 S 型供电导轨配制而成的 IPTS，其中电压和电流是稳态的有效值

12.2.1　供电导轨和拾取侧的配置

通过 OLEV 的 4G 开发，不仅横向容差有了极大的提升，而且在增大气隙、提高功率效率、降低造价、节省时间等方面也取得了显著的进步。然而，因为对于 RPEV 的部署，供电导轨的建造成本至关重要的，而且较长的建造时间会导致交通堵塞和额外的成本，所以为了更好地商业化，应该进一步降低和减少供电导轨的建造成本和时间。

为了减轻这些问题，本章介绍了 RPEV 的超细 S 型供电导轨，其中 "S 型" 名称来自供电导轨的前端形状，如图 12.2c 所示。由于 S 型的优点，S 型供电导轨只有 4cm 的宽度，与 I 型模块 10cm 的宽度相比有了极大降低。值得注意的是，适用于单轨系统的 S 型拾取线圈，

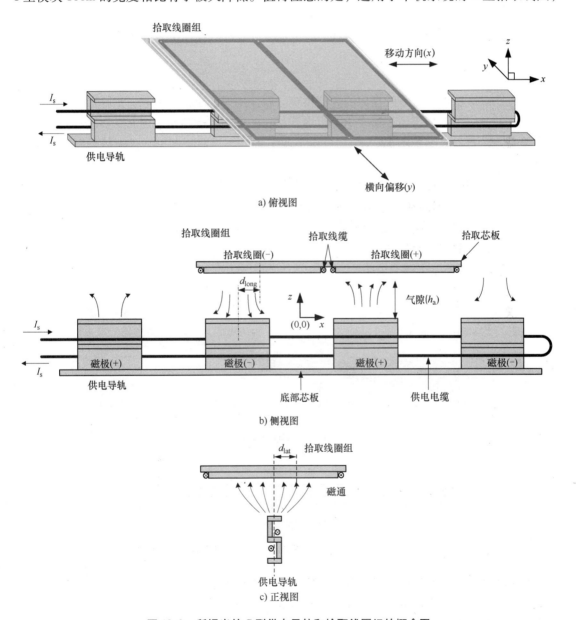

a) 俯视图

b) 侧视图

c) 正视图

图 12.2　所提出的 S 型供电导轨和拾取线圈组的概念图

有一个S型的铁芯板，与其他的如E型和U型供电导轨相比，S型功率密度更高，费用更低。基于所提出的S型供电导轨，S型拾取线圈有着相同的结构，但是S型拾取线圈沿着一对固定的电缆移动，而S型供电导轨有一个固定在S型铁芯板上的电缆。因此，即使使用了相同的S型铁心，S型拾取线圈和S型供电导轨的细节结构和工作原理也大不一样。

如图12.2a所示，每个磁极都由铁氧体和电缆组成，而且相邻的磁极由底部芯板相连接。如图12.2b所示，由于相邻磁极极性相反，供电导轨对周围行人的电磁辐射可显著降低。I型供电导轨与平板型拾取线圈组激发的电磁辐射与S型结构基本一致，在与供电导轨1m距离处，辐射低至 $1.5\mu T$[17]。从结果来看，由于S型供电导轨的宽度比I型更窄，可以估计S型的电磁辐射更低，远低于ICNIRP指南中的 $27\mu T$ 指标。为了更大程度地减少电磁辐射，可以在磁极之间使用双绞线电缆，这将是下一步研究的工作了。此外，对于给定的拾取侧宽度 w_p，由于S型供电导轨的宽度 w_t 更小，所以可以获得更大的横向偏移 d_{lat}，如下：

$$d_{lat} \approx \frac{w_p}{2} - \frac{w_t}{2} \tag{12.1}$$

如图12.3a所示，本节所提出的S型供电导轨应用了一个模块概念，利用柔性细电缆使其更容易折叠，因此部署后不需要电力电缆连接，如图12.3b所示。通常，一个模块可能包含任意数量的磁极，尽管图12.3中只显示了两个磁极。为清晰起见，供电导轨的部署程序简化如下：

1）挖掘道路，预留足够空间安装供电导轨（S型供电导轨仅需4cm宽）。

2）为其建造基础设施，并将供电导轨置于安装空间。此外，供电导轨之间需要电缆连接（对于S型模块，不再需要电缆连接，因为在工厂制造时已有电缆连接，而且模块间相互折叠直接运到建造工地）。

3）用沥青或混凝土铺平道路。

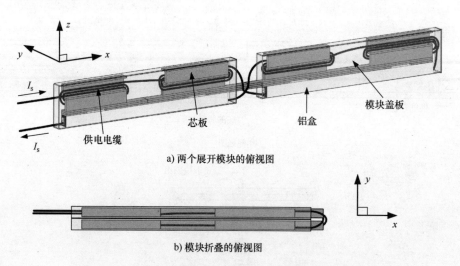

a) 两个展开模块的俯视图

b) 模块折叠的俯视图

图12.3 所提出的超薄S型电源模块的配置包括两个磁极

综上所述，由于S型供电模块部署在路面上的影响很小，对于现有道路运行条件的改变也大大减小，因此S型供电模块的建设成本和部署时间较低。

因此，提出的S型供电导轨本身具有以下三个固有优势：

1）大幅降低 PREV 的建设成本和商业化时间。

2）IPTS 的横向容差更大。

3）进一步降低了供电导轨对行人的电磁辐射。

12.2.2　S 型供电导轨的尺寸

提出的 S 型供电导轨的设计参数包括磁极宽 w_t、w_m、w_b，磁极厚 t_t、t_{up}、t_m、t_{low}、t_b，磁极距 d_p，磁极高 h_{up}、h_{low}，磁极长 l_p，气隙 h_a，一次侧匝数 N_1，如图 12.4 所示。考虑到供电导轨宽度为 4cm，模型厚度为 0.4cm，磁极宽度均选择为 3cm。提出的 S 型供电导轨的所有极宽均由目标输出功率确定，同时，目标输出功率还确定了供电导轨的安匝数 N_1I_1 和拾取线圈组匝数 N_2I_2。对于给定的安匝数 800，在电流和匝数的组合中，本章选择了最佳组合 17 匝 47A 来最小化供电导轨的厚度。为了满足这一要求，芯板厚度和电缆直径为 1cm。因此，由于两层线圈和一层芯板，顶盖宽度变为 3cm。磁极厚度将由后续的有限元模拟结果决定。

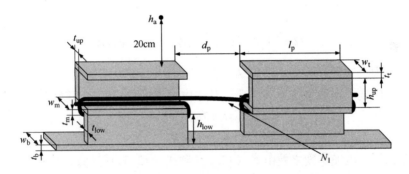

图 12.4　所提出超薄 S 型供电导轨的参数定义

通过对 I 型模块的仿真实验优化确定的磁极距 d_p 为 20cm，气隙 h_a 为 20cm，磁极长 l_p 为 30cm[17]。为了对比，本章在所提出 S 型模块中也应用了这些数据。此外，供电导轨和拾取线圈组安匝数 N_1I_1 和 N_2I_2 分别取 800 和 1500，相应地这些值也用在 I 型供电导轨来达到 25kW 的输出功率。

12.2.3　电力电缆的绕线方式

为了降低供电导轨的导电损耗、施工费用和时间，必须认真考虑电力电缆的绕线方式。本章提出的 S 型供电导轨的绕组方法有两种：一种是多极绕组，另一种是单极绕组，如图 12.5 所示。多级方法是按照图 12.1 和图 12.2 所示缠绕多级电缆，而单极绕法是对每根电缆进行绕制，与另一种方法有很大的不同。

对于多极绕法，假设两个电缆之间不存气隙，并且 N_1 是连接下一个供电模块的两个奇数磁极的供电导轨的匝数，一个模块电力电缆的总长 l_{multi} 确定如下：

$$l_{multi} = (mN_1)l_p + 2l_{side} + (m-1)N_1d_p \tag{12.2a}$$

$$\because l_{side} = \frac{\pi}{2}\sum_{\substack{i=odd}}^{\frac{N_1-1}{2}}\left\{t_m + \left(2\left[\frac{i+1}{2}\right]-1\right)D\right\} \tag{12.2b}$$

式中，l_{side}、D 和 m 分别是每个磁极末端的弯曲电缆长度，电力电缆直径和每个供电模块磁极的数量。采用电缆直径的中间值和芯板的厚度来计算 l_{side}。此外，因为每层电缆可以包含两条电缆线，向下取整函数，如在式（12.2b）中的 l_{side} 为 5.9 则应取为 5，也是必须考虑的；例如当 N 取 3 和 5 或 7 和 9 时，l_{side} 的值应该是相同的。

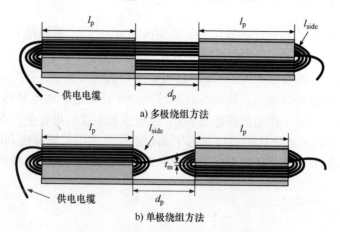

a) 多极绕组方法

b) 单极绕组方法

图 12.5 所提出的 S 型供电导轨的绕组方法

在制作过程中，这种方法的一个弊端是由于重力引起的电缆的偏斜导致电缆很难保持直线。为解决这一问题，本章考虑单极绕法，其中电缆线的总长度 l_{single} 确定如下：

$$l_{single} = (mN_1)l_p + 2ml_{side} + (m-1)d_p \tag{12.3a}$$

$$\Delta l = l_{multi} - l_{single} = (m-1)\{(N_1-1)d_p - 2l_{side}\} \tag{12.3b}$$

为了便于比较，电缆长度之差由式（12.2）和式（12.3a）计算，如式（12.3b）所示。因此，对于所提出的设计 l_{multi} 略大于 l_{single}，如图 12.6 所示，其中 l_{single} 比 l_{multi} 短 20%。然而，反之也成立的，在 $m > 1$ 和 $N_1 > 1$ 时对于较小的 d_p 和较大的 l_{side}，$l_{multi} < l_{single}$ 成立。从式（12.2b）可以看出，l_{side} 随着 t_m 和 D 的增加而增加。因此，绕组的选择并不简单，在实际应用中应该视具体情况而定。

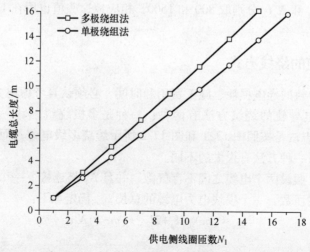

图 12.6 多极绕组方法和所提出的单极绕组方法的电缆总长度的比较。
对于不同的设计条件这个趋势会改变

考虑到绕组方法之间的电压应力，单极绕组方法要比多级绕组方法好得多，因为单极电力电缆之间的电压应力为多极绕组方式的一半。此外，在单极的情况下，电容组可以很容易地插入磁极之间，以补偿电压应力。而多极情况下由于磁极之间缺乏空间，因此不能插入。

12.2.4　为防止部分饱和的最佳磁心尺寸

本章提出的 S 型 IPTS 采用完全谐振模式[16-24]，当拾取侧的谐振频率偏离开关频率时，输出功率显著下降。为了防止铁氧体磁心饱和带来的频率改变（这是由于在设计 N_1I_1 和 N_2I_2 时缺少铁氧体磁心所引起的），进行了如第 15 章所描述的使用主导地位的频域分析（DoFA）方法有限元分析模拟[20]，来确定铁氧体芯板的最小厚度。基于 DoFA，以矢量相量的形式标识的总磁通密度 B_t 可以由传统的直流电源而不是复杂的交流电源来确定。在 IPTS 完全谐振下，磁通是由供电导轨和拾取线圈组两种不同的正弦电流源积分得到的。在非磁心饱和条件下，利用笛卡尔坐标系下的叠加定理可以得到总磁通密度 B_t，并由电源侧和拾取侧的磁通密度 B_1 和 B_2 来表示，如下：

$$B_t = B_1 + B_2 \tag{12.4a}$$

$$|B_t|^2 = |B_1 + B_2|^2 = |B_1|^2 + |B_2|^2 \tag{12.4b}$$

$$B_t \equiv |B_t| = \sqrt{|B_1|^2 + |B_2|^2} = \sqrt{B_1^2 + B_2^2} \tag{12.4c}$$

对于 S 型 IPTS，考虑到传导时的热量损失、磁滞和每个线圈的涡流损失，使用了韩国的 PL-5 铁氧体磁心板，而且其饱和磁通被设置为 100℃下的 0.39T，而不是 25℃下的 0.5T。基于 DoFA 方法，根据条件 $N_1I_1 = 800$ 安匝，$N_2I_2 = 0$ 安匝和 $N_1I_1 = 0$ 安匝，$N_2I_2 = 1500$ 安匝，每个最大磁通 B_{1_max} 和 B_{2_max} 应该分别小于根据 B_{sat} 得到的参考磁通密度 $B_{ref} = 0.276$T。从有限元分析的结果发现，只要拾取线圈组对称的覆盖中心磁极，最大磁通密度出现在底部芯板和拾取芯板处。为了防止部分饱和，发现最小底部芯板厚度 t_b 为 3cm，如图 12.7 所示，其中 B_t 略小于 B_{sat} 的 0.39T。此外，其他参数 t_t、t_{up}、t_m、t_{low} 值均为 1cm。

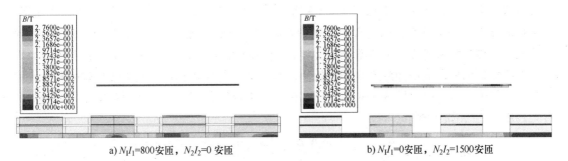

a) $N_1I_1 = 800$ 安匝，$N_2I_2 = 0$ 安匝　　　　　b) $N_1I_1 = 0$ 安匝，$N_2I_2 = 1500$ 安匝

图 12.7　基于主导频率分析法分析电能供给和拾取侧的有限元分析结果（其中 t_b 为 3cm）

为了尽量减少铁氧体芯板的使用，对 S 型供电导轨下底部的心板进行了有限元模拟优化，在 t_b 为 2cm 处插入了额外的芯板。如图 12.8 所示，当插入长为 40cm，厚为 1cm，宽为 3cm 的芯板时，B_{1_max} 和 B_{2_max} 的值均低于 B_{ref}。通过优化，底部芯板可以减少超过 7%，这将降低铁氧体的花费。

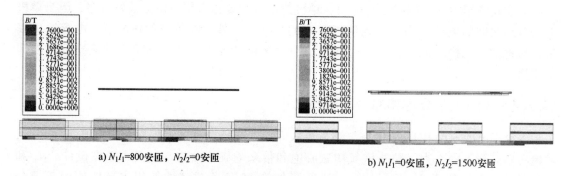

a) $N_1I_1=800$安匝，$N_2I_2=0$安匝

b) $N_1I_1=0$安匝，$N_2I_2=1500$安匝

图 12.8　底部插入额外铁氧体芯板后基于主导频率分析法分析电能供给和拾取侧的有限元分析结果（其中 t_b 为 2cm）

12.2.5　顶盖宽度和磁化电感

对于 S 型供电导轨的设计，因为输出功率 P_o 与磁化电感 L_m 的二次方成比例，所以需要研究一下顶盖宽度对 L_m 的影响。通过忽视铁氧体芯板的磁阻，其中相关磁导率 μ_r 通常超过 2000，供电导轨和拾取线圈之间的磁阻可以大致估算如下：

$$\mathcal{R} \cong \frac{2h_a}{\mu_o A_{\text{eff}}} \tag{12.5}$$

然后 L_m 计算如下：

$$L_m \cong \frac{N_1^2}{\mathcal{R}} \cong \frac{N_1^2 \mu_o A_{\text{eff}}}{2h_a} = \frac{N_1^2 \mu_o \alpha w_t l_p}{2h_a} \tag{12.6}$$

式中，A_{eff} 定义如下：

$$A_{\text{eff}} = \alpha w_t l_p \tag{12.7}$$

由式（12.6）可知，在其他参数不变的情况下，L_m 与有效面积 A_{eff} 成正比，因此有必要了解有效面积比 α 相对于顶盖宽度 w_t 的变化，因为 w_t 增加了供电导轨的施工和部署成本。由于目前 α 无法手工计算，因此有限元模拟是获得其值的关键[17]。从所提出的 S 型供电导轨的有限元仿真结果可知，α 随着顶盖宽度的增加而减小，如图 12.9 所示。α 下降的原因是较大的顶盖面积造成的边缘效应相对较小。与 I 型供电导轨相比，S 型的有效面积为 I 型的两倍，其中上盖宽度分别为 3cm 和 7cm。由于边缘效应，一个小的顶盖宽度会导致较大的有效面积比[20]，如下所示：

$$|V_{th}| = n\omega_s L_m |I_s| \cong \frac{n\omega_s N_1^2}{\mathcal{R}} |I_s| = \frac{\omega_s N_1 N_2 \mu_o A_{\text{eff}}}{2h_a} |I_s| = \frac{\omega_s N_1 N_2 \mu_o \alpha w_t l_p}{2h_a} |I_s| \quad \because n = \frac{N_2}{N_1} \tag{12.8}$$

由式（12.8）可知，在其他参数不变的情况下，开路电压可以由有效面积比 α 和覆盖宽度 w_t 确定；因此，S 型导轨上盖宽度为 3cm 时的开路电压约为上盖宽度为 7cm 时开路电压的 84%。这意味着开路电压仅下降了 16%，而顶盖宽度下降了 2.3 倍。

12.2.6　功率损耗分析

尽管所提出的带有拾取线圈组的 S 型供电导轨可能有更高的效率，为了更稳定地运

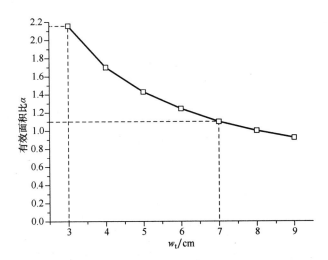

图 12.9　中心处 h_a 为 20cm 时有效面积比与顶盖宽度的 FEA 模拟结果

行，一个 RPEV 的 ICPT 的功率损耗也有待进一步探究，因为 IPTS 是几十千瓦的大功率系统，会导致数千瓦的功率损耗，转化为热量。

　　功率损耗可以分为供电导轨 P_{con1} 和拾取线圈组 P_{con2} 中的传导损耗，磁心损耗 P_{core} 和全桥整流器的损耗 P_{rec}，如下所示：

$$P_{loss} \equiv P_{con1} + P_{con2} + P_{core} + P_{rec} \tag{12.9a}$$

$$P_{con1} = |I_s|^2 r_1 \tag{12.9b}$$

$$P_{con2} = |I_o|^2 r_2 \tag{12.9c}$$

$$P_{rec} \cong 2|V_F||I_o| \tag{12.9d}$$

$$P_{core} = |I_o|^2 R_{oh} = P_{loss} - (P_{con1} + P_{con2} + P_{rec}) \tag{12.9e}$$

式中，V_F 是整流器中 IGBT 的正向电压降。

　　串联磁滞损耗项 R_{oh} 定义如下[20]：

$$R_{oh} = \frac{(n\omega_s L_m)^2}{R_h} \tag{12.10a}$$

$$r_{eq} = R_{oh} + r_2 \tag{12.10b}$$

式中，R_h 是与传统变压器相当的等效磁滞阻抗，如图 12.10 所示，P_{core} 包括铁氧体芯板和 IPTS 周围导电材料的低电流损耗和滞后损耗。

　　如图 12.10 所示，假设 $R_h \geqslant \omega_s L_m$，包含滞后电阻 R_h 的 IPTS 等效电路能表示出来[20]，并且开路输出电压可以是式（12.8），如下：

$$V_{th} = nI_s(R_h // j\omega_s L_m) = nI_s \frac{j\omega_s L_m R_h}{R_h + j\omega_s L_m} = nI_s \frac{j\omega_s L_m R_h}{R_h\left(1 + \dfrac{j\omega_s L_m}{R_h}\right)} \cong jn\omega_s L_m I_s + nI_s \frac{(\omega_s L_m)^2}{R_h} \tag{12.11}$$

$$\cong jn\omega_s L_m I_s \quad R_h \gg \omega_s L_m \quad \therefore V_{th1} \equiv jn\omega_s L_m I_s, \; V_{th2} = nI_s \frac{(\omega_s L_m)^2}{R_h}$$

此外，如图 12.10c 和 d 所示，式（12.10b）中的戴维南等效电阻 r_{eq} 可以通过如下的全

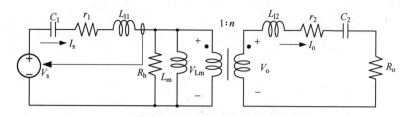

a) 等效电路，包括只会损耗电阻R_h

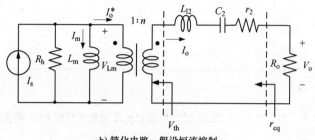

b) 简化电路，假设恒流控制

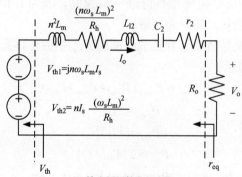

c) 输出侧更简化的电路

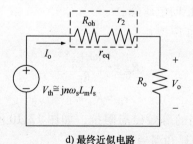

d) 最终近似电路

图 12.10 所提出 IPTS 的等效电路图

谐振条件来确定。

$$jn^2\omega_s L_m+j\omega_s L_{12}+\frac{1}{j\omega_s C_2}=0 \tag{12.12}$$

输出电阻 R_o 可以被定义如下[25,26]：

$$R_o\equiv\frac{V_o}{I_o}=\frac{8}{\pi^2}\frac{V_L}{I_L}=\frac{8}{\pi^2}R_L \tag{12.13}$$

通常，IPTS 稳定工作的最大负载功率 P_L 受输出电流 I_o 的限制，因为拾取线圈的内部电阻 r_2 很大，从式（12.9c）可知，电流导致温度升高，导致磁心和电力电缆的特性较差，即磁心的消磁和电阻的增加。尽管对于 RPEV 的 IPTS，磁损比拾取线圈组的传导损耗高很多，然而它并没有造成温度明显增高，因为磁心损耗的散热分散到大量的铁氧体磁心中，而传导损耗集中在拾取线圈组的中心，其中四个线圈还部分合并在一起。

12.3　实例设计和实验验证

所提出的 S 型供电导轨和用于实验的拾取线圈组已制作完成，该装置允许拾取器有较大的有效面积和较大的横向容差，如图 12.11 所示。与多极绕组法相比，采用单极绕组法的施工成本更低，制造更容易，因此选择了供电线路的单极绕组法。所有实验参数与表 12.1 所列仿真参数相同，其中供电导轨侧匝数 N_1 为 17，可以允许模块用细电缆进行折叠。供电轨道内阻 r_1 和拾取侧内阻 r_2 包含了两侧电容器的串联等效电阻（ESR）。

拾取线圈匝数 N_2 为 32，其中拾取线圈组的各个磁极分配了 16 匝电缆，16 匝线圈包含两层，每层 8 匝线圈，如图 12.11c 所示。

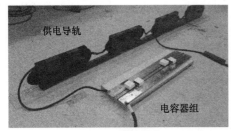
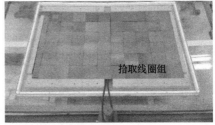

a) 供电轨道　　　　　　　　　　b) 带有磁心的拾取线圈组

c) 没有磁心的拾取线圈组

图 12.11　用于实验的超薄 S 型供电导轨和拾取线圈组模型

由于拾取线圈电感较大，使用电容组补偿其约 10kV 的大电压有困难，并可能会造成拾取层之间的隔离击穿。为了解决这个问题，将一个电容分为若干个电容组，并将电容组串联到每一层，以增强拾取层之间的隔离，减轻每一电容器组的电压。

此外，本章所提出的 S 型供电导轨采用横流控制逆变器[16-24]，对供电导轨的开关频率进行控制，略高于谐振频率，以保证零电压开关 ZVS 运行。

表 12.1　所提出 S 型供电导轨的测量参数

参数	数值	参数	数值
I_s	47A	w_t	3cm
f_s	20kHz	w_m	3cm
N_1	17	w_b	3cm
N_2	32	t_t	1cm
L_1	341μH	t_{up}	1cm
L_2	1.15mH	t_m	1cm
L_m	28.4μH	t_{low}	1cm
C_1	0.19μF	t_b	2cm
C_2	55nF	l_p	30cm
h_{up}	5cm	d_p	20cm
h_{low}	5cm	r_1	0.08Ω
h_a	20cm	r_2	0.20Ω
拾取端尺寸	100cm×80cm (x, y)	负载	电阻

12.3.1　有效面积和负载功率

为了验证所提出的 S 型供电导轨的设计，测量了有效面积比 α、气隙 h_a，负载功率 P_L 和除逆变器外的效率。由图 12.12 可知，在气隙值为 14cm 时有效面积比到达峰值，随气隙增大而减小。正如上文所证实，在 20cm 气隙处测得的有效面积比可达 3.5，约为 I 型导轨的两倍[17]。由式（12.8）可知，开环电压与 α 成正比，S 型的电压降低约 16%，可能导致负载功率降低 29%。

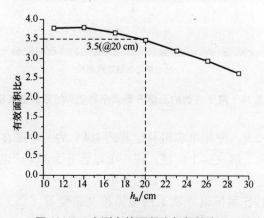

图 12.12　实测有效面积比与气隙中心

　　如图 12.13 所示，在 20cm 气隙处对不同的电阻负载测量负载功率和效率，其效率定义为从供电导轨输入到整流器直流输出。在大负荷范围内效率维持在 90% 左右，在 9.5kW 时效率最高为 91%，而在 22kW 时测得最大负载功率。

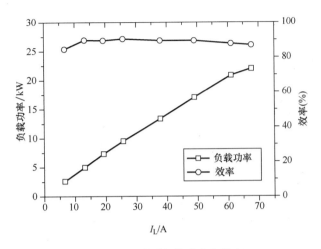

图 12.13　实测负载功率和效率

　　在考虑逆变器功率损耗的情况下，由于逆变器是为了更高功率水平的 IPTS 设计的，功率约为 100kW，明显降低了约 70%；因此，采用调整后的逆变器，效率大大提高。

12.3.2　功率损耗和热完整性

　　为了验证系统的热稳定性，设计输出电流 50A 流入拾取侧，如图 12.14 所示，供电导轨和拾取线圈侧的温度分别测得为 35℃ 和 50℃，其中拾取侧是系统的最高温度。系统在所设计的条件下是安全稳定的，为了达到更高的要求也可以加入额外的冷却系统。

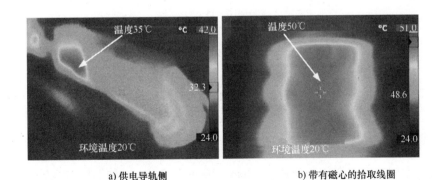

a) 供电导轨侧　　　　　　　　　　b) 带有磁心的拾取线圈

图 12.14　测量的 S 型供电导轨和拾取线圈组在
运行 50min 后的最高温度，即热平衡状态

　　如前所述，由于集中的传导损耗，IPTS 中最高的温度位于拾取线圈中心，该位置有四个拾取线圈层，如图 12.14b 所示。从式（12.9a）~式（12.9e）的所有功率损耗见表 12.2，不难发现 P_{core} 和 P_{con2} 之和占总功率的 83% 以上，而如所述，P_{core} 比 P_{con2} 要大。

表 12.2　所提出 IPTS 的功率损耗测量结果

参数	数值
P_{loss}	2.00kW
P_{con1}	0.18kW
P_{con2}	0.50kW
P_{rec}	0.15kW
P_{core}	1.17kW

为了获得 R_{oh}，V_{L} 以及相应的电流 I_{L} 的测量结果如图 12.15 所示，并且 r_{eq} 可以通过以下式子求得：

$$r_{\text{eq}} \equiv \left| \frac{\Delta V_{\text{L}}}{\Delta I_{\text{L}}} \right| \quad V_{\text{th}} = 常数 \tag{12.14}$$

从图 12.15 可以计算得到 r_{eq} 是 0.651Ω，R_{oh} 是 0.45Ω，r_2 是 0.2Ω，与按如下式计算得到的 R_{oh} 为 0.47Ω 保持了一致。

$$R_{\text{oh}} = \frac{P_{\text{core}}}{|I_{\text{o}}|^2} = \frac{P_{\text{loss}} - (P_{\text{con1}} + P_{\text{con2}} + P_{\text{rec}})}{|I_{\text{o}}|^2} \tag{12.15}$$

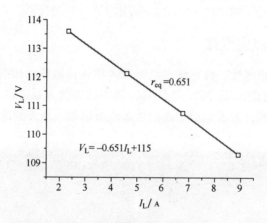

图 12.15　等效电阻测量结果

12.3.3　横向和纵向容差

为了观察空间功率的变化，分别在 12cm、16cm 和 20cm 三种不同的气隙中，测量了负载沿横向偏移 d_{lat} 和纵向偏移 d_{long} 的功率。如图 12.16 所示，随着气隙的增大，拾取线圈组的电感对横向偏移变得相对不敏感，因此随着气隙的增大，横向容差随着气隙增大而增大。此外，负载功率达到最大负载一般功率−3dB 点时，横向容差为 30cm，在 20cm 的气隙处达到极限，与 I 型的 24cm 相比增大了 6cm。横向容差几乎与式（12.1）中的理论值 28.5cm相一致，其中拾取侧宽度低至 60cm，供电导轨宽度为 3cm。

与横向容差相类似，纵向容差随着气隙增大而增大，但是不同的气隙之间没有太大的差

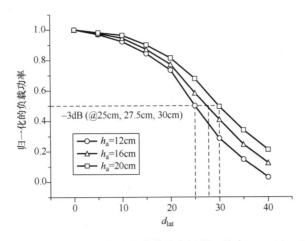

图 12.16 横向容差下不同气隙的荷载功率测量，其中 $I_s = 15A$，$R_L = 50\Omega$

别，如图 12.17 所示。这一纵向容差也与理论值 15cm 相一致[20]，约为供电导轨磁极 dp 的一半。

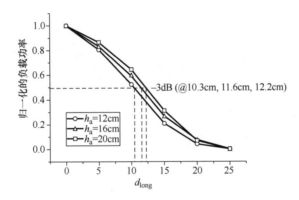

图 12.17 不同纵向气隙下的荷载功率测量，其中 $I_s = 15A$，$R_L = 50\Omega$

12.4　柔软 S 型电源模块的制作

所提出的 S 型电源模块，其宽度仅有 4cm，部署后无须电缆连接，降低了施工成本和时间，如图 12.18 所示。供电模块包括供电导轨、透明模块盖、电容器组铝盒，以便更好地向地面传热。如图 12.19 所示，由于铝是导电材料，电容器组应小于插入电容器组的铝盒，并与之绝缘。此外，铝盒还起到了消除供电导轨下漏磁通的作用。此外，每个模块由两个磁极，串联到安装在相邻模块中的电容器组上，以减轻由于供电线路自感系数较大而给电容器组带来的高压。一般情况下，供电电缆较细的 S 型供电导轨相对来讲是更合适的选择。这是因为对于给定尺寸和供电导轨安匝数，使用更细的电力电缆可以最大化电缆绕组的空间利用率。然而，需要指出的是，使用多匝供电导轨有几个缺点，如由于边缘效应导致传导损耗比较高，电缆绕组的空间高效利用导致对环境的传热能力较差。因此在本章中，对于给定的 800 安匝，最终确定了直径为 0.9cm、I_s 为 50A 和匝数为 16。

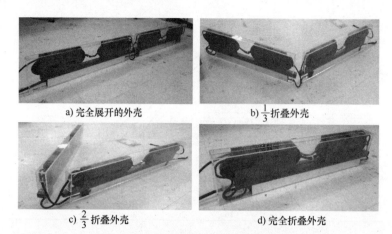

a) 完全展开的外壳

b) $\frac{1}{3}$ 折叠外壳

c) $\frac{2}{3}$ 折叠外壳

d) 完全折叠外壳

图 12.18 制造的超薄 S 型供电导轨模块

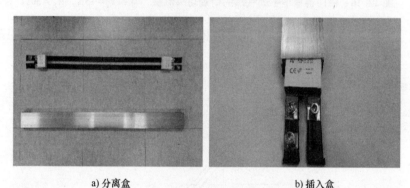

a) 分离盒

b) 插入盒

图 12.19 S 型供电模块储能电容组和铝盒

由于柔性电缆直径为 0.9cm，供电模块的电缆连接可以不在施工现场进行，而在模块制造工厂进行，避免了长时间的施工造成的交通堵塞与成本增加。

为了商业化，供电模块至少应该在 10 年的高湿度和重复的外部机械影响下保持正常[18]。作为补救措施，S 型供电模块可以填充环氧树脂加固 S 型供电导轨，保护模块不受高湿度影响，同时模块盖承受外部机械冲击。

综上所述，对于 I 型和 S 型供电导轨的特性进行了总结，见表 12.3。假设供电导轨的拾取尺寸和安匝数相同，除了减小导轨宽度和横向容差之外，S 型导轨的输出功率和效率略低于 I 型轨道。

表 12.3 I 型和 S 型供电导轨的结构特性

	I 型	S 型
导轨宽度	10cm	4cm
横向容差	24cm	30cm
气隙	20cm	20cm
输出功率	27kW/拾取	22kW/拾取
效率	27kW 时 74%	22kW 时 71%

问题 1

在制作 S 型供电导轨时，如图 12.18 所示，各模块的连接部分应该灵活且对电气应力和湿度有极强的鲁棒性。对接头零件的设计是怎样的？

问题 2

由于每个模块的电感可能由于集总线圈结构而较大，因此对于较大的功率传输，电压可能比较大。计算模块的电压应力，由电容组进行补偿。这个电压应该被隔绝掉以免在铁心表面引起电压击穿。

12.5　小结

本章对 RPEV 超细 S 型供电导轨进行了全面的验证，其宽度仅为 4cm。为了进一步降低，占 RPEV 商业化部署成本 80% 以上的占道路基础设施建设成本，给出了一种便于携带、施工时间短的可折叠供电模块。每个可折叠供电模块间电缆连接灵活，以便部署期间不再需要连接器。

尽管上盖宽度从原来 I 型的 7cm 降低到了 S 型的 3cm，但 S 型的开路输出电压仅下降 17%。通过利用超薄的外形，在 20cm 的气隙处，实验获得了 30cm 的最大横向容差，比 I 型供电导轨增加了 6cm。S 型供电导轨比 I 型更窄，所以其电动势更小。除逆变器外，在 9.5kW 时，最大效率可达 91%，最大拾取功率可达 22kW。

参 考 文 献

1　J.G. Bolger, "Urban electric transportation systems: the role of magnetic power transfer," *IEEE Idea/Microelectronics Conference (WESCON94)*, 1994, pp. 41–45.

2　California PATH Program, "Road powered electric vehicle project track construction and testing program phase 3D," California PATH Research Paper, March 1994.

3　W. Zhang, S.C. Wong, C.K. Tse, and Q.H. Chen, "An optimized track length in roadway inductive power transfer systems," *IEEE Journal of Emerging and Selected Topics in Power Electronics*, vol. 2, no. 3, pp. 598–608, Sep. 2014.

4　M. Budhia, J.T. Boys, G.A. Covic, and C.-Y. Huang, "Development of a single-sided flux magnetic coupler for electric vehicle IPT charging systems," *IEEE Transactions on Industrial Electronics*, vol. 60, no. 1, pp. 318–328, January 2013.

5　G.A. Covic, L.G. Kissin, D. Kacprzak, N. Clausen, and H. Hao, "A bipolar primary pad topology for EV stationary charging and highway power by inductive coupling," in *IEEE Energy Conversion Congress and Exposition (ECCE)*, September 2011, pp. 1832–1838.

6　G.A. Covic and J.T. Boys, "Modern trends in inductive power transfer for transportation applications," *IEEE Journal of Emerging and Selected Topics in Power Electronics*, vol. 1, no. 1, pp. 28–41, March 2013.

7　G.R. Jagendra, L. Chun, G.A. Covic, and J.T. Boys, "Detection of EVs on IPT highways," *IEEE Journal of Emerging and Selected Topics in Power Electronics*, vol. 2, no. 3, pp. 584–597, September 2014.

8　L. Chun, G.R. Jagendra, J.T. Boys, and G.A. Covic, "Double-coupled systems for IPT roadway applications," *IEEE Journal of Emerging and Selected Topics in Power Electronics*, vol. 3, no. 1, pp. 37–49, March 2015.

9　J. Meins, "German activities on contactless inductive power transfer," in *IEEE Energy Conversion Congress and Exposition (ECCE)*, 2013.

10 O.C. Onar, J.M. Miller, S.L. Campbell, C. Coomer, C.P. White, and L.E. Seiber, "A novel wireless power transfer for in-motion EV/PHEV charging," in *IEEE Applied Power Electronics Conference and Exposition (APEC)*, 2013, pp. 3073–3080.

11 J.M. Miller, O.C. Onar, and P.T. Jones, "ORNL developments in stationary and dynamic wireless charging," in *IEEE Energy Conversion Congress and Exposition (ECCE)*, 2013.

12 Y. Yamauchi, K. Throngnumchai, S. Komiyama, and T. Kai, "Resonant circuit design to enhance the performance of a dynamic wireless charging system," in *International Electric Vehicle Technology Conference (EVTeC)*, May 2014, no. 20144038.

13 Y. Naruse and K. Throngnumchai, "Study on charging performance of a dynamic wireless charging system using twisted transmitter coils," in *International Electric Vehicle Technology Conference (EVTeC)*, May 2014, no. 20144037.

14 K. Throngnumchai, A. Hanamura, Y. Naruse, and K. Takeda, "Design and evaluation of a wireless power transfer system with road embedded transmitter coils for dynamic charging of electric vehicles," in *Electric Vehicle Symposium and Exhibition (EVS27)*, November 2013, pp. 1–10.

15 M. Mochizuki, Y. Okiyoneda, T. Sato, and K. Yamamoto, "2 kW WPT system prototyping for moving electric vehicle," in *International Electric Vehicle Technology Conference (EVTeC)*, May 2014, no. 20144029.

16 S.W. Lee, J. Huh, C.B. Park, N.S. Choi, G.H. Cho, and Chun T. Rim, "On-line electric vehicle (OLEV) using inductive power transfer system," in *IEEE Energy Conversion Congress and Exposition (ECCE)*, 2010, pp. 1598–1601.

17 J. Huh, S.W. Lee, W.Y. Lee, G.H. Cho, and Chun T. Rim, "Narrow-width inductive power transfer system for on-line electrical vehicles (OLEV)," *IEEE Transactions on Power Electronics*, vol. 26, no. 12, pp. 3666–3679, December 2011.

18 S.Y. Choi, J. Huh, W.Y. Lee, S.W. Lee, and Chun T. Rim, "New cross-segmented power supply rails for road powered electric vehicles," *IEEE Transactions on Power Electronics*, vol. 28, no. 12, pp. 5832–5841, December 2013.

19 S. Lee, B. Choi, and Chun T. Rim, "Dynamics characterization of the inductive power transfer system for on-line lectric vehicles (OLEV) by Laplace phasor transform," *IEEE Transactions on Power Electronics*, vol. 28, no. 12, pp. 5902–5909, December 2013.

20 S.Y. Choi, J. Huh, W.Y. Lee, J.G. Cho, and Chun T. Rim, "Asymmetric coil sets for wireless stationary EV chargers with large lateral tolerance by dominant field analysis," *IEEE Transactions on Power Electronics*, vol. 29, no. 12, pp. 6406–6419, December 2014.

21 J. Shin, S. Shin, Y. Kim, S. Ahn, S. Lee, G. Jung, S. Jeon, and D. Cho, "Design and implementation of shaped magnetic-resonance-based wireless power transfer system for road powered moving electric vehicles," *IEEE Transactions on Industrial Electronics*, vol. 61, no. 3, pp. 1179–1192, March 2014.

22 S.Y. Choi, B.W. Gu, S.W. Lee, W.Y. Lee, J. Huh, and Chun T. Rim, "Generalized active EMF cancel methods for wireless electric vehicles," *IEEE Transactions on Power Electronics*, vol. 29, no. 11, pp. 5770–5783, November 2014.

23 S.Y. Choi, B.W. Gu, S.Y. Jeong, and Chun T. Rim "Advances in wireless power transfer systems for road powered electric vehicles," *IEEE Journal of Emerging and Selected Topics in Power Electronics*, doi: 10.1109/JESTPE.2014.2343674.

24 S.Y. Choi, S.Y. Jeong, E.S. Lee, B.W. Gu, S.W. Lee, and Chun T. Rim "Generalized models on self-decoupled dual pick-up coils for large lateral tolerance," *IEEE Transactions on Power Electronics*, submitted.

25 R.L. Steigerwald, "A comparison of half-bridge resonant converter topologies," *IEEE Transactions on Power Electronics*, vol. 3, no. 2, pp. 174–182, April 1998.

26 Chun T. Rim and G.H. Cho, "Phasor transformation and its application to the DC/AC analyses

of frequency phase-controlled series resonant converters (SRC)," *IEEE Transactions on Power Electronics*, vol. 5, no. 2, pp. 201–211, April 1990.

27 G.A.J. Elliott, G.A. Covic, D. Kacprzak, and J.T. Boys, "A new concept: asymmetrical pick-ups for inductively coupled power transfer monorail systems," *IEEE Transactions on Magnetics*, vol. 42, no. 10, pp. 3389–3391, 2006.

第13章　动态充电器的控制器设计

13.1　简介

　　石油的枯竭和全球变暖使得电动汽车成为最受欢迎的交通工具，并且现在已经开发了混合动力汽车（HEV）、插电式混合动力汽车（PHEV）和纯电池电动汽车（BEV）等多种类型的电动汽车。然而，电动汽车电池价格高、体积大、每次充电行驶距离相对较短，使其难以商业化。研究人员为解决电池问题，研制了基于感应式电能传输系统（IPTS）的RPEV[1-11]。近年来，最先进的电动汽车之一——OLEV 已在多个公共场所成功研发和部署[5-7]。其概念如图 13.1 所示，IPTS 的总体示意图如图 13.2 所示。

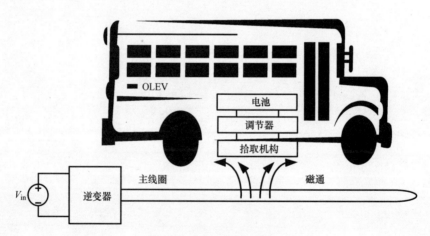

图 13.1　OLEV 系统的概念

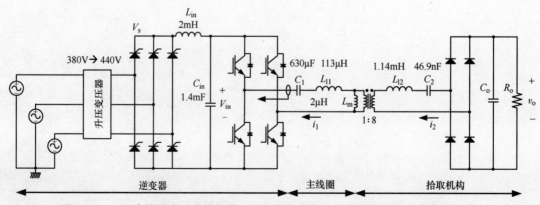

图 13.2　OLEV 的感应式电能传输系统总体示意图（车载调节器和电池被 R_o 取代）

为了提高电能传输效率，研究人员针对 OLEV[9-11] 提出了"完全谐振型电流源感应电能传输系统"。感应式电能传输系统持续控制一次电流 i_1，拾取线圈的磁化电感 L_m 和漏电感 L_{l2} 与二次电容 C_2 发生谐振。这样，IPTS 的输出电压在不同负载条件下几乎是恒定的。然而，由于车辆突飞猛进的运动和负载电流的快速变化，拾取电流波动较大。在这个瞬态过程中，拾取端承受着较大的电压应力，电容器可能会发生击穿。最坏的情况之一便是拾取端的 LC 谐振回路，也就是当输出电压为零时，逆变器使 i_2 获得最大的激励；在实际过程中，当一个速度很快的 OLEV 靠近主线圈，这将是一个非常可能的情况，在这种情况下，i_2 可能会有很大的波动，为了设计 C_2 的额定值，应该明确 i_2 的最大值。因此，对 i_2 进行静态分析和大信号动态分析对于各种负载条件和电路参数都是十分必要的。

为了找到合适的动态模型，本章采用了最近提出的拉普拉斯相量变换理论，该理论是为相控电路的动态分析而发展起来的[19]。当系统阶数小于 3 时[12-18]，传统的 dq 变换可以用来分析交流系统[20-21]，但随着系统阶数升高，传统的技术几乎无法获得 IPTS 的动力学特性，如图 13.2 所示。另一方面，一个非常高阶的线性定常动态模型交流系统可以通过统一综合相量变换和相量分析转换电路分析很容易地得到，因为传统的电路分析技术（如基尔霍夫电压和电流法，戴维南定理和诺顿定理）可以应用到矢量电路中。

本章首先将拉普拉斯相量变换应用到实际系统中，建立了 OLEV 拾取电流的大信号动态模型。

13. 2　OLEV 感应电能传输系统的大信号动态模型

13. 2. 1　OLEV 的工作原理

OLEV 的感应电能传输系统的关键运行理念是将主线圈电流 i_1 作为恒流源进行控制，其中 C_2 与 $n^2 L_m + L_{l2}$ 产生谐振，使电能传递最大化，如图 13.3 所示。在这种情况下，输出电压 V_o 在稳态下等于 $n\omega_s L_m I_1$，其中 ω_s 是切换角频率，I_1 是主线圈电流在稳定状态下的值。由于无论负载情况如何，主线圈电流 I_1 都是恒定的，因此 OLEV 的感应电能传输系统的输出电压保持恒定；因此，这种 IPTS 可以同时在主线圈上有效地向多个 OLEV 提供无线电源。

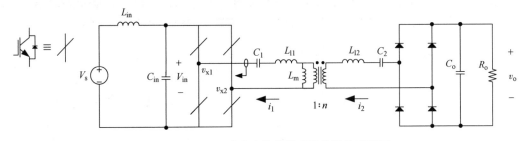

图 13.3　OLEV 感应电能传输系统的整体示意图

另外，$L_m + L_{l1}$ 和 C_1 中的固有谐振频率 ω_i 都略低于逆变器的开关频率 ω_s，在这种情况下 IPTS 在一次线圈中始终处于感应状态，导致逆变器的零电压开关（ZVS）。由于 IPTS 的拾取线圈和原边线圈是松耦合的，L_m 比 L_{l1} 小得多。因此，主导轨上的 OLEV 数量和拾取线圈与主线圈之间的气隙，ω_i 并不会变化很大。因此，在固定的开关频率下，是可能实现 i_1 的稳定控制的。

13.2.2 拾取电流的大信号动态分析

为了建立 i_2 电流的大信号模型，采用了拉普拉斯相量变换，将旋转交流电路在频域内转换为静止相量域电路。OLEV 的 IPTS 总相量变换电路如图 13.4 所示。虚线小圆连接实域和相量域，称为"实部算子"[18]。在图 13.4 中，复数变压器匝数比 D_1，即 $D_1 e^{j\theta_1}$，其中 D_1 是电压转换比，θ_1 是源电压 V_{in} 和 V_{x12} 之间的相位差，定义

$$V_{x12} = V_{in} D_1, \quad I_{dc} = \mathrm{Re}\,(I_1 D_1^*) \tag{13.1}$$

在本章参考文献 [18] 和 [19] 中解释了详细的变换过程。在这个过程中，实部运算符 Re( ) 将拉普拉斯算子 s 视为实数，并被命名为"伪实数"拉普拉斯算子[19]。例如，$\mathrm{Re}\,(sL+R+j\omega L) = sL+R$ 对于该伪实数拉普拉斯算子是有效的。在图 13.4 中，r_m 表示 IPTS 线圈的副作用，包括线圈的铁损和涡流损耗。r_{s2} 包括拾取线圈的铜损和桥式二极管的动态电阻。由于逆变器一次线圈电流 i_1 由逆变器恒定控制，因此它变为恒流源，如图 13.5a 所示。通常，IPTS 的系统动态比逆变器的开关周期慢得多；因此，拉普拉斯算子 s 的绝对值可以人为地使其小于 ω_s，如下所示[14]：

$$|s| \ll \omega_s \tag{13.2}$$

因此，可以使用式（13.2）得到拾取线圈 Z_2 的阻抗，即

$$Z_2 = \frac{sL_{12}}{n^2} + \frac{j\omega_s L_{12}}{n^2} + \frac{1}{sn^2 C_2 + j\omega_s n^2 C_2} = \frac{sL_{12}}{n^2} + \frac{j\omega_s L_{12}}{n^2} + \frac{1}{j\omega_s n^2 C_2} \frac{1}{1 + \dfrac{s}{j\omega_s}} \tag{13.3}$$

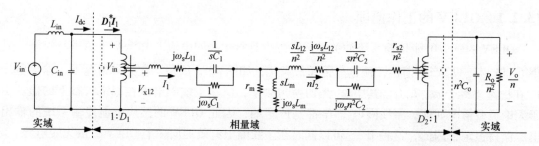

图 13.4 整个拉普拉斯相量从源端转换了 IPTS 的等效电路，去掉了变压器。粗体字母表示拉普拉斯域中的复变量。D_1 和 D_2 分别表示逆变器和二极管整流变压器的复匝比

根据条件式（13.2），Z_2 可以大致表示如下：

$$Z_2 \cong \frac{sL_{12}}{n^2} + \frac{j\omega_s L_{12}}{n^2} + \frac{1}{j\omega_s n^2 C_2}\left(1 - \frac{s}{j\omega_s}\right) = \frac{sL_{12}}{n^2} + \frac{j\omega_s L_{12}}{n^2} + \frac{1}{j\omega_s n^2 C_2} + \frac{s}{\omega_s^2 n^2 C_2} \tag{13.4}$$

在式（13.4）中，最后一项可表示如下：

$$\frac{s}{\omega_s^2 n^2 C_2} = sL_{eq} \tag{13.5}$$

式中

$$L_{eq} = \left(L_m + \frac{L_{12}}{n^2}\right)\left(\frac{\omega_{r2}}{\omega_s}\right)^2, \quad \omega_{r2} = \frac{1}{\sqrt{(n^2 L_m + L_{12})\,C_2}} \tag{13.6}$$

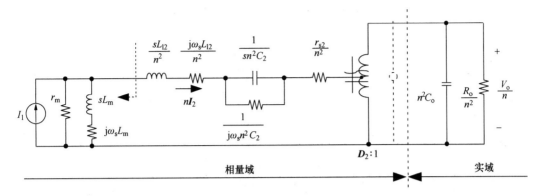

a) 假设恒定电流源的IPTS的等效电路

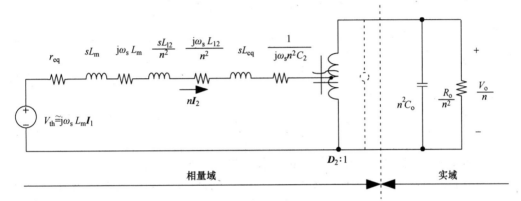

b) 更简化和近似的源端电路

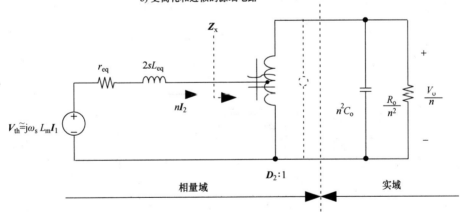

c) 谐振条件下最简化的电路

图 13.5　复拉普拉斯域内 IPTS 的动态等效电路

将戴维南定理应用于图 13.5a 中的虚线箭头区域，可得出如下开路等效阻抗：

$$Z_{th} = (sL_m + j\omega_s L_m) \, // \, r_m = \frac{sL_m + j\omega_s L_m}{1 + \dfrac{sL_m + j\omega_s L_m}{r_m}} \quad\quad (13.7)$$

因为 r_m 比 $|j\omega_s L_m|$ 或者 $|sL_m + j\omega_s L_m|$ 大得多，所以式（13.7）可以近似表示为

$$\frac{sL_m+j\omega_s L_m}{1+\dfrac{sL_m+j\omega_s L_m}{r_m}} \cong (sL_m+j\omega_s L_m)\left(1-\frac{sL_m+j\omega_s L_m}{r_m}\right) \tag{13.8}$$

通过将条件式（13.2）应用于式（13.8），可得

$$Z_{th} \cong sL_m+j\omega_s L_m+\frac{\omega_s^2 L_m^2}{r_m} \tag{13.9}$$

此外，戴维南电压源定义为

$$V_{th} = \{(sL_m+j\omega_s L_m)//r_m\}I_1 \tag{13.10}$$

将式（13.7）代入到式（13.9），可以近似得到

$$V_{th} \cong \left(sL_m+j\omega_s L_m+\frac{\omega_s^2 L_m^2}{r_m}\right)I_1 \tag{13.11}$$

因为 $|sL_m+j\omega_s L_m|$ 远远大于 $\omega_s^2 L_m^2/r_m$，就像 r_m 远大于 $\omega_s L_m$，$|sL_m|$ 远小于 $|j\omega_s L_m|$，式（13.11）的戴维南电压源可以简化如下：

$$V_{th} \cong j\omega_s L_m I_1 \tag{13.12}$$

另外，等效电阻 r_{eq} 定义如下：

$$r_{eq} = \frac{\omega_s^2 L_m^2}{r_m}+\frac{r_{s2}}{n^2} \tag{13.13}$$

因此，由图13.5a得到第一个近似等效电路，如图13.5b所示。

如果式（13.6）中的谐振角频率 ω_{r2} 等于开关频率 ω_s，则等效电感 L_{eq} 等于 L_m+L_{l2}/n^2，并且可以获得最简化的等效电路，如图13.5c所示。在该图中，如果已知 Z_x，则可以导出 i_2 的动态模型。为获得 Z_x，二极管整流器的相量变换电路和输出阻抗 Z_o 如图13.6所示。

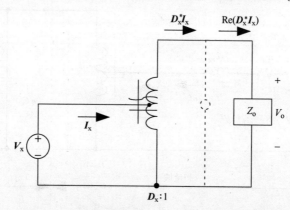

图13.6 二极管整流器的相量变换电路和输出阻抗

由于二极管整流器是一种电流控制整流器（CSR），所以测试电流 I_x 的相位决定了复变压器匝数比 D_x 的相位，如下所示[14]：

$$I_x = I_x e^{j\theta_x} \rightarrow D_x = D_x e^{j\theta_x}, \quad D_x = \frac{2\sqrt{2}}{\pi} \tag{13.14}$$

因此，测试电压 V_x 被确定为

$$V_x = V_o D_x \tag{13.15}$$

并且 $\boldsymbol{Z}_x$ 确定如下：

$$Z_x = \frac{V_x}{I_x} = \frac{V_o D_x}{I_x} = \frac{\mathrm{Re}(I_x D_x^*) \, Z_o D_x}{I_x} \tag{13.16}$$

式中，$Z_o = \dfrac{R_o}{n^2(1+sC_oR_o)}$。

从式（13.14）可以导出 $I_x D_x^*$ 为

$$I_x D_x^* = I_x \mathrm{e}^{\mathrm{j}\theta_x} D_x \mathrm{e}^{-\mathrm{j}\theta_x} = I_x D_x = \mathrm{Re}\,(I_x D_x^*) \tag{13.17}$$

最后，$\boldsymbol{Z}_x$ 被确定为

$$Z_x = \frac{I_x D_x^* Z_o D_x}{I_x} = D_x^2 Z_o \tag{13.18}$$

可以得出最终的等效电路，如图 13.7 所示，并且可以获得相量 I_2 为

$$I_2 = \mathrm{j}G_2 \frac{1+sC_oR_o}{\dfrac{s^2}{\omega_2^2} + \dfrac{s}{Q_2\omega_2} + 1} I_1 \tag{13.19}$$

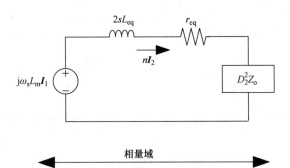

图 13.7　IPTS 的最终简化相量变换电路

式中

$$G_2 = \frac{n\omega_s L_m}{D_2^2 R_o + n^2 r_{eq}}, \quad \omega_2 = \frac{1}{n}\sqrt{\frac{D_2^2 R_o + n^2 r_{eq}}{2L_{eq}C_oR_o}} \tag{13.20}$$

$$Q_2 = \frac{\sqrt{(D_2^2 R_o + n^2 r_{eq})(2L_{eq}C_oR_o)}}{n(2L_{eq}+C_oR_o r_{eq})}, \quad \zeta_2 = \frac{1}{2Q_2} = \frac{n(2L_{eq}+C_oR_o r_{eq})}{2\sqrt{(D_2^2 R_o + n^2 r_{eq})(2L_{eq}C_oR_o)}}$$

13.3　实例设计和实验验证

为了测试拾端电流的动态特性，将开关 SW_1 插入拾取线圈，如图 13.8 所示。逆变器恒定地控制主线圈电流 i_1，并且主线圈的谐振频率被设置为略低于逆变器 20kHz 的开关频率。为了检查拾取线圈的谐振条件，测量了其稳态波形，如图 13.9 所示。正如式（13.19）所预期的那样，i_1 和 i_2 之间的相位差约为 $\pi/2$，如图 13.9 所示。这意味着 L_m+L_{l2}/n^2 的阻抗被 n^2C_2 的阻抗成功抵消。

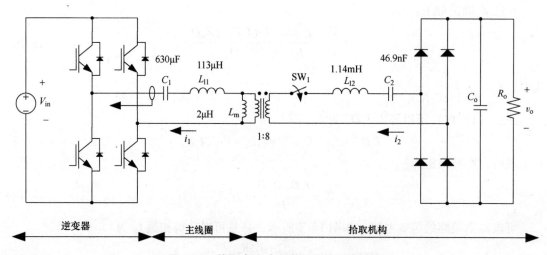

图 13.8　拾取电流动力学研究的实验设置

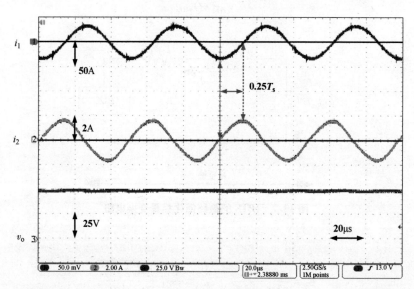

图 13.9　主线圈电流 i_1、拾取电流 i_2 和输出电压 v_o 的稳态波形（图中 T_s 是开关频率 ω_s 的周期）

最初，SW_1 打开，i_1 设置为 $40A_{peak}$。在 i_1 稳定到其稳态值之后，SW_1 接通并且在各种负载条件下观察到 i_2 的动态特性，如图 13.10 所示。为了比较，模拟结果和式（13.19）的阶跃响应如图 13.11 所示。式（13.19）的阶跃响应与 PSIM 的模拟拾取电流很好地匹配。在该过程中，通过比较实验波形找到了 r_{eq}，其约为 0.15Ω。i_2 的最大和稳态电流的比较图如图 13.12 所示。

式（13.19）的实验结果和阶跃响应表明，拾取电流 i_2 的最大值随负载条件的变化而变化。对于给定的输出电阻，i_2 最大值随着输出电容的增大而增加。从实验结果可以看出，IPTS 的显著特点是，对于给定的输出电容，不同输出电阻下的拾取端电流最大值没有明显变化，如图 13.13 所示。这一特性对于强大的 IPTS 开发非常有利，因为 C_{12} 的额定电压不会因输出电阻的改变而发生很大变化。

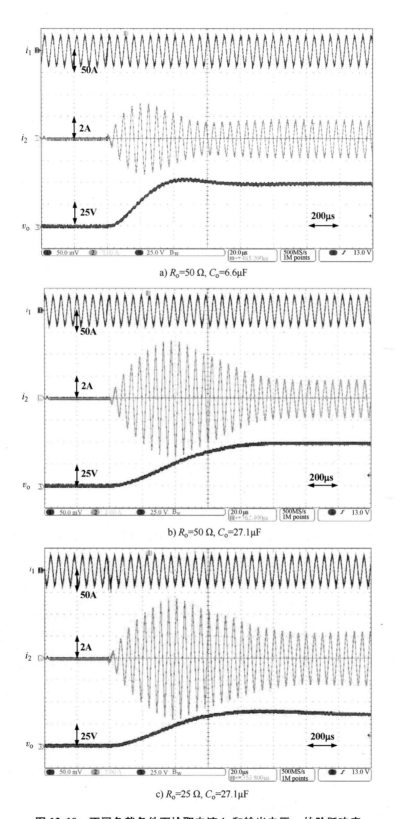

a) R_o=50 Ω, C_o=6.6μF

b) R_o=50 Ω, C_o=27.1μF

c) R_o=25 Ω, C_o=27.1μF

图 13.10　不同负载条件下拾取电流 i_2 和输出电压 v_o 的阶跃响应

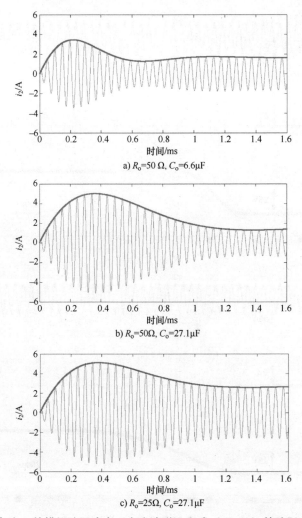

a) $R_o=50\ \Omega,\ C_o=6.6\mu F$

b) $R_o=50\Omega,\ C_o=27.1\mu F$

c) $R_o=25\Omega,\ C_o=27.1\mu F$

图 13.11 拾取电流 i_2 的模拟阶跃响应（交流波形）和式（13.19）的阶跃响应（包络波形）

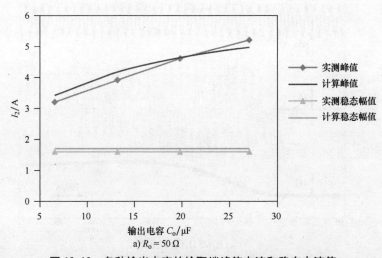

a) $R_o = 50\ \Omega$

图 13.12 各种输出电容的拾取端峰值电流和稳态电流值

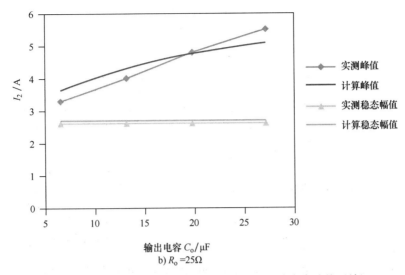

图 13. 12　各种输出电容的拾取端峰值电流和稳态电流值（续）

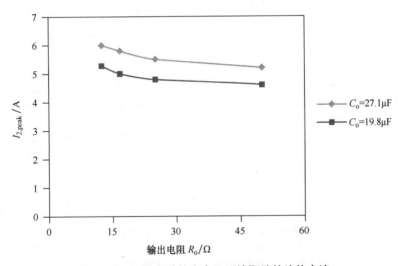

图 13. 13　测量各种输出电阻下拾取端的峰值电流

13.4　小结

通过本章的模拟和实验，完全开发并验证了 OLEV 的 IPTS 动态模型。首先将拉普拉斯相量变换应用于非常高阶的 IPTS，可以得到一个非常简单的二阶等效电路。利用这种新的动态模型，成功地识别了瞬态过程中的最大拾取电流，并发现在不同负载电阻的条件下，最大拾取电流保持相对不变。

习　　题

13. 1　如果用占空比控制的有源整流器代替二极管整流器，图 13.8 所示的电路会发生什么变化？

13. 2　对于图 13.2 所示的电路，除了建议的动态相量外，是否可以用任何其他传统的动态相量来分析？如本章所示，建立方程并尝试求解它们。

参 考 文 献

1 J.G. Bolger, F.A. Kirsten, and L.S. Ng, "Inductive power coupling for an electric highway system," in *Proc. IEEE 28th Veh. Technol. Conference*, March 1978, vol. 28, pp. 137–144.

2 A.W. Green and J.T. Boys, "10 kHz inductively coupled power transfer concept and control," in *Proc. 5th Int. Conf. IEE Power Electron Variable-Speed Drivers*, October 1994, pp. 694–699.

3 G.A.J. Elliott, J.T. Boys, and A.W. Green, "Magnetically coupled systems for power transfer to electric vehicles," in *Proc. Int. Conf. Power Electron. Drive Syst.*, February 1995, pp. 797–801.

4 G.A. Covic, J.T. Boys, M.L.G. Kissin, and H.G. Lu, "A three-phase inductive power transfer system for road powered vehicles," *IEEE Trans. on Ind. Electron.*, vol. 54, no. 6, pp. 3370–3378, December 2007.

5 S.W. Lee, J. Huh, C.B. Park, N.S. Choi, G.H. Cho, and C.T. Rim, "On-line electric vehicle using inductive power transfer system," in *IEEE Energy Conversion Congress and Exposition*, September 2010, pp. 1598–1601.

6 N.P. Suh, D.H. Cho, and C.T. Rim, "Design of on-line electric vehicle (OLEV)," *Plenary Lecture at the 2010 CIRP Design Conference*, 2010.

7 J. Huh and C.T. Rim, "KAIST wireless electric vehicles – OLEV," in *JSAE Annual Congress*, 2011, invited paper.

8 S.W. Lee, W.Y. Lee, J. Huh, C.B. Park, and C.T. Rim, "Active EMF cancellation method for I-type pick-up of on-line electric vehicles," in *IEEE Applied Power Electronics Conference and Exposition (APEC)*, 2011, pp. 1980–1983.

9 J. Huh, B.H. Lee, W.Y. Lee, G.H. Cho, and C.T. Rim, "Characterization of novel inductive power transfer systems for on-line electric vehicles," in *IEEE Applied Power Electronics Conference and Exposition (APEC).*, March 2011, pp. 1975–1979.

10 J. Huh, S.W. Lee, C.B. Park, G.H. Cho, and C.T. Rim, "High performance inductive power transfer system with narrow rail width for on-line electric vehicles," in *IEEE Energy Conversion Congress and Exposition*, 2010, pp. 1598–1601.

11 J. Huh, S.W. Lee, W.Y. Lee, G.H. Cho, and C.T. Rim, "Narrow-width inductive power transfer system for online electrical vehicles," *IEEE Trans. Power Electron.*, vol. 26, no. 12, pp. 3666–3679, December 2011.

12 C.T. Rim, "Analysis of linear switching systems using circuit transformations," PhD Dissertation, KAIST, Seoul, February 1990.

13 C.T. Rim, D.Y. Hu, and G.H. Cho, "Transformers as equivalent circuits for switches: general proofs and D-Q transformation-based analyses," *IEEE Trans. Ind. Applic.*, vol. 26, no. 4, pp. 777–785, July/August 1990.

14 C.T. Rim and G.H. Cho, "Phasor transformation and its application to the DC/AC analyses of frequency phase-controlled series resonant converters (SRC)," *IEEE Trans. Power Electron.*, vol. 5, pp. 201–211, April 1990.

15 C.T. Rim, "A complement of imperfect phasor transformation," in *Korea Power Electronics Conference*, Seoul, 1999, pp. 159–163.

16 C.T. Rim, N.S. Choi, G.C. Cho, and G.H. Cho, "A complete DC and AC analysis of three-phase controlled-current PWM rectifier using circuit D-Q transformation," *IEEE Trans. Power Electron.*, vol. 9, no. 4, pp. 390–396, July 1994.

17 S.B. Han, N.S. Choi, C.T. Rim, and G.H. Cho, "Modeling and analysis of static and dynamic characteristics for buck type three-phase PWM rectifier by circuit DQ transformation," *IEEE Trans. on Power Electron.*, vol. 13, no. 2, pp. 323–336, March 1998.

18 C.T. Rim, "Unified general phasor transformation for AC converters," *IEEE Trans. on Power Electron.*, vol. 26, no. 9, pp. 2465–2475, September 2011.

19 C. Park, S. Lee, G.H. Cho, and C.T. Rim, "Static and dynamic analyses of three-phase rectifier with LC input filter by Laplace phasor transformation," in *IEEE Energy Conversion Congress and Exposition*, 2012, pp. 1570–1577.

20 D.C. White and H.H. Woodson, *Electromechanical Energy Conversion*, John Wiley & Sons, New York, 1959.

21 K.D.T. Ngo, "Low frequency characterization of PWM converter," *IEEE Trans. on Power Electron.*, vol. PE-1, pp. 223–230, October 1986.

第 14 章 补偿电路

14.1 简介

感应电能传输系统（IPTS）正在被广泛用于电动汽车、消费电子产品、医疗设备、照明设备、工厂自动化、防御系统和远程传感器[1-26]。补偿电路经常在 IPTS 中引入，以通过抵消 IPTS 的松散耦合线圈产生的无功功率来改善输入功率因数并增加负载功率，如图 14.1a 所示。电感耦合线圈组的补偿方案可以通过补偿电容器和电感器的数量、补偿电路的配置和电源的类型来分类。最常见的补偿方案之一是仅使用两个电容器，这在本章中被视为 IPTS 的基本补偿方案，是最经济的补偿方式。如图 14.1 所示，所有可能的串联/并联（S/P）补偿电路和电压/电流（V/I）源的组合产生了 8 种可能的补偿方案[27-52]：电流源型一次串联-二次串联（I-SS），电流源型一次串联-二次并联（I-SP），电流源型一次并联-二次串联（I-PS），电流源型一次并联-二次并联（I-PP），电压源型 SS（V-SS），电压源型 SP（V-SP），电压源型 PS（V-PS）和电压源型 PP（V-PP）。为简单起见，二极管整流电路等效地用负载电阻 R_L 代替，如图 14.1 所示[27-46,62,63]。I-SS、I-SP、V-PS 和 V-PP 通常被排除在考虑之外，因为电流源的串联电路或电压源的并联电路是电路分析的简单情况；但是，它们应该被包括在基本补偿方案内，因为它们会被使用，例如，I-SS[47-51] 和 I-SP[52]。图 14.1 中的电流源可以是由逆变器反馈实现的受控电流源[47-52]。更复杂的补偿方案，如 LCL[53-55] 和 LCC[56]，它们具有电流源特性，但在本章中不包括在内。

已经进行了各种拓扑评估来比较每种补偿方案的优缺点[27-46]；但是，没有对重要设计驱动因素进行完整的比较分析，只有部分分析提供如下：

1）SS、SP、PS 和 PP 在二次谐振角频率下的输入功率因数方面相互比较，其中影响单位功率因数的 SS 的一次补偿电容与负载和磁耦合系数 k 无关[27-33]。

2）V-SS 和 V-SP 相互比较且 V-SP 优于 V-SS，因为 V-SP 具有独立于负载和 k 的输出电压特性，保持了单位输入功率因数[17,34-36]。

3）考虑到电感耦合线圈组等效串联电阻（ESR）中的功率损耗，以及负载与输出无关的特性，对 V-SS 和 V-SP 在效率方面进行了评估，发现 V-SS 具有负载与输出电流无关的特性和 V-SP 具有负载与输出电压无关的特性[37-42]。

4）SS 和 PS 以及 SP 和 PP 在逆变器的电压和电流额定值方面比较，其中 SS 和 SP 足以降低电源的额定电压，PS 和 PP 足以降低逆变器的额定电流[30,43,44]。

5）根据无耦合容差（$k=0$）评估 V-SS、V-SP、V-PS 和 V-PP，当 $k=0$[45] 时，V-SS 和 V-SP 电源供应不安全。

6）根据制造电感耦合线圈组所需的铜质量分析 SS、SP、PS 和 PP，其中 SS 和 SP 是经

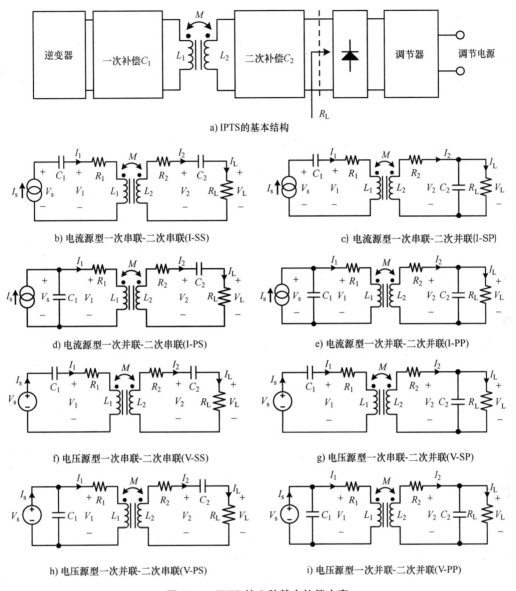

a) IPTS的基本结构

b) 电流源型一次串联-二次串联(I-SS)

c) 电流源型一次串联-二次并联(I-SP)

d) 电流源型一次并联-二次串联(I-PS)

e) 电流源型一次并联-二次并联(I-PP)

f) 电压源型一次串联-二次串联(V-SS)

g) 电压源型一次串联-二次并联(V-SP)

h) 电压源型一次并联-二次串联(V-PS)

i) 电压源型一次并联-二次并联(V-PP)

图 14.1　IPTS 的 8 种基本补偿方案

济的, 特别是对于高功率应用[46]。

尽管上面存在一些有价值的结论和见解, 但仍不清楚如何为每种应用选择最合适的补偿方案。这就需要集中于主要设计参数进行收集和比较工作。

在本章中, 根据从本章参考文献 [27]~[46] 中收集的以下 5 个标准, 对 8 种基本补偿方案进行了比较, 以便对 IPTS 进行一般性和综合性评估。通过适当地选择源角频率和两个补偿电容, IPTS 的以下操作特性可能变得理想:

1) 最高效率。

2) 最大负载功率传输。

3) 与负载无关的输出电压或输出电流。

4）k 独立补偿。

5）无磁耦合允许（$k=0$）。

本章确定在 8 种补偿方案中只有 I-SS 和 I-SP 能够同时满足所有 5 项标准；因此，将对 I-SS 和 I-SP 之间的等效性和对偶性在效率、功率传输特性以及电抗元件的电压和电流额定值方面进一步探讨。I-SS 和 I-SP 的设计指南通过在 100kHz 的源频率为 200W 的空气线圈原型提出和实验验证。

14.2 8 种基本补偿方案的对比

在本节中，根据提出的 5 项标准对 8 种基本补偿方案进行了比较评估。在本章中，假设所有电路参数都是线性的，并且 IPTS 在稳态下工作并且不包括开关谐波。因此，所有电路变量都以相量形式表示；例如，I_s 和 V_s 分别是源电流和电压的基频分量的相量。假设所有的源和电容都是理想的；因此，它们不包括 ESR。在本章中，电感耦合线圈组被建模为 T 模型，如图 14.2 所示，其中互感为 M，一次线圈和二次线圈的自感分别为 L_1 和 L_2。然后如下确定磁耦合系数 k：

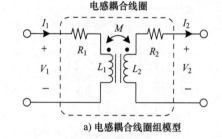

a) 电感耦合线圈组模型

b) 等效 T 模型

图 14.2 电感耦合线圈组等效 T 模型

$$k = \frac{M}{\sqrt{L_1 L_2}} \qquad (14.1)$$

电感耦合线圈组的 ESR（R_1 和 R_2）代表线圈的等效电阻，包括由集肤效应和邻近效应引起的绕组中的传导损耗和涡流损耗[49,61]。使用 T 模型的广义电路是针对 8 种基本补偿方案绘制的，如图 14.3 所示。其中电源代表电流型电源或电压型电源，补偿电容 C_1 和 C_2 是串联补偿或并联补偿。Z_s、Z_1、Z_{m1}、Z_{m2}、Z_2 和 Z_L 分别为从左到右看到的电源、一次侧、中左、中右、二次侧和负载端的阻抗。

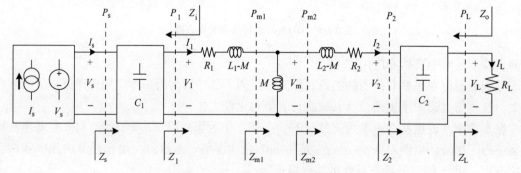

图 14.3 IPTS 的 8 种基本补偿方案的通用统一电路图

由于篇幅限制和方程式的重复描述，本章省略了详细的分析过程。相反，提供了对图 14.3 的广义电路图的统一分析，并且分析结果总结在表 14.1 中。

表14.1 5个参数指标在8种基本补偿方案的特性

参数	I-SS	I-SP	I-PS	I-PP
最大效率条件 $(\omega_{\eta,m})$	$\dfrac{\omega_2}{\sqrt{1-1/\{2(Q_2/Q_L)^2\}}}\cong\omega_2$ [①]	$\dfrac{\omega_2\sqrt{1+1/(Q_2 Q_L)}}{\sqrt[4]{1+k^2 Q_1/Q_2}}\cong\omega_2$ [②]	$\dfrac{\omega_2}{\sqrt{1-1/\{2(Q_2/Q_L)^2\}}}=\omega_1\cong\omega_2$ [①]	$\dfrac{\omega_2\sqrt{1+1/(Q_2 Q_L)}}{\sqrt[4]{1+k^2 Q_1/Q_2}}=\omega_2\cong\omega_2$ [②]
最大功率条件 $(\omega_{P_L,m})$	$\dfrac{\omega_2}{\sqrt{1-1/2Q_L^2}}\cong\omega_2$ [③]	ω_2	$\dfrac{\omega_1}{\sqrt{1+k^4 Q_L^2}}=\omega_2$	$\dfrac{\omega_3}{\sqrt{1+k^4 Q_L^2/(1-k^2)^2}}$
R_L 独立输出条件 $(\omega_{V_L}$ 或 $\omega_{I_L})$ — ω_{V_L}	ω_2	不存在	ω_5	ω_3
ω_{I_L}	不存在	ω_2	ω_1	ω_5
k 独立补偿	有	有	无	无
$k=0$ 可容许性	容许	容许	不容许	不容许
参数	V-SS	V-SP	V-PS	V-PP
最大效率条件 $(\omega_{\eta,m})$	$\dfrac{\omega_2}{\sqrt{1-1/\{2(Q_2/Q_L)^2\}}}\cong\omega_2$ [①]	$\dfrac{\omega_2\sqrt{1+1/(Q_2 Q_L)}}{\sqrt[4]{1+k^2 Q_1/Q_2}}\cong\omega_2$ [②]	$\dfrac{\omega_2}{\sqrt{1-1/\{2(Q_2/Q_L)^2\}}}\cong\omega_2$ [①]	$\dfrac{\omega_2\sqrt{1+1/(Q_2 Q_L)}}{\sqrt[4]{1+k^2 Q_1/Q_2}}\cong\omega_2$ [②]
最大功率条件 $(\omega_{P_L,m})$	$\omega_1=\omega_2$	ω_3	ω_4	$\omega_4\sqrt{1-(1-k^2)/(2Q_L^2)}\cong\omega_4$ [③]
R_L 独立输出条件 $(\omega_{V_L}$ 或 $\omega_{I_L})$ — ω_{V_L}	ω_1	ω_3	ω_4	不存在
ω_{I_L}	ω_5	ω_5	不存在	ω_4
k 独立补偿	有	无	无	无
$k=0$ 可容许性	不容许	不容许	容许	容许

① $1\ll Q_2$ 且 $1\ll Q_L$。
② $1\ll Q_1$，$1\ll Q_2$，$1\ll Q_L$，且 $k\ll1$。
③ $1\ll Q_L$。

14.2.1 最大效率条件

如图 14.3 所示提出的广义 IPTS 的效率可以通过考虑 R_1 和 R_2 中的功率损耗来确定。可以从效率方程导出最大效率的最佳角频率。在图 14.3 中，P_s、P_1、P_{m1}、P_{m2}、P_2 和 P_L 分别代表电源、一次侧、中左、中右、二次侧和负载端口的实际功率，定义如下：

$$P_s = \text{Re}(V_s I_s^*), \quad P_1 = \text{Re}(V_1 I_1^*), \quad P_{m1} = \text{Re}(V_m I_1^*), \quad P_{m2} = \text{Re}(V_m I_2^*),$$

$$P_2 = \text{Re}(V_2 I_2^*), \quad P_L = \text{Re}(V_L I_L^*) \tag{14.2}$$

IPTS 的效率如下：

$$\eta \equiv \frac{P_L}{P_s} = \frac{P_1}{P_s} \cdot \frac{P_{m1}}{P_1} \cdot \frac{P_{m2}}{P_{m1}} \cdot \frac{P_2}{P_{m2}} \cdot \frac{P_L}{P_2} \tag{14.3}$$

由于假设电源的内部电阻和补偿电容 ESR 可以忽略不计，因此 Z_i 的实部变为零，这导致 $P_s = P_1$ 且 $P_2 = P_L$。中间步骤的实际功率为零；因此，$P_{m1} = P_{m2}$。那么式（14.3）可以简化如下：

$$\eta = \frac{P_{m1}}{P_1} \cdot \frac{P_2}{P_{m2}} = \frac{\text{Re}(Z_{m1})}{R_1 + \text{Re}(Z_{m1})} \cdot \frac{\text{Re}(Z_2)}{R_3 + \text{Re}(Z_2)} \tag{14.4}$$

式中，Z_{m1} 从图 14.3 中得到

$$Z_{m1} \equiv j\omega M // \{j\omega(L_2 - M) + R_2 + Z_2\} \tag{14.5}$$

在式（14.4）中，每级的效率由两个串联电阻组成的等效电路确定。

如图 14.4 所示，Z_2 为串联阻抗 Z_{2S} 或并联阻抗 Z_{2P}，具体取决于二次补偿电路，如下所示：

$$Z_{2S} = R_L + \frac{1}{j\omega C_2} \tag{14.6a}$$

$$Z_{2P} = R_L // \frac{1}{j\omega C_2} \tag{14.6b}$$

将式（14.6a）和式（14.6b）应用于式（14.4）和式（14.5）得到二次串联补偿方案（I-SS、I-PS、V-SS 和 V-PS）的效率 η_S 和二次并行补偿方案（I-SP、I-PP、V-SP 和 V-PP）的效率 η_P，分别如下：

$$\eta_S = \frac{Q_1(Q_2//Q_{LS})k^2\omega_n^2}{1 + Q_1(Q_2//Q_{LS})k^2\omega_n^2 + (Q_2//Q_{LS})^2(\omega_n - 1/\omega_n)^2} \cdot \frac{1}{1 + Q_{LS}/Q_2} \tag{14.7a}$$

$$\eta_P = k^2\omega_n^2 Q_1 \cdot \frac{a_1\omega_n^4 + a_2\omega_n^2 + a_3}{a_4\omega_n^6 + a_5\omega_n^4 + a_6\omega_n^2 + a_7} \cdot \frac{1}{1 + 1/(Q_2 Q_{LP}) + Q_{LP}\omega_n^2/Q_2} \tag{14.7b}$$

其中归一化角频率 ω_n，二次谐振角频率 ω_2，线圈的内在品质因数 Q_1、Q_2 以及负载品质因数 Q_{LS}、Q_{LP} 定义如下：

$$\omega_n \equiv \frac{\omega}{\omega_2}, \ \omega_2 \equiv \frac{1}{\sqrt{L_2 C_2}} \tag{14.8a}$$

$$Q_1 \equiv \frac{\omega L_1}{R_1}\bigg|_{\omega=\omega_2}, \ Q_2 \equiv \frac{\omega L_2}{R_2}\bigg|_{\omega=\omega_2} $$

$$Q_{LS} \equiv \frac{\omega L_2}{R_L}\bigg|_{\omega=\omega_2}, \ Q_{LP} \equiv \frac{R_L}{\omega L_2}\bigg|_{\omega=\omega_2} \tag{14.8b}$$

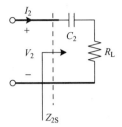

a) 串联补偿电路

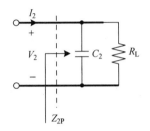

b) 并联补偿电路

图 14.4　二次补偿电路的 Z_2

式 (14.7) 中的系数如下:

$$a_1 = Q_{LP}^4/Q_2 \tag{14.9a}$$

$$a_2 = Q_{LP}^2(Q_{LP}+2/Q_2) \tag{14.9b}$$

$$a_3 = (Q_{LP}+1/Q_2) \tag{14.9c}$$

$$a_4 = (1+k^2Q_1/Q_2)Q_{LP}^4 \tag{14.9d}$$

$$a_5 = k^2Q_1 a_2 + Q_{LP}^2(2-2Q_{LP}^2+Q_{LP}^2/Q_2^2) \tag{14.9e}$$

$$a_6 = k^2Q_1 a_3 + 2Q_{LP}^2(Q_{LP}+1/Q_2)/Q_2 + (1-Q_{LP}^2)^2 \tag{14.9f}$$

$$a_7 = (Q_{LP}+1/Q_2)^2 \tag{14.9g}$$

注意, 当补偿电容器的 ESR 不是非常大并且仅考虑耦合线圈的 ESR 中的损耗时, 式 (14.7) 中的效率 η_S 和 η_P 是有效的。通过计算得到式 (14.7a) 和式 (14.7b) 相对于 ω_n 的导数, 可以找到最大化效率 η_S 和 η_P 的最佳角频率 $\omega_{\eta S,m}$ 和 $\omega_{\eta P,m}$ 如下:

$$\left.\frac{\partial \eta_S}{\partial \omega_n}\right|_{\omega_n = \omega_{\eta S,m}/\omega_2} = 0 \implies \omega_{\eta S,m} = \frac{\omega_2}{\sqrt{1-1/\{2(Q_2//Q_{LS})^2\}}} \tag{14.10a}$$

$$\left.\frac{\partial \eta_P}{\partial \omega_n}\right|_{\omega_n = \omega_{\eta P,m}/\omega_2} = 0 \implies \omega_{\eta P,m} = \omega_2\sqrt{\frac{1+1/(Q_2 Q_{LP})}{\sqrt{1+k^2 Q_1/Q_2}}} \tag{14.10b}$$

在式 (14.10) 中, 使用式 (14.7) 的效率 ω_n 变为零并且随着 ω_n 增加而增加, 这意味着效率在式 (14.10) 的条件下达到最大值 (不是最小值)。本章参考文献 [37] 中提供了式 (14.10) 的类似表达式; 但是, 本章将介绍获得式 (14.10b) 的基本过程。

假设在许多 IPTS 设计中非常常见的 $1 \ll Q_L$, $1 \ll Q_1$, $1 \ll Q_2$ 和 $k \ll 1$, 式 (14.10) 可近似如下:

$$\omega_{\eta S,m} \cong \omega_{\eta P,m} \cong \omega_2 \tag{14.11}$$

式（14.11）表明，所有8种基本补偿方案的最大效率大致在二次谐振角频率 ω_2 处实现。如图14.5所示，无论 Q_L 如何，都可以在 ω_2 附近获得任何基本补偿方案的最大效率。

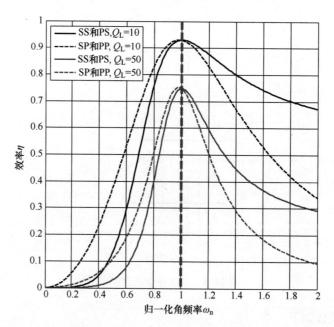

图14.5 当 $k=0.3$ 和 $Q_1=Q_2=150$ 时，效率 η 对归一化角频率 ω_n

14.2.2 最大负载功率传输条件 （$R_1=R_2=0$）

最大负载功率 P_L 的最佳角频率 $\omega_{P_L,m}$ 来自图14.3的统一IPTS模型。本章详细分析了I-SS和V-SS的两个示例，类似的分析可以应用于其余6种基本补偿方案。在本节中，为简单起见，忽略了电感耦合线圈的ESR；否则，这些计算过于复杂，无法手动解决。

任何电流源类型和电压源类型的负载功率，如图14.3所示，可以确定如下：

$$P_L \equiv \mathrm{Re}(Z_s)|I_s|^2 \quad （电流源类型） \tag{14.12a}$$

$$P_L = \mathrm{Re}(Y_s)|V_s|^2 \equiv \mathrm{Re}\left(\frac{1}{Z_s}\right)|V_s|^2 （电压源类型） \tag{14.12b}$$

$|I_s|$ 和 $|V_s|$ 分别为给定电流源和电压源的值，Z_s 是从电源侧得到的输入阻抗，如下所述：

$$Z_s = \frac{\omega_n^2 \omega_2 k^2 L_1}{Q_{LS}(\omega_n-1/\omega_n)^2+1/Q_{LS}} + \mathrm{j}\omega_n \omega_2 L_1 \left\{1-\frac{\omega_1^2}{\omega_n^2 \omega_2^2} + \frac{k^2(1-\omega_n^2)}{(\omega_n-1/\omega_n)^2+1/Q_{LS}^2}\right\}$$

$$（对于 I\text{-}SS 和 V\text{-}SS） \tag{14.13}$$

式中，一次谐振角频率 ω_1 由下式定义

$$\omega_1 \equiv \frac{1}{\sqrt{L_1 C_1}} \tag{14.14}$$

将式（14.13）应用于式（14.12a）并取其相对于 ω_n 的导数，I-SS的最大负载功率点可以找到如下：

$$\left.\frac{\partial P_{\mathrm{L}}}{\partial \omega_{\mathrm{n}}}\right|_{\omega_{\mathrm{n}}=\omega_{P_{\mathrm{L},\mathrm{m}}}/\omega_2}=0 \quad \Rightarrow \quad \omega_{P_{\mathrm{L},\mathrm{m}}}=\frac{\omega_2}{\sqrt{1-1/(2Q_{\mathrm{LS}}^2)}} \quad (\text{对于 I-SS}) \tag{14.15a}$$

假设在大多数通常可接受的 IPTS 设计中 $Q_{\mathrm{LS}} \gg 1$，式（14.15a）可近似如下：

$$\omega_{P_{\mathrm{L},\mathrm{m}}} \cong \omega_2 (\text{对于 I-SS}) \tag{14.15b}$$

将式（14.13）应用于式（14.12b）并取其相对于 ω_{n} 的导数，可以确定 V-SS 的最大负载功率传输的最佳角频率。然而，发现结果方程是三阶多项式，并且解决方案过于复杂。解决这个问题的一个实际方法是将工作角频率设置为适当的一个值，例如，$\omega \equiv \omega_2$，它可以直观地最小化二次补偿电路的阻抗，并且也用于类似的工作[27-29]详细解释。为了找到 V-SS 的最大负载功率传递的条件，取式（14.12b）相对于 ω_1 的导数，假设 $\omega = \omega_2$，如下：

$$\left.\frac{\partial P_{\mathrm{L}}}{\partial \omega_1}\right|_{\omega_{\mathrm{n}}=1}=0 \quad \Rightarrow \quad \omega_1=\omega_2=\omega_{P_{\mathrm{L},\mathrm{m}}}(\text{对于 V-SS}) \tag{14.16a}$$

$$\therefore Z_{\mathrm{s}}(\omega_{\mathrm{n}},\omega_1)|_{\omega_{\mathrm{n}}=1}=\omega_2 Q_{\mathrm{LS}}k^2 L_1+\mathrm{j}\omega_2 L_1\left(1-\frac{\omega_1^2}{\omega_2^2}\right) \tag{14.16b}$$

其余 6 种基本补偿方案的最佳角频率以类似的方式找到并总结在表 14.1 中，其中 V-SP 和 V-PS 的最佳角频率定义如下：

$$\omega_3 \equiv \frac{1}{\sqrt{L_1 C_1(1-k^2)}} \quad (\text{对于 V-SP}) \tag{14.17a}$$

$$\omega_4 \equiv \frac{1}{\sqrt{L_2 C_2(1-k^2)}} \quad (\text{对于 V-PS}) \tag{14.17b}$$

对于特定情况，也可以找到包括式（14.15）~式（14.17）在内的最佳角频率的相似表达式[27,28,32,57]；但是，本章首先介绍了一种通用的方法。

14.2.3　与负载无关的输出电压或输出电流特性（$R_1=R_2=0$）

无论负载阻值如何，恒定输出电压 V_{L} 或恒定输出电流 I_{L} 都是 IPTS 实现负载电压调节或过载保护的最有用特性之一。为了获得这种与负载无关的输出特性，通常使用二次侧的调节电路和连接到一次侧的反馈信号通道[17,18,20,39,58,59]。然而，通过适当地选择电源角频率，也可以通过某些补偿方案的固有特性来实现与负载无关的输出特性。尽管这种与负载无关的特性可能不完全排除在某些应用中使用调节电路，但它为 IPTS 提供了相对较小的负载电压变化或额外的短路保护能力。

在本节中，将探讨 I-SS 和 V-SS 的与负载无关的 V_{L} 和 I_{L} 特性，并且在其存在的情况下，驱动与负载无关的 V_{L} 或 I_{L} 的角频率。为简化起见，电感耦合线圈的 ESR 再次被忽略，从而这使得手动处理计算成为可能。

为了识别 IPTS 的输出特性，重新绘制了图 14.3 的通用统一电路，将所有电路从负载侧简化为戴维南或诺顿等效电路，如图 14.6 所示。只有在 I_{N} 或 V_{L} 变为无穷大的情况下，IPTS 才可以具有戴维南或诺顿等效电路。当 $Z_o=0$ 时，V_{L} 变得与戴维南电压 V_{T} 相同，与 R_{L} 无关，因为假设 IPTS 是线性的。换句话说，如果 $Z_o=0$，则 IPTS 具有与负载无关的 V_{L} 特性。出于类似的原因，对于 IPTS 的与负载无关的 $I_{\mathrm{L}}(=I_{\mathrm{N}})$ 特性，需要 $Z_o=\infty$。即使 IPTS 具有与负载无关的特性，V_{T} 或 I_{N} 也可能不是固定的，而是可能因气隙和未对准而变化；这就是为什么某些特定的应用需要如图 14.1a 所示的调节器。

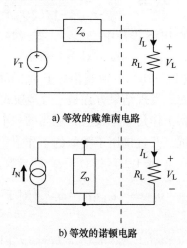

a) 等效的戴维南电路

b) 等效的诺顿电路

图 14.6 从负载侧的统一通用补偿方案的简化电路

I-SS 和 V-SS 的 V_T、I_N 和 Z_o 可以从图 14.3 和图 14.4a 得出如下:

$$V_T = j\omega M I_s \quad （对于 I-SS） \tag{14.18a}$$

$$I_N = \frac{\omega^2 M C_2 I_s}{\omega^2 L_2 C_2 - 1} \quad （对于 I-SS） \tag{14.18b}$$

$$Z_o = j \frac{\omega^2 L_2 C_2 - 1}{\omega C_2} \quad （对于 I-SS） \tag{14.18c}$$

$$V_T = \frac{\omega^2 M C_1 V_s}{\omega^2 L_1 C_1 - 1} \quad （对于 V-SS） \tag{14.19a}$$

$$I_N = j \frac{\omega^3 M C_1 C_2 V_s}{\omega^4 M^2 C_1 C_2 (1 - 1/k^2) + \omega^2 (L_1 C_1 + L_2 C_2) - 1} \quad （对于 V-SS） \tag{14.19b}$$

$$Z_o = j \frac{-\omega^4 M^2 C_1 C_2 (1 - 1/k^2) - \omega^2 (L_1 C_1 + L_2 C_2) + 1}{\omega C_2 (\omega^2 L_1 C_1 - 1)} \quad （对于 V-SS） \tag{14.19c}$$

从式 (14.18c) 和式 (14.19c) 可以看出，I-SS 的 Z_o 与 V-SS 的 Z_o 不同。因此，它们与负载无关的 V_L 和 I_L 特性的角频率不同。

首先，针对 I-SS 情况测试与负载无关的 V_L 和 I_L 特性。从式 (14.18c) 确定，当与负载无关，V_L 的角频率 ω_{V_L} 如下时，Z_o 变为零:

$$Z_o \big|_{\omega = \omega_{V_L}} = 0 \quad \Rightarrow \quad \omega_{V_L} = \omega_2 \quad （对于 I-SS） \tag{14.20}$$

在式 (14.20) 的这种情况下，I_N 变为无穷大，如式 (14.18b) 所示。也就是说，对于 I-SS 情况，不存在诺顿等效电路。换句话说，只有戴维南等效电路对 I-SS 情况有效，能得到与负载无关的 V_L 特性。

其次，针对 V-SS 情况测试与负载无关的 V_L 和 I_L 特性。从式 (14.19c) 确定当与负载无关的 V_L 的角频率 ω_{V_L} 如下时 Z_o 变为零:

$$Z_o \big|_{\omega = \omega_{V_L}} = 0$$

$$\Rightarrow \quad \omega_{V_L} = \sqrt{\frac{\omega_1^2 + \omega_2^2 \pm \sqrt{(\omega_1^2 + \omega_2^2)^2 - 4\omega_1^2\omega_2^2(1-k^2)}}{2(1-k^2)}} \equiv \omega_5 \quad （对于 V\text{-}SS） \quad (14.21)$$

在式（14.21）的条件下，在 ω_1 处具有极点的式（14.19a）的戴维南电压不会变为无穷大；因此，V-SS 具有与负载无关的 V_L 特性。注意，对于任何 ω_2 和 k，$\omega_1 \neq \omega_5$，直到 $\omega_1 >$ 0。当负载无关 I_L 的角频率 ω_{I_L} 如下时，从式（14.19c）也得到 Z_o 变为无穷大：

$$Z_o\big|_{\omega=\omega_{I_L}} = \infty \quad \Rightarrow \quad \omega_{I_L} = \omega_1 \quad （对于 V\text{-}SS） \quad (14.22)$$

在式（14.22）的这种情况下，式（14.19b）的诺顿电流变为有限值，如下所示：

$$I_N = j\frac{-\omega_1 C_1 V_s}{\omega_1^2 C_1(L_1 - M) - 1} \quad （对于 V\text{-}SS） \quad (14.23)$$

与 I-SS 情况不同，V-SS 对于不同的角频率 ω_{V_L} 和 ω_{I_L} 分别具有与负载无关的 V_L 和 I_L 特性，这也是 V-SS 与 V-SP 进行比较的结果[37,39]。

类似的分析可以应用于其余 6 种基本补偿方案，结果列于表 14.1。从表 14.1 可以看出，V-SS 和 I-PS 以及 V-SP 和 I-PP 具有相同的 ω_{V_L} 和 ω_{I_L}，因为它们在移除电源时的电路配置是相同的，如 Z_o 的情况。

14.2.4　k 独立补偿特性

对于前面部分讨论的最佳特性的角频率是磁耦合系数 k 依赖的情况，需要一种调整源角频率以跟踪所需角频率的频率控制方案[17,27,28,41,42]。这种控制方案增加了 IPTS 的成本和复杂性，可能成为许多应用的负担。因此，k 独立性是低成本和高可靠性 IPTS 非常期望的特性，并且可以通过适当选择补偿方案来实现。在本节中，将根据 k 独立性重新考虑最大效率、最大负载功率和与负载无关的输出的角频率。

如式（14.10a）所示，η_S 的最大效率的角频率完全独立于 k；然而，式（14.10b）的 η_P 取决于 k。幸运的是，当 $k \ll 1$ 并且在实践中不是一个严重的问题时，这种 k 依赖性大大减轻了。可以说只有 I-SS、I-PS、V-SS 和 V-PS 这 4 种方案具有完全的 k 独立性。

从式（14.15）中可以看出，I-SS 的最大负载功率的角频率完全独立于 k，对于 I-SP 和 V-SS 也是如此，见表 14.1。从表 14.1 中也可以看出，I-PS、I-PP、V-SP、V-PS 和 V-PP 的最大负载功率角频率与 k 无关。

如表 14.1 所示，对于与负载无关的输出特性，至少有一个与 k 无关的角频率仅存在于 I-SS、I-SP、I-PS 和 V-SS 的方案中。注意，ω_1 和 ω_2 是与 k 独立的；然而，如式（14.21）所得的，ω_3、ω_4 和 ω_5 是 k 的函数。

从上面的讨论可以看出，就所提到的三个标准而言，I-SS 和 V-SS 是 k 独立的。

14.2.5　允许无磁耦合（$R_1 = R_2 = 0$）

根据补偿方案和电源角频率，当磁耦合非常弱或完全去除（$k = 0$）时，可以感应到电路元件上的过大电压或电流应力。当二次线圈严重错位或完全脱离一次线圈时，不会发生磁耦合，这在 IPTS 中经常出现。因此，即使在没有磁耦合的情况下，IPTS 的安全操作也应通过适当选择补偿方案来保证。

对于 I-SS 和 V-SS，详细评估了无磁耦合的容差。类似的分析可以应用于其余 6 种基本补偿方案，结果列于表 14.1。由于它们对分析结果的轻微影响，电感耦合线圈的 ESR 再次被忽略。注意，I-SS 和 V-SS 具有相同的电源输入阻抗 Z_s。讨论限制在三个最佳工作条件下（即最大效率，最大负载功率和与负载无关的输出），输入阻抗 Z_s 的行为将非常简单。对于 I-SS 情况，电源角频率应为 ω_2 以满足三个标准。对于 V-SS 情况，电源角频率可以是 ω_1 或 ω_2。将这些不同的频率条件应用于（14.13a）会得到以下结论：

$$Z_s \big|_{k=0,\omega_n \cong 1} \cong j\omega_2 L_1 \left(1 - \frac{\omega_1^2}{\omega_2^2}\right) \quad （对于 I-SS） \tag{14.24a}$$

$$Z_s \big|_{k=0,\omega_n=1,\omega_1=\omega_2} = 0 \quad （对于 V-SS） \tag{14.24b}$$

对于 $k=0$ 的容差，对于 I-SS，Z_s 的幅度不应该是无穷大的；对于 V-SS，Z_s 的幅度不应该是零。从式（14.24）可以看出，I-SS 允许零磁耦合而 V-SS 不允许。其余 6 种补偿方案的无磁耦合容差列于表 14.1，值得注意的是，只有 I-SS、I-SP、V-PS 和 V-PP 允许 $k=0$。

根据 5 项标准下 8 种基本补偿方案的比较评估，确定只有 I-SS 同时满足标准，本章首先对此进行了确定。除了对最大效率的弱 k 依赖性外，I-SP 也是一个很好的选择。虽然没有详细分析，但众所周知的 LCL[53-55] 和 LCC[56] 具有相当好的特性的原因是它们的一次侧相当于电流源，这使得它们类似于提出的 I-SS 或 I-SP。

14.3 I-SS 和 I-SP 的等价性和对偶性

根据前一节的讨论，本节给出了 8 种基本补偿方案的比较。当 8 种基本补偿方案以二次谐振角频率 ω_2 工作时，对其效率、负载功率和元件额定值进行比较，二次谐振角频率 ω_2 是最大效率的角频率。为了公平比较，假设 8 种基本补偿方案都具有相同的操作条件：I_s，V_s，L_1，L_2，R_1，R_2，k，C_1，C_2，以及品质因数 $Q_{LS}=Q_{LP}=Q_L$。唯一的区别是负载电阻 R_L 的值，它应该是不同的，由式（14.8b）确定，以给出相同的品质因数。在本节中，功率、电压和电流均以标幺值表示，以便于不同补偿方案之间的比较；它们除以预定义的基本数量。基本功率 P_b，电压 $|V_b|$ 和电流 $|I_b|$ 定义如下：

$$P_{b,I} \equiv \omega_2 L_1 |I_s|^2,\ |V_{b,I}| \equiv \omega_2 \sqrt{L_1 L_2}\,|I_s|,\ |I_{b,I}| \equiv \sqrt{L_1/L_2}\,|I_s| \quad （电流源类型）$$

$$\tag{14.25a}$$

$$P_{b,V} \equiv |V_s|^2/(\omega_2 L_1),\ |V_{b,V}| \equiv \sqrt{L_2/L_1}\,|V_s|,\ |I_{b,V}| \equiv |V_s|/(\omega_2 \sqrt{L_1 L_2}) \quad （电压源类型）$$

$$\tag{14.25b}$$

由于方程式和篇幅的限制，仅在图 14.7 中给出了 I-SS 和 I-SP 的详细分析。比较结果列于表 14.2 中。

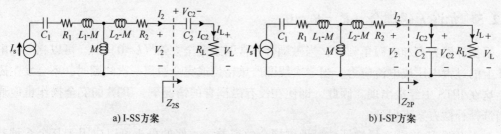

a) I-SS方案　　　　　　　　　　　　　　b) I-SP方案

图 14.7 用于 I-SS 和 I-SP 的基于 T 模型的等效电路

表 14.2 二次谐振频率下 8 种基本补偿方案的等效性和对偶性

参数	I-SS	I-SP	I-PS	I-PP
$\dfrac{\eta}{\eta_r}$	1	$\dfrac{Q_L+Q_2}{Q_L+Q_2+2}\cong1$[①]	1	$\dfrac{Q_L+Q_2}{Q_L+Q_2+2}\cong1$[①]
P_L (pu)	k^2Q_L	k^2Q_L	$k^2Q_L+\dfrac{1}{k^2Q_L}\cong k^2Q_L$[①]	$k^2Q_L+\dfrac{(1-k^2)^2}{k^2Q_L}\cong k^2Q_L$[①]
$\|V_2\|\cong\|V_{C2}\|$ (pu)	kQ_L	kQ_L	$\dfrac{\sqrt{1+k^4Q_L^2}}{k}\cong kQ_L$[①]	$\dfrac{\sqrt{(1-k^2)^2+K^4Q_L^2}}{k}\cong kQ_L$[①]
$\|I_2\|\cong\|I_{C2}\|$ (pu)	kQ_L	kQ_L	$\dfrac{\sqrt{1+k^4Q_L^2}}{k}\cong kQ_L$[①]	$\dfrac{\sqrt{(1-k^2)^2+K^4Q_L^2}}{k}\cong kQ_L$[①]
$\|V_L\|$ (pu)	k	kQ_L	$\dfrac{\sqrt{1+k^4Q_L^2}}{kQ_L}\cong k$[①]	$\dfrac{\sqrt{(1-k^2)^2+K^4Q_L^2}}{k}\cong kQ_L$[①]
$\|I_L\|$ (pu)	kQ_L	k	$\dfrac{\sqrt{1+k^4Q_L^2}}{k}\cong kQ_L$[①]	$\dfrac{\sqrt{(1-k^2)^2+K^4Q_L^2}}{kQ_L}\cong k$[①]

参数	V-SS	V-SP	V-PS	V-PP
$\dfrac{\eta}{\eta_r}$	1	$\dfrac{Q_L+Q_2}{Q_L+Q_2+2}\cong1$[①]	1	$\dfrac{Q_L+Q_2}{Q_L+Q_2+2}\cong1$[①]
P_L (pu)	$\dfrac{1}{k^2Q_L}$	$\dfrac{1}{k^2Q_L}$	$\dfrac{k^2Q_L}{1+k^4Q_L^2}\cong\dfrac{1}{k^2Q_L}$[①]	$\dfrac{k^2Q_L}{(1-k)^2+k^4Q_L^2}\cong\dfrac{1}{k^2Q_L}$[①]
$\|V_2\|\cong\|V_{C2}\|$ (pu)	$\dfrac{1}{k}$	$\dfrac{1}{k}$	$\dfrac{kQ_L}{\sqrt{1+k^4Q_L^2}}\cong\dfrac{1}{k}$[①]	$\dfrac{kQ_L}{\sqrt{(1-k^2)^2+K^4Q_L^2}}\cong\dfrac{1}{k}$[①]
$\|I_2\|\cong\|I_{C2}\|$ (pu)	$\dfrac{1}{k}$	$\dfrac{1}{k}$	$\dfrac{kQ_L}{\sqrt{1+k^4Q_L^2}}\cong\dfrac{1}{k}$[①]	$\dfrac{kQ_L}{\sqrt{(1-k^2)^2+K^4Q_L^2}}\cong\dfrac{1}{k}$[①]
$\|V_L\|$ (pu)	$\dfrac{1}{KQ_L}$	$\dfrac{1}{k}$	$\dfrac{k}{\sqrt{1+k^4Q_L^2}}\cong\dfrac{1}{kQ_L}$[①]	$\dfrac{kQ_L}{\sqrt{(1-k^2)^2+K^4Q_L^2}}\cong\dfrac{1}{k}$[①]
$\|I_L\|$ (pu)	$\dfrac{1}{k}$	$\dfrac{1}{kQ_L}$	$\dfrac{kQ_L}{\sqrt{1+k^4Q_L^2}}\cong\dfrac{1}{k}$[①]	$\dfrac{k}{\sqrt{(1-k^2)^2+K^4Q_L^2}}\cong\dfrac{1}{kQ_L}$[①]

① $1\ll Q_L$。

14.3.1 效率的等效性

从表 14.1 可以看出，当 $1\ll Q_L$，$1\ll Q_1$，$1\ll Q_2$ 和 $k\ll1$ 时，I-SS 和 I-SP 具有几乎相同的最佳角频率 $\omega_{\eta,m}=\omega_{\eta S,m}\cong\omega_{\eta P,m}\cong\omega_2$，最大效率 $\eta_m=\eta_{S,m}=\eta_{P,m}$。假设 Q_L、Q_1 和 Q_2 的品质因数很大，这对于大多数 IPTS 是可接受的。

如式（14.4）所示，当 $Z_{2S}=Z_{2P}=Z_2$ 时，I-SS 的效率与 I-SP 的效率相同，其确定如下：

$$Z_{2S}\big|_{\omega=\omega_2}=R_{LS}+\frac{1}{j\omega_2C_2} \tag{14.26a}$$

$$Z_{2P}\big|_{\omega=\omega_2} = R_{LP}//\frac{1}{j\omega_2 C_2} = \frac{R_{LP}}{1+Q_{LP}^2} + \frac{1}{j\omega_2 C_2} \cdot \frac{Q_{LP}^2}{1+Q_{LP}^2} \qquad (14.26b)$$

式中，Q_{LS}和Q_{LP}在式（14.8b）中定义。在$Q_L \geqslant 1$的假设下，式（14.26b）可近似如下：

$$Z_{2P}\big|_{\omega=\omega_2} \cong \frac{R_{LP}}{Q_{LP}^2} + \frac{1}{j\omega_2 C_2} = R_{LS} + \frac{1}{j\omega_2 C_2} = Z_{2S}\big|_{\omega=\omega_2} \qquad (14.27)$$

在式（14.27）中，使用 $R_{LP}/Q_{LP} = R_{LS}Q_{LS}$ 的关系，从式（14.8b）推导出在 $Q_{LS} = Q_{LP}$ 的条件。图 14.8 显示了 Z_{2S} 和 Z_{2P} 对于大品质因数 Q_L 的等效性。

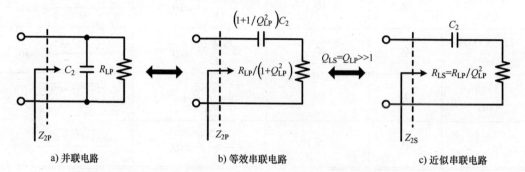

a) 并联电路   b) 等效串联电路   c) 近似串联电路

图 14.8   在大品质因数 Q_L 和 $Q_{LS} = Q_{LP}$ 条件下，Z_{2S} 和 Z_{2P} 的等效性

如图 14.9 所示，当 Q_L 大于 50 时，I-SS 和 I-SP 之间的效率差异很小。

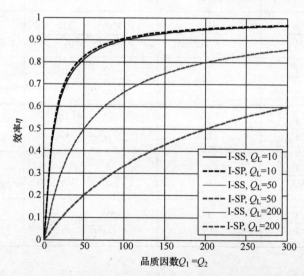

图 14.9   当 $\omega=\omega_2$ 且 $k=0.3$ 时，I-SS 和 I-SP 的效率 η 与品质因数 Q_1

在表 14.2 中，列出了 ω_2 处 8 种基本补偿方案的效率。它们被归一化到参考效率 η_r，其被定义为从式（14.7a）给出的 ω_2 处的 I-SS 效率，具体如下：

$$\eta_r \equiv \eta_S\big|_{\omega=\omega_2} = \frac{Q_1(Q_2//Q_{LS})k^2}{1+Q_1(Q_2//Q_{LS})k^2} \cdot \frac{1}{1+Q_{LS}/Q_2} \qquad (14.28)$$

从表 14.2 可以看出，由于 Z_{2S} 和 Z_{2P} 的等效性，所有 8 种基本补偿方案都具有相同的效率，如式（14.27）所述。

14.3.2 负载功率的等效性和输出的对偶性

以类似的方式，将 I-SS 的负载功率、输出电压和输出电流与 I-SP 的负载功率，输出电压和输出电流进行比较，以验证 I-SS 和 I-SP 的等效性和对偶性。对于 I-SS，每单位负载功率 P_{LP}、输出电压 V_{LS} 和输出电流 I_{LS} 在 ω_2 处导出，使用具有零 ESR 的图 14.7 的电路模型，如下所示：

$$P_{LS}\big|_{\omega=\omega_2}=k^2 Q_{LS} \quad (\text{pu}) \tag{14.29a}$$

$$\|V_{LS}\|_{\omega=\omega_2}=k \quad (\text{pu}) \tag{14.29b}$$

$$\|V_{LS}\|_{\omega=\omega_2}=k Q_{LS} \quad (\text{pu}) \tag{14.29c}$$

采用同样的方式，I-SP 的每单位额定值如下所示：

$$P_{LP}\big|_{\omega=\omega_2}=k^2 Q_{LP} \quad (\text{pu}) \tag{14.30a}$$

$$\|V_{LP}\|_{\omega=\omega_2}=k Q_{LP} \quad (\text{pu}) \tag{14.30b}$$

$$\|I_{LP}\|_{\omega=\omega_2}=k \quad (\text{pu}) \tag{14.30c}$$

请注意，与上一节不同，品质因数 Q_L 和 k 没有受到式（14.29）和式（14.30）的限制。

将 $Q_{LS}=Q_{LP}$ 的条件应用于式（14.29）和式（14.30），从式（14.29a）和式（14.30a）确定 I-SS 和 I-SP 在负载功率中的等效性。从式（14.29b）、式（14.30b）和式（14.29c）、式（14.30c），验证了输出电压和输出电流中 I-SS 和 I-SP 的对偶性。I-SS 的 I_{LS} 比 I-SP 大 Q_L 倍，而 I-SP 的 V_{LP} 比 I-SS 大 Q_L 倍。这就是 I-SS 用于低 V_L 到高 I_L 应用的原因，而 I-SP 用于高 V_L 到低 I_L 应用，同时它们的额定功率相同。

类似的分析可以应用于其余 6 种基本补偿方案，结果列于表 14.2。对于 I-PS、I-PP、V-SS 和 V-SP，主谐振角频率 ω_1 设置为最大负载功率传输，如表 14.1 所述。从表 14.2 可以看出，等效性和对偶性不仅适用于 I-SS 和 I-SP，而且适用于二次串联和二次并联补偿方案。这是因为在 Z_{2S} 和 Z_{2P} 的等效下，二次串联补偿与二次并联补偿没有区别，如式（14.27）中所述。

14.3.3 组件应力的等价性

本节将评估 I-SS 和 I-SP 组件上的电压和电流应力，这些是关键的设计参数。在以下分析中忽略线圈的 ESR R_1 和 R_2，因为它们对组件应力的影响较小。二次线圈和 I-SS 的二次补偿电容在 $\omega=\omega_2$ 时的单位电压和电流额定值可以从图 14.7 中得出如下：

$$\|V_2\|_{\omega=\omega_2}=k\sqrt{1+Q_{LS}^2}\cong k Q_{LS} \quad (\text{当 } Q_{LS}\gg 1 \text{ 时,pu}) \tag{14.31a}$$

$$\|V_{C2}\|_{\omega=\omega_2}=k Q_{LS} \quad (\text{pu}) \tag{14.31b}$$

$$\|I_2\|_{\omega=\omega_2}=k Q_{LS} \quad (\text{pu}) \tag{14.31c}$$

$$\|I_{C2}\|_{\omega=\omega_2}=\|I_2\|_{\omega=\omega_2}=k Q_{LS} \quad (\text{pu}) \tag{14.31d}$$

同样，I-SP 的那些也来自图 14.7，如下所示：

$$\|V_2\|_{\omega=\omega_2}=k Q_{LP} \quad (\text{pu}) \tag{14.32a}$$

$$\|V_{C2}\|_{\omega=\omega_2}=\|V_2\|_{\omega=\omega_2}=k Q_{LP} \quad (\text{pu}) \tag{14.32b}$$

$$\|I_2\|_{\omega=\omega_2}=k\sqrt{1+Q_{LP}^2}\cong k Q_{LP} \quad (\text{当 } Q_{LP}\gg 1 \text{ 时,pu}) \tag{14.32c}$$

$$\|I_{C2}\|_{\omega=\omega_2}=k Q_{LP} \quad (\text{pu}) \tag{14.32d}$$

将 $Q_{LS} = Q_{LP}$ 的条件应用于式（14.31）和式（14.32），表明 I-SS 和 I-SP 具有与二次侧上的组件几乎相同的电压和电流额定值。换句话说，补偿方案不会影响组件应力，可以根据正确的目的适当选择。

其余 6 种基本补偿方案的每单位电压和电流应力通过应用与前一小节类似的分析列于表 14.2。与前一小节的负载功率等效性类似，这表明组件额定值的等效性适用于二次串联和二次并联补偿方案。

问题 1

根据图 14.10 中的步骤显示设计示例。

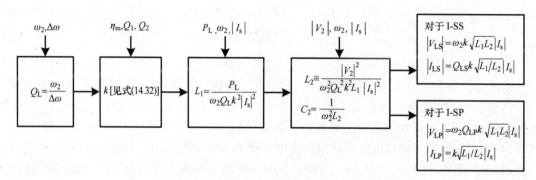

图 14.10　基于 I-SS 和 I-SP 的分析结果提出的设计指南

根据 8 种基本补偿方案在效率、负载功率和元件额定值方面的比较研究，可以发现当负载品质因数 Q_L 高时二次串联和二次并联补偿方案具有相同的效率、负载功率和元件额定值。因此，在二次谐振角频率 ω_2 下工作的 I-SS 和 I-SP 满足前一部分中的所有 5 项标准，也具有等效性和对偶性特性。

14.4　I-SS 和 I-SP 的设计指南

对于具有所提出的特征的 I-SS 或 I-SP 的实际应用，建议基于前面部分中的分析的设计指南。所提出设计过程的输入参数是最大效率 η_m、负载功率 P_L，频率容差 $\Delta\omega$，二次谐振角频率 ω_2，内部品质因数 Q_1 和 Q_2，二次线圈电压额定值 $|V_2|$ 和电源电流 $|I_s|$。考虑到这些输入参数应首先确定成本、数量、质量预算和工作条件。设计过程的输出量和输出参数分别为负载品质因数 Q_L、磁耦合系数 k、线圈 L_1 和 L_2 的自感、二次补偿电容 C_2、负载电压 $|V_L|$ 和电流 $|I_L|$。设计程序如图 14.10 所示，由以下五个步骤组成。

1）确定给定频率容差 $\Delta\omega$ 的负载品质因数 Q_L 如下[60]：

$$Q_L = \frac{\omega_2}{\Delta\omega} \tag{14.33}$$

对于较大的频率容差，应最小化 Q_L。然而，这种低 Q_L 可能导致低负载功率和高开关谐波。

2）计算给定最大效率 $\eta_m \cong \eta_S \cong \eta_P$ 的磁耦合系数 k。k 也受 Q_1 和 Q_2 的影响。k 的表达式见表 14.2。

$$k = \sqrt{\frac{\eta_{\mathrm{m}}}{Q_1 (Q_2 /\!/ Q_L) \{Q_2 / (Q_2 + Q_L) - \eta_{\mathrm{m}}\}}} \qquad (14.34)$$

3) 使用步骤 1) 中的 Q_L 和步骤 2) 的 k 计算式 (14.27a) 的一次自感 L_1, 如下:

$$L_1 = \frac{P_L}{\omega_2 Q_L k^2 |I_s|^2} \qquad (14.35)$$

4) 通过使用给定 ω_2, $|V_2|$ 和 $|I_s|$ 的先前步骤的 Q_L、L_1 和 k, 分别从式 (14.31a) 和式 (14.8a) 计算二次侧参数 L_2 和 C_2, 如下:

$$L_2 \cong \frac{|V_2|^2}{\omega_2^2 Q_L^2 k^2 L_1 |I_s|^2} \qquad (14.36a)$$

$$C_2 = \frac{1}{\omega_2^2 L_2} \qquad (14.36b)$$

5) 根据式 (14.29) 和式 (14.30) 所需的负载电压和电流, 选择 I-SS 和 I-SP 之间的补偿方案。对于需要高输出电流或恒定输出电压的应用, I-SS 是合适的, 而 I-SP 推荐用于需要高输出电压或恒定输出电流的应用。

14.5　实例设计和实验验证

本节使用 I-SS 和 I-SP 实验组件验证了所提出的分析和设计原则, 如图 14.11 所示。

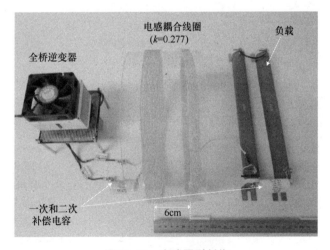

图 14.11　实验原型制作

如图 14.12 所示, 采用带电流控制反馈环路的零电压开关 (ZVS) 全桥逆变器来实现电流源。逆变器工作在 100kHz 的源频率, 比一次谐振频率高约 5%, 以保证 ZVS 操作[47,50,51]。目标负载功率为 200W, 不包括逆变器的最大效率为 88%; 考虑到组件的可用性, 这些数字是为了方便而选择的。变频器的效率为 97%, 这是通过逆变器的 ZVS 操作实现的。根据设计准则, 制造了两个磁耦合系数 k 为 0.277 的电感耦合空气线圈, 其中一次和二次自感是 128μH 和 41μH, 它们的匝数分别为 17 和 9。负载品质因数 Q_L 为 15, 频率容差为 6.7%。除负载电阻 R_L 外, 所有相同的电路参数均用于 I-SS 和 I-SP, 见表 14.3。

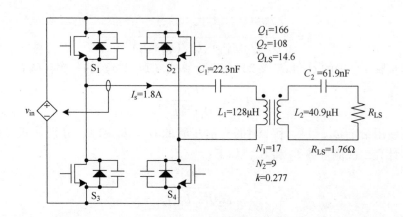

a) 带I-SS的全桥逆变器

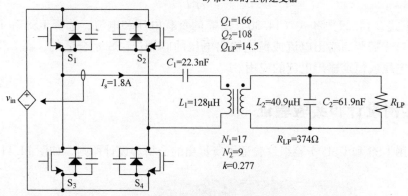

b) 带I-SP的全桥逆变器

图 14.12　实验验证提出的 IPTS 电路原理图

表 14.3　在 100kHz 的电源频率下的实验电路参数

电路元件	数值
IGBT 功率模块 $S_1 \sim S_4$	APTGF90H60T3G（$600V_{max}$，$90A_{max}$）
电感耦合线圈组（$k = 0.277$）	$N_1 = 17$
	$L_1 = 128\mu H$
	$R_1 = 484m\Omega$
	$Q_1 = 166$
	$N_2 = 9$
	$L_2 = 40.9\mu H$
	$R_2 = 238m\Omega$
	$Q_2 = 108$
一次补偿电容 C_1	$C_1 = 22.3nF$
二次补偿电容 C_2	$C_2 = 61.9nF$

　　测量 I-SS 和 I-SP 的效率和负载功率。如图 14.13a 和 b 所示，70~130kHz 的频率与计算结果进行比较，当输入电流控制在 1.8A 时，不包括逆变器的损耗。如表 14.1 所示，当 I-SS 和 I-SP 的 $\omega = \omega_2$ 时，获得最大效率和负载功率。计算结果与实验结果吻合良好。观察到差异很小，这主要是由于 ESR 的误差。此外，还测量了二次线圈的电压和电流应力，如

图 14.13c 和 d 所示。测量结果也接近计算结果；特别是，I-SS 的测量结果非常接近 I-SP 的测量结果。因此，充分证明了效率、负载功率和元件应力的等效性。

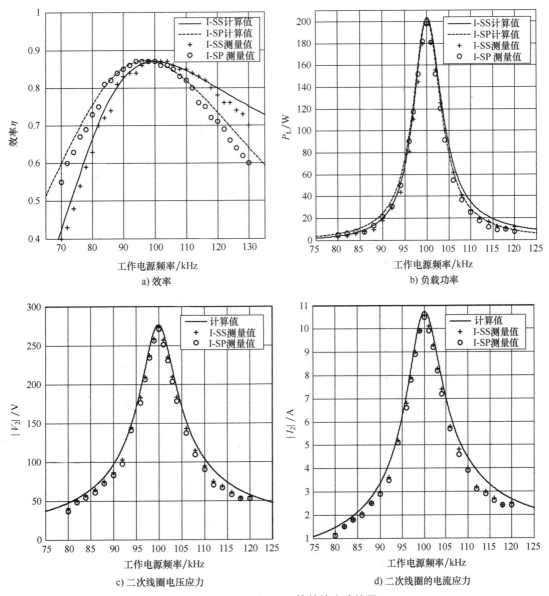

图 14.13 I-SS 和 I-SP 等效的实验结果

14.6 小结

    本章对 8 种基本补偿方案进行了系统性的比较。首先，根据 5 项标准评估源频率，这在大多数 IPTS 中是必不可少的。通过详细分析，发现 I-SS 是唯一一成功满足所有 5 项标准的补偿方案。也就是说，其最大效率、最大负载功率传输和与负载无关的输出特性的频率都是相同的，并且与耦合系数 k 无关，同时它可以保证在没有磁耦合的情况下逆变器的安全操作。排除最大效率频率上的弱 k 依赖性，还发现 I-SP 是合适的补偿方案。其次，针对二次谐振频率的 8 种基本补偿方案评估了效率、负载功率和元件额定值，该二次谐振频率是最大效率频率。结果表明，负载品质因数 Q_L 高的条件下，二次串联和二次并联补偿方案在效率、负载功率和元件额定值方面具有等效性。

因此，本章的比较研究确定了 8 种基本补偿方案的新方面，表明 I-SS 和 I-SP 是唯一能同时满足所有 5 项标准的补偿方案，在效率、负载功率和元件额定值方面没有差异。根据分析结果，提出了 I-SS 和 I-SP 实际应用的设计指南，并通过 100W 的 200W 原型空气线圈进行了实验验证。

参 考 文 献

1 G.A. Covic and J.T. Boys, "Inductive power transfer," *Proceedings of the IEEE*, vol. 101, no. 6, pp. 1276–1289, June 2013.

2 E. Abel and S. Third, "Contactless power transfer – an exercise in topology," *IEEE Trans. Magn.*, vol. MAG-20, no. 5, pp. 1813–1815, September-November 1984.

3 A.W. Green and J.T. Boys, "10 kHz inductively coupled power transfer-concept and control," in *Proc. 5th Int. Conf. on Power Electron. Variable-Speed Drives*, October 1994, pp. 694–699.

4 Y. Hiraga, J. Hirai, A. Kawamura, I. Ishoka, Y. Kaku, and Y. Nitta, "Decentralised control of machines with the use of inductive transmission of power and signal," in *Proc. IEEE Ind. Appl. Soc. Annual Meeting*, 1994, vol. 29, pp. 875–881.

5 A. Kawamura, K. Ishioka, and J. Hirai, "Wireless transmission of power and information through one high-frequency resonant AC link inverter for robot manipulator applications," *IEEE Trans. Ind. Applic.*, vol. 32, no. 3, pp. 503–508, May/June 1996.

6 J.M. Barnard, J.A. Ferreira, and J.D. van Wyk, "Sliding transformers for linear contactless power delivery," *IEEE Trans. on Ind. Electron.*, vol. 44, no. 6, pp. 774–779, December 1997.

7 D.A.G. Pedder, A.D. Brown, and J.A. Skinner, "A contactless electrical energy transmission system," *IEEE Trans. on Ind. Electron.*, vol. 46, no. 1, pp. 23–30, February 1999.

8 J.T. Boys, G.A. Covic, and A.W. Green, "Stability and control of inductively coupled power transfer systems," *IEE Proceedings – Electric Power Applications*, vol. 147, no. 1, pp. 37–43, 2000.

9 K.I. Woo, H.S. Park, Y.H. Choo, and K.H. Kim, "Contactless energy transmission system for linear servo motor," *IEEE Trans. Magn.*, vol. 41, no. 5, pp. 1596–1599, May 2005.

10 G.A.J. Elliott, G.A. Covic, D. Kacprzak, and J.T. Boys, "A new concept: asymmetrical pick-ups for inductively coupled power transfer monorail systems," *IEEE Trans. Magn.*, vol. 42, no. 10, pp. 3389–3391, October 2006.

11 P. Sergeant and A. Van den Bossche, "Inductive coupler for contactless power transmission," *IET Electr. Power Applic.*, vol. 2, pp. 1–7, 2008.

12 J.T. Boys and A.W. Green, "Intelligent road studs – lighting the paths of the future," *IPENZ Trans.*, vol. 24, no. 1, pp. 33–40, 1997.

13 H.H. Wu, G.A. Covic, and J.T. Boys, "An AC processing pickup for IPT systems," *IEEE Trans. of Power Electron. Soc.*, vol. 25, no. 5, pp. 1275–1284, May 2010.

14 H.H. Wu, G.A. Covic, J.T. Boys, and D. Robertson, "A series tuned AC processing pickup," *IEEE Trans. of Power Electron. Soc.*, vol. 26, no. 1, pp. 98–109, January 2011.

15 D. Robertson, A. Chu, A. Sabitov, and G.A. Covic, "High powered IPT stage lighting controller," in *Proc. IEEE Int. Symp. Ind. Electron.*, Gdansk, Poland, June 27–30, 2011, pp. 1974-1979.

16 J.E.I. James, A. Chu, A. Sabitov, D. Robertson, and G.A. Covic, "A series tuned high power IPT stage lighting controller," in *Proc. IEEE Energy Conversion Congress and Exposition*, Phoenix, AZ, USA, September 17–22, 2011, pp. 2843–2849.

17 G.B. Joung and B.H. Cho, "An energy transmission system for an artificial heart using leakage inductance compensation of transcutaneous transformer," *IEEE Trans. on Power Electron.*, vol. 13, no. 6, pp. 1013–1022, November 1998.

18 W. Guoxing, L. Wentai, M. Sivaprakasam, and G.A. Kendir, "Design and analysis of an adaptive transcutaneous power telemetry for biomedical implants," *IEEE Trans. on Circuits Syst. I, Reg. Papers*, vol. 52, no. 10, pp. 2109–2117, October 2005.

19 P. Si, A.P. Hu, J.W. Hsu, M. Chiang, Y. Wang, S. Malpas, and D. Budgett, "Wireless power supply for implantable biomedical device based on primary input voltage regulation," in *Proc. 2nd IEEE Conf. on Ind. Electron. Applic.*, 2007, pp. 235–239.

20 P. Si, A.P. Hu, S. Malpas, and D. Budgett, "A frequency control method for regulating wireless power to implantable devices," *IEEE Trans. on Biomed. Circuits Syst.*, vol. 2, no. 1, pp. 22–29, March 2008.

21 B.J. Heeres, D.W. Novotny, D.M. Divan, and R.D. Lorenz, "Contactless underwater power delivery," in *Proc. IEEE Power Electron. Specialists Conf.*, 1994, vol. 1, pp. 418–423.

22 K.W. Klontz, D.M. Divan, D.W. Novotny, and R.D. Lorenz, "Contactless power delivery system for mining applications," *IEEE Trans. on Ind. Applic.*, vol. 31, no. 1, pp. 27–35, January/February 1995.

23 B.-M. Song, R. Kratz, and S. Gurol, "Contactless inductive power pickup system for Maglev applications," in *Proc. IEEE 37th Ind. Applic. Conf.*, 2002, pp. 1586–1591.

24 J. Jia, W. Liu, and H. Wang, "Contactless power delivery system for the underground flat transit of mining," in *Proc. 6th Int. Conf. on Electr. Mach. Syst.*, Beijing, China, 2003, pp. 282–284.

25 T. Kojiya, F. Sato, H. Matsuki, and T. Sato, "Construction of non-contacting power feeding system to underwater vehicle utilizing electromagnetic induction," in *Proc. OCEANS Conf. V, Europe*, 2005, pp. 709–712.

26 H.H. Wu, M.Z. Feng, J.T. Boys, and G.A. Covic, "A wireless multi-drop IPT security camera system," in *Proc. 4th IEEE Conf. on Ind. Electron. Applic.*, Xian, China, May 25–27, 2009, pp. 70–75.

27 W. Chwei-Sen, G.A. Covic, and O.H. Stielau, "Power transfer capability and bifurcation phenomena of loosely coupled inductive power transfer systems," *IEEE Trans. on Ind. Electron.*, vol. 51, no. 1, pp. 148–157, February 2004.

28 W. Chwei-Sen, O.H. Stielau, and G.A. Covic, "Design considerations for a contactless electric vehicle battery charger," *IEEE Trans. on Ind. Electron.*, vol. 52, no. 5, pp. 1308–1314, October 2005.

29 W. Chwei-Sen, G.A. Covic, and O.H. Stielau, "General stability criterions for zero phase angle controlled loosely coupled inductive power transfer systems," in *2001 IECON Conf.*, pp. 1049–1054.

30 K. Aditya and S.S. Williamson, "Comparative study of series–series and series–parallel compensation topologies for electric vehicle charging," in *2014 ISIE Conf.*, pp. 426–430.

31 K. Aditya and S.S. Williamson, "Comparative study of series–series and series–parallel compensation topology for long track EV charging application," in *2014 ITEC Conf.*, pp. 1–5.

32 Y.-H. Chao, J.J. Shieh, C.-T. Pan, and W.-C. Shen, "A closed-form oriented compensator analysis for series–parallel loosely coupled inductive power transfer systems," in *2007 PESC Conf.*, pp. 1215–1220.

33 S. Chopra and P. Bauer, "Analysis and design considerations for a contactless power transfer system," in *2011 INTELEC Conf.*, pp. 1–6.

34 A.J. Moradewicz and M.P. Kazmierkowski, "Contactless energy transfer system with FPGA-controlled resonant converter," *IEEE Trans. Ind. Electron.*, vol. 57, no. 9, pp. 3181–3190, September 2010.

35 J. How, Q. Chen, S.-C. Wong, C.K. Tse, and X. Ruan, "Analysis and control of series/series–parallel compensated resonant converters for contactless power transfer," *IEEE Journal of Emerging and Selected Topics in Power Electronics*, vol. PP, no. 99, p. 1, 2014.

36 S.-Y. Cho, I.-O. Lee, S. Moon, G.-W. Moon, B.-C. Kim, and K.Y. Kim, "Series–series compensated wireless power transfer at two different resonant frequencies," in 2013 *ECCE Conf.*, pp. 1052–1058.

37 W. Zhang, S.-C. Wong, C.K. Tse, and Q. Chen, "Analysis and comparison of secondary series- and parallel-compensated inductive power transfer systems operating for optimal efficiency and load-independent voltage-transfer ratio," *IEEE Trans. on Power Electron.*, vol. 29, no. 6, pp. 2979–2990, June 2014.

38 W. Zhang, S.-C. Wong, and C.K. Tse, "Compensation technique for optimized efficiency and voltage controllability of IPT systems," in *2012 ISCAS Conf.*, pp. 225–228.

39 W. Zhang, S.-C. Wong, C. K. Tse, and Q. Chen, "Load-independent current output of inductive power transfer converters with optimized efficiency," in *2014 IPEC Conf.*, pp. 1425–1429.

40 W. Zhang, S.-C. Wong, C.K. Tse, and Q. Chen, "Analysis and comparison of secondary series- and parallel- compensated IPT systems," in *2013 ECCE Conf.*, pp. 2898–2903.

41 Z. Wei, W. S.-C., C.K. Tse, and C. Qianhong, "Design for efficiency optimization and voltage controllability of series–series compensated inductive power transfer systems," *IEEE Trans. on Power Electron.*, vol. 29, no. 1, pp. 191–200, January 2014.

42 X. Ren, Q. Chen, L. Cao, X. Ruan, S.-C. Wong, and C.K. Tse, "Characterization and control of self-oscillating contactless resonant converter with fixed voltage gain," in *2012 IPEMC Conf.*, pp. 1822–1827.

43 O.H. Stielau and G.A. Covic, "Design of loosely coupled inductive power transfer systems," *International Conference on Power System Technology*, 2000, pp. 85– 90.

44 H. Abe, H. Sakamoto, and K. Harada, "A noncontact charger using a resonant converter with parallel capacitor of the secondary coil," *IEEE Trans. on Ind. Applic.*, vol. 36, no. 2, pp. 444–451, March–April 2000.

45 J.L. Villa, J. Sallan, J.F. Sanz Osorio, and A. Llombart, "High-misalignment tolerant compensation topology for ICPT systems," *IEEE Trans. on Ind. Electron*, vol. 59, no. 2, pp. 945–951, February 2012.

46 J. Sallan, J.L. Villa, A. Llombart, and J.F. Sanz, "Optimal design of ICPT systems applied to electric vehicle battery charge," *IEEE Trans. on Ind. Electron.*, vol. 56, no. 6, pp. 2140–2149, June 2009.

47 J. Huh, S.W. Lee, W.Y. Lee, G.H. Cho, and Chun T. Rim, "Narrow-width inductive power transfer system for online electrical vehicles," *IEEE Trans. on Power Electron.*, vol. 26, no.12, pp. 3666–3679, Dec. 2011.

48 S.Y. Choi, B.W. Gu, J. Huh, W.Y. Lee, J.G. Cho, and Chun T. Rim, "Asymmetric coil sets for wireless stationary EV chargers with large lateral tolerance by dominant field analysis," *IEEE Trans. on Power Electron.*, vol. 29, no. 12, pp. 6406–6420, Dec. 2014.

49 C.B. Park, S.W. Lee, and Chun T. Rim, "Innovative 5 m-off-distance inductive power transfer systems with optimally shaped dipole coils," *IEEE Trans. on Power Electron.*, vol. 30, no. 2, pp. 817–827, February 2015.

50 C.B. Park, S.W. Lee, G.-H. Cho, S.-Y. Choi, and Chun T. Rim, "Two-dimensional inductive power transfer system for mobile robots using evenly displaced multiple pick-ups," *IEEE Trans. on Ind. Appl.*, vol. PP, no. 99, p. 1, June 2013.

51 S.W. Lee, B. Choi, and Chun T. Rim, "Dynamics characterization of the inductive power transfer system for on-line electric vehicles by Laplace phasor transform," *IEEE Trans. on Power Electron.*, vol. 28, no. 12, pp. 5902–5909, December 2013.

52 B.H. Choi, J.P. Cheon, J.H. Kim, and Chun T. Rim, "7 m-off-long-distance extremely loosely coupled inductive power transfer systems using dipole coils," in *2014 ECCE Conf.*, pp. 858–863.

53 M.L.G. Kissin, C.-Y. Huang, G.A. Covic, and J.T. Boys, "Detection of the tuned point of a fixed-frequency LCL resonant power supply," *IEEE Trans. on Power Electron.*, vol. 24, no. 41, pp. 1140–1143, April 2009.

54 H. Hao, G.A. Covic, and J.T. Boys, "An approximate dynamic model of LCL-T-based inductive power transfer power supplies," *IEEE Trans. on Power Electron.*, vol. 29, no. 10, pp. 5554–5567, October 2014.

55 C.Y. Huang, J.T. Boys, and G.A. Covic, "LCL pickup circulating current controller for inductive power transfer systems," *IEEE Trans. on Power Electron.*, vol. 28, no. 4, pp.2081–2093, April 2013.

56 Z. Pantic, B. Sanzhong, and S. Lukic, "ZCS LCC-compensated resonant inverter for inductive-power-transfer application," *IEEE Trans. on Ind. Electron.*, vol. 58, no. 9, pp. 3500–3510, August 2011.

57 K. Okada, K. Limura, N. Hoshi, and J. Haruna, "Comparison of two kinds of compensation schemes on inductive power transfer systems for electric vehicle," in *2012 VPPC Conf.*, 2012, pp. 766–771.

58 L.Z. Ning, R.A. Chinga, R. Tseng, and L. Jenshan, "Design and test of a high-power high-efficiency loosely coupled planar wireless power transfer system," *IEEE Trans. on Ind. Electron.*, vol. 56, no. 5, pp. 1801–1812, May 2009.

59 H.H. Wu, G.A. Covic, J.T. Boys, and D.J. Robertson, "A series-tuned inductive-power-transfer pickup with a controllable AC-voltage output," *IEEE Trans. on Power Electron.*, vol. 26, no. 1, pp. 98–109, January 2011.

60 S.Y. Choi, B.W. Gu, S.Y. Jeong, and Chun T. Rim, "Advances in wireless power transfer systems for road powered electric vehicles," *IEEE Journal of Emerging and Selected Topics in Power Electronics*, vol. PP, no. 99, 2015.

61 S.-H. Lee and R.D. Lorenz, "Development and validation of model for 95%-efficiency 220-W wireless power transfer over a 30-cm air gap," *IEEE Trans. on Ind. Applic.*, vol. 47, no. 6, pp. 2495–2504, November/December 2011.

62 Chun T. Rim and G.-H. Cho, "Phasor transformation and its application to the DC/AC analyses of frequency phase-controlled series resonant converters (SRC)," *IEEE Trans. on Power Electron.*, vol. 5, no. 2, pp. 201–211, April 1990.

63 R.L. Steigerwald, "A comparison of half-bridge resonant converter topologies," *IEEE Trans. on Power Electron.*, vol. 3, no. 2, pp. 174–182, April 1988.

第 15 章　电磁场（EMF）抵消

15.1　简介

因为无线电能传输方便、清洁、坚固和安全的特性，越来越多地用于移动设备[1-4]、工业洁净室[5-7]、医疗应用[8-10]和电气化运输[11-46]。然而，无线电能传输尚未实现广泛使用，由于它仍然价格昂贵、功率效率低，并且可能对行人有害。电磁场（EMF）不可避免地从任何无线电能传输系统（WPTS）产生，其包括用于传输电能的一次线圈和用于接收电力的二次线圈，但是为了行人的安全 EMF 级别应该很好地被调节。

降低 EMF 的一种好方法是通过适当的线圈设计来增加 WPTS 的磁耦合系数，从而可以最小化作为 EMF 主要来源的漏磁通。除了可实现高磁耦合的接触式 WPTS 之外，该方法通常不能应用于在具有大气隙、磁耦合系数非常低的一次和二次线圈的 WPTS。对于松耦合的 WPTS，因为漏磁通很大，应该采用预防措施来抵消 EMF。

通常存在无源和有源 EMF 抵消方法，其中前者依赖于使用铁磁材料、导电材料和用于射频干扰的选择性表面[47-56]，而后者需要逆流源[57-59]。如果无源 EMF 抵消法适用的话，应该利用这种方法，因为它在大多数情况下简单、便宜且稳健。对于那些产生超过 ICNIRP 指南[60,61]中超大 EMF 的高功率或非常大的气隙应用，不能使用有源 EMF 抵消法。无线电动车辆（WEV）[11-46]，包括无线静止电动汽车充电（电池 EV 和 PHEV）[11-30]和道路动力电动汽车（RPEV）[31-46]，是使用有源 EMF 抵消法解决方案的典型示例之一，可以通过几十厘米的气隙传输几十千瓦无线电能。然而，正如在线电动车辆（OLEV）的发展[39-46]所证实的那样，已经发现无源 EMF 抵消法方案无效[48,49,51]。为了找到有效且经济的 EMF 抵消法解决方案对于 OLEV 的商业化至关重要，这是现在 RPEV 的可行解决方案。有源 EMF 抵消设计应用于 PATH 团队开发的 RPEV 的一次线圈侧[35]，其中抵消线圈的目的是道路上没有 RPEV 但在路旁潜在行人时，减轻从一次线圈产生的 EMF。另一种有源 EMF 抵消设计应用在 OLEV[59]的二次线圈侧，通过调节谐振电容器，感应 EMF 动态控制逆流。然而，EMF 是从 WPTS 的一次线圈和二次线圈产生的；因此，必须同时抵消它以减轻总的 EMF 水平。此外，必须确保有源 EMF 抵消的系统方法，以便从 WPTS 的设计开始时就考虑 EMF。

在本章中，解释了用于抵消 WEV 总 EMF 的通用设计方法，可以扩展到任何 WPTS。通过分别向每个一次线圈和二次线圈添加有源 EMF 抵消线圈，可以通过其相应的抵消线圈独立地抵消从每个主线圈产生的 EMF。因此，通过新近开发的 I 型感应电能传输系统（IPTS）建立和验证了三种通用设计方法，道路具有交替的磁极性窄轨道宽结构。

15.2　通用有源 EMF 抵消方法

在本章中，有源 EMF 抵消系统由主线圈、抵消线圈和其他元件组成，如谐振电容，附加 EMF 屏蔽和线束，如图 15.1 所示。所提出的 EMF 抵消方法不仅可以应用于 IPTS，还可以应用于耦合磁谐振系统（CMRS），因为 WPTS 包括 IPTS 和 CMRS，CMRS 只是 IPTS 的一种特殊形式[62]。在本章中，假设所提出的有源抵消系统是线性时不变的，即核心是不饱和的，电路参数是恒定的，并且系统处于稳定状态，甚至所提出的方法可以保持在瞬态。

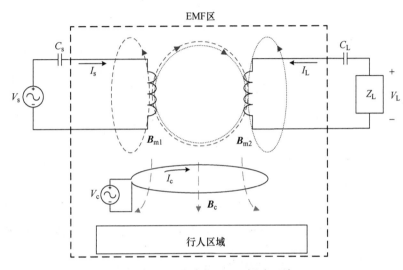

图 15.1　配置有源 EMF 抵消系统

理想情况下，无论负载情况如何，在任何行人区域 EMF 都应该被抵消；然而，EMF 抵消后的残余是不可避免的，因为在实践中抵消线圈的数量是有限的，并且 EMF 抵消的位置与 EMF 产生点不一定一致。如图 15.1 所示，行人 B_t 的总 EMF（残余 EMF）可描述如下：

$$B_t = B_{m1} + B_{m2} + B_c \tag{15.1}$$

其中磁场 B_{m1} 和 B_{m2} 分别从一次主线圈和二次主线圈产生，并且反磁场 B_c 由一个或多个抵消线圈产生。本章中的每个磁场 B_k 在笛卡尔坐标中表示如下：

$$B_k \equiv B_{kx}x_0 + B_{ky}y_0 + B_{kz}z_0 \tag{15.2}$$

在式（15.2）中，各个系数都是复数标量形式，表示稳态下 AC 的相量分量，x_0、y_0、z_0 是单位矢量。通过式（15.1），有源 EMF 抵消的总体要求可以描述出来，通过适当控制 B_c 使得 $|B_t|$ 低于行人 (x, y, z) 区域的 EMF 指引线 B_{ref}，如下所示：

$$|B_t| = |B_t(x, y, z, \theta, I_o)| \leqslant B_{ref} \tag{15.3}$$

其中，在旋转参考系中表示的 EMF 的时间依赖性和负载依赖性分别表示为一次、二次线圈之间的相位差 θ 和 I_o。相位 θ 可以根据谐振条件任意改变，B_{m2} 一般与 I_o 成比例关系，如图 15.2 所示。因此，用于提供适当的反电动势 B_c 的抵消线圈的控制将是非常具有挑战性的，特别是对于单抵消线圈的情况。如本章参考文献 [59] 所述，准确检测 EMF 和复杂的控制电路对于这种自适应 EMF 抵消至关重要，但并没有强烈推荐用于实际应用。

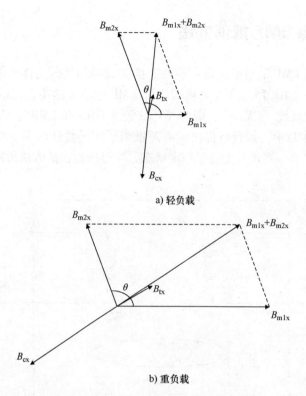

a) 轻负载

b) 重负载

图 15.2　使用抵消线圈的自适应控制的有源 EMF 抵消系统中的 *x* 分量示例的相量图

如图 15.3 所示，提出了一种不使用自适应 EMF 抵消的智能方法，这对于每个空间-时间-负载条件都非常有效。通过分别提供从一次抵消线圈和二次抵消线圈产生的反磁场 $\boldsymbol{B}_{c1}$ 和 $\boldsymbol{B}_{c2}$，可以显著减小 EMF，其中磁场 $\boldsymbol{B}_{m1}$ 和 $\boldsymbol{B}_{m2}$ 分别从一次主线圈和二次主线圈产生，如下：

$$\boldsymbol{B}_{t} = (\boldsymbol{B}_{m1}+\boldsymbol{B}_{c1}) + (\boldsymbol{B}_{m2}+\boldsymbol{B}_{c2}) \cong 0 \qquad (15.4)$$

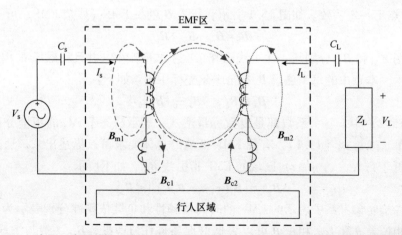

图 15.3　一次和二次侧的独立自 EMF 抵消（ISEC）方法，从相应的主线圈获取抵消电流

式中

$$\boldsymbol{B}_{c1} \cong -\boldsymbol{B}_{m1}, \quad \boldsymbol{B}_{c2} \cong -\boldsymbol{B}_{m2} \qquad (15.5)$$

注意，每个抵消线圈的电流是从其相应的主线圈中流出的，所以抵消线圈的磁通量与主线圈的磁通量同相。因此，合成的 EMF B_t 变得与相位和负载条件无关，如图 15.4 所示。注意，式（15.4）和式（15.5）适用于一次侧和二次侧之间的任意相位差。

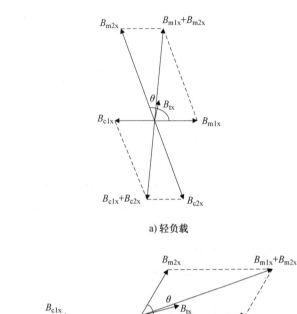

a) 轻负载

b) 重负载

图 15.4　使用所提出的 ISEC 设计方法的有源 EMF 抵消系统中的 x 分量示例的相量图，其不仅对任意负载有效，而且对任意相位差有效

到目前为止，这种简单有效的 EMF 抵消方法仅适用于一次侧或二次侧。现在，这种方法通常适用于任何 WPTS 的 EMF 抵消，其中一些二次线圈可以与少数一次线圈磁耦合。

问题 1

为什么 ISEC 是有源抵消法？它没有传感和控制部分，因此它看起来更像无源抵消法。但实际上，它呈在无源抵消系统中是自动抵消电流的。

式（15.4）的 EMF 不能在大范围行人内完全抵消；相反，它应该在 EMF 指南下减轻，如下：

$$|\boldsymbol{B}_t| = |(\boldsymbol{B}_{m1} + \boldsymbol{B}_{c1}) + (\boldsymbol{B}_{m2} + \boldsymbol{B}_{c2})| \equiv |\boldsymbol{B}_1 + \boldsymbol{B}_2| \leqslant B_{ref} \qquad (15.6)$$

式中

$$\boldsymbol{B}_1 = \boldsymbol{B}_{m1} + \boldsymbol{B}_{c1}, \quad \boldsymbol{B}_2 = \boldsymbol{B}_{m2} + \boldsymbol{B}_{c2} \qquad (15.7)$$

如图 15.5 所示，谐振型 WPTS 的一次电流和二次电流通常是正交的，因为每一侧都处于完全谐振[36-49,62]，这不仅适用于 IPTS，也适用于 CMRS。对于谐振型 WPTS，式（15.6）变为[63]

$$B_t \equiv |\boldsymbol{B}_t| = \sqrt{|\boldsymbol{B}_1|^2 + |\boldsymbol{B}_2|^2} = \sqrt{B_1^2 + B_2^2} \leqslant B_{ref} \quad \because B_1 \equiv |\boldsymbol{B}_1|, B_2 \equiv |\boldsymbol{B}_2| \qquad (15.8)$$

如下所示是象限相位的正交条件，即 $\theta = \pi/2$。

$$B_{1x} \perp B_{2x}, \quad B_{1y} \perp B_{2y}, \quad B_{1z} \perp B_{2z} \tag{15.9}$$

假设 $B_2 \leqslant B_1$，为不失一般性，式（15.8）可以改写如下：

$$B_t = \sqrt{B_1^2 + B_2^2} \leqslant \sqrt{B_1^2 + B_1^2} = \sqrt{2}\, B_1 \leqslant B_{ref} \tag{15.10}$$

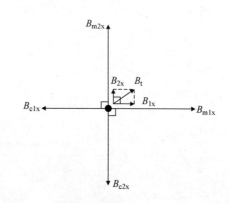

从式（15.10）确定，如果只有显性残余 EMF B_1 比 B_{ref} 小 3dB（$=\sqrt{2}$ 倍），则总 EMF B_t 变得小于 EMF 指导线 B_{ref}。换句话说，如果残余 EMF B_1 和 B_2 都比 B_{ref} 小 3dB，则 EMF 总是在指导线下减轻。因此，一次侧的 EMF 设计可以与二次侧的 EMF 设计完全隔离。此外，在 EMF 指导线下只需要减轻显性残余 EMF。在本

图 15.5　使用提出的 3DEC 设计方法的有源 EMF 抵消系统中的 x 分量示例的相量图，它是谐振的

章中，该方法被命名为"3dB 显性 EMF 抵消"，这对于 WPTS 的 EMF 抵消设计非常有用，其中一个线圈要么接近行人，要么其 EMF 比另一个强得多。对于 OLEV 情况，二次侧拾取线圈在大多数情况下与一次侧供电导轨相比产生大的 EMF[43]。

问题 2

　　如果是非谐振，可能无法满足式（15.9），那么式（15.10）将会怎么样呢？

　　EMF 抵消线圈可以与磁链耦合，如图 15.6 所示。在这种情况下，一次侧和二次侧之间的有效总磁耦合变小，因为抵消线圈使磁链无效，导致较低的感应负载电压。如图 15.3 所示，强烈建议设计抵消线圈，使磁链不与它们相交。该设计方法与前面提到的方法将一起通过实验验证。

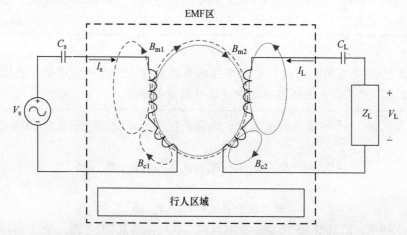

图 15.6　抵消线圈的一个糟糕的设计实例，它与主磁链强烈耦合。通过应用所提出的
LFEC 设计方法，可以有效地抵消 EMF 而不会降低感应负载电压

15.3　用于 WEV 的有源 EMF 抵消的设计实例

采用提出的三种 EMF 设计方法，即 ISEC、3DEC 和 LFEC，本节将介绍 OLEV 的 U 型和 W 型 IPTS 以及矩形无线静态 EV 充电器的设计实例。

在实践中，WEV 的 EMF 计算既不简单也不难分析；因此，仿真或探索性实验一般不能用于 EMF 抵消。本章不打算展示任何分析设计方法，而是要检查简化的 EMF 抵消架构。如图 15.7a 所示，提供了一个良好的背景知识。

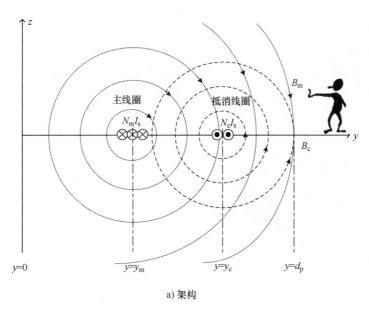

a) 架构

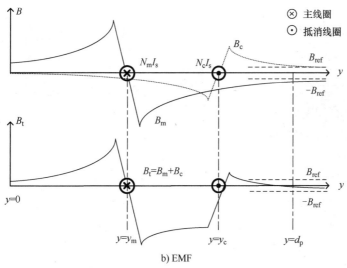

b) EMF

图 15.7　在 $y=y_m$ 处的无限长主线圈的简化 EMF 抵消架构和在 $y=y_c$ 处的抵消线圈

在图 15.7b 中，无限长线圈的测量点 $y=d_p$ 的 EMF 可以很容易地从安培定律确定，即

$$B_t = -\left\{ \frac{\mu_o N_m I_s}{2\pi(y_p - y_m)} - \frac{\mu_o N_c I_s}{2\pi(y_p - y_c)} \right\} z_0 = \frac{\mu_o I_s N_m}{2\pi} \left(\frac{1}{y_p - y_c} \cdot \frac{N_c}{N_m} - \frac{1}{y_p - y_m} \right) z_0 \quad (15.11)$$

在式（15.11）中，通过适当选择匝数比 N_c/N_m（通常小于 1）和抵消线圈 y_c 对给定测量点 y_p 的位置，可以在 EMF 指导线 B_{ref} 下减轻 EMF，如图 15.7b 所示。在实际应用中，EMF 会被用于聚集或屏蔽 WEV 磁心和金属体影响发生严重变形；因此，从不允许直接使用，但是适当的匝数和抵消线圈的位置可以有效地减轻 EMF 影响的想法可以用于实验设计过程。

如图 15.8 所示，包括一次主线圈非常长的 U 型核心和二次主线圈板芯宽度 U 型 IPTS[40] 的 EMF，以主动抵消来满足 20kHz 下 6.25μT（=62.5mG）的 ICNIRP 标准[60]。对于 OLEV 情况，一次线圈组有一个双匝主电缆和两个单独的单匝抵消电缆，而二次线圈组有一个多匝主电缆和多圈抵消电缆。通过应用所提出的 ISEC 设计方法，为每个一次侧和二次侧独立地提供抵消线圈，与相应的主线圈串联。通过应用 LFEC 设计方法，抵消线圈与主磁链路充分分开，如图 15.8b 所示。尽管由于篇幅限制未详细示出，但是可以通过应用 3DEC 方法来确定抵消线圈的确切位置和匝数。在这种情况下，应通过模拟或实验独立调整一次侧和二次侧，以使每个 EMF 小于 −3dB 的 B_{ref}。

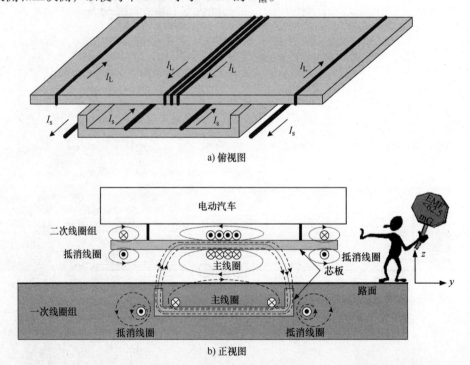

图 15.8　用于 OLEV 的 U 型一次主线圈和其他线圈的配置，应用提出的三种设计方法

W 型 IPTS[40] 如图 15.9 所示，现在设计了一次主线圈的非常长的 W 形铁心和二次主线圈的铁心。通常，一次线圈组具有一匝电缆，包括无抵消线圈[39-46,64]，因为从一次主线圈产生的 EMF 随着距离一次线圈中心距离的二次方的倒数大幅度减小，且变得小于行人要求的 62.5mG 的 ICNIRP 标准[45]。因此，抵消线圈仅根据 ISEC 设计方法安装有二次线圈组。通过应用 LFEC 设计方法，抵消线圈与主磁链路充分分离，如图 15.9b 所示。假设二次侧在一次侧上占优势，抵消线圈的确切位置和匝数只能通过 3DEC 方法应用于二次线圈组来确定。

这里也省略了详细的步骤，因为这种 W 型 IPTS 的设计类似于 I 型 IPTS 的设计，将在下一节中详细探讨。

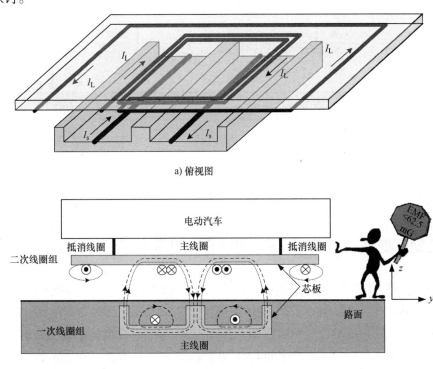

a) 俯视图

b) 正视图

图 15.9　用于 OLEV 的一次和二次线圈的配置与所提出的有源 EMF 消除线圈

无线静态 EV 充电器[11-30]可以具有如图 15.10 所示的矩形线圈或者是圆形线圈。通过将 ISEC 和 LFEC 方法应用于 EV 充电器的一次侧和二次侧，安装了两个抵消线圈，如图 15.10 所示。根据应用和操作条件，如果 EMF 水平不高并且可以应用 3DEC 方法，则可以省略一个或多个抵消线圈。由于此 EV 充电器的接收功能几乎是后续 I 型 IPTS 的一半，因此再次省略了详细步骤。

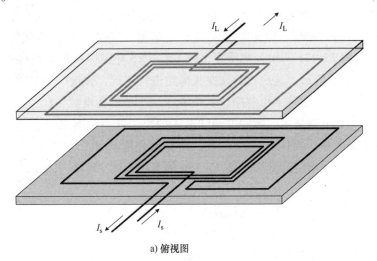

a) 俯视图

图 15.10　提出的有源 EMF 抵消线圈的矩形一次和二次线圈结构

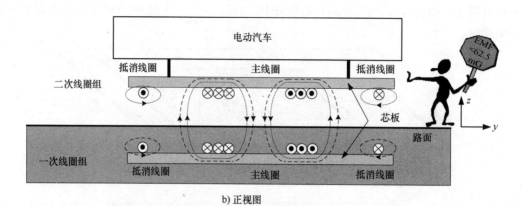

b) 正视图

图 15.10　提出的有源 EMF 抵消线圈的矩形一次和二次线圈结构（续）

15.4　EMF 抵消设计和 OLEV 的 I 型 IPTS 分析

在本节中，将介绍 I 型 IPTS 的 EMF 如何使用主动抵消设计方法，如图 15.11a 所示，包括一个非常长的 I 型主磁心和一组带有芯板的两个二次主线圈。因为磁极 B_1 的极性与正向 x 交替，所以二次线圈构成组合的拾取线圈，其磁通量 B_2 的极性也是交替的。由于 I 型磁心的这种交替磁通分布，从一次侧产生的 EMF 通常非常低[45]；因此，在大多数情况下，一次侧不需要抵消线圈，这类似于 W 型 IPTS，但是 I 型的 EMF 级别更强。如后续部分所示，二次线圈的电流虽然幅度相同，但相量不一定相等，如下所示：

$$|I_L^+| = |I_L^-|, \therefore I_L^+ \neq I_L^- \tag{15.12}$$

仅将 ISEC 方法应用于二次拾取侧，得到抵消线圈结构，如图 15.11b 所示。根据 LFEC 方法，抵消线圈应排除在主磁链路径之外；因此，抵消线圈从磁心移位，如图 15.12a 所示。此外，这些抵消线圈应位于磁心的上部，这是 I 型 IPTS 的侧视图。如果不是抵消线圈位于磁心底部的情况，如图 15.12b 所示，抵消线圈与磁链磁通相交，违反了 LFEC 设计方法。关于行人的 EMF，可以忽略正向 (x) EMF，因为通常距离拾取线圈的距离大于 2m，但是应该小心处理侧向 (y) EMF，因为距离 w_p 是乘用车通常只有 1m，公共汽车只有 1.2m。

如图 15.11 和图 15.12a 所示，对所提出的 I 型 IPTS 建模以确定系统性能，例如负载电压和功率。如图 15.13 所示，这次仅对二次线圈组进行建模，假设一次电流 I_s 为恒定，并且由于抵消线圈引起的寄生磁链不可忽略，其中 L_{mm}、L_{mc} 是磁化电感，L_{lm}、L_{lc} 是漏电感，n_m、n_c 是转向比率，r_m、r_c 分别是主线圈和抵消线圈的内阻。抵消线圈以与主线圈按相反的方向缠绕，如图 15.13a 所示。变压器可以省去，并将磁化电感和一次电流传输到二次侧，如图 15.13b 所示。将戴维南定理应用于图 15.13b 的电路，图 15.13c 中的主线圈 V_m 和抵消线圈 V_c 的感应电压可以确定如下：

$$V_m = j\omega_s L_{mm} I_s n_m \quad \because n_m \equiv N_{m2}/N_1 \tag{15.13a}$$

$$V_c = j\omega_s L_{mc} I_s n_c \quad \because n_c \equiv N_{c2}/N_1 \tag{15.13b}$$

调谐补偿电容 C_L 以抵消图 15.13c 中的所有电感分量，如下所示：

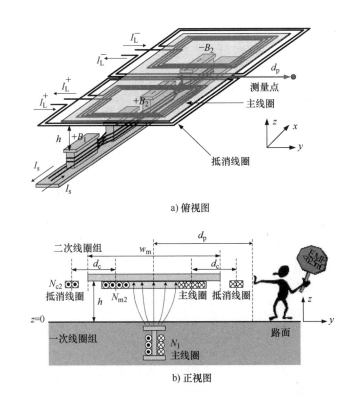

a) 俯视图

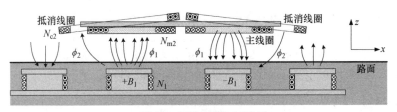

b) 正视图

图 15.11 提出的 I 型 IPTS 有源 EMF 的抵消设计

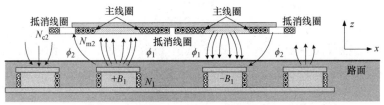

a) 情况A：设计方法的正确应用

b) 情况B：设计方法的不正确应用，导致不希望的负载电压降低

图 15.12 I 型 IPTS 的侧视图显示了所提出的 LFEC 设计方法的重要性

$$j\omega_s(n_m^2 L_{mm} + n_c^2 L_{mc} + L_{lm} + L_{lc}) + \frac{1}{j\omega_s C_L} = 0 \qquad (15.14)$$

应用式（15.14）到图 15.13c 中，并利用式（15.13），负载电压 V_L 可以从图 15.13d 计算如下：

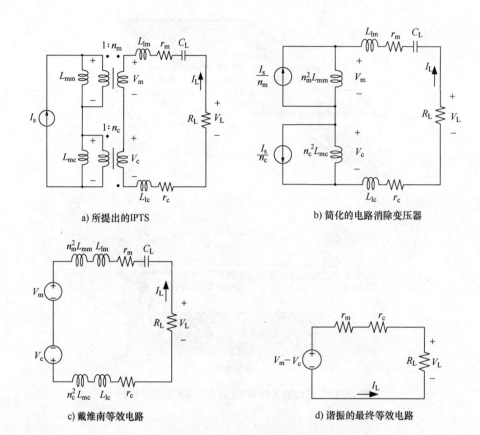

a) 所提出的IPTS   b) 简化的电路消除变压器

c) 戴维南等效电路   d) 谐振的最终等效电路

图 15.13　IPTS 的等效简化电路

$$V_L = \frac{R_L}{r_m+r_c+R_L}(V_m - V_c) = \frac{jn_m\omega_s L_{mm}I_s R_L}{r_m+r_c+R_L}\left(1-\frac{n_c L_{mc}}{n_m L_{mm}}\right) \tag{15.15}$$

在式（15.15）中，L_{mm}几乎不受 EMF 抵消线圈位置的影响，如图 15.12 所示，确定如下：

$$L_{mm} = \frac{N_1 \phi_1}{I_s} \tag{15.16}$$

另一方面，L_{mc}在很大程度上取决于 EMF 抵消线圈的位置。对于情况 A，如图 15.12a 所示，抵消线圈在主磁链之外，$L_{mc,A}$几乎为零；但是，对于图 15.12b 的情况 B，$L_{mc,B}$是不可忽略的，即

$$L_{mc,A} \cong 0 \tag{15.17a}$$

$$L_{mc,B} = \frac{N_1(\phi_1+\phi_2)}{I_s} > \frac{N_1\phi_1}{I_s} = L_{mm} \tag{15.17b}$$

比较式（15.17b）和式（15.16）可以看出，$L_{mc,B}$略大于L_{mm}。考虑到这一事实，情况 A 和 B 的负载电压分别确定如下：

$$V_{L,A} \cong \frac{jn_m\omega_s L_{mm}I_s R_L}{r_m+r_c+R_L} \tag{15.18a}$$

$$V_{\mathrm{L,B}}=\frac{\mathrm{j}n_{\mathrm{m}}\omega_{\mathrm{s}}L_{\mathrm{mm}}I_{\mathrm{s}}R_{\mathrm{L}}}{r_{\mathrm{m}}+r_{\mathrm{c}}+R_{\mathrm{L}}}\left(1-\frac{N_{\mathrm{c2}}L_{\mathrm{mc}}}{N_{\mathrm{m2}}L_{\mathrm{mm}}}\right) \tag{15.18b}$$

从式（15.18b）可知，当比值 $N_{\mathrm{c2}}/N_{\mathrm{m2}}$ 较大时可能发生显著的电压降，这将通过实验来验证。

针对情况 A 所提出的设计负载功率为

$$P_{\mathrm{L}}=\frac{|V_{\mathrm{L}}|^2}{R_{\mathrm{L}}}\cong\frac{R_{\mathrm{L}}(n_{\mathrm{m}}\omega_{\mathrm{s}}L_{\mathrm{mm}}|I_{\mathrm{s}}|)^2}{(r_{\mathrm{m}}+r_{\mathrm{c}}+R_{\mathrm{L}})^2} \tag{15.19}$$

如式（15.18）和式（15.19）所示，抵消线圈的内阻 r_{c} 应尽可能小，以免使负载电压和功率恶化。

如式（15.12）所表达的，两组二次线圈，其中一组被定义为主线圈和抵消线圈，可以通过两种方式连接到全桥输出整流器，如图 15.14 所示。如图 15.14a 所示，对于交流侧连接情况，两对线圈直接串联，因此仅采用整流器，交流负载电流完全相同；但是，对于直流侧连接情况，整流的直流负载电流是相同的，其中每对线圈都连接到每个输出整流器，并且直流输出电压相加，如图 15.14b 所示。具体电流如下：

$$I_{\mathrm{L}}^{+}=I_{\mathrm{L}}^{-}\equiv I_{\mathrm{L}} \qquad \text{AC 侧连接} \tag{15.20a}$$

$$|I_{\mathrm{L}}^{+}|=|I_{\mathrm{L}}^{-}|,\quad\because I_{\mathrm{L}}^{+}\neq I_{\mathrm{L}}^{-} \qquad \text{DC 侧连接} \tag{15.20b}$$

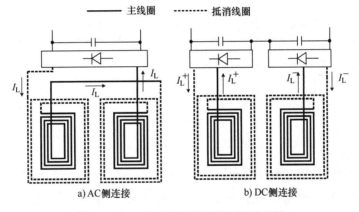

图 15.14　二次线圈和整流器可行性连接

在图 15.14a 的情况下，每个抵消线圈产生的 EMF 应完全相同，这将导致对不平衡感应电压的 EMF 抵消效果较差；因此，图 15.14b 的直流连接情况在本章中是优选的，因为输出电压减半，但整流器的总尺寸和体积与图 15.14a 的情况相比几乎没有变化。

15.5　ALV 的 I 型 IPTS 的实例设计和实验验证

所提出的设计由原型 I 型 IPTS[45] 验证，其中源电流 $I_{\mathrm{s}}=50\mathrm{A}$，开关频率为 20kHz，一次线圈匝数 $N_1=4$。如图 15.15 所示，实验搭建了拾取端，其总尺寸为 120cm×80cm，使用 1cm 厚的 10cm×10cm 的芯板。基线负载电流为 $I_{\mathrm{L}}=30\mathrm{A}$，而二次主线圈和二次抵消线圈的基线匝数为 $N_{\mathrm{m2}}=16$ 且 $N_{\mathrm{c2}}=5$，气隙 h 为 20cm（除非另有说明）。r_{m} 和 r_{c} 分别测量为 27.9mΩ

和 16.2mΩ。

a) 情况A　　　　　　　　　　　　　　　　b) 情况B

图15.15　横向 EMF 线圈位置中心部分的两种情况（虚线框要小心）

如图 15.15 所示，测试了两种 EMF 抵消法，其中两组线圈的测量总电压列于表 15.1。在抵消线圈位于拾取芯上方的情况下（情况 A），与没有主动抵消的情况相比，负载电压仅降低 6.6%。然而，对于情况 B，电压降低达 29.2%，如式（15.18b）预测的那样。同时忽略内部电阻和 ϕ_2 的影响（$r_m+r_c \ll R_L$ 和 $L_{mc} \cong L_{mm}$），情况 B 的电压降计算为

$$\%\Delta V_L \equiv \frac{V_{L,\,no\,cancel} - V_{L,\,with\,cancel}}{V_{L,\,no\,cancel}} \approx \frac{N_{c2}L_{mc}}{N_{m2}L_{mm}} \approx \frac{N_{c2}}{N_{m2}} \tag{15.21}$$

表15.1　横向 EMF 抵消线圈中心部分位置的影响

总电压	情况 A	情况 B
$\|V_m\|$（主线圈电压）	109.0V	109.0V
$\|V_c\|$（抵消线圈电压）	7.1V	32.0V
$\|V_L\|$（负载电压）	101.8V	77.2V
负载电压降	6.6%	29.2%

从式（15.21）可以看出，对于 $N_{m2}=16$ 和 $N_{c2}=5$，理论电压降为 31.3%，这与实验测量结果非常接近。因此，已经证实所提出的 LFEC 设计方法可以将负载电压提高多达 22.6%。

因为磁场是矢量，所以抵消线圈不仅能在相反方向产生磁场，而且还可以在行人所在的任何地方产生相同幅度和相位的磁场。因此，在实践中应用上一节中的抵消方法并不简单。幸运的是，从本章的各种模拟和实验中可以看出，水平方向（即 z 轴），是最强的 EMF 区域。这意味着抵消水平 EMF 是最重要的，可暂时忽略其他组件。然而，通过式（15.11）找到合适的位置和匝数是不可能的，因为它仅适用于没有磁心的线圈。因此，如图 15.16 所示，直接测量所提出的 I 型拾取器的 EMF 以确定参数。出于实际目的，本章仅测量行人的 EMF 值。考虑到与车辆的电磁相互作用，在拾取端附近找到体积 EMF 模式留待进一步的工作。

关于抵消线圈的高度，它们必须低于车辆的底部，但要高于来自地面的气隙。因此，它们的适当位置与主线圈处于相同的高度。在这种约束条件下，主线圈和抵消线圈之间的最佳

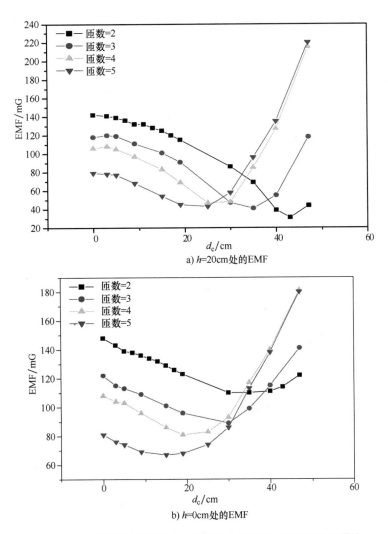

图 15.16　对于不同位置在 1m 处测量的 EMF 和抵消线圈的匝数

间距 d_c 和抵消线圈的最佳匝数 N_{c2} 可以通过实验确定，如图 15.16 所示。对于 $N_{c2}=5$ 和 $d_c=$ 22cm，高度为 20cm 的 EMF 变为 4μT，这是减轻行人 EMF 的最佳设计参数。在这个最佳的主动抵消条件下，如图 15.17 所示，从拾取器中心的不同距离和高度测量 EMF。几乎所有地方的 EMF 都在 6.25μT 范围内，这表明所提出的有源抵消线圈的设计非常适合于 OLEV。

此外，还发现所提出的有源抵消线圈会使负载电压稍微下降，如图 15.18 所示。添加抵消线圈后的负载电压降随着匝数的增加而下降了 5%；然而，这种小的电压降并不是实际问题。

主线圈和抵消线圈的额定负载电流为 30A 时的传导损耗，如下所示：

$$P_{Lm} = I_L^2 r_m \tag{15.22a}$$

$$P_{Lc} = I_L^2 r_c \tag{15.22b}$$

仅分别为 25.1W 和 14.6W。因此，由于抵消线圈引起的额外损耗仅相当于 6kW 的额定负载功率的 0.24%。

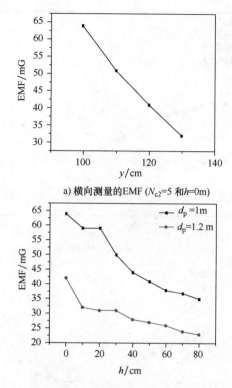

a) 横向测量的EMF (N_{c2}=5 和h=0m)

b) 高度方向的测量EMF(N_{c2}=5且d_p=1m和1.2m)

图 15.17　EMF 测量各种距离和高度

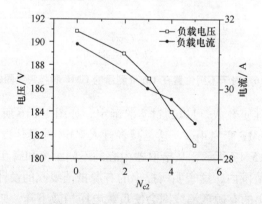

图 15.18　由所提出的有源 EMF 消除带来的负载电压降变化（在实践中可忽略不计）

对于负载电流大于 30A 的较高负载功率，应进一步减轻 EMF；因此，本章已经开发了一些额外的 EMF 抵消方法，它们与提出的主动 EMF 抵消方法兼容。

当抵消线圈被芯板覆盖时，EMF 抵消效应稍微增强，如图 15.19 所示。这可以通过使用磁镜概念[64]来解释，其中磁场由磁心增强。使用 10cm 芯板将测得的 EMF 从 5.8μT 降低至 5μT，使用 20cm 芯板进一步降低至 4.4μT。芯板的尺寸和 EMF 的缓解应该进行权衡。

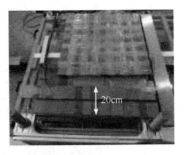

测量点(1m)　　　　　　　　测量点(1m)

a) 10cm芯板　　　　　　　　b) 20cm芯板

图 15.19　抵消线圈上的芯板增强了 EMF 抵消效果

　　EMF 还可通过铝（Al）盖板减轻。铝盖板应覆盖主线圈，但不覆盖抵消线圈，如图 15.20 所示。铝盖板和拾取端之间的间隙对 EMF 的影响，如图 15.21 所示。EMF 是使用此方法可减轻多达 15%。

图 15.20　通过芯板和铝盖板增强了 EMF 抵消效果

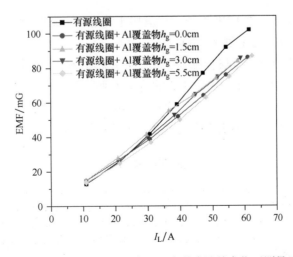

图 15.21　对于拾取端上铝覆盖物的不同间隙 h_g，负载电流的变化（测量 EMF 的距离为 1m）

所提出的被动抵消方法的可能组合如图 15.22 所示,其中使用有源抵消线圈、铝盖板和芯板的情况的 EMF 变为仅使用抵消线圈情况的一半。对于 $I_L = 62.5A$ 的负载条件,其中负载功率测量为 12kW,EMF 现在低至 $4.4\mu T$,这仅为 $6.25\mu T$ 时 ICNIRP 指南中 $-3dB$ 值。因此验证了 3DEC 的设计方法。请注意,到目前为止测量的 EMF 不是来自二次侧线圈,而是总 EMF。因此,$4.4\mu T$ 的 EMF 在实践中仍然具有 3dB 的设计余量,因为从图 15.21 中可以注意到来自一次侧的 EMF 对于大负载功率而言是可忽略的。

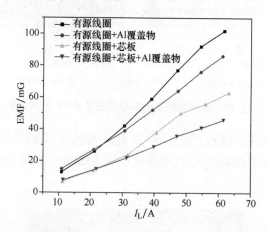

图 15.22　对于 EMF 抵消方法的四种可能组合(测量 EMF 的距离为 1m)

15.6　小结

三种新型主动 EMF 抵消方法 ISEC、3DEC 和 LFEC 已应用于 I 型 IPTS 的设计,并通过了实验验证。此外,已经发现所提出的被动 EMF 抵消方法,例如铝盖板和芯板,在减轻残余 EMF 方面非常有效。因此,对于 62.5A 负载电流,1m 处的 EMF 低至 $4.4\mu T$。

习　　题

15.1　考虑将拟议的三种 EMF 抵消方法应用于静态 EV 充电器。根据 EMF 抵消方法确定动态 EV 充电和固定 EV 充电器之间的差异。

15.2　你能否建议给出用金属板抵消 EMF 的一般理论吗?通常使用金属板来减少磁通量泄漏,其目标与芯板相同,但 EMF 抵消的行为有些不同,且还没有一般理论。请注意,麦克斯韦方程不能给出分析结果,只能给出模拟结果。如果能够确定金属板上的感应电流以获得任意给定的磁通量分布,那么你将成功找到理论依据。

参 考 文 献

1　A.P. Hu and S. Hussmann, "Improved power flow control for contactless moving sensor applications," *IEEE Power Electron. Lett.*, vol. 2, no. 4, pp. 135–138, December 2004.

2　T. Hata and T. Ohmae, "Position detection method using induced voltage for battery charge on autonomous electric power supply system for vehicles," in *Proc. 8th IEEE Int. Workshop on Adv. Motion Control*, 2004, pp. 187–191.

3 B. Choi, J. Nho, H. Cha, T. Ahn, and S. Choi, "Design and implementation of low-profile contactless battery charger using planar printed circuit board windings as energy transfer device," *IEEE Trans. on Ind. Electron.*, vol. 51, no. 1, pp. 140–147, February 2004.

4 S.Y.R. Hui and W.C. Ho, "A new generation of universal contactless battery charging platform for portable consumer electronic equipment," *IEEE Trans. on Power Electron.*, vol. 20, no. 3, pp. 620–627, May 2005.

5 K.I. Woo, H.S. Park, Y.H. Choo, and K.H. Kim, "Contactless energy transmission system for linear servo motor," *IEEE Trans. on Magnetics*, vol. 41, no. 5, pp. 1596–1599, May 2005.

6 G.A.J. Elliott, G.A. Covic, D. Kacprzak, and J.T. Boys, "A new concept: asymmetrical pick-ups for inductively coupled power transfer monorail systems," *IEEE Trans. on Magnetics*, vol. 42, no. 10, pp. 3389–3391, October 2006.

7 P. Sergeant and A. Van den Bossche, "Inductive coupler for contactless power transmission," *IET Electr. Power Applic.*, vol. 2, pp. 1–7, 2008.

8 G. Wang, W. Liu, M. Sivaprakasam, and G.A. Kendir, "Design and analysis of an adaptive transcutaneous power telemetry for biomedical implants," *IEEE Trans. on Circuits Syst. I, Reg. Papers*, vol. 52, no. 10, pp. 2109–2117, October 2005.

9 P. Si, A.P. Hu, J.W. Hsu, M. Chiang, Y. Wang, S. Malpas, and D. Budgett, "Wireless power supply for implantable biomedical device based on primary input voltage regulation," in *Proc. 2nd IEEE Conf. on Ind. Electron. Applic.*, 2007, pp. 235–239.

10 P. Si, A.P. Hu, S. Malpas, and D. Budgett, "A frequency control method for regulating wireless power to implantable devices," *IEEE Trans. Biomed. Circuits Syst.*, vol. 2, no. 1, pp. 22–29, March 2008.

11 R. Laouamer, M. Brunello, J.P. Ferrieux, O. Normand, and N. Buchheit, "A multi-resonant converter for noncontact charging with electromagnetic coupling," in *Proc. IEEE Industrial Electronics Society (IECON)*, vol. 2, 1997, pp. 792–797.

12 H. Sakamoto, K. Harada, S. Washimiya, and K. Takehara, "Large air-gap coupler for inductive charger," *IEEE Trans. on Magnetics*, vol. 35, no. 5, pp. 3526–3529, September 1999.

13 J. Hirai, K. Tae-Woong, and A. Kawamura, "Study on intelligent battery charging using inductive transmission of power and information," *IEEE Trans. on Power Electron.*, vol. 15, no. 2, pp. 335–345, 2000.

14 F. Nakao, Y. Matsuo, M. Kitaoka, and H. Salcamoto, "Ferrite core couplers for inductive chargers," in *IEEE Power Conversion Conference*, 2002, pp. 850–854.

15 R. Mecke and C. Rathge, "High frequency resonant inverter for contactless energy transmission over large air gap," in *Proc. 35th Annual IEEE Power Electron. Spec. Conf.*, June 2004, vol. 3, pp. 1737–1743.

16 Y. Kamiya, Y. Daisho, F. Kuwabara, and S. Takahashi, "Development and performance evaluation of an advanced electric micro bus transportation system," in *JSAE Annual Spring Congress*, 2006, pp. 7–14.

17 M. Budhia, G.A. Covic, J.T. Boys, and C.-Y. Huang, "Development and evaluation of single sided flux couplers for contactless electric vehicle charging," in *IEEE Energy Conversion Congress and Exposition (ECCE)*, 2011, pp. 614–621.

18 M. Budhia, G. Covic, and J. Boys, "Design and optimization of circular magnetic structures for lumped inductive power transfer systems," *IEEE Trans. on Power Electron.*, vol. 26, no. 11, pp. 3096–3107, 2011.

19 S. Hasanzadeh, S. Vaez-Zadeh, and A.H. Isfahani, "Optimization of a contactless power transfer system for electric vehicles," *IEEE Trans. on Veh. Technol.*, vol. 51, no. 8, pp. 3566–3573, 2012.

20 Y. Iga, H. Omori, T. Morizane, N. Kimura, Y. Nakamura, and M. Nakaoka, "New IPT-wireless EV charger using single-ended quasi-resonant converter with power factor correction," *IEEE Renewable Energy Research and Applications (ICRERA)*, 2012, pp. 1–6.

21 H.H. Wu, A. Gilchrist, K. Sealy, and D. Bronson, "A 90 percent efficient 5 kW inductive charger for EVs," in *IEEE Energy Conversion Congress and Exposition (ECCE)*, 2012, pp. 275–282.

22 F. Sato, J. Murakami, H. Matsuki, K. Harakawa, and T. Satoh, "Stable energy transmission to moving loads utilizing new CLPS," *IEEE Trans. onMagnetics*, vol. 32, no. 5, pp. 5034–5036, September1996.

23 F. Sato, J. Murakami, T. Suzuki, H. Matsuki, S. Kikuchi, K. Harakawa, H. Osada, and K. Seki, "Contactless energy transmission to mobile loads by CLPS-test driving of an EV with starter batteries," *IEEE Trans. on Magnetics*, vol. 33, no. 5, pp. 4203–4205, September 1997.

24 C. Wang, O.H. Stielau, and G.A. Covic, "Design considerations for a contactless electric vehicle battery charger," *IEEE Trans. on Ind. Electron.*, vol. 52, no. 5, pp. 1308–1314, October 2005.

25 J. Sallan, J.L. Villa, A. Llombart, and J.F. Sanz, "Optimal design of ICPT systems applied to electric vehicle battery charge," *IEEE Trans. on Ind. Electron.*, vol. 56, no. 6, pp. 2140–2149, June 2009.

26 J.L. Villa, J. Sallan, A. Llombart, and J.F. Sanz, "Design of a high frequency inductively coupled power transfer system for electric vehicle battery charge," *Appl. Energy*, vol. 86, no. 3, pp. 355–363, 2009.

27 T. Maruyama, K. Yamamoto, S. Kitazawa, K. Kondo, and T. Kashiwagi, "A study on the design method of the light weight coils for a high power contactless power transfer systems," in *2012 15th International Conference on Electrical Machines and Systems (ICEMS)*, 2012, pp. 1–6.

28 Y. Nagatsuka, N. Ehara, Y. Kaneko, S. Abe, and T. Yasuda, "Compact contactless power transfer system for electric vehicles," in *International Power Electronics Conference (IPEC)*, 2010, pp. 807–813.

29 M. Chigira, Y. Nagatsuka, Y. Kaneko, S. Abe, T. Yasuda, and A. Suzuki, "Small-size light-weight transformer with new core structure for contactless electric vehicle power transfer system," in *IEEE Energy Conversion Congress and Exposition (ECCE)*, 2011, pp. 260–266.

30 M. Budhia, G.A. Covic, and J.T. Boys, "A new magnetic coupler for inductive power transfer electric vehicle charging systems," in *36th Annual Conference of the IEEE Industrial Electronics Society (IECON)*, 2010, pp. 2481–2486.

31 J.G. Bolger and F.A. Kirsten, "Investigation of the feasibility of a dual mode electric transportation system," Lawrence Berkeley Laboratory Report, 1977.

32 J.G. Bolger, F.A. Kirsten, and L.S. Ng, "Inductive power coupling for an electric highway system," in *Proc. IEEE 28th Vehicular Technology Conference*, 1978, pp. 137–144.

33 C.E. Zell and J.G. Bolger, "Development of an engineering prototype of a road powered electric transit vehicle system," in *Proc. 32nd IEEE Vehicular Technology Conference*, 1982, pp. 435–438.

34 M. Eghtesadi, "Inductive power transfer to an electric vehicle-an analytical model," in *Proc. 40th IEEE Vehicular Technology Conference*, 1990, pp. 100–104.

35 California PATH Program, "Road powered electric vehicle project track construction and testing program phase 3D," California PATH Research Paper, March 1994.

36 A.W. Green and J.T. Boys, "10 kHz inductively coupled power transfer concept and control," in *Proc. 5th Int. Conf. IEEE Power Electron Variable-Speed Drivers*, October 1994, pp. 694–699.

37 G.A.J. Elliott, J.T. Boys, and A.W. Green, "Magnetically coupled systems for power transfer to electric vehicles," in *Proc. Int. Conf. Power Electron. Drive System*, February 1995, pp. 797–801.

38 G.A. Covic, J.T. Boys, M.L.G. Kissin, and H.G. Lu, "A three-phase inductive power transfer system for road powered vehicles," *IEEE Trans. on Ind. Electron.*, vol. 54, no. 6, pp. 3370–3378, December 2007.

39 N.P. Suh, D.H. Cho, and Chun T. Rim, "Design of on-line electric vehicle (OLEV)," *Plenary Lecture at the 2010 CIRP Design Conference*, 2010, pp. 3–8.

40 S.W. Lee, J. Huh, C.B. Park, N.S. Choi, G.H. Cho, and Chun T. Rim, "On-line electric vehicle using inductive power transfer system," in *IEEE Energy Conversion Congress and Exposition (ECCE)*, 2010, pp. 1598–1601.

41 J. Huh and Chun T. Rim, "KAIST wireless electric vehicles – OLEV," in *JSAE Annual Congress*, 2011.

42 J. Huh, S.W. Lee, C.B. Park, G.H. Cho, and Chun T. Rim, "High performance inductive power transfer system with narrow rail width for on-line electric vehicles," in *IEEE Energy Conversion Congress and Exposition (ECCE)*, 2010, pp. 647–651.

43 S.W. Lee, W.Y. Lee, J. Huh, H.J. Kim, C.B. Park, G.H. Cho, and Chun T. Rim, "Active EMF cancellation method for I-type pick-up of on-line electric vehicles," in *IEEE Applied Power Electronics Conference and Exposition (APEC)*, 2011, pp. 1980–1983.

44 J. Huh, W.Y. Lee, G.H. Cho, B.H. Lee, and Chun T. Rim, "Characterization of novel inductive power transfer systems for on-line electric vehicles," in *IEEE Applied Power Electronics Conference and Exposition (APEC)*, 2011, pp. 1975–1979.

45 J. Huh, S.W. Lee, W.Y. Lee, G.H. Cho, and Chun T. Rim, "Narrow-width inductive power transfer system for on-line electrical vehicles," *IEEE Trans. on Power Electron.*, vol. 26, no. 12, pp. 3666–3679, December 2011.

46 S.Y. Choi, J. Huh, W.Y. Lee, S.W. Lee, and Chun T. Rim, "New cross-segmented power supply rails for road powered electric vehicles," *IEEE Trans. on Power Electron.*, vol. 28, no. 12, pp. 5832–5841, December 2013.

47 P.R. Bannister, "New theoretical expressions for predicting shielding effectiveness for the plane shield case," *IEEE Transactions on Electromagnetic Compatibility*, vol. EMC-10, issue 1, pp. 2–7, March 1968.

48 P. Moreno and R.G. Olsen, "A simple theory for optimizing finite width ELF magnetic field shields for minimum dependence on source orientation," *IEEE Transactions on Electromagnetic Compatibility*, vol. 39, no. 4, pp. 340–348, November 1997.

49 Y. Du, T.C. Cheng, and A.S. Farag, "Principles of power-frequency magnetic field shielding with flat sheets in a source of long conductors," *IEEE Transactions on Electromagnetic Compatibility*, vol. 38, no. 3, pp. 450–459, Aug. 1996.

50 S.Y. Ahn, J.S. Park, and J.H. Kim, "Low frequency electromagnetic field reduction techniques for the on-line electric vehicle (OLEV)," in *IEEE International Symposium on Electromagnetic Compatibility*, 2010, pp. 625–630.

51 J.H. Kim and J.H. Kim, "Analysis of EMF noise from the receiving coil topologies for wireless power transfer," in *IEEE Asia-Pacific Symposium on Electromagnetic Compatibility*, 2012, pp. 645–648.

52 H.S. Kim and J.H. Kim, "Shielded coil structure suppressing leakage magnetic field from 100 W-class wireless power transfer system with higher efficiency," in *IEEE Microwave Workshop Series on Innovative Wireless Power Transmission Technologies, Systems and Applications*, 2012, pp. 83–86.

53 S.Y. Ahn, H.H. Park, and J.H. Kim, "Reduction of electromagnetic field (EMF) of wireless power transfer system using quadruple coil for laptop applications," in *IEEE Microwave Workshop Series on Innovative Wireless Power Transmission Technologies, Systems and Applications*, 2012, pp. 65–68.

54 S.C. Tang, S.Y.R. Hui, and H.S. Chung, "Evaluation of the shielding effects on printed circuit board transformers using ferrite plates and copper sheets," *IEEE Trans. on Power Electron.*, vol. 17, pp. 1080–1088, November 2002.

55 X. Liu, and S.Y.R. Hui, "An analysis of a double-layer electromagnetic shield for a universal contactless battery charging platform," in *IEEE Power Electronics Specialists Conference (PESC)*, June 2005, pp. 1767–1772.

56 P. Wu, F. Bai, Q. Xue, and S.Y.R. Hui, "Use of frequency selective surface for suppressing radio-frequency interference from wireless charging pads," *IEEE Trans. on Ind. Electron.*, to be published.

57 M.L. Hiles and K.L. Griffing, "Power frequency magnetic field management using a combination of active and passive shielding technology," *IEEE Trans. on Power Delivery Electronics*, pp. 171–179, 1998.

58 C. Buccella and V. Fuina, "ELF magnetic field mitigation by active shielding," in *IEEE International Symposium on Industrial Electronics*, 2002, pp. 994–998.

59 J. Kim, J.H. Kim, and S.Y. Ahn, "Coil design and shielding methods for a magnetic resonant wireless power transfer system," *Proceedings of the IEEE*, vol. 101, no. 6, pp. 1332–1342, June 2013.

60 Guidelines for limiting exposure to time-varying electric and magnetic fields (up to 300 GHz), ICNIRP Guidelines, 1998.

61 Guidelines for limiting exposure to time-varying electric and magnetic fields (up to 100 kHz), ICNIRP Guidelines, 2010.

62 E.S. Lee, J. Huh, X.V. Thai, S.Y. Choi, and Chun T. Rim, "Impedance transformers for compact and robust coupled magnetic resonance systems," in *IEEE Energy Conversion Congress and Exposition (ECCE)*, September 2013, pp. 2239–2244.

63 S.Y. Choi, J. Huh, W.Y. Lee, J.G. Cho, and Chun T. Rim, "Asymmetric coil sets for wireless stationary EV chargers with large lateral tolerance by dominant field analysis," *IEEE Trans. on Power Electron.*, accepted.

64 W.Y. Lee, J. Huh, S.Y. Choi, X.V. Thai, J.H. Kim, E.A. Al-Ammar, M.A. El-Kady, and Chun T. Rim, "Finite-width magnetic mirror models of mono and dual coils for wireless electric vehicles," *IEEE Trans. on Power Electron.*, vol. 28, no. 3, pp. 1413–1428, March 2013.

第 16 章　大容差设计

16.1　简介

电动汽车，如混合动力电动汽车（HEV）、插电式电动汽车（PHEV）、纯电池电动汽车（BEV）等已得到发展，但由于电池成本高、重量大、安装空间大、低能量容量导致的充电频繁等问题，尚未得到广泛应用。为了缓解电池问题，人们提出了使用感应电能传输系统（IPTS）的 RPEV[1-21]。通过 IPTS，RPEV 可以在运行过程中供电，并且不存在电池问题。一般情况下，IPTS 采用谐振电路来最大限度地实现功率传输，由于谐振电路和 IPTS 的静态和动态特性，这是一个具有挑战性的设计问题；然而，利用相量变换可以表征 IPTS 的动静态行为[22-25]。

在 RPEV 的 IPTS 中，供电导轨与拾取线圈之间足够大的气隙，供电导轨与拾取线圈中心之间较大的横向容差，对行人较低的电磁场（EMF），都是重要的设计问题。为了满足这一要求，提出了一种窄 I 型供电导轨[11,12]。然而，为了获得较大的横向容差，拾取线圈的宽度需要非常大，这导致拾取线圈的电磁场高于 ICNIRP 指南[26] 所允许行人暴露的电磁场大小。此外，拾取线圈的电感随其宽度的增大而增大，导致谐振状态下补偿电容上的电压应力较大，并且较高质量因数导致 3dB 的较窄的带宽。

针对这些问题，提出了一种 I 型供电导轨用有源电磁场抵消线圈的双拾取线圈[1-3]，将有源电磁场抵消线圈绕向与双拾取线圈反向，以降低行人暴露的电磁场。如图 16.1a 所示，双拾取线圈[14] 中，两个拾取线圈沿运动方向（y）对齐，与单拾取线圈相比，该双拾取线圈对行人的固有电磁场较低，供电导轨与拾取线圈之间存在较强的磁耦合。虽然双拾取线圈可以降低电磁场水平，但横向容差尚未得到改善。

为了增加横向容差，可以使用一组横向偏移放置的两个拾取线圈，其中两个线圈相互重叠，如图 16.1b 所示[10]。在这种情况下，当每个线圈与供电导轨的中心对齐时，就会达到其峰值功率，如图 16.2a 所示。因此，如果每个线圈的负载功率较大，则可以获得较大的横向容差，如图 16.2b 所示。

然而，在整个 IPTS[10] 的发展过程中，峰值功率只在重叠区域获得，而在实际应用中，该区域外的功率突然降为零，意外地导致了更小的横向容差，如图 16.2c 所示。在本章中，横向容差定义为从中心向外小于−3db 负载电压的允许横向偏移，由图 16.2b 和 c 可大致估算如下：

$$l_{t,decoupled} \cong 2l_w - l_d \quad \text{当 } V_{oa} \cup V_{ob} \tag{16.1a}$$

$$l_{t,coupled} \cong l_d \quad \text{当 } V_{oa} \cap V_{ob} \tag{16.1b}$$

其中式（16.1a）为本章要达到的理论目标，式（16.1b）为目前已得到的实验结果。

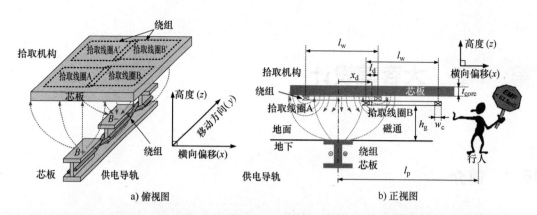

图 16.1 提出的大横向容差和低电磁场水平的 I 型供电导轨上的自解耦双拾取线圈例子
（其中拾取线圈 A-A′ 与供电轨道耦合，但拾取线圈 B-B′ 没有）

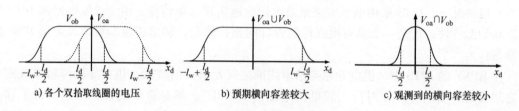

图 16.2 负载电压-横向容差曲线

横向偏移放置的两个拾取线圈，在本章称为"自解耦拾取线圈"，其优点之一是拾取宽度给定的线圈自感低。如果没有自解耦拾取线圈，则应使用宽度较大的拾取线圈，从而产生较高的自感系数。

在本章中，详细解释了如图 16.2 所示的两个重叠拾取线圈横向容差偏小的现象，并首次提出了一种自解耦双拾取线圈，解决了横向容差大和自感系数低的问题。自解耦拾取线圈本身的概念并不新鲜，早在 20 年前就被引入磁共振成像（MRI）[27]领域。该概念最近被应用于电动汽车固定充电系统[28,29]，其中采用自解耦拾取线圈来扩大横向容差。然而，到目前为止，还没有给出自解耦拾取线圈的分析模型。因此，本章介绍了自解耦拾取线圈的一般适用理论模型。

以 RPEV 自解耦双拾取线圈为例，如图 16.1a 所示，本章对其进行了分析、仿真和实验验证。因此，系统地确定了最佳解耦距离，该距离一般适用于任何自解耦拾取线圈，无论线圈类型如何，如单/双、固定/动态充电和有磁心/无磁心。此外，所提出的自解耦线圈与任何补偿方法兼容，包括串联、并联和串并联。该线圈不仅具有较大的横向容差，而且具有较大的气隙。此外，在不使用有源电磁场抵消线圈的情况下，补偿电容的电压应力低且行人暴露的电磁场低，如图 16.1b 所示。本章对有磁心和无磁心这两种情况下的自解耦双拾取线圈的等效电路和数学模型进行了分析，其中采用有限宽度磁镜理论[30]来反映心板对磁感应的影响。

16.2　带有 I 型供电导轨的自解耦双拾取线圈

16.2.1　拾取线圈的整体配置

RPEV 的 IPTS 可以在供电导轨移动时从供电导轨获得所需的电力，如图 16.3 所示。IPTS 包括两个子系统[15]：一个是为 RPEV 供电的道路子系统，由工频整流、高频逆变器、一次电容器组和供电导轨组成；另一个是车载子系统，用于接收来自道路子系统的所需电力，包括拾取线圈、二次电容器组、高频整流器和调节器。

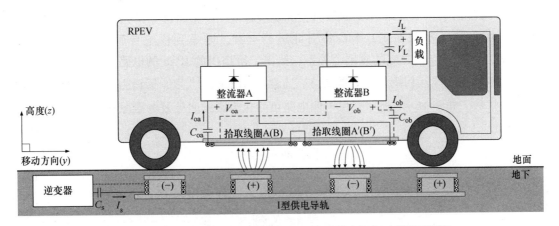

图 16.3　IPTS 的 RPEV 侧视图，采用了提出的自解耦双拾取线圈组。
电路中的电压和电流是稳态时的有效值

双拾取线圈 A-A′与双拾取线圈 B-B′重叠，如图 16.1 和图 16.3 所示，其中 I 型供电导轨放置于地下。每个双拾取线圈分别配谐振并整流，并联，为负载输出最大直流输出电压，如图 16.3 所示。整流直流输出电压串联；然而，在这种情况下，由两个双拾取线圈引起的导通损耗增加了一倍。

如图 16.4 所示，所提出的 IPTS 线圈之间有 8 个磁耦合（磁化电感）：

（a）供电导轨与双拾取线圈 A-A′（L_{ma}）之间的磁耦合。

（b）供电导轨与双拾取线圈 B-B′（L_{mb}）之间的磁耦合。

（c）线圈 A 与线圈 B 之间的耦合（$L_m/2$）。

（d）线圈 A′与线圈 B′之间的耦合（$L_m/2$）。

（e）线圈 A 与线圈 A′之间的耦合。

（f）线圈 B 与线圈 B′之间的耦合。

（g）线圈 A 与线圈 B′之间的耦合。

（h）线圈 B 与线圈 A′之间的耦合。

为简单起见，双传感器线圈（e）和（f）的内部耦合情况将被视为一个集中线圈，交叉耦合（g）和（h）不会被单独建模，本章主要研究横向偏移对 L_{ma}、L_{mb} 和 L_m 的耦合变化的影响。

在本章中，假设电动汽车与供电导轨之间除了横向偏移外，没有倾斜或错位。另外，还假设每个拾取线圈在运动方向（y）上恰好位于供电导轨各磁极的中心上方，如图 16.3 所示。假设每个双拾取线圈的所有电路参数相同，并且电路处于稳态运行。

16.2.2 非解耦拾取线圈的问题

由于重叠拾取线圈 A 和 B（A′和 B′）的中心与供电导轨很好地对准，也就是说，$x_d = 0$，拾取线圈 A 的感应电压与拾取线圈 B 大小一样（A′和 B′相同）；因此，由于对称的电路结构，拾取线圈 A 和 B（A′和 B′）之间没有耦合效应。如果不是这种情况，如图 16.1b 所示拾取线圈 A 和 B（A′和 B′）的感应电压和谐振电流不同，将导致拾取线圈 A 和 B 之间有耦合电流（A′和 B′相同）。

如图 16.3 所示，本章以串联-串联补偿为例进行说明。值得注意的是，所提出的自解耦模型也适用于其他补偿方案，本章将对此进行解释。考虑到供电导轨与各个双拾取线圈（分别为 L_{ma} 和 L_{mb}）之间的磁耦合关系，给出了所提出的 IPTS 的电路图，如图 16.4a 所示，各个双拾取线圈互相耦合（记为 L_m）。通常在 RPEV 中[10-15]，假设由逆变器调节的供电电流 I_s 为常数。如图 16.4b 所示，供电侧电路可简化为戴维南等效电压源和电感[11-15]如下：

$$V_{sa} = j\omega_s L_{ma} I_{sn} n \tag{16.2a}$$

$$V_{sb} = j\omega_s L_{mb} I_s n \tag{16.2b}$$

$$L_{sa} = n^2 L_{ma} \tag{16.2c}$$

$$L_{sb} = n^2 L_{mb} \tag{16.2d}$$

$$\therefore n \equiv N_o / N_s \tag{16.2e}$$

式（16.2）中，V_{sa} 和 V_{sb} 分别为双拾取线圈 A-A′和 B-B′以相量形式表示的感应电压；n 为供电轨道 N_s 与双拾取线圈匝数 N_o 之比；L_l 为双拾取线圈漏电感；C_o 为拾取侧谐振串联补偿电容器。考虑到二极管整流器电压和电流的基本组成[31,32]，二极管整流器也分别简化为等效电阻 R_{oa} 和 R_{ob}：

$$R_{oa} \equiv \frac{V_{oa}}{I_{oa}} = \frac{2\sqrt{2}}{\pi} \frac{V_L}{I_{oa}} \tag{16.3a}$$

$$R_{ob} \equiv \frac{V_{ob}}{I_{ob}} = \frac{2\sqrt{2}}{\pi} \frac{V_L}{I_{ob}} \tag{16.3b}$$

如图 16.4 所示，将双拾取线圈 L_m 的磁化电感每侧分为两个 $2L_m$，使每个拾取线圈看起来对称。还需要注意的是，由于 L_{ma} 和 L_{mb} 随着横向偏移的变化而变化，L_{sa} 和 L_{sb}，以及 V_{sa} 和 V_{sb} 都是可变的，而 L_l 和 L_m 几乎不受影响。

现在分析图 16.4b 中拾取线圈对齐和未对齐情况下的电路行为，如图 16.5 所示。感应电压 V_{sa} 和 V_{sb} 以及循环电流 I_{oa} 和 I_{ob} 随横向偏移的变化而变化，导致等效电阻的变化。当拾取器与供电导轨精确对准时，所有电路参数和变量均对称，如图 16.5a 所示，其中等效电阻为

$$R_o \equiv \frac{V_{oa}}{I_{oa}} = \frac{8}{\pi^2} \frac{V_L}{I_L/2} = \frac{16}{\pi^2} R_L \tag{16.4}$$

则变压器没有电流，导致两个独立回路的谐振频率 ω_{r0} 如下：

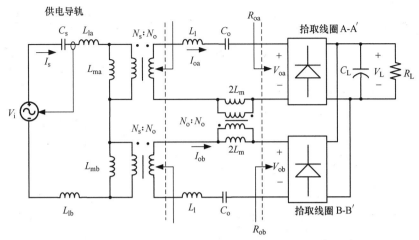

a) 一个显式变压器电路

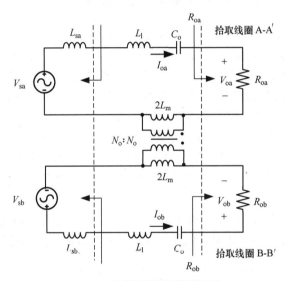

b) 一个简化的戴维南等效电路

图 16.4　提出的 IPTS 的电路图，考虑到供电导轨和每个双拾取线圈之间的磁耦合，其中双拾取线圈之间是磁耦合的

$$\omega_{r0} = \frac{1}{\sqrt{(L_s + 2L_m + L_1)C_o}} \qquad \text{当 } x_d = 0 \text{ 时} \qquad (16.5)$$

如图 16.5b 所示，根据式（16.3b）的定义可知，当拾取器未对准，最终可能满足 $V_{sb} = V_m$ 条件时，循环电流 I_{ob} 变为零，导致 $R_{oa} = \infty$。在这种情况下，谐振频率 ω_{r1} 与式（16.5）不同，如下：

$$\omega_{r1} = \frac{1}{\sqrt{(L_{sa} + L_m + L_1)C_o}} \qquad \text{当 } |x_d| \gg l_d/2 \text{ 时} \qquad (16.6)$$

显然，从式（16.5）、式（16.6）两个特定情况可以发现，双拾取线圈的错位谐振频率

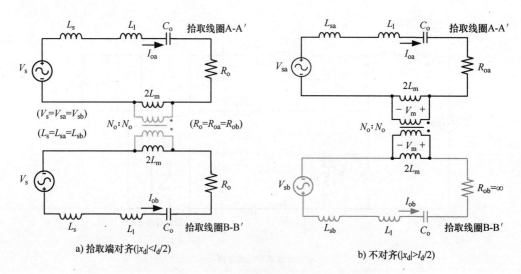

a) 拾取端对齐($|x_d|<l_d/2$)   b) 不对齐($|x_d|>l_d/2$)

图 16.5　图 16.4b 所示供电导轨等效电路

ω_{r1} 可能偏离工作频率，通常变为中心谐振频率 ω_{r0}。在更广义的错位情况下，每个 A-A′线圈和 B-B′线圈具有不同的谐振频率，图 16.5b 中的分析较为复杂。然而，很明显，由于谐振电路失谐而导致感应电压和循环电流减少，这种错位情况下的功率传输比对齐时要小得多。在实际应用中，当谐振电路失谐时，输出功率急剧下降。这样，对于 L_m 不为零的非解耦拾取情况，负载电压剖面变得非常窄，如图 16.2c 所示。

　　尽管上述关于非解耦拾取线圈的讨论是针对串联-串联补偿的例子，但上述耦合效应适用于任何补偿方案，包括串-并联和并联-并联。这是因为无论采用何种补偿方案，拾取端的错位都会导致谐振电路失谐。此外，尽管只展示了图 16.3 和图 16.4 中并联的情况，但这种错位效应也适用于串联输出情况。

　　这里没有对图 16.5b 中未对齐的非解耦情况进行完整的分析，因为虽然这不是不可能的，但却在实践中不是很有用。相反，L_m 为零的自解耦情况则需要高度重视，因为这在实践中非常有用。

16.2.3　无芯板的自解耦单拾取线圈组

　　为了在拾取失准的情况下获得足够的功率，通常存在两种可能的解决方案：一种是使用自适应频率控制的逆变器，确保拾取端总是谐振；另一种是最小化式（16.5）中的 ω_{r0} 和式（16.6）中的 ω_{r1} 之间的差别。在实际应用中，由于许多具有不同谐振条件的车辆可能位于供电导轨上，因此前者很难用于 RPEV 中。但是，如果 L_m 被适当地抵消，后者就很容易实现。本章将 $L_m=0$ 的条件称为"自解耦"，则拾取端的谐振频率为

$$\omega_{r0}=\frac{1}{\sqrt{(L_s+L_1)C_o}} \quad \text{当 } x_d=0 \text{ 且 } L_m=0 \text{ 时} \tag{16.7a}$$

$$\omega_{r1}=\frac{1}{\sqrt{(L_{sa}+L_1)C_o}} \quad \text{当 } |x_d|\gg l_d/2 \text{ 且 } L_m=0 \text{ 时} \tag{16.7b}$$

$$\Rightarrow \omega_r \equiv \omega_{r0} \cong \omega_{r1}=\frac{1}{\sqrt{(L_s+L_1)C_o}} \quad \text{如果 } L_s \cong L_{sa} \text{ 且 } L_m=0 \tag{16.7c}$$

比较式（16.7a）和式（16.7b），从式（16.7c）可以发现，如果满足 $L_\mathrm{s} \approx L_\mathrm{sa}$，对齐和不对齐的情况下频率差别很小。本章将通过实验验证大横向容差的其他条件。因此，得到了该自解耦双拾取线圈的通用等效电路，其中两个独立电路不受错位影响，如图 16.6 所示。

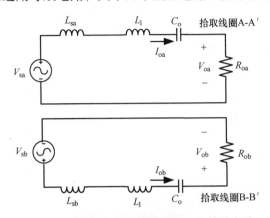

图 16.6 图 16.4b 中拾取线圈自解耦时的一般等效电路，即 $L_\mathrm{m} = 0$

在本章中，通过调整两个拾取线圈之间的距离 x_1 来消除 L_m，如图 16.7 所示。为了建立一个初步的分析模型，只考虑单个没有芯板的自解耦拾取线圈，而不是图 16.1 中的双拾取线圈 A-A′ 和 B-B′。其中，两个宽度为 w_c 的共面矩形绕组彼此重叠，距离为 l_d，与双 D（DD）、双极（BP）和三极（TP）线圈类似[28,29,33]。

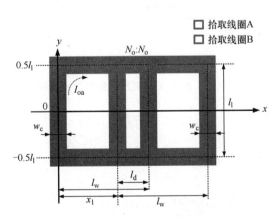

图 16.7 无芯板的耦合拾取线圈模型俯视图

为了确定 $L_\mathrm{m} = 0$ 时的最优距离 x_1，分析得到 L_m 为

$$L_\mathrm{m} = \frac{N_\mathrm{o}\phi_\mathrm{m}}{I_\mathrm{oa}} \tag{16.8a}$$

$$\because \phi_\mathrm{m} = \phi_1 + \phi_2 + \phi_3 + \phi_4 \tag{16.8b}$$

因为叠加定理可以应用于无磁心（即自由空间）的安培定律中，总互磁通量 ϕ_m 是 ϕ_1、ϕ_2、ϕ_3、ϕ_4 之和，即线圈 B 的交叉磁通量，分别从拾取线圈 A 的左、右、底部和顶部引出，如图 16.8 所示。从拾取线圈 A 的底侧感应的磁通量等于从顶侧的磁通量，因此顶侧的情况未在图 16.8 中给出。总互磁通量为

$$\phi_\mathrm{m} = \phi_1 + \phi_2 + 2\phi_3 \quad \because \phi_3 = \phi_4 \tag{16.9}$$

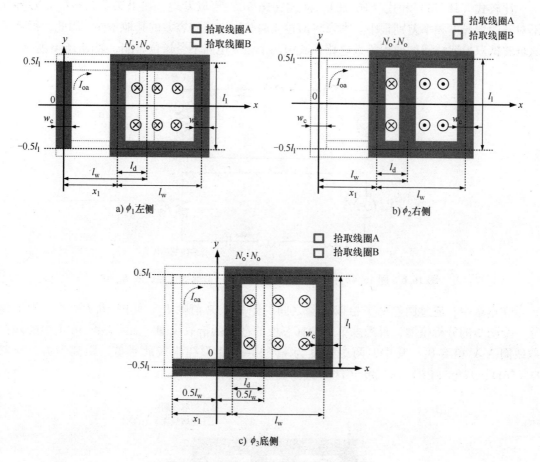

图 16.8　线圈 A 各侧产生的交叉磁通量

为了使 L_m 为 "0"，通过改变拾取线圈 B 的最优距离 x_1，使 ϕ_m 为 "0"。

假设绕组宽度远小于线圈宽度，即 $w_c \ll L_w$，则线圈绕组可视为细线；因此，ϕ_1 可以通过使用 Biot-Savart 定律近似获得如下：

$$\phi_1 \cong \int_{x_1}^{x_1+l_w} \int_{-0.5l_1}^{0.5l_1} B_1(x,y) \, \mathrm{d}y \mathrm{d}x$$

(16.10a)

$$= -\frac{\mu_o N_o I_{oa}}{2\pi} \left\{ \sqrt{l_1^2 + x_1^2} + l_w - \sqrt{l_1^2 + (x_1 + l_w)^2} - l_1 \ln \frac{l_w + x_1}{x_1} \right\}$$

$$\because B_1(x,y) = \frac{\mu_o N_o I_{oa}}{4\pi x} \left\{ \frac{y - l_1/2}{\sqrt{(y-l_1/2)^2 + x^2}} - \frac{y + l_1/2}{\sqrt{(y+l_1/2)^2 + x^2}} \right\}$$

(16.10b)

同样，可以确定 ϕ_2 和 ϕ_3，并且最终获得 ϕ_m，其中 $0 < x_1 < l_w$，如下：

$$\phi_m = -\frac{2\mu_o N_o I_{oa}}{\pi} \left\{ \frac{2\sqrt{l_1^2 + x_1^2} - \sqrt{l_1^2 + (x_1 + l_w)^2} - \sqrt{l_1^2 + (l_w - x_1)^2}}{2} + \right.$$

$$\left. \frac{l_1}{4} \ln \frac{x_1^2}{l_w^2 - x_1^2} - \frac{l_w - x_1}{2} \left(\ln \frac{l_1 - 0.5w_c}{0.5w_c} - 2 \right) \right\}$$

(16.11)

为了验证式（16.11），对 L_m 进行了三维有限元分析（FEA）模拟，其中 $N_o I_{oa} = 1A \cdot$ 匝，$w_c = 0.5mm$，$l_w = 50cm$，并且 $l_l = 10cm$，$50cm$ 和 $90cm$。如图 16.9 所示，模拟的 L_m 与由式（16.8a）和式（16.11）计算得到的 L_m 基本吻合。此外，得到了给定线圈结构的最佳自解耦距离 x_{opt}，发现其略小于 l_w。

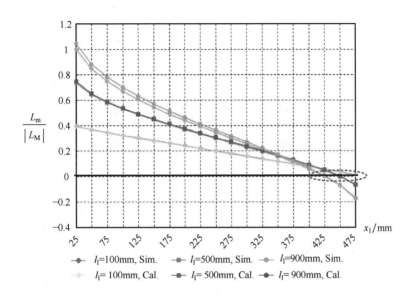

图 16.9　三维有限元分析模拟没有芯板的 L_m 和计算拾取线圈 A 和 B 不同长度 l_l 的 L_m
（L_m 是没有芯板的两个拾取线圈之间的最大互感，其中 $l_l = 90cm$，$l_w = 50cm$，$x_1 = 2.5cm$）

当 $x_1 = x_{opt}$，即 $L_m = 0$ 时，如图 16.6 所示，每个拾取线圈和补偿电路的谐振频率 ω_r 对于横向偏移 $|x_d| < l_w - l_d/2$ 几乎没有变化。因此，通过使用所提出的自解耦拾取线圈，横向容差可以从 $l_d/2$ 增加到 $l_w - l_d/2$。通过这种方式，当拾取线圈 A 位于供电导轨上时，因为接近行人的拾取线圈 B 不仅与供电导轨解耦，而且还与拾取线圈 A 解耦，使得循环电流很少且产生较少，因此大大减轻了行人暴露的电磁场。电磁场减少的具体原因估计很大程度上取决于线圈配置和行人的位置[2]。

16.2.4　有芯板的自解耦单拾取线圈组

本节将继续上一节中的讨论，但不同于有芯板。实际中，如图 16.1 和图 16.3 所示，磁芯板被广泛用于增加供电导轨和拾取线圈之间的磁耦合，并屏蔽 RPEV 不需要的磁通量泄漏。芯板不仅影响供电导轨和拾取线圈之间的耦合，还影响拾取线圈 A 和 B 之间的耦合，如图 16.10 所示。由于芯板的相互作用非常复杂，拾取线圈 A 引起的与拾取线圈 B 相交的磁通量几乎不可能计算。为了解决这个问题，采用磁镜模型[24]，其在线圈绕组放置在芯板上时提供闭合形式的磁通密度方程。根据磁镜模型，理想无限大芯板和无限磁导率的磁通量是没有芯板的磁通量的两倍。所提出的拾取线圈具有有限尺寸的芯板（$l_a \times l_b$），其相对磁导率为有限值 μ_r，因此通过校正因子 α，其相乘后将略小于 2。因此，从式（16.11）中无芯板的 ϕ_m 可以得到有芯板的总互磁通量 ϕ_{mc}，如下：

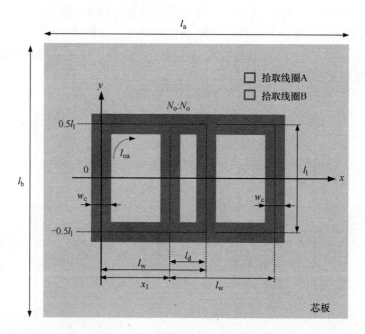

图 16.10　有芯板的解耦拾取线圈模型俯视图

$$\phi_{mc} = 2\alpha\phi_m \tag{16.12}$$

利用三维有限元仿真验证式（16.12）。与式（16.11）相比，其结果如图 16.11，其中最佳曲线拟合时 α 为 0.925。由式（16.12）可知，有芯板的 L_m 约为无磁芯板 L_m 的两倍，而自解耦点 x_{opt} 保持不变。芯板大小和 α 之间的关系仍待进一步研究。

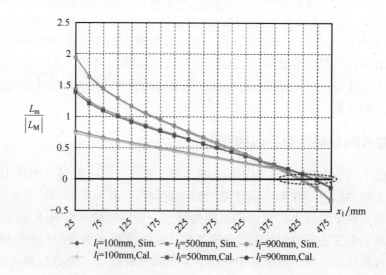

图 16.11　有芯板的三维有限元分析模拟 L_m（$l_a = 120\text{cm}$，$l_b = 120\text{cm}$，$\mu_r = 2000$）
与对有芯板的拾取线圈 **A**、**B** 不同长度 l_1 计算得的 L_m 的比较（L_M 为没有芯板时
L_m 的最大值，其中 $l_1 = 90\text{cm}$，$l_w = 50\text{cm}$，$x_1 = 2.5\text{cm}$）

16.3 设计实例和实验验证

为了验证提出的自解耦线圈分析模型，搭建了实验的 IPTS，如图 16.12 所示。逆变器工作频率 $f_s = 20\text{kHz}$，始终稍微高于谐振频率 f_r 以保证逆变器的零电压开关（ZVS）[15]。选择合适的电路参数并进行测量，见表 16.1。本章所述供电导轨的详细配置与参考[12]相同，只是匝数不同，其中供电导轨的所有设计参数均通过仿真和实验进行优化。

a) 供电导轨

b) 使用 KEMET 薄膜电容器的电容器组

c) 整流器

d) 逆变器

e) 负载组

图 16.12　IPTS 实验组件

表 16.1　IPTS 实验条件

参数	数值	参数	数值
I_s	10A	h_g	10cm
N_s	10	t_{core}	1cm
f_s	20kHz	μ_r	2000

16.3.1　有/无芯板的自解耦单拾取线圈组

为了验证所提出的有/无芯板自解耦单拾取线圈组的分析模型，首先组装了一个拾取器，其中仅包含两个拾取线圈 A 和 B，如图 16.13 所示。每个拾取线圈匝数为 10，即 $N_o = 10$，芯板尺寸为 $l_a = 120\text{cm}$，$l_b = 120\text{cm}$。由于绕线困难，线圈的形状并不是一个完美的矩形，而是一个圆角矩形。芯板由 10cm×10cm×1cm 的铁氧体磁心片组装而成。

a) 无芯板　　　　　　　　　　　　　　　　　b) 有芯板

图 16.13　自解耦单拾取线圈 A 和 B 实验组

测量了不同 x_1 下有/无芯板的拾取线圈 A 与 B 之间的互感 L_m，并与计算结果进行比较，如图 16.14 所示。由磁镜模型式（16.12）和之前图 16.11 的仿真结果可知，有芯板的互感系数几乎是无芯板的互感系数的两倍，且满足 $L_m = 0$ 条件的自解耦距离 x_{opt} 不变。在这里，由于拾取线圈 A 和 B 的形状不对称且呈圆形，x_{opt} 的实验结果与计算结果略有出入。

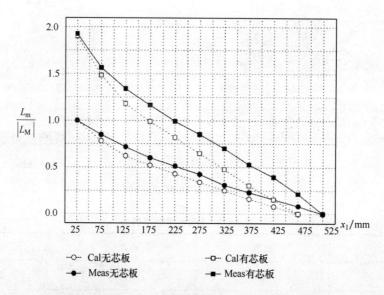

-○- Cal无芯板　　　　　　-□- Cal有芯板
-●- Meas无芯板　　　　　-■- Meas有芯板

图 16.14　测量的不同距离有/无芯板拾取线圈 A 和 B 之间的互感 L_m（L_M 为没有芯板时 L_m 的最大值，其中 $l_1 = 36\text{cm}$，$l_w = 62\text{cm}$，$x_1 = 2.5\text{cm}$）

16.3.2　有/无芯板的自解耦双拾取线圈组

搭建了一组有/无芯板的自解耦双拾取线圈，对设计进行实验验证，如图 16.15 所示。

每个双拾取线圈组包括两个串联拾取线圈 A-A′或 B-B′，其中每个拾取线圈匝数为 10，即 $N_o = 20$，芯板尺寸为 $l_a = 120cm$，$l_b = 180cm$。

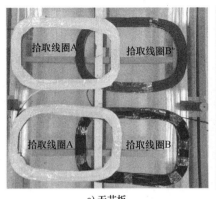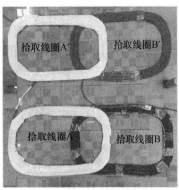

a) 无芯板　　　　　　　　　　　b) 有芯板

图 16.15　提出的自解耦双拾取线圈实验组

　　测量了相对于 x_1 的有/无磁芯板的双拾取线圈组 A-A′和 B-B′之间的互感 L_m，并与单拾取线圈组的计算结果进行了比较，如图 16.16 所示。值得注意的是，式（16.11）和式（16.12）的计算结果仅适用于单拾取线圈组 A-B，对于双拾取情况没有合适的模型。与单拾取线圈的情况类似，有芯板的互感系数约为无芯板互感系数的两倍，且有/无芯板的最佳距离 x_{opt} 不变，如图 16.16 所示。但是，双拾取线圈组测量的 L_m 与单拾取线圈组计算的 L_m 之间存在明显差异，这是由于拾取线圈 A′-B 与 A-B′之间存在交叉耦合。

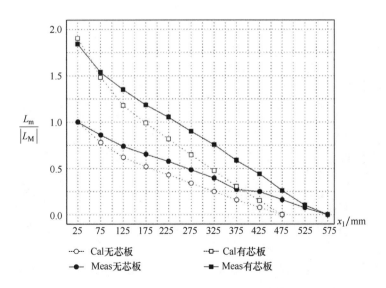

图 16.16　测量的不同位置的有/无芯板的拾取线圈 B 的互感系数

（L_M 为没有芯板时两个拾取线圈间最大互感系数，其中 $l_1 = 36cm$，$l_w = 62cm$，$x_1 = 2.5cm$）

当 x_1 较大时，线圈 A′ 对线圈 B 的磁通贡献与线圈 A 对线圈 B 的磁通贡献相反；因此，交叉耦合增加了 L_m 的值，从而导致 x_{opt} 的增加。这样，双拾取线圈组的自解耦距离 x_{opt} 就从 52.5cm 增加到了 57.5cm。x_{opt} 的增加有利于横向容差的增大。

16.3.3　有芯板的自解耦双拾取线圈组的负载功率

为了验证有芯板的自解耦双拾取线圈组的效果，测量了负载功率和电压随横向偏移 x_d，x_1 和品质因数 Q 的影响，如图 16.17 所示。为了简单起见，通过对左右两侧的测量值进行平均计算，只给出一半的横向偏移结果。由于重叠 l_d 过小，如图 16.17a 所示，或者过大，如图 16.17c 和 d 所示，横向容差变小。当它自解耦时，即 $x_1 = x_{opt} = 57.5$cm 时，横向容差与 $l_t = 110$cm，$Q = 5$ 时一样大，如图 16.17b 所示。这个大横向容差非常接近 $l_t \approx 2l_w - l_d = 119.5$cm 时的理论估计。当 1.5kW 时负载功率足够大，负载电阻小，即品质因数要大，$Q = 60$，如图 16.17b 所示。在此条件下，横向容差为 $l_t = 90$cm，约为线圈宽度 $l_w = 62$cm 的 1.5 倍。

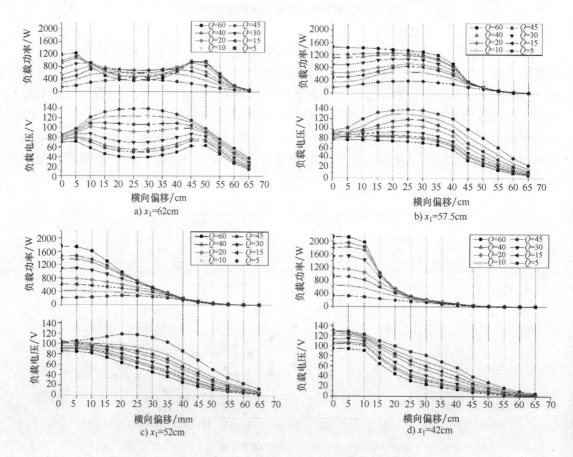

图 16.17　测量相对于 x_1 有芯板的自解耦双拾取线圈的负载功率和电压

如图 16.17 所示，所测得的负载功率和电压反映了本模型中无法考虑线圈内部电阻和磁心损耗以及电容等效串联电阻等功率损耗因素。这些非理想电路参数对横向偏移和功率效率的影响有待进一步研究。峰值负载功率通常在 $x_d = 0$ 时达到，并且随着重叠的增加而增大，如图 16.17 所示。峰值负载功率高达 2.2kW，如图 16.17d 所示。这是由于供电导轨与拾取线圈之间存在较大的耦合面积（ $l_c \times l_1$ ），导致 V_s 的感应电压增大，如图 16.18 所示。然而，因为代价是降低横向容差，所以这种高功率并不实用。

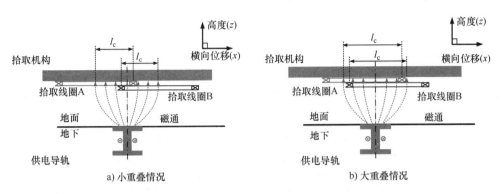

图 16.18　供电导轨与双拾取线圈 A-A′ 和 B-B′ 之间的磁通联动

因此，可以得出结论，自解耦双拾取线圈组是同时提供较大横向容差和高负载功率的最佳的解决方案。

16.4　小结

经验证，提出的自解耦双拾取线圈和 I 型供电导轨具有较大的横向容差和较高的功率。提出的耦合线圈组之间的最佳距离具有普适性，适用于有/无芯板或任何补偿方案的情况。此外，所提出的模型适用于单/双拾取机构；因此，自解耦拾取线圈不仅可以用于 RPEV，也可以用于固定充电系统。对有限尺寸芯板的交叉磁耦合效应和磁镜效应详细的分析仍有待进一步的研究。

习　题

16.1　试着找出两个直径为 D 的理想圆形线圈之间的自解耦距离。

16.2　重复问题 16.1，取直径分别为 D_1 和 D_2 的两个非对称圆形线圈。

16.3　除了所提的大容差设计，思考自解耦线圈其他的应用。当需要在一个平面上制作没有互感的多线圈时，情况会怎样？

参 考 文 献

1 S.W. Lee, W.Y. Lee, J. Huh, H.J. Kim, C.B. Park, G.H. Cho, and Chun T. Rim, "Active EMF cancellation method for I-type pick-up of on-line electric vehicles (OLEV)," in *IEEE Applied Power Electronics Conference and Exposition (APEC)*, 2011, pp. 1980–1983.

2 S.Y. Choi, B.W. Gu, S.W. Lee, W.Y. Lee, J. Huh, and Chun T. Rim, "Generalized active EMF cancel methods for wireless electric vehicles," *IEEE Trans. on Power Electronics*, vol. 29, no. 11, pp. 5770–5783, November 2014.

3 N.P. Suh, D.H. Cho, Chun T. Rim, J.W. Kim, G.H. Jung, J. Huh, K.H. Lee, Y.D. Son, J.Y. Choi, E.H. Park, Y.J. Cho, J.C. Jang, Y.H. Kim, and H.G. Kim, "Collector device for electric vehicle with active cancellation of EMF," *KR Patent* 10-1038759, May 27, 2011.

4 J.G. Bolger, "Urban electric transportation systems: the role of magnetic power transfer," in *IEEE WESCON94 Conference*, 1994, pp. 41–45.

5 G.A. Covic and J.T. Boys, "Modern trends in inductive power transfer for transportation applications," *IEEE Journal of Emerging and Selected Topics in Power Electronics*, vol. 1, no. 1, pp. 28–41, March 2013.

6 J. Meins, "German activities on contactless inductive power transfer," in *IEEE Energy Conversion Congress and Exposition (ECCE)*, 2013.

7 O.C. Onar, J.M. Miller, S.L. Campbell, C. Coomer, C.P. White, and L.E. Seiber, "A novel wireless power transfer for in-motion EV/PHEV charging," in *IEEE Applied Power Electronics Conference and Exposition (APEC)*, 2013, pp. 3073–3080.

8 J.M. Miller, O.C. Onar, and P.T. Jones, "ORNL developments in stationary and dynamic wireless charging," in *IEEE Energy Conversion Congress and Exposition (ECCE)*, 2013.

9 N.P. Suh, D.H. Cho, and Chun T. Rim, "Design of on-line electric vehicle (OLEV)," *Plenary Lecture at the 2010 CIRP Design Conference*, 2010, pp. 3–8.

10 S.W. Lee, J. Huh, C.B. Park, N.S. Choi, G.H. Cho, and Chun T. Rim, "On-line electric vehicle (OLEV) using inductive power transfer system," in *IEEE Energy Conversion Congress and Exposition (ECCE)*, 2010, pp. 1598–1601.

11 J. Huh, S.W. Lee, C.B. Park, G.H. Cho, and Chun T. Rim, "High performance inductive power transfer system with narrow rail width for on-line electric vehicles," in *IEEE Energy Conversion Congress and Exposition (ECCE)*, 2010, pp. 647–651.

12 J. Huh, S.W. Lee, W.Y. Lee, G.H. Cho, and Chun T. Rim, "Narrow-width inductive power transfer system for on-line electrical vehicles (OLEV)," *IEEE Trans. on Power Electronics*, vol. 26, no. 12, pp. 3666–3679, December 2011.

13 S.Y. Choi, J. Huh, W.Y. Lee, S.W. Lee, and Chun T. Rim, "New cross-segmented power supply rails for road powered electric vehicles," *IEEE Trans. on Power Electronics*, vol. 28, no. 12, pp. 5832–5841, December 2013.

14 S.Y. Choi, J. Huh, W.Y. Lee, J.G. Cho, and Chun T. Rim, "Asymmetric coil sets for wireless stationary EV chargers with large lateral tolerance by dominant field analysis," *IEEE Trans. on Power Electronics*, vol. 29, no. 12, pp. 6406–6420, December 2014.

15 S.Y. Choi, B.W. Gu, S.Y. Jeong, and *Chun T. Rim* "Advances in wireless power transfer systems for road powered electric vehicles," *IEEE Journal of Emerging and Selected Topics in Power Electronics*, accepted for publication.

16 M. Budhia, G.A. Covic, and J.T. Boys, "Design and optimization of magnetic structures for lumped inductive power transfer systems," *IEEE Trans. on Power Electronics*, vol. 26, no. 11, pp. 3096–3108, November 2011.

17 G.A. Covic, J.T. Boys, M. Kissin, and H. Lu, "A three-phase inductive power transfer system for roadway power vehicles," *IEEE Trans. on Industrial Electronics*, vol. 54, no. 6, pp. 3370–3378, December 2007.

18 C.S. Wang, G.A. Covic, and O.H. Stielau, "Power transfer capability and bifurcation hhenomena of loosely coupled inductive power transfer systems," *IEEE Trans. on Industrial Electronics*, vol. 51, no. 1, pp. 148–157, 2004.

19 M. Budhia, J.T. Boys, G.A. Covic, and C.-Y. Huang, "Development of a single-sided flux magnetic coupler for electric vehicle IPT charging systems," *IEEE Trans. on Industrial Electronics*, vol. 60, no. 1, pp. 318–328, January 2013.

20 M. Budhia, G.A. Covic, and J.T. Boys, "A new magnetic coupler for inductive power transfer electric vehicle charging systems," *IEEE Trans. on Industrial Electronics*, pp. 2487–2492, November 2010.

21 G.R. Nagendra, J.T. Boys, G.A. Covic, B.S. Riar, and A. Sondhi, "Design of a double coupled IPT EV highway," in *IEEE Industrial Electronics Society, IECON 2013*, November 2013, pp. 4606–4611.

22 Chun T. Rim and G.H. Cho, "New approach to analysis of quantum rectifier-inverters," *IEEE Electronic Letters*, vol. 25, no. 25, pp. 1744–1745, December 1989.

23 Chun T. Rim, "Unified general phasor transformation for AC converters," *IEEE Trans. on Power Electronics*, vol. 26, no. 9, pp. 2465–2475, September 2011.

24 J. Huh, W.Y. Lee, S.Y. Choi, G.H. Cho, and Chun T. Rim, "Frequency-domain circuit model and analysis of coupled magnetic resonance systems," *Journal of Power Electronics*, vol. 13, no. 2, March 2013.

25 S.W. Lee, B. Choi, and Chun T. Rim, "Dynamics characterization of the inductive power transfer system for on-line electric vehicles by Laplace phasor transform," *IEEE Trans. on Power Electronics*, vol. 28, no. 12, pp. 5902–5909, December 2013.

26 Guidelines for limiting exposure to time-varying electric and magnetic fields (up to 100 kHz), ICNIRP Guidelines, 1998.

27 D. Kwiat, S. Saoub, and S. Einav, "Calculation of the mutual induction between coplanar circular surface coils in magnetic resonance imaging," *IEEE Trans. on Biomedical Engineering*, vol. 39, pp. 433–436, 1992.

28 G.A. Covic, M.L.G. Kissin, D. Kacprzak, N. Clausen, and H. Hao, "A bipolar primary pad topology for EV stationary charging and highway power by inductive coupling," in *IEEE Energy Conversion Congress and Exposition (ECCE)*, 2011, pp. 1832–1838.

29 A. Zaheer, D. Kacprzak, and G.A. Covic, "A bipolar receiver pad in a lumped IPT system for electric vehicle charging applications," in *IEEE Energy Conversion Congress and Exposition (ECCE)*, 2012, pp. 283–290.

30 W.Y. Lee, J. Huh, S.Y. Choi, X.V. Thai, J.H. Kim, E.A. Al-Ammar, M.A. El-Kady, and Chun T. Rim, "Finite-width magnetic mirror models of mono and dual coils for wireless electric vehicles," *IEEE Trans. on Power Electronics*, vol. 28, no. 3, pp. 1413–1428, March 2013.

31 R.L. Steigerwald, "A comparison of half-bridge resonant converter topologies," *IEEE Trans. on Power Electronics*, vol. 3, no. 2, pp. 174–182, April 1988.

32 Chun T. Rim and G.H. Cho, "Phasor transformation and its application to the DC/AC analyses of frequency phase-controlled series resonant converters (SRC)," *IEEE Trans. on Power Electronics*, vol. 5, no. 2, pp. 201–211, April 1990.

33 S. Kim, A. Zaheer, G. Covic, and J. Boys, "Tripolar pad for inductive power transfer systems," in *IEEE 40th Annual Conference of IEEE Industrial Electronics Society (IECON)*, Sheraton, Dallas, TX, 2014.

第 17 章　供电导轨分段和部署

17.1　简介

电动汽车（EV）被认为是未来的交通工具，但并不普遍，因为单次充电的行驶距离相对较短，电池充电次数比发动机汽车更频繁，缺乏充电基础设施，以及其较高的电池价格。为了解决这些问题，提出了具有感应电能传输系统（IPTS）的道路供电 EV（RPEV）[1-6,23-29,37,38]。IPTS 包括逆变器，在道路下敷设的供电导轨和在车辆底部的拾取器。无线电源通过电感耦合从电源导轨传输到移动电动汽车。为了传输大功率，IPTS 应在谐振模式下工作，以便提高 IPTS 的整体效率[7-29]。最近，IPTS 的功率和效率分别达到 100kW 和 83%[23-29]。由于 IPTS 在实践中的动态和静态行为，IPTS 中的谐振电路的设计，无论谐振模式如何，都是一个具有挑战性的问题。然而，IPTS 的动态和静态行为可以通过使用相量变换来表征[30-33]。此外，电源和拾取线圈的设计可以在没有仿真和实验的情况下通过应用改进的磁镜模型来实现[36]。与纯电动汽车和混合动力电动汽车不同，RPEV 需要自己的道路来实施供电导轨。当 RPEV 在道路上行驶时应该激活导轨，但是当没有 RPEV 启动时，应该停用它们以防止行人受到潜在的电磁场（EMF）[34]危害。为了满足这些要求，供电导轨被分成许多子供电导轨，即子轨道。通过来自逆变器的开关盒提供高频电流来激活每个子轨道，有几种通过开关盒控制分段子轨道电流的方法，其电缆长度和激活子轨道的数量彼此不同。从成本的角度来看，电缆长度非常值得关注，因为它占供电导轨建设成本约 20%[35]。此外，对于 RPEV 的多驱动，应该仅通过使用逆变器同时激活任意子轨道。

在本章中，将介绍全新的交叉分段供电导轨（X-轨）。每个子轨道通过自动补偿开关盒连接，自动补偿开关盒可以改变一对电力电缆的电流方向。因此，添加两对电力电缆的电流导致激活模式，而使电流无效则产生沉默模式。为了补偿由于电流方向变化引起的轨道可变线路电感，引入了具有两个电容器的耦合变压器。提出的轨道不需要电源线；因此，RPEV 商业化的电缆成本可以大大降低。通过使用开关盒独立地激活每个子轨道，也可以多次驱动 RPEV。此外，如果使用双绞线电缆，则沉默模式的 EMF 会大幅降低。此外，铜网也可用于进一步减少 EMF。提出的 X-轨用于实验并验证了实际应用。

本章中涉及相关参数定义

A_c　耦合变压器的横截面积

l_c　集中式开关电源导轨的总长度

l_d　分布式开关电源导轨的总长度

l_x　交叉分段电源导轨的总长度

l_0　进线电缆长度

l_1　　　　子轨道电缆的长度

l_2　　　　两个子轨道之间的长度

l_c　　　　耦合变压器的有效磁路长度

d_{air}　　　耦合变压器的气隙

n　　　　子轨道数量

N_{1c}　　　耦合变压器的一次侧匝数

N_{2c}　　　耦合变压器的二次侧匝数

h_m　　　　从极顶测量的高度

C_1　　　　在激活和沉默模式下自动补偿电路的电容

C_2　　　　补偿激活模式下自动补偿电路的电容

L_{on}　　　激活模式下子导轨的电感

L_{off}　　　沉默模式下导轨的电感

L_{lc}　　　线路电感耦合变压器的漏电感

L_{mc}　　　耦合变压器的磁化电感

I_s　　　　供电电流（有效值）

$f_{r,on}$　　　每个自动补偿电路分支的激活模式谐振频率

$f_{r,off}$　　　每个自动补偿电路分支的沉默模式谐振频率

17.2　交叉分段供电导轨设计

17.2.1　分段供电导轨设计前的工作

当 RPEV 在道路上时应该激活供电导轨，但是当道路上没有 RPEV 时应该停用供电导轨，以防止行人产生潜在有害的 EMF[34]。为了满足这些要求，供电导轨被分成许多子供电导轨，即子轨道。每个子轨道通过逆变器的开关盒激活，从而提供高频电流。

为在线电动汽车（OLEV）[23-25]开发了两种类型的分段供电导轨：一种是集中式开关型，另一种是分布式开关型。集中式开关供电导轨包括一些子轨道，一束供电电缆和一个集中式开关盒，如图 17.1a 所示；逆变器每次通过开关盒连接到几对供电电缆中的一个。假设入口 l_0 和间隙 l_2 远小于子轨道 l_1 的长度，则可以确定电缆 l_c 的总长度为

$$l_c \approx n(n+1)l_1 \tag{17.1}$$

式中，n 是子轨道的数量。该方法的缺点之一是子轨道只能由逆变器每次启动一个。

在分布式开关供电导轨中，如图 17.1b 所示，系统由几个子轨道，一对公共电源电缆和位于两个子轨道之间的多个开关盒组成，两个子轨道由控制单元控制。假设入口 l_0 和间隙 l_2 远小于子轨道 l_1 的长度，图 17.1b 中的电缆总长度 l_d 可以如下确定：

$$l_d \approx 2(2n-1)l_1 \tag{17.2}$$

从式（17.1）和式（17.2）可以看出，与集中式电缆相比，分布式切换分段的电缆总长度可以减少，即对于 $n \geq 1$，$l_c \geq l_d$，并且对于较大的 n，减小效果变得很明显。例如，当 $n = 10$ 时，分布式导轨仅需要 34.5% 的电缆，如图 17.4 所示。但是，分布式开关供电导轨需要使用普通的电源电缆，这会增加建设成本和导电功率损耗，如图 17.2 所示，其中电缆受到纤维增强聚合物（FRP）管的保护。关于子轨道的控制能力，仍然存在与集中式切换相同的问题。

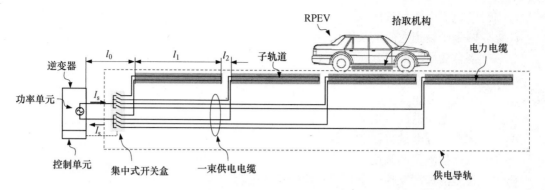

a) 集中式开关供电导轨包括一束供电电缆和一个集中式开关盒

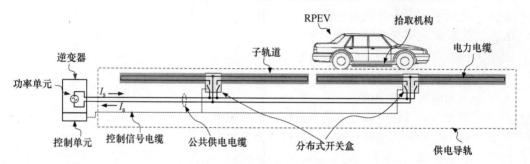

b) 分布式开关供电导轨包括公共电源线和多个开关盒

图 17.1　用于 RPEV 的传统分段供电导轨[18-20]

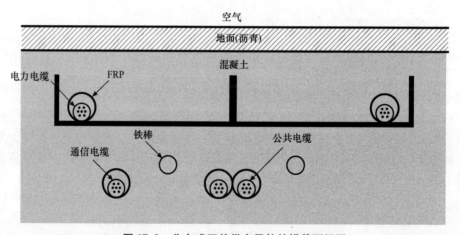

图 17.2　分布式开关供电导轨的横截面视图

问题 1

通过图 17.2 所示的 W 型供电导轨进行回答。

(1) 除了作保护之外，为什么使用 FRP？

(2) 铁棒的用途是什么？

(3) 磁心的宽度和侧面宽度有什么区别？

(4) 如果可以随意改变磁心的宽度，在考虑电缆的磁饱和时，最佳宽度分布是多少？

17.2.2　交叉分段供电导轨（X-轨）

作为上述问题的补救措施，本章将介绍一种新的交叉分段供电导轨（X-轨）[37,38]。提出的 X-轨包括分段子轨道、自动补偿开关盒、控制信号线和道路安全带，如图 17.3 所示。该子轨道由绞合的电力电缆、磁心和铜网制成，将在 17.3 节中详细说明。

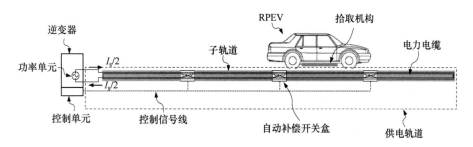

图 17.3　分布式开关供电导轨的横截面视图

如图 17.2 所示，由子轨道下方电源电缆产生的 EMF 应尽量减少，以符合 ICNIRP 指南的要求[34]。此外，逆变器应该能够驱动多个 RPEV；但是，传统的分段只允许一次驱动一个激活的子轨道，如图 17.1 所示。

将两束半额定电流电缆作为一根电缆，为了公平比较，电缆 l_x 的总长度与式（17.1）和式（17.2）类似，如下所示：

$$l_x \approx 2nl_1 \tag{17.3}$$

$$\approx l_d/2 \quad n \gg 1$$

从式（17.3）可以清楚地看出，与式（17.2）的分布式切换分段相比，所提出的 X-轨的电缆成本几乎减半。随着分段子轨道数量的增加，所提方案的电缆长度减小效果变得很显，如图 17.4 所示。

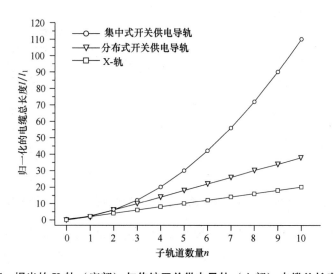

图 17.4　提出的 X-轨（底部）与传统开关供电导轨（上部）电缆总长度的比较

为了实现 X-轨，考虑了三种类型的供电导轨类型。它们是 U 型磁心单轨[23-25]，W 型磁心双轨[23-25] 和 I 型磁心供电导轨[26-29]，自 2009 年开发为 OLEV 的 IPTS。表 17.1 总结了三种版本供电导轨的主要特性。

表 17.1　U 型、W 型和 I 型供电导轨的特性

	U 型	W 型	I 型
导轨宽	140cm	80cm	10cm
纬度公差	20cm	15cm	24cm
EMF	$5.1\mu T$	$5.0\mu T$	$1\mu T$
气隙	17cm	20cm	20cm
输出功率	5.2kW/拾取	15kW/拾取	25kW/拾取
效率	72%	74%	80%

具有两对电力电缆的 W 型双供电导轨的详细方案如图 17.5 所示，其中说明了如何激活子轨道。激活模式下双轨的横截面视图和平面视图如图 17.5a 所示，其中电缆束中的电缆方向相同。因此，产生适当的磁通量并通过拾取器，而当电缆束中电缆的电流方向相反时，产生的磁通量很小，如图 17.5b 所示；因此它被称为沉默模式。此外，如图 17.6 和图 17.7 所示，也可以为 U 型单供电导轨和 I 型供电导轨实现所提出的 X-轨。

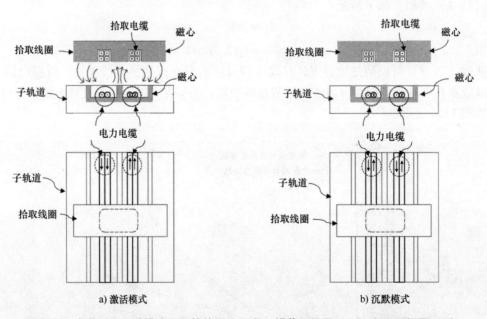

a) 激活模式　　　　　　　　　　　　b) 沉默模式

图 17.5　在激活和沉默模式下双轨的拟议 X 段：横截面视图（上）和平面视图（下）

所提出的 X-轨的开关盒应该通过受控开关改变束中电缆的电流方向；因此，本章将使用四组双向电源开关，一个变压器和四个补偿电容器实现，如图 17.8 所示。每个开关盒由其控制信号单独控制，两组电源线的电流方向由两组电源开关改变；因此，下一个子轨道的状态也相应改变。为了获得抵抗下一个子轨道的电感变化的自动补偿能力，使用了一些电容

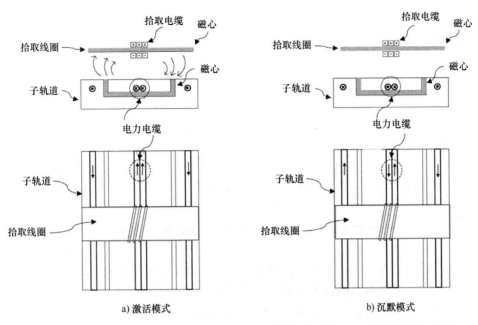

图 17.6　在激活和沉默模式下单轨的拟议 X 段：横截面视图（上）和平面视图（下）

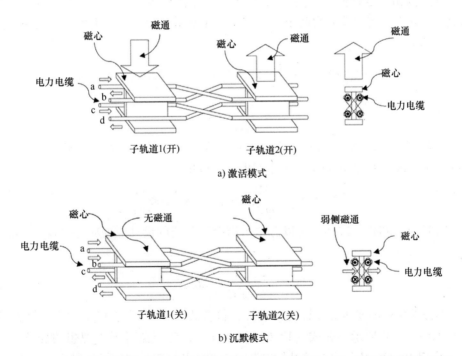

图 17.7　在激活和沉默模式下 I 型轨道的拟议 X 段：透视图（左）和横截面视图（右）

和耦合变压器。

　　假设 X-轨的逆变器工作在开关频率 f_s，该开关频率 f_s 略高于 X-轨的谐振频率 f_r。这种频率差异使得导轨始终具有电感性，因此可以保证零电压开关（ZVS）[26,28,29]。

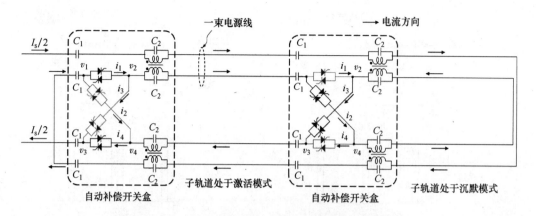

图 17.8 不同开关连接的 X-轨的电路配置和电流方向

子轨道的线电感在工作模式下显著改变，即激活和沉默模式分别为 L_{on} 和 L_{off}。然而，无论工作模式如何，子轨道的谐振频率都应保持不变以保持逆变器的 ZVS 条件。为了解决这个问题，引入了由两个电容（C_2）和一个耦合变压器组成的自动补偿盒，如图 17.8 所示。实际上，变压器包括磁化电感 L_{mc} 和漏电感 L_{lc} 的有限值。假设磁化阻抗足够高，并且漏阻抗与其相应的阻抗相比足够低，如图 17.9 所示。对于激活模式，电路变为对称 w. r. t. 变压器；因此，磁化电感可以等分为两个，如图 17.9a 所示。对于有效谐振，C_2 的电抗应远小于并联电感的电抗：

$$X_{C_2} \ll X_{L_{\text{lc}}} + X_{2L_{\text{mc}}} \leftrightarrow \frac{1}{\omega_s C_2} \ll \omega_s (L_{\text{lc}} + 2L_{\text{mc}}) \approx 2\omega_s L_{\text{mc}} \quad L_{\text{lc}} \ll L_{\text{mc}}$$

$$\Rightarrow \quad \frac{1}{2\omega_s^2 C_2} \ll L_{\text{mc}} \tag{17.4}$$

对于沉默模式，电路变为交叉对称 w. r. t. 变压器；因此，磁化电感的电压为零，如图 17.9b 所示。现在 C_2 的电抗应远大于漏电抗的电抗：

$$X_{C_2} \gg X_{L_{\text{lc}}} \leftrightarrow \frac{1}{\omega_s C_2} \gg \omega_s L_{\text{lc}} \quad \Rightarrow L_{\text{lc}} \ll \frac{1}{\omega_s^2 C_2} \tag{17.5}$$

从式（17.4）和式（17.5）可以总结出耦合变压器的设计应使磁化和漏电感满足以下条件：

$$L_{\text{lc}} \ll \frac{1}{\omega_s^2 C_2} \ll 2L_{\text{mc}} \tag{17.6}$$

变压器按照传统的变压器设计规则设计，符合式（17.6）的标准，其中关键参数列于表 17.2，如图 17.10 所示。在式（17.6）的条件下，变压器可视为理想的变压器。因此，分别确定图 17.9a 和 b 中每个自动补偿电路分支激活和沉默模式的谐振频率 $f_{\text{r,on}}$ 和 $f_{\text{r,off}}$ 为

$$f_{\text{r,on}} = \frac{1}{2\pi\sqrt{L_{\text{on}} C_1 /\!/ C_2}} \tag{17.7a}$$

$$f_{\text{r,off}} = \frac{1}{2\pi\sqrt{L_{\text{off}} C_1}} \tag{17.7b}$$

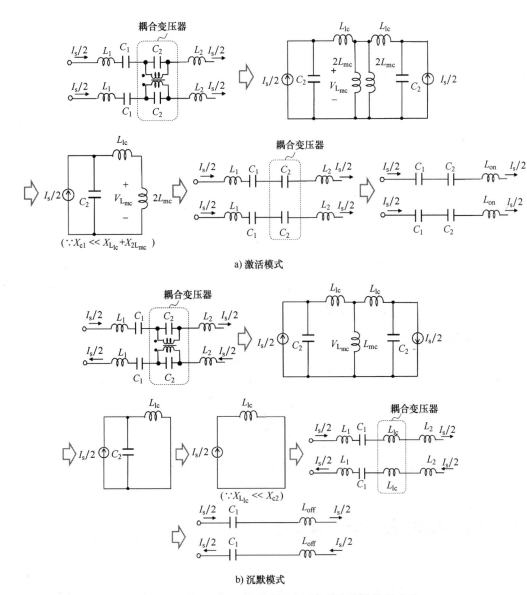

a) 激活模式

b) 沉默模式

图 17.9　用于不同工作模式的自动补偿电路的等效电路

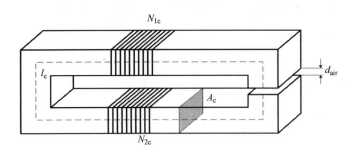

图 17.10　提出的耦合变压器的设计参数

表 17.2 耦合变压器参数的设计结果

参数	数值
L_{mc}	220μH
L_{lc}	5μH
l_c	80cm
d_{air}	0.2cm
A_c	40cm^2
μ_s	2000
N_{1c}	10
N_{2c}	10
P_{max}	81kW
I_{max}	54A
V_{max}	1.5kV

通过适当选择 C_2 的值，谐振频率可以保持不变：

$$f_{r,on} = f_{r,off} \leftrightarrow L_{on}\frac{C_1 C_2}{C_1+C_2} = L_{off}C_1$$

$$C_2 = C_1\frac{L_{off}}{L_{on}-L_{off}} \tag{17.8}$$

例如，在激活模式下 2m 长的 I 型子轨道的电感约为 40μH（$=2L_{on}$），但在沉默模式下降至 8μH（$=2L_{off}$）。对于谐振频率 $f_r = 19\text{kHz}$，C_1 变为 17.5μF。然后从式（17.8）可得 $C_2 = 4.4\mu F$。

17.3 X-轨的实例设计和实验验证

为验证 X-轨的可行性，表 17.3 列出了实验装置参数的详细信息，如图 17.11 所示。实现了一个由原型开关盒和两个 2m 长的 I 型子轨道组成的实验装置，如图 17.12 所示。

表 17.3 提出的 X-轨的实验条件

参数	数值	参数	数值
L_{on}	20μH	D	20cm
L_{off}	4μH	L	20cm
C_1	17.47μF	H	10cm
C_2	4.47μF	t_o	1cm
I_s	10A	N_1	2
f_s	20kHz	w_b	10cm

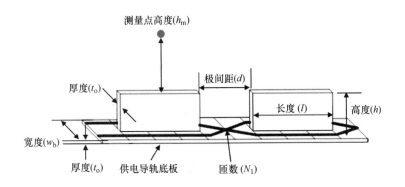

图 17.11　I 型供电导轨的参数定义

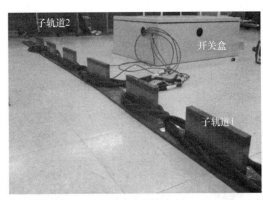

a) 整体实验组

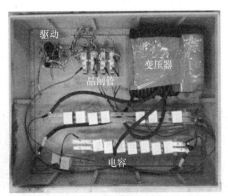

b) 自动补偿开关盒

图 17.12　X-轨的实验装置

晶闸管用于双向开关，因为即使它们在高工作频率下工作，也不需要快速开关和强制关断。为了关闭晶闸管，逆变器暂时关闭几毫秒以完全停止电流；然后在晶闸管开关转换后再次接通逆变器。为实验验证目的，选择电源电流 I_s 为 10A，其中实际应用的额定电流为 $100\sim200A^{[23\text{-}29]}$。开关频率 f_s 选择为 20kHz，用于最近开发的 RPEV[23-29] 以避免可听见的声学噪声。

对于不同的测量点，在激活和沉默模式下测量晶闸管的电流和电压，如图 17.13 和图 17.14 所示。测量结果表明，大部分电流流入导通式晶闸管，而可忽略不计的小漏电流流入关断晶闸管。

如图 17.15 所示，对于三种不同的测量高度，在激活和沉默模式的每个子轨道上测量没有拾取的 EMF。如图 17.16 所示，使用绞合电缆有效降低 EMF。测量结果表明，沉默模式的 EMF 远小于激活模式的 EMF。随着测量高度的增加，EMF 减小，如图 17.15 所示。然而，实际应用中两极之间的 EMF（其中 $I_s = 200A$）比该实验结果大 20 倍，这是由于电流水平不同，以及 5cm 高度处的 EMF，对应于图 17.2 所示的地平面，而且发现即使在沉默模式下也高于 ICNIRP 指南中的 6.25μT。

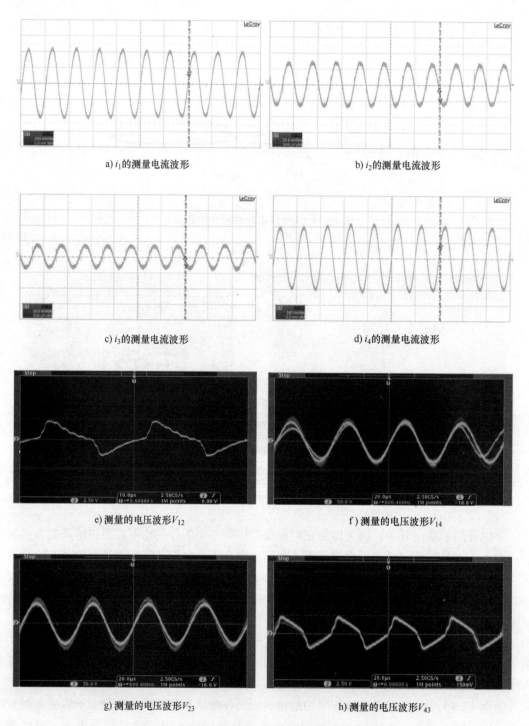

a) i_1 的测量电流波形

b) i_2 的测量电流波形

c) i_3 的测量电流波形

d) i_4 的测量电流波形

e) 测量的电压波形 V_{12}

f) 测量的电压波形 V_{14}

g) 测量的电压波形 V_{23}

h) 测量的电压波形 V_{43}

图 17.13   激活模式下晶闸管的测量电流和电压波形

为了减轻两极之间沉默模式的高 EMF，铜网用于进一步降低 EMF，如图 17.17 所示。通过使用所提出的双铜网，发现 EMF 水平降低了 10 倍以上。

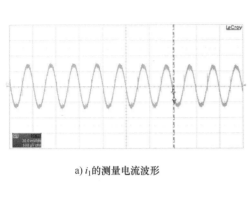

a) i_1 的测量电流波形

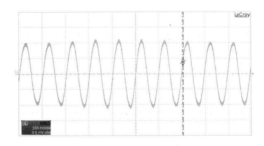

b) i_2 的测量电流波形

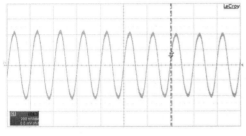

c) i_3 的测量电流波形

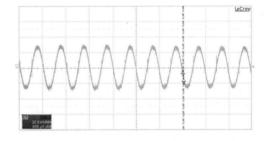

d) i_4 的测量电流波形

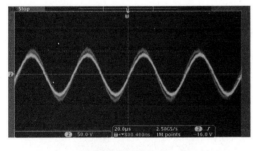

e) 测量的电压波形 V_{12}

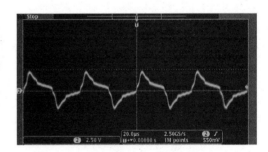

f) 测量的电压波形 V_{14}

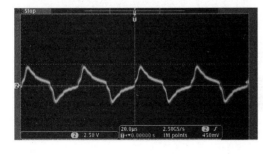

g) 测量的电压波形 V_{23}

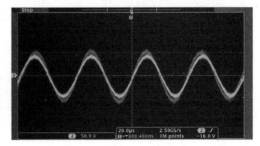

h) 测量的电压波形 V_{43}

图 17.14　沉默模式下晶闸管的测量电流和电压波形

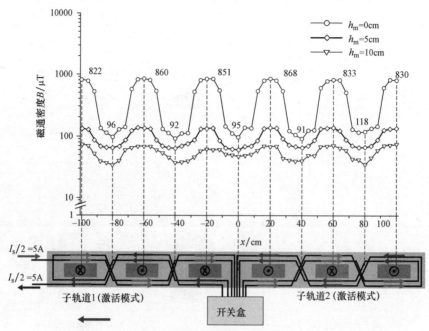

a) 所有子轨道都处于激活模式

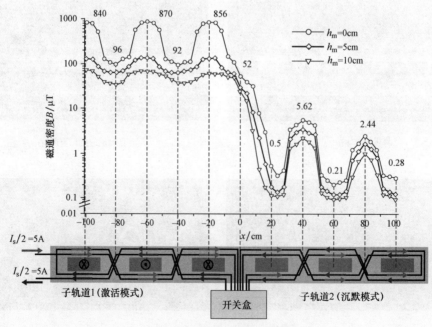

b) 右半部分的子轨道处于沉默模式

图 17.15   激活和沉默模式下子轨道上 EMF 的测量结果

图 17.16　提出的 X-轨中使用的双绞电缆，用于进一步降低 EMF

在 $h_m = 5\text{cm}$，$I_s = 10\text{A}$ 时，EMF 水平的测量结果小于 $0.24\mu\text{T}$，如图 17.18 所示，对应于 $I_s = 200\text{A}$ 的 $4.8\mu\text{T}$；这低于 ICNIRP 指南中的要求。

> **问题 2**
>
> 如果可能的话，定性和定量地解释图 17.17 中的 EMF 降低效应。

a) 无铜网

b) 小直径铜网

c) 大直径铜网

d) 双铜网

图 17.17　使用铜网进行 EMF 的测量结果，以便在交叉点进一步减少

对于对提出的 I 型供电导轨和拾取线圈之间的功率传输感兴趣的读者，建议查看类似 I 型[29]的实验，其中最大输出功率为 35kW，在 20cm 的气隙下，电源电流为 200A，最大功率传输效率为 74%。

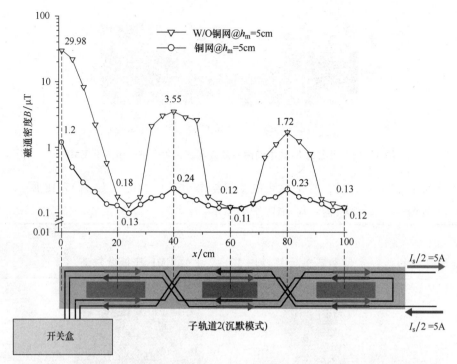

图 17.18　使用双铜网在交叉点进一步减少的沉默模式下子系统上 EMF 的测量结果

17.4　小结

建议用于 RPEV 的 X-轨通过减少电缆使用量来实现成本效益。这种 X-轨使我们能够同时独立地激活多个 RPEV，这是以前分段供电导轨从未实现的独特优点。此外，由于提出的扭曲电力电缆和双铜网，沉默模式的 EMF 非常低；因此，行人和其他汽车经过 I 型供电导轨非常安全。

习　题

17.1　与以前的供电导轨分割方法相比，所提出的 X-轨在每个子轨道中使用半导体器件和变压器的缺点，如图 17.8 和图 17.10 所示。

（a）与无源器件相比，半导体器件的稳定性相对较弱，需要进行健康监测。应该从每个子轨道收集哪些信息，以及如何收集信息？

（b）如果传输的功率和工作频率都加倍，变压器的尺寸是多少？

17.2　供电导轨中优化的分段长度是多少？考虑 EV 的长度及其效率，这取决于分段供电导轨的电阻。

参 考 文 献

1 J.G. Bolger, F.A. Kirsten, and L.S. Ng, "Inductive power coupling for an electric highway system," in *Proc. IEEE 28th Vehicular Technology Conference*, 1978, vol. 28, pp. 137–144.

2 C.E. Zell and J.G. Bolger, "Development of an engineering prototype of a road powered electric transit vehicle system," in *Proc. 32nd IEEE Vehicular Technology Conference*, 1982, vol. 32, pp. 435–438.

3 M. Eghtesadi, "Inductive power transfer to an electric vehicle-analytical model," in *Proc. 40th IEEE Veh. Technol. Conf.*, May 1990, pp. 100–104.

4 A.W. Green and J.T. Boys, "10 kHz inductively coupled power transfer concept and control," in *Proc. 5th Int. Conf. IEE Power Electron Variable-Speed Drivers*, October 1994, pp. 694–699.

5 G.A.J. Elliott, J.T. Boys, and A.W. Green, "Magnetically coupled systems for power transfer to electric vehicles" in *Proc. Int. Conf. Power Electron. Drive Syst.*, February 1995, pp. 797–801.

6 G.A. Covic, J.T. Boys, M.L.G. Kissin, and H.G.Lu, "A three-phase inductive power transfer system for road powered vehicles," *IEEE Trans. Ind. Electron.*, vol. 54, no. 6, pp. 3370–3378, December 2007.

7 H. Matsumoto, Y. Neba, K. Ishizaka, and R. Itoh, "Model for a three-phase contactless power transfer system," *IEEE Trans. on Power Electron.*, vol. 26, pp. 2676–2687, September 2011.

8 H. Matsumoto, Y. Neba, K. Ishizaka, and R. Itoh, "Comparison of characteristics on planar contactless power transfer systems," *IEEE Trans. on Power Electron.*, vol. 27, pp. 2980–2993, June 2012.

9 H.H. Wu, G.A. Covic, J.T. Boys, and D.J. Robertson, "A series-tuned inductive-power transfer pickup with a controllable AC-voltage output," *IEEE Trans. on Power Electron.*, vol. 26, pp. 98–109, November 2011.

10 M. Budhia, G.A. Covic, and J.T. Boys, "Design and optimization of circular magnetic structures for lumped inductive power transfer systems," *IEEE Trans. on Power Electron.*, vol. 26, pp. 3096–3108, November 2011.

11 H.L. Li, A.P. Hu, and G.A. Covic, "A direct AC–AC converter for inductive power transfer systems," *IEEE Trans. on Power Electron.*, vol. 27, pp. 661–668, February 2012.

12 C.S. Wang, O.H. Stielau, and G.A. Covic, "Design consideration for a contactless electric vehicle battery charger," *IEEE Trans. on Ind. Electron.*, vol. 52, pp. 1308–1314, October 2005.

13 P. Si and A.P. Hu, "Analysis of DC inductance used in ICPT power pick-ups for maximum power transfer," in *Proc. IEEE/PES Transmission and Distribution Conference and Exhibition*, 2005, pp. 1–6.

14 J.T. Boys and G.A. Covic, "DC analysis technique for inductive power transfer pick-ups," *IEEE Power Electronics Letters*, vol. 1, pp. 51–53, June 2003.

15 M L.G. Kissin, C.Y Huang, G.A. Covic, and J.T. Boys, "Detection of the tuned point of a fixed-frequency LCL resonant power supply," *IEEE Trans. on Power Electron.*, vol. 24, pp. 1140–1143, April 2009.

16 P. Nagatsuka, N. Ehara, Y. Kaneko, S. Abe, and T. Yasuda, "Compact contactless power transfer system for electric vehicles," in *International Power Electronics Conference (IPEC)*, 2010, pp. 807–813.

17 G.B. Joung and B.H. Cho, "An energy transmission system for an artificial heart using leakage inductance compensation of transcutaneous transfer," *IEEE Trans. on Power Electron.*, vol. 13, pp. 1013–1022, November 1998.

18 S. Valtechev, B. Borges, K. Brandisky, and J.B. Klaassens, "Resonant contactless energy transfer with improved efficiency," *IEEE Trans. on Power Electron.*, vol. 24, pp. 685–699, March 2009.

19 M. Borage, S. Tiwari, and S. Kotaiah, "Analysis and design of an LCL-T resonant converter as a constant-current power supply," *IEEE Trans. on Ind. Electron.*, vol. 52, pp. 1547–1554, December 2005.

20 B. Mangesh, T. Sunil, and K. Swarna, "LCL-T resonant converter with clamp diodes: a novel constant-current power supply with inherent constant-voltage limit," *IEEE Trans. on Ind. Electron.*, vol. 54, pp. 741–746, April 2007.

21 B.L. Cannon, J.F. Hoburg, D.D. Stancil, and S.C. Goldstein, "Magnetic resonance coupling as a potential means for wireless power transfer to multiple small receivers," *IEEE Trans. on Power Electron.*, vol. 24, pp. 1819–1825, July 2009.

22 D.L. O'Sullivan, M.G. Egan, and M.J. Willers, "A family of single-stage resonant AC/DC converters with PFC," *IEEE Trans. on Power Electron.*, vol. 24, pp. 398–408, February 2009.

23 N.P. Suh, D.H. Cho, and C.T. Rim, "Design of on-line electric vehicle (OLEV)," *Plenary Lecture at the 2010 CIRP Design Conference*, 2010.

24 S.W. Lee, J. Huh, C.B. Park, N.S. Choi, G.H. Cho, and C.T. Rim, "On-line electric vehicle using inductive power transfer system," in *IEEE Energy Conversion Congress and Exposition (ECCE)*, 2010, pp. 1598–1601.

25 J. Huh and C.T. Rim, "KAIST wireless electric vehicles – OLEV," in *JSAE Annual Congress*, 2011.

26 J. Huh, S.W. Lee, C.B. Park, G.H. Cho, and C.T. Rim, "High performance inductive power transfer system with narrow rail width for on-line electric vehicles," in *IEEE Energy Conversion Congress and Exposition* (ECCE), 2010, pp. 647–651.

27 S.W. Lee, W.Y. Lee, J. Huh, H.J. Kim, C.B. Park, G.H. Cho, and C.T. Rim, "Active EMF cancellation method for I-type pick-up of on-line electric vehicles," in *IEEE Applied Power Electronics Conference and Exposition (APEC)*, 2011, pp. 1980–1983.

28 J. Huh, W.Y. Lee, G.H. Cho, B.H. Lee, and C.T. Rim, "Characterization of novel inductive power transfer systems for on-line electric vehicles," in *IEEE Applied Power Electronics Conference and Exposition (APEC)*, 2011, pp. 1975–1979.

29 J. Huh, S.W. Lee, W.Y. Lee, G.H. Cho, and C.T. Rim, "Narrow-width inductive power transfer system for on-line electrical vehicles," *IEEE Trans. on Power Electron.*, vol. 26, no. 12, pp. 3666–3679, December 2011.

30 C.T. Rim and G.H. Cho, "Phasor transformation and its application to the DC/AC analyses of frequency phase-controlled series resonant converters (SRC)," *IEEE Trans. Power Electron.*, vol. 5, no. 2, pp. 201–211, April 1990.

31 C.T. Rim, D.Y. Hu, and G.H. Cho, "Transformers as equivalent circuits for switches: general proofs and D-Q transformation-based analyses," *IEEE Trans. Ind. Applic.*, vol. 26, no. 4, pp. 777–785, July/August 1990.

32 C.T. Rim, "Unified general phasor transformation for AC converters," *IEEE Trans. Power Electron.*, vol. 26, pp. 2465–2745, September 2011.

33 S.W. Lee, C.B. Park, and C.T. Rim, "Static and dynamic analyses of three-phase rectifier with LC input filter by Laplace phasor transformation," in *IEEE ECCE 2012*, September 2012, pp. 1570–1577.

34 ICNIRP Guidelines, "International commission on non-ionizing radiation protection," 1998, www.icnirp.de/documents/emfgdl.pdf.

35 KAIST OLEV Team, "Feasibility studies of On-Line Electric Vehicle Project, KAIST Internal Report, August 2009.

36 W.Y. Lee, J. Huh. S. Choi, X.V. Thai, J.H. Kim, E.A. Al-Ammar, M.A. El-Kady, and C.T. Rim, "Finite-width magnetic mirror models of mono and dual coils for wireless electric vehicle," *IEEE Trans. on Power Electron.*, vol. 28, pp. 1413–1428, March 2013.

37 N.P. Suh, S.H. Jang, D.H. Cho, G.H. Cho, J.G. Cho, C.T. Rim, J. Huh, B.H. Lee, and Y.H. Kim, "Cross type segment power supply," Patent Application No. 1020100052341, patented.

38 N.P. Suh, S.H. Jang, D.H. Cho, G.H. Cho, J.G. Cho, C.T. Rim, J. Huh, B.H. Lee, Y.H. Kim, W.Y. Lee, and H.J. Kim, "Cross-segment feed device capable of turning on/turning off individual modules," Patent Application No. PCT/KR2011/004069, patented.

第四部分
纯电动汽车和插电式混合动力电动汽车的静态充电

本书的这一部分是针对电动汽车（EV）的固定式充电器，如纯电池 EV（BEV）和插电式混合动力 EV（PHEV）。与前一部分动态充电相比，这部分相对较小，不是因为这部分不重要，而是因为我们在这个问题上的经验较少，论文较少。对于此处未涉及的具体问题，还有许多其他文章。

本部分将从静态充电和非对称线圈的介绍开始，解释大容量 EV 充电器，这是扩大横向偏移量的方法之一。DQ 线圈也用于相同目的，然后由 Chris Mi 解释了 EV 充电器的电容式电能传输，最后将涵盖异物检测（FOD）。请注意，FOD 也可用于动态充电，但在本部分中介绍了 FOD，因为 FOD 常用于静态充电。

第 18 章　静态充电简介

18.1　对电动汽车（EV）和无线电动汽车（WEV）的需求

为什么即使电动汽车数量快速增长，大多数人仍然不会每天驾驶电动汽车呢？作为顾客，与现有的传统车辆相比，EV 仍然非常昂贵且不方便。EV 的结构相对简单，因此易于维护；然而，电池非常昂贵和沉重。与传统内燃机（ICE）车辆相比，EV 具有更短的完全充电行驶续驶里程。当然，特斯拉汽车等一些电动汽车具有相当的续驶里程，但其价格却是其他汽车的两倍或三倍。

可以说，由于电池和充电问题，电动汽车尚未广泛商业化，如图 18.1 所示。值得注意的是，电动汽车在 19 世纪末商业化，比 ICE 的商业化早了大约 20 年。然而，随着 ICE 的大规模生产，电动汽车被迫退出市场。那时，电池太重，需要很长时间充电，行驶距离相对较短，而且价格昂贵。令人惊讶的是，与目前的 ICE 相比，电池的这些问题仍然存在，即使它们已被减轻。电动汽车昂贵价格主要是由于电池价格，电池的其他问题也阻碍了电动汽车的商业化。电池的改进非常缓慢，并不符合摩尔定律，因为它不受电子学的支配，而是受化学的支配，化学需要近一个世纪的时间来改进。

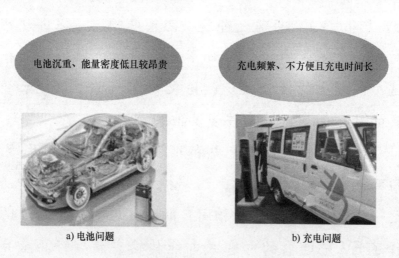

a) 电池问题　　　　　　　　　　　　　b) 充电问题

图 18.1　电动汽车商业化的主要障碍

电动汽车商业化障碍的另一个主要原因是充电问题，它与电池有关但必须与电池分开。换句话说，即使可以使用创新电池，我们仍然存在充电问题。例如，我们应该有 30C（1C 对应 1h 电池的额定功率或能量）的充电容量，以便在 2min 内为 EV 充电，假设我们有这么好的电池。对于 50kW·h 的电池，我们应该至少有 1.5MW 的额定功率充电器和配电设施来支持它。在实践中，我们应经常为 EV 充电，以避免电池耗尽。如果使用电缆充电器，则每天插拔非常不方便，并且在潮湿条件下手动处理电缆的连接器可能是危险的。目前，快速充电器可以在 20min 内为 EV 电池充电高达 80%，这对于习惯于 2min 加油的客户来说太长了。图 18.2 总结了上述问题的两种可能的解决方案。

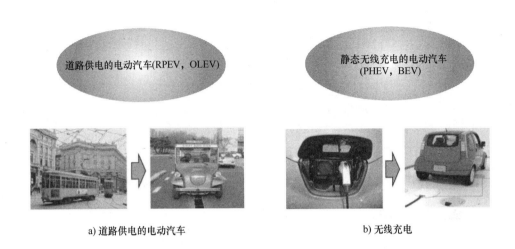

a) 道路供电的电动汽车　　　　　　　　b) 无线充电

图 18.2　当前电动汽车的两种可能解决方案

第一个是道路动力 EV（RPEV），本书的前一部分对此进行了解释。RPEV 或 OLEV 是解决电池问题的可能解决方案之一，因为它不依赖电池而是直接从道路供电导轨获得电力。尽管 RPEV 具有用于辅助目的的电池，但电池的尺寸比纯电池 EV 小许多，这不是商业化的障碍。

障碍的第二个解决方案是静态无线充电，这是本书本章的主要问题，如图 18.2b 所示。使用静态无线充电，可以彻底解决不方便和危险的电缆充电问题。当然，慢速充电问题不能通过无线充电直接解决，并且必须通过其他装置来减轻，例如可互操作的道路供电导轨，静态充电器可以在其上充电。静态无线充电可适用于插入式 EV（PHEV）和电池 EV（BEV）。

18.2　现有静态 EV 充电器简介

下面将展示一些用于 EV 的静态充电器实例，如图 18.3~图 18.7 所示。EV 总线的静态无线充电器如图 18.3~图 18.6 所示。由于每次停止时间短，功率水平应足够高，以便在短时间内充电。然而，对于 EV 乘用车而言，如图 18.7 所示，可能会缓慢充电，因此，功率水平低至 3.3~6.6kW。实用型静电充电器的系统效率，从公用电源到车载电池输入端的测量范围为 85%~93%，但实验原型系统报告的效率为 95%~98%，气隙非常小。

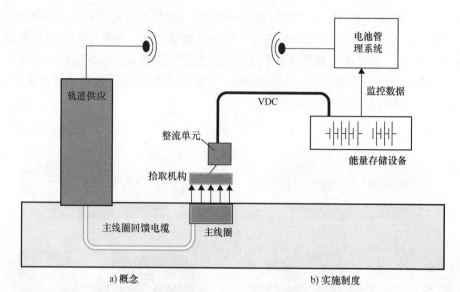

a) 概念   b) 实施制度

图 18.3　德国 Wampfler 公司制造的公交车站静态充电系统的概念

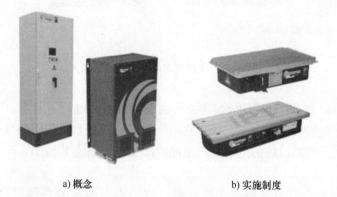

a) 概念   b) 实施制度

图 18.4　德国 Wampfler 公司在公交车站实施的静态充电系统

图 18.5　日本早稻田大学在公交车站
部署的 30~150kW 的静态充电系统

图 18.6　日本早稻田大学在公交车上
部署的带 Tx 线圈的静态充电系统

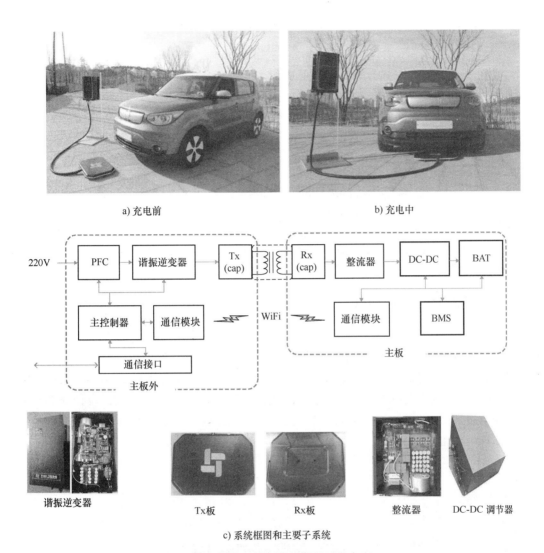

a) 充电前　　　　　　　　　　　　　b) 充电中

c) 系统框图和主要子系统

**图 18.7　部署在韩国济州岛的停车场乘用车的 3.3~6.6kW
水平的静态充电系统**（Green Power Technologies）

18.3　静态 EV 充电器的设计问题

　　静态 EV 充电器的系统要求可包括成本、可靠性、寿命、可用性、功率、效率、公差（高度、纵向、横向）、电磁场（EMF）、异物检测（FOD）、针对给定源的机械冲击鲁棒性和负载条件、气隙、负载变化和工作温度。硬件和软件实施问题，如绝缘、防水、用户界面、监视器、通信和信息，对系统的开发也很重要。此外，必须考虑标准化和监管问题以及 EMF 和 FOD 的商业化，这将在后续章节中讨论。

　　与 EV 的动态充电类似，静态充电系统具有许多设计问题以满足上述各种要求[2-4]，见表 18.1。

表 18.1　静态 EV 充电器的主要设计问题

- 开关频率选择
- 线圈设计（耦合系数、尺寸、公差、效率、电动势）
- 补偿电路设计（G_v，电压/电流额定）
- 转换器设计（逆变器，整流器，稳压器，零电压开关，PF）
- 品质因数选择，共振频率变化
- 绝缘和热问题
- IPTS 的控制（短路/开路，高压，保护）
- Tx 和 Rx 之间的通信
- 异物检测（金属/活体）
- 定位和气隙检测（视觉/射频/电感/电容）
- 预算（成本、质量、体积、功率损耗、可靠性等）

表 18.1 中的问题比静态充电器更具体，但不是动态充电器。本章详细讨论的最重要的设计问题是线圈设计和标准化。

18.3.1　一般的线圈设计问题

线圈设计将是 IPT 系统设计中最重要的部分，因为发射（Tx）线圈和接收（Rx）线圈确定电能传输性能，例如输出电压、功率水平、线圈到线圈效率和高度/横向容差。静态充电器的配置包括 Tx 绕组、Rx 绕组和磁心，如图 18.8 所示。线圈设计的目标是将磁场从 Tx 聚焦到 Rx 线圈，以使漏磁通最小化到较低的电磁场（EMF）。详细地说，设计线圈是确定线圈的安培匝数（N_1，N_2，I_1，I_2），以及给定气隙、线圈宽度、工作频率、电源电压、输出功率和环境的工作温度（h_s，w_p，f_s，V_s，P_o，T）等细节参数。

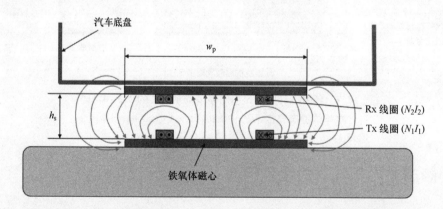

图 18.8　当 Tx 线圈通电且 Rx 线圈电流为零时的静态充电系统配置

18.3.2　线圈的最佳设计半径

例如，当给出线圈尺寸 r_4 时，可以分析确定 Tx 和 Rx 绕组的最佳半径（r_1，r_2，r_3），如图 18.9 所示。从 Tx 产生的零 Rx 电流的磁通量可以从图 18.9b 的磁路计算如下：

$$\phi_{\mathrm{Tx}} = \frac{N_1 I_1}{\mathscr{R}_1 + \mathscr{R}_2} \quad \mathscr{R}_1 \approx \frac{h_{\mathrm{s}}}{\mu_{\mathrm{o}} A_1} = \frac{h_{\mathrm{s}}}{\mu_{\mathrm{o}} \pi r_2^2}, \quad \mathscr{R}_2 \approx \frac{h_{\mathrm{s}}}{\mu_{\mathrm{o}} A_2} = \frac{h_{\mathrm{s}}}{\mu_{\mathrm{o}} \pi (r_4^2 - r_2^2)} \quad h_{\mathrm{s}} \ll r_4$$

$$\approx \frac{N_1 I_1 \mu_{\mathrm{o}} \pi}{h_{\mathrm{s}} \left(\frac{1}{r_2^2} + \frac{1}{r_4^2 - r_2^2} \right)} = \frac{N_1 I_1 \mu_{\mathrm{o}} \pi}{h_{\mathrm{s}} \left(\frac{r_4^2}{r_2^2 (r_4^2 - r_2^2)} \right)} = \frac{N_1 I_1 \mu_{\mathrm{o}} \pi}{h_{\mathrm{s}} r_4^2} x^2 (1 - x^2) \because x \equiv \frac{r_2}{r_4}, \quad r_2 = \frac{r_1 + r_3}{2} \tag{18.1}$$

通过推导式 (18.1) w. r. t. 的磁通量 x，其最大点如下：

$$y_{\mathrm{m}} = x^2 (1 - x^2) \big|_{x_{\mathrm{m}}^2 = 0.5} \therefore x_{\mathrm{m}} = \frac{1}{\sqrt{2}} \approx 0.707 \tag{18.2a}$$

$$\phi_{\mathrm{Tx,m}} \approx \frac{N_1 I_1 \mu_{\mathrm{o}} \pi}{h_{\mathrm{s}} r_4^2} x^2 (1 - x^2) \bigg|_{x_{\mathrm{m}}^2 = 0.5} = \frac{N_1 I_1 \mu_{\mathrm{o}} \pi}{4 h_{\mathrm{s}} r_4^2} = \frac{N_1 I_1 \mu_{\mathrm{o}} \pi}{h_{\mathrm{s}} w_{\mathrm{p}}^2} \because h_{\mathrm{s}} \ll w_{\mathrm{p}} \tag{18.2b}$$

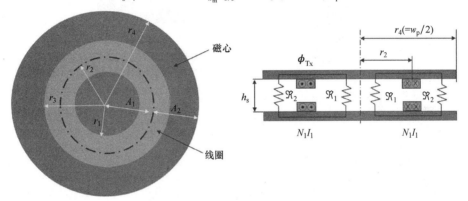

a) Tx和Rx线圈的配置(平面图)　　　　　　　b) 磁通和磁阻(侧视图)

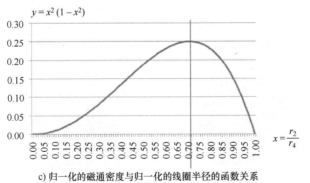

c) 归一化的磁通密度与归一化的线圈半径的函数关系

图 18.9　当 Tx 与 Rx 相同时，给定线圈尺寸的 Tx/Rx 绕组的最佳半径

从式 (18.2) 可以看出，当绕组的平均半径约为线圈外半径的71%时，磁通量（即 Rx 的感应输出电压）变为其最大值。该最佳点对应于内圆的面积与外圆的面积相同的半径，如图 18.9a 所示。因此，这种"等面积"的最佳线圈半径的设计指南可以推广到任何形状的 Tx 和 Rx 线圈，例如矩形和圆形。

问题 1

找到矩形线圈 Tx 和 Rx 的优化线圈尺寸。

18.3.3 线圈设计中线圈类型的选择

静态充电器的 Tx 和 Rx 线圈的设计存在一些选择问题。其中一个是线圈形状，如图 18.10 所示。图中列出了这两种类型的优点。箭头表示两个方向的横向公差：箭头长度越大，公差越大。"S"和"N"表示磁极性。可能存在其他形状，例如圆形，其基本上是矩形但其角是圆形的，并且是八边形的。基本上，根据应用，线圈的形状很大程度上取决于母体的形状。

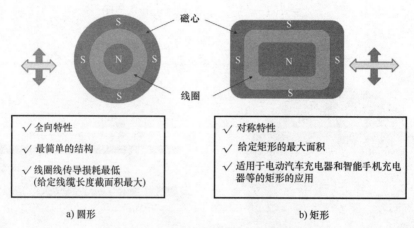

图 18.10 Tx 和 Rx 线圈的形状（平面视图）

如图 18.11 所示，应该选择单极、偶极和三极之间的极数，这里没有显示。偶极的横向公差可能优于单极的横向公差，因为偶极线圈的磁极数量仅为两个。图 18.11 中，它们的缺点用斜体字表示。如图 18.11b 所示，偶极线圈的绕组电缆长度可能更大。

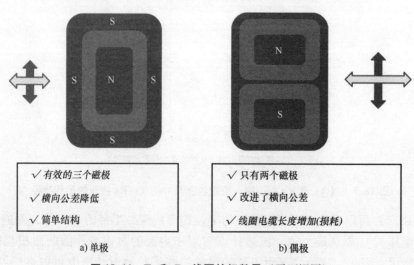

图 18.11 Tx 和 Rx 线圈的极数量（平面视图）

问题 2

　　找出图 18.11a 和 b 给定线圈尺寸的公差。

图 18.11b 的外绕组和外磁心之间的最佳间隙是多少？是否存在最佳差距？答案是"没有这样的最佳差距"。换句话说，绕组尺寸可能比磁心大，这实际上是在奥克兰大学研究团队在工作中发现的，如图 18.12 所示。图 18.12b~d 中所示的磁心长度甚至可以小于内部绕组尺寸。

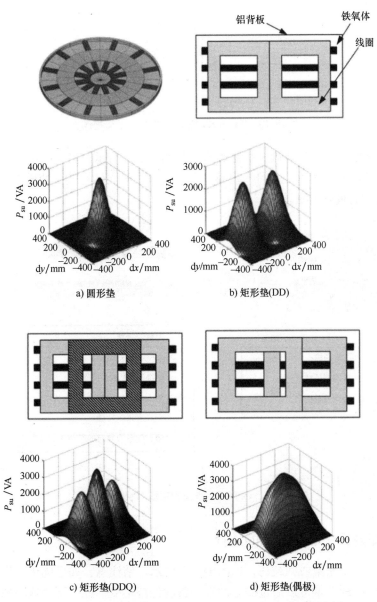

图 18.12　圆形和矩形焊盘以及 *x-y* 平面位移上的功率分布[1]

线圈可以是简单的结构，如图 18.13a 所示；然而，有时它会变成几个线圈的组合，如图 18.13b 所示，其中左边是偶极双线圈，右边是带有单个线圈的双线圈。与复杂线圈相比，简单线圈的横向公差可以更窄，其中复杂线圈中通常采用具有 DQ 相的多个磁极，如图 18.13b 所示。

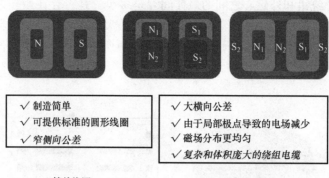

✓ 制造简单
✓ 可提供标准的圆形线圈
✓ 窄侧向公差

a) 简单线圈

✓ 大横向公差
✓ 由于局部极点导致的电场减少
✓ 磁场分布更均匀
✓ 复杂和体积庞大的绕组电缆

b) 复合线圈

图 18.13 Tx 和 Rx 线圈的结构（平面视图）

还应根据所需的磁场形状确定线圈类型，如图 18.14 所示，其中给出了环形线圈和偶极线圈示例。对于给定尺寸的 Tx 和 Rx 线圈，偶极线圈在侧向具有较大的横向公差，但具有较大的 EMF，这需要良好的磁屏蔽。

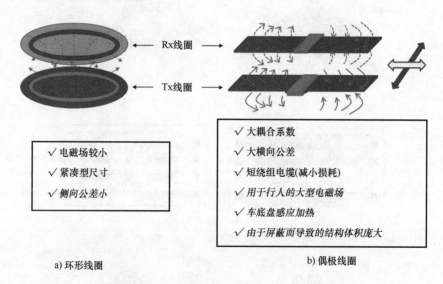

✓ 电磁场较小
✓ 紧凑型尺寸
✓ 侧向公差小

a) 环形线圈

✓ 大耦合系数
✓ 大横向公差
✓ 短绕组电缆(减小损耗)
✓ 用于行人的大型电磁场
✓ 车底盘感应加热
✓ 由于屏蔽而导致的结构体积庞大

b) 偶极线圈

图 18.14 Tx 和 Rx 线圈的磁场形状（俯视图）

18.3.4 线圈设计中磁心结构的选择

磁心结构可以是密集或稀疏的，如图 18.15 所示。请注意，如果优化密集磁心结构的磁心厚度，磁心使用的总量可以通过磁心的平均密度保持不变。如果不是这种情况，稀疏结构的磁心用途往往小于密集结构。请注意，稀疏结构是 Chun T. Rim 首先提出的在混凝土中制作 Tx 线圈的坚固结构[5-12]。

> **问题 3**
>
> 解释为什么图 18.15b 所示的稀疏磁心结构自动成为优化的磁心结构，其中每个磁心内的磁场密度均匀。

√ 磁心安装简单	√ 成型时的加固结构
√ 磁心厚度	√ 优化磁心使用
√ 如果厚度均匀使用未优化的磁心	√ 使用磁心易于制造
	√ 间距可用于空气通风
	√ 更厚的磁心
	√ 磁心后面的电磁泄漏
a) 密集磁心结构	b) 稀疏磁心结构

图 18.15　Tx 和 Rx 线圈的磁心结构（平面视图）

　　另一类磁心结构是磁心是否使用，如图 18.16 所示。磁心不一定总是使用，特别是当工作频率太高而无法使用任何磁心时，如图 18.16b 所示。注意，无磁心线圈通常被称为耦合磁谐振系统（CMRS），而具有磁心的线圈被称为传统的感应电能传输系统（IPTS）。研究 CMRS 的人认为它与 IPTS 完全不同，因为它具有固有的大 Q 值，并且没有主要和次要电感的变化。然而，正如我们在 2013 年 IEEE ECCE 大会无线功率传输特别会议上所宣布的那样，CMRS 的奇妙特性并非来自其谐振类型，而是来自其无核结构。如图 18.16 所示，无磁心结构也存在很多弊端。

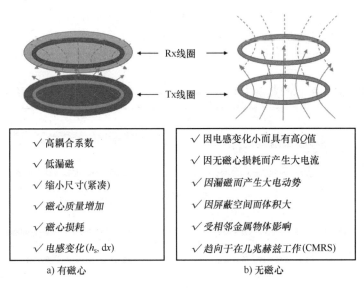

√ 高耦合系数	√ 因电感变化小而具有高 Q 值
√ 低漏磁	√ 因无磁心损耗而产生大电流
√ 缩小尺寸(紧凑)	√ 因漏磁而产生大电动势
√ 磁心质量增加	√ 因屏蔽空间而体积大
√ 磁心损耗	√ 受相邻金属物体影响
√ 电感变化(h_s, dx)	√ 趋向于在几兆赫兹工作(CMRS)
a) 有磁心	b) 无磁心

图 18.16　Tx 和 Rx 线圈的磁心使用（俯视图）

18.3.5 用于线圈设计的磁场屏蔽

我们有两种屏蔽方法：磁心屏蔽和金属屏蔽，如图 18.17 所示。两种屏蔽通常用于增强磁屏蔽效果。再次注意，与磁心屏蔽设计相比，没有可用于金属屏蔽设计的理论。

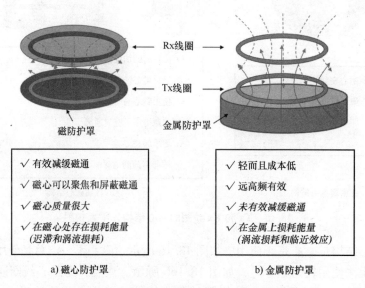

a) 磁心防护罩	b) 金属防护罩
✓ 有效减缓磁通	✓ 轻而且成本低
✓ 磁心可以聚焦和屏蔽磁通	✓ 远高频有效
✓ 磁心质量很大	✓ 未有效减缓磁通
✓ 在磁心处存在损耗能量（迟滞和涡流损耗）	✓ 在金属上损耗能量（涡流损耗和临近效应）

图 18.17　Tx 和 Rx 线圈的磁场屏蔽（俯视图）

18.3.6 线圈、补偿电路和控制器设计中的不对准问题

IPT 设计中一个非常重要和困难的问题是气隙变化和 Tx 和 Rx 线圈之间的不对准引起的位置公差问题，如图 18.18 所示。由于线圈彼此未对准，感应电压下降并且通常并且 Tx 和 Rx 侧的谐振频率通常也改变。因此，位置公差不仅影响线圈设计，还影响补偿电路，控制器和转换器设计（如额定功率、ZVS 条件、功率因数等）。

问题 4

　　讨论图 18.18 中每个位置误差对 Rx 线圈的感应电压和谐振频率的影响。

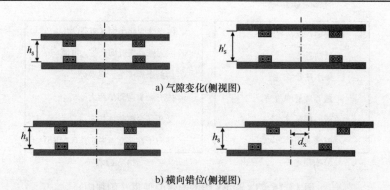

a) 气隙变化(侧视图)

b) 横向错位(侧视图)

图 18.18　位置公差问题，由 Tx 和 Rx 线圈的相对位置变化引起

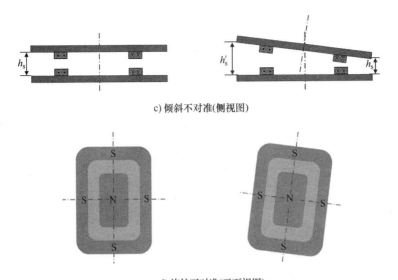

c) 倾斜不对准(侧视图)

d) 旋转不对准(平面视图)

图 18.18　位置公差问题，由 Tx 和 Rx 线圈的相对位置变化引起（续）

18.3.7　位置检测问题

为了将 Rx 线圈与 Tx 线圈对齐，通常使用视觉系统，例如后置摄像头，如图 18.19 所示。当然，正在开发其他方法，例如使用 Rx 或 Tx 线圈的位置检测系统。

行驶监测

后置摄像头

图 18.19　用于检测 Tx 和 Rx 线圈之间相对位置的视觉系统示例

强烈鼓励积极的研究人员开发在所有天气条件下运行的位置检测系统。

18.4　静态 EV 充电器的标准和规范问题

与动态充电器不同，静态充电器的标准化，即无线 EV 充电器，几乎已经建立并用于商业化。关于 EMF 和其他的规定现在也已经确立。在本节中，介绍了一些重要的标准和规范问题。高通公司[13]在一篇论文中总结了不同国家和国际组织的更多标准和规定。

18.4.1　SAE J2954 标准：工作频率、功率等的选择

由于逆变器和整流器的开关损耗、磁心损耗、感应电压、功率和线圈尺寸在很大程度上取决于开关频率，因此开关频率的选择对于静态充电器的设计至关重要。整个系统效率、成本、设备温度和系统可靠性也受开关频率的影响。与动态充电器不同，主电源导轨的线路间电压不是很重要，静态充电器的开关频率往往更高。

静态 EV 充电器中有一个完善的频率标准，为 SAE J2954，标称频率为 85kHz，频率范围为 81.38~90.00kHz。美国汽车工程师学会（SAE）成立了 J2954 委员会，为静态 EV 无线充电器提供安全标准。SAE 标准在 EV 充电器中非常活跃，见表 18.2，其中不仅包括无线充电，还包括插电式 EV 的各种技术问题。

表 18.2　EV 充电器的 SAE 标准活动

标准号	标准名-正在实行中
J1772 SAE	电动汽车和插电式混合动力电动汽车导电电荷耦合器
J2836/3	用于插电式车辆和公用电网之间用于反向电力流动的通信用例
J2836/4	插电式车辆诊断通信用例
J2836/5	插电式车辆与其客户之间的通信用例
J2836/6	插电式电动车辆与电网之间的无线充电通信用例
J2847/1	插电式车辆与公用电网之间的通信
J2847/2	插电式车辆和车外 DC 充电器之间的通信
J2847/3	插电式车辆与公用电网之间的通信，用于逆流电源
J2847/4	插电式车辆的诊断通信
J2847/5	插电式车辆与其客户之间的通信
J2847/6	插电式电动车辆与公用电网之间的无线充电通信
J2894/2	插电式车载充电器的电能质量要求——第 2 部分：试验方法
J2931/1	插电式电动车辆数字通信
J2931/4	用于插电式电动车辆的宽带 PLC 通信
J2931/5	客户，插电式电动车辆（PEV）等之间的远程信息处理智能电网通信
J2931/6	无线充电插电式电动车辆数字通信
J2931/7	插电式电动车辆通信安全
J2953	插电式电动车辆（PEV）与电动汽车供电设备（EVSE）的互操作性
J2954	电动和插电式混合动力汽车的无线充电
J2990	混合动力和 EV 第一和第二响应者推荐实践
J3009	被困能量-车辆电能储存系统的报告和提取

SAE 也处理静态 EV 充电器的功率水平。有三种功率级别分类如下：

1）3.7kW（车库夜间充电）。

2）7.7kW（私人/公共停车场）。

3）22kW（快速充电）。

线圈尺寸、最大错位、EMF 辐射水平和测量方法大多是确定的，但在编写本书时尚未向公众发布。

18.4.2　ICNIRP 指南：EMF 和电场

由于潜在的不利影响，虽然并不总是在医学上得到充分证明，但电场（E 场），磁场（B 场），即电磁场（EMF）和无线电波（RF 波）受大多数国家和国际组织的监管。交流电场、磁场和无线电波对人体和电子设备的潜在物理影响是感应电流产生的热量和化学反应，只有当 RF 波的波长短于紫外线的波长时才会发现。

WPT 中最常提到的一项规定是国际非电离辐射防护委员会（ICNIRP）指南，该指南旨在限制人体接触时变 EMF，以防止对健康造成不良影响。该指南为职业人和普通人的电场和磁场提供参考安全限制。请注意，ICNIRP 不是一项规定，而是一项指导方针。

因此，不必遵守公共使用指南，政府监管可能比指南更弱或更强。

最近，现有的"ICNIRP 指南 1998"已被"ICNIRP 指南 2010"取代，如图 18.20 所示。

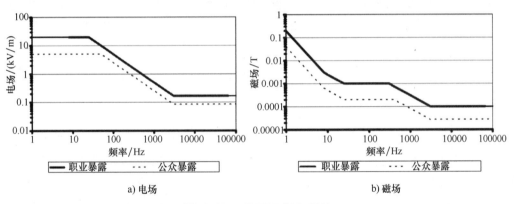

图 18.20　ICNIRP 指南 2010

如表 18.3 所述，对于 3kHz~10MHz 的频率范围，这在大多数 WPT 应用中都是如此，普通人的电场限制为 83V/m，职业人士为 170V/m。对于普通人的磁场参考为 27μT，对于职业人士磁场参考为 100μT。

表 18.3　ICNIRP 指南 2010 电场和磁场参考（参考频率为 3kHz~10MHz）

暴露特性	电场参考	磁场参考
职业	170V/m	100μT
一般公众	**83V/m**	**27μT**

当设计工作频率范围为 3kHz~10MHz 的 WPT 系统时，需要分别考虑 83V/m 和 27μT 的电场和磁场，如表 18.3 中的粗体字母所示，不超过普通人水平。如上所述，当设计在这样一个国家使用的 WPT 系统时，还应该查看当地政府的规定。例如，韩国的普通人的磁场

应该在 20kHz 时小于 $6.25\mu T$，这是根据 ICNIRP 指南 1998 建立的。

满足电子领域法规相对容易，但通常需满足的要求比磁场法规中的要求更高。

18.4.3　SAR 规则

另一个监管问题是具体的吸收率（SAR），这里不会详细讨论。SAR 是以 W/kg 为单位的无线电波吸收率，由于 SAR 的数量可以忽略不计，因此不需要考虑在 100kHz 以下。通常，SAR 被认为用于智能手机和医疗仪器等应用，其射频高于 10MHz[14,15]。FCC 对诸如蜂窝电话等辐射设备的公众暴露限制为 1.6W/kg。

SAR 可以从基本的电气工程原理中推导出来，如图 18.21 所示。两个相同的 Tx 和 Rx 偶极线圈的横向容差如图 18.22 所示。

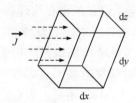

图 18.21　无限小体积电阻物体的 SAR 计算

功耗可以通过无穷小电阻产生的欧姆热来计算，如下所示：

$$dP \equiv (dI)^2 dR = (\,|\vec{J}(\vec{x})\,|\,dydz)^2 \frac{dx}{\sigma(\vec{x})\,dydz} = |\vec{J}(\vec{x})\,|^2 \frac{dxdydz}{\sigma(\vec{x})}$$

$$= |\sigma(\vec{x})\vec{E}(\vec{x})\,|^2 \frac{dxdydz}{\sigma(\vec{x})} = \sigma(\vec{x})\,|\vec{E}(\vec{x})\,|^2 dV \qquad (18.3)$$

$$dV = dxdydz$$

式中，$\sigma(\vec{x})$ 是电导率（S/m）；$\vec{E}(\vec{x})$ 是在 $\vec{x}$ 位置检查的物体的电场（V/m）。从式（18.3）可知，假设电流密度矢量 $\vec{J}(\vec{x})$ 垂直于 dy-dz 平面，这是正确的而不失一般性，SAR_1 在某一点可以计算如下[15]：

$$SAR_1 \equiv \frac{dP}{dm} = \frac{dP}{dV}\frac{dV}{dm} = \frac{dP}{dV}\frac{1}{\rho(\vec{x})} = \frac{\sigma(\vec{x})\,|\vec{E}(\vec{x})\,|^2}{\rho(\vec{x})} \qquad (18.4)$$

式中，$\rho(\vec{x})$ 是密度（kg/m^3）。

体积的 SAR_2 通过对特定体积 V_0（通常为 1g 或 10g 区域）进行平均（或积分）来计算，如下所示[14]：

$$SAR_2 \equiv \frac{1}{V_0}\int_{object} \frac{\sigma(\vec{x})\,|\vec{E}(\vec{x})\,|^2}{\rho(\vec{x})}dV = \int_{object} \frac{\sigma(\vec{x})\,|\vec{E}(\vec{x})\,|^2}{\rho(\vec{x})}dV(V_0 = 1) \qquad (18.5)$$

问题 5

式（18.5）仅在电导率为实数时才有效。

（1）将电导率为复数的情况延伸式（18.5）。

（2）对于均匀分布密度的情况，简化式（18.5），即 $\rho(\vec{x}) = \rho_0$。

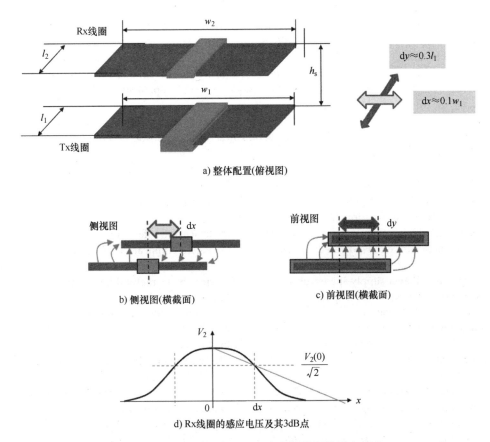

a) 整体配置(俯视图)

b) 侧视图(横截面)　　　　c) 前视图(横截面)

d) Rx线圈的感应电压及其3dB点

图 18.22　两个相同的 **Tx** 和 **Rx** 偶极线圈的横向容差

18.5　小结

现在静态无线充电器的数量正在蓬勃发展，并且已经完成了大量的研发工作，从而实现了 IPT 的标准化。与其他新兴技术和市场一样，在积极竞争的世界中，故事也不会有任何结束。相反，故事将因公众缺乏兴趣而结束。换句话说，这个静态无线充电器世界的新手还有很多空间。

十年之后，我们肯定会使用现在还没有开发过的智能手机。谁知道电动汽车无线充电器的未来？线圈类型、补偿类型、功率水平、控制/通信方法，甚至工作频率都可能发生变化。至少将研究和开发新的无线 EV 充电器，这些充电器不一定是当前的标准，这是过去最佳技术的共识。

参 考 文 献

1 G.A. Covic and J.T. Boys, "Modern trends in inductive power transfer for transportation applications," *IEEE Journal of Emerging and Selected Topics in Power Electronics*, vol. 1, no. 1, pp. 28–41, March 2013.

2 S.Y. Choi, S.Y. Jeong, E.S. Lee, B.W. Gu, S.W. Lee, and C.T. Rim, "Generalized models on self-decoupled dual pick-up coils for a large lateral tolerance," *IEEE Trans. on Power Electronics*, vol. 30, no. 11, pp. 6434–6445, November 2015.

3 Y.H. Son, B.H. Choi, E.S. Lee, G.C. Lim, G.-H. Cho, and C.T. Rim, "General unified analyses of two-capacitor inductive power transfer systems: equivalence of current-source SS and SP compensations," *IEEE Trans. on Power Electronics*, vol. 30, no. 11, pp. 6030–6045, November 2015.

4 Y.H. Son, B.H. Choi, G.-H. Cho, and C.T. Rim, "Gyrator-based analysis of resonant circuits in inductive power transfer systems," *IEEE Trans. on Power Electronics*, vol. 31, no. 10, pp. 6824–6843, October 2016.

5 C.T. Rim *et al.*, "Load-segmentation-based full bridge inverter and method for controlling same," US Patent Application 13/518,213, 2009.

6 C.T. Rim *et al.*, "Ultra slim power supply device and power acquisition device for electric vehicle," US Patent Application 13/262,879, 2010.

7 C.T. Rim *et al.*, "Power supply device, power acquisition device and safety system for electromagnetic induction-powered electric vehicle," US Patent Application 13/202,753, 2010.

8 C.T. Rim *et al.*, "Power supply apparatus for on-line electric vehicle, method for forming same and magnetic field cancelation apparatus," US Patent Application 13/501,691, 2010.

9 C.T. Rim *et al.*, "Modular electric-vehicle electricity supply device and electrical wire arrangement method," US Patent Application 13/510,218, 2010.

10 C.T. Rim *et al.*, "Electric vehicle systems," 10-2008-0135426, South Korea, 2010.

11 C.T. Rim *et al.*, "Power supply system and method for electric vehicle," 10-0944113, South Korea, 2010.

12 C.T. Rim *et al.*, "Method and device for designing a current supply and collection device for a transportation system using an electric vehicle," US Patent Application 13/810,066, 2011.

13 K.A. Grajski, R. Tseng, and C. Wheatley, "Loosely-coupled wireless power transfer: physics, circuits, standards," in *Microwave Workshop Series on Innovative Wireless Power Transmission: Technologies, Systems, and Applications (IMWS), 2012 IEEE MTT-S International*, 2012, pp. 9–14.

14 P. Bernardi, M. Cavagnaro, S. Pisa, and E. Piuzzi, "Specific absorption rate and temperature elevation in a subject exposed in the far-field of radio-frequency sources operating in the 10-900-MHz range," *IEEE Transactions on Biomedical Engineering*, vol. 50, no. 3, pp. 295–304, March 2003.

15 N. Firoozy and M. Shirazi, "Planar inverted-F antenna (PIFA) design dissection for cellular communication application." *Journal of Electromagnetic Analysis and Applications*, vol. 3, no. 10, p. 6, 2011, doi: 10.4236/jemaa.2011.310064.

第 19 章　用于大偏移量电动汽车充电器的非对称线圈

19.1　简介

电池充电系统在电动汽车的商业化中起着重要作用。使用交流或直流连接器的电动汽车充电器虽然已经商业化，但由于其充电电缆笨重且不方便，因此不受公众的广泛欢迎。为了解决这个问题，无线电动汽车充电器采用感应电能传输系统（IPTS），该系统通常包括电源线圈组（或一次线圈组）和拾取线圈组（或二次线圈组），其已经在[1-39]中开始应用。其中，圆形线圈[1-11]或矩形线圈[12-17]因其结构紧凑、对人体的电磁场（EMF）辐射低而被广泛使用。然而，如果拾取线圈组偏离电源线圈组的中心，线圈组之间的磁耦合会迅速减小。因此，横向偏移的偏差通常只有10cm[2,4,8,12,16]，这对于普通汽车驾驶员来说太窄了，无法适应。原则上，可以通过增大线圈直径来增大偏差，但由于汽车底部空间有限，并且会增大对人体的电磁场辐射，这一想法在实践中不适用。

另一方面，自从20世纪90年代由PATH团队[18-21]引入IPTS以来，道路供电电动汽车（RPEV）也需要有较大的横向偏移。包括Bombardier和奥克兰大学在内的一些研究机构开发了各种电动汽车动态充电系统。由于汽车会不可避免地偏离行驶路径的中心，所以RPEV的横向偏移量应大于固定无线EV充电器的横向偏移量。然而，PATH团队获得的横向偏移量仅为10cm[18]，这也是RPEV没有商业化的原因之一。近年来，在线电动汽车（OLEV）在横向偏移、高功率效率、大气隙和降低成本方面取得了显著的成就[25-32]。使用由矩形磁心和垂直缠绕线圈组成的双面拾取线圈[26]可获得23cm的较大横向偏移。RPEV的拾取线圈有一个矩形线圈，而不是圆形线圈，因此当沿着一个纵向形状的一次线圈时，它可以最大限度地提高感应电压[26-31]。然而，到目前为止，从RPEV（包括OLEV）获得的横向偏移不足以满足无线固定EV充电应用的要求，后者需要至少30cm的横向偏移。

一些双面线圈为固定式电动汽车充电器开发[33-35]，这些充电器的电源线圈与拾取线圈的配置相同。因此，对于汽车来说，拾取线圈的尺寸相对较大，而电源线圈的尺寸相对较小。横向偏移可以分别提高到23cm[33,34]和28cm[35]。然而，由拾取线圈产生的磁通量和线圈周围的高电动势产生的热量问题仍然没有得到解决。

相对于现有系统，本章提出了一种具有大的横向偏移的不对称配置线圈组，用于固定式电动汽车的无线充电。拾取线圈的宽度比电源线圈的宽度要小得多，这样就可以在汽车的给定空间内实现更大的横向偏移和更低的电动势。因此，所提出的线圈组满足EMF的ICNIRP标准[41]。本章介绍了模拟IPT谐振线圈的自由度，并对铁氧体磁心的局部饱和进行了有效的模拟和实验验证。通过仿真和实验验证了所提出线圈组的IPTS。

本章涉及的相关参数定义

A_{eff}	相互通量通过的有效面积
d_{lat}	拾取线圈的横向偏移
d_{long}	拾取线圈的纵向偏移
D_{lat}	从拾取机构末端到乘客的横向距离
W_{c}	汽车底部的横向可用空间
L_{c}	汽车底部的纵向可用空间
α	拾取线圈的有效面积比
β	横向偏移与电源盖板宽度的一半之比
γ	横向偏移与电源盖板长度的一半之比
n	电源与拾取线圈组的匝数比
N_1	电源线圈组匝数
N_2	拾取线圈组匝数
w_1	电源底部芯板宽度
w_2	拾取机构顶部芯板宽度
w_{p1}	电源芯柱宽度
w_{p2}	拾取芯柱宽度
w_{c1}	电源覆盖芯板宽度
w_{c2}	拾取机构覆盖芯板宽度
w_{t1}	电源覆盖芯板尖端宽度
w_{t2}	拾取机构覆盖芯板尖端宽度
l_1	电源底部芯板长度
l_2	拾取机构顶部芯板长度
l_{d}	两电源覆盖芯板之间的间距
l_{p1}	电源芯板长度
l_{p2}	拾取机构芯板长度
l_{c1}	电源覆盖芯板长度
l_{c2}	拾取机构覆盖芯板长度
l_{t1}	电源覆盖芯板尖端长度
l_{t2}	拾取机构覆盖芯板尖端长度
t_1	电源底部芯板厚度
t_2	拾取机构顶部芯板厚度
t_{c1}	电源覆盖芯板厚度
t_{c2}	拾取机构覆盖芯板厚度
h	电源和接收线圈组之间的气隙
h_1	电源芯柱高度
h_2	拾取机构芯柱高度
L_{m}	电源线圈组的磁化电感
L_{l1}	电源线圈组漏感

L_{12}　　拾取线圈组漏感

C_1　　电源线圈组补偿电容

C_2　　拾取线圈组补偿电容

R_L　　负载电阻

R_h　　磁滞电阻

I_s　　电源线圈电流（有效值）

I_o　　拾取线圈电流（有效值）

f_s　　开关频率

B_t　　电源线圈组和拾取线圈组感应的总磁通密度

B_1　　电源线圈组感应的磁通密度

B_2　　拾取线圈组感应的磁通密度

19.2　感应电能传输系统电动汽车的设计

19.2.1　感应电能传输系统的设计

　　所提出的 IPTS 如图 19.1 所示，该系统由电源线圈组、拾取线圈组、带整流器的逆变器、谐振电容和负载电阻组成。每个线圈分别由两条电缆、两个芯柱、两个覆盖芯板和一个电源线圈组的底部芯板（或一个拾取线圈组的顶部芯板）组成，如图 19.2 和图 19.3 所示。如图 19.2 所示，每个线圈组的两条电线构成一条磁路，每条电线的电流方向与另一条相反，从而可以加强彼此的磁通量。每个线圈都有一个磁罩，从而增加了有效的磁板面积，从而降低了磁阻[31]。

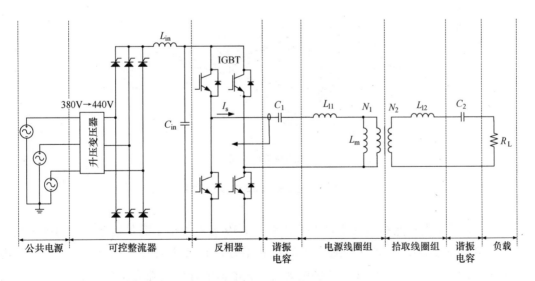

图 19.1　所提出的感应电能传输系统的所有电路配置

线圈组的设计应使其具有足够大的横向偏移、适当的低电动势和其对气隙偏移的敏感

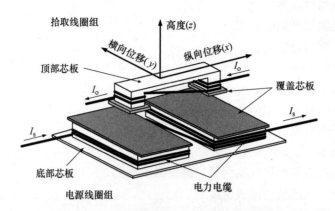

图 19.2　电源线圈组和拾取线圈组的俯视图

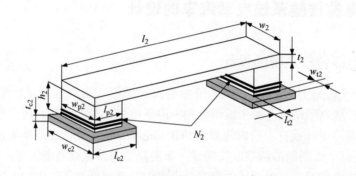

a) 拾取线圈组的参数

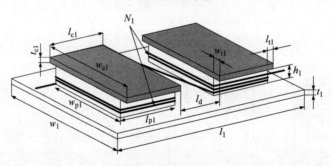

b) 电源线圈组的参数

图 19.3　提出的 IPTS 的参数设计

度，并且保持磁心没有饱和和较高的功率效率。表 19.1 中列出了满足这些特性的固定式电动汽车充电器的要求，考虑到普通汽车的可容纳性，其可用底部空间（$W_c \times l_c$）假定为 200cm 宽和 100cm 长。在本章中，传统电动汽车充电器的标称气隙通常低至 10cm[2-4,7,14,17]，并利用建议的线圈配置来提高汽车高度变化的灵活性。对于传统的电动汽车充电器来说，这种气隙要求是非常具有挑战性的。因为线圈组的建议配置对高度变化相对不敏感，因此气隙公差相可以相应地增加±5cm。

表 19.1　无线固定式电动汽车充电器的 IPTS 要求

要求	性能要求	备注
气隙 (z 轴)	15cm	
纵向偏移 (x 轴)	±20cm	
横向偏移 (y 轴)	±40cm	
高度偏移 (z 轴)	±5cm	
EMF ($y=100$cm)	6μT	ICNIRP 指南中为 6.25μT
拾取线圈组	小且轻	无规则
电源线圈组	对尺寸和重量无要求	无规则

如图 19.2 和图 19.3 所示，拾取线圈组的宽度比电源线圈的宽度小得多，因此如图 19.4 所示，该磁耦合可以被用于横向偏移。此外，对于这种不对称的线圈结构，边缘效应将变得很大[31]。如图 19.4 和图 19.5 所示，拾取线圈的容许偏移在电源线圈组和拾取线圈组之间，

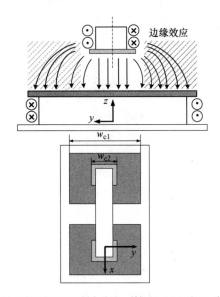

a) 拾取线圈中心的磁耦合特性：前视图（上）和平面视图（下）

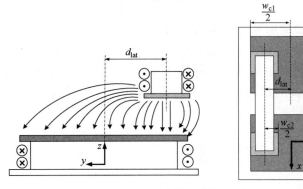

b) 拾取线圈右边缘的磁耦合特性：前视图（左）和平面视图（右）

图 19.4　提出的 IPTS 不对称配置显示横向偏移的均匀磁耦合特性

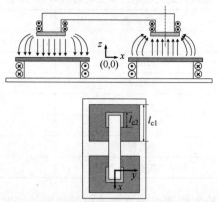

a) 拾取线圈中心的磁耦合特性：侧视图（上）和平面视图（下）

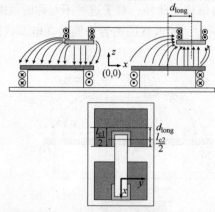

b) 拾取线圈右边缘的磁耦合特性：侧视图（上）和平面视图（下）

图 19.5　提出的 IPTS 非对称结构在纵向偏移上显示出均匀的磁耦合特性

因此，近似的横向和纵向偏移量如下：

$$\frac{w_{c1}}{2} - \frac{w_{c2}}{2} \leqslant d_{lat} \leqslant \frac{w_{c1}}{2} + \frac{w_{c2}}{2} \tag{19.1}$$

$$\frac{l_{c1}}{2} - \frac{l_{c2}}{2} \leqslant d_{long} \leqslant \frac{l_{c1}}{2} + \frac{l_{c2}}{2} \tag{19.2}$$

后续章节将详细验证横向和纵向偏移。如式（19.1）和式（19.2）所述，对于大尺寸电源线圈组和小尺寸拾取线圈组，偏移量可以尽可能大。这就是为什么提出的不对称线圈结构，其中的拾取线圈组的大小远远小于电源线圈组。随着两个线圈尺寸之比的增大，这种不对称线圈配置的偏移量就会对拾取线圈的尺寸不敏感，上面两个公式可以进一步简化为

$$d_{lat} \approx \frac{w_{c1}}{2}, 因为 w_{c2} \leqslant w_{c1} \tag{19.3}$$

$$d_{long} \approx \frac{l_{c1}}{2}, 因为 l_{c2} \leqslant l_{c1} \tag{19.4}$$

然而，大尺寸的电源线圈组由于其电感值较大会导致高电压应力。因此，可以使用如

图 19.6a 所示的机械装置来满足纵向偏移要求，从而使电源线圈组的尺寸减小，电感降低。这样，纵向偏移可以完全不考虑车轮直径，即 $d_{\text{long}} = 0$，但本章中要求其为 20cm，以显示其配置的通用性。

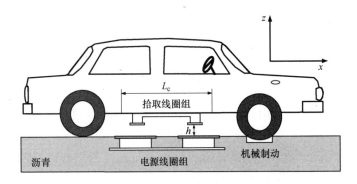

a) 侧视图，其中使用了机械装置消除纵向错位

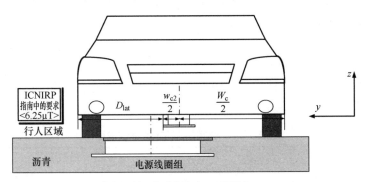

b) 正视图，显示未对准时对 EMF 的影响

图 19.6　为客车提出的 IPTS

由于线圈组具有通过相邻磁极相互抵消的交变磁通量，因此所提出的不对称线圈组可大幅降低 EMF[30,31]。IPTS 的 EMF 由电源和拾取线圈组产生，其中拾取线圈组的 EMF 比重载电源的电源线圈组的 EMF 大得多[29]。因此，对拾取装置的 EMF 考虑非常重要，主要是由拾取线圈 I_oN_2 的安培匝数和行人的距离 d_{lat} 确定，如下所示：

$$D_{\text{lat}} = \frac{W_{\text{c}} - w_{\text{c2}}}{2} \left(\approx \frac{W_{\text{c}}}{2}, \ w_{\text{c2}} \leqslant W_{\text{c}} \right) \tag{19.5}$$

如式（19.5）所示，对于小尺寸的拾取机构，D_{lat} 可以最大化，从而使 EMF 最小化。由于在纵向上建立了磁路，因此可以显著减少漏磁。

19.2.2　电源线圈和拾取线圈组的尺寸

在本章中，线圈组的设计主要集中在它们的尺寸、匝数和允许通过的电流上，而其他问题还没有得到解决。该设计主要通过 Ansoft Maxwell（V14）中的有限元分析（FEA）进行验证。然后在下一节中对设计的线圈组进行实验验证。

首先，分别根据式（19.3）和式（19.4）确定的电源线圈 w_{c1} 和 l_{c1} 的宽度和长度如下：

$$w_{\text{c1}} \approx 2d_{\text{lat}} \tag{19.6}$$

$$l_{c1} \approx 2d_{long} \tag{19.7}$$

从表 19.1 中可以看出，d_{lat} 和 d_{long} 分别为 40cm 和 20cm，因此，w_{c1} 和 l_{c1} 分别为 80cm 和 40cm。但是从式（19.3）、式（19.4）、式（19.6）和式（19.7）可知，仅当 $w_{c2} \ll w_{c1}$ 和 $l_{c2} \ll l_{c1}$ 时以上定义才有效；因此，在本章中，如果 w_{c2} 和 l_{c2} 的选择要小于 80cm 和 40cm 时，其应该被设计为 30cm 和 20cm，考虑到拾取线圈尺寸的实施困难，如果需要的话，为了紧凑的设计需要拾取线圈的尺寸可以进一步减小。在本章中，对拾取机构尺寸的优化设计没有深入考虑，这有待于进一步的研究。

为了减少线圈组的长度，两个电源盖板之间的距离 l_d 不应太大，但是，为了避免电源线圈磁通量出现大的自循环，它也不应太小。因此，最佳距离可以通过对给的定线圈尺寸和气隙进行适当的调整，在本章中确定为 20cm，考虑到之前的限制条件[31]，在这种情况下，由于较强的磁耦合，l_d 可以进一步减小。因为线圈组的其他尺寸与磁心饱和无关，因此它们对系统的性能不太敏感。因此本章适当地选择了 l_1、l_2、w_1 和 w_2 以适应上述参数。线圈高度 h_1 和 h_2 对系统的性能也不太重要，考虑到本章中提到的电缆束，可以确定为 10cm，也可以根据需要将其大幅地减少到 1cm。其他参数（如 l_{p1}、l_{p2}、w_{p1}、w_{p2}、l_{t1}、l_{t2}、w_{t1} 和 w_{t2}）也相应地被事先确定。

表 19.2 是选定的设计参数，包括 t_1、t_{c1}、t_2 和 t_{c2}。开关频率选择为 20kHz，出于方便与先前的相关工作[25-32]进行比较，在磁心损耗不严重的情况下可以适当地减小线圈尺寸。

表 19.2 选定的 IPTS 的参数设计

参数	数值	参数	数值
I_s	30A	l_1	110cm
f_s	20kHz	l_2	70cm
n	5	l_{p1}	30cm
N_1	3	l_{p2}	10cm
N_2	15	l_{c1}	40cm
w_1	90cm	l_{c2}	20cm
w_2	20cm	l_{t1}	5cm
w_{p1}	70cm	l_{t2}	5cm
w_{p2}	20cm	t_1	2cm
w_{c1}	80cm	t_2	3cm
w_{c2}	30cm	t_{c1}	2cm
w_{t1}	5cm	t_{c2}	3cm
w_{t2}	5cm	h_1	10cm
l_d	30cm	h_2	10cm

19.2.3　复矢量域磁通模拟的主导场分析（DoFA）方法

用相量形式的矢量表示的总磁通密度 B_t 不能通过传统的直流电流模拟方法来确定，因为它是由电源线圈组和拾取线圈组的电流感应而来的，只要在完全共振的条件下，它们的相位是正交的[28-31]。补偿电容 C_1 和 C_2 分别与电源和拾取线圈组串联，并且 C_2 完全抵消了二次漏电感 L_{l2} 和磁化电感 L_m。虽然可以通过在正交中插入两个正弦波电流来进行时域分析，但在实践中不建议这样做，因为它会消耗大量的模拟时间。此外，很难在二维域中呈现出时变三维矢量结果。用本章提出的新方法，即电源线圈组和拾取线圈组采用传统的直流磁通密度，可以很容易地计算出 B_t 的大小，即 $|B_t|$。对于非饱和磁心，可以通过将叠加定理应用于笛卡尔坐标，从复矢量形式的 B_1 和 B_2 中确定 B_t，如下所示：

$$B_t = B_1 + B_2 \tag{19.8}$$

式中

$$B_t \equiv B_{tx}x_0 + B_{ty}y_0 + B_{tz}z_0 \tag{19.9a}$$

$$B_1 \equiv B_{1x}x_0 + B_{1y}y_0 + B_{1z}z_0 \tag{19.9b}$$

$$B_2 \equiv B_{2x}x_0 + B_{2y}y_0 + B_{2z}z_0 \tag{19.9c}$$

在式（19.9）中，系数是一个复杂的标量形式，而 x_0、y_0、z_0 是单位向量。B_t 的主要特征如下：

$$\begin{aligned}
|B_t|^2 &= |B_1+B_2|^2 = |B_{1x}+B_{2x}|^2 + |B_{1y}+B_{2y}|^2 + |B_{1z}+B_{2z}|^2 \\
&= |B_{1x}|^2 + |B_{2x}|^2 + |B_{1y}|^2 + |B_{2y}|^2 + |B_{1z}|^2 + |B_{2z}|^2 \\
&= |B_{1x}|^2 + |B_{1y}|^2 + |B_{1z}|^2 + |B_{2x}|^2 + |B_{2y}|^2 + |B_{2z}|^2 \\
&= |B_1|^2 + |B_2|^2
\end{aligned} \tag{19.10}$$

其中使用了象限相量的正交条件，即

$$B_{1x} \perp B_{2x}, \quad B_{1y} \perp B_{2y}, \quad B_{1z} \perp B_{2z} \tag{19.11}$$

从式（19.10）可知，任何谐振 IPTS 的磁通分析，只要其滤波器调谐到谐振频率且不包含饱和磁心，就可以通过对电源线圈和拾取线圈的常规直流磁通分析来完成。此外，该原理通常适用于耦合磁共振系统（CMR），其中每个线圈对相邻线圈的相位是正交的[40]。从式（19.11）也可以看出，不能通过另一个具有正交相位的线圈来降低一个线圈产生的电动势。因此，必须对每个线圈单独执行 EMF 计算。根据式（19.10），可确定如下：

$$B_t \equiv |B_t| = \sqrt{|B_1|^2 + |B_2|^2} = \sqrt{B_1^2 + B_2^2} \quad B_1 \equiv |B_1|, B_2 \equiv |B_2| \tag{19.12}$$

对于线圈感应到的磁通密度大于另一线圈感应到的磁通密度的情况，式（19.12）可近似表示为

$$B_t = \sqrt{B_1^2 + B_2^2} = \sqrt{B_1^2(1+B_2^2/B_1^2)} \approx B_1(1+0.5B_2^2/B_1^2) \quad B_2 \ll B_1 \tag{19.13}$$

例如，如果 $B_2/B_1 = 0.5$，则 B_t 几乎与 B_1 相同，即 $B_t \approx 1.12B_1$（$\approx B_1$）。这意味着，如果一个线圈对另一个线圈的磁通贡献小于一半，则电源线圈组和拾取线圈组的设计可以相互分离。换言之，考虑到主导磁通量，只要磁心不饱和，每个线圈都可以独立设计。因此，有个方法值得一提，即主导场分析（DoFA）法，它适用于矢量形式的时变磁场和

电场，只要两个磁场是相互正交的相量。当一个线圈组不工作时，即电流为零时，利用自由度可以分析另一个线圈组的磁通密度。通过有限元模拟，如图 19.7 所示，仅当供电线圈组的电流为零时，才能确定磁心内部和周围的磁通密度分布。磁心将在下一节中进行分析。从图 19.7 可以看出，该设计在两个线圈组之间提供了强磁耦合，并迅速降低行人的电动势特性。

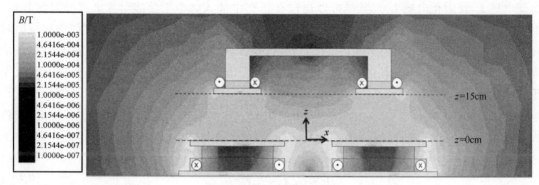

a) 磁通密度分布图(侧视图)

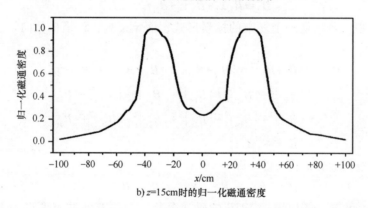

b) $z=15cm$ 时的归一化磁通密度

图 19.7　IPTS 的模拟磁通密度分布，表明线圈之间存在强磁耦合

问题 1

　　如果式（19.11）不再有效，式（19.12）和式（19.13）会发生什么？

19.2.4　横向和纵向偏移

　　横向和纵向偏移可定义为边缘位移，当拾取线圈从中心位置移动时，拾取机构磁心中的磁通密度降至 3dB。如图 19.8 所示，经有限元模拟验证，拾取机构磁心沿横向和纵向偏移大约在 w_{c1} 或 l_{c1} 的一半时的磁通密度达到 3dB，如式（19.3）和式（19.4）中所预测的一样。此外，可以看出偏移对气隙变化不敏感，这在以前的工作中是不容易实现的。因此，保证在 d_{lat} 和 d_{long} 内时预计可以达到 IPTS 最大输出功率的一半。

　　如果需要，可以通过加宽电源线圈来进一步改善线圈组的横向和纵向偏移，因为对埋在地下的电源的尺寸没有限制。

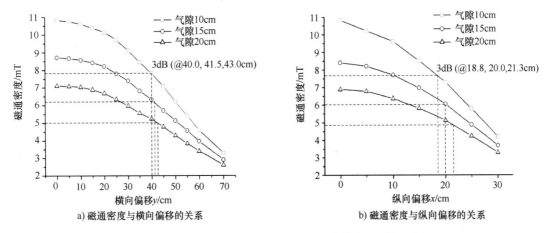

图 19.8　表 19.2 中参数的拾取磁心磁通密度有限元模拟结果

19.2.5　气隙变化效应的缓解

如前一节所述，所提出的线圈组的设计是为了获得芯板的最大有效面积 A_{eff}[31]，用来增加相互的磁通量，如图 19.4 所示。因此，所提出的 IPTS 的输出电压对气隙变化的敏感度可能较低。忽略铁氧体磁心的磁阻，可测量得 μ_r 大于 2000，线圈组的总磁阻可近似表示为

$$\mathcal{R} \approx \frac{2h}{\mu_o A_{eff}} \tag{19.14}$$

式中，A_{eff} 可定义为拾取机构的尺寸[31]，表示为

$$A_{eff} \equiv \alpha l_{c2} w_{c2} \tag{19.15}$$

则磁化电感可计算如下：

$$L_m \cong \frac{N_1^2}{\mathcal{R}} \cong \frac{N_1^2 \mu_o \alpha l_{c2} w_{c2}}{2h} \tag{19.16}$$

根据表 19.2 中的参数对所提出的线圈组进行仿真，仿真结果如图 19.9 所示。在图 19.9a 中，当气隙增大时，电感减小；然而，当气隙增加到 20cm 时，有效面积比 α，从式（19.16）中计算得到的 L_m，相比较于仿真结果会增加。这意味着所提出的 IPTS 对小于 20cm 的气隙变化相对不敏感。不同于式（19.16），其中 L_m 显然与 h 的倒数成正比，磁链大致与 $\sqrt{h}$ 的倒数成正比。

如图 19.1 所示，由于气隙变化引起的输出电压变化即使已经减小了，但是仍然存在，不过它可以通过连接到负载的调节器进行有效管理。

19.2.6　防止局部饱和

所提出的 IPTS 采用完全共振模式[31]，如果拾取机构的共振频率偏离开关频率，则输出功率会大幅降低[29,31]。为了防止因铁氧体磁心饱和而引起电源电流 I_s 或输出电流 I_o 增大，应采用足够大的磁心厚度。随着电流的增大，铁氧体磁心内的磁通密度增大，直至达到铁氧体磁心的饱和值 0.3T。如图 19.10 所示，局部饱和发生在磁通量集中的地方，其中仅显示不

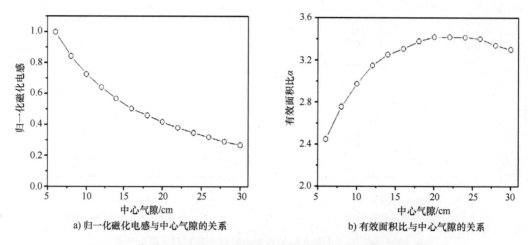

a) 归一化磁化电感与中心气隙的关系   b) 有效面积比与中心气隙的关系

图 19.9　表 19.2 参数归一化磁化电感和有效面积比的有限元模拟结果

同输出电流水平的拾取线圈组，电源线圈组的电流为零。为了避免部分饱和，根据 19.2.3 节中讨论的原理，对该拾取线圈组进行检查就足够了。电源线圈组比较大，其芯板可以根据需要变厚，由于其本身的磁通量保持相对不变，因此本章的重点是拾取线圈组的设计。

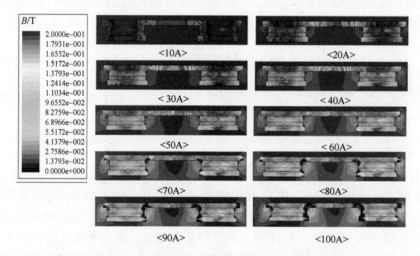

图 19.10　FEA 仿真结果显示了不同输出电流下拾取机构的部分饱和 I_o，其中 $t_{c2}=3\mathrm{cm}$，$t_2=3\mathrm{cm}$

根据表 19.2 中参数的有限元仿真分析，当电源电流超过 100A（$N_1=3$）时，电源磁心开始部分饱和，但此处未显示。如图 19.10 所示，在拾取线圈中，当输出电流在 $N_1=15$ 的情况下超过约 60A 时，部分开始饱和，这是非常令人担忧的。在考虑电流、匝数时，匝数可以改变。基于这些仿真，电源和拾取线圈芯板的最佳厚度分别确定为 $t_1=t_{c1}=2\mathrm{cm}$ 和 $t_2=t_{c2}=3\mathrm{cm}$，尽管图中没有显示这些。

19.2.7　新的磁滞损耗模型

所提出的电源线圈组由恒流控制的逆变器[28-31]驱动，其中逆变器在开关角频率 $\omega_s=2\pi f_s$

下工作，略高于电源线圈的共振角频率。由于这种频率差异，IPTS 的阻抗始终是感性的，因此，如图 19.1 所示，始终可以保证逆变器工作在零电流开关（ZCS）状态，为方便操作，每个开关上都设有一个小的缓冲电容器。如图 19.11 所示，前一节中讨论的部分磁心饱和可建模为等效磁滞电阻 R_h，与传统变压器的方法相同。

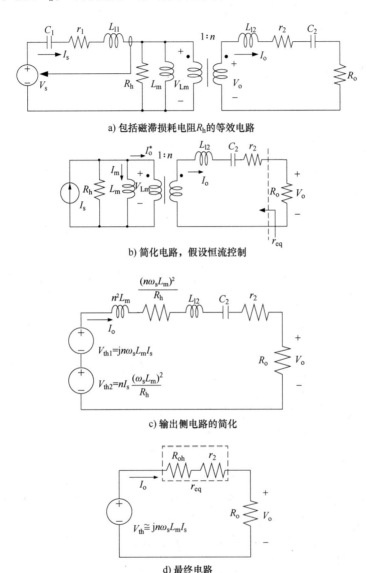

a) 包括磁滞损耗电阻R_h的等效电路

b) 简化电路，假设恒流控制

c) 输出侧电路的简化

d) 最终电路

图 19.11　IPTS 在恒流控制下的等效电路，包括磁滞损耗和传导损耗

可根据相量形式确定处于稳定状态时电源电流，此时忽略电源线圈 r_1 和 R_h 电阻的影响，如下所示：

$$I_\text{s} = \frac{V_\text{s} - V_\text{Lm}}{r_1 + j\left(\omega_\text{s}L_{l1} - \dfrac{1}{\omega_\text{s}C_1}\right)} \cong \frac{V_\text{s} - V_\text{Lm}}{j\left(\omega_\text{s}L_{l1} - \dfrac{1}{\omega_\text{s}C_1}\right)} = \frac{\Delta V_\text{in}}{j\omega_\text{s}\Delta L} \quad r_1 \ll \omega_\text{s}\Delta L \tag{19.17}$$

式中

$$\Delta L \equiv L_{11} - \frac{1}{\omega_s^2 C_1}, \Delta V_{in} \equiv V_s - V_{Lm} \tag{19.18}$$

对于从式（19.17）中确定的常数 $|\Delta V_{in}|$，V_s 应根据 V_{Lm} 进行更改，V_{Lm} 由恒定电流源 IPTS 的输出电流 I_o 以及 L_m 的变化进行更改。电流由逆变器适当调节，使之成为恒流源。根据图 19.11，可以确定开路电压，假设 $R_h \gg \omega_s L_m$ 作为输入电流的函数，磁化诱导值为 L_m、开关角频率为 ω_s 和匝比为 $n = N_2 / N_1$，则有

$$V_{th} = nI_s(R_h /\!/ j\omega_s L_m) = nI_s \frac{j\omega_s L_m R_h}{R_h + j\omega_s L_m} = nI_s \frac{j\omega_s L_m R_h}{R_h\left(1 + \frac{j\omega_s L_m}{R_h}\right)} \approx jn\omega_s L_m I_s\left(1 - \frac{j\omega_s L_m}{R_h}\right)$$

$$= jn\omega_s L_m I_s + nI_s \frac{(\omega_s L_m)^2}{R_h} \quad V_{th1} \equiv jn\omega_s L_m I_s, V_{th2} \equiv nI_s \frac{(\omega_s L_m)^2}{R_h} \tag{19.19}$$

如图 19.11d 所示，在对输出电压或电流的贡献上，V_{th2} 与 V_{th1} 相比在 $\omega_s L_m \ll 1$ 的情况下可以忽略，如下所示：

$$|V_{th}| = n\omega_s L_m I_s \sqrt{1 + \left(\frac{\omega_s L_m}{R_h}\right)^2} \approx n\omega_s L_m I_s\left[1 + \frac{1}{2}\left(\frac{\omega_s L_m}{R_h}\right)^2\right]$$

$$\approx n\omega_s L_m I_s = |V_{th1}| \quad R_h \gg \omega_s L_m \tag{19.20}$$

此外，如图 19.11c 和 d 所示，可以获得输出侧的戴维南等效电阻，即

$$Z_{th} = n^2(R_h /\!/ j\omega_s L_m) + j\omega_s L_{12} + \frac{1}{j\omega_s C_2} + r_2 \approx jn^2\omega_s L_m + \frac{(n\omega_s L_m)^2}{R_h} + j\omega_s L_{12} + \frac{1}{j\omega_s C_2} + r_2$$

$$= R_{oh} + r_2$$

$$R_{oh} \equiv \frac{(n\omega_s L_m)^2}{R_h}, jn^2\omega_s L_m + j\omega_s L_{12} + \frac{1}{j\omega_s C_2} = 0 \tag{19.21}$$

根据图 19.11b，等效磁心损耗电阻 R_h 的功率损耗 P_h 也可以确定如下：

$$P_h = \frac{|V_{Lm}|^2}{R_h} \approx \frac{|\omega_s L_m(I_s - I_o^*)|^2}{R_h} = \frac{(\omega_s L_m)^2}{R_h}(|I_s|^2 + |nI_o|^2) = \frac{(\omega_s L_m |I_s|)^2}{R_h}\left(1 + \frac{n^2|I_o|^2}{|I_s|^2}\right)$$

$$\approx \frac{(n\omega_s L_m |I_o|)^2}{R_h} \equiv |I_o|^2 R_{oh} \quad \frac{n^2|I_o|^2}{|I_s|^2} \gg 1 \tag{19.22}$$

在共振条件和在式（19.22）中使用的重负载条件[31]，I_o 与 I_s 在相位上是正交关系，其中磁滞损耗占主导地位。从式（19.21）和式（19.22）可以看出，由于功率损耗与输出电流的二次方成正比，因此，滞后损耗可以表示为输出侧的串联电阻和图 19.11d 中的等效电阻 r_{eq} 的传导损耗之和，如下所示：

$$r_{eq} = R_{oh} + r_2 \tag{19.23}$$

由式（19.21）~式（19.23）可知，滞后损失越大，滞后电阻越小，输出端等效串联电阻越大，磁滞损耗模型将在后续部分验证实验。

问题 2

如图 19.11 所示，图 19.11a 中的等效电流源由电压源驱动。①在稳态下是正确的，但对瞬态仍然有效吗？②电流的拉普拉斯传递函数（电压源函数）的情况如何？它是电流源电路还是电压源电路？

19.3　实例设计和实验验证

图 19.12 所示的是试验中所应用的线圈组，允许大的横向和纵向偏移以及对气隙偏移的鲁棒性。拾取线圈的高度和重量分别为 16cm 和 54kg，看起来比其他拾取线圈更高更重。然而，拾取线圈组的厚度和重量很大程度上取决于拾取线圈组的输出功率水平。通过本节讨论的拾取线圈组的优化设计过程，期望在相同的输出功率下，采用超磁磁心可以大幅度降低拾取线圈组的高度和重量。所有实验参数与表 19.2 中列出的仿真参数相同。为了验证所提出的 IPTS 的设计，本节测量了沿气隙、横向偏移和纵向偏移的开路输出电压。

19.3.1　开路输出电压

图 19.13 显示了沿气隙移动的开路输出电压，其对应于无损耗情况下的理论值［见式（19.20）］。尽管气隙从 11cm 增加到 17cm，但由于有效面积的增加，输出电压仅降低了 22%，从 175V 降低为 137V。

a) 拾取线圈组

b) 电源线圈组

c) 电源线圈组和拾取线圈组

图 19.12　实验中所应用的线圈组

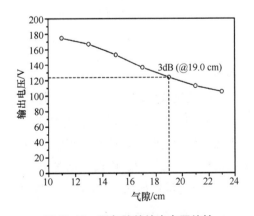

图 19.13　沿气隙的输出电压特性

在气隙为 15cm 时，测量了沿纵向和横向偏移的输出电压。如图 19.14 所示，当拾取线圈横向偏离电源线圈中心 39cm 时，输出电压仅比最大输出电压 150 V 降低约 29%。这种较大的边缘横向偏移证实了式（19.3）的设计横向偏移，即 40cm。

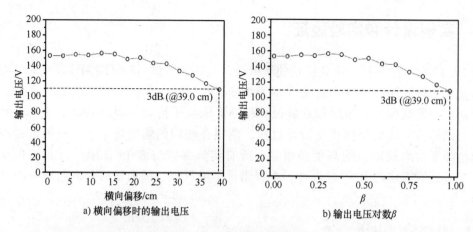

a) 横向偏移时的输出电压　　　　b) 输出电压对数β

图 19.14　横向输出电压特性

沿纵向偏移的输出电压如图 19.15 所示。当拾取线圈偏离电源线圈中心 18cm 时，输出电压降低 3dB。这种较大的边缘纵向偏移也证实了式（19.4）的设计纵向偏移，即 20cm。

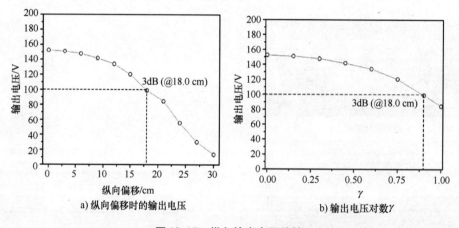

a) 纵向偏移时的输出电压　　　　b) 输出电压对数γ

图 19.15　纵向输出电压特性

如图 19.16 所示，在 $I_s = 100A$，$N_1 = 3$，$h = 15cm$ 时，分别测量输出电流输出电压和功率。当电源电流减小，匝数增大时，即 $I_s = 20A$，$N_1 = 15$，设计最优[30,31]。

如图 19.16b 所示，由于输出电压几乎是恒定的，不管输出是哪种类型的 IPTS[27-32]，输出功率几乎与输出电流成正比。当输出电流 $I_o = 60A$ 时，最大输出功率为 15.6kW，其中部分磁心饱和占主导地位；因此，功率效率低至 75% 时，如果输出电流水平较低且使用厚电缆［见式（19.22）和式（19.23）］，可以大大提高功率。

19.3.2　等效输出电阻

如图 19.16 所示，根据输出电压的实验结果，可以观察到线性形式的轻微电压降。如图 19.17 所示，从测量的 I-V 曲线中计算的电阻，远大于用 LCR 表精确测量的输出线圈组的内阻（$r_2 = 0.178\Omega$）。

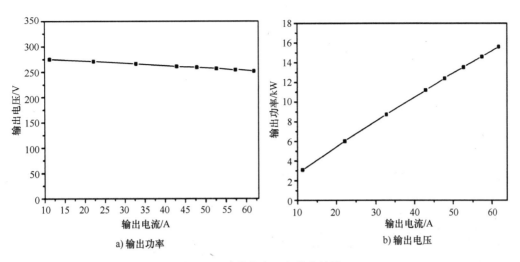

a) 输出功率　　　　　　　　　　b) 输出电压

图 19.16　输出电压和功率特性

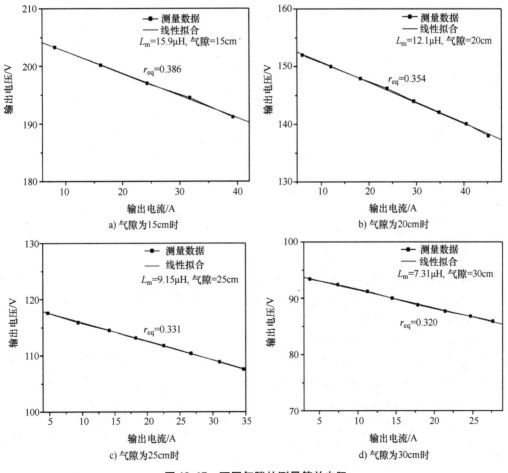

a) 气隙为15cm时　　　　　　　　b) 气隙为20cm时

c) 气隙为25cm时　　　　　　　　d) 气隙为30cm时

图 19.17　不同气隙的测量等效电阻

从图 19.11 和式（19.23）的等效电路中，提取电阻和测量电阻之间的差异归因于滞后电阻。如图 19.17 所示，等效电阻随着气隙的增大而减小，这意味着对于较高的气隙，磁滞损耗会减小。

从式（19.21）和式（19.23）可以得到如图 19.18 所示的磁滞电阻 R_h，如下所示：

$$R_h = \frac{(n\omega_s L_m)^2}{R_{oh}} = \frac{(n\omega_s L_m)^2}{r_{eq} - r_2} \tag{19.24}$$

在式（19.24）中，L_m 为测量的气隙，如图 19.19 所示，测量的 r_{eq} 如图 19.17 所示。如图 19.18 所示，对于较大的气隙，磁滞电阻 R_h 减小；但是，这并不意味着磁滞损耗的增加是由于 L_m 减小所致。从图 19.18 和图 19.19 可以看出，式（19.19）~式（19.22）中使用的 $R_h \gg \omega_s L_m$ 是相当合理的。

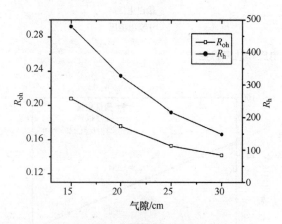

图 19.18　沿气隙的磁滞损耗特性

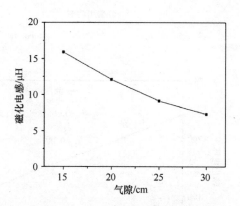

图 19.19　沿气隙设置的电源线圈的磁化电感

19.3.3　EMF

如前所述，由于电源线圈的交变磁通量，从电源线圈组产生的 EMF（其中，拾取线圈组的电流为零）大大降低。电源电流为 30A，电源线圈组 N_1 为 3 是正常充电方式。如图 19.20 所示，在距电源线圈中心 1m 处测量的 EMF 低至 6.1μT。因此，符合 20kHz 时 6.25μT ICNIRP 指南中的要求。根据所提出的自由度原理，可以将拾取线圈组产生的与输出电流成线性比例的电动势与电源线圈组的电动势分开确定。虽然本章没有介绍这种情况，但是使用有源线圈组[29]可以有效地降低拾取机构的电动势。在快速充电模式下，可能需要额外的电源线圈，以满足 ICNIRP 指南中最坏的横向和气隙情况要求。

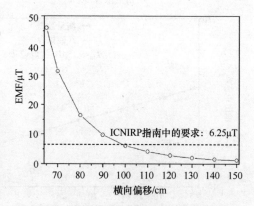

图 19.20　电源线圈沿横向偏移的 EMF 特性

关于电源线圈组和拾取线圈组的有源电动势抵消线圈的详细设计，建议参阅本章参考文献 [29] 和 [42]。

19.4　小结

本章研制了一种新型无线固定式电动汽车充电器线圈组的样机。通过采用不对称的电源线圈组和拾取线圈组结构，实现了大的横向和纵向偏移，并可根据需要继续扩大。系统可以达到的 39cm 的横向偏移，明显大于之前的偏移距离，这是任何传统 IPTS 的两倍或三倍[1-24,33-35]，并且非常适合实际应用。本章所提出的复矢量域分析的 DoFA 方法适用于任何 IPTS 和 CMRS，只要每个线圈都有共振，这是实践中最常见和最需要的情况。此外，本章提出的磁滞损耗模型具有较高的精度，能够较好地反映 IPTS 的部分磁心饱和。

习　题

19.1　如图 19.12 所示，不对称线圈具有不必要的大高度 h_1 和 h_2。尤其是当考虑到电动汽车的安装空间时，h_2 不能太大。确定高度的基本原理，应选取实例设计高度的最小值。

19.2　实例设计中未详细讨论尖端宽度 w_{t1} 和 w_{t2} 以及尖端长度 l_{t1} 和 l_{t2}。从漏磁量变化引起的耦合系数、自振特性等方面讨论了它们在很大时的缺点和优点。

参 考 文 献

1　R. Laouamer, M. Brunello, J.P. Ferrieux, O. Normand, and N. Buchheit, "A multi-resonant converter for noncontact charging with electromagnetic coupling," in *Proc. IEEE Industrial Electronics Society (IECON)*, vol. 2, pp. 792–797, 1997.

2　H. Sakamoto, K. Harada, S. Washimiya, and K. Takehara, "Large air-gap coupler for inductive charger," *IEEE Trans. on Magnetics*, vol. 35, no. 5, pp. 3526–3529, September 1999.

3　J. Hirai, K.T. Woong, and A. Kawamura, "Study on intelligent battery charging using inductive transmission of power and information," *IEEE Trans. on Power Electron.*, vol. 15, no. 2, pp. 335–345, 2000.

4　F. Nakao, Y. Matsuo, M. Kitaoka, and H. Salcamoto, "Ferrite core couplers for inductive chargers," in *IEEE Power Conversion Conference*, 2002, pp. 850–854.

5　R. Mecke, and C. Rathge, "High frequency resonant inverter for contactless energy transmission over large air gap," in *Proc. 35th Annual IEEE Power Electron. Spec. Conf.*, June 2004, vol. 3, pp. 1737–1743.

6　Y. Kamiya, Y. Daisho, F. Kuwabara, and S. Takahashi, "Development and performance evaluation of an advanced electric micro bus transportation system," in *JSAE Annual Spring Congress*, 2006, pp. 7–14.

7　M. Budhia, G. Covic, J. Boys, and C.Y. Huang, "Development and evaluation of single sided flux couplers for contactless electric vehicle charging," in *IEEE Energy Conversion Congress and Exposition (ECCE)*, 2011, pp. 614–621.

8　M. Budhia, G. Covic, and J. Boys, "Design and optimization of circular magnetic structures for lumped inductive power transfer systems," *IEEE Trans. on Power Electron.*, vol. 26, no. 11, pp. 3096–3107, 2011.

9　S. Hasanzadeh, S.V. Zadeh, and A.H. Isfahani, "Optimization of a contactless power transfer system for electric vehicles," *IEEE Trans. on Vehicular Tech.*, vol. 51, no. 8, pp. 3566–3573, 2012.

10　Y. Iga, H. Omori, T. Morizane, N. Kimura, Y. Nakamura, and M. Nakaoka, "New IPT-wireless EV charger using single-ended quasi-resonant converter with power factor correction," in *IEEE Renewable Energy Research and Applications (ICRERA)*, 2012, pp. 1–6.

11 H. Wu, A. Gilchrist, K. Sealy, and D. Bronson, "A 90 percent efficient 5 kW inductive charger for EVs," *IEEE Energy Conversion Congress and Exposition (ECCE)*, 2012, pp. 275–282.

12 F. Sato, J. Murakami, H. Matsuki, K. Harakawa, and T. Satoh, "Stable energy transmission to moving loads utilizing new CLPS," *IEEE Trans. on Magnetics*, vol. 32, no. 5, pp. 5034–5036, September 1996.

13 F. Sato, J. Murakami, T. Suzuki, H. Matsuki, S. Kikuchi, K. Harakawa, H. Osada, and K. Seki, "Contactless energy transmission to mobile loads by CLPS-test driving of an EV with starter batteries," *IEEE Trans. on Magnetics*, vol. 33, no. 5, pp. 4203–4205, September 1997.

14 C. Wang, O.H. Stielau, and G.A. Covic, "Design considerations for a contactless electric vehicle battery charger," *IEEE Trans. Ind. Electron.*, vol. 52, no. 5, pp. 1308–1314, October 2005.

15 J. Sallan, J.L. Villa, A. Llombart, and J.F. Sanz, "Optimal design of ICPT systems applied to electric vehicle battery charge," *IEEE Trans. on Ind. Electron.*, vol. 56, no. 6, pp. 2140–2149, June 2009.

16 J.L. Villa, J. Sallan, A. Llombart, and J.F. Sanz, "Design of a high frequency inductively coupled power transfer system for electric vehicle battery charge," *Applic. Energy*, vol. 86, no. 3, pp. 355–363, 2009.

17 T. Maruyama, K. Yamamoto, S. Kitazawa, K. Kondo, and T. Kashiwagi, "A study on the design method of the light weight coils for a high power contactless power transfer system," in *2012 15th International Conference on Electrical Machines and Systems (ICEMS)*, 2012, pp. 1–6.

18 J.G. Bolger and F.A. Kirsten, "Investigation of the feasibility of a dual mode electric transportation system," Lawrence Berkeley Laboratory Report, 1977.

19 J.G. Bolger, F.A. Kirsten, and L.S. Ng, "Inductive power coupling for an electric highway system," in *Proc. IEEE 28th Vehicular Technology Conference*, 1978, pp. 137–144.

20 C.E. Zell and J.G. Bolger, "Development of an engineering prototype of a road powered electric transit vehicle system," in *Proc. 32nd IEEE Vehicular Technology Conference*, 1982, pp. 435–438.

21 M. Eghtesadi, "Inductive power transfer to an electric vehicle – an analytical model," in *Proc. 40th IEEE Vehicular Technology Conference*, 1990, pp. 100–104.

22 A.W. Green and J.T. Boys, "10 kHz inductively coupled power transfer concept and control," in *Proc. 5th Int. Conf. IEEE Power Electron Variable-Speed Drivers*," October 1994, pp. 694–699.

23 G.A.J. Elliott, J.T. Boys, and A.W. Green, "Magnetically coupled systems for power transfer to electric vehicles," in *Proc. Int. Conf. Power Electron. Drive System*, February 1995, pp. 797–801.

24 G.A. Covic, J.T. Boys, M.L.G. Kissin, and H.G. Lu, "A three-phase inductive power transfer system for road powered vehicles," *IEEE Trans. Ind. Electron.*, vol. 54, no. 6, pp. 3370–3378, December 2007.

25 N.P. Suh, D.H. Cho, and C.T. Rim, "Design of on-line electric vehicle (OLEV)," *Plenary Lecture at the 2010 CIRP Design Conference*, 2010, pp. 3–8.

26 S.W. Lee, J. Huh, C.B. Park, N.S. Choi, G.H. Cho, and C.T. Rim, "On-line electric vehicle using inductive power transfer system," in *IEEE Energy Conversion Congress and Exposition (ECCE)*, 2010, pp. 1598–1601.

27 J. Huh and C.T. Rim, "KAIST wireless electric vehicles – OLEV," in *JSAE Annual Congress*, 2011.

28 J. Huh, S.W. Lee, C.B. Park, G.H. Cho, and C.T. Rim, "High performance inductive power transfer system with narrow rail width for on-line electric vehicles," *IEEE Energy Conversion Congress and Exposition (ECCE)*, 2010, pp. 647–651.

29 S.W. Lee, W.Y. Lee, J. Huh, H.J. Kim, C.B. Park, G.H. Cho, and C.T. Rim, "Active EMF cancellation method for I-type pick-up of on-line electric vehicles," *IEEE Applied Power Electronics Conference and Exposition (APEC)*, 2011, pp. 1980-1983.

30 J. Huh, W.Y. Lee, G.H. Cho, B.H. Lee, and C.T. Rim, "Characterization of novel inductive power transfer systems for on-line electric vehicles," *IEEE Applied Power Electronics Conference and Exposition (APEC)*, 2011, pp. 1975–1979.

31 J. Huh, S.W. Lee, W.Y. Lee, G.H. Cho, and C.T. Rim, "Narrow-width inductive power transfer system for on-line electrical vehicles," *IEEE Trans. on Power Electron.*, vol. 26, no. 12, pp. 3666–3679, December 2011.

32 S.Y. Choi, J. Huh, W.Y. Lee, S.W. Lee and C.T. Rim, "New cross-segmented power supply rails for road powered electric vehicles," *IEEE Trans. on Power Electron.*, vol. 28, no. 12, pp. 5832–5841, December 2013.

33 Y. Nagatsuka, N. Ehara, Y. Kaneko, S. Abe, and T. Yasuda, "Compact contactless power transfer system for electric vehicles," in *International Power Electronics Conference (IPEC)*, 2010, pp. 807–813.

34 M. Chigira, Y. Nagatsuka, Y. Kaneko, S. Abe, T. Yasuda, and A. Suzuki, "Small-size light-weight transformer with new core structure for contactless electric vehicle power transfer system," in *IEEE Energy Conversion Congress and Exposition (ECCE)*, 2011, pp. 260–266.

35 M. Budhia, G.A. Covic, and J.T. Boys, "A new magnetic coupler for inductive power transfer electric vehicle charging systems," in *36th Annual Conference of the IEEE Industrial Electronics Society (IECON)*, 2010, pp. 2481–2486.

36 C.T. Rim, "Unified general phasor transformation for AC converters," *IEEE Trans. on Power Electron.*, vol. 26, pp. 2465–2745, September 2011.

37 S.W. Lee, C.B. Park, and C.T. Rim, "Static and dynamic analyses of three-phase rectifier with LC input filter by Laplace phasor transformation," in *IEEE Energy Conversion Congress and Exposition (ECCE)*, September 2012, pp. 1570–1577.

38 S.W. Lee, B.H. Choi, and C.T. Rim, "Dynamics characterization of the inductive power transfer system for on-line electric vehicles by Laplace phasor transform," *IEEE Trans. on Power Electron.*, vol. 28, no. 12, pp. 5902–5909, December 2013.

39 W.Y. Lee, J. Huh, S.Y. Choi, X.V. Thai, J.H. Kim, E.A. Al-Ammar, M.A. El-Kady, and C.T. Rim, "Finite-width magnetic mirror models of mono and dual coils for wireless electric vehicle," *IEEE Trans. on Power Electron.*, vol. 28, pp. 1413–1428, March 2013.

40 E.S. Lee, J. Huh, X.V. Thai, S.Y. Choi, and C.T. Rim, "Impedance transformers for compact and robust coupled magnetic resonance systems," in *IEEE Energy Conversion Congress and Exposition (ECCE)*, 2013, pp. 2239–2244.

41 ICNIRP Guidelines, "International commission on non-ionizing radiation protection (ICNIRP) guidelines," 1998, www.icnirp.de/documents/emfgdl.pdf.

42 S.Y. Choi, B.W. Gu, S.W. Lee, J. Huh, and C.T. Rim, "Generalized active EMF cancel methods for wireless electric vehicles," *IEEE Trans. on Power Electron.*, vol. 29, no. 11, pp. 5770–5783, November 2014.

第 20 章　用于大偏移量电动汽车充电器的 DQ 线圈

20.1　简介

混合动力电动汽车（PHEV）和蓄电池电动汽车（BEV）等电动汽车都需要蓄电池充电器[1-7]。由于插拔式电源线不方便以及具有安全问题，导线连接式充电器[8-10]并不受用户欢迎[11,12]，而无线充电器[13-19]正逐渐受到关注。固定式无线充电电动汽车充电器包含环路线圈（如圆形线圈和矩形线圈），由于其结构简单、紧凑，对人体的电磁场（EMF）辐射较低，因此得到了广泛的关注[20]。出于这些原因，环路拾取线圈功率应用指标被指定符合 SAE 标准 J2954[21]。

然而，当拾取线圈组与发射线圈组没有对齐时，拾取线圈组与发射线圈组之间的磁耦合系数迅速减小，并导致其输出功率容量减小。在实际中，驾驶人很难准确地调整电动汽车位置以获得最佳的无线能量传输性能。增大拾取线圈组的尺寸是增加其抗偏移能力的方法之一，但由于车辆的可用底部尺寸通常是有限的，因此不实用。即使通过采用双面线圈（其结构与发射线圈组和拾取线圈组相同）可将偏移提高到 23cm 以上，EMF 问题仍然存在[17]。最近，一种非对称线圈组在气隙为 15cm 的情况下实现了 40cm 的大横向偏移和 20cm 的纵向偏移的实现，从而可以增大固定式无线充电电动汽车的功率容量[18]。然而，该方案不满足标准 J2954。此外，在实际应用中，由于纵向偏移和横向偏移同时发生，因此斜向偏移的研究需要具体分析。

本章介绍了用于无线静态电动汽车充电器的新型 DQ 发射线圈组，该线圈组有两个具有 90°相位差的线圈组，具有较大的纵向、横向和对角偏移。每个发射线圈组由两个相同的磁极组成，以保证在发射线圈上产生均匀的磁通密度。为满足 SAE 标准 J2954 的要求，研制了一种新型 IPTS，该 IPTS 采用了用于固定式无线充电电动汽车的 DQ 发射线圈组用于试验验证，其工作频率为 85kHz。

20.1.1　矩形线圈问题

线圈功率传输能力对纵向和横向偏移的变化以及拾取线圈和发射线圈之间的气隙非常敏感，因此发射线圈组的设计应仔细进行。本节设计了一种符合标准 J2954 的传统矩形拾取线圈组，该拾取线圈组的尺寸小于发射线圈组的尺寸，以增大纵向和横向偏移。

传统的矩形电源回路线圈和拾取线圈组沿横向和对角偏移的感应输出电压 V_o 如图 20.1 所示。由于对称方形结构具有相同的纵向和横向偏移特性，无特殊说明下文的纵向和横向偏移都将被称为横向偏移。

当拾取线圈组沿对角线方向移动时，由于发射线圈组和拾取线圈组比横向偏移小。因

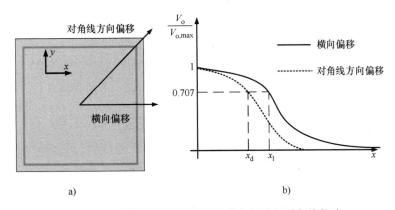

图 20.1　矩形线圈的俯视图及其横向偏移和对角线偏移

此，一般来说对角线偏移 x_d 和横向偏移 x_1 之间的关系可以确定如下：

$$x_d < x_1 \qquad\qquad (20.1)$$

20.1.2　偏移扩展方法

以往的文献对横向偏移的研究较多，而对斜向偏移的研究较少。本节主要介绍了最大化对角线偏移的一般方法。

首先，如图 20.2a 所示，通过将传统的矩形线圈分成两个线圈来分析，在两个线圈上施加相同的电流、匝数。如图 20.2b 所示，V_o 是电流方向相同的线圈感应电压之和。

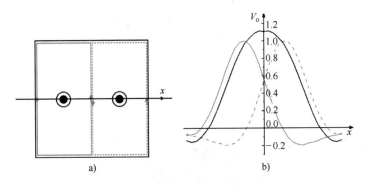

图 20.2　矩形线圈的俯视图及其 V_o

如图 20.3 所示，如果矩形线圈的面积减小，V_o 的峰值将下降，但会提高偏移量。偏移量的增加可以用两个线圈的每个中心之间的距离的增加来解释。即使通过采用分体式线圈来降低 V_o，也可以实现更大的偏移，通常定义为 -3dB 功率点。同时，通过增加拾取线圈组匝数 N_2，可以补偿良好对准情况下的电压降。

综上所述，发射线圈组采用分体式线圈可以实现较大的横向偏移。

20.1.3　采用的发射线圈组的配置

如前一节所述，在对角线方向上采用分体式线圈可以实现较大的对角线偏移。由两个线圈之间的距离 w_g 控制每个线圈的面积，以最大化来获得更多的功率。因此，应优化选择距

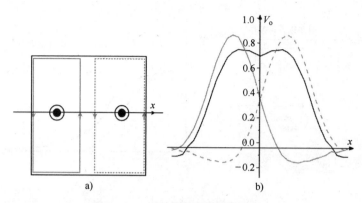

图 20.3　分体线圈的俯视图及其 V_o

离 w_g，使性能最优。

在这一设计中，每个发射线圈组由两个磁极组成，而每个线圈组具有 90°相位差，如图 20.4 所示。与图 20.3 中的方形线圈相比，图 20.4 中的三角形线圈的外部尺寸大约为两个线圈之间距离的 $\sqrt{2}$ 倍，这提高了横向偏移的容忍度。此外，采用两组分体线圈重叠的 DQ 线圈组，将产生对称的功率传输性能。

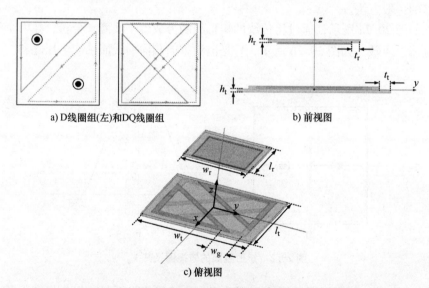

a) D线圈组(左)和DQ线圈组　　　　　　b) 前视图

c) 俯视图

图 20.4　带拾取线圈的 DQ 发射线圈组的总体配置

对于所提出的线圈组，使用两个半桥换流器提供 D 相和 Q 相电流，如图 20.5 所示。由于所提出的 DQ 发射线圈组是磁耦合的，半桥逆变器应作为一个独立的恒流源工作，而不考虑磁耦合引起的感应电压。这可通过控制每个桥臂的工作来实现，以消除电流不平衡，否则将造成发射线圈和拾取线圈之间的电流偏差。

由于每个发射线圈组的连接磁通而产生的感应电压 V_d 和 V_q 可计算如下：

$$V_d = jN_2\omega_s\Phi_d \tag{20.2a}$$

$$V_q = jN_2\omega_s\Phi_q \tag{20.2b}$$

式中，N_2 和 ω_s 分别是拾取线圈的匝数和开关角频率，分别由 D 和 Q 发射线圈产生的交叉磁通量 Φ_d 和 Φ_q 的决定；Φ_d 和 Φ_q 因气隙变化、横向错位、倾斜和旋转而变化。如果只确定了相交磁通量，通过求式（20.2）中的 V_d 和 V_q 之和，即可得到 V_o，如下所示：

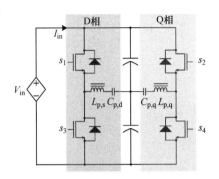

图 20.5　提出的 DQ 线圈电路（包括两个半桥逆变器、发射线圈组和补偿电路）

$$V_o = |V_d + V_q| = N_2 \omega_s |\Phi_d + \Phi_q| \tag{20.3}$$

20.2　实验设计和仿真验证

DQ 发射线圈组的参数汇总见表 20.1。使用 Ansoft Maxwell（V15.1）进行仿真。采用 150mm 气隙的较大横向偏移。

表 20.1　DQ 线圈组参数

参数	数值	参数	数值
I_s	5A（有效值）	w_t	500mm
f_s	85kHz	l_t	500mm
N_1	5	w_r	300mm
N_2	5	l_r	300mm
L_{p1}	43.7μH	h_t	10mm
L_{p2}	52.4μH	h_r	10mm
L_s	26.5μH	w_g	60mm
C_{p1}	81.2nF	t_t	50mm
C_{p2}	69.2Nf	t_r	30mm

绘制拾取线圈沿 x 轴和方向不同位置的仿真结果如图 20.6 所示。如前一节所述，在 90°相位差的情况下，可以实现较大的对角线偏移。

为了使偏移最大化，确定线圈之间的适当距离 w_g 是很重要的。当拾取线圈组与发射线圈组对齐时，V_o 应显示最大值。与传统矩形线圈相比，环路线圈仅通过改变供电线圈组的线圈结构，而不改变拾取线圈的结构使系统的抗偏移性有所提高。

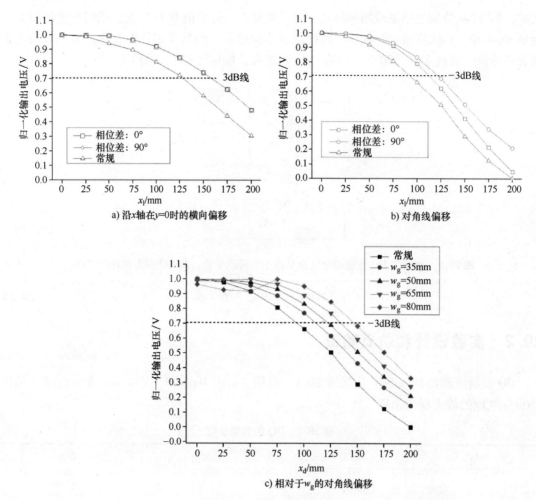

a) 沿x轴在y=0时的横向偏移

b) 对角线偏移

c) 相对于w_g的对角线偏移

图 20.6　有限元模拟结果

20.3　实验验证

如图 20.7 所示，为了验证所提出的 DQ 发射线圈组不仅允许大的横向和纵向偏移，而且允许大的对角线偏移，制作了一个实验装置，其中发射线圈组 f_r 的共振频率略小于 f_s，以保证零电压开关（ZVS）[19]。

发射线圈组的输入电流有效值设置为 5A，串联谐振补偿适用于发射线圈组，以降低电力电缆的无功功率和电压应力[13]。拾取线圈的结构与图 20.7a 中的发射线圈结构相似，但尺寸不同。气隙（定义为发射线圈组的磁心顶部和拾取线圈磁心底部）设置为 150mm，其他参数见表 20.1。

测量的 V_o 如图 20.8 所示。传统方法的横

a) 一个传统的矩形线圈

b) 提议的DQ发射线圈组

图 20.7　一个实验发射线圈组

向偏移和对角线偏移分别约为 130mm 和 90mm，而本章提出方法的横向偏移分别约为 160mm 和 130mm。横向和对角偏移气隙为 150mm 时，与传统的矩形环路线圈相比，增加了约 35% 和 19%。

使用所提出的 DQ 发射线圈组的 IPTS 与仿真结果相当吻合。

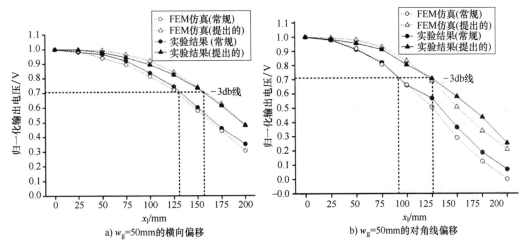

a) w_g=50mm 的横向偏移　　　　　b) w_g=50mm 的对角线偏移

图 20.8　测量的标准化 V_o

20.4　小结

提出的双三角形线圈 DQ 发射线圈组，既有较大的抗对角线偏移能力，又有抗横向偏移能力。通过仿真和实验结果，发现在气隙为 150mm 的情况下，与传统的矩形线圈相比，横向偏移和对角线偏移分别增加了 35% 和 19% 左右。

习　题

20.1　在图 20.4 中，每个绕组中心和磁心之间的最佳空间是什么？

20.2　在图 20.4 中，计算在非常小的气隙条件下简化磁阻的互感。

20.3　在图 20.6c 中，w_g = 65mm 和 w_g = 80mm 之间的选择是什么？选择的理由是什么？

20.4　在图 20.6 中，相位角对 IPT 性能有何影响？

参 考 文 献

1 J.T. Salihi, P.D. Agarwal, and G.J. Spix, "Induction motor control scheme for battery-powered electric car (GM-Electrovair I)," *IEEE Trans. on Ind. General Applic.*, vol. IGA-r3, no. 5, pp. 463–469, September 1967.

2 J.R. Bish and G.P. Tietmeyer, "Electric vehicle field test experience," *IEEE Trans. on Veh. Technol.*, vol. 32, no. 1, pp. 81–89, February 1983.

3 J. Dixon, I. Nakashima, E.F. Arcos, and M. Ortuzar, "Electric vehicle using a combination of ultra capacitors and ZEBRA battery," *IEEE Trans. on Ind. Electron.*, vol. 57, no. 3, pp. 943–949, March 2010.

4　C.H. Kim, M.Y. Kim, and G.W. Moon, "A modularized charge equalizer using a battery monitoring IC for series-connected Li-ion battery string in electric vehicles," *IEEE Trans. on Power Electron.*, vol. 28, no. 8, pp. 3779–3787, August 2013.

5　F.L. Mapelli, D. Tarsitano, and M. Mauri, "Plug-in hybrid electric vehicle: modeling, prototype, realization, and inverter losses reduction analysis," *IEEE Trans. on Ind. Electron.*, vol. 57, no. 2, pp. 598–607, February 2010.

6　E. Tara, S. Shahidinejad, and E. Bibeau, "Battery storage sizing in a retrofitted plug in hybrid electric vehicle," *IEEE Trans. on Veh. Technol.*, vol. 59, no. 6, pp. 2786–2794, July 2010.

7　S.G. Li, S.M. Sharkh, F.C. Walsh, and C.N. Zhang, "Energy and battery management of a plug-in series hybrid electric vehicle using fuzzy logic," *IEEE Trans. on Veh. Technol.*, vol. 60, no. 8, pp. 3571–3585, October 2011.

8　N.H. Kutkut, D.M. Divan, D.W. Novotny, and R.H. Marion, "Design considerations and topology selection for a 120-kW IGBT converter for EV fast charging," *IEEE Trans. on Power Electron.*, vol. 13, no. 1, pp. 169–178, January 1998.

9　C. Praisuwanna and S. Khomfoi, "A quick charger station for EVs using a pulse frequency technique," in *Proc. IEEE Energy Conversion Congress and Exposition ECCE)*, September 2013, pp. 3595–3599.

10　J.D. Marus and V.L. Newhouse, "Method for charging a plug-in electric vehicle," U.S. Patent 20 130 234 664, September 12, 2013.

11　C.Y. Huang, J.T. Boys, G.A. Covic, and M. Budhia, "Practical considerations for designing IPT system for EV battery charging," in *IEEE Vehicle Power and Propulsion Conference (VPPC)*, 2009, pp. 402–407.

12　H.H. Wu, A. Gilchrist, K. Sealy, P. Israelsen, and J. Muhs, "A review on inductive charging for electric vehicles," in *IEEE International Electric Machines and Drives Conference (IEMDC)*, 2011, pp. 143–147.

13　J. Huh, S.W. Lee, W.Y. Lee, G.H. Cho, and Chun T. Rim, "Narrow-width inductive power transfer system for on-line electrical vehicles (OLEV)," *IEEE Trans. on Power Electron.*, vol. 26, no. 12, pp. 3666–3679, December 2011.

14　S.Y. Choi, J. Huh, W.Y. Lee, S.W. Lee, and Chun T. Rim, "New cross-segmented power supply rails for road powered electric vehicles," *IEEE Trans. on Power Electron.*, vol. 28, no. 12, pp. 5832–5841, December 2013.

15　W.Y. Lee, B. Choi, and Chun T. Rim, "Dynamics characterization of the inductive power transfer system for online electric vehicles by Laplace phasor transform," *IEEE Trans. on Power Electron.*, vol. 28, no. 12, pp. 5902–5909, December 2013.

16　S.Y. Choi, B.W. Gu, S.W. Lee, W.Y. Lee, J. Huh, and Chun T. Rim, "Generalized active EMF cancel methods for wireless electric vehicles," *IEEE Trans. on Power Electron.*, vol. 29, no. 11, pp. 5770–5783, November 2014.

17　Chun T. Rim, "The development and deployment of on-line electric vehicles (OLEV)," in *Proc. IEEE Energy Conversion Congress and Exposition (ECCE)*, September 2013.

18　S.Y. Choi, J. Huh, W.Y. Lee, J.G. Cho, and Chun T. Rim, "Asymmetric coil sets for wireless stationary EV chargers with large lateral tolerance by dominant field analysis," *IEEE Trans. on Power Electron.*, to be published, doi: 10.1109/TPEL.2014.2305172.

19　S.Y. Choi, B.W. Gu, S.Y. Jeong, and Chun T. Rim, "Advances in wireless power transfer systems for road powered electric vehicles," *IEEE Journal of Emerging and Selected Topics in Power Electronics*, vol. 3, no. 1, pp. 18–36, March 2015.

20　M. Budhia, G.A. Covic, and J.T. Boys, "Design and optimization of circular magnetic structures for lumped inductive power transfer systems," *IEEE Trans. on Power Electron.*, vol. 26, no. 11, pp. 3096–3108, November 2011.

21　"SAE J2954 overview and path forward," http://www.sae.org/smartgrid/sae-j2954-status_1-2012.pdf.

第 21 章　电动汽车充电器耦合器的电容式电能传输

21.1　简介

IPT 已广泛应用于便携式设备[1,2]和电动汽车[3]的充电。从直流电源到直流负载的 IPT 系统的效率已达到 96%，输出功率为 7kW[4]，这已经与传统的插入式充电器相当。然而，IPT 技术的缺点在于其对导电物体的敏感性，例如气隙中的金属碎片。磁场会在系统附近的金属中产生涡流损耗，导致温度显著升高，这在实际应用中是危险的[5]。

CPT 技术是替代 IPT 系统的替代解决方案。它利用电场而不是磁场来传输功率[6]。与磁场不同，电场可以穿过金属屏障而不会产生显著的功率损耗。因此，CPT 技术适用于电动汽车充电应用[7]。

如图 21.1 所示，由于与磁场相比电场的非抵消特性，CPT 具有比 IPT 更好的横向容差。CPT 系统的另一个优点是低成本。在 CPT 系统中，金属极板用于形成电容以传输功率[8,9]，而在 IPT 系统中，线圈由昂贵的利兹线制成[10]。铝极板是一种具有成本效益的选择，因为它具有良好的导电性，重量轻和低成本的优势。

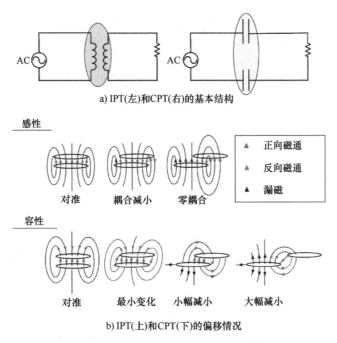

a) IPT(左)和CPT(右)的基本结构

b) IPT(上)和CPT(下)的偏移情况

图 21.1　IPT 和 CPT 的基本原则

　　大多数最近的 CPT 系统专注于低功率或短距离应用，例如 LED 驱动器[11]，足球机器人充电[12]和同步电机激励[13]。但传递距离通常约为 1mm，远小于电动汽车的离地间隙，这限制了 CPT 技术的应用。

　　当前 CPT 系统的这种限制来自使用耦合电容器的电路拓扑，其分为两类：非谐振拓扑和谐振拓扑。非谐振拓扑是 PWM 转换器，例如 SEPIC 转换器。耦合电容用作电源存储组件，以平滑电路中的功率[14]。因此，该系统需要大电容，通常在几十 nF 范围内，并且传输距离小于 1mm。谐振拓扑包括串联谐振变换器[15]和 E 类变换器[16]，其中耦合电容器与补偿电路中的电感器谐振。这些拓扑的好处是只要谐振电感或开关频率足够高，就可以减小耦合电容。然而，电感受其自谐振频率的限制[17]，开关频率受转换器效率和功率能力的限制[18]。另一个问题是谐振拓扑对由未对准引起的参数变化敏感，这在一些关键应用中是不可接受的。通常，所有这些拓扑都需要太大的电容或太高的开关频率，这使得它们难以实现。因此，需要为 CPT 系统提出更好的电路拓扑。

　　在本章参考文献［7］中已经提出了用于高功率和大气隙应用的双面 LCLC 补偿电路。其传输距离为 150mm，输出功率达到 2.4kW，效率为 91%。虽然耦合电容大约为几十 pF，但是有一个 100pF 电容与耦合极板并联，将谐振电感降低到数百 μH，开关频率降低到 1MHz。因此，谐振不受参数变化和未对准的影响。但是，补偿网络中的 8 个外部组件会增加系统的复杂性并且难以构建。此外，两对极板水平分开 500mm，以消除相邻极板之间的耦合，这意味着极板占据的空间超过了必要的空间。

　　在本章中，针对高功率 CPT 应用提出了更紧凑的四极板结构。在这种结构中，所有极板都垂直排列以节省空间，如图 21.2a 所示。在每一侧，两个极板彼此靠近放置以保持大的耦合电容，用于替换 LCLC 拓扑中的两个外部补偿电容器。因此，可以简化 LCLC 补偿拓扑，如在 LCL 拓扑中那样。通过耦合器传输高功率需要在极板之间产生高电压以建立电场。对于同一侧的两个极板，可以通过调节距离来调节耦合电容，然后可以控制开关频率和系统功率。由于可以减小距离以保持大电容，因此系统频率可以降低到合理的范围。此外，LCL 拓扑可以与极板谐振以提供高电压，并作为输入和输出的恒定电流源，适用于电池负载。

　　垂直结构的另一个好处是错位能力。如图 21.2a 所示，同一侧的两个极板具有不同的尺寸，外极板较大，以保持与另一侧的极板的连接。对于水平结构，旋转未对准（主极板和次极板之间的不匹配）会降低输出功率。对于垂直结构，水平面内的旋转几乎不会引起阻抗的不匹配，并且耦合电容几乎保持不变。因此，用所提出的垂直结构替换水平结构是有价值的。

　　尽管垂直结构已经应用于低功率商业产品，但在这些应用中，在同一侧的两个极板之间没有重叠。因此，本章考虑的大电容并没有内置于本章参考文献［19］中提到的耦合器，这意味着本章参考文献［19］中的电路模型与非对称水平极板的电路模型相同。与小的相比，不对称结构的功能是减小大极板上的电压应力。本章参考文献［20］试图模拟具有极板重叠的垂直结构，但是 π 结构不足以对极板进行建模。在本章参考文献［20］中使用了矩量法（MoM），但没有提供细节说明，也没有考虑两个极板之间的电容。本章参考文献［21］试图在极板模型中引入互电容的概念，但该模型与经典变压器模型没有对偶性，并且没有研究两个极板之间的电容。因此，CPT 系统设计需要更精确的耦合极板电路模型。在本章中，所有电路在稳态下都是在开关频率下工作的正弦波。

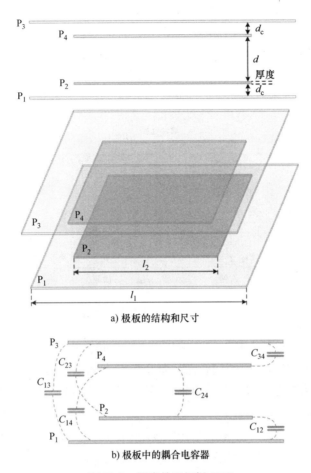

a) 极板的结构和尺寸

b) 极板中的耦合电容器

图 21.2　提出的四极板 CPT

21.2　四极板结构及其电路模型

21.2.1　极板结构

图 21.2a 显示了三维视图和前视图的极板的结构和尺寸。极板设计成从一次侧到二次侧对称。P_1 和 P_2 作为功率发射器嵌入地中。P_3 和 P_4 作为电力接收器安装在车辆上。在图 21.2a 中，P_1 和 P_3 大于 P_2 和 P_4。因此，P_2 和 P_4 之间的耦合不能被 P_2 和 P_4 消除。极板形状不会影响耦合，因此所有极板都设计成方形以简化分析。在实际应用中，极板可以设计成任何形状以适合车辆上的安装。唯一的原则是保持极板的面积以传递足够的功率。P_1 和 P_3 的长度为 l_1，P_2 和 P_3 的长度为 l_2，P_1-P_2 和 P_3-P_4 的距离是 d_c，P_2-P_4 的距离是 d，它是一次侧和二次侧的气隙，所有极板的厚度是相同的。

21.2.2　极板的电路模型

两个极板之间有一个耦合电容，如图 21.2b 所示。在电动车辆充电应用中，气隙 d 远大

于极板距离 d_c，因此 C_{13} 和 C_{24} 远小于 C_{12} 和 C_{34}。C_{14} 和 C_{23} 的交叉偶合由 P_1-P_4 和 P_2-P_3 的边缘效应产生，因此它们通常小于 C_{12} 和 C_{34}。但是，它们在精确的电路模型中是不可忽视的。得到的四极板垂直结构电路模型如图 21.3 所示。等效输入电容来自一次侧和二次侧的极板分别定义为 $C_{\mathrm{in,pri}}$ 和 $C_{\mathrm{in,sec}}$。其主要由 C_{12} 和 C_{34} 决定。由于 C_{12} 和 C_{34} 主要由距离 d_c 确定，并且与一次侧和二次侧之间的未对准无关，因此该耦合器的谐振对未对准不敏感。

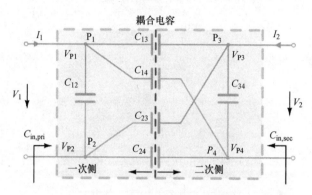

图 21.3　耦合电容的电路模型

在图 21.3 中，两个独立的正弦电压源 V_1 和 V_2 应用于极板来推导输入和输出之间的关系。所有电容均对应图 21.2b 中的耦合器。每个极板上的电压分别定义为 V_{P1}、V_{P2}、V_{P3} 和 V_{P4}。选择极板 P_2 作为参考，因此 $V_{\mathrm{P2}}=0$，$V_1=V_{\mathrm{P1}}$，并且 $V_2=V_{\mathrm{P3}}-V_{\mathrm{P4}}$。因此，基尔霍夫的当前方程在稳态表示为

$$
\begin{cases}
(C_{12}+C_{13}+C_{14})V_{\mathrm{P1}}-C_{13}V_{\mathrm{P3}}-C_{14}V_{\mathrm{P4}}=I_1/(\mathrm{j}\omega)\\
-C_{12}V_{\mathrm{P1}}-C_{23}V_{\mathrm{P3}}-C_{24}V_{\mathrm{P4}}=-I_1/(\mathrm{j}\omega)\\
-C_{13}V_{\mathrm{P1}}+(C_{13}+C_{23}+C_{34})V_{\mathrm{P3}}-C_{34}V_{\mathrm{P4}}=I_2/(\mathrm{j}\omega)\\
-C_{14}V_{\mathrm{P1}}-C_{34}V_{\mathrm{P3}}+(C_{14}+C_{24}+C_{34})V_{\mathrm{P4}}=-I_2/(\mathrm{j}\omega)
\end{cases}
\tag{21.1}
$$

式中，I_1 和 I_2 是分别从一次侧和二次侧注入极板的电流；$\omega=2\pi f_{\mathrm{sw}}$，$f_{\mathrm{sw}}$ 是输入和输出交流源的频率。

这些极板被建模为双端口网络，其中 V_1 和 V_2 作为输入，I_1 和 I_2 作为输出变量。式（21.1）中有 4 个方程，其中任何 3 个是独立的。电压和电流之间的关系可以从式（21.1）中导出。

考虑到式（21.1）中的前两个方程，可以消 V_{P3} 和 V_{P4}，如下所示：

$$
\begin{cases}
[C_{24}(C_{12}+C_{13}+C_{14})+C_{12}C_{14}]V_{\mathrm{P1}}-(C_{13}C_{24}-C_{14}C_{23})V_{\mathrm{P3}}=(C_{24}+C_{14})I_1/(\mathrm{j}\omega)\\
[C_{23}(C_{12}+C_{13}+C_{14})+C_{12}C_{13}]V_{\mathrm{P1}}+(C_{13}C_{24}-C_{14}C_{23})V_{\mathrm{P4}}=(C_{23}+C_{13})I_1/(\mathrm{j}\omega)
\end{cases}
\tag{21.2}
$$

由于 $V_1=V_{\mathrm{P1}}$ 和 $V_2=V_{\mathrm{P3}}-V_{\mathrm{P4}}$，$V_1$，$I_1$ 和 V_2 之间的关系可表示为

$$
V_1=I_1\cfrac{1}{\mathrm{j}\omega\left[C_{12}+\cfrac{(C_{13}+C_{14})(C_{23}+C_{24})}{C_{13}+C_{14}+C_{23}+C_{24}}\right]}+
$$

$$
V_2\cfrac{C_{24}C_{13}-C_{14}C_{23}}{C_{12}(C_{13}+C_{14}+C_{23}+C_{24})+(C_{13}+C_{14})(C_{23}+C_{24})}
\tag{21.3}
$$

类似地，使用式（21.1）中的另外两个方程，V_2、I_2 和 V_1 之间的关系可表示为

$$V_2 = I_2 \frac{1}{j\omega\left[C_{34} + \dfrac{(C_{13}+C_{23})(C_{14}+C_{24})}{C_{13}+C_{14}+C_{23}+C_{24}}\right]} +$$

$$V_1 \frac{C_{24}C_{13}-C_{14}C_{23}}{C_{34}(C_{13}+C_{14}+C_{23}+C_{24})+(C_{13}+C_{23})(C_{14}+C_{24})} \tag{21.4}$$

从式（21.3）和式（21.4），电容 C_1、C_2 和 C_M 可以定义为

$$\begin{cases} C_1 = C_{12} + \dfrac{(C_{13}+C_{14})(C_{23}+C_{24})}{C_{13}+C_{14}+C_{23}+C_{24}} \\[3mm] C_2 = C_{34} + \dfrac{(C_{13}+C_{23})(C_{14}+C_{24})}{C_{13}+C_{14}+C_{23}+C_{24}} \\[3mm] C_M = \dfrac{C_{24}C_{13}-C_{14}C_{23}}{C_{13}+C_{14}+C_{23}+C_{24}} \end{cases} \tag{21.5}$$

因此，式（21.3）和式（21.4）可以改写为

$$\begin{cases} V_1 = I_1 \dfrac{1}{j\omega C_1} + V_2 \dfrac{C_M}{C_1} \\[3mm] V_2 = I_2 \dfrac{1}{j\omega C_2} + V_1 \dfrac{C_M}{C_2} \end{cases} \tag{21.6}$$

将 I_1 和 I_2 移动到左侧，电流和电压之间的关系为

$$\begin{cases} I_1 = j\omega C_1 V_1 - j\omega C_M V_2 \\ I_2 = j\omega C_2 V_2 - j\omega C_M V_1 \end{cases} \tag{21.7}$$

根据式（21.7），具有激励源的耦合电容器的简化等效模型如图 21.4a 所示。两个电流源都取决于另一侧的电压，并由虚线分开。

将式（21.7）进一步改写为

$$\begin{cases} I_1 = j\omega(C_1 - C_M)V_1 + j\omega C_M(V_1 - V_2) \\ I_2 = j\omega(C_2 - C_M)V_2 + j\omega C_M(V_2 - V_1) \end{cases} \tag{21.8}$$

然后将电容器的等效模型简化为 π 的形状，如图 21.4b 所示。该模型适用于简化电路中的参数计算。需要强调的是，在 π 模型中，一次侧和二次侧是不分开的。

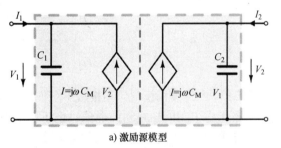

a) 激励源模型

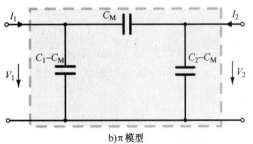

b) π 模型

图 21.4　耦合电容器的简化等效模型

与线圈类似，极板的电容耦合系数 k_C 由式（21.5）的参数定义，如下所示：

$$k_C = \frac{C_M}{\sqrt{C_1 C_2}} = \frac{\sqrt{C_{24}C_{13}-C_{14}C_{23}}}{\sqrt{C_{12}(C_{13}+C_{14}+C_{23}+C_{24})+(C_{13}+C_{14})(C_{23}+C_{24})}} \cdot$$

$$\frac{\sqrt{C_{24}C_{13}-C_{14}C_{23}}}{\sqrt{C_{34}(C_{13}+C_{14}+C_{23}+C_{24})+(C_{13}+C_{23})(C_{14}+C_{24})}} \tag{21.9}$$

从图 21.4 所示的简化模型看，一次侧的自电容为 C_1，二次侧的自电容为 C_2，一次侧和二次侧的互电容为 C_M，电容耦合系数为 k_C。

对于本章参考文献 [7] 中的水平结构，同一侧的极板放置在 500mm 处，因此耦合电容 C_{12} 和 C_{34} 都接近于零。交叉耦合电容 C_{14} 和 C_{23} 也接近于零。因此，电容耦合系数是 $k_C \approx 1$。

对于图 21.2b 所示的垂直结构，极板距离 d_c 远小于气隙距离 d，因此 C_{12} 和 C_{34} 远大于 C_{13} 和 C_{24}。结果，电容耦合系数 $k_C \ll 1$，这意味着它是松散耦合的 CPT 系统。

由于电路极板作为单个电容器与电路中的电感器谐振，因此它对于计算极板的等效输入电容很重要。图 21.3 分别显示了来自一次侧和二次侧的电容 $C_{in,pri}$ 和 $C_{in,sec}$。使用图 21.4 中的简化电容模型来执行计算很方便。因此，等效输入电容是

$$\begin{cases} C_{in,pri} = \dfrac{I_1}{j\omega V_1} \bigg|_{I_2=0} = C_1 - C_M + \dfrac{C_M(C_2-C_M)}{C_2} = (1-k_C^2)C_1 \\ C_{in,sec} = \dfrac{I_2}{j\omega V_2} \bigg|_{I_1=0} = C_2 - C_M + \dfrac{C_M(C_1-C_M)}{C_1} = (1-k_C^2)C_2 \end{cases} \tag{21.10}$$

输入和输出电压之间的传递函数也是用于确定传输功率量的重要参数。从一次侧到二次侧的电压传递函数定义为 $H_{1,2}$，并且从二次侧到一次侧的电压传递函数定义为 $H_{2,1}$。它们表示为

$$\begin{cases} H_{1,2} = \dfrac{V_2}{V_1} \bigg|_{I_2=0} = \dfrac{C_M}{C_2} = k_C\sqrt{\dfrac{C_1}{C_2}} \\ H_{2,1} = \dfrac{V_1}{V_2} \bigg|_{I_1=0} = \dfrac{C_M}{C_1} = k_C\sqrt{\dfrac{C_2}{C_1}} \end{cases} \tag{21.11}$$

图 21.4 中的极板模型包括极板 P_1 和 P_2 之间的电压应力以及 P_3 和 P_4 之间的应力。但是，它不考虑 P_1 和 P_3 之间的电压，也不考虑 P_2 和 P_4 之间的电压，这在系统设计中也很重要。由于 P_2 被设置为参考，因此式（21.2）中的第二个等式用于计算 P_2 和 P_4 之间的电压，即

$$V_{P4-P2} = V_{P4} = \frac{(C_{23}+C_{13})I_1}{j\omega(C_{13}C_{24}-C_{23}C_{14})} - \frac{C_{12}(C_{13}+C_{23})+C_{23}(C_{13}+C_{14})}{(C_{13}C_{24}-C_{23}C_{14})}V_1 \tag{21.12}$$

使用式（21.2）中的第一个等式，P_1 和 P_3 之间的电压表示为

$$V_{P1-P3} = V_{P1} - V_{P3} = \frac{-(C_{23}+C_{24})I_2}{j\omega(C_{13}C_{24}-C_{23}C_{14})} + \frac{C_{34}(C_{23}+C_{24})+C_{23}(C_{14}+C_{24})}{(C_{13}C_{24}-C_{23}C_{14})}V_2 \tag{21.13}$$

21.2.3　极板尺寸

使用极板的电路模型，可以确定用于电动汽车充电装置的极板尺寸。所有变量如图 21.2a 所示。尺寸设计的目的是计算式（21.5）中的所有电容并分析极板的行为。由于极板结构设计成从一次侧到二次侧对称，因此 C 定义为 $C = C_1 = C_2$。

考虑到空间限制，P_1 和 P_3 的长度 l_1 为 914mm。气隙设定为 150mm，这是电动汽车的离地间隙。因此，只需要设计两个参数 d_c 和 l_2。极板比率 r_p 定义为 $r_p = l_2/l_1$。

图 21.2b 中的极板结构比本章参考文献［22］中的平行极板复杂得多。由于交叉耦合通常较小，因此在极板设计的开始阶段可以忽略不计。本章参考文献［22］中平行极板的经验公式可用于根据系统尺寸估算电容，以加速设计过程。该估算可以提供合理的尺寸范围。然后，Ansoft Maxwell 软件的有限元分析（FEA）可用于精确确定极板的最终尺寸和相应的电路模型。

FEA 仿真提供了一个电容矩阵，其中所有 6 个互电容如图 21.2b 所示。使用电容矩阵，根据式（21.5）进一步计算等效电容 C 和 C_M，并且从式（21.9）获得电容耦合系数。当极板比率 r_p 和距离 d_c 变化时，在 Ansoft Maxwell 软件中分析所有极板尺寸。极板模型中的等效参数（C_M，C 和 k_C）在图 21.5 中显示为 r_p 和 d_c 的函数。

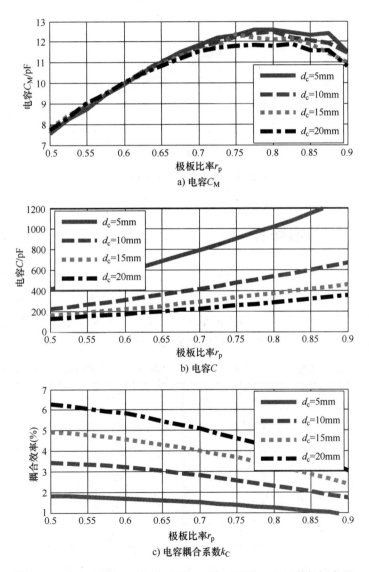

a) 电容 C_M

b) 电容 C

c) 电容耦合系数 k_C

图 21.5　当 $l_L = 914mm$ 和 $d = 150mm$ 时，不同 r_p 和 d_c 的极板参数

图 21.5a 显示互电容 C_M 仅对极板比率 r_p 敏感。图 21.5b 显示 r_p 的增加和 d_c 的减小都会

引起自电容 C 的增加。对于电容耦合系数 k_c，图 21.5c 显示它小于 10%，这表明它是一个松散耦合的 CPT 系统。

根据本章参考文献 [7]，有一个外部电感与自电容谐振。自电容应足够大，以降低电感的值和体积。同时，耦合系数应足够大，以保持系统功率。因此，考虑图 21.5b 和 c，极板距离 d_c 设定为 10mm，极板比 r_p 为 0.667。这种情况的所有电容值见表 21.1。

在 Ansoft Maxwell 软件中还分析了极板的错位能力。当二次侧极板在水平面上旋转时，如图 21.2a 所示，自电容 C_{12} 的变化在良好对准值的 1% 和互电容 C_M 的 10% 范围内。当存在位移不对准时，自电容的变化可以忽略不计，互电容的变化如图 21.6 所示。该图表明，当未对准增加到 250mm 时，C_M 可以保持高于标准值的 50%。

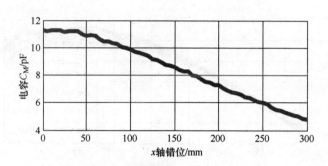

图 21.6　错位条件下的互电容 C_M

21.3　双面 *LCL* 补偿拓扑

本节提出使用双面 *LCL* 补偿电路与极板一起工作，如图 21.7 所示。极板以图 21.2b 所示的垂直结构排列，电路中存在多个谐振。在一次侧，有一个全桥逆变器，产生激励 V_{in} 到谐振回路。在二次侧，全桥整流器用于向输出电池提供 DC 电流。在图 21.7 中，假设所有组件都具有高质量因子，并且在分析过程中忽略寄生电阻。

表 21.1　极板的电容，l_1 = 914mm，l_2 = 610mm，d_c = 10mm，d = 150mm

参数	值	参数	值
C_{12}	366pF	C_{34}	366pF
C_{13}	42.4pF	C_{24}	19.5pF
C_{14}	4.72pF	C_{23}	4.72pF
C_1	381pF	C_2	381pF
C_M	11.3pF	k_C	2.90%

L_{f1} 和 C_{f1} 在前端用作低通滤波器。同样，L_{f2} 和 C_{f2} 在后端用作低通滤波器。因此，没有将高次谐波电流流入极板中。基波谐波近似（FHA）方法用于分析系统的工作原理。图 21.8a 显示了 CPT 系统的简化电路拓扑，其中电路板的等效电路模型如图 21.4a 所示。输入和输

出方波源由两个正弦交流源表示。由于图 21.8a 中的电路是线性的，因此叠加定理可分别用于分析两个交流电源，如图 21.8b 和 c 所示。

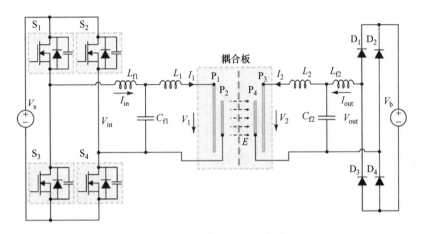

图 21.7　双面 *LCL* 补偿电路

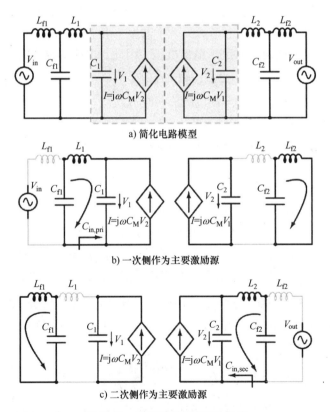

a) 简化电路模型

b) 一次侧作为主要激励源

c) 二次侧作为主要激励源

图 21.8　CPT 系统的 FHA 分析

图 21.8b 显示了谐振电路仅由主电源激励。L_{f2} 和 C_{f2} 形成并联谐振，它们的阻抗是无穷大的。L_2 被视为开路。L_1，C_{f1} 和 $C_{in,pri}$ 形成另一个并联谐振，因此没有电流流过 L_{f1}，这意味着输入电流不依赖于输入电压 V_{in}。因此，电路参数之间的关系为

$$\begin{cases} \omega = 2\pi f_{sw} = 1/\sqrt{L_{f2}C_{f2}} \\ L_1 = 1/(\omega^2 C_{f1}) + 1/(\omega^2 C_{in,pri}) \end{cases} \tag{21.14}$$

输出电流取决于输入电压。由于 L_{f1} 和 L_2 被视为开路,因此,$V_{Cf1} = V_{in}$ 和 $V_{Cf2} = V_2$。一次电压和二次电压间的传递函数式(21.11)用于计算电压和电流。因此,输出电流计算为

$$\begin{cases} V_1 = V_{Cf1}\dfrac{C_{f1}}{C_{in,pri}} = V_{in}\dfrac{C_{f1}}{(1-k_C^2)C_1} \\ V_2 = H_{1,2}V_1 = \dfrac{C_M C_{f1} V_{in}}{(1-k_C^2)C_1 C_2} \\ I_{Lf2} = V_2 \dfrac{1}{j\omega L_{f2}} = V_2 \dfrac{\omega C_{f2}}{j} = \dfrac{\omega C_M C_{f1} C_{f2} V_{in}}{j(1-k_C^2)C_1 C_2} \end{cases} \tag{21.15}$$

二次侧有一个全桥整流器,因此输出电压和电流同相。图 21.8c 表明输出电压不会影响输出电流。输出功率可表示为

$$P_{out} = |V_{out}||I_{Lf2}| = \frac{\omega C_M C_{f1} C_{f2}}{(1-k_C^2)C_1 C_2}|V_{in}||V_{out}| \tag{21.16}$$

图 21.8c 表明谐振电路仅由二次源激励。与图 21.8b 的分析类似,有两个平行谐振:L_{f1} 和 C_{f1} 形成一个谐振,L_2、C_{f2} 和 $C_{in,pri}$ 形成另一个谐振。由于并联谐振的阻抗无限大,L_1 和 L_{f2} 被视为开路。此外,输入电流仅取决于输出电压。因此,电路参数之间的关系是

$$\begin{cases} \omega = 2\pi f_{sw} = 1/\sqrt{L_{f1}C_{f1}} \\ L_2 = 1/(\omega^2 C_{f2}) + 1/(\omega^2 C_{in,sec}) \end{cases} \tag{21.17}$$

由于 L_1 和 L_{f2} 是开路的,因此 $V_{Cf1} = V_1$ 和 $V_{Cf2} = V_{out}$。考虑到式(21.10)中的等效电容 $C_{in,sec}$ 和式(21.11)中的电压传递函数 $H_{2,1}$,输入电流可以计算为

$$\begin{cases} V_2 = V_{Cf2}\dfrac{C_{f2}}{C_{in,sec}} = V_{out}\dfrac{C_{f2}}{(1-k_C^2)C_2} \\ V_1 = H_{2,1}V_2 = \dfrac{C_M C_{f2} V_{out}}{(1-k_C^2)C_1 C_2} \\ I_{Lf1} = V_1 \dfrac{1}{j\omega L_{f1}} = V_1 \dfrac{\omega C_{f1}}{j} = \dfrac{\omega C_M C_{f1} C_{f2} V_{out}}{j(1-k_C^2)C_1 C_2} \end{cases} \tag{21.18}$$

式(21.18)显示 I_{Lf1} 是 90°滞后 V_{out},并且式(21.15)显示 I_{Lf2} 是 90°滞后 V_{in}。由于 V_{out} 和 I_{Lf2} 同相,则 I_{Lf1} 为 180°滞后 V_{in}。输入电流方向与 I_{Lf1} 的方向相反与 V_{in} 同相。因此,输入功率表示为

$$P_{in} = |V_{in}||-I_{Lf1}| = \frac{\omega C_M C_{f1} C_{f2}}{(1-k_C^2)C_1 C_2}|V_{in}||V_{out}| \tag{21.19}$$

式(21.16)和式(21.19)的对比表明当寄生电阻被忽略时,输入和输出功率是相同的,这也验证了先前的假设。

式(21.19)表明系统功率与互电容 C_M,滤波电容 $C_{f1,2}$,电压 V_{in} 和 V_{out} 以及开关频率 f_{sw} 成比例。根据第 21.2 节中的极板设计,电容耦合系数 k_C 通常远小于 10%,因此 $(1-k_C^2) \approx 1$。因此,系统功率可以简化为

$$P_{in} = P_{out} \approx \frac{\omega C_M C_{f1} C_{f2}}{C_1 C_2} \mid V_{in} \mid \mid V_{out} \mid \tag{21.20}$$

考虑到图 21.7 中的输入直流电压 V_s 和输出电池电压 V_b，式（21.20）可以重新写为：

$$P_{in} = P_{out} \approx \frac{\omega C_M C_{f1} C_{f2}}{C_1 C_2} \frac{2\sqrt{2}}{\pi} V_s \frac{2\sqrt{2}}{\pi} V_b \tag{21.21}$$

在高功率 CPT 系统中，电路元件上的电压应力是一个重要的问题，尤其是金属极板。电感器 $L_{f1,2}$ 和 $L_{1,2}$ 以及电容器 $C_{f1,2}$ 上的电压可以使用流过它们的电流来计算。两个极板中的每个电压可以根据式（21.12）、式（21.13）、式（21.15）和式（21.18）计算，见表 21.2。

表 21.2　电路元件的电压应力

元件	电压应力
L_{f1}，L_{f2}	$V_{Lf1} = \dfrac{C_M C_{f2} V_{out}}{(1-k_C^2) C_1 C_2}$，　$V_{Lf2} = \dfrac{C_M C_{f1} V_{in}}{(1-k_C^2) C_1 C_2}$
C_{f1}，C_{f2}	$V_{Cf1} = V_{in} + V_{Lf1}$，　$V_{Cf2} = V_{out} + V_{Lf2}$
L_1，L_2	$V_{L1} = \omega^2 L_1 C_{f1} V_{in}$，　$V_{L2} = \omega^2 L_2 C_{f2} V_{out}$
$P_1 - P_2$	$V_{P1-P2} = \dfrac{C_{f1} V_{in}}{(1-k_C^2) C_1} + \dfrac{C_M C_{f2} V_{out}}{(1-k_C^2) C_1 C_2}$
$P_3 - P_4$	$V_{P3-P4} = \dfrac{C_M C_{f1} V_{in}}{(1-k_C^2) C_1 C_2} + \dfrac{C_{f2} V_{out}}{(1-k_C^2) C_2}$
$P_1 - P_3$	$\dfrac{C_{34}(C_{23}+C_{24}) + C_{23}(C_{14}+C_{24})}{(C_{13} C_{24} - C_{23} C_{14})} V_{P3-P4} - \dfrac{(C_{23}+C_{24}) C_{f2} V_{out}}{(C_{13} C_{24} - C_{23} C_{14})}$
$P_2 - P_4$	$\dfrac{(C_{23}+C_{13}) C_{f1} V_{in}}{(C_{13} C_{24} - C_{23} C_{14})} - \dfrac{C_{12}(C_{13}+C_{23}) + C_{23}(C_{13}+C_{14})}{(C_{13} C_{24} - C_{23} C_{14})} V_{P1-P2}$

21.4　样机设计

在提出了极板结构和 *LCL* 补偿电路拓扑之后，设计了 CPT 系统的样机。根据式（21.14）、式（21.17）和式（21.19），所有电路的参数见表 21.3。

由于极板结构的对称性，其他电路参数也被设计为对称的。考虑到半导体器件的限制，开关频率为 1MHz。该电路拓扑类似于本章参考文献［7］中的 *LCLC* 补偿拓扑，L_2 大于 L_1，为输入逆变器提供软开关条件。

在 LTSpice 软件中模拟 CPT 系统，参数值见表 21.3。CPT 系统的仿真波形如图 21.9 所示。输入电压 V_{in} 与输入电流 I_{in} 几乎同相。开关瞬态的截止电流约为 6A，这足以为开关提供软开关状态。输入电压为 90°滞后于输出电压 V_{out}，这与第 21.3 节中的 FHA 分析一致。

表 21. 3　系统规格和电路参数值

参数	设计值	参数	设计值
V_{in}	270V	V_{out}	270V
l_1	914mm	l_2	610mm
d_c	10mm	r_p	0. 667
f_{sw}	1MHz	C_M	11. 3pF
L_{f1}	2. 90μH	L_{f2}	2. 90μH
C_{f1}	8. 73nF	C_{f2}	8. 73nF
L_1	69. 4μH	L_2	70. 0μH
C_1	381pF	C_2	381pF

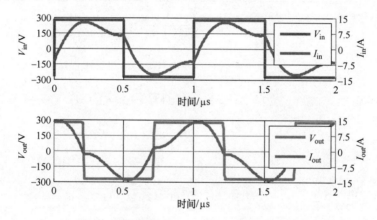

图 21. 9　模拟输入和输出电压和电流波形

使用表 21. 2 计算每个组件上的电压应力的方均根值，这也与 LTSpice 软件仿真一致。模拟结果见表 21. 4，表明滤波器元件上的电压应力相对较低，但电感器 $L_{1,2}$ 上的电压应力高于 5kV，因此在设计过程中应考虑电感器每匝之间的绝缘。P_1 和 P_2 之间的电压为 5. 12kV，极板距离 $d_c = 10mm$。空气的击穿电压约为 3kV/mm。因此，不用担心电弧放电。

表 21. 4　每个元件上的电压应力的均方根值

参数	电压	参数	电压
V_{Lf1}	211V	V_{Lf2}	211V
V_{Cf1}	278V	V_{Cf2}	331V
V_{L1}	5. 34kV	V_{L2}	5. 36kV
V_{P1-P2}	5. 12kV	V_{P3-P4}	5. 08kV
V_{P1-P3}	2. 44kV	V_{P2-P4}	5. 29kV

漏电通量的辐射是大功率 CPT 系统中的重要安全问题。可以使用表 21. 4 中的电压应力在 Ansoft Maxwell 软件中分析极板周围的电场。仿真结果如图 21. 10 所示。根据 IEEE 标准，

为了保证人员安全，泄漏电场在 1MHz 时应低于 614V/m[23]。仿真结果表明该系统所需的安全距离约为 1m。未来的研究将优化极板结构，以减少漏电场。

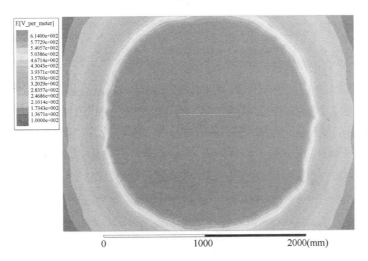

图 21.10　极板的电场分布图

21.5　实验验证

21.5.1　实验装置

使用表 21.3 中的参数，构建 CPT 系统样机，如图 21.11 所示。垂直放置 4 个铝极板以形成电容耦合器。陶瓷垫片用于将同一侧的内极板和外极板分开。白色 PVC 管用于固定极板，如图 21.11 所示。铜的表皮深度在 1MHz 时为 65μm，因此使用直径为 40μm 的 3000 股 AWG 46 利兹线制造电感器，从而减少趋肤效应损耗。由于电感器是空心并缠绕在 PVC 管上的，因此也消除了磁损耗。KEMET 的高功率，高频聚丙烯薄膜电容用于与电感谐振，1MHz 时的损耗因数为 0.18%。电感器、电容器和极板之间的连接如图 21.11 所示，其中元件连接到极板的边缘。

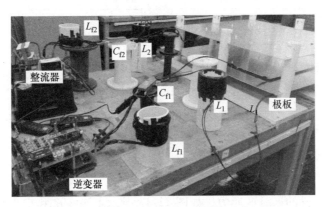

图 21.11　具有垂直极板结构的 CPT 系统的样机

CREE（科锐）的碳化硅（SiC）MOSFET C2M0080120D 用于输入逆变器。数据表显示漏极和源极之间的输出寄生电容在 270V 时为 110pF。如 21.4 节所述，MOSFET 可实现零电压开关，仅考虑导通损耗。输出整流器采用英飞凌的 SiC 二极管 IDW30G65C，二极管的正向电压用于估算功率损耗。

21.5.2 实验结果

实验波形与图 21.9 中的仿真结果类似，如图 21.12 所示。输入电压和电流几乎彼此同相。V_{out} 为 180°反转，因此它在图 21.9 中滞后于 V_{in}。开关瞬态时的开关电流约为 6A，并实现零电压开关条件。虽然在开关瞬态时驱动器信号上存在噪声，但噪声幅度在 3V 以内，低于 SiC MOSFET 的阈值电压，对于 MOSFET 的安全操作仍然是可接受的。

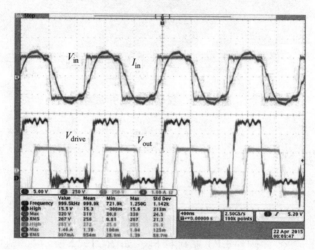

图 21.12 实验输入和输出波形

当输入和输出电压增加时，输出功率和效率之间的关系如图 21.13 所示。这表明系统效率随着输出功率的增加而不断增加。对于无偏差情况，当功率高于 600W 时，系统可以保持高于 85% 的效率。当输入和输出电压均为 270V 时，系统输入功率达到最大值 2.17kW。输出功率为 1.88kW，效率为 85.9%。

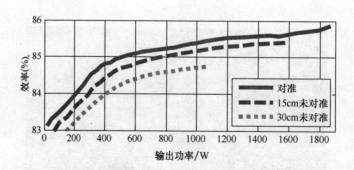

图 21.13 系统输出的功率和效率不同的错位条件

本节还测试了样机的未对准能力，如图 21.13 所示。当一次和二次极板之间存在 15cm

的不对准时，系统的最大输出功率降至 1.60kW，效率为 85.4%；当未对准增加到 30cm 时，最大输出功率下降到 1.06kW，效率为 84.7%。在最大错位时，系统功率下降到良好对准情况的约 56.4%。此外，还进行了旋转错位测试，其中固定主极板并且辅助极板在水平平面中旋转到不同的角度。在这个实验中，系统输出功率保持不变，功率纹波在标准功率的 ±5.0% 范围内，表明该系统相对于水平面旋转具有良好的不对准能力。

本节估计了样机中电路元件中功率损耗的分布。本章参考文献 [24] 和 [25] 中讨论的电路元件模型用于计算功率损耗。对于所有电感器，1MHz 的交流电阻是直流电阻的 3.4 倍。对于所有电容器，寄生电阻根据损耗因子计算，在 1MHz 时为 0.18%。对于逆变器中的 MOSFET，由于它们在软开关条件下工作，因此仅考虑传导损耗。对于整流器中的二极管，正向电压用于计算损耗。对于所有这些模型，估计剩余的损耗来自耦合极板。因此，功率损耗分布如图 21.14 所示。

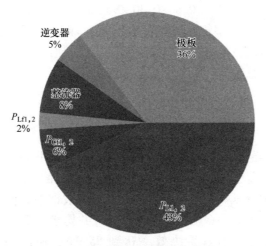

图 21.14　组件的功率损耗分布

这表明 43% 的功耗来自电感器 L_1 和 L_2，铝极板占总功率损耗的 36%。考虑到功率分布，在未来的研究中需要优化电感器和极板的结构以减少总功率损耗。

21.5.3　与 *LCLC* 补偿系统的讨论与比较

将具有垂直排列极板的 *LCL* 补偿 CPT 系统的实验结果与先前的具有水平排列极板的 *LCLC* 补偿 CPT 系统进行比较[7]。*LCL* 系统针对旋转情况具有更好的错位能力，而 *LCLC* 系统针对位移未对准的能力更好。当一次侧极板和二次侧极板之间存在 90° 旋转时，*LCL* 系统可以保持原始功率，而 *LCLC* 系统中的功率降至零。当极板之间有 30cm 的位移时，*LCLC* 系统可以保持 87.5% 的原始功率，但 *LCL* 系统的功率下降到 56.4%。因此，所提出的垂直布置的极板结构对于旋转未对准的情况更加有效。

实验还表明，本章参考文献 [7] 中 *LCLC* 系统的效率比本章所述的 *LCL* 系统高约 5%，这是因为两个电感 L_1 和 L_2 的功耗更高。对于给定系统，功率损耗分布与参数值有关。与 *LCLC* 系统相比，虽然电感 L_1 和 L_2 减小，但流过它们的电流增加。因此，需要一起考虑组件中的所有功率损耗。在未来的研究中，可通过适当设计参数值来优化系统效率。

功率传输密度也是评估 CPT 系统的重要规范。对于本章中的 *LCL* 补偿系统，功率传输密度计算为

$$P_{D,LCL} = \frac{P_{out}}{l_1^2(d+2d_c)} = \frac{1.88kW}{0.914^2 \times 0.17m^3} = 13.24kW/m^3 \qquad (21.22)$$

对于本章参考文献［7］中的 *LCLC* 补偿系统，应考虑两对极板之间的空间，因此其功率传输密度计算如下：

$$P_{D,LCLC} = \frac{P_{out}}{l(2l+d_1)d} = \frac{2.4kW}{0.61 \times (2 \times 0.61+0.5) \times 0.15m^3} = 15.25kW/m^3 \qquad (21.23)$$

此外，还比较了感应电能传输系统的功率传输密度。对于本章参考文献［24］中的 *LCC* 补偿 IPT 系统，功率传输密度计算如下：

$$P_{D,IPT} = \frac{P_{out}}{l_1 l_2 d} = \frac{5.7kW}{0.60 \times 0.80 \times 0.18m^3} = 65.97kW/m^3 \qquad (21.24)$$

这表明两个 CPT 系统的功率传输密度是可比较的，而 IPT 系统具有比任何一个 CPT 系统高得多的功率传输密度。在未来的研究中，可以通过增加极板上的电压来改善 CPT 系统的功率密度。同时，应在系统设计中考虑安全和辐射问题。

21.6 小结

本章提出了一种极板的垂直结构和相应的 *LCL* 补偿电路拓扑，用于高功率的电容式电能传输。使用两个极板中每个极板之间的耦合电容导出极板的等效电路模型。电路模型由压控电流源描述，这是经典变压器模型的双重性。使用基波谐波近似（FHA）方法计算每个分量的电压和电流，利用该方法得出系统功率。设计并构建了 CPT 系统的样机以验证所提出的极板结构和补偿电路拓扑。系统效率达到 85.9%，输出功率为 1.87kW，气隙为 150mm。未来的研究将集中在电场辐射上，以使所提出的系统更安全地用于电动汽车充电应用。

习　题

21.1　解释提出的 CPT 系统如何使用关键方程和参数值成功传输几千瓦的大功率。

21.2　确定提出的 CPT 系统设计的电容和电感的电压最大额定值。

21.3　讨论 CPT 系统和 IPT 系统的优点和缺点，考虑补偿电路元件，如电容器和电感器。

参 考 文 献

1 K. Chang-Gyun, S. Dong-Hyun, Y. Jung-Sik, P. Jong-Hu, and B.H. Cho, "Design of a contactless battery charger for cellular phone," *IEEE Trans. on Ind. Electron.*, vol. 48, no. 6, pp. 1238–1247, 2001.

2 S. Raabe and G.A. Covic, "Practical design considerations for contactless power transfer quadrature pick-ups," *IEEE Trans. on Ind. Electron.*, vol. 60, no. 1, pp. 400–409, 2013.

3 S. Mohagheghi, B. Parkhideh, and S. Bhattacharya, "Inductive power transfer for electric vehicle: potential benefits for the distribution grid," in *IEEE Int. Electric Vehicle Conference (IEVC)*, 2012, pp. 1–8.

4 J. Deng, F. Lu, S. Li, T. Nguyen, and C. Mi, "Development of a high efficiency primary side controlled 7 kW wireless power charger," in *Proc. IEEE Electric Vehicle Conference (IEVC)*, 2014, pp. 1–6.

5 D. Chen, L. Wang, C. Liao, and Y. Guo, "The power loss analysis for resonant wireless power transfer," in *Proc. IEEE Transport and Electrics Asia-Pacific Conference*, 2014, pp. 1–4.

6 J. Dai and D. Ludois, "A survey of wireless power transfer and a critical comparison of inductive and capacitive coupling for small gap applications", *IEEE Trans. on Power Electron.*, vol. 30, pp. 6017–6029, 2015.

7 F. Lu, H. Zhang, H. Hofmann, and C. Mi, "A double-sided *LCLC*-compensated capacitive power transfer system for electric vehicle charging," *IEEE Trans. on Power Electron.*, vol. 30, pp. 6011–6014, 2015.

8 C. Liu, A.P. Hu, G.A. Covic and N.K.C. Nair, "Comparative study of CCPT system with two different inductor tuning positions," *IEEE Trans. on Power Electron.*, vol. 27, pp. 294–306, 2012.

9 M. Kline, I. Izyumin, B. Boser, and S. Sanders, "Capacitive power transfer for contactless charging," in *Proc. IEEE Applied Power Electrics Conference (APEC)*, 2011, pp. 1398–1404.

10 S. Li, W. Li, J. Deng, T.D. Nguyen, and C.C. Mi, "A double-sided LCC compensation network and its tuning method for wireless power transfer," *IEEE Trans. on Veh. Technol.*, pp. 1–12, 2014.

11 D. Shmilovitz, A. Abramovitz, and I. Reichman, "Quasi resonant LED driver with capacitive isolation and high PF," *IEEE Journal of Emerging and Selective Topics in Power Electrics*, vol. 3, pp. 633–641, 2015.

12 A.P. Hu, C. Liu, and H. Li, "A novel contactless battery charging system for soccer playing robot," *IEEE Int. Mechanical and Machine Vision in Practice Conference (M2VIP)*, 2008, pp. 646–650.

13 D.C. Ludois, M.J. Erickson, and J.K. Reed, "Aerodynamic fluid bearings for translational and rotating capacitors in noncontact capacitive power transfer systems," *IEEE Trans. on Ind. Applic.*, pp. 1025–1033, 2014.

14 J. Dai and D.C. Ludios, "Single active switch power electronics for kilowatt scale capacitive power transfer," *IEEE Jounnal of Emerging and Selective Topics in Power Electrics*, vol. 3, pp. 315–323, 2015.

15 L. Huang, A.P. Hu, A. Swwain, and X. Dai, "Comparison of two high frequency converters for capacitive power transfer," in *Proc. IEEE Energy Conversion Congress and Exposition*, pp. 5437–5443, 2014.

16 B.H. Choi, D.T. Dguyen, S.J. Yoo, J.H. Kim, and C.T. Rim, "A novel source-side monitored capacitive power transfer system for contactless mobile charger using class-E converter," in *Proc. IEEE Vehicle Technology Conference*, 2014, pp. 1–5.

17 S. Pasko, M. Kazimierczuk, and B. Grzesik, "Self-capacitance of coupled toroidal inductors for EMI filters," *IEEE Trans. on Electromagnetic Compatability*, vol. 57, pp. 216–223, 2015.

18 P. Srimuang, N. Puangngernmak, and S. Chalermwisutkul, "13.56 MHz Class E power amplifier with 94.6% efficiency and 31 watts output power for RF heating applications," in *IEEE Electrical Engineering Composite Telecommunication and Information Technical Conference (ECTI-CON)*, 2014, pp. 1–5.

19 S. Goma, "Capacitive coupling powers transmission module," http://www.mutata.com/~/media/webrenewal/about/newsroom/tech/power/wptm/ta1291.ashx.

20 T. Komaru and H. Akita, "Positional characteristics of capacitive power transfer as a resonance coupling system," in *Proc. IEEE Wireless Power Transfer Conference*, 2013, pp. 218–221.

21 C. Liu, A.P. Hu, and M. Budhia, "A generalized coupling model for capacitive power transfer system," in *IEEE Industrial Electronics Conference (IECON)*, 2010, pp. 274–279.

22 H. Nishiyama and M. Nakamura, "Form and capacitance of parallel plate capacitor", *IEEE Transaction on Components, Packaging, and Manufacturing Technology – Part A*, vol. 17, no. 3, pp. 477–484, 1994.

23 IEEE Standard for Safety Levels with Respect to Human Exposure to Radio Frequency Electromagnetic Fields, 3 kHz to 300 GHz, C95.1, 2005.

24 F. Lu, H. Hofmann, J. Deng, and C. Mi, "Output power and efficiency sensitivity to circuit parameter variations in double-sided LCC-compensated wireless power transfer system," in *Proc. IEEE Applied Power Electrics Conference (APEC)*, 2015, pp. 597–601

25 F. Lu, H. Zhang, H. Hofmann, and C. Mi, "A high efficiency 3.3 kW loosely-coupled wireless power transfer system without magnetic material," in *Proc. IEEE Energy Conversion Congress and Exposition (ECCE)*, 2015, pp. 1–5.

第 22 章 异物检测

22.1 简介

如今动态或静态无线充电因其便利性、自动操作和安全性[1-8]而越来越受到关注。IPT系统由 Tx 和 Rx 线圈以及在线圈之间形成的强感应磁场组成。当异物的金属片与磁感应电流相接触时可能会引起火灾，这会在电动车充电期间产生涡流损耗，因此异物检测（Foreign Object Detection，FOD）是防止潜在火灾的重要技术。FOD 已广泛应用于其他领域，如机场[25]和工厂[26]的金属碎片检测。在不同的应用场合之下，异物检测的基本原则是不同的。例如，78GHz 射频（RF）被用于机场宽领域检查[25]。

电动汽车无线充电桩中异物检测的方法原理包括电感耦合、电容耦合、RF、超声波、光学视觉、红外（infrared，IR）传感器，甚至机械传感器。在本章中，电动汽车的异物检测可以进一步分为金属物体检测（Metal Object Detection，MOD）和活体检测（Live Object Detection，LOD）。通常，FOD 就是 MOD，但是 FOD 有时也被称为 LOD 而不是 FOD（不是 MOD）。为避免这种混淆，本章将使用"FOD=MOD+LOD"的说法，其中 MOD 是本章研究重点而 LOD 没有详细讨论，即整个章节中的 FOD≈MOD。

目前，适用于电动汽车 IPT 系统的潜在 FOD（=MOD）方法其中之一是比较有或没有导电物体时的功率损耗，该方法相对实现简单且成本低廉[9]。然而，这种方法不适用于诸如无线固定电动汽车充电桩等大功率的应用场合，因为导电碎片产生的功率损耗占总传输功率的比例实在太小，从而很难检测。本章参考文献［10］介绍了另一种基于 Rx 线圈品质因数（Q）变化的 FOD 方法。但是，由于当 Rx 线圈相对于 Tx 线圈移动时 Q 值会发生变化，这种方法仅适用于固定式无线电能传输系统。Witricity 研发了 Tx 线圈上的重叠检测线圈，可以用来检测金属碎片引起的感应电压的不平衡[24]，其原理图如图 22.1 所示。

如图 22.1a 所示，当没有金属物体时，由于每个环路线圈的感应电压被消除，所以检测电压变为零。图 22.1a 的单个检测线圈模式的问题之一是在线圈的每个交叉处存在盲区，这可以通过采用交错检测线圈的模式来解决，如图 22.1b 所示。据 Chun T. Rim 教授介绍，综合所有的 FOD 方法，Witricity 的这种感应电压检测方法是电动汽车异物检测的可行解决方案之一。

除了 FOD 之外，将 Rx 线圈与 Tx 线圈对准以实现高效功率传输的位置检测（POD）也是无线固定电动汽车充电的重要功能之一。对于 POD，到目前为止已经提出了几个实现方案，其中包括摄像机、RFID、SAE J2954[11-23]中的光学传感器，但这些复杂系统的实现都需要很高的成本。

在本章我们将介绍一种位于 Tx 线圈上的用于 FOD 和 POD 的新型两用非重叠检测线

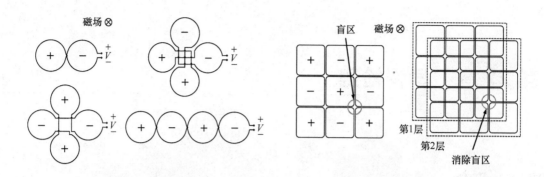

a) 消除感应电压的重叠检测线圈　　　　　　　　b) 消除盲区的两种模式

图 22.1　Witricity 研发的重叠检测线圈

圈（也简称为"检测线圈"）。所提出的检测线圈组可以非常容易地在印制电路板上制造，这种方法相较于 Witricity 的 FOD 方法降低了线圈制造的难度。如图 22.2 所示，所提出的检测线圈组在线圈之间没有自重叠，这使得打印检测线圈图案变得简单而低廉。Tx 线圈上的导电碎片的检测和它们的位置可以通过所提出的线圈组和用于 FOD 的非重叠线圈组的感应电压差来找到。此外，当 Rx 线圈在 Tx 线圈上移动时，通过测量非重叠线圈组的感应电压，也可以预估 Tx 线圈和 Rx 线圈之间的位移。同时，所提出的 FOD 和 POD 方法不会给电动汽车的 IPT 系统中带来任何功率损耗，本章通过非重叠线圈组原型的仿真和实验证明了所提出的非重叠线圈组的异物检测可行性。

22.2　非重叠线圈组的异物检测和位置检测

22.2.1　线圈组的总体布局

通常，固定式无线电动汽车充的 IPT 系统由两个子系统组成：一个是提供电能的发射器（Tx）子系统，由工频整流器、高频逆变器、一次侧电容器组以及包括磁心和电缆的 Tx 线圈组成；另一个是极板负载（Rx）子系统，用于从发射器子系统接收所需的功率，包括带有磁心和电源线的 Rx 线圈、二次电容器组、高频整流器和 DC-DC 稳压器。

用于 FOD 和 POD 的所提出的非重叠线圈组设置在 Tx 线圈上。如图 22.2a 所示，线圈组根据它们任务的不同分为两组：一个是横向线圈组，用于获得 Tx 线圈上导电物体的横向位置信息，另一个用于获得纵向位置信息。在实际应用中，横向和纵向线圈组都设置在电源导轨上并彼此重叠，可以同时获得横向和纵向信息。在图 22.2a 中，这两个不同的线圈组（左和中）在空间上是分开的，以便读者更好地理解。

22.2.2　用于异物检测和位置检测的非重叠线圈组

如图 22.2b 所示，所提出的非重叠检测线圈组由两个非重叠的对称线圈：D 线圈和 Q 线圈组成。当 Tx 线圈在给电动汽车充电期间或之前产生磁通量时，它们的磁极相互对称，这样可以获得相同的感应电压。当 Tx 线圈上没有导电物体时，可以根据式（22.1）得到理想

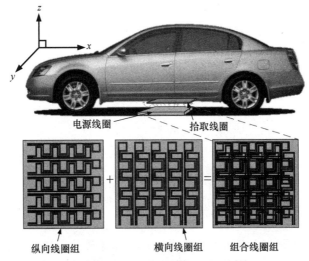

纵向线圈组　　横向线圈组　　组合线圈组

a) 总体布局(能量发射线圈为Tx，接收线圈为Rx)

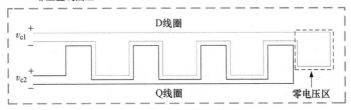

b) 提出的非重叠检测线圈组

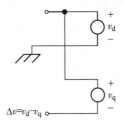

c) D线圈和Q线圈连接获得检测电压

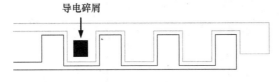

d) D线圈感应电压的降低

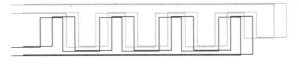

e) 交错重叠模式以避免死区

图 22.2　方案提出的非重叠检测线圈

参考电压为零，如图 22.2c 所示。实际上，Tx 线圈产生的磁通量通过 D 线圈和 Q 线圈是不均匀的。因此，需要手动增加或减少每个检测线圈的零电压区域，以便将参考电压设置为零或接近零，如图 22.2b 所示：

$$\Delta v = v_d - v_q \tag{22.1}$$

所提出的检测线圈组的感应电压可以根据法拉第定律计算如下：

$$v_d = \frac{d\phi_d}{dt}$$

$$v_q = \frac{d\phi_q}{dt} \tag{22.2}$$

其中，D 线圈和 Q 线圈的时变感应电压分别为 v_d 和 v_q；ϕ_d 和 ϕ_q 分别表示由 Tx 线圈产生通过 D 线圈和 Q 线圈的磁通量。

当 Tx 线圈上存在金属碎片以及检测线圈组时，由于碎片干扰了通过 D 或 Q 线圈的磁通量，此时电压差不为零。但是当导电材料覆盖 D、Q 线圈的相同区域时，即使导电材料存在于 Tx 线圈上，电压差 $\Delta v = v_d - v_q$ 也可能为零，而与图 22.1b 类似，可以将另外的检测线圈组相交错作为该问题的解决方案，如图 22.2e 所示。

如图 22.3 所示，可以通过图 22.2 的检测线圈组来构造垂直和水平检测线圈模式。以这种方式，对于位于矩阵（4，4）和（5，4）处的异物的示例，可以从 Δv_{v4}、Δv_{h4} 和 Δv_{v5} 的垂直和水平检测电压来进行导电物体检测以及位置检测。同时，可以通过测量 D 或 Q 线圈的电压来确定用于 POD 的 Rx 线圈的位置，例如 v_{dv5}、v_{dv6}、v_{dh3}、v_{dh4}、v_{dh5} 和 v_{dh6}。当 Rx 线圈在 Tx 线圈上移动时，通过每个线圈组的磁通量会发生变化并导致每个检测线圈的感应电压发生变。因此，可以通过测量 D 或 Q 线圈中的一个来识别车辆位置。确定 Rx 线圈是否覆盖 Tx 线圈的 D 线圈或 Q 线圈的阈值电压，可以通过比较 Rx 线圈在 Tx 线圈上移动时的感应电压变化来获得，如图 22.4 所示。通常，当 Rx 线圈完全在 Tx 线圈的感应范围之外时，检测线圈的感应电压具有最小值，而当 Rx 线圈靠近 Tx 线圈移动时，感应电压将增加。

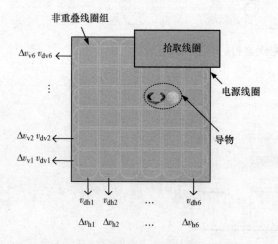

图 22.3 所提出的用于 FOD 和 POD 的
垂直和水平检测线圈

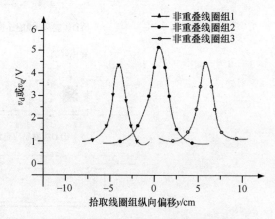

图 22.4 POD 检测线圈组的阈值电压确定

22.2.3　FOD 的仿真

如图 22.5 所示，为了证明提出的用于 FOD 的检测线圈组的可行性，我们使用了 FEA 仿真模型。在仿真中，仅使用了一个检测线圈组查看其可行性并设计适当的尺寸，见表 22.1。

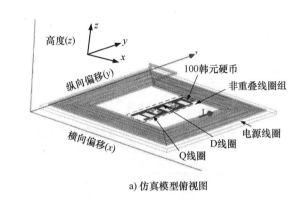

a) 仿真模型俯视图

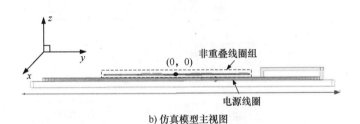

b) 仿真模型主视图

图 22.5　Tx 线圈的 FEA 仿真模型以证明 POD 的可行性

表 22.1　所提出检测线圈组的仿真参数

参数	值
Tx 线圈尺寸	$46×46×0.5$（cm^3）
检测线圈尺寸	$24×4.3×0.2$（cm^3）
Tx 线圈电流	20A
硬币区域尺寸	4.5（cm^2）

如图 22.6 所示，D 和 Q 线圈之间的电压差随着硬币数量的增加而增加。最初参考电压为 7.5mV，随着 Tx 线圈上增加了 8 个硬币，电压差增加到 22.4mV。

22.2.4　FOD 的操作算法

使用所提出的用于 EV 充电器的 FOD 检测线圈组的整体操作顺序可以通过图 22.7 中所示的流程图来解释。如有必要，读者可以参考其他操作顺序。

首先，检查停车区域的车辆。如果 Tx 线圈上没有车辆，则关闭 Tx 逆变器。

异物检测步骤如下：

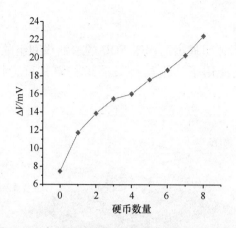

图 22.6　电压差随着硬币增加而增加的仿真曲线

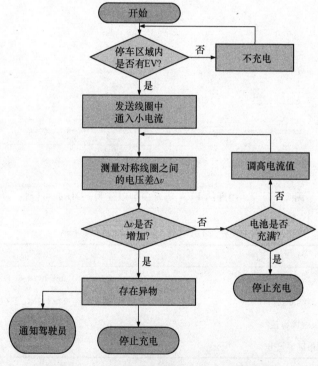

图 22.7　非重叠线圈组进行 FOD 的流程图

1）电动汽车开始检查导电物体，先将一个小电流通入 Tx 线圈，然后测量所有线圈组的差异电压来判断是否存在金属异物。

2）如果其中一个差异电压值高于阈值，则停止向 Tx 线圈提供电流并向驾驶员发送消息，通知驾驶员移除 Tx 线圈上的异物。

3）如果所有差异电压都显示为零，这意味着所有检测电压都低于参考电压，则检查电池的充电状态。如果电池尚未完全充电，增加 Tx 线圈的充电电流。

4）当电池充满电时，停止 EV 充电过程。

22.2.5 位置检测仿真

为了验证 POD 检测线圈组的可行性，设计了另一种仿真模型，如图 22.8 所示。在仿真中，使用了 10 个非重叠线圈组，即 CS1，CS2，…，CS10，表 22.2 中列出了 Tx 线圈和检测线圈组的参数。

表 22.2　Tx 线圈和检测线圈组的仿真参数

参数	值
Tx 线圈尺寸	60×60×1（cm³）
检测线圈组	40×4×0.1（cm³）
Tx 线圈安匝数	1kA 匝
Rx 线圈尺寸	60×60×1（cm³）

如图 22.8a 所示，Rx 线圈中心点的初始位置在沿 y 轴 $d_L = -600$mm 的位置上。如前一节所述，POD 只需要 Q 线圈的感应电压 v_q 即可。当 Rx 线圈靠近 Tx 线圈时，v_q 的值平稳上升。例如，如图 22.8b 所示，如果 Rx 线圈的中心点位于位置（d_1，100），Rx 线圈可以完全覆盖 CS1。因此，CS1 可以获得比其他检测线圈更高的电压。通过检查检测线圈的峰值电压，可以识别 Rx 线圈位置。

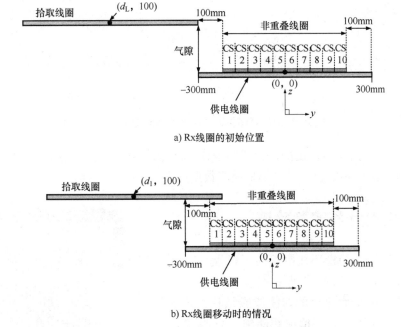

a) Rx线圈的初始位置

b) Rx线圈移动时的情况

图 22.8　使用 10 个检测线圈组对 Rx 线圈进行位置检测

如图 22.9 所示，POD 的仿真结果显示：当 Rx 线圈接近每个 Q 检测线圈时，其 v_q 增加，并且在 Rx 线圈完全覆盖 Q 线圈时，v_q 达到峰值。在不同位置使用该电压分布数据，可以确定 Rx 线圈位置。需要注意的是，对于较大的气隙，检测到的电压变化急剧减小，这意味着所提出的检测线圈对大气隙应用不敏感。

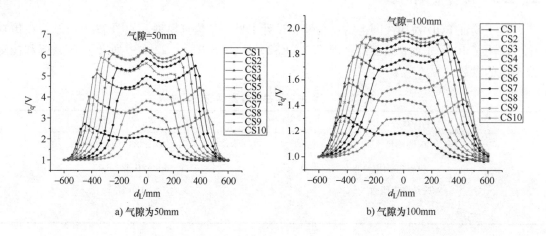

a) 气隙为50mm

b) 气隙为100mm

c) 气隙为150mm

d) 气隙为200mm

图 22.9 POD 的仿真结果，在不同气隙时 Q 线圈获得的电压

与 FOD 不同，对于所提出的检测线圈组在 POD 的实施方面可能存在一些实际限制，其中一个是对大气隙的不敏感，另一个是检测数据过多。

22.3 实例设计和实验验证

为了验证所提出的检测线圈组的可行性，制造了 Tx 线圈的实验装置，如图 22.10 所示。

我们效仿可用于商业化的薄膜线圈结构，选择了直径为 0.25mm 的铜线来制造检测线圈组。Tx 线圈的尺寸设置为 50cm×50cm×1cm，而丙烯板的尺寸选择为 60cm×10cm×1cm，以将线圈组与 Tx 线圈分开。这里选择逆变器的工作频率为 80kHz。适当选择其他电路参数，见表 22.3。

图 22.10 Tx 线圈的实验装置

表 22.3　所提出检测线圈组的参数

参数	值
l_c	40cm
w_c	5cm
h_c	8cm

22.3.1　低通滤波器

在实验期间，发现在检测线圈组的感应电压中存在大量噪声，这是由逆变器通过检测线圈组和 Tx 线圈之间的电容耦合切换电压产生的。因此，难以将参考差异电压设置为零值。为了降低噪声，选择了截止频率为 81kHz 的简单 RC 低通滤波器，如图 22.11 所示，该频率略高于工作频率以有效降低高频谐波。R 和 C 分别设计为 3.9kΩ 和 0.49nF 以获得截止频率。

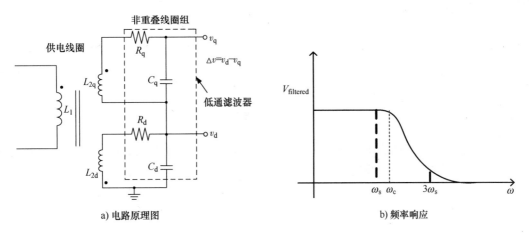

a) 电路原理图　　　　　　　　　　b) 频率响应

图 22.11　所提出的 RC 低通滤波器

如图 22.12 所示，由于使用 RC 低通滤波器，开关噪声的高频分量降低至 10mV。

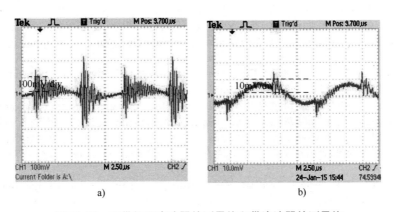

图 22.12　不带低通滤波器的测量值和带滤波器的测量值

22.3.2 FOD

为了验证所提出的用于 FOD 的检测线圈组，通过改变 D 线圈的零电压区域将参考电压设置为小于 10mV。同时将和铜制作的 10 韩元和 100 韩元（KRW）硬币当作异物进行实验。

如图 22.13 所示，实验结果表明相对于 Tx 线圈上的硬币数量具有良好的线性。然而，即使它们位置不同，10 韩元和 100 韩元硬币所产生的电压差相差不大，这是由于因为它们本身的体积差异不大，其中 100 韩元面积为 4.5cm^2，10 韩元为 4.1cm^2。

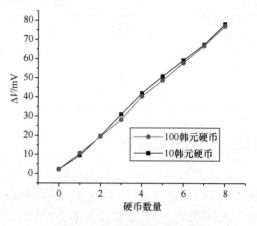

图 22.13 电压差随着硬币增加而变化的仿真曲线

22.4 小结

针对 FOD 和 POD 方法提出了非重叠检测线圈组。实验中，FOD 相对 POD 得到了更好的验证，而 POD 还需要进一步完善。此外，该方法针对不同气隙和位置的大数据处理将是进一步工作的挑战。

习　题

22.1　估算本章中所提出的检测线圈组和示例设计的 Tx 线圈之间的寄生电容，并用适当的等效电路解释开关振铃噪声。

22.2　解释为什么提出的感应电压方法对活物体的检测不敏感。实际上，这也是电容检测比 LOD 更好的原因之一。

参 考 文 献

1 S.Y. Choi, S.Y. Jeong, E.S. Lee, B.W. Gu, S.W. Lee, and C.T. Rim, "Generalized models on self-decoupled dual pick-up coils for large lateral tolerance," *IEEE Trans. on Power Electronics*, accepted for publication.

2 S.Y. Choi, B.W. Gu, and S.Y. Jeong, and C.T. Rim, "Trends of wireless power transfer systems for road powered electric vehicles," in *IEEE Vehicular Technology Conference* (*VTC Spring*), 2014, pp. 1–5.

3 S.Y. Choi, B.W. Gu, S.Y. Jeong, and C.T. Rim, "Ultra-slim S-type inductive power transfer system for road powered electric vehicles," in *EVTeC and APE Japan*, 2014.

4 A. Shafiei and S.S. Williamson, "Plug-in hybrid electric vehicle charging: current issues and future challenges," in *IEEE Vehicle Power and Propulsion Conference (VPPC)*, 2010, pp. 1–8.

5 C.Y. Huang, J.T. Boys, G.A. Covic, and M. Budhia, "Practical considerations for designing IPT system for EV battery charging," in *IEEE Vehicle Power and Propulsion Conference (VPPC)*, 2009, pp. 402–407.

6 H.H. Wu, A. Gilchrist, K. Sealy, P. Israelsen, and J. Muhs, "A review on inductive charging for electric vehicles," *IEEE International Electric Machines and Drives Conference (IEMDC)*, 2011, pp. 143–147.

7 K. Aditya and S.S. Williamson "Design considerations for loosely coupled inductive power transfer (IPT) system for electric vehicle battery charging – a comprehensive review," *IEEE Transportation Electrification Conference and Expo* (ITEC), 2014, pp. 1–6.

8 S. Li and C.C. Mi, "Wireless power transfer for electric vehicle applications," *IEEE Journal of Emerging and Selected Topics in Power Electronics*, vol. 3, no. 1, pp. 4–17, March 2015.

9 N. Kuyvenhoven, C. Dean, J. Melton, J. Schwannecke, and A.E. Umenei, "Development of a foreign object detection and analysis method for wireless power systems," in *IEEE Symposium on Product Compliance Engineering (IPSES)*, 2011, pp. 1–6.

10 S. Fukuda, H. Nakano, Y. Murayama, T. Murakami, O. Kozakai, and K. Fujimaki, "A novel metal detector using the quality factor of the secondary coil for wireless power transfer systems," in *IEEE International Microwave Workshop Series on Innovative Wireless Power Transmission: Technologies, Systems, and Applications (IMWS)*, 2012, pp. 241–244.

11 "SAE J2954 overview and path forward," http://www.sae.org/smartgrid/sae-j2954-status_1-2012.pdf.

12 X. Qunyu, N. Huansheng, and C. Weishi, "Video-based foreign object debris detection," in *IEEE International Workshop on Imaging Systems and Techniques*, 2009, pp. 119–122.

13 S. Futatsumori, K. Morioka, A. Kohmura, and N. Yonemoto, "Design and measurement of W-band offset stepped parabolic reflector antennas for airport surface foreign object debris detection radar systems," in *IEEE International Workshop on Antenna Technology: (iWAT)*, 2014, pp. 51–52.

14 T. Kato, Y. Ninomiya, and I. Masaki, "An obstacle detection method by fusion of radar and motion stereo," *IEEE Transactions on Intelligent Transportation Systems*, vol. 3, no. 3, pp. 182–188, September 2002.

15 A. Kohmura, S. Futatsumori, N. Yonemoto, and K. Okada, "Fiber connected millimeter-wave radar for FOD detection on runway," in *IEEE European Radar Conference (EuRAD)*, 2013, pp. 41–44.

16 Z.N. Low, J.J. Casanova, P.H. Maier, J.A. Taylor, R.A. Chinga, and J. Lin, "Method of load/fault detection for loosely coupled planar wireless power transfer system with power delivery tracking," *IEEE Trans. on Industrial Electronics*, vol. 57, no. 10, pp. 1478–1486, April 2010.

17 G. Ombach, "Design considerations for wireless charging system for electric and plug-in hybrid vehicles," in *IEEE Hybrid and Electric Vehicles Conference (HEVC 2013)*, 2013, pp.1–4.

18 F. Dan, Z. Qi, and Y. Xuelian, "Electromagnetic characteristics simulation of airport runway FOD," in *IEEE International Workshop on Microwave and Millimeter Wave Circuits and System Technology*, 2013, pp. 13–16.

19 H. Kikuchi, "Metal-loop effects in wireless power transfer systems analyzed by simulation and theory," in *IEEE Electrical Design of Advanced Packaging and Systems Symposium (EDAPS)*, 2013, pp. 201–204.

20 J. Svatos, J. Vedral, and P. Novacek, "Metal object detection and discrimination using Sinc signal," in *IEEE 13th Biennial Baltic Electronics Conference (BEC2012)*, 2012, pp. 307–310.

21 L.S. Riggs and J.E. Mooney, "Identification of metallic mine-like objects using low frequency magnetic fields," *IEEE Transactions on Geoscience and Remote Sensing*, vol. 39, no. 1, January 2001.

22 D.C. Chin, R. Srinivasan, and R.E. Ball, "Discrimination of buried plastic and metal objects in subsurface soil," in *IEEE Geoscience and Remote Sensing Symposium Proceedings, IGARSS '98*, 1998, vol. 1, pp. 505–508.

23 H. Kudo, K. Ogawa, N. Oodachi, and N. Deguchi, "Detection of a metal obstacle in wireless power transfer via magnetic resonance," in *IEEE 33rd International Telecommunications Energy Conference (INTELEC)*, 2011, pp. 1–6.

24 S. Verghese, M.P. Kesler, K.L. Hall, and H.T. Lou, "Foreign object detection in wireless energy transfer systems," Patent US 20130069441 A1 (Witricity Corporation), filed on September 9, 2011.

25 P. Feil1, W. Menzel, T.P Nguyen, Ch. Pichot, and C. Migliaccio, "Foreign objects debris detection (FOD) on airport runways using a broadband 78 GHz sensor," in *Proceedings of the 38th European Microwave Conference*, 27–31 October 2008, pp. 1608–1611.

26 R.W. Engelbart, R. Hannebaum, S. Schrader, S.T. Holmes, and C. Walters, "Systems and method for identifying foreign objects and debris (FOD) and defects during fabrication of a composite structure," Patent US 7236625 B2 (The Boeing Company), filed on July 28, 2003.

第五部分
手机和机器人的移动应用

  在本部分中，解释了几瓦到几十瓦的相对较小的功率应用。

  首先，给出了磁耦合共振系统的综述。然后建议通过偶极子线圈进行中程感应电能传输（IPT）以及通过偶极子线圈进行远程IPT。自由空间全方位移动充电器开始受到公众的关注，因此这个问题得到了解决。最后，解释了用于机器人的二维全方位IPT系统。

第 23 章　磁耦合谐振系统综述

23.1　简介

磁耦合谐振系统（CMRS）以其 2.1m 超长的传输距离和 60W 传输功率吸引了公众的广泛关注[1]。传统的 CMRS 通过三种主要的磁性联轴器来传输无线电能：源线圈到发射（Tx）线圈，Tx 线圈到接收（Rx）线圈，Rx 线圈到负载线圈[1-21]，如图 23.1 所示。自 CMRS 提出以来[1]已有大量的相关研究[2-21]，例如通过调谐匹配电路[2-13]和等效电路建模来分析和提高 CMRS 的效率[2-7,14-21]。

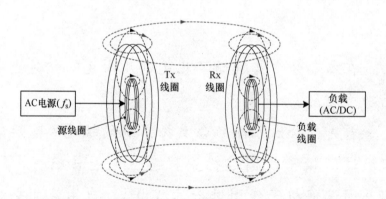

图 23.1　传统 CMRS 由三种主要磁力联轴器组成的示意图

然而，在以往的大多数工作中，通常以 4 个大直径的线圈来维持长距离无线电能传输，因此 CMRS 线圈体积庞大仍是一个不可避免的问题。此外，Tx 和 Rx 线圈由于缺少几十千伏额定值耐压的高频电容，常利用线圈本身杂散电容来谐振[1,2,8]。这种谐振线圈的尺寸要大得多，并且材料性能在温度、湿度和邻近性等环境变化下随之改变。同时，谐振线圈的杂散电感和电容可能由于介电常数和相邻物体的变化而变化，最终可能导致谐振失谐。

在长距离无线供电中，为了大幅度提高 Tx 线圈与 Rx 线圈之间的磁通量，在以往的 CMRS 中采用了一个品质因数 Q_i 为 2000 的谐振网络[1]。由于线圈之间的距离很大，Tx-Rx 线圈的磁耦合系数很低，为了建立高 Q_i 的谐振线圈需要线圈的内阻非常小。采用高品质因数谐振电路的一个问题是操作频率带宽狭窄[1,21]，定义如下：

$$\Delta f_s = \frac{f_s}{Q_i} \tag{23.1}$$

式中，f_s 为源频率，该源频率与 Tx 或 Rx 谐振线圈的谐振频率调谐。例如，对于 $Q_i = 2000$，频率容限 $\Delta f_s / f_s$ 仅为 0.05%，即当 $f_s = 13.56\text{MHz}$ 时，$\Delta f = 6.78\text{kHz}$。考虑到传统 CMRS 线圈

自身结构特性易变，这种高 Q_i 使得线圈对环境变化非常敏感。此外，加大品质因数 Q_i 后，与非谐振情况 $V_{L,1}$ 相比，Tx 和 Rx 谐振线圈的电压额定值 $V_{L,Q}$ 非常大，如下：

$$V_{L,Q} = Q_i V_{L,1} \tag{23.2}$$

由式（23.2）可知，如果 $Q_i = 2000$ 且功率效率为 40%，Tx 或 Rx 线圈以及谐振电容的额定功率为 60W 时达到 300kVA。

由前文可知，由于 CMRS 本身的限制，除了用于一些低功率和高频应用以外，该系统目前还没有被广泛接受，因为保持几个谐振线圈调谐是非常困难的，并且需要非常精确的线圈设计。

由于 CMRS 的结构较为复杂，为了简化通常省略多个交叉耦合。实际上，源线圈不仅与 Tx 线圈耦合，同时也与 Rx 和负载线圈耦合。因此，如果所有的耦合都没有忽略，那么对 CMRS 系统的精确分析就会更加困难。大多数等效模型只考虑了两个相邻线圈之间的耦合而忽视了其他线圈耦合。

值得注意的是，源线圈和负载线圈并没有直接影响远距离电能传输，它们的作用是分别将功率转移到 Tx 线圈或从 Rx 线圈取功率。因此，CMRS 的工作原理与常规的 IPTS 相同[22-34]类似，而 CMRS 中远距离无线电能传输的关键部分在于 Tx-Rx 线圈。换句话说，传统的 CMRS 系统远距离无线电能传输的特点并非源于"耦合磁谐振"，而是源于极高值 Q_i（或低电阻）和大直径的 Tx 和 Rx 线圈。由此可知，CMRS 的 Tx 和 Rx 线圈设计可以用 IPTS 的方法来实现，而源线圈和负载线圈必须是无磁心大线圈并不能采用 IPTS 的设计方法。此外，源线圈和负载线圈甚至可以完全从 CMRS 中被移除，因为除电流或电压的变化外它们本质上与无线电能传输无关。

与人们普遍认为的相反，CMRS 和 IPTS 之间没有根本的区别。传统的 CMRS 只是一种具有非常大 Q_i 和多重谐振的 IPTS。此外 CMRS 已不再是远距离无线供电的唯一候选方案。例如，具有两个偶极子线圈的 IPTS 可以在 5m 远传输 209W 的功率[34, 35]或 7m 远传输 10W 的功率[36]。与用于标准 CMRS 的环路线圈与偶极子线圈相比，它已被证明不再适用于远距离供电线圈[36]。

基于 CMRS 系统，本章提出了一种关于源线圈和负载线圈用于非临界磁耦合的大体积线圈代替相应的紧凑型集总变压器。如前所述，这些变压器不再必要并可以将 Tx 和 Rx 线圈的高环流改为低电流，同时可以从源侧和负载侧适当地进行控制。提出的变压器的作用是匹配源线圈和 Tx 线圈、Rx 线圈和负载之间的阻抗，同时还采用集总电容来消除相应线圈和变压器的电抗。通过使用这些集总元件，所提出的 CMRS 不再对环境条件高度敏感，从而解决了传统 CMRS 在实际应用中的主要缺点。本章采用了一种高效的 E 类逆变器[37-41]，该逆变器结构简单，具有零电压开关（ZVS）功能。采用显式变压器模型[19]对提出的 CMRS 进行了分析，得到了高功率和效率条件。在接下来的章节中，将详细描述了其工作原理和设计过程，提供了 1W 和 10W 样机在 500kHz 开关频率下的实验验证，并使用低于 100 的极低 Q_i 值来说明 Q_i 的设计不再对 CMRS 至关重要。

23.2　带阻抗变压器的 CMRS 静态分析与设计

23.2.1　总体结构

如图 23.2 所示，所提出 CMRS 由 E 类逆变器、Tx 线圈、Rx 线圈、集总谐振电容 C_T、

C_R、C_L、负载电阻 R_L 以及所提出的电源和负载变压器组成。为了简单起见，假设 Tx 和 Rx 线圈是对称的，并且所有开关谐波都被谐振回路充分消除。除 Tx 和 Rx 线圈的内阻以及谐振电容的等效串联电阻（ESR）外，本章考虑了所有寄生电容和电阻，阻抗变压器采用高磁导率铁心，所提出的阻抗变压器几乎没有漏磁。因此，该变压器的耦合系数几乎是统一的，并不与其他线圈交叉耦合。

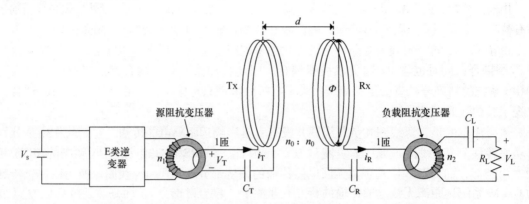

图 23.2 包括源阻抗变压器和负载阻抗变压器的 CMRS 的整体配置

图 23.3 给出了所提出 CMRS 的电路原理图，其中每个 Tx 和 Rx 线圈以及电源、负载变压器被建模为泄漏电感 L_l 和具有相应的匝数比的磁化电感 L_m，此处忽略了磁心损耗。电阻 r_T 代表内部的 Tx 线圈和谐振电容 C_R 的 ESR 之和，L_{lT} 为源阻抗互感器二次漏电感与 Tx 线圈的漏电感，而 L_{Lr} 与所定义的负载阻抗变压器和 Rx 线圈也是类似的。其中阻抗变压器的内阻忽略不计。

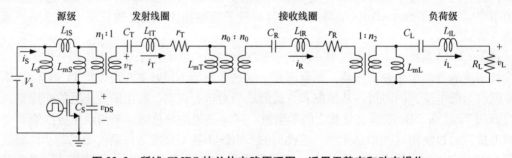

图 23.3 所述 CMRS 的总体电路原理图，适用于静态和动态操作

如图 23.3 所示，采用 E 类逆变器驱动所提出的 CMRS，其中源阻抗变压器与外部电感 L_d 并联。本章参考文献［37-41］中有很多研究都对 E 类逆变器进行了详细的设计，此处省略。相反，我们利用了 E 类逆变器输出 v_T 的基频分量，即提出的 CMRS 的输入电压，并将其表示为稳态相量电压源 V_T，如图 23.4 和图 23.5 所示。在距离 d 基本不变的谐振条件下，分别从负载侧和电源侧得到简化等效静态电路，如图 23.4 和图 23.5 所示。

$$\mathrm{j}\omega_s(L_{mT}+L_{lT})+\frac{1}{\mathrm{j}\omega_s C_T}=0 \tag{23.3}$$

$$\mathrm{j}\omega_s\left(L_{mT}+L_{lR}+\frac{L_{mL}}{n_2^2}\right)+\frac{1}{\mathrm{j}\omega_s C_R}=0 \tag{23.4}$$

$$j\omega_s(L_{mL}+L_{lL})+\frac{1}{j\omega_s C_L}=0 \qquad (23.5)$$

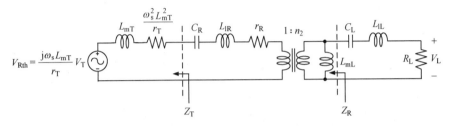

a) 将电源级简化为正弦电压源的基本开关频率的CMRS的等效静态电路

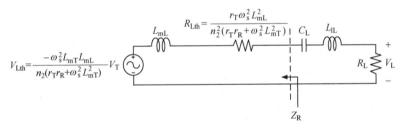

b) 在谐振条件式(23.3)下，V_{Rth}和Z_T的戴维南等效电路的简化电路

c) 在谐振条件式(23.4)下，V_{Lth}和Z_R的戴维南等效电路的简化电路

d) 谐振条件式(23.5)下，由纯电组和电压源组成的CMRS最终等效电路

图 23.4　负载侧角度简化静态电路

在式（23.3）~式（23.5）中，所有谐振角频率与源角频率 ω_s 相同。图 23.4 和图 23.5 中的所有变量都以静态相量的形式表示。将戴维南定理依次应用于谐振回路，得到等电压源和纯电阻，如图 23.4 和图 23.5 所示。复杂谐振滤波器电路由三个变压器组成，这是本章提出的电路定向分析的优点之一。在式（23.3）~式（23.5）谐振条件下，从 E 类逆变器的角度来看 CMRS 的功率因数是统一的，如图 23.5d 所示。所提出的 CMRS 的电压增益 G_V 可由图 23.4d 确定为

$$G_V \equiv \frac{V_L}{V_T} = \frac{V_{Lth}}{V_T}\frac{V_L}{V_{Lth}}$$

$$= \frac{-\omega_s^2 L_{mT}L_{mL}}{n_2(r_T r_R+\omega_s^2 L_{mT}^2)}\frac{R_L}{R_{Lth}+R_L}$$

$$= \frac{-\omega_s^2 L_{mT} L_{mL} R_L n_2}{r_T \omega_s^2 L_{mL}^2 + R_L n_2^2 (r_T r_R + \omega_s^2 L_{mT}^2)} \tag{23.6}$$

注意，电压增益有一个负号，这意味着负载相位与输入电压相位相反。这种相位倒置是两个连续 LC 谐振的结果，每个 LC 都向下一阶段施加90°相位差。如果 CMRS 中没有损耗，则 G_V 可以进一步简化，成为式（23.6）的最大值。

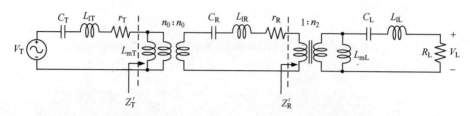

a) 电源侧简化为正弦电压源的基本开关频率的CMRS的等效静态电路

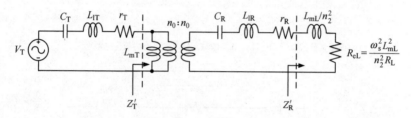

b) 谐振条件式(23.5)下Z_R'简化电路

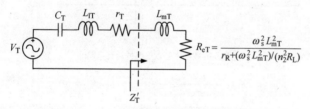

c) 谐振条件式(23.4)下Z_R'简化电路

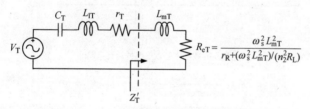

d) 谐振条件式(23.3)下CMRS的最终等效电路

图 23.5 电源侧角度简化静态电路

式（23.6）的值如下：

$$\Rightarrow G_{V,max} = \frac{-L_{mL}}{n_2 L_{mT}} = \frac{-n_2^2 L_{mLo}}{n_2 n_0^2 L_{mTo}} = \frac{-n_2 L_{mLo}}{n_0^2 L_{mTo}}$$

$$r_T = r_R = 0 \tag{23.7a}$$

$$\therefore L_{mL} = n_2^2 L_{mLo}, L_{mT} = n_0^2 L_{mTo} \tag{23.7b}$$

在式（23.7）中，L_{mL} 和 L_{mT} 分别使用负载变压器和 Tx 线圈（或 Rx 线圈）、L_{mLo} 和 L_{mTo}

的单位磁化电感来定义。注意，$G_{V,max}$ 是独立于 ω_s 和 R_L 的，但是 $G_{V,max}$ 与 n_2 成正比，与 n_0^2 成反比。因此，如果需要可以降低工作频率，适当选择 n_2 以增加负载电压。当然，在寄生电阻效应较明显的情况下不建议选择过低工作频率 n，如式（23.6）所示。

23.2.2　静态分析：功率和效率

系统的负载功率和效率也可以由图 23.4 和图 23.5 计算，如下：

$$P_L \equiv I_L^2 R_L = \left(\frac{V_{Lth}}{R_{Lth}+R_L}\right)^2 R_L = \frac{n_2^2 \omega_s^4 L_{mT}^2 L_{mL}^2 V_T^2 R_L}{\{n_2^2 R_L (r_T r_R + \omega_s^2 L_{mT}^2) + r_T \omega_2^2 L_{mL}^2\}^2} \tag{23.8}$$

$$\eta \equiv \frac{P_L}{P_i} = \left(\frac{V_{Lth}}{R_{Lth}+R_L}\right)^2 R_L \Big/ \left(\frac{V_T^2}{r_T+R_{eT}}\right)$$

$$= \frac{n_2^2 \omega_s^4 L_{mT}^2 L_{mL}^2 R_L}{(n_2^2 r_R R_L + \omega_s^2 L_{mL}^2)\{n_2^2 R_L (r_T r_R + \omega_s^2 L_{mT}^2) + r_T \omega_s^2 L_{mL}^2\}} \tag{23.9}$$

为了确定最佳匝数，式（23.8）和式（23.9）中的参数重写并用于式（23.7b），且 $r_T = r_R \approx n_0 r_o$，于是有

$$P_L = \frac{n_0^2 n_2^2 \omega_s^4 L_{mTo}^2 L_{mLo}^2 V_T^2 R_L}{\{n_0 R_L (r_o^2 + n_0^2 \omega_s^2 L_{mTo}^2) + n_2^2 r_o \omega_s^2 L_{mLo}^2\}^2} \tag{23.10}$$

$$\eta = \frac{n_2^2 n_0^3 \omega_s^4 L_{mTo}^2 L_{mLo}^2 R_L}{(n_0 r_o R_L + n_2^2 \omega_s^2 L_{mLo}^2)\{n_0 R_L (r_o^2 + n_0^2 \omega_s^2 L_{mTo}^2) + n_2^2 r_o \omega_s^2 L_{mLo}^2\}} \tag{23.11}$$

式中，r_o 是 Tx 或 Rx 线圈单位内阻，与 Tx 线圈和 Rx 线圈相比，谐振电容的 ESR 和阻抗变压器的内阻损失可忽略不计。由式（23.11）可以看出，效率随着 n_2 的增加而降低，要么变得太小要么变得太大；因此，对式（23.11）中 n_2 求导，可以在 n_{2m} 处找到最大效率点：

$$\frac{\partial \eta}{\partial n_2}\bigg|_{n_2=n_{2m}} = 0 \Rightarrow n_{2m} = \frac{\sqrt[4]{n_0^2 R_L^2 (r_o^2 + n_0^2 \omega_s^2 L_{mTo}^2)}}{\omega_s L_{mLo}} \tag{23.12}$$

由此可推导出最大负荷功率 $P_{L,m}$ 和最大效率 η_{max} 分别为

$$P_{L,m} \equiv P_L\big|_{n_2=n_{2m}} = \frac{V_T^2}{n_0 r_o} \frac{Q_c^2}{\sqrt{1+Q_c^2}(1+\sqrt{1+Q_c^2})^2} = \frac{V_T^2}{r_T} \frac{\eta_{max}}{\sqrt{1+Q_c^2}} \tag{23.13}$$

$$\eta_{max} \equiv \eta\big|_{n_2=n_{2m}} = \frac{n_0^2 \omega_s^2 L_{mTo}^2}{(r_o + \sqrt{r_o^2 + n_0^2 \omega_s^2 L_{mTo}^2})^2} = \frac{Q_c^2}{(1+\sqrt{1+Q_c^2})^2} \tag{23.14}$$

$$\therefore Q_c \equiv \frac{n_0 \omega_s L_{mTo}}{r_o} = \frac{\omega_s L_{mT}}{r_T} \tag{23.15}$$

在式（23.15）中，Q_c 为本章中 Tx 或 Rx 线圈的"耦合品质因数"，定义为磁化电感电抗与内阻的比值。注意 Q_c 与传统的品质因数 Q_i 不同，Q_i 由自感系数和内部电阻决定，但与 Tx 和 Rx 之间的耦合因子 κ 有关，具体如下：

$$Q_c = \frac{\omega_s (L_{mT}+L_{lT})}{r_T} \frac{L_{mT}}{L_{mT}+L_{lT}} = \kappa Q_i$$

$$Q_i \equiv \frac{\omega_s (L_{mT}+L_{lT})}{r_T} \qquad \kappa \equiv \frac{L_{mT}}{L_{mT}+L_{lT}} \tag{23.16}$$

如式（23.14）所指出的，η_{max} 完全由 Q_c 决定，且随着 Q_c 的增加而增加；因此，正如预期的那样，高 Q_c 值是决定高 η_{max} 的关键因素。例如，对于 $\eta_{max}=50\%$，Q_c 是 2.8，对于 $\eta_{max}=90\%$，Q_c 是 19.0。

为方便起见，对于给定的 V_T 和 r_o，归一化最大负荷功率 $P_{L,n}$ 由式（23.13）和式（23.15）定义为

$$P_{L,n} \equiv \frac{P_{L,m}}{V_T^2/r_o} = \frac{1}{n_0}\frac{Q_c^2}{\sqrt{1+Q_c^2}\,(1+\sqrt{1+Q_c^2})^2}$$

$$= \frac{n_0 Q_0^2}{\sqrt{1+n_0^2 Q_0^2}\,(1+\sqrt{1+n_0^2 Q_0^2})^2} \tag{23.17a}$$

$$\because Q_c \equiv n_0 Q_0, \quad Q_0 = \frac{\omega_s L_{mTo}}{r_o} \tag{23.17b}$$

如式（23.17）所示，$P_{L,n}$ 不仅是 n_0 的函数，也是 Q_0 的函数，即 $\omega_s L_{mTo}$，在 n_0 或 Q_0 的适当值处达到最大值。因此，对式（23.17）中的 n_0 求导，可以得到一个最优 $P_{L,n}$：

$$\frac{\partial P_{L,n}}{\partial n_0}\bigg|_{n_0=n_{0m}} = 0 \Rightarrow n_{0m} = \sqrt[4]{\frac{3}{4}}\frac{1}{Q_0} \approx \frac{0.931}{Q_0} \tag{23.18}$$

将式（23.18）应用于式（23.17），注意到 $Q_c=n_{0m}Q_0=0.931$，得到归一化的最大功率如下：

$$P_{L,n,max} = 0.122 Q_0 \tag{23.19}$$

将式（23.18）应用于式（23.14），相同的 $Q_c=n_{0m}Q_0=0.931$，效率最高如下：

$$\eta_{max}\big|_{Q_c=0.931} = 15.5\% \tag{23.20}$$

由式（23.20）可知，在式（23.18）的最优功率条件下，理论上的最大效率相当低，不太可能得到工程师的青睐。与式（23.18）相似，对式（23.17）中的 Q_0 求导，可以得到另一个最优 $P_{L,n}$：

$$\frac{\partial P_{L,n}}{\partial Q_0}\bigg|_{Q_0=Q_{0m}} = 0 \Rightarrow Q_{0m} = \frac{\sqrt{2(1+\sqrt{2})}}{n_0} \approx \frac{2.20}{n_0} \tag{23.21}$$

将式（23.21）应用于式（23.17），注意到 $Q_c=n_0 Q_{0m}=2.20$，得到归一化最大功率值：

$$P_{L,n,max} = \frac{0.172}{n_0} \tag{23.22}$$

将式（23.21）应用于式（23.14），同样地 $Q_c=n_0 Q_{0m}=2.20$，得到归一化最大效率值：

$$n_{max}\big|_{Q_c=2.20} = 41.5\% \tag{23.23}$$

比较式（23.23）和式（23.20）可以发现，式（23.21）中最佳负载功率条件下的理论最大效率更高了。图 23.6a 显示了式（23.14）和式（23.17）w.r.t n_0 的计算结果，其中最大负载功率存在于最佳 n_0。为了获得比理论极限式（23.23）中更高的效率，必须放弃最大负荷功率条件式（23.18），选择较大的 n_0 值。图 23.6b 还通过改变 $\omega_s L_{mTo}$ 即 Q_0，得到式（23.14）和式（23.17）的计算结果，其中曲线形态与图 23.6a 相似，只是效率有所提高。根据式（23.23）的预测，无论 r_o 如何变化，各峰值负荷功率的效率始终为 41.5%。最大效率与负荷功率之间存在权衡关系；因此在除 n_{2m} 外的所有参数都确定的情况下，增加 n_0 和 $\omega_s L_{mTo}$ 不能同时实现高效率、大功率。通过选择易于管理的参数 n_{2m} 和 n_0，可以合理地确

定所需的功率和最优效率。

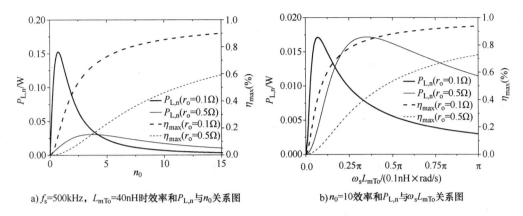

a) f_s=500kHz，L_{mTo}=40nH时效率和$P_{L,n}$与n_0关系图

b) n_0=10效率和$P_{L,n}$与$\omega_s L_{mTo}$关系图

图 23.6   在 r_o = 0.1Ω 和 0.5Ω 时，标准化负荷功率 $P_{L,n}$、最大效率与 n_0、$\omega_s L_{mTo}$ 的理论结果

23.2.3 CMRS 的设计

虽然系统的 Tx 和 Rx 是对称的，但是 CMRS 的设计涉及大量的电路参数，如图 23.3 所示。它们可以分为难以改变的硬参数和易于管理的软参数。前者包括 Tx 与 Rx 线圈之间的距离 d、直径 Φ、源角频率 ω_s，通常由其他系统要求决定。后者包括源线圈、负载线圈、Tx 线圈和 Rx 线圈的匝数，即 n_1、n_2 和 n_0。因此，设计的重点是确定在给定源电压 V_s 和负载电阻 R_L 下，最大限度地提高效率或负载功率的匝数。

提出了设计 CMRS 的假设：给定源电压 V_s，负载电阻 R_L；Tx 和 Rx 线圈之间的距离 d，直径 Φ。给出了线圈 r_o 的单位匝内阻和开关角频率 ω_s；指定应用程序的负载功率和效率。

在这些假设下，为减小 E 类逆变器的电流，CMRS 的设计过程有 6 个步骤，如下所示：

1）对于给定的效率，从式（23.14）计算 Q_c：

$$Q_c \equiv \frac{2\sqrt{\eta_{max}}}{1-\eta_{max}} (0 \leqslant \eta_{max} < 1) \qquad (23.24)$$

2）对给定尺寸参数 d 和 Φ，通过仿真、设计理论或测量确定了单位磁化电感 L_{mTo} 和单位内阻 r_o。

3）利用步骤 1）和步骤 2）的 Q_c、L_{mTo} 和 r_o，根据式（23.15）计算 n_0，如下：

$$n_0 = \frac{r_o Q_c}{\omega_s L_{mTo}} \qquad (23.25)$$

4）根据式（23.12）计算 n_2，其中单位磁化电感 L_{mLo} 用以确定所选的阻抗变压器。

5）利用步骤 1），2），3）里面的 n_0、r_o 和 Q_c 根据式（23.13）计算 $|V_T|$，如下：

$$|V_T| = \sqrt{\frac{n_0 r_o P_{L,m} \sqrt{1+Q_c^2}}{\eta_{max}}} \qquad (23.26)$$

6）利用步骤 5）中的 $|V_T|$，从 E 类逆变器设计中确定 n_2[37-41]。

设计过程如图 23.7 所示。

这里显示了一个设计示例，即 1W 实验套件的基线。首先，功率、效率、源电压 V_s 和

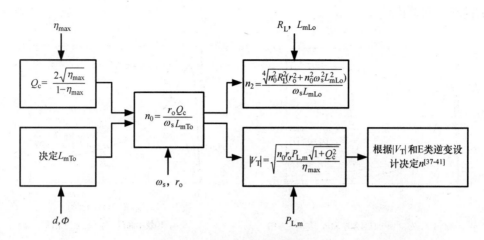

图 23.7 提出的 CMRS 设计程序

负载电阻 R_L 分别为 1W、50%、20V 和 50Ω。Tx 线圈直径为 20cm，Rx 线圈间距为 13cm；因此，通过测量确定单位磁化电感为 45nH。考虑到电容器、磁心和电源开关的商用组件，f_s 被选为 500kHz。与传统的 CMRS 不同，在 500kHz 时，$r_o = 0.5Ω$，0.5mm 直径的细利兹线用来观察高内阻对系统性能的实际影响。由式（23.24）和式（23.25）可以得到 $Q_c = 2.8$ 和 $n_0 = 10$，这对于实际执行是可以接受的。显然，$Q_c = 8.9$ 时效率可达 80%，即 $n_0 = 10$，$r = 0.18Ω$，仍可合理实现。假设选用适用于 1MHz 的 Mn-Zn 型环路铁氧体铁心 PL-F2 实现阻抗变压器，通过测量确定单位充磁电感 L_{mLo} 为 2.50μH。利用这些参数，由式（23.12）计算得出最佳匝数 n_2 为 3.48。因此，还需要通过实验确定一个在 3~4 之间的整数 n_2。

23.3 实例设计与实验验证

本节利用前几节提出的 CMRS 的分析和设计结果，验证在 500kHz 开关频率下，功率分别为 1W 和 10W 的两个实验设备，其中 Q_c 分别是 2.8 和 8.9。用于实验的 Tx 和 Rx 线圈内在品质因数 Q_i 分别为 26.3 和 76.8。注意这个 Q_i 比传统 CMRS 的 2000 要小得多。根据设计准则[37-41] 在 500kHz 下制作了一个 E 类逆变器，该逆变器在大范围的实验条件下保证了软开关特性。

23.3.1 实验中的 CMRS：定距变负载工况

如图 23.8 所示，实现了一个 CMRS 原型，用于上一节中的设计验证。该原型使用了紧凑的阻抗变压器，发现其对环境操作条件（如接近人体）具有强鲁棒性。Tx 和 Rx 的自感系数分别为 58.1μH 和 60.3μH，两者稍许的不同可能在于它们是由于绕组不匹配造成的。Tx 和 Rx 线圈的谐振电容 C_T 和 C_P 分别由式（23.3）和式（23.4）确定为 1.74nF 和 1.68nF，负载侧电容 C 由式（23.5）确定为 2.53nF。负载阻抗变压器 n_2 的匝数比由实验确定为 "4"，因为它比 "3" 具有更高的功率输出。考虑原型 E 类逆变器电压等级，确定了源阻抗变压器 n_1 的匝数比也为 "4"。实验测量阻抗互感器的单位磁化电感为 2.5μH，漏感可忽略不计。实验 CMRS 参数见表 23.1。

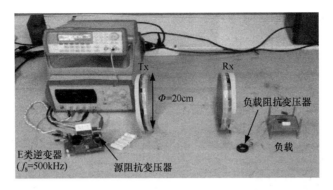

图 23.8　基于所提出的 CMRS 制作的 1W 负载功率原型

表 23.1　1W 实验装置的电路参数

参数	参数值	参数	参数值	参数	参数值	参数	参数值
L_{mLo}	2.5μH	L_{mTo}	0.045μH	C_T	1.74nF	C_R	1.68nF
L_{mS}	40.0μH	L_T	58.1μH	r_T	5.37Ω	C_L	2.23nF
L_{mL}	40.0μH	L_R	60.3μH	r_R	6.92Ω	C_S	15.0nF

图 23.9 为 $V_s = 20V_{dc}$，$f_s = 500kHz$，$R_L = 50Ω$，$n_1 = n_2 = 4$ 的实验条件下的实验电压和电流波形。E 类逆变器 MOSFET 的栅极、漏极源电压保证了零电压开关运行，如图 23.9a 所示。v_T 与各线圈电流波形如图 23.9b 所示，其中连续线圈电流相位差为 $π/2$，与理论[19] 相吻合。

在 10~400Ω 的负载电阻范围内测量负载功率和效率，如图 23.10 所示。结果表明式（23.10）和式（23.11）的理论计算结果与实验测量值吻合，由于寄生电阻的原因效率略有差异。剩余的误差主要是由于阻抗变压器的电阻和铁心损耗造成的。在实际应用中，由于电容和寄生体的取值有限，很难对高频谐振条件式（23.3）~式（23.5）进行精确的调谐。最大功率为 1.4W 时 $R_L = 30Ω$，最大效率为 40% 时 $R_L = 75Ω$。

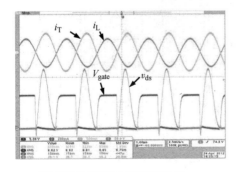

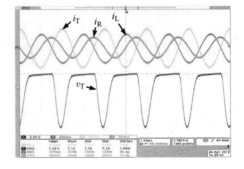

a) Tx 和负载的逆变电压和线圈电流　　　　b) 谐振模型里的 CMRS 的 v_T 以及各个线圈电流

图 23.9　E 类逆变器电压和谐振模型里每个线圈电流：$V_s = 20V$，$f_s = 500kHz$，

$R_L = 50Ω$，$n_1 = n_2 = 4$，$I_T = 525mA$，$I_R = 280mA$，$I_L = 157mA$，$V_T = 7.19V$

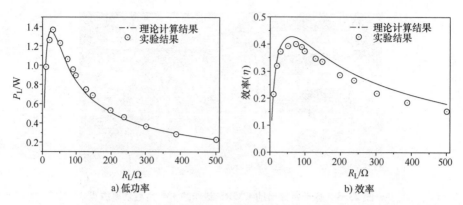

图 23.10　1W 实验装置所测量的负载功率和效率与理论分析结果对比

所测量的最大效率非常接近理论上限值 41.5%，因为实验装置的 Q_c 值为 2.8，这接近由式（23.21）所得出的 Q_c 最优值 2.2。

23.3.2　实验中的 CMRS：变距和固定负载工况

制作另一套 10W 级功率传输实验装置，观察 Tx 和 Rx 线圈间的距离对效率的影响，如图 23.11 所示。实际测量的 1.5mm 直径的粗利兹线内阻 r_R 为 1.8Ω，其中不仅包括 Rx 线圈电阻，还包括电容 ESR 和负载阻抗互感器铁氧体铁心损耗。本实验设备所设计的最大效率为 80%，$d=13cm$，其中负载功率 P_L，源电压 V_s 以及电阻 R_L 分别选取 10W、44V 和 50Ω。除单位磁化电感外，其他设计参数如 n_0、n_1、n_2 和 Φ 都相同。只是单位磁化电感 L_{mTo} 很小，由于 Tx 和 Rx 厚度的变化，在 $d=13cm$ 时下降到 44nH。

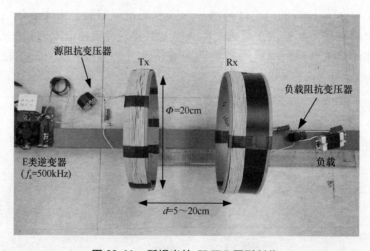

图 23.11　所提出的 CMRS 原型制作

测量 d 分别从 5~20cm 的功率 P_L 和效率 η，并与计算结果进行对比，如图 23.12 所示。由式（23.8）或式（23.10）可以看出，当 Tx 或 Rx 线圈 L_{mT} 的磁化电感偏离由式（23.15）和式（23.21）确定的最优值时，P_L 从最大值开始减小。得到最佳 L_{mT} 的最优距离 d 为 23cm，而 d 的实测值为 18cm，如图 23.12a 所示。这种差异主要是由于杂散电容的 Tx 和 Rx 线圈以及阻抗变压器。由式（23.9）或式（23.11）可以看出，随着 L_{mT} 的增加，效率 η 增加并且饱和。因此，随着 d 的增加，η 逐渐减少，导致 L_{mT} 的减少。如图 23.12b 所示，除 E 类功耗外，$d = 13\text{cm}$ 时的效率 η 为 80.2%，包括 E 类逆变器在内的系统总效率为 34.5%。将图 23.12a 与 b 进行比较，发现除 L_{mT} 外，所有参数都是固定的情况下，最大效率与负载功率之间存在一种权衡关系。

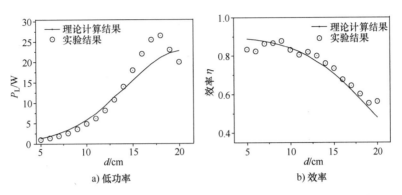

a) 低功率   b) 效率

图 23.12　10W 实验装置所测量的负载功率和效率与理论分析结果对比

23.4　相位和 EMF 分析

值得注意的是，由于谐振电流在相邻线圈磁化电感处形成的感应电压为 $\pi/2$（见图 23.13），相邻线圈之间的相位顺序差异为 $\pi/2$。为了降低电压，可以考虑利用这些相位关系。由于每个线圈中电流的相位相差 $\pi/2$，需要为每个线圈设计 EMF 抵消方案。

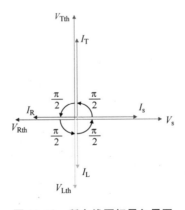

图 23.13　所有线圈相量矢量图

23.5　小结

本章提出了一种具有两个集总阻抗变压器的、紧凑的、鲁棒的 CMRS 系统。在整个详细的分析过程中，我们给出了一套完整而简单的设计指南。

通过 1W 和 10W 两套实验装置对所提出的 CMRS 进行了验证，发现与理论负载功率和效率有较好的一致性。与传统的 CMRS 因品质因数过高而对环境敏感的特性相反，在 13cm 的距离上，采用了一个小于 100 的低品质因数，实现了 10W 的功率转移，效率高达 80.2%。所提出的阻抗变压器不仅简化了 CMRS 的设计和实施，而且使 CMRS 简化为普通的 IPTS。因此，传统的 CMRS 一般来说只是一种磁耦合非常小、长距离、品质因数极高的特殊形式的 IPTS 系统。

习　题

23.1　首先证明了 CMRS 是一种 IPTS，本章对此进行了说明。为了证明 CMRS 所谓的长距离 WPT 特性并非来自 WPT 型，而是仅仅来自于线圈设计，开发了一种用于 5m 的长距离 IPTS 的偶极子线圈，这将在后面的章节中介绍。然而，仍然存在一些问题。

（a）与采用相同线圈设计的现有 IPTS 相比，CMRS 的 4 线圈系统是否真正没有好处？如果是，一般如何证明？

（b）与相应的 IPTS 相比，CMRS 中谐振继电器线圈的使用情况如何？通过连续使用谐振继电器线圈，可以延长 WPT 的距离，甚至 10m。

23.2　CMRS 的优点来自于空气线圈结构，由于其无磁心结构，工作频率很高。在空气线圈设计和磁场屏蔽设计中应更多地关注 CMRS 的研究，而不是补偿电路的设计。请对以上提到的领域提出设计理念。

参 考 文 献

1 A. Kurs, A. Karalis, R. Moffatt, J.D. Joannopoulos, P. Fisher, and M. Soljacic, "Wireless power transfer via strongly coupled magnetic resonance," *Science*, vol. 317, no. 5834, pp. 83–86, June 2007.

2 A.P. Sample, D.A. Meyer, and J.R. Smith, "Analysis, experimental results, and range adaption of magnetically coupled resonators for wireless power transfer," *IEEE Trans. on Ind. Electron.*, vol. 58, no. 2, pp. 544–554, February 2011.

3 T. Imura and Y. Hori, "Maximizing air gap and efficiency of magnetic resonant coupling for wireless power transfer using equivalent circuit and Neumann formula," *IEEE Trans. on Ind. Electron.*, vol. 58, no. 10, pp. 4746–4752, October 2011.

4 S.G. Lee, H. Hoang, Y.H. Choi, and F. Bien, "Efficiency improvement for magnetic resonance based wireless power transfer with axial-misalignment," *Electron. Letters*, vol. 48, no. 6, pp. 339–340, March 2012.

5 T.C. Beh, T. Imura, and Y. Hori, "Basic study of improving efficiency of wireless power transfer via magnetic resonance coupling based on impedance matching," in *2010 ISIE Conference*, pp. 2100–2016.

6 M. Zargham and P.G. Gulak, "Maximum achievable efficiency in near-field coupled power transfer systems," *IEEE Trans. on Biomed. Circuits Syst.*, vol. 6, no. 3, pp. 228–245, June 2012.

7 A.K. Ramrakhyani, S. Mirabbasi, and M. Chiao, "Design and optimization of resonance-based efficient wireless power delivery systems for biomedical implant," *IEEE Trans. on Biomed. Circuits Syst.*, vol. 5, no. 1, pp. 48–63, February 2011.

8 J. Park, Y. Tak, Y. Kim, Y. Kim, and S. Nam, "Investigation of adaptive matching methods for near-field wireless power transfer," *IEEE Trans. on Antennas Propagation*, vol. 59, no. 5, pp. 1769–1773, May 2011.

9 C.K. Lee, W.X. Zhong, and S.Y.R. Hui, "Effects of magnetic coupling of nonadjacent resonators on wireless power transfer domino–resonator systems," *IEEE Trans. on Power Electron.*, vol. 27, no. 4, pp. 1905–1916, April 2012.

10 D.K. An and S.C. Hong, "A study on magnetic field repeaters in wireless power transfer," *IEEE Trans. on Ind. Electron.*, vol. 60, no. 1, pp. 360–371, January 2013.

11 T. Mizuno, S. Yachi, A. Kamiya, and D. Yamamoto, "Improvement in efficiency of wireless power transfer of magnetic resonant coupling using magnetoplated wire," *IEEE Trans. on Magnetics*, vol. 47, no. 10, pp. 4445–4448, October 2011.

12 E.A. Setiawan, A. Qolbi, F. Kawolu, and I. Jotaro, "Analysis of the effect of nickel electroplating layer addition on receiver coil of wireless power transfer system," in *2011 TENCON Confence*, pp. 964–967.

13 J. Kim, H. Son, K. Kim, and Y. Park, "Efficiency analysis of magnetic resonance wireless power transfer with intermediate resonant coil," *Antennas and Wireless Propagation Letters*, vol. 10, pp. 389–392, May 2011.

14 B.L. Cannon, J.F. Hoburg, D.D. Stancil, and S.C. Goldstein, "Magnetic resonant coupling as a potential means for wireless power transfer to multiple small receivers," *IEEE Trans. on Power Electron.*, vol. 24, no. 7, pp. 1819–1825, July 2009.

15 E.M. Thomas, J.D. Heebl, C. Pfeiffer, and A. Grbic, "A power link study of wireless non-radiative power transfer systems using resonant shielded loops," *IEEE Trans. on Circuits Syst.*, vol. 59, no. 9, pp. 2125–2136, September 2012.

16 M. Kiani, and M. Ghovanloo, "The circuit theory behind coupled-mode magnetic resonance-based wireless power transmission," *IEEE Trans. on Circuits Syst.*, vol. 59, no. 9, pp. 2065–2074, September 2012.

17 S.H. Cheon, Y.H. Kim, S.Y. Kang, M.L. Lee, J M. Lee, and T.Y. Zyung, "Circuit-model-based analysis of a wireless energy-transfer system via coupled magnetic resonances," *IEEE Trans. on Ind. Electron.*, vol. 58, no. 7, pp. 2906–2914, July 2011.

18 J.A. Faria, "Pointing vector flow analysis for contactless energy transfer in magnetic systems," *IEEE Trans. on Power Electron.*, vol. 27, no. 10, pp. 4292–4300, October 2012.

19 J. Huh, W.Y. Lee, S.Y. Choi, G.H. Cho, and C.T. Rim, "Explicit static circuit model of coupled magnetic resonance system," in *2011 ECCE-Asia Conference*, pp. 2233–2240.

20 E. Lee, J. Huh, X.V. Thai, S. Choi, and C. Rim, "Impedance transformers for compact and robust coupled magnetic resonance systems," in *2013 ECCE Conference*, pp. 2239–2244.

21 B. Luo, S. Wu, and N. Zhou, "Flexible design method for multi-repeater wireless power transfer system based on coupled resonator bandpass filter model," *IEEE Trans. on Circuits Syst.*, accepted for publication.

22 B. Lee, H. Kim, S. Lee, C. Park, and C. Rim, "Resonant power shoes for humanoid robots," in *2011 ECCE Conference*, pp. 1791–1794.

23 W.X. Zhong, X. Liu, and S.Y. Hui, "A novel single-layer winding array and receiver coil structure for contactless battery charging systems with free-positioning and localized charging features," *IEEE Trans. on Ind. Electron.*, vol. 58, no. 9, pp. 4136–4144, September 2011.

24 W.P. Choi, W.C. Ho, X. Liu, and S.Y.R. Hui, "Bidirectional communication technique for wireless battery charging systems and portable consumer electronics," in *2010 APEC Conference*, pp. 2251–2259.

25 P. Arunkumar, S. Nandhakumar, and A. Pandian, "Experimental investigation on mobile robot drive system through resonant induction technique," in *2010 ICCCT Conference*, pp. 699–705.

26 G. Elliott, S. Raabe, G. Covic, and J. Boys, "Multiphase pickups for large lateral tolerance contactless power-transfer systems," *IEEE Trans. on Ind. Electron.*, vol. 57, no. 5, pp. 1590–1598, May 2010.

27 N. Keeling, G. Covic, and J. Boys, "A unity-power-factor IPT pickup for high-power applications," *IEEE Trans. on Ind. Electron.*, vol. 57, no. 2, pp. 744–751, February 2010.

28 H. Wu, J. Boys, and G. Covic, "An AC processing pickup for IPT systems," *IEEE Trans. on Power Electron.*, vol. 25, no. 5, pp. 1275–1284, May 2010.

29 H. Wu, G. Covic, J. Boys, and D. Robertson, "A series-tuned inductive-power-transfer pickup with a controllable AC-voltage output," *IEEE Trans. on Power Electron.*, vol. 26, no. 1, pp. 98–109, January 2011.

30 J. Huh, S. Lee, W. Lee, G. Cho, and C. Rim, "Narrow-width inductive power transfer system for on-line electrical vehicles," *IEEE Trans. on Power Electron.*, vol. 26, no. 12, pp. 3666–3679, December 2011.

31 M. Budhia, G. Covic, and J. Boys, "Design and optimization of circular magnetic structures for lumped inductive power transfer systems," *IEEE Trans. on Power Electron.*, vol. 26, no. 11, pp. 3096–3108, November 2011.

32 H. Li, A. Hu, and G. Covic, "A direct AC–AC converter for inductive power transfer systems," *IEEE Trans. on Power Electron.*, vol. 27, no. 2, pp. 661–668, February 2012.

33 H. Matsumoto, Y. Neba, K. Ishizaka, and R. Itoh, "Model for a three-phase contactless power transfer system," *IEEE Trans. on Power Electron.*, vol. 26, no. 9, pp. 2676–2678, September 2011.

34 C. Park, S. Lee, and C. Rim, "5 m-off-long-distance inductive power transfer system using optimum shaped dipole coils," in *2012 IPEMC Conference*, pp. 1137–1142.

35 C. Park, S. Lee, G. Cho, and C. Rim, "Innovative 5 m-off-distance inductive power transfer systems with optimally shaped dipole coils," *IEEE Trans. on Power Electron.*, 2014, accepted for publication.

36 B. Choi, E. Lee, J. Kim, and C. Rim, "7 m-off-long-distance extremely loosely coupled inductive power transfer systems using dipole coils," in *2014 ECCE Conference*, accepted for publication.

37 N.O. Sokal and A.D. Sokal, "Class E-A new class of high-efficiency tuned single-ended switching power amplifiers," *IEEE Journal on Solid-State Circuits*, vol. 10, no. 3, pp. 168–176, June 1975.

38 J. Garnica, J. Casanova, and J. Lin, "High efficiency midrange wireless power transfer system," in *2011 IMWS Conference*, pp. 73–76.

39 Z.N. Low, R.A. Chinga, R. Tseng, and J. Lin, "Design and test of a high-power high efficiency loosely coupled planar wireless power transfer system," *IEEE Trans. on Ind. Electron.*, vol. 56, no. 5, pp. 1801–1812, May 2011.

40 F.H. Raab, "Idealized operation of the class E tuned power amplifier," *IEEE Trans. on Circuits Syst.*, vol. 24, no. 12, pp. 725–735, December 1977.

41 B. Choi, D.N. Tan, J. Kim, and C. Rim, "A novel source-side capacitive power transfer system for contactless mobile charger using class-E converter," in *2014 VTC Conference (Workshop on Emerging Technologies: Wireless Power)*, pp. 6–10.

第 24 章　基于偶极子线圈的中程 IPT

24.1　简介

从尼古拉·特斯拉试图制作一个没有电线的电网[1]开始，扩展无线充电的距离有着悠久的历史[1]。2007 年，一项无线电力传输计划介绍了利用强耦合磁谐振系统（CMRS）的无线充电系统，其功率和效率分别为 60W 和 45%，距离为 2m[2]。CMRS 在一次侧和二次侧采用大的自谐振线圈来感应大的磁性过滤器，以获得更大的传输范围。对于这些谐振线圈中的大电流，线圈的内阻必须非常小，这意味着线圈有很高的 Q 值，但这又会导致电线非常粗，并且高 Q 值也会在线圈上产生很大的电压应力和比实际电流或电压大一倍的无功功率。例如，当 $Q=2500$ 时，需要一个额定值为 1MVA 的线圈来提供 400W 的功率。为了维持线圈中导线之间的高压应力，线圈相邻间隙太大会使其变得笨重。此外，线圈的谐振频率没有取决于集中电容器和电感器，而取决于其固有的杂散电容和电感器。杂散电容和电感对温度等环境过于敏感，湿度和人体接近[3,4]。高 Q 值会导致极窄的谐振频率带宽，并且环境的敏感性会导致频率漂移，因此需要一个复杂的自动匹配系统使用开关电感器和电容器来跟踪和调整高 Q 值线圈的谐振状态[5,6]。即使是采用调谐方案，使多个谐振线圈与高环境敏感性相匹配，而在实践中材料的敏感性是极其复杂的，由于线圈的结构产生的寄生电容和电感，CMRS 的工作频率通常为 10MHz，这导致使用射频功率放大器比开关变换器更有效[6]。在 50cm 距离上传输 60W 功率的 CMRS 的效率高达 80%[7]，但其系统效率包括电源交直流转换率都不高。实际上 CMRS 很少用于大功率应用，相反感应式电力传输系统（IPTS）已被应用于[8-35]功率需求更广泛的情况。

在本章中，将介绍 20kHz 开关频率逆变器驱动的传输距离为 5m 的 IPTS。一次线圈和二次线圈采用窄长结构的磁偶极子线圈，其内部有铁氧体磁心，将寄生效应降至最低[35]。对一定数量铁氧体材料的最佳阶梯形磁心结构进行了分析，通过对 20kHz 和 105kHz 的模拟、分析和实验验证，得到迄今为止被认为仅适用于近距离无线电源传输的 IPTS 也非常适合于远距离电源传输的结论。

24.2　一次和二次线圈设计

24.2.1　整体线圈配置

IPTS 的总体配置，由逆变器、电容器组和整流电路、负载以及一次和二次线圈组成，如图 24.1 所示。一次和二次线圈在一次和二次侧的中心绕线，且缠绕形状类似于螺旋线圈将磁心绕在中间，每个绕组由一个绞合线线圈组成以降低线圈交流串联电阻。一次绕组的电流产生磁场，二次绕组感应交变磁场产生的电压。

如果使用空气线圈，由于线圈外部的有效过滤区，线圈的内部会有很大的磁阻，同时它的外部会有一个相对非常小的磁阻。强磁场的产生受空气线圈的内部磁阻的限制，它是决定远距离供电至关重要的因素。为了减少这种磁阻，一种长棒型铁氧体磁心插入空气线圈，如图 24.1 所示。根据经验，这种铁氧体线圈产生磁感应强度是空气线圈的 50 倍。

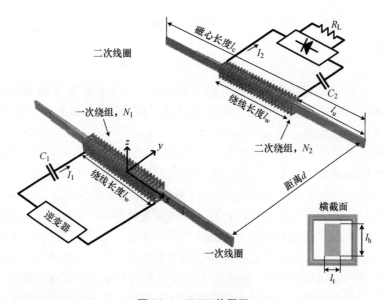

图 24.1　IPTS 装置图

一次线圈和二次线圈之间的磁力线如图 24.2 所示，表明了磁力线部分有效地与二次线圈相连。为了制造一个更大的连续磁力线，应插入更长的铁氧体棒。本章中的模拟仿真由 Ansoft Maxwell（V14）软件完成。

二次线圈上的感应电压 V_2 和产生的磁场强度 $B_2(x)$ 成正比，关系如下

$$V_2 = \omega \overline{B_2(x)} A_2 N_2 \qquad (24.1)$$

其中绕线均匀分布，ω 是角开关频率，A_2 是靠近中心 $l_{h2}-l_{t2}$ 的二次线圈横截面积，N_2 是二次线圈匝数，确定的平均磁流体密度 L_w 如下：

$$\overline{B_2(x)} \equiv \frac{1}{l_w}\int_{-l_w/2}^{l_w/2} B_2(x)\,\mathrm{d}x \quad (24.2)$$

图 24.3 所示为在磁心长度为 l_c，不同距离 d 下二次线圈中心 $B_2(0)$ 与一次线圈的磁场磁力线密度，其中假定一次磁心和二次磁心的长度相同。也就是说核心长度越长，二次磁心中的磁流体密

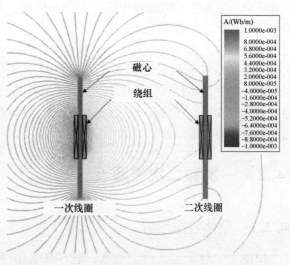

图 24.2　系统磁力线仿真结果 $d=3\mathrm{m}$, $I_1=10\mathrm{A}$

度越大，传输距离越远。如图 24.3 所示，取磁心长度 1~2m 时，由于磁场密度非常低，对于 5m 的供电传输来说太短。当磁心长度为 3m 时，则会显著改善。

关于绕线长度 l_w，通过二次绕组的磁力线随着 l_w 的减小而增大，如图 24.2 所示；因此，$l_w = 0$ 是使感应电压最大化的最佳条件，式（24.2）可推导如下：

$$\max\left\{\overline{B_2(x)}\right\} = \lim_{l_w \to 0}\frac{1}{l_w}\int_{-l_w/2}^{l_w/2} B_2(x)\,\mathrm{d}x = B_2(0) = \max\left\{B_2(x)\right\} \tag{24.3}$$

在实际情况中，式（24.3）无法实现，因为缩小的绕组长度会导致频率响应恶化，这是由于每个线圈绕组之间以及磁心和绕组之间的寄生电容，如图 24.9 所示。此外，如果 L_w 太小，由于聚集磁力线的存在，二次侧电流可能出现局部磁心饱和。

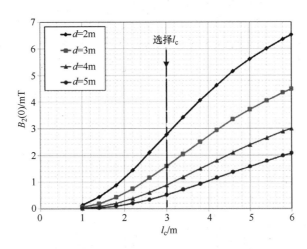

图 24.3　一次和二次磁心长度 l_c（1~6m）和不同距离 d（2~5m）的
二次线圈中心磁场密度仿真结果；$l_c = 3m$

24.2.2　阶梯式磁心优化设计

传统铁氧体材料在室温下的饱和磁场密度约为 300mT，但实际上，考虑到磁心损耗和材料因损耗而升温，其最大饱和磁场密度小于 200mT。铁氧体材料温度越高，其饱和磁场密度越小。如果铁氧体磁心沿 x 轴的厚度均匀，则铁氧体磁心中的磁场密度沿纵线（x 轴）分布不均匀，如图 24.4 所示。从图 24.2 可以很容易地预测到这种不均匀的轮廓，其中每侧的磁通集中在磁心的中心。因此，磁心中心处的磁通密度最高，外部的磁通密度逐渐降低，因此可减小其他位置的磁心设计厚度。虽然本章中的最佳磁心设计适用于二次线圈，但其在产生高磁通时仍会经历严重的磁饱和。

如图 24.4 所示，通过仿真发现一次线圈的安培匝数为 880（安培匝数），此时 $l_{h1} = 20\mathrm{cm}$，$l_{t1} = 7\mathrm{cm}$，即 $A_1 = 140\mathrm{cm}^2$，以达到 190mT 的磁饱和水平。此时一次线圈的电流 I_1 为 $40A_{rms}$，考虑到一个可用的逆变器的额定电流，只需要满足其安培匝数值就可以匹配，然后根据前文设计方法确定主线圈 N_1 的匝数为 22。

在考虑磁心形状时，应优化铁氧体磁心的厚度。如果给出铁氧体材料的总量，则需要使外截面更薄以便磁通密度均匀。均匀磁心密度的一个简单优化设计规则是使磁心横截面面积

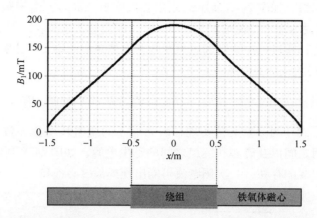

图 24.4 一次线圈的模拟磁通密度 $l_c = 3\text{m}$，$l_w = 1\text{m}$，铁氧体磁心厚度为 $l_{t1} = 7\text{cm}$。
当匝数为 **22**，一次电流 I_1 为 **40A**$_{\text{rms}}$ 时，达到 **190mT** 的饱和水平

如下：

$$A_{1\text{opt}}(x) = \frac{A_1(0)}{B_1(0)} B_1(x) \tag{24.4}$$

式中，$A_1(0)$ 和 $B_1(x)$ 分别是均匀厚度磁心的横截面积和磁通密度，如图 24.5 所示。在式（24.4）条件下，优化磁心的磁通密度为

$$B_{1\text{opt}}(x) = \frac{B_1(x)A_1(0)}{A_{1\text{opt}}(x)} = \frac{B_1(0)}{A_1(0)} \equiv \frac{B_0}{A_1(0)} = \text{常数} \tag{24.5}$$

换言之，如果横截面积与均匀厚度的磁心具有相同形式的磁通密度，则可以获得均匀的磁通密度。

然而，为了便于制造，如图 24.6 所示，对磁心长度进行精确分段，其中一半磁心是由于线圈的对称性而呈现的。这种阶梯形结构可以很容易地由小尺寸的铁氧体块体实现，块体的厚度现在为 2cm。其假设磁流体密度分布 $B_1(x)$ 不变，即使 $A_{1\text{opt}}(x)$ 发生了变化。其中，磁心厚度远小于磁心长度。

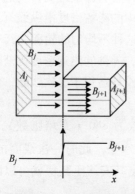

图 24.5 铁氧体磁心阶梯形联结处的磁通分布。在底部绘制了磁通密度变化图

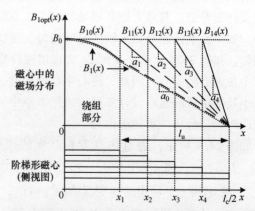

图 24.6 阶梯形磁心的磁通密度分布图，其中 x_1、x_2、x_3 和 x_4 表示每个阶梯形磁心的联结点

通过找到纵向（x 轴）点 x_1、x_2、x_3 和 x_4 来进行优化，其中每个阶梯状连接处的磁通密度达到最大值 B_0。在本章中，假设了 5 个分段。

与传统的空气线圈不同，所提出的铁氧体磁心线圈中的磁通密度难以精确计算，无法测量铁氧体磁心中的磁通密度。在本章中，模拟的磁通密度分布如图 24.4 所示，在考虑曲线部分和直线部分的情况下，进行了数值模拟，如下所示：

$$B_1(x) = \begin{cases} B_w(x) = B_0\{1 - c_0 |x|^n\} & |x| < l_w/2 \text{ 绕组部分} \\ B_u(x) = a_0(|x| - x_1) + b_0 & l_w/2 < |x| < l_c/2 \text{ 无绕组部分} \end{cases} \tag{24.6}$$

式中，$x_1 \approx l_w/2$ 和系数由图 24.6 确定，如下所示：

$$a_0 = -\frac{B_w(x_1)}{l_c/2 - x_1}, \quad b_0 = B_w(x_1) \tag{24.7a}$$

$$c_0 = 0.9, \quad n = 2.0 \tag{24.7b}$$

在式（24.7b）中，通过图 24.6 中的曲线拟合获得 c_0 和 n。

与式（24.5）相似，阶梯形磁心的最佳磁通密度分布也可以通过近似于均匀磁通密度 $B_1(0)$ 来找到。优化后的磁通密度分布函数如下：

$$B_{1opt}(x) = B_{10}(x) + B_{11}(x) + B_{12}(x) + B_{13}(x) + B_{14}(x) \tag{24.8}$$

式中

$$B_{10}(x) = B_w(x) \qquad 0 \leqslant |x| < x_1 \tag{24.9a}$$

$$B_{11}(x) = a_1(|x| - x_1) + b_1 \quad x_1 \leqslant |x| < x_2 \tag{24.9b}$$

$$B_{12}(x) = a_2(|x| - x_2) + b_2 \quad x_2 \leqslant |x| < x_3 \tag{24.9c}$$

$$B_{13}(x) = a_3(|x| - x_3) + b_3 \quad x_3 \leqslant |x| < x_4 \tag{24.9d}$$

$$B_{14}(x) = a_4(|x| - x_4) + b_4 \quad x_4 \leqslant |x| < l_c/2 \tag{24.9e}$$

在式（24.9）中，应该确定的是 12 个常数，即 a_i、b_i 和 x_i。

首先，b_i 很容易得到，考虑到每个 $B_{1i}(x_i)$ 的初始值应该与 B_0 相同，如图 24.6 所示。从式（24.9b）~式（24.9e）可得 $B_{1i}(x_i)$ 如下：

$$B_{1i}(x_i) = a_i(|x| - x_i) + b_i = b_i = B_0 \quad i = 1, 2, 3, 4 \tag{24.10}$$

磁力线应在磁心的阶梯形连接处连续，如图 24.5 所示。相邻磁通密度 B_{j+1} 如下：

$$B_{j+1} = \frac{A_j}{A_{j+1}} B_j, \quad \because \phi_{j+1} = A_{j+1}B_{j+1} = \phi_j = A_j B_j \tag{24.11}$$

在 $x = x_1$ 时，磁心堆的数量从 5 个变为 4 个；因此，磁通密度随着横截面积 $A_{10}/A_{11} = 5/4$ 的比值而增加，与式（24.11）中的相同。

此外，$B_{11}(x_1)$ 的磁场密度应与最大允许磁场密度 B_0 相同，如下所示：

$$B_{11}(x_1) = B_0 = \frac{A_{10}}{A_{11}} B_{10}(x_1) = \frac{5}{4} B_{10}(x_1) \tag{24.12}$$

从式（24.12）可知，可以使用式（24.6a）和式（24.9a）计算 x_1，如下所示：

$$x_1 = \frac{1}{(5c_0)^{1/n}} \tag{24.13}$$

从式（24.13）可知，x_1 从式（24.7b）计算为 0.49m。

值得注意的是，铁氧体磁心两端的磁通密度，即 $x = l_c/2$，几乎为零，如图 24.4 和图 24.6 所示。这意味着，每个 $B_{1i}(x)$ 在 $x = l_c/2$ 处具有相同的零值，如图 24.6 所示，因为每

个分段堆心的端部厚度均匀，也就是说

$$B_{1i}(l_c/2) = a_i(\mid l_c/2\mid -x_i) + B_0 = 0 \quad i = 1,2,3,4 \tag{24.14}$$

由式（24.14），a_i 可表示为

$$a_i = \frac{-B_0}{l_c/2 - x_i} \quad i = 1,2,3,4 \tag{24.15}$$

将式（24.7a）和式（24.12）应用于式（24.15），a_1 可确定如下

$$a_1 = \frac{-B_0}{l_c/2 - x_1} = -\frac{5}{4} \frac{B_{10}(x_1)}{l_c/2 - x_1} = \frac{5}{4} a_0 \tag{24.16}$$

现在式（24.9b）的系数已经完全确定，在 $x = x_2$ 时，堆心数从 4 个变为 3 个，因此磁通密度增加了 $A_{11}/A_{12} = 4/3$。与式（24.12）类似，$B_{12}(x_2)$ 的磁场密度应与式（24.11）中确定的最大允许磁场密度 B_0 相同，如下所示：

$$B_{12}(x_2) = B_0 = \frac{A_{11}}{A_{12}} B_{11}(x_2) = \frac{4}{3} B_{11}(x_2) = \frac{4}{3} \{ a_1(x_2 - x_1) + B_0 \} \tag{24.17}$$

由式（24.17），x_2 可表示为

$$x_2 = x_1 + \frac{-B_0}{4a_1} = x_1 + \frac{1}{4}(l_c/2 - x_1) \equiv x_1 + \frac{l_u}{4} \tag{24.18}$$

在式（24.18）中，发现第二个分段位置对应于未缠绕芯长度 l_u 的 $\frac{1}{4}$。

通过递归应用 a_i 和 x_i 的这个过程，如式（24.12）~式（24.18）所示，对系数进行完全确定。

$$a_2 = \frac{5}{3} a_0 \tag{24.19a}$$

$$a_3 = \frac{5}{2} a_0 \tag{24.19b}$$

$$a_4 = \frac{5}{1} a_0 \tag{24.19c}$$

$$x_3 = x_2 + \frac{l_u}{4} \tag{24.20a}$$

$$x_4 = x_3 + \frac{l_u}{4} \tag{24.20b}$$

一般而言，只要磁心区域的磁通密度是如图 24.4 所示的直线，任意 m 分段的系数如下：

$$a_i = \frac{m}{m-i} a_0 \quad i = 1,2,\cdots,m-1 \tag{24.21a}$$

$$b_i = B_0 \quad i = 1,2,\cdots,m-1 \tag{24.21b}$$

$$x_{i+1} - x_i = \frac{l_u}{m-1} \quad i = 1,2,\cdots,m-1 \tag{24.21c}$$

利用所设计的参数，将通过式（24.8）计算得到的和模拟得到的磁通密度进行了比较，如图 24.7 所示。如预期的那样，磁通密度在每个阶梯状连接点（x_1、x_2、x_3、x_4）处具有峰

值 B_0。

图 24.8 分别显示了优化阶梯形磁心和均匀磁心的归一化磁通密度的模拟结果。为了公平比较,假设每种情况下使用的铁氧体磁心数量相同。研究发现,阶梯形磁心的峰值磁场降低到均匀磁心的 65%,这意味着通过所提出的阶梯形磁心设计,可以节省 35% 的磁心,从而实现相同的磁通密度分布。

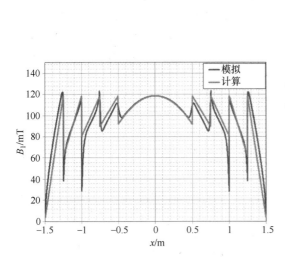

图 24.7　当 $l_c = 3m$ 和 $l_w = 1m$ 时,模拟的磁通密度分布与优化阶梯形磁心磁通密度的计算结果比较。匝数为 22,一次电流 I_1 为 $40A_{rms}$

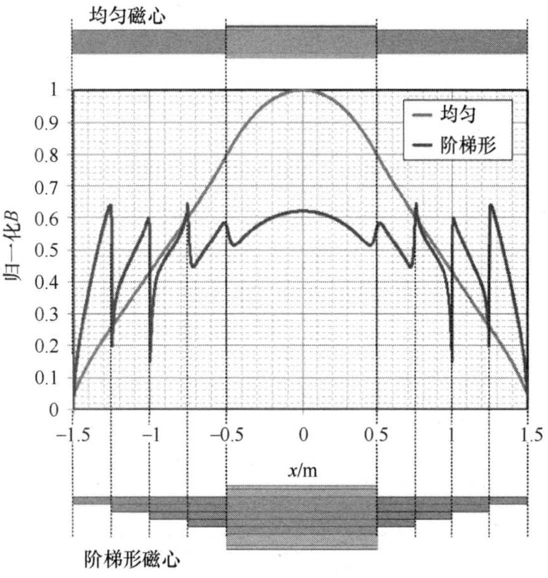

图 24.8　阶梯形磁心和均匀磁心归一化磁通密度的仿真结果,其中 $l_c = 3m$, $l_w = 1m$。匝数为 22,一次电流 I_1 为 $40A_{rms}$

磁心中的磁通量通常与给定电流下线圈的电感成正比。因此,通过模拟计算得到了阶梯形磁心和均匀磁心的电感分别为 $942\mu H$ 和 $991\mu H$。由于所提出的阶梯形磁心的电感仅比均匀磁心低 4.9%,因此感应电压降并不显著。因此,可以得出这样的结论:对于相同数量的磁心,考虑到所提供的无线传输功率与式(24.1)感应电压或磁通密度的二次方成正比,对于相同数量的磁心,提出方案可以提供比均匀磁心扩大 2.13($=1.46^2$)倍的无线传输功率,如下所示:

$$\frac{P_{1,opt}}{P_1} = \left(\frac{V_{1,opt}}{V_2}\right)^2 = \left(\frac{L_{1,opt}}{L_1}\frac{B_{0,opt}}{B_0}\right)^2 \tag{24.22}$$

24.2.3　磁心损耗计算

使用磁心后,磁通量明显增强,线圈尺寸变得相当紧凑,但是使用磁心的缺点是磁心损耗问题。如图 24.8 所示,从拟用阶梯形磁心的侧面观察,磁心的总体积和最大磁通密度都应最小化,以减轻磁心损耗。磁滞损耗是磁心损耗的主要来源,可使用以下 Steinmetz 方程[30]以单位体积的功率为单位进行建模:

$$P_{cv} = C_m C_T f^p B_{peak}^q [\text{W/m}^3], \therefore C_T = C_{T0} - C_{T1}T + C_{T2}T^2 \quad (24.23)$$

式中，C_m 和 C_T 分别是堆心损耗系数和温度校正参数。

定量评估均匀磁心和优化阶梯形磁心在给定心数时的损耗。将式（24.8）应用于式（24.23），铁氧体磁心损耗可分析计算如下：

$$P_{1h} = \iiint P_{cv} \, dxdydz = \int C_m C_T f^p B_{peak}^q A_1(x) \, dx$$

$$= \begin{cases} C_m C_T f^p \int B_1^q(x) A_1(x) \, dx & \text{均匀磁心} \\ C_m C_T f^p \int B_{1opt}^q(x) A_{1opt}(x) \, dx & \text{阶梯形磁心} \end{cases} \quad (24.24)$$

式中，$A_1(x)$ 和 $A_{1opt}(x)$ 分别是均匀磁心和阶梯形磁心的横截面积。表 24.1 总结了制造商铁氧体磁心的功率损耗密度参数。从式（24.24）开始，用数学软件 MAPLE 计算了温度为 100℃、I_1 为 40A_{rms} 的均匀磁心和阶梯形磁心的损耗，分别为 1340W 和 550W。采用所提出的优化技术，堆心损失仅占未优化均匀堆心的 41%。

表 24.1 拟合参数计算磁滞损耗密度

参数	数值
C_m	7.13×10^3
p	1.42
q	3.02
C_{T2}	3.65×10^{-4}
C_{T1}	6.65×10^{-2}
C_{T0}	4.00
T	100℃

24.2.4 绕线方法和寄生电容

与无磁心线圈相比，所提出的芯绕线圈具有相对较大的 mH 级电感，因此线圈的寄生电容较小，这可能会影响线圈的自谐振频率，图 24.9 所示为芯绕线圈的两个主要寄生电容。与传统的空气线圈仅在相邻导线之间具有寄生电容 C_w 的情况不同，所提出的芯绕线圈在导线和芯线之间具有寄生电容 C_f，由于线圈的导线长度为几十米，C_f 不可忽略。这些寄生电容 C_w 和 C_f 构成了等效电路模型中的并联电容 C_p，如图 24.10 所示。

图 24.10 显示了由铁氧体线圈（包括并联寄生电容器 C_p 和串联谐振电容器 C_s）组成的谐振槽的简化等效电路模型。考虑到 L_s 代表 L_1 或 L_2，电路的阻抗 Z 如下：

$$Z = \frac{1}{j\omega C_s} + \frac{1}{j\omega C_p} \| j\omega L_s$$

$$= \frac{1 - L_s(C_s + C_p)\omega^2}{j\omega C_s(1 - L_s C_p \omega^2)} = \frac{1 - (\omega/\omega_s)^2}{j\omega C_s \{1 - (\omega/\omega_p)^2\}} \quad (24.25)$$

其中并联谐振频率和串联角谐振频率如下：

$$\omega_p = \frac{1}{\sqrt{L_s C_p}}$$

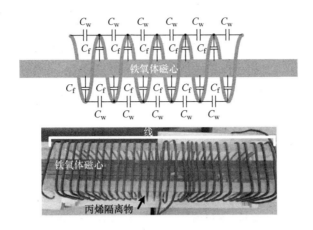

图 24.9　铁氧体线圈（上）和制造线圈的并联寄生电容，
用于在 100kHz 运行时最小化寄生影响（下）

$$\omega_s = \frac{1}{\sqrt{L_s(C_p + C_s)}} \tag{24.26}$$

为了使二次感应电压尽可能大，二次绕组的匝数应尽可能大，工作频率应高达数百 kHz，如式（24.1）所示。为了满足这些条件，由于较大的 L_s 数量级应为 mH，C_s 则小到几 nF。如式（24.25）所示，C_p 应至少比 C_s 小许多，以便与之相距足够远。为了减少 C_f 和 C_w，在导线和铁氧体磁心之间插入一个亚克力间隔棒，根据给定的绕组空间和匝数，用足够的线间间隙缠绕导线，如图 24.9 所示。因此，线圈可以在 100kHz 以上运行，而不会恶化谐振特性。

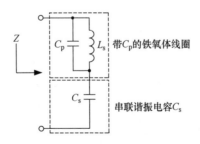

图 24.10　带寄生电容的铁氧体绕线线圈和串联谐振电容器的谐振槽模型

24.3　IPTS 的实例设计和实验验证

24.3.1　整体配置

如图 24.11 所示，在实验室对拟用线圈进行了实验验证，其中一次和二次线圈参数见表 24.2。

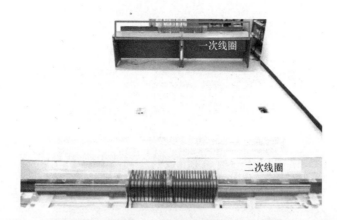

图 24.11 一次线圈和二次线圈（带阶梯形磁心和亚克力垫片）的实验图片

表 24. 2　系统参数

参数	数值	参数	数值
f	20kHz	l_c	3m
d	3m, 4m, 5m	l_w	1m
L_m	18. 5μH, 10. 6μH, 6. 94μH	x_1	0. 5m
k	0. 68%, 0. 39%, 0. 26%	x_2	0. 75m
L_1	832μH	x_3	1m
L_2	8. 78mH	x_4	1. 25m
C_1	80nF	l_{t1}	0. 1m
C_2	7. 1nF	l_{h1}	0. 2m
N_1	22	l_{t2}	0. 05m
N_2	86	l_{h2}	0. 1m
R_1	0. 63Ω	C_L	220μF
R_2	4. 17Ω	Q_2	30. 2
R_L	40Ω		

建立的 IPTS 电路图如图 24. 12 所示，其中一次线圈及其串联谐振电容 C_1 由全桥逆变器驱动。为了保证逆变器的零电压开关（ZVS）运行，选择逆变器的开关频率略高于 C_1 和 L_1 确定的一次侧谐振频率[11]。另一方面，由 C_2 和 L_2 确定的二次侧谐振频率与开关频率精确匹配，配谐结果如下：

$$\omega \approx 1.05\omega_1 = \frac{1.05}{\sqrt{L_1 C_1}} \qquad (24.27a)$$

$$\omega = \omega_2 = \frac{1}{\sqrt{L_2 C_2}} \qquad (24.27b)$$

由式（24.27），使用表 24.2 中列出的 L_1 和 L_2 的测量值确定 C_1 和 C_2。

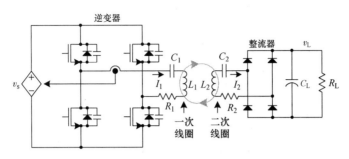

图 24.12　实验用 IPTS 的电路图，包括一次线圈驱动的逆变器和二次线圈的整流器

全桥整流器将二次线圈的感应交流电压转换为直流电压。R_1 和 R_2 分别代表一次和二次有效串联交流电阻，包括谐振电容器的等效串联电阻（ESR）和线圈的等效交流电阻，分别代表传导损耗和涡流损耗。在整个实验中，将 R_L 固定在 40Ω，以在 200V 负载电压下提供 1kW 功率。

24.3.2　线圈制作

如图 24.9 和图 24.11 所示，制造了前面章节中设计的线圈，这些线圈为阶梯形磁心和均匀磁心。一、二次磁心的长度均为 $L_c = 3m$，其他制造参数见表 24.2。在制造过程中，我们从韩国 SamWha Electronics 公司选择了一种价格低廉的锰-锌型软铁氧体材料 PL-7，因为这种材料的损耗特性类似于铁立方体生产的一种 Mn-Zn 型材料 3C30。

一次线圈电感 L_1 的测量值为 832μH，比模拟值 942μH 小 12%；这主要是由于在每个铁氧体块之间插入了薄膜隔离膜，以减轻磁心内的涡流损耗。

在导线和铁氧体磁心之间还插入了亚克力间隔棒，以减小 C_f，以获得约 3cm 的间隙。因此，一次线圈和二次线圈 C_{p1} 和 C_{p2} 的测量寄生电容分别为 95pF 和 44pF。相比于 $C_1 = 80nF$ 和 $C_2 = 7.1nF$ 的 C_{p1} 和 C_{p2} 值，分别为其的 0.12% 和 0.62%，分别相当于式（24.26）频率间隔的 28.9 和 12.7 倍。也就是说，一次线圈和二次线圈的并联谐振频率分别为 566kHz 和 256kHz；因此，在实际情况中，所制造的线圈最多可使用 100kHz。

24.3.3　效率测量

为了测量所提出的 IPTS 的功率效率，一次线圈的交流输入功率由一台精密数字功率分析仪 WT1800 测量，而负载电阻的直流输出功率则用万用表测量。图 24.13 显示了在 20kHz 下不同距离下测量的输出功率与一次电流 I_1 的对比。在最大一次电流 $I_1 = 47A_{rms}$ 的情况下，3m、4m 和 5m 距离的最大输出功率分别为 1403W、471W 和 209W。

图 24.14a 显示了从一次线圈到负载电阻测量的功率效率与不同距离 d 的输出功率 P_L 的对比。在 20kHz 条件下，3m、4m 和 5m 的最大输出功率和效率分别为 1403W、471W 和 209W，分别为 29%、16% 和 8%。功率效率随着 P_L 的降低而降低，相应地线圈中磁滞损耗的大幅增加而相应地增加 I_1。图 24.14b 比较了未优化的均匀磁心和优化的阶梯形磁心的效率。对于低负载功率，两种情况下的磁心损耗差异不明显，因为磁心损耗差异不明显。随着

负载功率的增加，优化情况与未优化情况之间的磁心损耗差异增大。与未优化情况相比，由于磁心损耗较小，优化情况的效率得到了提高。

如图 24.15 和图 24.16 所示，测试了比 105kHz 更高的工作频率，其中使用了 SamWha Electronics 公司生产的用于频率高达 1MHz、名为 PL-F1 的高价 Mn-Zn 型软铁氧体材料。由于用数字功率计测量高频功率时产生了许多误差，因此在逆变器的直流输入侧测量了输入功率。如图 24.15 所示，在 2m、3m、4m 和 5m 距离的最大输出功率分别为 109W、34.8W、13.8W 和 5.93W，其中由于 100kHz 专用样机高频逆变器的功率限制，一次电流 I_1 小于 $4A_{rms}$。

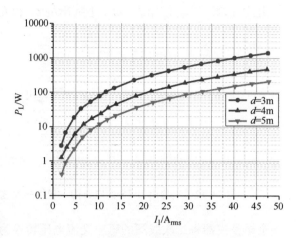

图 24.13 不同频率下测量的输出功率与有效值电流 I_1 的对比

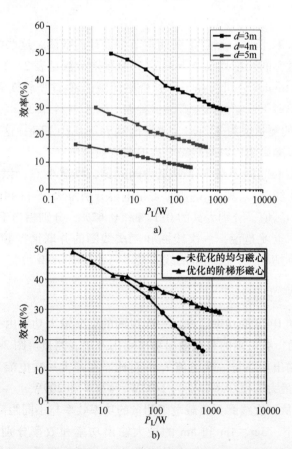

a)

b)

图 24.14 a) 从一次线圈到负载电阻的测量效率与不同距离（20kHz）输出功率 P_L 的对比

b) 未优化的均匀磁心和优化的阶梯形磁心之间的测量效率比较，$d=3m$

图 24.16 显示了从逆变器输入到负载电阻的功率效率与不同距离的输出功率。对于5W 的输出功率，2m、3m、4m 和 5m 距离的功率效率分别为 46%、31%、15% 和 6%。将图 24.16 的这些结果与图 24.14 的结果进行比较，105kHz 的效率明显低于 20kHz 的效率；然而，由于功率测量方法、逆变器制造和电流发生了显著变化，因此差别并不十分明显。较高的工作频率可能会使整个系统发生变化；但是，这不能说明较高的工作频率在效率、输出功率水平和总成本方面是最佳的，因为电容器选择有限、心损耗增加和寄生效应影响。

详细研究工作频率的选择，以及更短的线圈 l_c 和更高的效率带来的更长的无线电能传输，有待于进一步的工作。

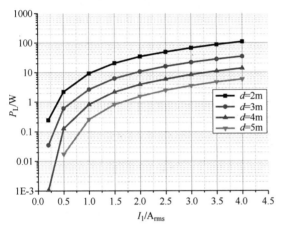

图 24.15　不同距离下（105kHz）的输出
功率与一次电流 I_1

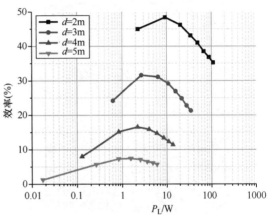

图 24.16　在不同距离下（105kHz），从逆变器
输入到负载电阻的效率与输出功率 P_L 的测量值

24.3.4　损耗测量

为了验证式（24.24）铁氧体磁心的计算磁滞损耗，测量了优化阶梯形磁心和未优化均匀磁心之间一次线圈的损耗差异，如下所示

$$\Delta P_{1h} = C_m C_T f^p \int \{ B_1^q(x) A_1(x) -$$
$$B_{1opt}^q(x) A_{1opt}(x) \} \, dx \qquad (24.28)$$

除优化磁心和未优化磁心的磁滞损耗外，其他损耗几乎相同。因此，取消了其他损耗分量，只测量磁滞磁心损耗的差值，结果与式（24.28）非常相似，如图 24.17 所示。

图 24.18 所示为使用热成像照相机测量的等量铁氧体材料的均匀磁心和优化阶梯形磁心的表面温度。优化后的阶梯形磁心温度比均匀磁心低很多，优化后的阶梯形磁心温度分布比均匀磁心更均匀。根据该温度测量，采用所提出的优化方

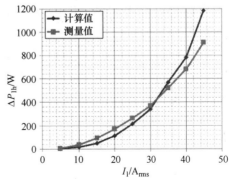

图 24.17　在 20kHz 时，优化阶梯形磁心和
未优化均匀磁心之间一次线圈的
测量和计算损耗差异

法将功率损失最小化已得到进一步验证。

阶梯形磁心段的表面温度测量如图 24.19 所示。磁心表面温度分布反映了磁心内部无法直接测量的磁通密度分布。如图 24.17 所示，模拟和计算的磁通密度分布与测量的温度分布完全一致。

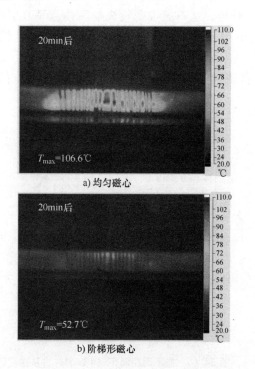

图 24.18 IPT 在 20kHz 和 $I_1 = 40A_{rms}$ 下运行 20min 后，使用热成像摄像机测量表面温度

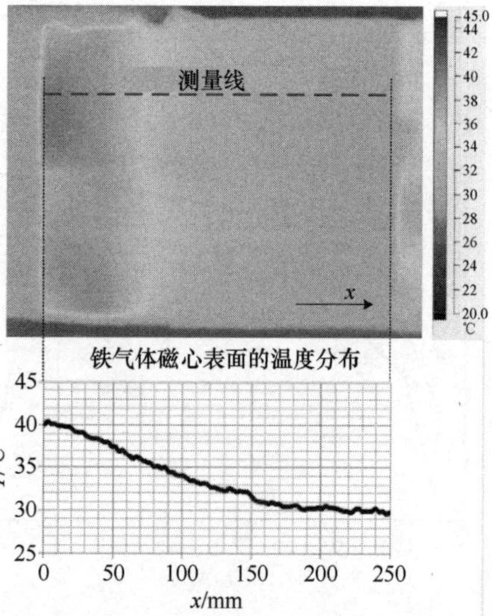

图 24.19 内部磁通密度的阶梯形磁心段的表面温度测量（侧视图）

虽然不可能测量所有的具体损耗，但图 24.20 显示了传输距离为 5m、20kHz 时，一次电流 I_1 为 40A_{rms} 的带有阶梯形磁心的 IPTS 损耗分析。除了 P_{misc} 是仍未解释矛盾外，其中 P_{1h} 和 P_{2h} 根据式（24.24）进行计算，所有其他功率均可进行测量。主要损耗是一次线圈的磁滞和涡流损耗。因此，需开发出一种更好的铁氧体磁心，用于具有更高系统效率的远程无线电能传输。

表 24.2 总结了拟定 IPTS 的参数。通过分别在 20kHz 的工作频率下对一次线圈和二次线圈的谐振电路进行调谐，测量出有效的交流电阻 R_1 和 R_2。根据给定一次电流 I_1 的测量感应电压 V_2 计算互感 L_m。相互耦合系数由 L_m、L_1 和 L_2 计算得出。

注意，考虑到直流侧电阻[31]的有效交流侧电阻，20kHz 的二次电路的品质因数仅为 30.2，如下所示

$$Q_2 \equiv \frac{\omega L_2}{R_e} = \frac{\omega L_2}{R_{L,eff} + R_2} = \frac{\omega L_2}{R_L \dfrac{8}{\pi^2} + R_2}, \therefore R_{L,eff} = \left(\frac{2\sqrt{2}}{\pi}\right)^2 R_L \qquad (24.29)$$

与 CMRS 非常大的 Q 相比，提出的 Q_2 约小 100 倍；因此，提出的 IPTS 在实际的 Q_2 范围内小于 100，这已通过多个应用进行了验证[11,32,33]。

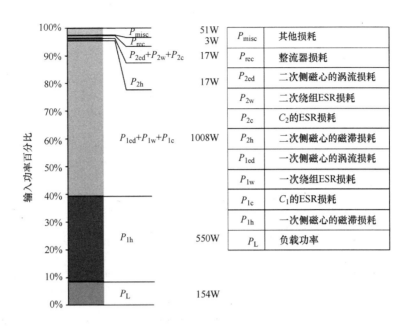

图 24.20　在 $d=5m$ 和 $I_1=40A_{rms}$ 条件下，采用 20kHz 阶梯形磁心的 IPTS 功率损耗分析示例

24.4　小结

本章搭建了传输距离为 5m 的远程 IPTS，引入了一种新的远程供电机制的分析方法。用铁氧体磁心的偶极结构线圈代替传统的环路线圈，可以有效地延长功率输出。由于它的形状狭长而不笨重，所以可以安装在房间的角落或天花板上。实验证明，与未经优化的均匀磁心相比，所提出的优化阶梯形磁心仅具有 41% 的核损耗，但对于给定数量的磁心，其无线传输功率要高出 2.1 倍。实验得到的最大输出功率和一次线圈负载功率分别为 1403W、471W 和 209W，效率分别为 29%、16% 和 8%。正在开发中的 IPTS 是作为重要传感器的潜在备用电源以应对核电厂可能发生的严重事故。

习　题

24.1　与传统的线圈 IPTS 相比，所提出的偶极子线圈 IPT 的基本原理是"无尺寸"。换句话说，偶极子线圈的一个尺寸类似于线，而线圈的两个尺寸类似于平面。因此，偶极子线圈很容易安装在房间里，在房间的角落可以用来安装偶极子线圈。然而，有人说偶极子线圈有一些缺点，如磁心损耗大，电感大，距离较长。

（a）为了公平比较，粗略地证明在距离相同的情况下，偶极子的电感与线圈的电感相似吗？如果相似，那么偶极子的大电感不是缺点，而是长距离 WPT 不可避免的参数。

（b）对提高偶极子线圈在高频操作和磁屏蔽方面的性能提出建议。

24.2　有人说，CMRS 通过远距离传输无线电源其磁场很弱。如果这是正确的，那么对于 IPTS 来说同样的论点也是正确的，如前一章所讨论。

（a）证明两个相同线圈（用于 Tx 线圈和 Rx 线圈）之间的最小磁场必须足够大以传输无线电源。

（b）证明任何类型的 Tx 线圈和 Rx 线圈之间的最小磁场必须足够大以传输无线电源。

参 考 文 献

1 N. Tesla, "Apparatus for transmitting electrical energy," US Patent 1 119 732, December 1, 1914.

2 A. Kurs, A. Karalis, R. Moffatt, J.D. Joannopoulos, P. Fisher, and M. Soljacic, "Wireless power transfer via strongly coupled magnetic resonances," *Science*, vol. 317, no. 5834, pp. 83–86, July 2007.

3 L.H. Ford, "The effect of humidity on the calibration of precision air capacitors," *Journal of the Institution of Power Engineering*, vol. 95, no. 48, pp. 709–712, December 1948.

4 V.J. Brusamarello, Y.B. Blauth, R. Azambuja, I. Muller, and F.R. Sousa, "Power transfer with an inductive link and wireless tuning," *IEEE Trans. on Instrumentation and Measurement*, vol. 62, no. 5, pp. 924–931, May 2013.

5 T.C. Beh, M. Kato, T. Imura, S. Oh, and Y. Hori, "Automated impedance matching system for robust wireless power transfer via magnetic resonance coupling," *IEEE Trans. on Ind. Electron.*, vol. 60, no. 9, pp. 3689–3698, September 2013.

6 A.P. Sample, D.T. Meyer, and J.R. Smith, "Analysis, experimental results, and range adaptation of magnetically coupled resonators for wireless power transfer," *IEEE Trans. on Ind. Electron.*, vol. 58, no. 2, pp. 544–554, February 2010.

7 Sony Corp. (2009, Oct. 2). "Sony develops highly efficient wireless power transfer system based on magnetic resonance," October 2, 2009 [online], available at: http://www.sony.net/SonyInfo/News/Press/200910/09-119E/index.html.

8 J. Hirai, T.-W. Kim, and A. Kawamura, "Study on intelligent battery charging using inductive transmission of power and information," *IEEE Trans. on Power Electron.*, vol. 15, no. 2, pp. 335–345, March 2000.

9 B.L. Cannon, J.F. Hoburg, D.D. Stancil, and S.C. Goldstein, "Magnetic resonant coupling as a potential means for wireless power transfer to multiple small receivers," *IEEE Trans. on Power Electron.*, vol. 24, no. 7, pp. 1819–1825, July 2009.

10 M. Budhia, G.A. Covic, and J.T. Boys, "Design and optimization of circular magnetic structures for lumped inductive power transfer systems," *IEEE Trans. on Power Electron.*, vol. 26, no. 11, pp. 3096–3108, November 2011.

11 J. Huh, S.W. Lee, W.Y. Lee, G.H. Cho, and C.T. Rim, "Narrow-width inductive power transfer system for online electrical vehicles," *IEEE Trans. on Power Electron.*, vol. 26, no. 12, pp. 3666–3679, December 2011.

12 S.H. Lee and R.D. Lorenz, "Development and validation of model for 95%-efficiency 220-W wireless power transfer over a 30-cm air gap," *IEEE Trans. on Ind. Applic.*, vol. 47, no. 6, pp. 2495–2504, November–December 2011.

13 H. Matsumoto, Y. Neba, K. Ishizaka, and R. Itoh, "Comparison of characteristics on planar contactless power transfer systems," *IEEE Trans. on Power Electron.*, vol. 27, no. 6, pp. 2980–2993, June 2012.

14 Z. Pantic and S.M. Lukic, "Framework and topology for active tuning of parallel compensated receivers in power transfer systems," *IEEE Trans. on Power Electron.*, vol. 27, no. 11, pp. 4503–4513, November 2012.

15 J.P.C. Smeets, T.T. Overboom, J.W. Jansen, and E.A. Lomonova, "Comparison of position-independent contactless energy transfer systems," *IEEE Trans. on Power Electron.*, vol. 28, no. 4, pp. 2059–2067, April 2013.

16 M. Pinuela, D.C. Yates, S. Lucyszyn, and P.D. Mitcheson, "Maximizing DC-to-load efficiency for inductive power transfer," *IEEE Trans. on Power Electron.*, vol. 28, no. 5, pp. 2437–2447, May 2013"

17 S. Lee, B. Choi, and C.T. Rim, "Dynamics characterization of the inductive power transfer system for online electric vehicles by laplace phasor transform," *IEEE Trans. on Power Electron.*, vol. 28, no. 12, pp. 5902–5909, December 2013.

18 Y. Zhang, Z. Zhao, and K. Chen, "Frequency decrease analysis of resonant wireless power transfer," *IEEE Trans. on Power Electron.*, vol. 29, no. 3, pp. 1058–1063, March 2014.

19 H. Hao, G.A. Covic, and J.T. Boys, "A parallel topology for inductive power transfer power supplies," *IEEE Trans. on Power Electron.*, vol. 29, no. 3, pp. 1140–1151, March 2014.

20 C.-S. Wang, G.A. Covic, and O.H. Stielau, "Power transfer capability and bifurcation phenomena of loosely coupled inductive power transfer systems," *IEEE Trans. on Ind. Electron.*, vol. 51, no. 1, pp. 148–157, February 2004.

21 Z.N. Low, R.A. Chinga, R. Tseng, and J. Lin, "Design and test of a high-power high-efficiency loosely coupled planar wireless power transfer system," *IEEE Trans. on Ind. Electron.*, vol. 56, no. 5, pp. 1801–1812, May 2009.

22 J. Sallan, J.L. Villa, A. Llombart, and J.F. Sanz, "Optimal design of ICPT systems applied to electric vehicle battery charge," *IEEE Trans. Ind. Electron.*, vol. 56, no. 6, pp. 2140–2149, June 2009.

23 J.U.W. Hsu, A.P. Hu, and A. Swain, "A wireless power pickup based on directional tuning control of magnetic amplifier," *IEEE Trans. on Ind. Electron.*, vol. 56, no. 7, pp. 2771–2781, July 2009.

24 G. Elliott, S. Raabe, G.A. Covic, and J.T. Boys, "Multiphase pickups for large lateral tolerance contactless power-transfer systems," *IEEE Trans. on Ind. Electron.*, vol. 57, no. 5, pp. 1590–1598, May 2010.

25 M.L.G. Kissin, G.A. Covic, and J.T. Boys, "Steady-state flat-pickup loading effects in polyphase inductive power transfer systems," *IEEE Trans. on Ind. Electron.*, vol. 58, no. 6, pp. 2274–2282, June 2011.

26 F.F.A. van derPijl, M. Castilla, and P. Bauer, "Adaptive sliding-mode control for a multiple-user inductive power transfer system without need for communication," *IEEE Trans. on Ind. Electron.*, vol. 60, no. 1, pp. 271–279, January 2013.

27 S. Chopra and P. Bauer, "Driving range extension of EV with on-road contactless power transfer – a case study," *IEEE Trans. on Ind. Electron.*, vol. 60, no. 1, pp. 329–338, January 2013.

28 D. Kurschner, C. Rathge, and U. Jumar, "Design methodology for high efficient inductive power transfer systems with high coil positioning flexibility," *IEEE Trans. on Ind. Electron.*, vol. 60, no. 1, pp. 372–381, January 2013.

29 J. Shin, S. Shin, Y. Kim, S. Ahn, S. Lee, G. Jung, S.-J. Jeon, and D.-H. Cho, "Design and implementation of shaped magnetic-resonance-based wireless power transfer system for road powered moving electric vehicles," *IEEE Trans. on Ind. Electron.*, vol. 61, no. 3, pp. 1179–1192, March 2014.

30 Ferrox Cube, "Design of planar power transformers," [online], available at: http://www.ferroxcube.com/appl/info/plandesi.pdf.

31 C.T. Rim and G.H. Cho, "Phasor transformation and its application to the DC/AC analyses of frequency/phase controlled series resonant converters (SRC)," *IEEE Trans. on Power Electron.*, vol. 5, no. 2, pp. 201–211, April 1990.

32 W.Y. Lee, J. Huh, S.Y. Choi, X.V. Thai, J.H. Kim, E.A. Al-Ammar, M.A. El-Kady, and C.T. Rim, "Finite-width magnetic mirror models of mono and dual coils for wireless electric vehicles," *IEEE Trans. on Power Electron.*, vol. 28, no. 3, pp. 1413–1428, March 2013.

33 S. Choi, J. Huh, S. Lee, and C.T. Rim, "New cross-segmented power supply rails for road powered electric vehicles," *IEEE Trans. on Power Electron.*, vol. 28, no. 12, pp. 5832–5841, December 2013.

34 G.A. Covic and J.T. Boys, "Modern trends in inductive power transfer for transportation applications," *IEEE Journal of Emerging and Selected Topics in Power Electron.*, vol. 1, no. 1, pp. 28–41, March 2013.

35 C.B. Park, S.W. Lee, and C.T. Rim, "5 m-off-long-distance inductive power transfer system using optimum shaped dipole coils," *ECCE-ASIA*, June 2012, pp. 1137–1142.

第 25 章　基于偶极子线圈的远程 IPT

25.1　简介

无线能量传输（WPT）技术已成功应用于许多领域，如电动汽车、消费电子、医疗设备、无线传感器、物联网（IoT）设备和防御系统[1-36]。对于无所不在的工厂传感器或者网络监测器，通过在几十米以内使用无线电能传输技术实现几瓦额定功率目标是一个非常有前景的解决方案，其中无线传感器由传感设备、通信设备和能源三个主要部分组成[3,31,32]。

如表 25.1 所示，作为各种无线传感器和物联网应用中可能使用的供能方案，建议采用WPT 技术，其中具有超敏感和脆弱供电特性的供能方案是不被允许的。太阳电池等光伏发电技术成熟并且其设备易于安装，然而这些设备的发电容易受到天气条件的强烈影响。通过使用压电效应的声学和/或振动发电涉及轻质材料，这通常会造成极低的功率密度和耐久性问题。另一种方案是使用塞贝克效应的热电发电可以将热能转换为电能，类似于光伏和压电类型，其优点为不含 EMI/EMF 问题，但此过程仅适用于一些具有高温差异的特殊区域[33-36]。射频（RF）和光功率传输方法可以以高效率的方式向给选定负载输送能量，但这两种方法又不适用于同时为多负载供电[32]。

表 25.1　无线传感器可能使用的电源比较分类

方式	优势	劣势	评估
光电池	• 无 EMI/EMF • 容易安装	• 高度依赖天气或遮光条件 • 易碎	不可接受
声学	• 无 EMI/EMF • 轻	• 磨损 • 低功率密度（W/cm^2）	不可接受
光学	• 无 EMI/EMF • 无噪声 • 使用寿命长	• 效率低 • 需要很高的温差	不可接受
RF	• 在含有蒸汽、蒸汽和/或碎片（与激光型相比）的环境中比较好	• 无法穿透水层和/或金属物体 • 高 EMI/EMF	不可接受
激光	• 无 EMI/EMF	• 无法穿透障碍物 • 难以克服含有蒸汽、蒸汽和/或碎片的环境	不可接受

（续）

方式	优势	劣势	评估
CMRS	• 比较适合远程无线电能传输（由于较高品质因数）	• 线圈直径大 • 复杂结构 • 敏感	不可接受
IPTS	• 结构简单 • 高输出功率 • 远距离电力传输（品质因数低）	• 高 EMI/EMF • EMI/EMF 屏蔽可通过使用金属板实现	可接受

近年来，人们发现耦合磁谐振系统（CMRS）只是 IPTS[26-30] 的一种特殊形式，该系统可视为将源线圈和发射（Tx）线圈构成强耦合变压器，负载线圈和接收（Rx）线圈构成另一个强耦合变压器，发射线圈和接收线圈构成松耦合变压器。因此，不再需要将 CMRS 视为一个独立的候选方案，因为它通常需要一个体积庞大的线圈和过高的品质因数（约为 2000），并且有复杂得多谐振调谐。

相反，基于两个偶极子线圈的 IPTS 已经被验证适合长距离供电。考虑其应用设计[28-30]，在本章参考文献［28］和［29］中，采用两个 3m 长的薄偶极子线圈和磁心进行距离为 5m，功率为 209W 的传输，而在本章参考文献［30］中对长为 2m 的偶极子线圈进行距离长为 7m 的小功率传输可行性进行了实验研究。在核电站重大事故监测仪器的备用电源等实际应用中，由于核电站空间有限，线圈的物理尺寸受到限制，尽管由于一次线圈和二次线圈的全向磁场分布存在电磁干扰问题，但考虑到 IPTS 的高功率和简单的线圈结构，它仍然可以成为一种适合远距离应用的解决方案。此外，由于不可预测的异物可能随机分布在 IPTS 的一次线圈和二次线圈之间，无线电源传输中的模糊性相应严重增加。为了实现更高功率的传输能力[17]，正确精确定位金属板或导电线圈可以增加 IPTS 线圈之间的磁通密度。

高效率长距离无线电能传输技术在某种程度上存在一些困难，尤其是当一次线圈和二次线圈的耦合系数小于 0.01 时。传统意义上，无线功率传输的效率定义为从一个一次线圈到一个二次线圈的能量利用率，并且随着距离的增加，无线功率传输的效率会急剧下降，特别是对于低功率应用，如无线传感器。因此，当单个一次线圈必须在一定距离之外与许多不可预测分布的二次线圈一起工作时，针对两个线圈之间高效率的传统设计不再有效。相反，应单独评估每个二次线圈的最大负载匹配功率条件。

在本章中，提出了一种适用于易失性环境中低功耗应用的新的 IPTS，如图 25.1 所示。通过比较一次线圈和二次线圈的磁化电感，证明偶极子线圈在具有给定的方形磁心结构下，在长距离电力输送中优于环形线圈结构。采用有限元模拟方法对两种线圈结构进行了对比分析。采用串联-并联谐振代替串联-串联谐振用于实现更高的负载电压。在提出的 IPTS 设计过程中，品质因数 Q 被设置为相对较低的值，以确保频率公差，这对于物联网和无线传感器应用至关重要。在 2~12m 的距离内测量了一次线圈和二次线圈之间的耦合系数，并比较了不同二次侧位置和金属包围的内外环境。同时，还对不同的磁心材料进行了比较评估，并通过实验验证，为长距离极松耦合的 IPTS 提供了设计指南。本章给出的一个设计示例是为多个无线传感器开发的备用电源单元，旨在核电站发生严重事故时进行应急工作，该情况应用的主要求是在不考虑效率的情况下，为超过 7m 的电源提供强大的电能传输。

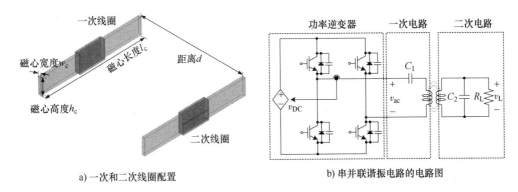

a) 一次和二次线圈配置　　　　　　b) 串并联谐振电路的电路图

图 25.1　提出的极松耦合感应功率传输系统（IPTS）示意图

25.2　极松耦合偶极子线圈的分析与设计

如图 25.1 所示，所提出的 IPTS 由一个功率逆变器、一次电路和二次电路组成。功率逆变器通过受控直流电压源 v_{DC} 为一次电路提供可调恒流，为了使逆变器开关能频率够在零电压开关条件下工作[22-25]，开关角频率 ω_s 略高于一次电路的谐振频率 ω_{r1}。二次电路在 ω_{r2} 处谐振，其与 ω_s 相同以使逆变器工作频率下的负载电压 v_l 最大化。ω_s、ω_{r1} 和 ω_{r2} 之间的关系定义为式（25.1a），其中一次和二次电路的谐振频率如式（25.1b）所示，负载电阻 R_L 代表整流电路的等效电阻。本章在实验中只使用了一个电阻来关注线圈的特性。

$$\omega_{r1} < \omega_s, \omega_{r2} = \omega_s \tag{25.1a}$$

$$\omega_{r1} = \frac{1}{\sqrt{L_1 C_1}}, \omega_{r2} = \frac{1}{\sqrt{L_2 C_2}} \tag{25.1b}$$

25.2.1　IPTS 静态电路模型分析

CMRS 或 IPTS[19-30] 中使用的耦合变压器电路模型用于提出的极松耦合情况，如图 25.2 所示，显示了串-并联调谐 IPT 系统的电路简化过程。采用磁化电感 L_m 代替耦合电感，考虑恒定 L_m 而不考虑二次线圈的匝数，从而简化了分析。由于这种极松耦合的情况感应电压非常小，必须通过谐振进行大幅放大，因此这里使用二次电路的并联调谐来增加负载电压 V_L，如图 25.2c 所示。每一个电路元件都被反射到匝数比为 n 的理想变压器的二次侧，其中寄生电阻为近似值。

如图 25.2a 和 b 所示，受控电流源 I_1 在稳态[19-24]下调节为常数，如下所示：

$$I_1 = \frac{V_{ac} - V_m}{r_{l1} + r_{c1} + j(\omega_s L_1 - 1/\omega_s C_1)} \tag{25.2}$$

图 25.2c 中的戴维南等效电压电压 V_{th} 和图 25.2d 中的等效电流源 I_{eq} 分别推导如下：

$$V_{th} = j\omega_s L_m I_1 \frac{N_2}{N_1} \tag{25.3a}$$

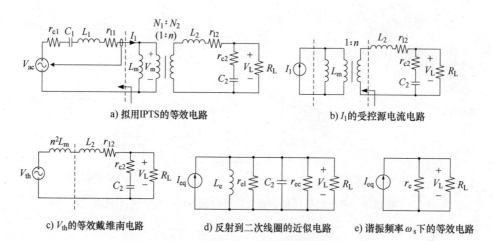

a) 拟用IPTS的等效电路　　　　　　　　b) I_1的受控源电流电路

c) V_{th}的等效戴维南电路　　　d) 反射到二次线圈的近似电路　　　e) 谐振频率ω_s下的等效电路

图 25.2　提出的 IPT 在谐振条件下对负载的简化电路

$$I_{eq} = \frac{V_{th}}{r_{l2} + j\omega_s L_e} = \frac{j\omega_s L_m I_1 \dfrac{N_2}{N_1}}{j\omega_s L_e \left(1 + \dfrac{r_{l2}}{j\omega_s L_e}\right)} \cong \frac{L_m I_1 N_2}{N_1 L_2}\left(1 - \frac{r_{l2}}{j\omega_s L_2}\right) \cong \frac{L_m I_1 N_2}{N_1 L_2} \tag{25.3b}$$

$$\because r_{l2} \ll \omega_s L_e, \, L_e \equiv n^2 L_m + L_2 \cong L_2 \tag{25.3c}$$

在式（25.3b）中，由于虚部电流分量与实部电流分量相比非常小，其只对 I_{eq} 的模值有轻微贡献，因此虚部电流分量被忽略。在式（25.3c）中，由于极低的磁耦合，耦合磁化电感 L_m 对等效电感 L_e 的贡献可以忽略。如图 25.2d 所示，串联的二次电路的寄生电感电阻 r_{l2} 和寄生电容电阻 r_{c2} 可分别等效地并联转换成 r_{el} 和 r_{ec}，如下：

$$\frac{1}{r_{l2} + j\omega_s L_2} = \frac{r_{l2} - j\omega_s L_2}{r_{l2}^2 + \omega_s^2 L_2^2} \cong \frac{r_{l2}}{\omega_s^2 L_2^2} + \frac{1}{j\omega_s L_2} \equiv \frac{1}{r_{el}} + \frac{1}{j\omega_s L_2} \rightarrow r_{el} \cong \frac{(\omega_s L_2)^2}{r_{l2}} \tag{25.4a}$$

$$\frac{1}{r_{c2} - j/\omega_s C_2} = \frac{r_{c2} + j/\omega_s C_2}{r_{c2}^2 + 1/\omega_s^2 C_2^2} \cong r_{c2}\omega_s^2 C_2^2 + j\omega_s C_2 \equiv \frac{1}{r_{ec}} + j\omega_s C_2 \rightarrow r_{ec} \cong \frac{1}{r_{c2}(\omega_s C_2)^2} \tag{25.4b}$$

其中寄生电阻的值分别比 L_2 和 C_2 的阻抗小得多。因此，图 25.2e 中的总等效寄生电阻 r_e 用式（25.4a）和式（25.4b）计算如下：

$$r_e \equiv r_{el} \mathbin{/\mkern-5mu/} r_{ec} = \frac{(\omega_s L_2)^2}{r_{l2} + r_{c2}(\omega_s^2 L_2 C_2)^2} \tag{25.5}$$

25.2.2　负载电压和功率的分析与设计

二次侧的品质因数 Q（表征相对于谐振频率 ω_{r2} 的带宽）变成

$$Q = \frac{\omega_{r2}}{\Delta\omega} = \frac{R_L \mathbin{/\mkern-5mu/} r_e}{\omega_s L_2} \tag{25.6}$$

为了在没有自整定系统的情况下实现一个稳定的负载功率特性，系统 Q 值不能太高。本章选择 $Q = 100$，其频率容限水平为 1%。在此约束下，负载电压 V_L 和负载功率 P_L 由图 25.2 和式（25.3）、式（25.6）得出，如下所示：

$$V_L = I_{eq}(R_L /\!/ r_e) = \omega_s L_m I_1 Q \frac{N_2}{N_1} \qquad (25.7a)$$

$$P_L = \frac{V_L^2}{R_L} = \frac{V_{th}^2 Q(r_e - \omega_s L_2 Q)}{\omega_s L_2 r_e} \qquad (25.7b)$$

如式（25.7b）所示，当二次电路的 Q 变得太小或太大时，负载功率下降；因此，通过对式（25.7b）求 Q 的导数，可以在 Q_m 处找到最大效率点：

$$\left. \frac{\partial P_L}{\partial Q} \right|_{n=Q_m} = 0 \Rightarrow Q_m = \frac{r_e}{2\omega_s L_2} \qquad (25.8)$$

因此，最大负载功率 $P_{L,m}$ 和最大负载电阻 $R_{L,m}$ 可由式（25.6）、式（25.7）和式（25.8）得出，如下所示：

$$P_{L,m} \equiv P_L \big|_{Q=Q_m} = \frac{V_{th}^2 r_e}{4\omega_s^2 L_2^2} \qquad (25.9a)$$

$$R_{L,m} \equiv R_L \big|_{Q=Q_m} = r_e \qquad (25.9b)$$

根据式（25.9），最大负载功率受到二次电路等效内阻的限制。例如，当 $V_{th} = 3.69V$，$I_1 = 40A$，$L_2 = 460\mu H$，$N_2 = 20$，$R_e = 250M\Omega$，对于二次电路中带有补偿电容器的锰锌铁氧体磁心，IPTS 的最大负载功率为 12.6W。L_2 的等效串联电阻增加了 N_2，其由铜损耗和铁心损耗组成，而 C_2 的等效串联电阻随工作频率和温度的变化呈非线性变化。因此，为了减轻二极管的导通损耗，应考虑到 R_e 和最小负载电压的影响，应谨慎选择 N_2 的取值。

假设二次线圈的磁心损耗占主导地位，通过选择适当的电容和能够承受高频使用的电线，可以适当地降低谐振电容的等效串联电阻和所用电线的铜损耗，式（25.5）和式（25.9a）可改写如下：

$$r_e \equiv r_{el} /\!/ r_{ec} \cong r_{el} = \frac{(\omega_s L_2)^2}{r_{12}} \cong \frac{(\omega_s k_1 N_2)^2}{k_2} \qquad (25.10a)$$

$$P_{L,m} = \frac{V_{th}^2 r_e}{4\omega_s^2 L_2^2} \cong \frac{V_{th}^2}{4} \frac{1}{r_{12}} = \frac{V_{th}^2}{4} \frac{1}{k_2 N_2^2} = L_1 \frac{k_1}{k_2} \left(\frac{\omega_s I_1 \kappa}{2} \right)^2, \quad \kappa \equiv \frac{N_2 L_m}{N_1 \sqrt{L_1 L_2}} \qquad (25.10b)$$

式中，k_1 和 k_2 分别是 L_2 和 r_{12} 的系数，作为二次线圈 N_2 匝数的函数，κ 是一次线圈和二次线圈之间的耦合系数，即

$$L_2 = g_1(N_2) \cong k_1 N_2^2 \qquad (25.11a)$$

$$r_{12} = g_2(N_2) \cong k_2 N_2^2 \qquad (25.11b)$$

注意，系数 k_1 和 k_2 分别由磁心材料相对复磁导率的实部 μ' 和虚部 μ'' 确定。因此，$P_{L,m}$ 可以进一步简化为 μ' 和 μ''，其中相对复渗透率与 L_2 和 r_{12} 之间的关系在本章参考文献 [37] 和 [38] 中确定，如下所示：

$$P_{L,m} \cong L_1 \frac{k_1}{k_2} \left(\frac{\omega_s I_1 \kappa}{2} \right)^2 = \omega_s L_1 \frac{\mu'}{\mu''} \left(\frac{I_1 \kappa}{2} \right)^2 \qquad (25.12)$$

如式（25.12）所示，最大负载功率受相对复磁导率的实部与虚部之比和耦合系数的限制，耦合系数由磁导率与给定 IPTS 结构之间的复杂关系决定。其中一次线圈设计的开关频率和某些特性，例如安匝数和磁心形状是预先确定的。由于磁心材料的相对磁导率在频率变化下不同，因此在采用更高的开关频率时，不仅应该考虑寄生电容问题[29,30]，还应该仔细

考虑相对磁导率的变化以实现最大负载功率并优化 IPTS 的尺寸。

25.2.3 偶极子线圈与传统环路线圈的比较

根据式（25.3a），较高的磁化电感 L_m 导致二次线圈的感应电压较高。然而，当线圈包含铁磁材料时，L_m 并不能简单地计算出来。因此，使用 FEM 模拟工具对偶极子和环路的两个线圈结构进行了对比研究，如图 25.3 和图 25.4 所示。其中，磁心的长度、高度和宽度分别为 l_c、h_c 和 w_c。与传统结构不同，该方法可以连接铁氧体磁心包括钢框架和/或管道的墙壁，并评估了具有铁氧体磁心的环路线圈结构。如图 25.4 所示，具有窄磁心的偶极结构的磁化电感比相同尺寸的环形结构高 60 倍。

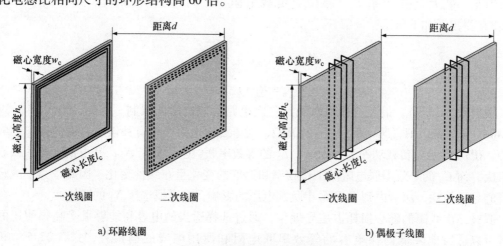

| a) 环路线圈 | b) 偶极子线圈 |

图 25.3 线圈结构的配置比较

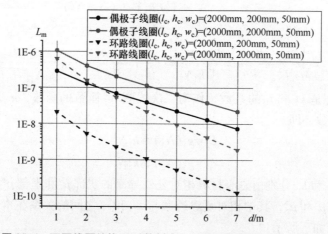

图 25.4 不同线圈结构（对数刻度）的磁化电感与距离 d 的关系

25.3 IPTS 实例设计和实验验证

通过对距离为 7m 和最大负载功率为 10.3W 的实验装置和不同堆心材料进行比较评估，验证了所提出的宽范围 IPTS 的分析和设计。一次堆心尺寸为 $l_c = 2000\text{mm}$，$h_c = 200\text{mm}$，$w_c =$

50mm，如图 25.5a 所示，当考虑磁心饱和时，N_1 设置为 30。

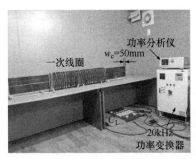

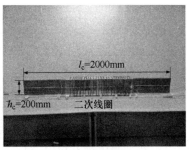

a) 一次线圈　　　　　　　　　　b) 二次线圈

图 25.5　提出的极松耦合 IPTS 的制造原型

25.3.1　具有固定品质因数的 10W 负载功率

如图 25.5 所示，7m 远距离的 IPTS 是用一、二次侧磁心对称结构制造，适用于中高频率的大量平面状锰锌铁氧体磁心被组装用于一次线圈和二次线圈，其中铁氧体磁心的单位尺寸为 100mm×100mm×10mm。图 25.6 显示了测量和计算的负载电压和负载功率在不同 N_2 值的情况下与一次电流 I_1 的关系。选择每个 N_2 和 r_e 的负载电阻，以保持 $Q = 100$ 的状态，表 25.2 中列出了每个 N_2 值的其他电路参数。计算结果与图 25.6 中的实验结果之间的差异是由于随着匝数和磁通密度的增加，寄生电容增大使得电感发生细微变化产生的。实验负载功率为 10.3W，足以满足表 25.3[31] 中的两个或多个无线传感器组。

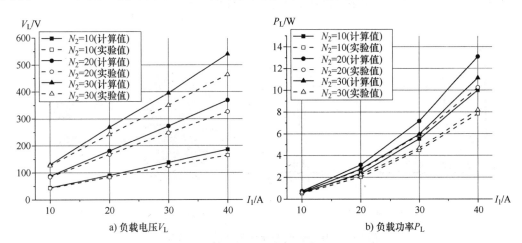

a) 负载电压 V_L　　　　　　　　　　b) 负载功率 P_L

图 25.6　$Q = 100$ 时 20kHz 运行的分析结果与实验结果的比较

表 25.2　$Q = 100$ 时 IPTS 二次侧的参数

N_2/匝	L_2/μH	r_{l2}/Ω	k_1（×10⁻⁶）	k_2（×10⁻³）	C_2/nH	r_{c2}/Ω	R_1/kΩ
10	120	80	1.20	0.800	530	0.005	3.46
20	460	250	1.15	0.625	138	0.02	10.8
30	930	560	1.03	0.622	67.8	0.09	26.3

表 25.3　驱动单个无线传感器 ET 的负载功率评估

组件	功耗	备注
微处理器	1.20W	Dspic30F6012A
Wi-Fi 模块	0.75W	RN-171XVWI/RM
传感器	0.90W	Rosemount 1154 压力表
开关调节器	1.22W	效率为 70%
总计	4.07W	假设 20% 的盈余，总功率为 5W

在实际应用中，为了满足最大供电条件，可采用高降压开关调节器来实现等效的高负载电阻。工作频率越高，系统越紧凑，但随着频率的增加，各线圈绕组间的寄生电容和铁心损耗也会增加。

25.3.2　金属环境的比较评估

在大多数实际应用中，所提出的 IPTS 在运行期间极有可能被不确定的金属物体包围。考虑到大多数无线传感器都安装在有钢架的墙壁内部和/或天花板上，本节将对金属包围的此类环境对拟定 IPTS 的影响进行实验评估。

为了模拟这类环境，使用了一个由 SS400 制成的钢制容器，其电导率为 $7.51×10^6S/m$，相对渗透率为 $1000^{[39]}$。矩形长方体容器尺寸为 8m×4m×2.5m，每面厚度为 1.4mm，如图 25.7a 所示。在容器内外，每个线圈分别安装在距底部和地面 1m 处。为了在不同工作频率下进行实验，制作了电流型的半桥逆变器，如图 25.7b 所示。其中图 25.7c 中适用高频的金属电容器与二次线圈一起使用，以在高频下实现较小寄生电阻。

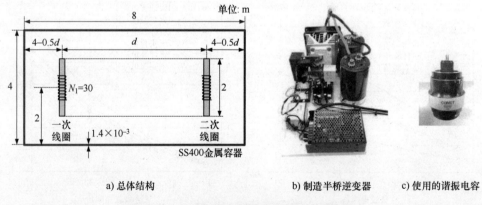

a) 总体结构　　　　　　　b) 制造半桥逆变器　　　c) 使用的谐振电容

图 25.7　比较评估金属包围环境的实验条件

为了分析金属容器的影响，当 I_1 固定在 10A 时，在 20~150kHz 的频率范围内测量 V_L 和 P_L，如图 25.8a 和 b 所示。尽管图 25.8a 中二次线圈的 r_{12} 较高，但由于图 25.8b 中与外部相比容器中的 P_L 更高。在容器内，固定 Q 为 100，在每个频率下与 Q_m 适当匹配，由此可见，提出的 IPTS 可以在最大功率条件下运行，如图 25.8c 所示。r_{12} 代表二次堆心和金属容器中磁滞损耗和涡流损耗总和的等效阻抗，其随着频率的增加而增加。由于 SS400 材料的损失，容器中的 r_{12} 与外部相比几乎翻了一番。图 25.8d 显示了 20kHz 时容器内外的一次和二次线圈

之间的距离测得的 κ。值得注意的是，容器中耦合系数 κ 和 r_{12} 都增大一倍，基于式（25.7）和式（25.8）的分析结果，解释了图 25.8b 中 P_L 的线性增加和图 25.8c 中常数 Q_m 随频率增加的原因。

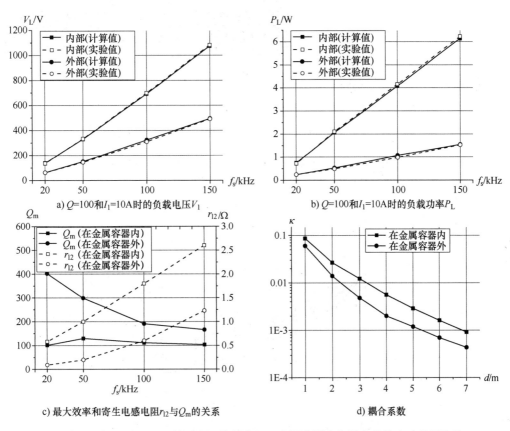

a) $Q=100$ 和 $I_1=10\text{A}$ 时的负载电压 V_1

b) $Q=100$ 和 $I_1=10\text{A}$ 时的负载功率 P_L

c) 最大效率和寄生电感电阻 r_{12} 与 Q_m 的关系

d) 耦合系数

图 25.8　在 $N_1=N_2=30$ 的不同工作频率下，金属容器内与外壳外的实验结果比较

25.3.3　耦合系数随距离和对准的变化

为了验证大面积范围内各二次线圈位置的供电条件，在自由空间中测量了 $2\sim12\text{m}$ 的距离以及一次线圈和二次线圈之间 $0°\sim90°$ 的对准角的耦合系数。如图 25.9 所示，根据二次线圈位置，对准角度变化范围从 $0°\sim90°$，其中距离 d 定义为一次线圈中心到二次线圈中心的距离。如图 25.10 所示，随着 d 的增加耦合系数 κ 减少，其中当两个偶极子线圈对准 $\theta=30°$ 时得到最低值。注意 κ 小于 0.01 即使 d 是偶极线圈长度的两倍以上，负载变化和二次谐振条件都不会影响一次线圈的驱动。在这种长距离应用中，可以在一次侧使用固定的谐振条件，从而产生强大的功率传输特性。

25.3.4　最大负载功率磁心材料的比较评价

对三种不同的磁心材料，即 SAMHWA 电子公司的两种锰锌型铁氧体磁心和 AMOGREENTECH 公司的一种非晶磁心进行了比较评估，以确定磁心损耗对最大负载功率的影响。采用较薄的二次磁心尺寸，即 $l_c=2000\text{mm}$、$h_c=100\text{mm}$ 和 $w_c=20\text{mm}$，每种常见材料

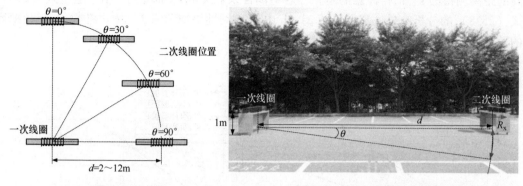

a) 距离和对准角的定义   b) 当 $d=10$m和$d=0$时制造的一次和二次线圈

图 25.9   根据距离和对准的耦合系数变化的测量条件

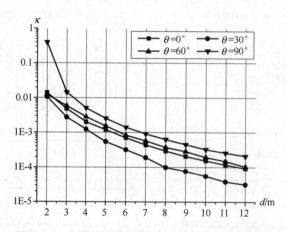

图 25.10   测量的耦合系数 w. r. t. 距离和对准角度

的 N_2 为 20，其中一次线圈安培匝数固定为 200 安匝。通过选择直径为 15mm 的利兹线和高频薄膜电容以突出了磁心损耗的影响，其中线和谐振电容器的内阻可以忽略不计，选择达到最大负载功率所需的 Q_m 条件下的负载电阻。表 25.4 中的计算结果与实验结果之间存在差异，这些差异主要是由于 Q_m 和 Q 之间的轻微不匹配，较适合于低品质因数的情况。实际上，由于电容器和寄生效应值有限且具有高品质因数，因此很难确保谐振条件的精确调整。实验下最大负载功率的耦合系数和相对复数磁导率，见表 25.4。

表 25.4   不同磁心材料二次侧参数

材料	$L_2/\mu H$	$r_{l2}/m\Omega$	κ（$\times 10^{-4}$）	μ'	μ''	μ'/μ''	$P_{L,m}^{①}/W$	P_L/W	$Q_m^{①}$	Q
磁心 PL-13	230	46	8	3200	5	640	0	0	312	258
磁心 PL-F2	141	39	5	2200	5	440	0	0	224	170
非晶态	171	545	6	695	17	40	0	0	20	20

① 计算结果（其他参数通过测量获得）。

使用具有最高耦合系数和 μ'/μ'' 的 PL-13 铁氧体磁心实验获得 0.398W 的最大 $P_{L,m}$，其

理论值为 $0.581W$。然而，所需的 $Q_m = 312$ 太高，这将导致在 NPP 具有过度敏感的功率传递特性。具有比 PL-13 更好的频率特性的 PL-F2 铁氧体磁心由于较低的相对磁导率而显示出略低的负载功率性能和缓和的 Q_m。AMLB-8320 非晶磁心由层叠的 $40\mu m$ 薄非晶金属膜层形成，当所需 Q_m 仅为 20.1 时，由于铁心损耗大而使其最大负载功率最低。

25.4　小结

在本章中，我们展示了一种适用于极松耦合偶极子线圈的 IPTS。从磁化电感的角度验证了铁氧体磁心偶极结构线圈与传统线圈结构相比的优越性。通过详细分析，提出了极松耦合情况下的设计准则。利用制造的原型在 $7m$ 的距离上实现了 $10.3W$ 的功率输出。为了防止超敏能量传递到周围材料，测试了相对较低的 Q 系数（$Q = 100$）下的实验数据。用钢制容器对所提出的 IPTS 在金属包围环境下的增强供电性能进行了实验验证。对于不同的对准情况，在 $2\sim12m$ 的超宽范围内测量了耦合系数对二次线圈位置的依赖性。在一个包含两个铁氧体磁心和一个非晶磁心的对比实验中，评估了取决于二次磁心材料的可用最大负载功率。提出的 IPTS 正在为核电站开发，作为这些设施中重要仪表的应急备用电源单元。本章关于功率特性的详细比较，如效率、尺寸、拟定 IPT 之间的 EMI/EMF 问题、射频功率传输和激光功率传输，有待进一步研究。

习　　题

25.1　提出了一种适用于长距离 IPTS 的简化偶极模型。换句话说，你能分析并确定一个偶极子线圈的自感和两个偶极子线圈的自感吗？

参 考 文 献

1　A. Kurs *et al.*, "Wireless power transfer via strongly coupled magnetic resonances," *Science*, vol. 317, pp. 83–86, July 2007.

2　K. Wan, Q. Xue, X. Liu, and S. Hui, "Passive radio-frequency repeater for enhancing signal reception and transmission in a wireless charging platform," *IEEE Trans. on Ind. Electron.*, vol. 61, no. 4, pp. 1750–1757, April 2014.

3　R. Hui, W. Zhong, and C. Lee, "A critical review of recent progress in mid-range wireless power transfer," *IEEE Trans. on Power Electron.*, vol. 29, no. 9, pp. 4500–4511, September 2014.

4　X. Ju, L. Dong, X. Huang, and X. Liao, "Switching technique for inductive power transfer at high-Q regimes," *IEEE Trans. on Ind. Electron.*, vol. 62, no. 4, pp. 2164–2173, April 2015.

5　Z.N. Low, R.A. Chinga, R. Tseng, and J. Lin, "Design and test of a high-power high-efficiency loosely coupled planar wireless power transfer system," *IEEE Trans. on Ind. Electron.*, vol. 56, no. 5, pp. 1801–1812, May 2009.

6　W. Hsu, A. Hu, and A. Swain, "A wireless power pickup based on directional tuning control of magnetic amplifier," *IEEE Trans. on Ind. Electron.*, vol. 56, no. 7, pp. 2771–2781, July 2009.

7　A.P. Sample, D.A. Meyer, and J.R. Smith, "Analysis, experimental results, and range adaption of magnetically coupled resonators for wireless power transfer," *IEEE Trans. on Ind. Electron.*, vol. 58, no. 2, pp. 544–554, February 2011.

8　T. Imura and Y. Hori, "Maximizing air gap and efficiency of magnetic resonant coupling for wireless power transfer using equivalent circuit and Neumann formula," *IEEE Trans. on Ind. Electron.*, vol. 58, no. 10, pp. 4746–4752, October 2011.

9 W. Zhong, C. Lee, and S. Hui, "General analysis on the use of Tesla's resonators in domino forms for wireless power transfer," *IEEE Trans. on Ind. Electron.*, vol. 60, no. 1, pp. 261–270, January 2013.

10 Z. Low *et al.*, "Method of load/fault detection for loosely coupled planar wireless power transfer system with power delivery tracking," *IEEE Trans. on Ind. Electron.*, vol. 57, no. 4, pp. 1478–1486, April 2010.

11 C.K. Lee, W.X. Zhong, and S.Y.R. Hui, "Effects of magnetic coupling of nonadjacent resonators on wireless power transfer domino-resonator systems," *IEEE Trans. on Power Electron.*, vol. 27, no. 4, pp. 1905–1916, April 2012.

12 J. Shin *et al.*, "Design and implementation of shaped magnetic-resonance-based wireless power transfer system for road powered moving electric vehicles," *IEEE Trans. on Ind. Electron.*, vol. 61, no. 3, pp. 1179–1192, March 2014.

13 S.H. Cheon, Y.H. Kim, S.Y. Kang, M.L. Lee, J.M. Lee, and T.Y. Zyung, "Circuit-model-based analysis of a wireless energy-transfer system via coupled magnetic resonances," *IEEE Trans. on Ind. Electron.*, vol. 58, no. 7, pp. 2906–2914, July 2011.

14 W.X. Zhong, X. Liu, and S.Y. Hui, "A novel single-layer winding array and receiver coil structure for contactless battery charging systems with free-positioning and localized charging features," *IEEE Trans. on Ind. Electron.*, vol. 58, no. 9, pp. 4136–4144, September 2011.

15 G. Elliott, S. Raabe, G. Covic, and J. Boys, "Multiphase pickups for large lateral tolerance contactless power-transfer systems," *IEEE Trans. on Ind. Electron.*, vol. 57, no. 5, pp. 1590–1598, May 2010.

16 N. Keeling, G. Covic, and J. Boys, "A unity-power-factor IPT pickup for high-power applications," *IEEE Trans. Ind. Electron.*, vol. 57, no. 2, pp. 744–751, February 2010.

17 Y. Sohn, B. Choi, E. Lee, and Chun T. Rim, "Comparisons of magnetic field shaping methods for ubiquitous wireless power transfer," in *2015 IEEE WoW*, pp. 1–6.

18 B. Lee, H. Kim, S. Lee, C. Park, and Chun T. Rim, "Resonant power shoes for humanoid robots," in *2011 ECCE Conference*, pp. 1791–1794.

19 J. Huh, S. Lee, W. Lee, G. Cho, and Chun T. Rim, "Narrow-width inductive power transfer system for on-line electrical vehicles," *IEEE Trans. on Power Electron.*, vol. 26, no. 12, pp. 3666–3679, December 2011.

20 S. Lee, B. Choi, and Chun T. Rim, "Dynamics characterization of the inductive power transfer system for online electric vehicles by Laplace phasor transform," *IEEE Trans. on Power Electron.*, vol. 28, no. 12, pp. 5902–5909, December 2013.

21 S. Choi, and J. Hun, W. Lee, and Chun T. Rim, "Asymmetrical coil sets for wireless stationary EV chargers with large lateral tolerance by dominant field analysis," *IEEE Trans. on Power Electron.*, vol. 29, no. 12, pp. 6406–6420, December 2014.

22 S. Lee *et al.*, "On-line electric vehicle using inductive power transfer system," in *2010 ECCE Conference*, pp. 1598–1601.

23 J. Huh *et al.*, "Characterization of novel inductive power transfer systems for on-line electric vehicles," in *2011 APEC Conference*, pp. 1975–1979.

24 J. Huh *et al.*, "High performance inductive power transfer system with narrow rail width for on-line electric vehicles," in *2010 ECCE Conference*, pp. 647–651.

25 J. Huh, W.Y. Lee, S.Y. Choi, G.H. Cho, and Chun T. Rim, "Explicit static circuit model of coupled magnetic resonance system," in *2011 ECCE-Asia Conference*, pp. 2233–2240.

26 E. Lee, J. Huh, X.V. Thai, S. Choi, and Chun T. Rim, "Impedance transformers for compact and robust coupled magnetic resonance systems," in *2013 ECCE Conference*, pp. 2239–2244.

27 B. Choi, E. Lee, J. Huh, and Chun T. Rim, "Lumped impedance transformers for compact and robust coupled magnetic resonance systems," *IEEE Trans. on Power Electron.*, vol. 30, no. 11, pp. 6046–6056, November 2015.

28 C. Park, S. Lee, and Chun T. Rim, "5 m-off-long-distance inductive power transfer system using optimum shaped dipole coils," in *2012 IPEMC Conference*, pp. 137–1142.

29 C. Park, S. Lee, G. Cho, and Chun T. Rim, "Innovative 5 m-off-distance inductive power transfer systems with optimally shaped dipole coils," *IEEE Trans. on Power Electron.*, vol. 30, no. 2, pp. 817–827, February 2015.

30 B. Choi, E. Lee, J. Kim, and Chun T. Rim, "7 m-off-long-distance extremely loosely coupled inductive power transfer systems using dipole coils," in *2014 ECCE Conference*, pp. 858–863.

31 S. Yoo, B. Choi, S. Jung, and Chun T. Rim, "Highly reliable power and communication system for essential instruments under a severe accident of NPP," *Trans. Korean Nucl. Soc.*, vol. 2, pp. 1005–1006, October 2013.

32 B. Choi, E. Lee, Y. Sohn, G. Jang, and Chun T. Rim, "Six degrees of freedom mobile inductive power transfer by crossed dipole Tx and Rx coils," *IEEE Trans. on Power Electron.*, vol. PP, no. 99, pp. 1, June 2015 (rapid post article).

33 S. Kim *et al.*, "Ambient RF energy-harvesting technologies for self-sustainable standalone wireless sensor platforms," *Proc. IEEE*, vol. 102, no. 11, pp. 1649–1666, November 2014.

34 M. Danesh and J.R. Long, "Photovoltaic antennas for autonomous wireless systems," *IEEE Trans. on Circuits Syst. II, Exp. Briefs*, vol. 58, no. 12, pp. 807–811, November 2011.

35 G. Mahan, B. Sales, and J. Sharp, "Thermoelectric materials: new approaches to an old problem," *Physics Today*, vol. 50, no. 3, pp. 42–47, March 1997.

36 S. Roundy, P.K. Wright, and J. Rabaey, "A study of low level vibrations as a power source for wireless sensor nodes," *Comput. Commun.*, vol. 26, no. 11, pp. 1131–1144, July 2003.

37 K. Shin, Y. Kim, and S. Kim, "AC permeability of Fe–Co–Ge/WC/phenol magnetostrictive composites," *IEEE Trans. on Magnetics*, vol. 41, no. 10, pp. 2784–2786, October 2005.

38 J. Fuzerova *et al.*, "Analysis of the complex permeability versus frequency of soft magnetic composites consisting of iron and Fe73Cu1Nb3Si16B7," *IEEE Trans. on Magnetics*, vol. 48, no. 4, pp. 1545–1548, April 2012.

39 Y. Gotoh, A. Kiyal, and N. Takahashi, "Electromagnetic inspection of outer side defect on steel tube with steel support using 3-D nonlinear FEM considering non-uniform permeability and conductivity," *IEEE Trans. on Magnetics*, vol. 46, no. 8, pp. 3145–3148, August 2010.

第 26 章　自由空间全方位移动充电器

26.1　简介

如第 1 章所述，根据负载是否移动，电能传输（PT）可分为固定式和移动式两种，如图 26.1 所示。无线电能传输（WPT）是目前移动电能传输最受欢迎的方式，它包括 IPT、CPT[1,2]、RF PT 和光纤 PT[3,4]，而有线电能传输如果设计得当，也可以提供长距离灵活供电[5,6]。在移动充电器无处不在的时代，IPT 是 WPT 中使用最广泛的技术[7-58]。WPT 将在物联网（IoT）的实现中发挥重要作用，其中物联网包含了通信设备、传感器和电源。

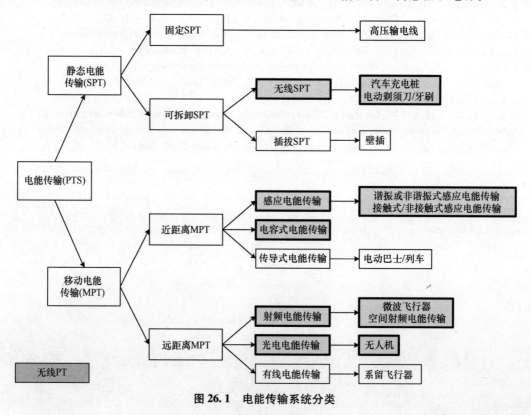

图 26.1　电能传输系统分类

作为物联网的电源，Rx 负载在位置和旋转时的自由度（DoF）是影响拾取功率的关键因素，如图 26.2 所示。三维空间的 6 个自由度，由位置矢量 $\vec{P}(x,y,z)$ 和旋转矢量 $\vec{R}(\theta_x,\theta_y,\theta_z)$ 组成，其中，Rx 的法向量 $\vec{n}$ 的旋转定义为横向翻转（θ_x）、纵向翻转（θ_y）和竖向翻转（θ_z）。为确保 Rx 负载充分的移动性，应保证"位置自由"和"全方位供电"两个特性，

分别对应于 $\vec{P}$（x，y，z）和 $\vec{R}$（θ_x，θ_y，θ_z）。本章中的讨论仅限于 IPT，通过发送（Tx）线圈均匀分布的磁场强度实现拾取端的全方位供电，同时 Rx 线圈需要在任何旋转角度上保证一定的感应电压。为了解决位置自由和全方位供电问题，在无线充电板应用中提出了多平面线圈结构[8-11]。然而，只有在发射线圈表面上方的近距离才能实现一个方向旋转的横向位置自由。为了实现全方位供电，由多个线圈垂直组合，以允许在三维空间中进行两个或三个方向的旋转[12-18]，可是立体线圈结构在实际应用中很难实现。此外，采用铁氧体磁心的长形和窄幅偶极子线圈来减小线圈结构的尺寸，本章参考文献［19］和［20］中验证了偶极子线圈相对于环路线圈在长距离供电上的具有一定优势。

图 26.2　三维空间接收线圈 6 个自由度定义

作为 IPT 解决位置自由和全方位供电的一个候选方案，本章将解释具有 6 个自由度、DQ 旋转磁场的交叉偶极子 Tx 和 Rx 线圈，如图 26.3 所示。两个正交相位差的交叉偶极子线圈产生旋转磁场，为 Rx 线圈

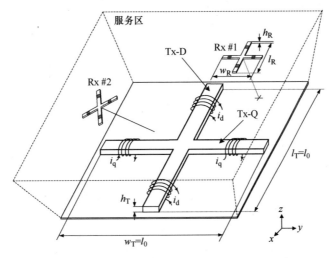

a) 发射和接收线圈总体结构

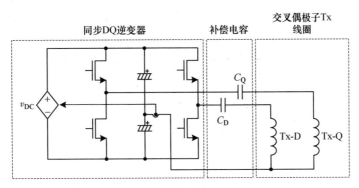

b) 串联谐振电路图

图 26.3　6 个自由度交叉偶极子线圈

提供更高的自由度。所提出线圈的平面几何特性可以解决传统全方位 IPT 系统中与立体线圈结构相关的安装问题。所提出的 Tx 和 Rx 线圈的工作频率选择为 280kHz，符合国际电力事务联盟（PMA）指南。同时，提出了一种基于仿真的均匀磁场分布的交叉偶极子线圈设计方案，并通过 Rx 线圈和由 $1m^2$ Tx 线圈组成的系统，在 $1m^3$ 的无线电能区域进行了三维全方位 IPT 的实验验证。

本章其余部分的组织如下：第 26.2 节介绍了全方位供电 IPT 线圈结构的分析，如环路线圈和偶极子线圈。第 26.3 节给出了基于分析和仿真的 6 个自由度 DQ 旋转磁场交叉偶极子线圈的特性。第 26.4 节给出了使用装配式 Tx 和 Rx 线圈的全方位供电的实验验证。第 26.5 节给出了结论。

26.2　各种电能传输方式的自由度评估

在本节中，根据 Rx 负载在位置和旋转方面的自由度对图 26.1 中的各种全方位电能传输系统进行比较评估。如表 26.1 所示，根据图 26.1 所提出的分类，电能传输系统分为了 7 类。固定或可拆卸 SPT 一般不允许任何 Rx 负载的移动。例如固定在金属塔上的高压电源线，固定在墙上的插座也不允许连接的插头有任何的自由度，如图 26.4a 和 b 所示。另一方面，一般来说，MPT 至少保证一个位置或旋转自由度，以确保 Rx 负载的移动性。

表 26.1　7 类能量传输系统的自由度

电能传输方式		最大自由度		备注
		位置 (x, y, z)	旋转 $(\theta_x, \theta_y, \theta_z)$	
静态电能传输	固定静态电能传输	0	0	有线
	可拆卸静态电能传输	0	0	有线/无线
移动电能传输	感应电能传输	3	3	无线
	电容式电能传输	2	1	无线
	传导式电能传输	1	0	有线
	射频/光电能传输	3	3	无线
	有线电能传输	3	3	有线

作为 IPT 的一个例子，偶极子线圈谐振系统（DCRS）如图 26.4c 所示。当使用全方位 Tx 线圈或 Rx 线圈时，位置和旋转的最大允许自由度为 3，这将在本章中详细讨论。然而，使用两个电容耦合金属板的电场耦合电能传输系统只能在两个金属板平行放置时传输电能，如图 26.4d 所示。因此，电场耦合电能传输系统的最大自由度为两个位置自由度和一个旋转自由度。多自由度感应耦合电能传输系统的一个典型例子是有轨电车的受电弓，受电弓通过接触架空电线收集电力。因此，位置和旋转的最大自由度分别为 1 和 0，如图 26.4e 所示。注意，有轨电车的航向在位置和旋转方向上有三个自由度，但其轨道是固定的不可任意改变。如图 26.4f 所示，激光电能传输可支持 Rx 负载的所有自由度，位置和旋转超过任意三维空间。与柔性电源线连接的系留飞行器在可用电源线范围内有 6 个自由度，如图 26.4g 所示。

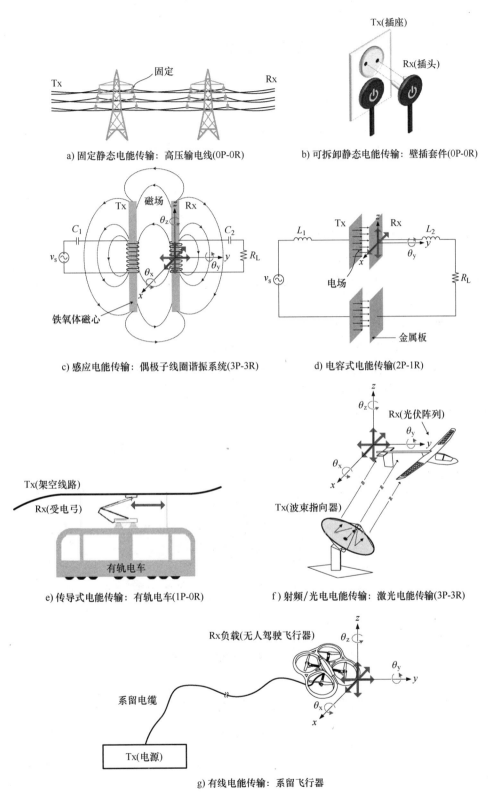

a) 固定静态电能传输：高压输电线(0P-0R)

b) 可拆卸静态电能传输：壁插套件(0P-0R)

c) 感应电能传输：偶极子线圈谐振系统(3P-3R)

d) 电容式电能传输(2P-1R)

e) 传导式电能传输：有轨电车(1P-0R)

f) 射频/光电电能传输：激光电能传输(3P-3R)

g) 有线电能传输：系留飞行器

图 26.4　6 个自由度能量传输系统示例："m_1P-m_2R" 表示位置和旋转的自由度分别是 m_1 和 m_2

26.3   环路线圈全方位无线电能传输

26.3.1   均匀分布磁通密度下 Rx 线圈的分析

由于 IPT 已被认定为全方位供电的可行技术，因此首先对 IPT 中环路线圈结构的三个旋转度 θ_x、θ_y 和 θ_z 的自由度进行了评估，环路线圈结构已广泛用于无处不在的供电系统中[12-18]。

虽然在本章参考文献［12］~［18］中对全方位 IPT 进行了实验验证，但本章将从理论上详细分析了 IPT 的全方位供电条件，以及允许在三维位置任意旋转的 Tx 和 Rx 线圈的最小物理尺寸。假设 Rx 线圈与 Tx 线圈相比非常小，并且 Tx 线圈的磁场强度在指定的三维空间内均匀分布，因此能够保证 Rx 线圈自由移动。分别将相互正交的 Tx 线圈的数量定义为 m_T，将 Rx 线圈数量定义为 m_R。例如，单线圈或偶极子线圈对应于 $m_T = 1$，当它们用于发射线圈时，两个正交线圈对应于 $m_T = 2$。

考虑到普遍存在的典型供电线圈结构，假设最大 m_R 为 3，所有对称 Rx 线圈（即 Rx-1、Rx-2 和 Rx-3）相互正交，如图 26.5 所示。当角频率为 ω_s 均匀分布的正弦磁通密度矢量 $\vec{B}_0$ 外施于三维空间时，可以计算具有面积 A_{Rx} 和匝数 N_{Rx} 的接收线圈 Rx 在任意旋转角度时的稳态感应电压。在本章中，黑体字母用于表示相量，上箭头用于表示矢量。相量形式的穿透 Rx-1 的磁通量 ϕ_1 可按如下方式确定：

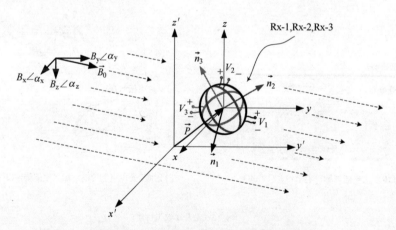

图 26.5   均匀磁通密度下的三环路接收线圈

$$\phi_1 = \int_S \vec{B}_0 d\vec{S} \approx A_{Rx} \vec{B}_0 \cdot \vec{n}_1 = A_{Rx}(n_{1x} B_x \angle \alpha_x + n_{1y} B_y \angle \alpha_y + n_{1z} B_z \angle \alpha_z) \tag{26.1}$$

其中，$\vec{B}_0$ 和 $\vec{n}_1$ 分别表示为相量矢量和标准化标量矢量，如下所示：

$$\vec{B}_0 \equiv (B_x \angle \alpha_x, B_y \angle \alpha_y, B_z \angle \alpha_z) \tag{26.2a}$$

$$\vec{n}_1 \equiv (n_{1x}, n_{1y}, n_{1z}) \tag{26.2b}$$

根据式（26.1）的法拉第定律，可以确定相量形式 Rx-1 的感应 Rx 线圈电压 V_1，如下所示：

$$V_1 = j\omega_s N_{Rx}\phi_1 = jV_m(n_{1x}B_x\angle\alpha_x + n_{1y}B_y\angle\alpha_y + n_{1z}B_z\angle\alpha_z) \quad \because V_m \equiv \omega_s N_{Rx} A_{Rx} \quad (26.3)$$

在式（26.3）中，对于由 $\vec{n}_1 = (n_{1x}, n_{1y}, n_{1z})$ 定义的任意方向，可以确定 V_1，该方向由变换矩阵 $R_{ijk}^{[59]}$ 和 x 方向法向量 $\vec{n}_{10}$ 确定，如下所示：

$$\begin{bmatrix} n_{1x} \\ n_{1y} \\ n_{1z} \end{bmatrix} = R_i R_j R_k \begin{bmatrix} 1 \\ 0 \\ 0 \end{bmatrix} = R_{ijk} \begin{bmatrix} 1 \\ 0 \\ 0 \end{bmatrix} \quad R_{ijk} \equiv R_i R_j R_k, \quad (26.4)$$

其中，$\vec{n}_1 = (1, 0, 0)$ 在本章中是 Rx-1 旋转之前 $\vec{n}_1$ 的参考矢量。请注意，当"ijk"是集合 $\{x, y, z\}$ 转置时，R_{ijk} 定义为 R_i、R_j 和 R_k 的矩阵乘法，即 xyz、xzy、yxz、yzx、zxy 和 zyx。为简单起见，本章在 R_{ijk} 中选择 R_{zyx}，它表示 Rx-1 w. r. t. 横向翻转（θ_x）、纵向翻转（θ_y）和竖向翻转（θ_z）的顺序旋转，其中 R_x、R_y 和 R_z 定义如下[59]：

$$R_x = \begin{bmatrix} 1 & 0 & 0 \\ 0 & \cos\theta_x & -\sin\theta_x \\ 0 & \sin\theta_x & \cos\theta_x \end{bmatrix}, R_y = \begin{bmatrix} \cos\theta_y & 0 & \sin\theta_y \\ 0 & 1 & 0 \\ -\sin\theta_y & 0 & \cos\theta_y \end{bmatrix}, R_z = \begin{bmatrix} \cos\theta_z & -\sin\theta_z & 0 \\ \sin\theta_z & \cos\theta_z & 0 \\ 0 & 0 & 1 \end{bmatrix} \quad (26.5)$$

将式（26.4）代入式（26.5），式（26.3）中的 V_1 变为

$$V_1\big|_{\vec{n}=\vec{n}_1} = jV_m(\cos\theta_y\cos\theta_z B_x\angle\alpha_x + \cos\theta_y\sin\theta_z B_y\angle\alpha_y - \sin\theta_y B_z\angle\alpha_z) \quad (26.6)$$

将式（26.1）~式（26.3）的讨论扩展到多个正交 Rx 线圈，分别是 Rx-2 和 Rx-3 的感应 Rx 线圈电压 V_2 和 V_3，可以得出如下结论：

$$V_2 = jV_m(n_{2x}B_x\angle\alpha_x + n_{2y}B_y\angle\alpha_y + n_{2z}B_z\angle\alpha_z) \quad (26.7a)$$

$$V_3 = jV_m(n_{3x}B_x\angle\alpha_x + n_{3y}B_y\angle\alpha_y + n_{3z}B_z\angle\alpha_z) \quad (26.7b)$$

其中，每个线圈的法向矢量定义为 $\vec{n}_2 = (n_{2x}, n_{2y}, n_{2z})$ 和 $\vec{n}_3 = (n_{3x}, n_{3y}, n_{3z})$，与式（26.4）~式（26.6）类似，式（26.7）对于本章中 $\vec{n}_{20} = (0, 1, 0)$ 和 $\vec{n}_{30} = (0, 0, 1)$ 的 y 和 z 方向参考矢量分别为

$$V_2\big|_{\vec{n}=\vec{n}_2} = jV_m\{(\sin\theta_x\sin\theta_y\cos\theta_z - \cos\theta_x\sin\theta_z)B_x\angle\alpha_x + (\sin\theta_x\sin\theta_y\sin\theta_z + \cos\theta_x\cos\theta_z)B_y\angle\alpha_y + \sin\theta_x\cos\theta_y B_z\angle\alpha_z\} \quad (26.8a)$$

$$V_3\big|_{\vec{n}=\vec{n}_3} = jV_m\{(\cos\theta_x\sin\theta_y\cos\theta_z + \sin\theta_x\sin\theta_z)B_x\angle\alpha_x + (\cos\theta_x\sin\theta_y\sin\theta_z - \sin\theta_x\cos\theta_z)B_y\angle\alpha_y + \cos\theta_x\cos\theta_y B_z\angle\alpha_z\} \quad (26.8b)$$

在下面的章节中，基于上述分析，详细评估了保证全方位供电的几种 Tx 和 Rx 线圈的三种可能配置。对前两个线圈配置"1Tx-3Rx"即 $(m_T, m_R) = (1, 3)$ 以及 3Tx-1Rx"即 $(m_T, m_R) = (3, 1)$ 的评估结果和本章参考文献［12，18］中的结果相吻合，并从实验上验证了全方位供电的特性。在本章中，第一次对"2Tx-2Rx"即 $(m_T, m_R) = (2, 2)$ 线圈配置进行了分析讨论，这也能够保证全方位无线供电，即任何旋转角度上的负载感应电压非零。

26.3.2　单发射线圈和三接收线圈（1Tx-3Rx）

众所周知，一组三个正交接收线圈使我们能够用一个 Tx 线圈实现全方位供电，即 $(m_T, m_R) = (1, 3)^{[14-18]}$。图 26.6a 和 b 描述了两种实现 $(m_T, m_R) = (1, 3)$ 的线圈配置。在图 26.6b 中，则采用了一对正对的线圈而非单线圈以获得更高的磁通均匀性，即"Tx-1a

和 Tx-1b"。

为简单起见，假设图 26.6 中所有 Tx 线圈的磁通密度只有 x 向分量，即 $B_x \neq 0$，$B_y = B_z = 0$。式（26.6）和式（26.8）中的 Rx 线圈电压可改写如下：

$$V_1 \big|_{\vec{n} = \vec{n_1}} = jV_m \cos\theta_y \cos\theta_z B_x \angle \alpha_x \tag{26.9a}$$

$$V_2 \big|_{\vec{n} = \vec{n_2}} = jV_m(\sin\theta_x \sin\theta_y \cos\theta_z - \cos\theta_x \sin\theta_z)B_x \angle \alpha_x \tag{26.9b}$$

$$V_3 \big|_{\vec{n} = \vec{n_3}} = jV_m(\cos\theta_x \sin\theta_y \cos\theta_z + \sin\theta_x \sin\theta_z)B_x \angle \alpha_x \tag{26.9c}$$

实际上，三个 Rx 线圈的感应电压应串联或并联以驱动单个负载 R_L，如图 26.6c 和 d 所示。为了便于分析，假设二极管整流器在连续导电模式下运行没有损耗。此外，每个 Rx 线圈的电抗完全由串联谐振电容器 C_s 补偿，从而使感应线圈电压完全应用于二极管整流器。同理，每个 Rx 线圈的并联谐振电容器也可用于补偿。对于图 26.6c 中的串联补偿，每个 Rx 线圈电压在直流阶段进行整流和叠加以给负载供电。对于图 26.6d 的并联方式，负载将得到前端提供的最高并联电压。无论是串联还是并联补偿方式都可以得到 Rx 线圈电压和直流负载电压之间的关系，如下所示：

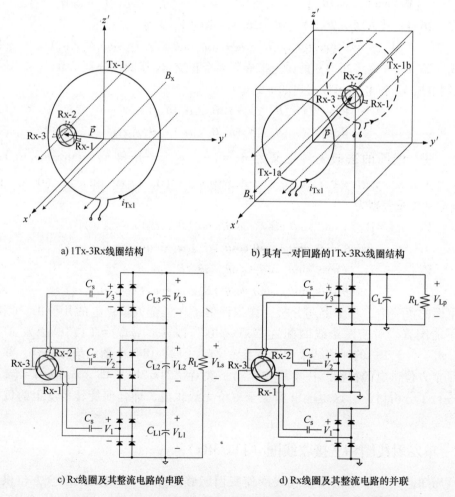

a) 1Tx-3Rx线圈结构

b) 具有一对回路的1Tx-3Rx线圈结构

c) Rx线圈及其整流电路的串联

d) Rx线圈及其整流电路的并联

图 26.6　单发射三接收线圈结构及其接收线圈感应电压归一化值

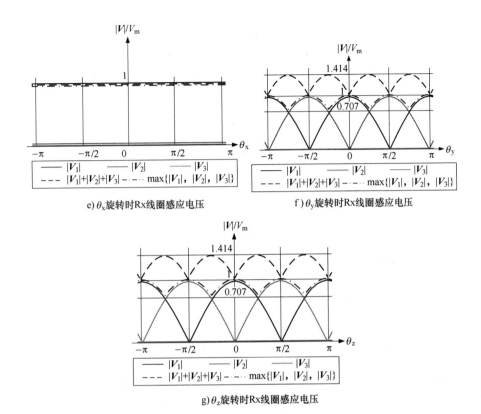

e) θ_x 旋转时 Rx 线圈感应电压　　　　f) θ_y 旋转时 Rx 线圈感应电压

g) θ_z 旋转时 Rx 线圈感应电压

图 26.6　单发射三接收线圈结构及其接收线圈感应电压归一化值（续）

$$V_{Ls} \equiv L_{L1} + V_{L2} + V_{L3} = \frac{\pi}{2\sqrt{2}} (|V_1| + |V_2| + |V_3|) \quad \text{串联} \qquad (26.10a)$$

$$V_{Lp} = \frac{\pi}{2\sqrt{2}} \max\{ |V_1|, |V_2|, |V_3| \} \quad \text{并联} \qquad (26.10b)$$

为了直观地理解旋转对供能的影响，图 26.6e~g 描述了式（26.9）和式（26.10）中电压相量的模。值得注意的是，图 26.6e~g 中的 $\{ |V_1|, |V_2|, |V_3| \}$ 的最大值和 $|V_1| + |V_2| + |V_3|$ 两者的归一化值，在任何角度上总是大于 $1/\sqrt{2}$（约为 70.7%）。

26.3.3　三发射线圈和单接收线圈（3Tx-1Rx）

提供全方位供电的另一种线圈配置是三个正交 Tx 线圈和一个 Rx 线圈，其中 $(m_T, m_R) = (3, 1)$[13]。图 26.7a 和 b 说明了实现 $(m_T, m_R) = (3, 1)$ 的两种可能线圈配置方法。对于全方位供电，三个 Tx 线圈电流应适当地彼此不同，以避免在固定方向上产生恒定磁场。一般来说，有三种可能的调制方法：①相位调制（PDM）；②时域调制（TDM）；③频域调制（FDM）。然而，TDM 需要复杂的控制来处理 Tx 和 Rx 谐振电路的动态响应，同时 FDM 也不是一个可行的解决方案，因为它需要三个不同频率的谐振电路用于 Rx。因此，考虑到控制和结构的简单性，PDM 是首选方法。假设每个 Tx 电流的幅度相同，且相位差为 $2\pi/3$，则当 $B_x = B_y = B_z = B_0$，$\alpha_x = 0$，$\alpha_y = 2\pi/3$ 和 $\alpha_z = 4\pi/3$ 时，可以重写式（26.6）的 Rx

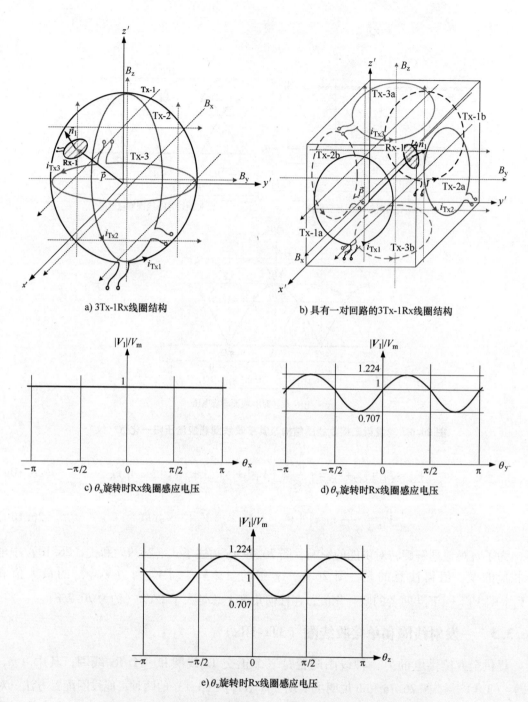

a) 3Tx-1Rx线圈结构

b) 具有一对回路的3Tx-1Rx线圈结构

c) θ_x旋转时Rx线圈感应电压

d) θ_y旋转时Rx线圈感应电压

e) θ_z旋转时Rx线圈感应电压

图 26.7 三发射单接收线圈结构及其接收线圈感应电压归一化值

线圈电压，如下所示：

$$V_1\big|_{\vec{n}=\vec{n_1}}=jV_m(\cos\theta_y\cos\theta_z\angle 0+\cos\theta_y\sin\theta_z\angle 2\pi/3-\sin\theta_y\angle 4\pi/3)\qquad(26.11)$$

如图 26.7c~e 所示，可将式（26.11）中的相量电压的大小改写为

$$V_{1x}\equiv|V_1|\big|_{\vec{n}=\vec{n_1},\theta_y=\theta_z=0}=V_m\qquad(26.12a)$$

$$V_{1y} \equiv |V_1| \big|_{\vec{n}=\vec{n_1},\theta_x=\theta_z=0} = V_m |\cos\theta_y \angle 0 - \sin\theta_y \angle 4\pi/3| = V_m\sqrt{1+0.5\sin 2\theta_y} \quad (26.12b)$$

$$V_{1z} \equiv |V_1| \big|_{\vec{n}=\vec{n_1},\theta_x=\theta_y=0} = V_m |\cos\theta_z \angle 0 + \sin\theta_z \angle 2\pi/3| = V_m\sqrt{1-0.5\sin 2\theta_z} \quad (26.12c)$$

虽然存在电压波动 w. r. t. θ_y 和 θ_z 旋转，但在任何旋转角度下，$|V_1|$ 的最小值为 $1/\sqrt{2}$（约为 70.7%）乘以 V_m。

26.3.4　双发射线圈和双接收线圈（2Tx-2Rx）

全方位供电的另一个候选线圈配置是双 Rx 线圈和双 Tx 线圈，当 m_T 和 m_R 都为 2 时，两个线圈都由两个正交线圈组成。如图 26.8a 和 b 所示，Tx 线圈可分别由一组两个正交线圈或两组两个正交线圈组成。与 3Tx-1Rx 配置类似，PDM 是驱动每个 Tx 电流的首选控制方案。

假设每个 Tx 电流具有相同的幅度，且彼此相位相差 $\pi/2$，则当 $B_x = B_y = B_0$，$B_z = 0$，$\alpha_x = 0$ 和 $\alpha_y = \pi/2$ 时，由式（26.6）和式（26.8）可重写 Rx 线圈电压，如下所示：

$$V_1 \big|_{\vec{n}=\vec{n_1}} = V_m\cos\theta_y(-\sin\theta_z + j\cos\theta_z) \quad (26.13a)$$

$$V_2 \big|_{\vec{n}=\vec{n_2}} = V_m(-\sin\theta_x\sin\theta_y\sin\theta_z - \cos\theta_x\cos\theta_z + j\sin\theta_x\sin\theta_y\cos\theta_z - j\cos\theta_x\sin\theta_z) \quad (26.13b)$$

如图 26.8c ~ e 所示，式（26.13）中相量电压的大小可改写为

$$V_{1x} \equiv |V_1| \big|_{\vec{n}=\vec{n_1},\theta_y=\theta_z=0} = V_m \quad (26.14a)$$

$$V_{1y} \equiv |V_1| \big|_{\vec{n}=\vec{n_1},\theta_x=\theta_z=0} = \omega_s N_{Rx} A_{Rx} B_0 |\cos\theta_y| = V_m|\cos\theta_y| \quad (26.14b)$$

$$V_{1z} \equiv |V_1| \big|_{\vec{n}=\vec{n_1},\theta_x=\theta_y=0} = \omega_s N_{Rx} A_{Rx} B_0 |\cos\theta_z + j\sin\theta_z| = V_m \quad (26.14c)$$

$$V_{2x} \equiv |V_2| \big|_{\vec{n}=\vec{n_2},\theta_y=\theta_z=0} = \omega_s N_{Rx} A_{Rx} B_0 |j\cos\theta_x| = V_m|\cos\theta_x| \quad (26.14d)$$

$$V_{2y} \equiv |V_2| \big|_{\vec{n}=\vec{n_2},\theta_x=\theta_z=0} = V_m \quad (26.14e)$$

$$V_{2z} \equiv |V_2| \big|_{\vec{n}=\vec{n_2},\theta_x=\theta_y=0} = \omega_s N_{Rx} A_{Rx} B_0 |-\sin\theta_z + j\cos\theta_z| = V_m \quad (26.14f)$$

使用 3Tx-1Rx 配置分析时的相同假设，可以获得串联和并联的 Rx 线圈电压和直流负载电压，如下所示：

$$V_{Ls} \equiv V_{L1} + V_{L2} = \frac{\pi}{2\sqrt{2}}(|V_1| + |V_2|) \quad \text{串联} \quad (26.15a)$$

$$V_{Lp} = \frac{\pi}{2\sqrt{2}}\max\{|V_1|, |V_2|\} \quad \text{并联} \quad (26.15b)$$

如式（26.15）和图 26.8 所示，在任何旋转角度下，直流负载电压始终高于其最大值的 0.5 倍。注意，串联提供的直流负载电压比并联提供的电压波动大但电压值更高，而并联提供的直流负载电压相对恒定但较低。请注意，图 26.6 ~ 图 26.8 所示的电压曲线是 x、y 和 z 旋转中只有一个旋转的特殊情况。在实际中，Rx 线圈的旋转可以是任意的，x、y 和 z 一般不相互关联，因此它们可能都是非零的。

26.3.5　IPT 全方位供电条件

根据前几节的分析结果，可以得出 IPT 全方位供电的必要条件如下：

$$m_T + m_R \geqslant 4 \quad (26.16)$$

当 m_T 大于 1 时，每个 Tx 电流不相关。注意，上述 1Tx-3Rx、3Tx-1Rx 和 2Tx-2Rx 的情况是满足条件 $m_T + m_R = 4$ 的三种情况，这意味着它们是 Tx 和 Rx 线圈的最小情况数。

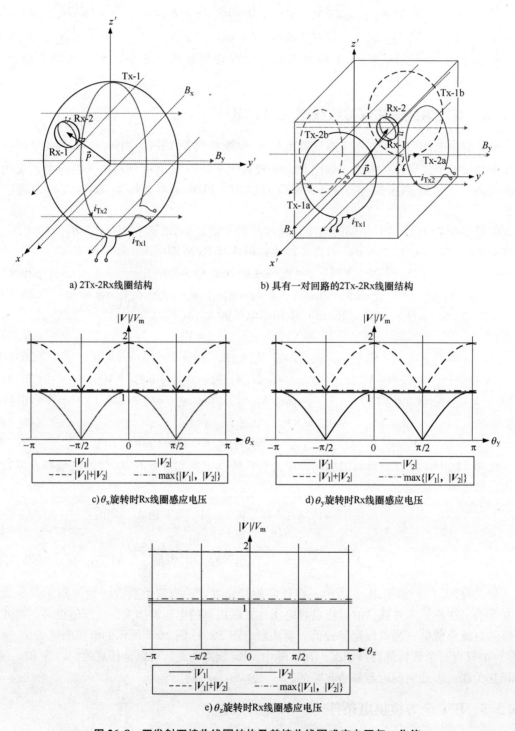

a) 2Tx-2Rx线圈结构　　　　　　　　b) 具有一对回路的2Tx-2Rx线圈结构

c) θ_x旋转时Rx线圈感应电压　　　　　d) θ_y旋转时Rx线圈感应电压

e) θ_z旋转时Rx线圈感应电压

图 26.8　双发射双接收线圈结构及其接收线圈感应电压归一化值

根据上述讨论，表 26.2 列出了 6 种可能的全向供电线圈组合，其中 Tx 和 Rx 线圈的物理尺寸分别定义为 n_{TL} 和 n_{RL}。注意到，如图 26.6~图 26.8 所示，至少有一个 Tx 线圈和 Rx 线圈会不可避免地出现体积线圈结构，这是在后续章节中提出交叉偶极子线圈结构的动机之一。

表 26.2　可实现全方位供电的环路线圈组合

正交线圈数量			环路线圈维数	
m_T	m_R	m_T+m_R	n_{TL}	n_{RL}
1	3	4	2	3
2	2	4	3	3
2	3	5	3	3
3	1	4	3	2
3	2	5	3	3
3	3	6	3	3

26.4　交叉偶极子线圈的分析与设计

26.4.1　偶极子线圈的全方位无线电能传输

为了减小全方位供电线圈的物理尺寸，采用偶极子线圈结构[19,20]代替环路线圈，如图 26.9 所示。在偶极子线圈中使用铁氧体、非晶和硅钢等铁磁心，与环路线圈相比，Tx 和 Rx 的物理尺寸从体积到平面和从平面到线条都有所减小。因此，当图 26.9c 中的平面型交叉偶极子线圈用于 Tx 和 Rx 线圈以完成（2，2）的（m_T，m_R）配置时，全方位供电的线圈结构不一定是立体的。

与环路线圈结构不同的是，由于铁磁心存在扭曲的磁场且较复杂，所以对给定 Tx 线圈结构和电流下的感应 Rx 线圈电压推导并不容易。因此，本章采用了基于仿真的线圈设计来分析全方位供电系统的特性。

与前一节类似，表 26.3 列出了几种可能的全方位供电组合，其中 Tx 和 Rx 线圈的物理尺寸分别定义为 n_{TD} 和 n_{RD}。由此可见，Tx 环形线圈和 Rx 偶极子线圈的组合（反之亦然）也可以实现 6 个自由度的 IPT 系统。

表 26.3　可实现全方位供电的偶极子线圈组合

正交线圈数量			偶极子线圈维数	
m_T	m_R	m_T+m_R	n_{TD}	n_{RD}
1	3	4		3
2	2	4	2	2
2	3	5	2	3
3	1	4	3	1
3	2	5	3	2
3	3	6	3	3

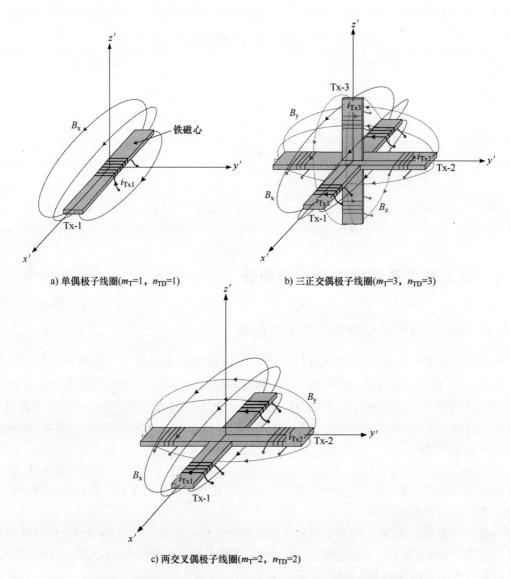

a) 单偶极子线圈($m_T=1$，$n_{TD}=1$)

b) 三正交偶极子线圈($m_T=3$，$n_{TD}=3$)

c) 两交叉偶极子线圈($m_T=2$，$n_{TD}=2$)

图 26.9 与图 26.6~图 26.8 的环路发射线圈对应的三偶极子线圈结构

26.4.2 基于仿真的交叉偶极子收发线圈设计

对于大多数实际应用，Tx 和 Rx 线圈都不适合采用立体配置。除了表 26.3 中 $n_{TD}=3$ 或 $n_{RD}=3$ 的情况外，2Tx-2Rx 配置是唯一可行的方法，其中 Tx 和 Rx 线圈均为平面型。本章介绍了同步 DQ 逆变器，以提供两个正交相位 Tx 电流，如图 26.3 所示。DQ 逆变器的开关角频率 ω_s 略高于 Tx 线圈和补偿电容 C_D 和 C_Q 确定的谐振频率，以便逆变器可以在零电压开关条件下工作[41-44]。通过使用与 Tx 线圈形状相同但尺寸较小的 Rx 线圈以实现位置自由和全方位供电。

如图 26.10 所示，稳态下的旋转磁场由两个分别具有相同大小电流 I_d 和 I_q 的 Tx-D 和 Tx-Q 正交偶极子线圈形成，如下所示：

$$I_{\mathrm{d}} \equiv I_{\mathrm{d}} \angle 0 \tag{26.17a}$$

$$I_{\mathrm{q}} \equiv I_{\mathrm{d}} \angle \pi/2 = \mathrm{j}I_{\mathrm{d}} \tag{26.17b}$$

由式（26.17）中的两个正交偶极子 Tx 线圈电流产生的磁通密度矢量 $\vec{\boldsymbol{B}}_{\mathrm{d}}$ 和 $\vec{\boldsymbol{B}}_{\mathrm{q}}$，以相量形式描述如下：

$$\vec{\boldsymbol{B}}_{\mathrm{d}} \equiv (\boldsymbol{B}_{\mathrm{dx}}, \boldsymbol{B}_{\mathrm{dy}}, \boldsymbol{B}_{\mathrm{dz}}) = (B_{\mathrm{dx}} \angle 0, B_{\mathrm{dy}} \angle 0, B_{\mathrm{dz}} \angle 0) = (B_{\mathrm{dx}}, B_{\mathrm{dy}}, B_{\mathrm{dz}}) \tag{26.18a}$$

$$\vec{\boldsymbol{B}}_{\mathrm{q}} \equiv (\boldsymbol{B}_{\mathrm{qx}}, \boldsymbol{B}_{\mathrm{qy}}, \boldsymbol{B}_{\mathrm{qz}}) = (B_{\mathrm{qx}} \angle \pi/2, B_{\mathrm{qy}} \angle \pi/2, B_{\mathrm{qz}} \angle \pi/2) = (\mathrm{j}B_{\mathrm{qx}}, \mathrm{j}B_{\mathrm{qy}}, \mathrm{j}B_{\mathrm{qz}}) \tag{26.18b}$$

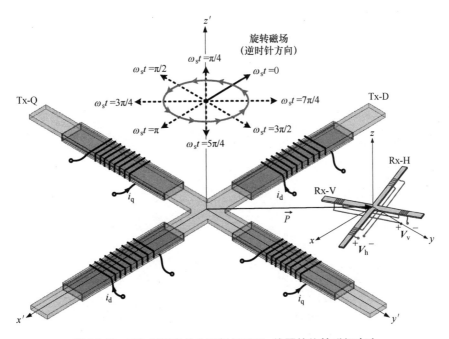

图 26.10　DQ 所提出的交叉偶极子 Tx 线圈的旋转磁场产生

由前文分析可注意到，$\vec{\boldsymbol{B}}_{\mathrm{q}}$ 的相位超前于 $\vec{\boldsymbol{B}}_{\mathrm{d}}$ 的相位 $\pi/2$，尽管两个电流 I_{d} 和 I_{q} 的幅度相同，然而的 $\vec{\boldsymbol{B}}_{\mathrm{q}}$ 幅度与 $\vec{\boldsymbol{B}}_{\mathrm{d}}$ 无关。如图 26.11 所示，使用 ANSYS Maxwell（V15）软件对磁力线在一个开关周期内进行有限元法（FEM）仿真，并让在 xy 平面上的磁场和 $\vec{\boldsymbol{B}}_{\mathrm{t}}$ 的极性围绕线圈旋转，从而获得平面型交叉偶极子 Tx 和 Rx 线圈在这种旋转磁场的作用下可以获得全方位的能量传输特性。

从式（26.18）可以得出 $\vec{\boldsymbol{B}}_{\mathrm{t}}$ 如下：

$$\vec{\boldsymbol{B}}_{\mathrm{t}} \equiv \vec{\boldsymbol{B}}_{\mathrm{d}} + \vec{\boldsymbol{B}}_{\mathrm{q}} = (\boldsymbol{B}_{\mathrm{dx}} + \boldsymbol{B}_{\mathrm{qx}}, \boldsymbol{B}_{\mathrm{dy}} + \boldsymbol{B}_{\mathrm{qy}}, \boldsymbol{B}_{\mathrm{dz}} + \boldsymbol{B}_{\mathrm{qz}}) = (B_{\mathrm{dx}} + \mathrm{j}B_{\mathrm{qx}}, B_{\mathrm{dy}} + \mathrm{j}B_{\mathrm{qy}}, B_{\mathrm{dz}} + \mathrm{j}B_{\mathrm{qz}}) \tag{26.19}$$

式（26.19）的幅值由下式决定：

$$\begin{aligned}
B_{\mathrm{t}} &\equiv |\vec{\boldsymbol{B}}_{\mathrm{t}}| = |\vec{\boldsymbol{B}}_{\mathrm{d}} + \vec{\boldsymbol{B}}_{\mathrm{q}}| = \sqrt{|\boldsymbol{B}_{\mathrm{dx}} + \boldsymbol{B}_{\mathrm{qx}}|^2 + |\boldsymbol{B}_{\mathrm{dy}} + \boldsymbol{B}_{\mathrm{qy}}|^2 + |\boldsymbol{B}_{\mathrm{dz}} + \boldsymbol{B}_{\mathrm{qz}}|^2} \\
&= \sqrt{|B_{\mathrm{dx}} + \mathrm{j}B_{\mathrm{qx}}|^2 + |B_{\mathrm{dy}} + \mathrm{j}B_{\mathrm{qy}}|^2 + |B_{\mathrm{dz}} + \mathrm{j}B_{\mathrm{qz}}|^2} \\
&= \sqrt{B_{\mathrm{dx}}^2 + B_{\mathrm{qx}}^2 + B_{\mathrm{dy}}^2 + B_{\mathrm{qy}}^2 + B_{\mathrm{dz}}^2 + B_{\mathrm{qz}}^2} = \sqrt{B_{\mathrm{dx}}^2 + B_{\mathrm{dy}}^2 + B_{\mathrm{dz}}^2 + B_{\mathrm{qx}}^2 + B_{\mathrm{qy}}^2 + B_{\mathrm{qz}}^2} \\
&= \sqrt{|\vec{\boldsymbol{B}}_{\mathrm{d}}|^2 + |\vec{\boldsymbol{B}}_{\mathrm{q}}|^2} = \sqrt{B_{\mathrm{d}}^2 + B_{\mathrm{q}}^2} \quad \because B_{\mathrm{d}} \equiv |\vec{\boldsymbol{B}}_{\mathrm{d}}|, B_{\mathrm{q}} \equiv |\vec{\boldsymbol{B}}_{\mathrm{q}}|
\end{aligned} \tag{26.20}$$

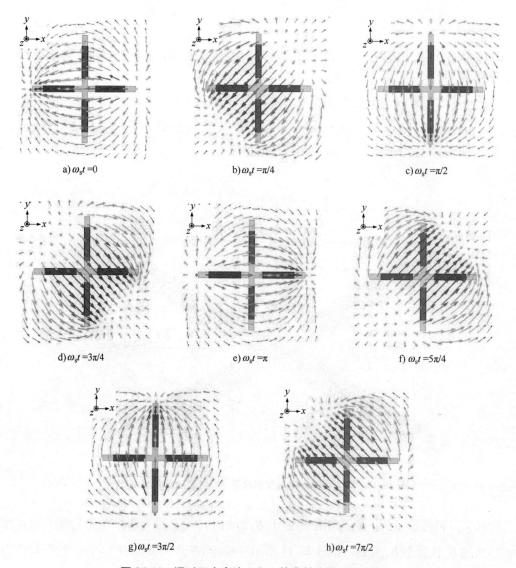

a) $\omega_s t = 0$ b) $\omega_s t = \pi/4$ c) $\omega_s t = \pi/2$

d) $\omega_s t = 3\pi/4$ e) $\omega_s t = \pi$ f) $\omega_s t = 5\pi/4$

g) $\omega_s t = 3\pi/2$ h) $\omega_s t = 7\pi/2$

图 26.11   通以正交电流 i_d 和 i_q 的发射线圈 FEM 模拟

如式（26.20）所示，总磁场密度 B_t 的大小仅由 B_d 和 B_q 决定，与矢量方向无关。如图 26.12 所示，考虑到 Tx 线圈的对称结构和相同数量的 DQ 电流，B_q 可以从 B_d 中找到，如下所示：

$$B_q(x_1, y_1, z_1) = |\boldsymbol{B}_q(x_1, y_1, z_1)| = |\boldsymbol{B}_d(x_2, y_2, z_2)| = B_d(y_1, -x_1, z_1)$$

$$\therefore B_q(x, y, z) = B_d(y, -x, z) \quad x, y, z \text{ 随机} \tag{26.21}$$

在式（26.21）中，位置 $\vec{P}_1$ 处的 Tx-Q 的磁通量密度应与位置 $\vec{P}_2$ 处的 Tx-D 的磁通量密度相同。将式（26.21）代入式（26.20）可得出以下公式：

$$B_t(x, y, z) = \sqrt{B_d^2(x, y, z) + B_q^2(x, y, z)} = \sqrt{B_d^2(x, y, z) + B_d^2(y, -x, z)} \tag{26.22}$$

如式（26.22）所示，B_t 完全由 B_d 确定，其可以通过仿真或实验得到。由于从 DQ 轴交流时域分析中得到磁通密度的均方根值是一种耗时且不准确的方法，一般通过单轴直流分析

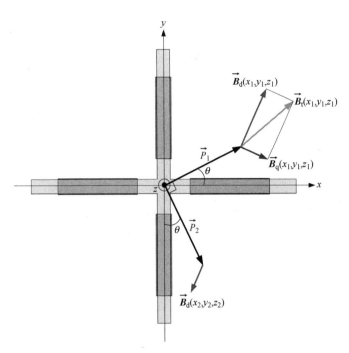

图 26.12 Tx-D（x 轴）和 Tx-Q（y 轴）产生的磁通密度

中得到准确的磁通密度，如图 26.11 所示。利用式（26.22）和 Tx-D 线圈磁通密度的 FEM
模拟结果，对 xy 平面上的 $z=0.25l_0$、$z=0.5l_0$ 和 $z=0.75l_0$ 的 Rx 有效供电面积进行评估，如
图 26.13~图 26.15 所示，其中 l_0 是 Tx 线圈的长度。在 Tx 的底部放置一块铝板来阻挡磁场，
并将磁通密度的大小与每个高度的最大值进行了标准化，如图 26.13~图 26.15 所示。x 和 y
方向的磁通密度在 Tx 线圈的中心达到最大值，在 xy 平面上随着远离中心点而降低，而 z 方
向的磁通密度在每个 Tx 线圈的两端达到最大值。因此，总磁场可以得到一个三向磁通密度
相对均匀的功率区域。

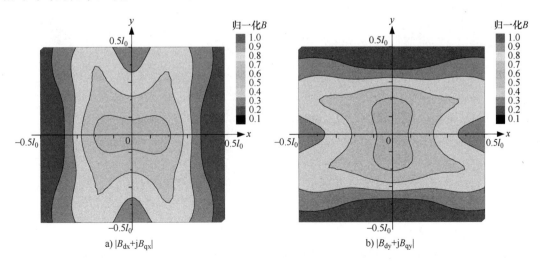

a) $|B_{dx}+jB_{qx}|$ b) $|B_{dy}+jB_{qy}|$

图 26.13 当 $z=0.25l_0$ 时，基于 FEM 模拟结果，利用式（26.22）合成的磁通密度

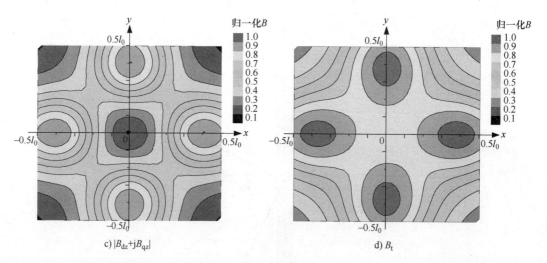

c) $|B_{dz}+jB_{qz}|$ d) B_t

图 26.13 当 $z=0.25l_0$ 时，基于 FEM 模拟结果，利用式（26.22）合成的磁通密度（续）

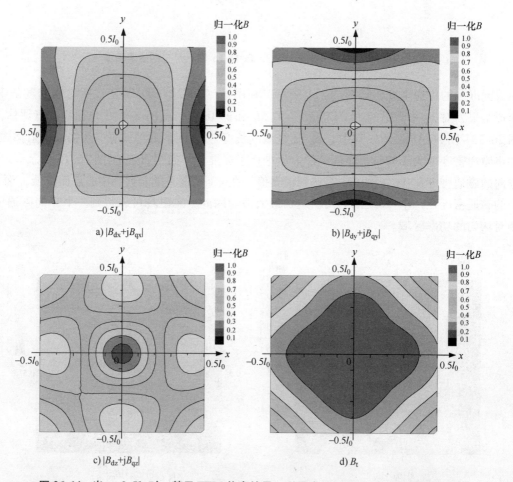

a) $|B_{dx}+jB_{qx}|$ b) $|B_{dy}+jB_{qy}|$

c) $|B_{dz}+jB_{qz}|$ d) B_t

图 26.14 当 $z=0.5l_0$ 时，基于 FEM 仿真结果，利用式（26.22）合成的磁通密度

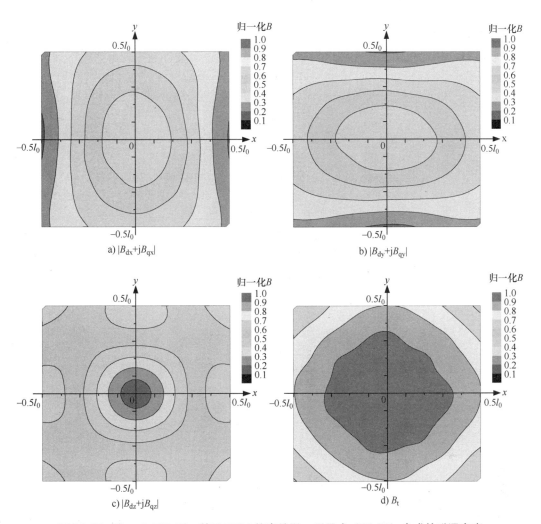

图 26.15　当 $z=0.75l_0$ 时，基于 FEM 仿真结果，利用式（26.22）合成的磁通密度

26.5　实例设计和实验验证

26.5.1　1m² 交叉偶极子发射线圈原型制作

上一节的设计准则已应用于 280kHz 运行的 IPT 系统，其中 Tx 线圈尺寸为 $l_T=w_T=$ 1000mm 和 $h_T=30$mm，Rx 线圈尺寸为 $l_R=w_R=100$mm 和 $h_R=1$mm，如图 26.16a 和 b 所示。本章中的设计参数的选择仅用于演示所提出的概念，不用于优化成本、质量、体积和效率。在实际应用中，Tx 和 Rx 线圈的厚度 h_T 和 h_R 尽可能小。TX 线圈组装了磁导率高达 2000 的平面状锰锌铁氧体磁心，铁氧体磁心的单位尺寸为 100mm×50mm×10mm。实验中 DQ 逆变器的工作频率为 280kHz，并以 97% 的效率驱动 Tx 电流，其符合电力物质联盟（PMA）的指导标准，如图 26.16c 所示。Tx 线圈选择总直径为 1.8mm 的利兹线，其中每个 Tx 线圈的安培匝

数为 120 安匝, 匝数为 60。一块面积为 1.44m² 、厚度为 2mm 的铝板和一块 3mm 厚的木质绝缘体安装在 Tx 线圈下。包括 DQ 逆变器在内的总功耗为 185W, 其中磁心损耗与利兹线和高频薄膜电容器损耗相比相对较高, 利兹线和高频薄膜电容器导通损耗可忽略不计。

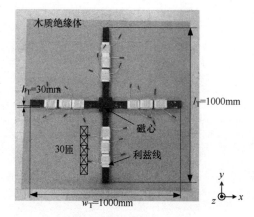

a) 带铝板的发射线圈

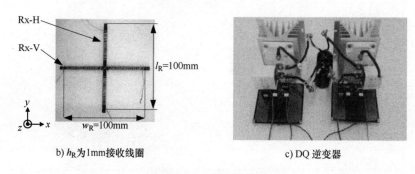

b) h_R 为 1mm 接收线圈   c) DQ 逆变器

图 26.16 实验实物图

实验结果如图 26.17 所示, 其中 B_t 的测定如式 (26.20) 所示。测得的有效功率区与图 26.14 中的仿真结果相吻合, 其中在 $z = l_0/2 = 500mm$ 时, 最大 B_t 测量值为 10.4μT。

26.5.2 全方位供电验证

图 26.18a 中显示了 7 个测量位置, 这些位置是为验证位置自由和全方位供电特性而任意选择的。

在点 P_A 沿 z 轴从 $z = 100mm$ 到 $1000mm$ 测量 $|V_h|$ 和 $|V_v|$ 的水平和垂直接收线圈电压, 如图 26.18b 所示。与 $z = 200mm$ 时相比, $z = 100mm$ 时线圈电压稍低, 这是由于靠近偶极子线圈中心的 x 和 y 方向磁通密度较低所致。如图 26.19~图 26.23 所示, 在 $z = 500mm$ 时, 在 3 个不同的 P_A、P_B 和 P_C 位置测量了与 5 个旋转有关的 Rx 线圈电压, 即横向翻转、纵向翻转、竖向翻转、90°横向翻转和 90°纵向翻转横向翻转。如图 26.18a 所示, 在 Rx 线圈旋转之前, Rx-H 和 Rx-V 分别与 x 轴和 y 轴平行, 其中 "90°横向-纵向翻转" 表示 Rx 线圈在 90°横向翻转后再纵向翻转。同理, "90°纵向-横向翻转" 表示 Rx 线圈在 90°纵向翻转后再横向翻转。对于所选位置, 串联电压 $|V_h|+|V_v|$ 能够在 1.0~3.8V 的范围内进行宽范围旋转。因此, 该方法验证了位置自由和全方位供电的可行性。

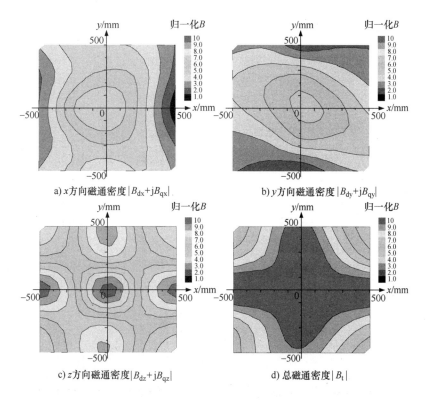

a) x 方向磁通密度 $|B_{dx}+jB_{qx}|$

b) y 方向磁通密度 $|B_{dy}+jB_{qy}|$

c) z 方向磁通密度 $|B_{dz}+jB_{qz}|$

d) 总磁通密度 $|B_t|$

图 26.17　当 $z = l_0/2 = 500\text{mm}$ 时测量的磁通密度

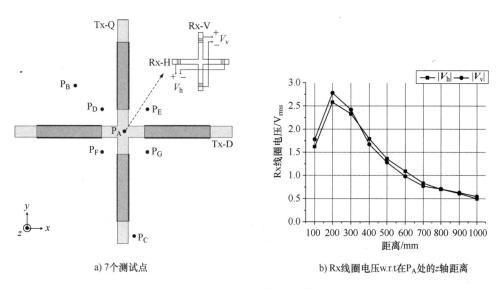

a) 7个测试点

b) Rx线圈电压 w.r.t 在 P_A 处的 z 轴距离

图 26.18　实验条件以及 z 轴方向的 Rx 线圈电压

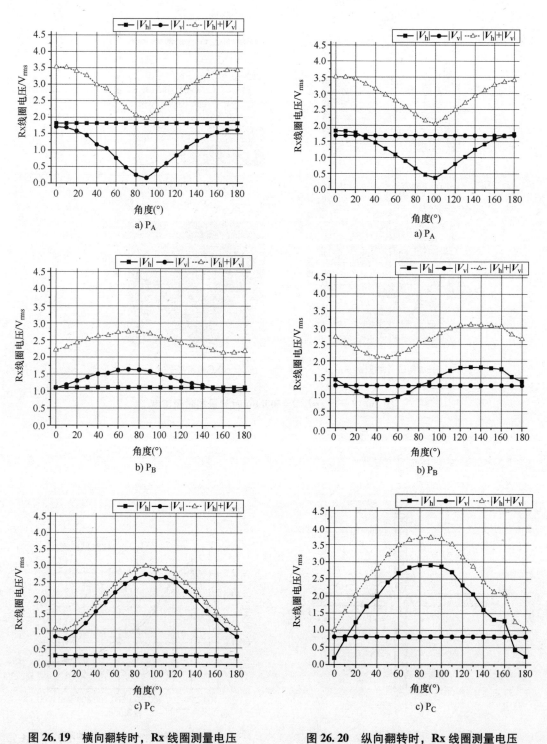

图 26.19　横向翻转时，Rx 线圈测量电压　　　　图 26.20　纵向翻转时，Rx 线圈测量电压

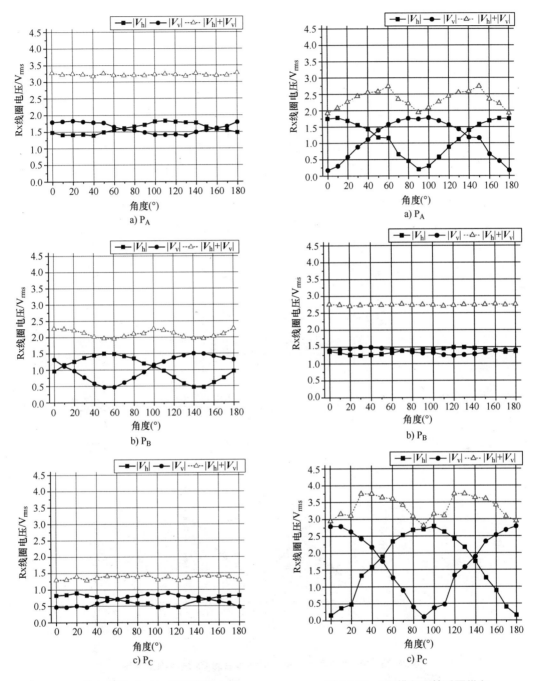

图 26.21　竖向翻转时，Rx 线圈测量电压

图 26.22　90°横向翻转后再纵向翻转后的 Rx 线圈测量电压

26.5.3　10W 级 Rx 线圈的效率测量

本章还测量了全方位供电系统（包括 DQ 逆变器）的效率，如图 26.24 所示。其中，

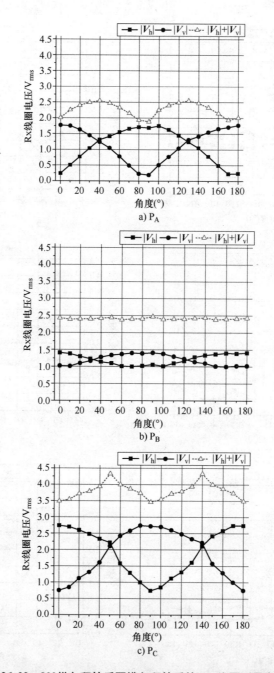

a) P_A

b) P_B

c) P_C

图 26.23　90°纵向翻转后再横向翻转后的 Rx 线圈测量电压

10W 级接收线圈具有 $l_R = 200mm$、$w_R = 200mm$ 和 $h_R = 5mm$，并分别位于 P_A、P_D、P_E、P_F 和 P_G 处，如图 26.24a～e 所示。测量效率随着 Rx 线圈数量的增加而增加，其中，当 DQ 逆变器的输入功率在 $z = 200mm$ 的情况下且功率固定为 100W 时，系统最大效率为 33.6%。由于具有固定补偿电路的相邻 Rx 线圈之间存在交叉耦合，每个 Rx 线圈的输出功率随着 Rx 线圈数量的增加而变化。

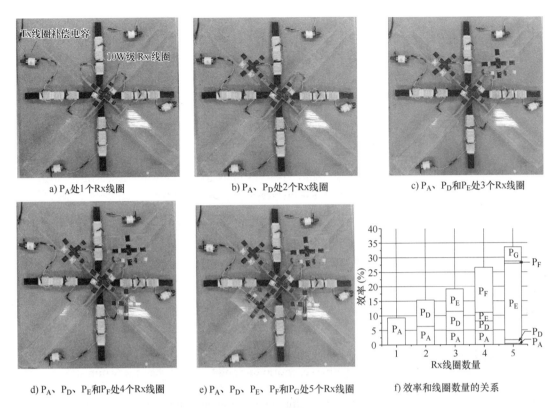

a) P_A 处1个Rx线圈　　b) P_A、P_D处2个Rx线圈　　c) P_A、P_D和P_E处3个Rx线圈

d) P_A、P_D、P_E和P_F处4个Rx线圈　　e) P_A、P_D、P_E、P_F和P_G处5个Rx线圈　　f) 效率和线圈数量的关系

图 26.24　使用 10W 级 Rx 线圈进行效率测量

26.6　小结

本章通过仿真和实验，在带有 DQ 旋转磁场情况下，验证了交叉偶极子 Tx 和 Rx 线圈在空间内的 6 个自由度下均能实现 IPTS 的供能。首先给出了不同多自由度 IPTS 的一般分类，并对全方位供电的线圈配置进行了深入的分析，以便为 Tx 和 Rx 线圈找到普遍供电的最小物理尺寸。通过对全方位供电的全面分析，我们发现 Tx 和 Rx 线圈的交叉偶极子是唯一可行的配置，使我们能够同时使用平面型 Tx 和 Rx 线圈。由于旋转磁场的存在，在 Tx 线圈的大范围内既保证了位置自由又保证了全方位供电。当输入功率固定在 100W 时，系统（包括 DQ 逆变器）的最大效率测量值为 33.6%。由于其平面几何结构和较宽的供电区域，提出的交叉偶极子线圈可应用于移动设备和物联网，该方法可降低对电池的依赖性。此外，交叉偶极子线圈的优化设计有待于进一步的研究。

习　　题

26.1　能提出一个多偶极子线圈结构具有更好的均匀分布的磁场特性吗？

26.2　能提出一个模块化的 Tx 线圈，它可以任意扩展到任何保证均匀分布磁场特性的区域吗？

参 考 文 献

1 M. Kline, I. Izyumin, B. Boser, and S. Sanders, "Capacitive power transfer for contactless charging," in *2011 ECCE Conference*, pp. 1398–1404.

2 B. Choi, D. Nguyen, S. Yoo, J. Kim, and Chun T. Rim, "A novel source-side monitored capacitive power transfer system for contactless mobile charger using class-E converter," in *2014 VTC Conference*, pp. 1–5.

3 E.Y. Chow, "Wireless powering and the stud of RF propagation through ocular tissue for development of implantable sensors," *IEEE Trans. Antennas Propagation*, vol. 59, no. 6, pp. 2379–2387, June 2011.

4 N. Wang *et al.*, "One-to-multipoint laser remote power supply system for wireless sensor networks," *IEEE Sensors Journal*, vol. 12, no. 2, pp. 389–396, February 2012.

5 I. Shnaps and E. Rimon, "Online coverage by a tethered autonomous mobile robot in planar unknown environments," *IEEE Trans. on Robotics*, vol. 30, no. 4, pp. 966–974, August 2014.

6 S. Choi *et al.*, "Tethered aerial robots using contactless power systems for extended mission time and range," in *2014 ECCE Conference*, pp. 912–916.

7 O.C. Onar, J. Kobayashi, and A. Khaligh, "A fully directional universal power electronic interface for EV, HEV, and PHEV applications," *IEEE Trans. on Power Electron.*, vol. 28, no. 12, pp. 5489–5498, December 2013.

8 E. Waffenschmidt, "Free positioning for inductive wireless power system," in *2011 ECCE Conference*, pp. 3481–3487.

9 W. Zhong, X. Liu, and S. Hui, "A novel single-layer winding array and receiver coil structure for contactless battery charging systems with free-positioning and localized charging features," *IEEE Trans. on Ind. Electron.*, vol. 58, no. 9, pp. 4136–4143, September 2011.

10 C. Park, S. Lee, G. Cho, S. Choi, and Chun T. Rim, "Omni-directional inductive power transfer system for mobile robots using evenly displaced multiple pick-ups," in *2012 ECCE Conference*, pp. 2492–2497.

11 C. Park, S. Lee, G. Cho, S. Choi, and Chun T. Rim, "Two-dimensional inductive power transfer system for mobile robots using evenly displaced multiple pickups," *IEEE Trans. on Ind. Applic.*, vol. 50, no. 1, pp. 538–565, June 2013.

12 B. Che *et al.*, "Omnidirectional non-radiative wireless power transfer with rotating magnetic field and efficiency improvement by metamaterial," *Appl. Phys. A*, vol. 116, no. 4, pp. 1579–1586, April 2014.

13 W. Ng, C. Zhang, D. Lin, and S. Hui, "Two- and three-dimensional omnidirectional wireless power transfer," *IEEE Trans. on Power Electron.*, vol. 29, no. 9, pp. 4470–4474, January 2014.

14 H. Li, G. Li, X. Xie, Y. Huang, and Z. Wang, "Omnidirectional wireless power combination harvest for wireless endoscopy," in *2014 BioCAS Conference*, pp. 420–423.

15 X. Li *et al.*, "A new omnidirectional wireless power transmission solution for the wireless endoscopic micro-ball," in *2011 ISCAS Conference*, pp. 2609–2612.

16 R. Carta *et al.*, "Wireless powering for a self-propelled and steerable endoscopic capsule for stomach inspection," *Biosens. Bioelectron.*, vol. 25, no. 4, pp. 845–851, December 2009.

17 T. Sun *et al.*, "Integrated omnidirectional wireless power receiving circuit for wireless endoscopy," *Electron. Lett.*, vol. 48, no. 15, pp. 907–908, July 2012.

18 B. Lenaerts and R. Puers, "An inductive power link for a wireless endoscope," *Biosens. Bioelectron.*, vol. 22, no. 7, pp. 1390–1395, February 2007.

19 B. Choi, E. Lee, J. Kim, and Chun T. Rim, "7 m-off-long-distance extremely loosely coupled inductive power transfer system using dipole coils," in *2014 ECCE Conference*, pp. 858–863.

20 C. Park, S. Lee, G. Cho, and Chun T. Rim, "Innovative 5-m-off-distance inductive power transfer systems with optimally shaped dipole coils," *IEEE Trans. on Power Electron.*, vol. 30, no. 2, pp. 817–827, November 2014.

21 Chun T. Rim and G. Cho, "New approach to analysis of quantum rectifier-inverter," *Electron. Lett.*, vol. 25, no. 25, pp. 1744–1745, December 1989.

22 Chun T. Rim, "Unified general phasor transformation for AC converters," *IEEE Trans. on Power Electron.*, vol. 26, no. 9, pp. 2465–2475, September 2011.

23 J. Huh, W. Lee, S. Choi, G. Cho, and Chun T. Rim, "Frequency-domain circuit model and analysis of coupled magnetic resonance systems," *J. Power Electron.*, vol. 13, no. 2, pp. 275–286, March 2013.

24 A. Kurs, A. Karalis, R. Moffatt, J.D. Joannopoulos, P. Fisher, and M. Soljacic, "Wireless power transfer via strongly coupled magnetic resonance," *Science*, vol. 317, no. 5834, pp. 83–86, June 2007.

25 A.P. Sample, D.A. Meyer, and J.R. Smith, "Analysis, experimental results, and range adaption of magnetically coupled resonators for wireless power transfer," *IEEE Trans. on Ind. Electron.*, vol. 58, no. 2, pp. 544–554, February 2011.

26 T. Imura and Y. Hori, "Maximizing air gap and efficiency of magnetic resonant coupling for wireless power transfer using equivalent circuit and Neumann formula," *IEEE Trans. on Ind. Electron.*, vol. 58, no. 10, pp. 4746–4752, October 2011.

27 T.C. Beh, T. Imura, and Y. Hori, "Basic study of improving efficiency of wireless power transfer via magnetic resonance coupling based on impedance matching," in *2010 ISIE Conference*, pp. 2011–2016.

28 J. Park, Y. Tak, Y. Kim, Y. Kim, and S. Nam, "Investigation of adaptive matching methods for near-field wireless power transfer," *IEEE Trans. on Antennas Propagation*, vol. 59, no. 5, pp. 1769–1773, May 2011.

29 J. Huh, W.Y. Lee, S.Y. Choi, G.H. Cho, and Chun T. Rim, "Explicit static circuit model of coupled magnetic resonance system," in *2011 ECCE-Asia Conference*, pp. 2233–2240.

30 E. Lee, J. Huh, X.V. Thai, S, Choi, and Chun T. Rim, "Impedance transformers for compact and robust coupled magnetic resonance systems," in *2013 ECCE Conference*, pp. 2239–2244.

31 R. Hui, W. Zhong, and C. Lee, "A critical review of recent progress in mid-range wireless power transfer," *IEEE Trans. on Power Electron.*, vol. 29, no. 9, pp. 4500–4511, September 2014.

32 G. Covic, M. Kissin, D. Kacprzak, N. Clausen, and H. Hao, "A bipolar primary pad topology for EV stationary charging and highway power by inductive coupling," in *2011 ECCE Conference*, pp. 1832–1838.

33 S. Li and C. Mi, "Wireless power transfer for electric vehicle applications," *IEEE Trans. on Emerg. Sel. Topics Power Electron.*, vol. 3, no. 1, pp. 4–17, March 2015.

34 S. Choi, J. Huh, W. Lee, and Chun T. Rim, "Asymmetric coil sets for wireless stationary EV chargers with large lateral tolerance by dominant field analysis," *IEEE Trans. on Power Electron.*, vol. 29, no. 12, pp. 6406–6420, December 2014.

35 M. Budhia, G. Covic, and J. Boys, "Design and optimization of circular magnetic structures for lumped inductive power transfer systems," *IEEE Trans. on Power Electron.*, vol. 26, no. 11, pp. 3096–3108, November 2011.

36 M. Budhia, J. Boys, G. Covic, and C. Huang, "Development of a single-sided flux magnetic coupler for electric vehicle IPT charging systems," *IEEE Trans. on Ind. Electron.*, vol. 60, no. 1, pp. 318–328, January 2013.

37 T. Nguyen, S. Li, W. Li, and C. Mi, "Feasibility study on bipolar pads for efficient wireless power chargers," in *2014 APEC Conference*, pp. 1676–1682.

38 P. Meyer, P. Germano, M. Markovic, and Y. Perriard, "Design of a contactless energy-transfer system for desktop peripherals," *IEEE Trans. on Ind. Applic.*, vol. 47, no. 4, pp. 1643–1651, July 2011.

39 J. Shin *et al.*, "Design and implementation of shaped magnetic-resonance-based wireless power transfer system for road powered moving electric vehicles," *IEEE Trans. on Power Electron.*, vol. 61, no. 3, pp. 1179–1192, March 2014.

40 G. Elliott, J. Boys, and G. Covic, "A design methodology for flat pick-up ICPT systems," in *2006 ICIEA Conference*, pp. 1–7.

41 S. Lee *et al.*, "On-line electric vehicle using inductive power transfer system," in *2010 ECCE Conference*, pp. 1598–1601.

42 J. Huh, S. Lee, C. Park, G. Cho, and Chun T. Rim, "High performance inductive power transfer system with narrow rail width for on-line electric vehicles," in *2010 ECCE Conference*, pp. 647–651.

43 J. Huh, W. Lee, B. Lee, G. Cho, and Chun T. Rim, "Characterization of novel inductive power transfer systems for on-line electric vehicles," in *2011 APEC Conference*, pp. 1975–1979.

44 J. Huh, S. Lee, W. Lee, G. Cho, and Chun T. Rim, "Narrow-width inductive power transfer system for on-line electrical vehicles," *IEEE Trans. on Power Electron.*, vol. 26, no. 12, pp. 3666–3679, December 2011.

45 S. Lee *et al.*, "Active EMF cancellation method for I-type pickup of on-line electric vehicles," in *2011 APEC Conference*, pp. 1980–1983.

46 W. Lee *et al.*, "Finite-width magnetic mirror models of mono and dual coils for wireless electric vehicles," *IEEE Trans. on Power Electron.*, vol. 28, no. 3, pp. 1413–1428, March 2013.

47 S. Choi, J. Huh, W. Lee, S. Lee, and Chun T. Rim, "New cross-segmented power supply rails for road powered electric vehicles," *IEEE Trans. on Power Electron.*, vol. 28, no. 12, pp. 5832–5841, December 2013.

48 S. Lee, B. Choi, and Chun T. Rim, "Dynamic characterization of the inductive power transfer system for online electric vehicles by Laplace phasor transform," *IEEE Trans. on Power Electron.*, vol. 28, no. 12, pp. 5902–5909, December 2013.

49 S. Choi, B. Gu, S. Jeong, and Chun T. Rim, "Ultra-slim S-type inductive power transfer system for road powered electric vehicles," in *2014 EVTeC Conference*, pp. 1–7.

50 S. Choi *et al.*, "Generalized active EMF cancel methods for wireless electric vehicles," *IEEE Trans. on Power Electron.*, vol. 29, no. 11, pp. 5770–5783, November 2014.

51 C. Wang, O. Stielau, and G. Covic, "Design considerations for a contactless electric vehicle battery charger," *IEEE Trans. on Ind. Electron.*, vol. 52, no. 5, pp. 1308–1314, October 2005.

52 C. Wang, G. Covic, and O. Stielau, "Power transfer capability and bifurcation phenomena of loosely coupled inductive power transfer systems," *IEEE Trans. on Ind. Electron.*, vol. 51, no. 1, pp. 148–157, February 2004.

53 G. Covic and J. Boys, "Modern trends in inductive power transfer for transportation applications," *IEEE Trans. on Emerg. Sel. Topics Power Electron.*, vol. 1, no. 1, pp. 28–41, March 2013.

54 O. Onar *et al.*, "A novel wireless power transfer for in-motion EV/PHEV charging," in *2013 APEC Conference*, pp. 2073–3080.

55 S. Choi, B. Gu, S. Jeong, and Chun T. Rim, "Advances in wireless power transfer systems for road powered electric vehicles," *IEEE Trans. on Emerg. Sel. Topics Power Electron.*, vol. 3, no. 1, pp. 18–35, March 2015.

56 B. Lee, H. Kim, S. Lee, C. Park, and Chun T. Rim, "Resonant power shoes for humanoid robots," in *2011 ECCE Conference*, pp. 1791–1794.

57 B. Choi, E. Lee, J. Huh, and Chun T. Rim, "Lumped impedance transformers for compact and robust coupled magnetic resonance systems," *IEEE Trans. on Power Electron.*, vol. PP, no. 99, pp. 1, January 2015 (early access article).

58 J. Kim *et al.*, "Coil design and shielding methods for a magnetic resonant wireless power transfer system," *Proc. IEEE*, vol. 101, no. 6, pp. 1332–1342, June 2013.

59 J. Craig, "Spatial descriptions and transformations," in *Introduction to Robotics*, 3rd edn, Prentice Hall, New Jersey, 2004, Ch. 2, Sec. 8, pp. 41–51.

第 27 章　用于机器人的二维全方位 IPT

27.1　简介

移动机器人在许多领域被越来越广泛的使用，如家庭自动化、工厂自动化，以及军事或核电厂这种危险和恶劣的环境。移动机器人能够为任何适当的任务需求提供有效载荷，包括环境监测传感器和视觉系统。大多数机器人依靠车载电池作为电源，因此电池的负担是机器人能否执行漫长而繁重任务的关键。由于电池的能量容量有限，机器人不能连续执行任务。为了给电池充电，引入了带导电触点的对接系统[1-3]。这些系统需要复杂的对接过程、控制策略和长充电时间，这导致机器人的高成本和任务出行受限。为了克服导电接触式充电系统的问题，例如狭窄的对接边缘和触点之间易产生火花，提出用非接触式感应电能传输系统（IPTS）来解决上述问题[4-9]。这种能量传输机构没有任何机械接触，接触面没有火花，并可以在恶劣和爆炸的环境中操作。此外，提出功率为 120kW 同轴绕组变压器，用来实现电动汽车的快速充电[5]；还提出了用于在潮湿的环境中运作的电动剃须刀的非接触式充电器[8]。最近提出一种无线电能传输系统，采用非常粗的电缆和较大的线圈尺寸，在 220W 和超过 30cm 的传输功率下达到了 95% 效率[9]。

插入式电源系统，如对接系统和无线电能传输系统[1-9]是一种没有自由度的零维供电方法。为了增加机器人供电的自由度，必须使用无线电能传输技术以及广域主馈电系统。无线电能传输采矿系统[10]是一维供电方法的经典例子，其中可移动的拾取绕组缠绕固定的直线电源线。由于电线固定，该系统不允许拾取端在任何横向方向上偏移。用于电动车辆[11,12]的无线电能传输系统是针对车辆沿着道路一维方法运行而优化的另一示例，其允许较小的横向偏移。此外，还有文献提出电容以及感应无线电能地板[13-17]可用于二维供电。电容耦合型[13,14]传输系统由于固定的原因，其具有比电感耦合型[15-17]相对更短的气隙，且相对介电常数 ε_r 小于相对磁导率 μ_r。

因此，IPTS 更适用于二维无线机器人电源系统。然而，电源发射端涉及大量的匝数[15,17]或多层结构[10,17]，导致了高制造成本和复杂的设计。此外，供电位置和拾取方向的容差很小，将导致输出功率的大幅波动。

在本章中，实现了用于核电站的无线电能传输移动机器人的应用与设计，其可每天连续 24h 进行监测。其电源地板具有最简单的结构单层绕组，并使用均匀移位的多个拾取器来降低功率波动，最后通过模拟和实验验证系统性能。

27.2　整体系统配置

提出的移动机器人 IPTS 的整体配置如图 27.1 所示。该 IPTS 包括逆变器，电源地板和机器人中的组件，这些组件包含拾取机构、整流器、DC-DC 转换器和电池组。IPTS 通过电源地板和车载拾取器为四轮驱动二维移动机器人提供动力。该机器人的目标任务是使用无线摄像头观察周围环境。该机器人规格总结见表 27.1。

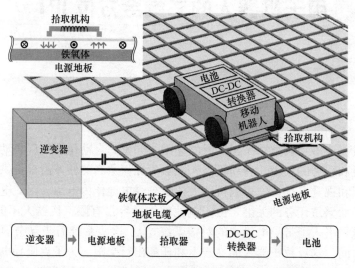

图 27.1　用于移动机器人的 IPTS 的整体系统配置

表 27.1　移动机器人的规格

模型	PFindBot，Roboblock 系统
机器人类型	四轮驱动二维移动机器人
平均功耗	10W
电池	锂离子电池，11.1V
车载设备	一台 2.4GHz 无线摄像头 自动驾驶控制器
重量	4kg
尺寸（宽×高×厚）	400mm×200mm×400mm

27.3　移动机器人 IPTS 的设计与制作

27.3.1　没有交叉点的电源地板绕组

由于电源地板的广泛采用，简单的电源地板配置是对降低成本和大规模生产至关重要。交替极性的磁极可以交叉部署[15]，为机器人提供二维无线电能，如图 27.2a 所示。由于沿对角线方向具有相同磁极性的基团，因此，可以通过缠绕一根连续的电缆以替代大量的子绕组[16]，如图 27.2b 所示。而且，电缆可以弯曲成矩形，以提供更好的磁通量分布，如图 27.2c 所示。

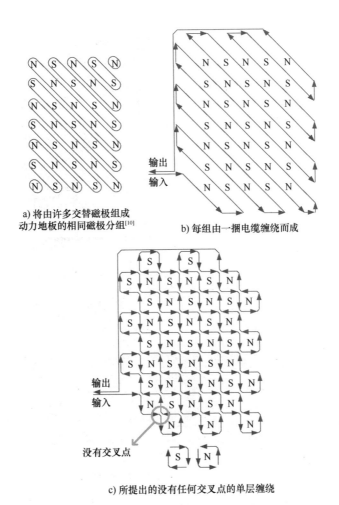

a) 将由许多交替磁极组成
动力地板的相同磁极分组[10]

b) 每组由一捆电缆缠绕而成

没有交叉点

c) 所提出的没有任何交叉点的单层缠绕

图 27.2　电源地板绕组缠绕方式

由于电源地板的绕组层仅为单层，因此电源地板很薄使其制造工艺极大简化。在所提出的电源地板中，相邻的绕组具有相反的磁极性，使得磁通量可以形成互连路径。因此行人的 EMF 在离子绕组尺寸几倍距离处非常小。对于 $3.3m^2$ 的面积，电源地板绕组具有 $60\mu H$ 的小电感，这可以帮助减小电源地板绕组的电压应力和串联谐振电容器的尺寸。整个电源地板面积设定为 1500mm×2100mm。考虑到移动机器人的底部尺寸（200mm×300mm）和实施复杂性，子绕组尺寸 l_{sw} 选择为 100mm。因此，在整个电源地板的下面有 315（=15×21）个子绕组。

图 27.3a 显示了电源地板上磁场强度的模拟结果，而图 27.3b 显示了没有拾取端的垂直分量。在图 27.3b 中，相邻的子绕组具有相反的磁极性。使用 Ansoft Maxwell（V14）软件进行仿真。

27.3.2　多拾取替代

图 27.4 详细展示了拾取端的结构，其在铁氧体周围缠绕了漆包铜线。通过适当减小拾

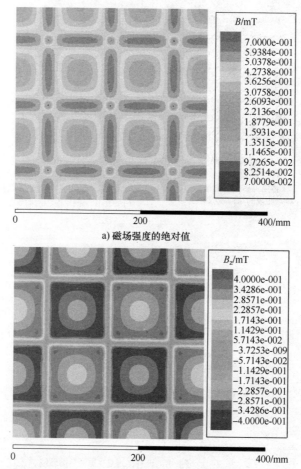

a) 磁场强度的绝对值

b) 磁场的垂直分量(其中蓝色区域对应 一个负号，红色区域对应 一个正号)

图 27.3　电源地板磁场强度仿真结果

取机构的接触面积来减少相邻线圈的极点覆盖，但是其尺寸也不能太小，以避免拾取心饱和。谨慎选择拾取极之间的距离 l_P，以便在考虑 l_{sw} 的大小时最大限度地提供能量。如图 27.5a 所示，当 l_P 比 l_{sw} 短且拾取机构在电源地板上从左向右移动时，拾取机构处于相同磁极的子绕组两端，可能会造成一部分位置无法供能的情况。当 l_P 比 l_{sw} 长时，也存在上述问题，其原因相同，如图 27.5b 所示。因此，拾取极之间的距离不能太短或太长，即 $l_P \approx l_{sw}$。

对于三种不同的距离（60mm，100mm，140mm），拾取磁心中磁场强度与拾取位移 d 的模拟结果如图 27.6 所示。使用相同的 Ansoft Maxwell（V14）软件进行仿真。在 60mm 的情况下，磁场强度很弱并且急剧下降。在 140mm 的情况下，磁场强度在中心很强，但也急剧下降。然而，在 100mm 的情况下，它足够强大，具有最宽的场强分布；因此，选择该值作为 l_P 最佳值。

计算电源地板和拾取器之间的互感[18]对 IPTS 的设计具有一定价值，然而由于二维位置的不规则性，它还需要进一步的探讨分析。

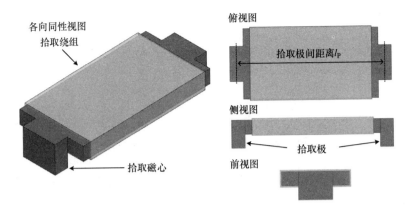

图 27.4　拾取端的结构（其中匝数为 40，自感为 $280\mu H$）

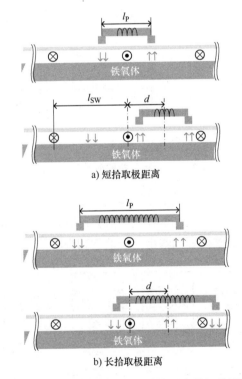

图 27.5　动力（上部）**和无动力**（底部）**拾取位置**

如图 27.7 所示，电源地板中每个方块对应于子绕组，黑暗和明亮的区域显示出不同的磁极性。当两个拾取极都正好在地板电缆上，如图 27.7a 和 b 所示，磁通量不会循环通过拾取磁心，且在每个拾取极的尖端被抵消掉。

当每个拾取机构的极点位于具有相同磁极的区域时，如图 27.7c 所示磁通量也不会通过拾取端。

为了尽可能避免无电源的情况，多重拾取结构应该被采纳。考虑到所提出的移动机器人的有限底部区域，使用了三个拾取器。图 27.8 显示了所提出的均匀移位角度多个拾取器结

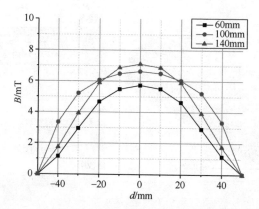

图 27.6　拾取磁心中的磁场强度与不同的拾取位移 d 和拾取极距离 l_p 仿真结果

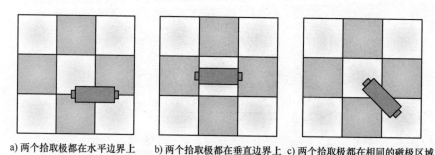

a) 两个拾取极都在水平边界上　　b) 两个拾取极都在垂直边界上　c) 两个拾取极都在相同的磁极区域

图 27.7　仅使用一个拾取机构时无动力的拾取位置

构的可能放置。星标表示可以从电源地板接收电力的功率。图 27.8a 和 b 选择性地显示了 9 个案例，证明三个拾取机构中至少有一个在大多数情况下可以接收电源。通过所提出的多重拾取结构可以显著增加功率接收概率和输出电压的均匀性。

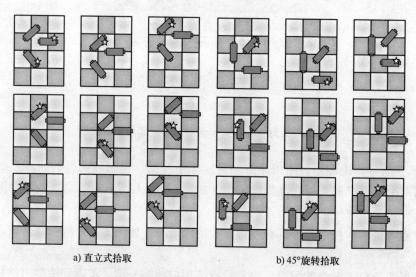

a) 直立式拾取　　　　　　　　　　b) 45°旋转拾取

图 27.8　电源地板多拾取机构的各种位置，表示拾取机构的功率

27.3.3　逆变器、整流器和 Buck 变换器

用于驱动电源地板所提出的 IPTS 的逆变器被控制为交流电流源，如图 27.9 所示。为了产生该电流源，检测逆变器的输出电流并给出反馈以控制逆变器的输出电压。串联谐振电容 C_P 插在逆变器和电源地板之间，使电源地板电感 L_P 的电抗无效。为了保证逆变器的零电压开关（ZVS）运行，L_P 和 C_P 的谐振频率 ω_{rp} 应选择比逆变器开关频率 ω_s 低 10%，如下所示[5]：

$$\omega_s > \omega_{rp} = \frac{1}{\sqrt{L_P C_P}} \tag{27.1}$$

$$\omega_s = \omega_{rs} = \frac{1}{\sqrt{L_{S1} C_{S1}}} = \frac{1}{\sqrt{L_{S2} C_{S2}}} \tag{27.2}$$

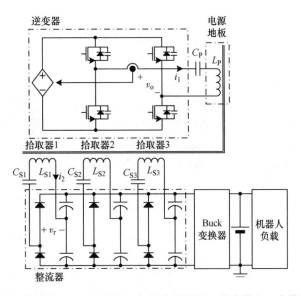

图 27.9　提出的 IPTS 原理图，包括电源地板、逆变器和三个拾取器

三个拾取机构收集的功率提供给相应的输入整流器，它们并联以增加功率。由于移动机器人的内部空间很小，与全桥整流器相比，用于升压的半桥整流器可将二极管散热器和线圈匝数减半，如图 27.9 所示。对于拾取电感 L_{S1}，L_{S2} 和 L_{S3}，分别串联谐振电容器 C_{S1}，C_{S2} 和 C_{S3}。每个电感和电容的谐振频率 ω_{rs} 与式（27.2）中的逆变器开关频率 ω_s 相同，以最大化功率传输能力。

随着电源地板不同的拾取位置而变化每个整流器的输出电压不均匀，而机器人的车载电池需要恒定的输入电压。因此，DC-DC 转换器用于电压调节，选择由一个由 LM2576 芯片驱动的降压转换器，因为其具有较大的输入电压范围和合适的转换效率。

27.4　实例设计和实验验证

通过实验验证了输出功率和系统功率效率。IPTS 的输出功率是在电池的输入端口测量

的，将电源地板上的拾取机构进行各种位置和角位移，并且在逆变器的 DC 输入端口用功率计，使用 Yokogawa、WT210 型功率计测量其输入功率。在考虑拾取感应电压、铁氧体材料特性[19]以及组件可用性后，选择了 100kHz 的开关频率。测量的二维等效图输出功率如图 27.10 所示。首先，探讨了电源地板子绕组上拾取的特征，如图 27.10a 所示，其中大的黑色区域对应输出功率小于 1.5W，小红色区域为 13.0W。从式（27.3）可知，其空间平均输出功率 P_{avg} 为 100（$N_X = 10$，$N_Y = 10$）的点，即为 4.60W。其次探讨了三种拾取机构的特性。图 27.10b 是一个垂直定位多个拾取机构的例子，图 27.10c 是 45°旋转多拾取器的一个例子；它们的空间平均输出功率分别为 10.45W 和 12.30W，略低于 13.80W，是拾取功率的三倍。可见随机游走机器人的时间平均输出功率高于 10W。对于输出功率的均匀性比较，标准偏差定义如式（27.4）所示，其测量值低至 1.5~4.9W，如图 27.10 所示。

$$P_{avg} = \frac{1}{N_X N_Y} \sum_{i=1}^{N_X} \sum_{j=1}^{N_Y} P_{ij} \tag{27.3}$$

$$\sigma_P = \sqrt{\frac{1}{N_X N_Y} \sum_{i=1}^{N_X} \sum_{j=1}^{N_Y} (P_{ij} - P_{avg})^2} \tag{27.4}$$

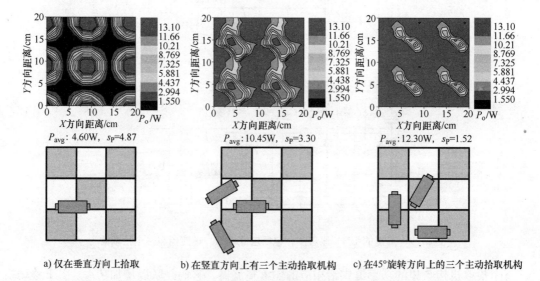

a) 仅在垂直方向上拾取　　b) 在竖直方向上有三个主动拾取机构　　c) 在45°旋转方向上的三个主动拾取机构

图 27.10　用于不同拾取位置的 DC-DC 转换器的测量输出功率（下图显示了上图的参考位置（$X=0$，$Y=0$）处拾取机构的相对位置）

各种拾取位置和角位移的功率效率测量结果如图 27.11 所示，其中空间平均效率（定义如下）约为 22%：

$$\eta_{avg} = \frac{1}{N_X N_Y} \sum_{i=1}^{N_X} \sum_{j=1}^{N_Y} \eta_{ij} \tag{27.5}$$

$$\sigma_\eta = \sqrt{\frac{1}{N_X N_Y} \sum_{i=1}^{N_X} \sum_{j=1}^{N_Y} (\eta_{ij} - \eta_{avg})^2} \tag{27.6}$$

由于电源地板面积大，为 1500mm×2100mm，其功率效率非常低，没有拾取机构的闲置功率为 30W，降压转换器低效率为 80%。其主要损耗来自铁氧体磁心的涡流损耗和磁滞损耗。该铁氧体块的尺寸为 100mm×100mm×10mm，铁氧体材料为 Mn-Zn 型，电导率为 5Ω·m。

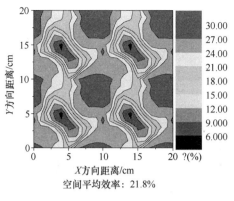

空间平均效率：21.8%

a) 竖直方向的三个有效拾取器

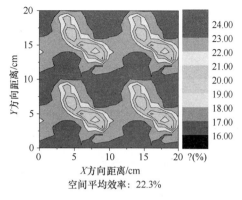

空间平均效率：22.3%

b) 45°旋转方向的三个主动拾取器

图 27.11　在电源地板上的不同拾取位置测量的系统功率效率

出于经济原因，采用低质量的铁氧体材料，而使用高质量的铁氧体磁心可改善功率效率。排除这些损耗，功率效率高达 93%。所提出的使用低质量铁氧体磁心和高质量铁氧体磁心的系统[19]功率损耗分布在图 27.12 中。使用高质量铁氧体磁心，地板磁心损耗几乎减半，这相当于效率提高 9.4%。

所提出的 IPTS 的实验波形如图 27.13 所示，其中验证逆变器的 ZVS 运行，如图 27.13b 所示。

带有 2h 车载电池的移动机器人可以在不充电情况下运行超过 6h，可以预防机械磨损。表 27.2 总结了 IPTS 的主要参数。其中一次侧电流为 $7A_{rms}$，发射端与一个拾取线圈的互感为 $5\mu H$，拾取侧品质因数为 $Q = \omega_0 L_S / R = 4.4$，并且地板磁心和拾取磁心之间的气隙大约为 10mm。

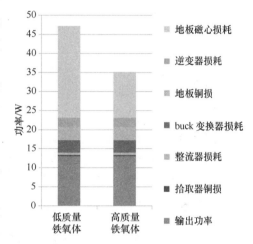

图 27.12　低质量铁氧体和一个高质量铁氧体外壳功率损耗分布

表 27.2　提出的 IPTS 参数

运行频率	100kHz
标准一次电流 I_P	$7A_{rms}$
L_P	$60\mu H$（$3.3m^2$）
C_P	47nF
L_{S1}，L_{S2}，L_{S3}	$300\mu H$
C_{S1}，C_{S2}，C_{S3}	8.4nF
计算互感	$5\mu H$
拾取机构品质因数	4.4
磁心与磁心的气隙	10mm

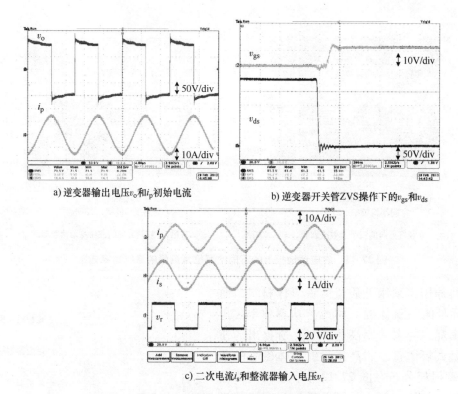

a) 逆变器输出电压v_o和i_p初始电流 b) 逆变器开关管ZVS操作下的v_{gs}和v_{ds}

c) 二次电流i_s和整流器输入电压v_r

图 27.13 所提出的 IPTS 的实验波形

实现的 IPTS 移动机器人如图 27.14 所示。为了拓展 IPTS 领域的可靠性，可通过改进磁心损耗和线圈长度导致的空闲功率损耗。电源端和位置传感技术的分段方法也可以用于提高功率效率。并且可以通过使用相机或基于 Wi-Fi 的技术，甚至是户外环境中的 GPS 对图像处理来感测位置来提高位置感测的精确性。

移动机器人

电源地板

图 27.14 实现的移动机器人和电源地板

27.5 小结

经验证，提出的 IPTS 为二维移动机器人提供稳定的功率。所提出的单层绕组方法消除了磁极交叉点，使得电源地板的制造可以简单又便宜，并且电源地板与拾取机构之间的气隙可以最小化以实现更高的功率传输。均匀移位的多个拾取机构可以获得连续的输出功率并减少其波动。最后验证了该 IPTS 系统的空间平均输出功率在超过 6h 运行情况下大于额定功率 10W 的要求。

习　　题

27.1　在本章中，三个拾取线圈的位置由启发式确定方法。能否通过系统方法（诸如随机方向和机器人位置的概率函数）优化设计线圈的位置？

27.2　讨论提出的用于机器人 IPTS 的优点和缺点，比较其他 IPTS，如这里提出了共振鞋和共振垫等系统。

参 考 文 献

1　R.C. Luo and K.L. Su, "Multilevel multi sensor-based intelligent recharging system for mobile robot," *IEEE Trans. on Ind. Electron.*, vol. 55, no. 1, pp. 270–279, January 2008.

2　A. Kottas, A. Drenner, and N. Papanikolopoulos, "Intelligent power management: promoting power-consciousness in teams of Mobile," in *ICRA*, Kobe, 2009, pp. 1140–1145.

3　M.C. Silverman, D. Nies, B. Jung, and G.S. Sukhatme, "Staying alive: a docking station for autonomous robot recharging," in *ICRA*, Washington, 2002, pp. 1050–1055.

4　C. Cai, D. Du, and Z. Liu, "Advanced traction rechargeable battery system for cableless mobile robot," in *AIM*, Kobe, 2003, pp. 235–239.

5　K.W. Klontz, D.M. Divan, and D.W. Novotny, "An actively cooled 120 kW coaxial winding transformer for fast charging electric vehicles," *IEEE Trans. on Ind. Applic.*, vol. 31, no. 6, pp. 1257–1263, Nov. 1995.

6　J.G. Hayes, G. Egan, J.D. Murphy, S.E. Schulz, and J.T. Hall, "Wide load range resonant converter supplying the SAE J-1773 electric vehicle inductive charging interface," *IEEE Trans. on Ind. Applic.*, vol. 35, no. 4, pp. 884–895, July 1999.

7　A. Kawamura, K. Ishioka, and J. Hirai, "Wireless transmission of power and information through one high frequency resonant AC link inverter for robot manipulator applications," *IEEE Trans. on Ind. Applic.*, vol. 32, no. 3, pp. 503–508, May 1996.

8　H. Abe, H. Sakamoto, and K. Harada, "A noncontact charger using a resonant converter with parallel capacitor of the secondary coil," *IEEE Trans. on Ind. Applic.*, vol. 36, no. 2, pp. 444–451, March 2000.

9　S. Lee and R.D. Lorenz, "Development and validation of model for 95% efficiency 220 W wireless power transfer over a 30 cm air gap," *IEEE Trans. on Ind. Applic.*, vol. 47, no. 6, pp. 2495–2504, November 2011.

10　K.W. Klontz, D.M. Divan, D.W. Novotny, and R.D. Lorenz, "Contactless power delivery system for mining application," *IEEE Trans. on Ind. Applic.*, vol. 31, no. 16, pp. 27–35, January 1995.

11　J. Huh, S.W. Lee, W.Y. Lee, G.H. Cho, and C.T. Rim, "Narrow width inductive power transfer system for online electrical vehicles," *IEEE Trans. on Power Electron.*, vol. 26, no. 12, pp. 3666–3679, December 2011.

12　S. Lee, J. Huh, C. Park, G.-H. Cho, and C.T. Rim, "On-line electric vehicle using inductive power transfer system," in *ECCE*, Atlanta, GA, 2010, pp. 1598–1601.

13　C. Liu, A.P. Hu, and X. Dai, "A contactless power transfer system with capacitively coupled matrix pad," in *ECCE*, Phoenix, AZ, 2011, pp. 3488–3494.

14　A.P. Hu, C. Liu, and H.L. Li, "A novel contactless battery charging system for soccer playing robot," in *I2MTC*, Victoria, BC, 2008, pp. 985–990.

15 W.X. Zhong, X. Liu, and S.Y.R. Hui, "A novel single-layer winding array and receiver coil structure for contactless battery charging systems with free-positioning and localized charging features," *IEEE Trans. on Ind. Electron.*, vol. 58, no. 9, pp. 4136–4144, January 2011.

16 B. Lee, H. Kim, C.-T. Rim, S. Lee, and C. Park, "Resonant power shoes for humanoid robots," in *ECCE*, Phoenix, AZ, 2011, pp. 1791–1794.

17 P. Meyer, P. Germano, M. Markovic, and Y. Perriard, "Design of a contactless energy transfer system for desktop peripherals," *IEEE Trans. on Ind. Applic.*, vol. 47, no. 4, pp. 1643–1651, July 2011.

18 Y.P. Su *et al.*, "Mutual inductance calculation of movable planar coils on parallel surfaces," *IEEE Trans. on Power Electron.*, vol. 24, no. 4, pp. 1115–1124, April 2009.

19 Samwha Electronics, "Ferrite meterial characteristics" [online]. Available at: http://www.samwha.com/electronics/product/product_ferrite_mat.html.

第六部分
无线电能传输技术的特殊应用

在本部分中，解释了无线电能传输技术的特殊主题。磁场聚焦是一个新兴且非常独特的领域。无线核仪器也是一个新兴领域，在福岛核事件后变得更为重要。最后，展望了无线电能传输技术的未来。

第 28 章 磁场聚焦

28.1 简介

波束形成或空间信号处理以获得高信噪比（SNR）已经被广泛应用于雷达、声呐和无线通信等技术的研究中[1-4]。与传统波束形成技术不同，聚焦磁场在无线电能传输（WPT）、磁场通信（MC）和磁感应断层成像（MIT）等领域都没有得到很好的利用。为了在 WPT 应用中实现接收线圈的自由定位，研究人员尝试在较大的发射线圈面积上产生均匀的磁场密度，然而都不是聚焦[5]的磁场。本章参考文献［6］~［8］尝试了固定金属线圈的磁场再分布，使线圈受到入射磁场的激励，但该方法只允许一定的输出通量分布。传统的 WPT、MC 和 MIT 存在的长期问题主要涉及电磁干扰[9-14]、全方位场分布[15-17]、分辨率较差[18-25]，这些均可以通过磁场聚焦来解决或缓解。

本章介绍了一种新型的合成磁场聚焦（SMF）技术，该技术通过几个电流控制发射（Tx）线圈适当地控制磁场矢量。通过仿真和实验验证了所提出的 SMF 技术的可行性。制作了一套由 10 个均匀分布的 Tx 线圈组成的一维（1D）实验装置，线圈间距为 5cm，铁氧体磁心长度为 90cm。在距 Tx 线圈 10cm 处，1.5μT 的磁通量集中在 12.5cm 的聚焦分辨率内，相比非聚焦线圈提升了 4 倍的聚焦分辨率，并且该方法随着线圈数量的增加而增加。实验结果表明，该方法可以通过将分辨率降低 28%，使副瓣提高 9.5dB。

28.2 一维 SMF 技术概述

将 Tx 线圈阵列和接收点（Rx）分别表示为离散电流源和点，用于 SMF 的建模分析，如图 28.1a 所示。为了得到聚焦磁场在 Rx 平面上的分布，需要确定每个电流源的大小。这不同于传统的反向问题[26]，在这个问题中电流源的分布是由测量的磁场决定的。因此，本章提出了一种新的 SMF 算法。

如图 28.1b 所示，磁通密度矢量 $\vec{B}_{kl}$ 产生的电流源 I_l 在自由空间可以推导出一维模型，根据 Biot-Savart 定律[27]，有

$$\vec{B}_{kl} = B_{x,kl}\vec{x_0} + B_{y,kl}\vec{y_0} = \frac{\mu_0 I_l}{2\pi r_{kl}}(\sin\theta_{kl}\vec{x_0} + \cos\theta_{kl}\vec{y_0}), k = 1,2,\cdots,m, l = 1,2,\cdots,n$$

$$\because r_{kl} = \sqrt{(x_k - x_l)^2 + h^2}, \theta_{kl} = \tan^{-1}\left(\frac{y}{x_k - x_l}\right) \tag{28.1}$$

总通场密度是所有电流源贡献的总和，其计算方法如下：

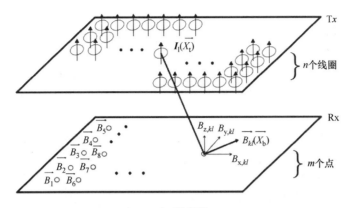

a) 二维模型

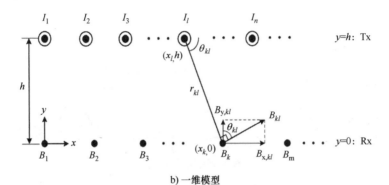

b) 一维模型

图 28.1 SMF 技术模型示意图

$$\vec{B_k} = \sum_{l=1}^{n} \vec{B_{kl}} = \vec{x_0} \sum_{l=1}^{n} B_{x,kl} + \vec{y_0} \sum_{l=1}^{n} B_{y,kl} \equiv B_{x,k}\,\vec{x_0} + B_{y,k}\,\vec{y_0} \qquad (28.2)$$

式（28.2）的矩阵形式可分别表示为 x 和 y 分量，如下所示：

$$\begin{bmatrix} B_{x,1} \\ B_{x,2} \\ \vdots \\ B_{x,m} \end{bmatrix} = \begin{bmatrix} a_{11x} & a_{12x} & \cdots & a_{1nx} \\ a_{21x} & a_{22x} & \cdots & a_{2nx} \\ \vdots & \vdots & & \vdots \\ a_{m1x} & a_{m2x} & \cdots & a_{mnx} \end{bmatrix} \begin{bmatrix} I_1 \\ I_2 \\ \vdots \\ I_n \end{bmatrix} \Leftrightarrow \boldsymbol{B}_x = \boldsymbol{A}_x \boldsymbol{I} \quad \because a_{klx} = \frac{\mu_0}{2\pi r_{kl}}\sin\theta_{kl} \qquad (28.3a)$$

$$\begin{bmatrix} B_{y,1} \\ B_{y,2} \\ \vdots \\ B_{y,m} \end{bmatrix} = \begin{bmatrix} a_{11y} & a_{12y} & \cdots & a_{1ny} \\ a_{21y} & a_{22y} & \cdots & a_{2ny} \\ \vdots & \vdots & & \vdots \\ a_{m1y} & a_{m2y} & \cdots & a_{mny} \end{bmatrix} \begin{bmatrix} I_1 \\ I_2 \\ \vdots \\ I_n \end{bmatrix} \Leftrightarrow \boldsymbol{B}_y = \boldsymbol{A}_y \boldsymbol{I} \quad \because a_{kly} = \frac{\mu_0}{2\pi r_{kl}}\cos\theta_{kl} \qquad (28.3b)$$

所设计磁通密度分布 B 的电流源分布矩阵 I 可由式（28.3a）和式（28.3b）的逆矩阵运算确定，具体如下：

$$\boldsymbol{B} = \boldsymbol{A}\boldsymbol{I} \quad \Rightarrow \quad \boldsymbol{I} = \boldsymbol{A}^{\mathrm{T}}(\boldsymbol{A}\boldsymbol{A}^{\mathrm{T}})^{-1}\boldsymbol{B} \qquad (28.4)$$

式中

$$\boldsymbol{A} \equiv \begin{bmatrix} \boldsymbol{A}_x \\ \boldsymbol{A}_y \end{bmatrix}, \boldsymbol{B} \equiv \begin{bmatrix} \boldsymbol{B}_x \\ \boldsymbol{B}_y \end{bmatrix}$$

且 $n \geqslant 2m$。

注意，式（28.1）～式（28.4）不仅适用于一维情况，也适用于高维情况（即 2D 和 3D，本章不涉及）。还要注意，聚焦与频率无关，对直流频率和射频频率都是有效的。

为了验证所提出的 SMF 技术算法，在自由空间对直流电流源进行有限元仿真，如图 28.2a 所示。采用 10 个无限大电流源的 Tx 线圈，使距离 Tx 平面 10cm 的 Rx 磁场集中。每个 Tx 线圈的电流值由式（28.4）确定，见表 28.1，表中 Rx 中心点的 x 分量磁通密度设定为 1.5μT，所有其他点设定为零。仿真结果与各预置 Rx 点的理论磁通密度非常吻合，如图 28.2b 所示。相邻的两个 Rx 点之间的磁通密度称为副瓣，不能直接由式（28.4）控制，因为式（28.4）为预先设置的 Rx 点提供了保证。因此，应该设计一种适当的方法来减轻副瓣。图 28.2c 描述了在不同的 Rx 点聚焦磁场的例子。再次应用式（28.3）和式（28.4），Rx-2 处的磁通密度的 x 分量（其距离中心 11.25cm）被设定为 1.5μT，其他点设定为零。

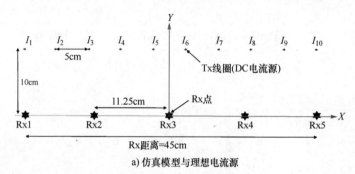

a) 仿真模型与理想电流源

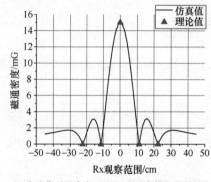

b) 在聚集磁通密度 1.5μT 下理论和模拟结果的比较

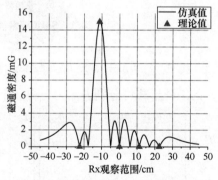

c) 在 Rx-2 处的磁场聚集，当 I_1=0.9536A，I_2=-2.734A，I_3=2.633A，I_4=1.067A，I_5=-3.830A，I_6=4.204A，I_7=-3.446A，I_8=2.299A，I_9=-1.235A，I_{10}=0.3973A 时

图 28.2　2D FEM 模拟结果

表 28.1　Rx 中心集中磁通密度为 1.5μT 时的 Tx 线圈电流分布

电流	无副瓣抑制 （MSR=10.4dB） 值/（A/转）	副瓣抑制 （MSR=20dB） 值/（A/转）
$I_1 = I_{10}$	0.4877	0.0364
$I_2 = I_9$	-1.564	-0.2406
$I_3 = I_8$	2.917	1.273

（续）

	无副瓣抑制 （MSR = 10.4dB）	副瓣抑制 （MSR = 20dB）
电流	值/（A/转）	值/（A/转）
$I_4 = I_7$	−3.824	−3.031
$I_5 = I_6$	2.113	1.989

28.3 实例设计和实验验证

制作了 10 个窄长铁氧体磁心 Tx 线圈进行仿真验证，如图 28.3a 所示。铁氧体磁心相对渗透率为 2000，长 90cm，高 10cm，宽 1cm。每个 Tx 线圈绕 20 圈，由于磁镜效应[28]，感应磁场大致增加了一倍。

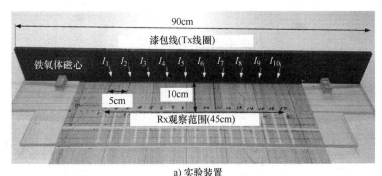

a) 实验装置

b) 三维有限元模拟条件

图 28.3 一个 SMF 原型

为了避免地球磁场的影响，每个 Tx 线圈的交流电流为 60Hz，通过可变电阻对电流进行精确控制。用高斯计（SPECTRAN NF-5035）测量了 Rx 点的磁通密度分布。采用图 28.3b 所示的物理参数，对带磁心的一维 Tx 线圈进行了三维有限元仿真。

将 Rx 范围为 56cm 的聚焦和非聚焦两种情况下的实验结果与仿真结果进行对比，如图 28.4a 所示，考虑到中心对称性，仅呈现右侧。从−3dB 点确定的分辨率为 12.5cm，而非聚焦案例的分辨率为 50cm，实现了 4 倍的提升。根据式（28.4）的预测，增加 Tx 线圈的数量可以大大提高分辨率。聚焦案例的主瓣与副瓣比值（MSR）为 10.4dB。为了增加 MSR，可调节适当的 Tx 线圈电流分布，见表 28.1，与中心相邻的两个 Rx 点处的磁通密度设定为中心的磁通密度的 30%（本章中为 1.5μT）并且具有 180° 的相位差。这样，MSR 提高到 20dB，分辨率为 28%，但最大电流降低了 21%，如图 28.4b 所示。模拟结果与实验结果的微小差异主要是由于磁心长度有限、磁心附着力不均以及模拟精度不高。

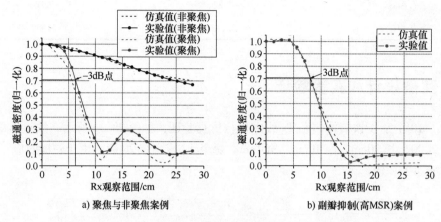

a) 聚焦与非聚焦案例   b) 副瓣抑制(高MSR)案例

图 28.4 仿真与实验比较

28.4 小结

从理论上提出了 SMF 技术，并通过仿真和一维实验对其进行了验证，结果表明该技术具有较好的一致性。通常已知磁场本质上是广泛的，并且它们通常不被认为是可通过任何方式聚焦的。然而，这里的结果表明情况不再是这样，因为磁场现在可以按需求聚焦。在本章中，我们证明了当使用 10 个带有控制电流的 Tx 线圈时，磁场的聚焦可以提高 4 倍。通过增加 Tx 线圈的数量可以任意提高磁场的空间分辨率，与频率无关，这与波束形成有很大的不同。此外，适当选择电流分布可以显著减小副瓣。提出的理论表明，二维或三维磁场聚焦也是可能的，这将帮助在无线电能传输、三维射频标签、磁感应断层扫描、磁疗和磁场通信领域涉及高分辨率和低水平电磁干扰的案例的创新。

习 题

28.1 你能提出任何理论来预测所提出的 SMF 的分辨率吗？

28.2 你能找到任何理论来预测所提出的 SMF 的副瓣吗？

参 考 文 献

1 Fakharzadeh, S.H. Jamali, P. Mousavi, and S.N. Safieddin, "Fast beamforming for mobile satellite receiver phased arrays: theory and experiment," *IEEE Trans. on Antennas Propagation,* vol. 57, no. 6, pp. 1645–1654, 2009.

2 M.V. Ivashina, O. Iupikov, R. Maaskant, W.A. Cappellen, and T. Oosterloo, "An optimal beamforming strategy for wide-field surveys with phased-array-fed reflector antennas," *IEEE Trans. on Antennas Propagation*, vol. 59, no. 6, pp. 1864–1875, 2011.

3 W. Yao and Y.E. Wang, "Beamforming for phased arrays on vibrating apertures," *IEEE Trans. on Antennas Propagation*, vol. 54, no. 10, pp. 2820–2826, 2006.

4 R. Bernini, A. Minardo, and L. Zeni, "Distributed sensing at centimeter-scale spatial resolution by BOFDA: measurements and signal processing," *IEEE Photon. J.*, vol. 4, no. 1, pp. 48–56, 2012.

5 E. Waffenschmidt, "Free positioning for inductive wireless power system," in *2011 IEEE ECCE Conference*, pp. 3480–3487.

6 H. Tanaka and H. Iizuka "Kilohertz magnetic field focusing behavior of a single-defect loop array characterized by curl of the current distribution with delta function," *IEEE Antennas Wireless Propagation Letters*, vol. 11, pp. 1088–1091, 2012.

7 D. Banerjee, J. Lee, E.M. Dede, and H. Iizuka, "Kilohertz magnetic field focusing in a pair of metallic periodic-ladder structures," *Appl. Phys. Lett.*, vol. 99, pp. 093501/1–093501/3, 2011.

8 H. Tanaka and H. Iizuka, "Significant improvement of magnetic field focusing ability in actively-tuned resonant loop array," *IEEE Antennas Wireless Propagation Letters*, vol. PP, no. 99, pp. 1–4, 2015.

9 A. Kurs, A. Karalis, R. Moffatt, J.D. Joannopoulos, P. Fisher, and M. Soljacic, "Wireless power transfer via strongly coupled magnetic resonances," *Science*, vol. 317, no. 5834, pp. 83–86, 2007.

10 Z. Yan, Y. Li, C. Zhang, and Q. Yang, "Influence factors analysis and improvement method on efficiency of wireless power transfer via coupled magnetic resonance," *IEEE Trans. on Magnetics*, vol. 50, no. 4, pp. 1–4, 2014.

11 R. Hui, W. Zhong, and C.K. Lee, "A critical review of recent progress in mid-range wireless power transfer," *IEEE Trans. on Power Electron.*, vol. 29, no. 9, pp. 4500–4511, 2014.

12 H. Hwang, J. Moon, B. Lee, C. Jeong, and S. Kim, "An analysis of magnetic resonance coupling effects on wireless power transfer by coil inductance and placement," *IEEE Trans. on Consum. Electron.*, vol. 60, no. 2, pp. 203–209, 2014.

13 Z.N. Low, R.A. Chinga, R. Tseng, and J. Lin, "Design and test of a high-power high-efficiency loosely coupled planar wireless power transfer system," *IEEE Trans. on Ind. Electron.*, vol. 56, no. 5, pp. 1801–1812, 2009.

14 K. Lee and D.H. Cho, "Diversity analysis of multiple transmitters in wireless power transfer system," *IEEE Trans. on Magnetics*, vol. 49, no. 6, pp. 2946–2952, 2013.

15 Y. Won, S. Kang, K. Hwang, S. Kim, and S. Lim, "Research for wireless energy transmission in a magnetic field communication system," in *2010 IEEE ISWPC Conference*, pp. 256–260.

16 M. Masihpour and J.I. Agbinya, "Cooperative relay in near field magnetic induction: a new technology for embedded medical communication systems," in *2010 IEEE IB2Com Conference*, pp. 1–6.

17 M. Dionigi and M. Mongiardo, "Multi band resonators for wireless power transfer and near field magnetic communications," in *2012 IEEE IMWS Conference*, pp. 61–64.

18 A.J. Peyton, Z. Yu, G. Lyon, S. Al-Zeibak, J. Ferreira, J. Velez, F. Linhares, A.R. Borges, H.L. Xiong, N.H. Saunders and M.S. Beck, "An overview of electromagnetic inductance tomography: description of three different systems," *Measurement Science and Technology*, vol. 7, no. 3, pp. 261–271, 1996.

19 Z. Zakaria, R. Rahim, M. Mansor, S. Yaacob, N. Ayub, S. Muji, M. Rahiman, and S, Aman, "Advancements in transmitters and sensors for biological tissue imaging in magnetic induction tomography," *Sensors*, vol. 12, no. 6, pp. 7126–7156, 2012.

20 S. Watson, R.J. Williams, H. Griffiths, W. Gough, and A. Morris, "Magnetic induction tomography: phase versus vector-voltmeter measurement techniques," *Physiol. Measurements*, vol. 24, no. 2, pp. 555–564, 2003.

21 R. Merwa and H. Scharfetter, "Magnetic induction tomography: evaluation of the point spread function and analysis of resolution and image distortion," *Physiol. Measurements*, vol. 28, no. 7, pp. 313–324, 2007.

22 D.N. Dyck, D.A. Lowther, and E.M. Freeman, "A method of computing the sensitivity of electromagnetic quantities to changes in materials and sources," *IEEE Trans. on Magnetics*, vol. 30, no. 5, pp. 3415–3418, 1994.

23 H. Krause, I.G. Panaitov, and Y. Zhang, "Conductivity tomography for non-destructive evaluation using pulsed eddy current with HTS SQUID magnetometer," *IEEE Trans. on Appl. Supercond.*, vol. 13, no. 2, pp. 215–218, 2003.

24 H. Wei L. Ma, and M. Soleimani, "Volumetric magnetic induction tomography," *Measurement Science and Technology*, vol. 23, no. 5, pp. 1–9, 2012.

25 M. Yan, C. Jiang, C. Yao, and C. Li, "Development of a focusing pulsed magnetic field system for *in vivo* experiments," *IEEE Trans. on Dielectr. Electr. Insul.*, vol. 20, no. 4, pp. 1327–1333, 2013.

26 D. Gursoy and H. Scharfetter, "Optimum receiver array design for magnetic induction tomography," *IEEE Trans. on Biomed. Engng*, vol. 56, no. 5, pp. 1435–1441, 2009.

27 D.J. Griffiths, "Magnetostatics," in *Introduction to Electrodynamics*, 3rd edn, Prentice Hall, New Jersey, Ch. 5, Sec. 2, pp. 223–228, 1999.

28 W. Lee, J. Huh, S. Choi, X.V. Thai, J. Kim, E.A. Al-Ammar, M.A. El-Kady, and C.T. Rim, "Finite-width magnetic mirror models of mono and dual coils for wireless electric vehicles," *IEEE Trans. on Power Electron.*, vol. 28, no. 3, pp. 1413–1428, 2013.

第 29 章　无线核仪器

29.1　简介

严重事故后应急措施的可用性是核电厂（NPP）安全中最关键的问题[1-8]。自福岛事故以来，对于核电厂进行有效而连续的测量，对支持适应快速变化事故环境的决策至关重要。从以前的几次严重事故中发现，测量设备失效是导致海水注入和公共疏散等关键决策延误的主要原因，而这些延误最终将导致核电厂失控并造成社会恐慌。

严重事故后的一系列测量设备失效如下：

1）发生涉及严重核心退化的超设计基准事故[1]。

2）主要仪器和电源/通信线路暴露在由反应堆故障和不良事故管理导致的极高温度、压强和湿度环境下。

3）由于严重事故中的高辐射环境，仪器和连接电缆损坏，发生永久性仪器故障[3,4]。

为了克服当前安装仪器和电缆的物理故障，这些仪器和电缆按照基于设计事故的设备认证（EQ）进行设计，已经研究出了几种提高设备可靠性的方法[5-8]。以往的方法可以分为以下三类，其整合结果的结构如图 29.1 所示。

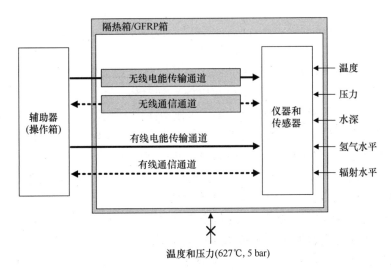

图 29.1　所提出的用于核电厂关键参数测量的高可靠性电力通信系统的结构

1）"问题定义"：建议加强温度和压力曲线，以评估和（或）设计应对严重事故环境的核电厂设备保护。

　　2）"增加冗余"：应用额外的仪器通道作为额外冗余，用以处理现有通道的故障和退化。

　　3）"物理强化"：不替换所有易损坏的设备，而是在现有仪器和电缆中，引入针对极端温度和压力条件的物理保护补救措施。

　　严重事故期间的峰值温度和压强可由本章参考文献［8］和［9］确定，以确定2）和3）的设计要求。如图29.2所示，在事故发生后72h内的温度曲线中，峰值温度为627℃，且基于安全壳中各点的模拟估计了长期的外界温度为187℃，其中对设备施加最大压力的氢爆炸被认为是最坏情况。根据本章参考文献［12］中的等效实验，压强峰值可以确定为5bar（或72.5lb/in^2）。

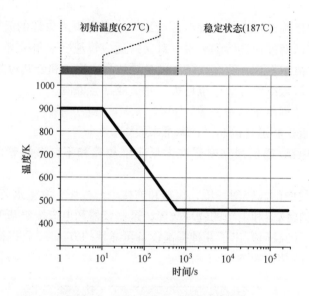

图 29.2　持续 72h 的严重事故中安全壳的动态温度曲线

　　为了解决传统有线电源和通信电缆的损坏问题，预留无线通道被提出用于电源通道和通信通道，可分别采用感应式电能传输系统（IPTS）和射频（RF）通信[7,8,10,11]。

　　由于成本极高，直接使用1）中的温度和压强条件作为核电厂设备的设计要求是不切实际的。因此，概念上提出了隔热箱和玻璃纤维增强塑料（GFRP）箱，仅用于保护部分对于评估核电厂完整性至关重要的设备免受极高温度和压强破坏[7,8]。

　　在本章中，提出了"增加冗余"和"物理强化"的设计原则并通过相关原型进行了实验验证。作为无线电能通道，使用偶极子线圈谐振系统（DCRS）的10W级IPTS，其设计距离超过7m，该目标距离与传统电力/通信电缆从图29.1所示的安全壳内壁到外壁的主线路长度相匹配。无线通信通道由两个覆盖10~20m范围，且由72h内没有任何数据丢失的ZigBee模块组成。在本章参考文献［13］简化模型的基础上，设计了一种由水层和微孔绝缘体组成的隔热箱，以使设备具有隔绝热冲击性能。设计了一个厚度为10mm的GFRP箱，以保护IPTS线圈免受温度和压力的影响。通过使用模拟图29.2中温度曲线的自制高温室，隔热箱和GFRP箱都得到了实验验证。

　　本章的其余部分安排如下：第29.2节介绍了由无线电能/通信通道、隔热箱和GFRP箱组成的高可靠性电力和通信系统的设计原则。第 29.3 节给出了考虑高温和辐射环境的冗余无线信道和物理保护箱性能的实验验证。第 29.4 节给出了结论。

29.2　高可靠性电力和通信系统的设计

本节将提出的高可靠性电力和通信系统分为 10W 级无线电能通道、射频无线通信通道、隔热箱、GFRP 箱 4 个子系统。无线电能和通信通道均与目前安装的有线通道同时运用以提高可靠性。隔热箱和 GFRP 箱均与任何可能暴露在极端温度和压力下的核电厂设备配合使用。在接下来的小节中，通过原型设计对各子系统的设计需求进行了深入的研究和实现，其中各子系统的设计需求见表 29.1。

表 29.1　各子系统设计需求的总结

由无线通道增加的冗余		物理加固	
感应式电能传输系统（IPTS）	射频通信	隔热箱	GFRP 箱
• 7m 距离的 5W 供电 • 长度限制为 2m 的偶极线圈 • 与一同使用的其他设备无电磁干扰 • 使用约 300℃ 低距离温度的铁氧体磁心 • 使用约 200℃ 低绝缘层熔点的高频适用线缆 • 在给定外界温度和压强（187~627℃，5bar）下需要额外物理加固	• 超过 7m 的数据传送 • 与 IPTS 没有交叉干扰 • 72h 无误差或数据损失 • 满足 ZigBee 模块/微处理器的低工作温度（约 85℃） • 在给定外界温度和压强（187~627℃，5bar）下需要额外物理加固	• 在给定的箱体外温度（187~627℃）下，72h 内保持腔体温度不超过 85℃ • 由于传导电缆从外界进入箱体导致的不完善隔热系统 • 在给定外界温度和压强（187~627℃，5bar）下维持结构完整性	• 在给定外界温度和压强（187~627℃，5bar）下维持结构完整性 • 同 IPTS 和射频通信共同使用时对磁场和电场无干扰

29.2.1　10W 级无线电能通道

如图 29.3 所示，当考虑电力电缆从安全壳的内壁到外壁的典型线路时，选择 7m 的目标距离向核电厂中的功率传感器和变换器进行无线电能传输。由于在严重事故期间动态变化的极端环境，核电厂中大多数无线电能传输方式受到严格限制，见表 29.2。通过对鲁棒供电特性的比较评估，挑选出了在每个发送端（Tx）和接收端（Rx）都具有偶极子线圈的 IPTS 方法。根据本章参考文献［8］中的负载估算，将所提出的 IPTS 的输出功率设置为 10W，可以涵盖微处理器、RF 通信模块以及包含传感器在内的仪器的典型功耗。

配置偶极子线圈的典型 Mn-Zn 铁氧体磁心的居里温度约为 300℃，如果使用 Teflon（氟聚合物）涂层电缆，电缆的典型工作温度也被限制在 200℃。此外，铁氧体磁心是脆弱的，易受腐蚀。因此，考虑极端环境下的线圈易损特性，需要进行额外的物理加固。

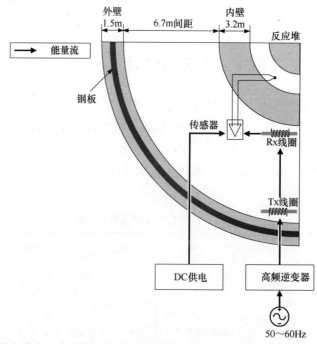

图 29.3 所提出的安装在安全壳内与传统有线通道配套建设的无线电能通道,图示为安全壳的 $\frac{1}{4}$

表 29.2 可能的无线电能通道的对比

方法	优点	缺点	备注
RF	• 在含有蒸汽、蒸汽和/或碎片（与激光型）无噪声中的环境比较好	• 无法穿透水层和/或金属物体 • 高 EMI/EMF	不可接受
激光	• 由于最高的平直度,无 EMI/EMF	• 无法穿透障碍物 • 难以克服含有蒸汽、蒸汽和/或碎片的环境	不可接受
CMRS	• 相对适合远程无线电能传输（由于较高品质因数）	• 线圈直径大 • 结构复杂 • 性能敏感	不可接受
IPTS	• 结构简单 • 输出功率高 • 低品质因数下的远距离电力传输	• 高 EMF/EMI • EMI/EMF 屏蔽可通过使用金属板实现	可接受

如图 29.4 所示,采用有限元方法（FEM）仿真来评估电磁干扰问题,其中提出的 10W 级 IPTS 设计如下[11]。为了满足安全壳的磁场辐射限制,引入了铝屏蔽箱,如图 29.5 所示。一个 1mm 厚铝箱内的磁通密度满足核管理委员会（NRC）在 20kHz 下要求的 105BpT（=178nT）的磁场辐射限制[14]。请注意,提出的无线通道只在严重事故中失去有线通道时才会运行;因此,目前安装的这些在严重事故中不再可用的设备没有电磁干扰问题。

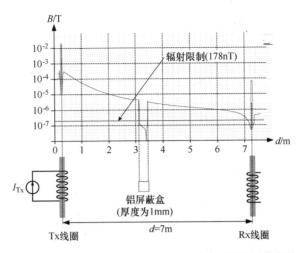

图 29.4 工作频率 20kHz，$I_{Tx} = 10A$，每个线圈 10 匝时，带铝屏蔽盒的 IPTS 仿真结果

29.2.2 RF 无线通信通道

所提出的无线通信通道的设计与无线电能通道的设计十分相似。考虑到所需的通信距离为 7m 与所需的无线电能传输距离相同，因此选择射频通信。由于技术不成熟，以及通信与 IPTS 的交叉干扰的问题，磁场通信（MFC）技术不是优选，在现有的射频通信候选方案中，ZigBee 因其低功耗、相对良好的数据传输能力而被选中。

正如上一节的问题一样，适用的 ZigBee 模块和辅助电子电路的最高工作温度为 85～120℃，这主要是取决于模块内半导体器件的性能。因此，应在提出的无线通信通道上安装额外的加固件，使其能够承受极端的环境条件。

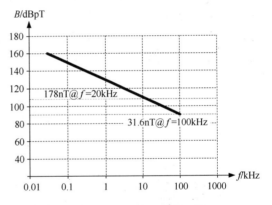

图 29.5 核管理委员会（NRC）的 RE101 磁场排放限制：178nT 和 31.6nT，对应工作频率分别为 20kHz 和 100kHz[14]

图 29.6 所示为所提出的无线通信通道的框图，该通道可代替传统的电流传感器，将电压信号转换为 4～20mA 的电流信号。商用 ZigBee 模块与微处理器一起使用，微处理器将模拟信号输入转换为数字信号输出，根据输入噪声级别，可以同时使用单个或级联的噪声滤波器。

29.2.3 隔热箱

从图 29.2 所示的温度曲线可以看出，627℃ 的初始热冲击和 187℃ 的相对较高的长期环境温度对核电厂设备设计准则参考至关重要。所述隔热箱主要作用是保护所选设备免受热冲击，并为设备提供可操作的温度。

在本章参考文献［13］的简化传热模型和有限元方法仿真的基础上，对所提出的保温箱进行了设计。如图 29.7a 所示，隔热箱由两层具有高热系数的材料组成，外层为 75mm 厚

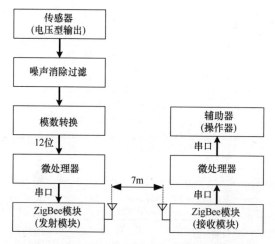

图 29.6　采用 **ZigBee** 通信的无线通信通道框图

的微孔绝热体，本章为设备安装所准备使用取自低温植物的超 G 材料，厚度在 100~300mm 范围内可变的内部水层将延迟从外界到腔体的传热。如图 29.7b 所示，在 72h 的仿真中，空腔温度不超过 80℃，其中环境条件符合图 29.2 中的温度曲线。隔热箱框架采用耐高温、防潮性能好的不锈钢材料。

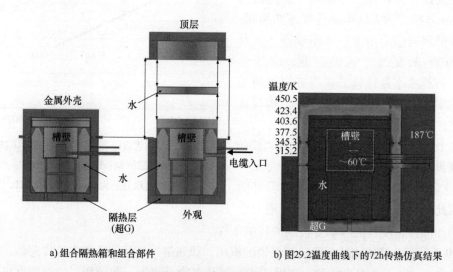

a) 组合隔热箱和组合部件　　　b) 图29.2温度曲线下的72h传热仿真结果

图 29.7　所提出的隔热箱整体结构和有限元方法仿真结果

29.2.4　GFRP 箱

GFRP 箱的设计目的是为设备提供一个高压强保护壳，包括氢气爆炸引起的散落物体机械冲击或自然灾害引起的剧烈振动。选择 GFRP 材料，要考虑它对所提出的无线电能和通信通道有无衰减作用。图 29.8a 为所提出的无线电源通道中，所使用的 2m 长偶极子线圈的 GFRP 箱设计实例。根据本章参考文献［8］中的设计式（29.1）和式（28.2），选择 10mm 作为所提出的 GFRP 箱体的厚度，以保证 5bar 压力冲击下的结构完整性和 627℃初始热冲击下的传热延迟。

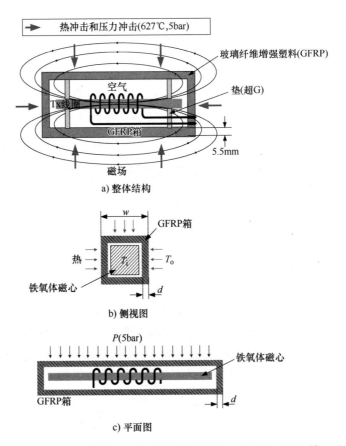

图 29.8　所提出的无线电能通道偶极 Tx 线圈的 GFRP 箱

图 29.8b 和 c 显示了所提出的带有偶极子线圈的 GFRP 箱体的截面图。由外界向 GFRP 箱内偶极子线圈的传热可由 w. r. t. 时间 t 确定如下：

$$k\,\frac{A}{d}(T_o - T_i) + Q_g = mc\,\frac{\mathrm{d}T_i}{\mathrm{d}t} \tag{29.1}$$

式中，k、A、d、T_o、T_i、m、c 和 Q_g 分别为 GFRP 的导热系数、导热截面面积、GFRP 厚度、环境温度、偶极子线圈温度、质量、偶极子线圈材料（铁氧体）的比热、偶极子线圈的发热量。

考虑外部压力冲击，GFRP 箱体厚度可确定为如下：

$$d > \frac{w}{\sqrt{8\sigma/3P}} \tag{29.2}$$

式中，d、w、P 和 σ 分别为 GFRP 箱体厚度、GFRP 箱体宽度、施加在 GFRP 箱体上的压力、GFRP 的极限强度。

当 GFRP 箱体厚度为 10mm 时，5bar 的最大弯曲应力小于材料的抗拉强度。所提出的 GFRP 箱的腔体温度缓慢增加至不超过 187℃，这是严重事故中的长期环境温度。例如，所提出的 10mm 厚的 GFRP 箱可以将腔体在 187℃ 温度环境下的可靠性延迟至 10h，其中假设所提出的功率损耗 100W 的偶极子线圈位于腔体中。

29.3 实例设计和实验验证

对上一节所提出的高可靠性电力通信系统的设计结果,分别以 4 个子系统的原型进行了验证。为了模拟极端温度条件,制作了可控温度室,以验证隔热箱和 GFRP 箱的适用性。考虑到以往缺乏对电力电子器件在高辐射下缺陷的研究,我们还在最大累积剂量为 27Mrad 的辐射环境下,对无线电能通道必不可少的各种大功率适用电路元器件进行了实验研究。

29.3.1 7m 距离的 10W 级 IPTS:高温和传导障碍性能测试

本章参考文献 [11] 中验证了 2m 长偶极子线圈的 DCRS 在 7m 距离内的 10W 供电性能。实验研究了在高温环境下,Tx 线圈与 Rx 线圈之间存在传导障碍时,线圈电感和补偿电容等关键工作条件的变化。

对于高温操作测试,采用 $\frac{1}{4}$ 比例规格偶极子线圈和两种适用于高频聚合物薄膜电容器,使用商用温度测试室 TD500,其最大控制范围为 $-20 \sim 150℃$。

图 29.9 显示了根据 $30 \sim 150℃$ 范围的温度扫描,IPTS 的电感和电容的变化。从图 29.9a 中可以看出,电感的变化不超过其标准值的 1.6%,其中品质因数为 100 的 IPTS 允许电感的变化为 2%。试验过程中偶极子线圈的串联等效电阻为常数,如图 29.9a 所示。

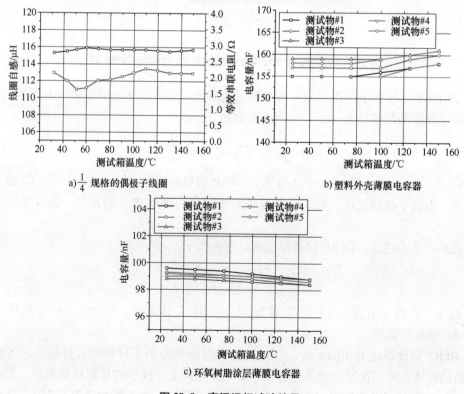

a) $\frac{1}{4}$ 规格的偶极子线圈　　　　　　b) 塑料外壳薄膜电容器

c) 环氧树脂涂层薄膜电容器

图 29.9 高温运行试验结果

另一方面，两种聚合物薄膜电容（一种为塑料外壳型，另一种为环氧树脂涂层型）的电容量变化比线圈电感量的变化更为显著。塑料外壳型的电容量增大 2%，环氧树脂涂层型的电容量减小 1%，如图 29.9b 和 c 所示。当两个电容器同时使用时，考虑到它们对温度变化的互补特性，可以忽略电容量的变化。

为了识别传导障碍对供电特性的影响，测量了 1~6m 范围内的偶极子线圈电感，其中不锈钢板的规格为 $1m^2$，且铝板和线圈之间为 0°~135°角。如图 29.10 所示，在每个工作频率情况下，线圈电感的变化小于其标准值的 0.2%。通过本节的性能验证与本章参考文献 [11] 中的先前工作，证明了具有相对低的品质因数为 100 的 IPTS 可以作为严重事故环境下的应急备用电源。

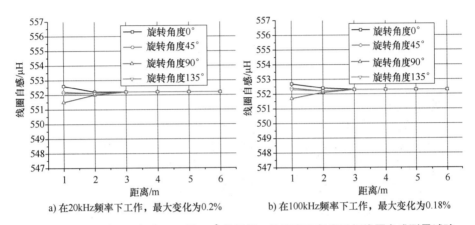

a) 在20kHz频率下工作，最大变化为0.2%　　b) 在100kHz频率下工作，最大变化为0.18%

图 29.10　在两种不同频率下，用 $1m^2$ 的钢板，按距离和角度进行线圈自感测量试验

29.3.2　ZigBee 无线通信：传导环境的数据丢失测量

如图 29.11 所示，所提出的无线通信通道由商用 ZigBee 模块（XB24CZ7PIS-004）和微处理器（Dspic30f6012A）制作而成，其所测得的设备总功耗小于 0.5W。为了评估商用 ZigBee 模块在严重事故中的适用性，在测试中应用了两个传导环境。当 Tx 模块和 Rx 模块中的某一个位于层数可变的金属盒中时，测量它们之间的数据丢失情况，如图 29.12 所示。其中使用了两种不同的金属：一种是不锈钢，另一种是铝。实验发现即使两种情况下的层数均增加到了 4 层，不锈钢盒和铝盒在 7m 距离情形下的 ZigBee 通信均无数据丢失。

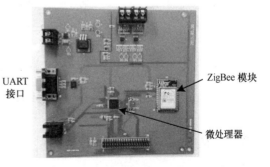

图 29.11　为所述无线通信通道制作的与 Rx 模块相同的 Tx 模块

为了模拟安全壳内氢气和蒸汽排放下的电离喷雾，使用了浓度从 0%~10% 不等的导电盐溶液，如图 29.13 所示。如图 29.13a 所示，用盐水浸泡的织物模拟 ZigBee 模块周围的水分过量，检测在通信过程中是否有造成任何数据丢失。另一方面，随着盐溶液深度的增加，

其中一个 ZigBee 模块沉入溶液中，数据丢失量增加，如图 29.13b 和 c 所示。

图 29.12　金属箱体下的数据丢失测量

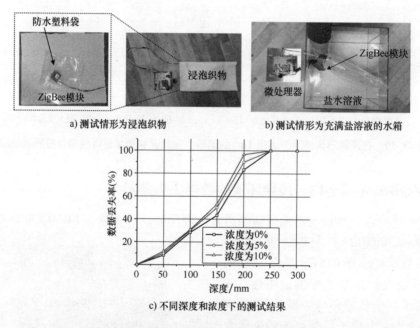

a) 测试情形为浸泡织物　　　　　b) 测试情形为充满盐溶液的水箱

c) 不同深度和浓度下的测试结果

图 29.13　导电盐溶液下的数据丢失测量

29.3.3　从 627℃到 187℃的动态温度试验：隔热箱和 GFRP 箱

制作了用于对隔热箱和 GFRP 箱进行性能试验的 3.4m³ 大小的高温试验室，遵循图 29.2 中的温度曲线对其进行控制，如图 29.14 所示。

如图 29.15a 所示，所制作的隔热箱具有超 G 层，水层及 0.01m³ 的空腔。如图 29.15b 所示，对超 G 层增加了 20% 厚度的设计裕量，以弥补焊接条件不完善导致的不锈钢框架的结构缺陷。72h 的实验结果与仿真结果对比如图 29.15b 所示。在动态温度试验后，由于微孔绝缘层 20% 厚度的设计裕量，腔体温度为 62℃，略低于仿真结果。

图 29.14 自制动态温度试验室

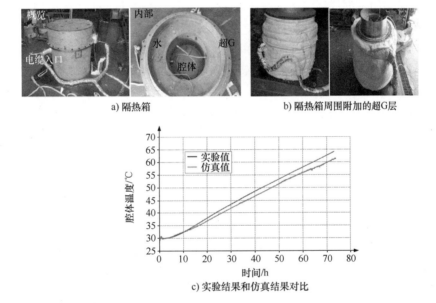

图 29.15 制作的隔热箱及其 72h 内的实验结果

　　由于制作的试验室的大小有限，制作了含 1m 偶极子线圈的一半尺寸的 GFRP 箱用于动态温度试验，如图 29.16a 和 b 所示。制作的 GFRP 箱的腔体温度在试验开始 16h 后达到 187℃。与设计的 10h 传热延迟相比，在超 G 缓冲器的作用下得到了稍长的延迟时间，该缓冲器主要用于调节偶极子线圈的位置以抵抗振动或冲击。由于 627℃ 的初始热冲击，GFRP 箱体外表面部分受损，如图 29.16c 所示；结果表示试验后每个重要的连接部件仍然保持完好。

29.3.4 27Mrad 的高辐射试验：电力电子设备缺陷

　　为了构建无线电能和通信通道，采用半导体器件是必然的。虽然低功率适用的电子器件

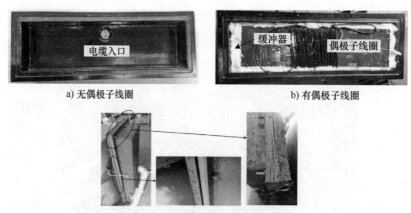

a) 无偶极子线圈　　　　　　　b) 有偶极子线圈

c) 在测试后GFRP箱的外表面情况

图 29.16　制作的一半尺寸的带偶极线圈的 GFRP 箱

已在太空飞船应用的 γ 射线环境下进行了研究[15]，但大多数中、高功率适用器件在高 γ 射线辐照下的应用都尚未经过测试。本节中，考虑到在各种电力电子应用中的频繁使用，精心挑选了 10 个电路元器件在高辐射环境下进行测试，以评估其在严重事故中的应用，见表 29.3。考虑到 LBLOCA（冷却剂大破裂损失事故）的累积剂量，本装置在韩国原子能研究所（Korea Atomic Energy Research Institute）进行了 27Mrad 最大累积剂量下的试验，试验环境剂量率为 1.2Mrad/h。受 γ 射线实验环境控制的限制，实验数据的采集不能连续进行；尽管如此，实验结果对验证电能转换电路在核电厂中的适用性具有初步的指导意义。

表 29.3　辐照测试概要

被测物	完好性	备注
薄膜电容器	○	击穿电压下降 3%~30%
碳化硅二极管	○	击穿电压下降 2.5%
齐纳二极管	○	—
运算放大器	×	0.6Mrad 后损坏
碳化硅 JFET	△	D-S 电阻增加 6%
BJT	○	—
微处理器	×	20krad 后损坏
IGBT	○	—
开关电源	×	内部集成电路器件损坏
ZigBee 模块	×	内部集成电路器件损坏

如图 29.17a 和 b 所示，薄膜电容器的电容量没有明显变化，其中环氧树脂涂层型的击穿电压下降 32%，塑料外壳型的击穿电压下降 3%。击穿电压由 METREL MI 3201 测量，它在两个测试点间漏电流为 1mA 时判断击穿。考虑到累积剂量下的恒定电容，薄膜电容的测试在 1.6Mrad 时结束。

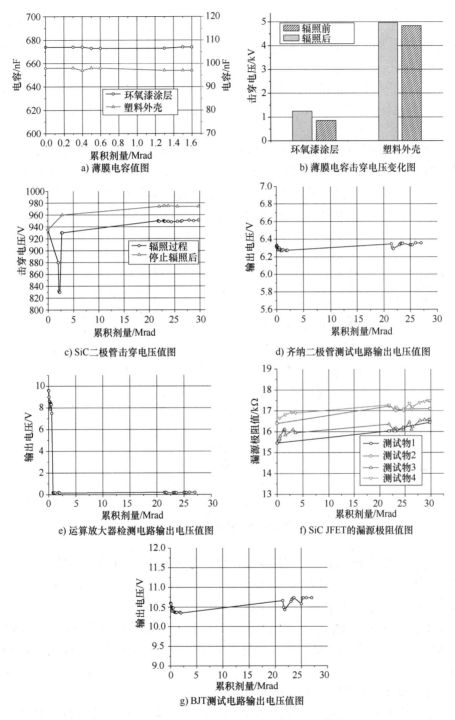

图 29.17 各种电力电子器件的辐照测试测量结果

测量了碳化硅（SiC）二极管 SCS120AG 的击穿电压，其原始击穿电压为 930V，如图 29.17c 所示。放射试验过程中，间断地停止 γ 射线照射，以检查恢复特性。初始辐照时击穿电压较初始值急剧下降了 21%。辐照中断时，击穿电压暂时恢复了一点；然而当重新开始辐照时，击穿电压再次下降。

使用包括齐纳二极管（1N4735A）的测试电路测量了齐纳击穿电压，如图 29.18a 所示，其中理论输出电压 V_{zo} 为 6.2V，输入电压 V_{zi} 为 10V。从图 29.17d 可以看出，试验过程中齐纳击穿电压没有明显的缺陷。

用图 29.18b 中的缓冲电路结构测试了运算放大器（op-amps）的工作情况。如图 29.17e 所示，设计为跟随输入电压 V_{bi} 的缓冲器输出电压 V_{bo} 在初始辐照后逐渐减小；然后当累积量为 0.6 Mrad 时，V_{bo} 降至零。

实验结果表示结型场效应晶体管（JFET）的漏极-源极（D-S）电阻略有增加，其栅极和源极具有相同的电位，如图 29.17f 所示。D-S 电阻增大 6%，表明传导损耗增大；因此，当与 JFET 一起安装在高辐射环境下时，如散热片和风扇等热量管理系统的设计应留有足够的裕量。然而，D-S 电阻的增加在实验结束两天后下降到初始值。

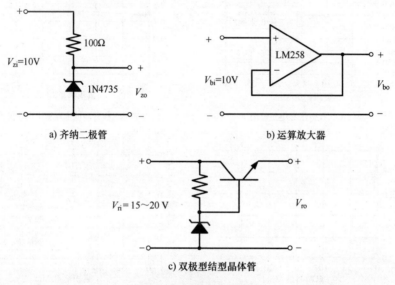

a) 齐纳二极管　　　　　　　　　　b) 运算放大器

c) 双极型结型晶体管

图 29.18　辐照测试电路

由于齐纳二极管可正常工作，制作了线性稳压电路来评估双极至结型晶体管（BJT）的性能，如图 29.18c 所示。如图 29.17g 所示，稳压器输出电压 V_{ro} 保持为 10.7 V，与理论值吻合较好，可变输入电压 V_{ri} 范围为 15~20V。

用于构建所提出的无线通信通道原型的微处理器（MCU）在累积量仅为 80krad 的测试初始阶段出现故障，且从未恢复。由于在线实验的差异性，对下述元器件在 27Mrad 的辐照后进行了测试。

1）绝缘栅双极型晶体管（IGBT）无运行缺陷。

2）本章中所用的日本村田公司的 UHE-15/2000-Q12-C 商业开关电源（SMPS）由于控制电路故障而无法正常工作。

3）用于无线通信的商用 ZigBee 模块在测试后存在永久性故障。

试验结果总结见表 29.3。值得注意的是，由于无源器件和半导体器件掺杂面积较大，在每个集成电路器件都出现故障的高辐射环境下具有较强的鲁棒性。

29.4　小结

本章设计了一种用于核电厂关键设备的高可靠性电力通信系统，对其进行了相应的物理加固，并进行了实验验证。确定了安全壳在严重事故发生后 72h 内的温度和压强，并在 NPP 设备设计中初步应用。为了提高传统有线信道的冗余度，提出了在极端环境下采用 IPTS 和 ZigBee 通信的无线电能和通信通道。采用隔热箱和 GFRP 箱，解决了设备设计中存在的 627℃高温和 5bar 高压两个主要难题。利用自制高温室的动态温度试验，对各子系统样机的性能进行了全面验证。对各种电力电子器件进行了 30Mrad 的 γ 射线辐照试验，以评价其在导致大多数半导体器件出现致命缺陷的高辐射环境下的应用情况。由于无线通道和保护箱在目前安装的设备中广泛的适用性且无任何冲突，因此可广泛应用于目前运行的核电厂和未来的核电厂，作为对福岛核电厂事故的实用回应。

习　　题

29.1　估计核电厂严重事故下 Tx 和 Rx 线圈之间铁屑的影响。它会严重影响 IPT 吗？

29.2　如果提出的 IPTS 在 180℃的高温下工作，线圈和电容会发生什么？

参 考 文 献

1 International Atomic Energy Agency (IAEA), "Severe accident management programmes for nuclear power plants," IAEA Safety Standards, No. NS-G-2.15, Austria, 2009.

2 International Atomic Energy Agency (IAEA), "IAEA international fact findings expert mission of the Fukushima Daiichi NPP accident following the Great East Japan earthquake and tsunami," IAEA Mission Report, Austria, 2011.

3 Electric Power Research Institute (EPRI), "EPRI Fukushima Daini independent review and walkdown," EPRI 2011 Technical Report, USA, 2011.

4 Institute of Nuclear Power Operations (INPO), "Special report on the nuclear accident at the Fukushima Daiichi nuclear power station." INPO 11-005, USA, 2011.

5 T. Takeuchi *et al.*, "Development of instruments for improved safety measure for LWRs," in *5th International Symposium on Material Testing Reactors*, Bariloche, Argentina, October 28–31, 2012.

6 Government of Japan, Nuclear Emergency Response Headquarters, "Report of Japanese government to the IAEA ministerial conference on nuclear safety," Japan, 2011.

7 S.J. Yoo, B.H. Choi, S.Y. Jung, and Chun T. Rim, "Highly reliable power and communication system for essential instruments under a severe accident of NPPs," in *Transactions of the Korean Nuclear Society Autumn Meeting*, Gyeongju, South Korea, October 23–25, 2013.

8 S.J. Yoo, B.W. Gu, B.H. Choi, S.I. Lee, and Chun T. Rim, "Development of highly survivable power and communication system for NPP instruments under severe accident," in *Transactions of the Korean Nuclear Society Autumn Meeting*, Pyeongchang, South Korea, October 30–31, 2014.

9 S.I. Lee, H.K. Jung, "Development of the NPP instruments for highly survivability under severe accidents," in *Transactions of the Korea Society for Energy Engineering Autumn Meeting*, Jeju, South Korea, November 21–22, 2013.

10 S.Y. Jung, B.H. Choi, S.J. Yoo, B.W. Gu, and Chun T. Rim, "A study on the application of wireless power transfer technologies in metal shielding spaces," in *Transactions of the Korean Institute of Power Electronics Annual Meeting*, Gyeongju, South Korea, July 2–5, 2013.

11 B.H. Choi, E.S. Lee, J.H. Kim, and Chun T. Rim, "7 m-off-long-distance extremely loosely coupled inductive power transfer systems using dipole coils," in *IEEE Energy Conversion Congress and Expo*, Pittsburgh, PA, September 14–18, 2014.

12 Electric Power Research Institute (EPRI), "Large-scale hydrogen burn equipment experiments," EPRI NP-4354s, USA, 1985.

13 M. Yoo, S.M. Shin, and H.G. Kang, "Development of instrument transmitter protecting device against high-temperature condition during severe accidents," *Science Technol. Nucl. Inst.*, pp. 1–8, 2014.

14 Office of Nuclear Regulatory Research, Regulatory Guide 1.180, US Nuclear Regulatory Commission, USA, 2003.

15 M.V. O'Bryan *et al.*, "Compendium of recent single event effects for candidate spacecraft electronics for NASA," in *IEEE Nuclear and Space Radiation Effects Conference*, San Francisco, CA, July 8–12, 2013.

第 30 章　无线电能传输技术的未来

30.1　无线电能传输技术在未来的应用领域

由于未来的不可预测性，要自信地预测未来总是困难的。然而，这也是预测的目的之一，也就是说，通过调查我们能想象到的所有可能性，为不可预测的未来做准备。下面以这个要领讨论 WPT 的未来。

在不久的将来，我们将会看到 WPT 在许多新领域的多样化应用。这些新领域包括各种移动设备、家用电器、电力新交通工具（如电力机车、电动轮船、电动飞机）、无人机、机器人、工业自动化、军事设备、安全/监控传感器、物流、电子货架标签、医疗设备、玩具、工具和物联网，这些领域将涵盖大多数移动产品。WPT 办公平台、WPT 电视和 WPT 电子货架标签在不久的将来有很好的市场前景。

当然，智能手机和电动汽车在未来几年仍将是最受欢迎的领域，自 2015 年以来，智能手机和电动汽车成为最受欢迎的 WPT 领域。越来越多的智能手机采用 WPT 技术，WPT 的功率水平从 5W 不断提高到 10W 甚至 20W，可以快速充电。对于较高的功率级，由于 WPT 中功率损耗的增加，发热问题也备受关注。电动汽车（EV）充电领域在不久的将来也将非常重要。固定充电将得到更广泛的应用，其中廉价、低重量、紧凑、快速充电、气隙公差大和侧向位移将是主要的技术问题。动态充电也将得到更广泛的应用，并且互操作性在未来可能会受到极大关注。

30.2　未来无线电能传输技术竞争力的展望

下面对一些有竞争力的技术进行了比较评估，以便对未来趋势进行预测。

30.2.1　IPT 与 CPT

尽管电感式电能传输（IPT）目前已得到了广泛的应用，然而电容式能量传输（CPT）也正在寻找自己的应用领域。从根本上说，CPT 不适合长距离或大气隙应用，因为电容电流大大降低，导致功率更低。CPT 中经常使用 MHz 的开关频率来增加电容电流，这往往导致效率很低。

尽管有这些限制，CPT 不需要磁心，使其能够制造紧凑的尺寸。如果设计得当，CPT 的效率可能会超过 80%，适用于几 W 到 kW 的功率水平；这是因为没有磁心损耗，并且具有更高的开关功率设备（如 SiC 和 GaN）的优点。

IPT 将在 WPT 中发挥重要作用；然而，由于 CPT 自身的优点，它在未来将受到更多的关注。

30.2.2　无磁心与有磁心的比较

通常假设 IPT 中使用磁心是必要的，因为它非常有助于集中磁场和屏蔽不必要的电磁场（EMF）。的确，磁心是一种很好地降低磁阻的材料，就像导体降低电阻一样。磁心可以根据需要改变磁路，如果设计得当，可以实现更高的功率传输效率。

IPT 中的磁心角色很有意思。例如，我们把发射（Tx）线圈看作是放置在芯板上的绕组电缆组成。根据磁镜理论，Tx 线圈产生的磁场最多是无磁心 Tx 线圈的两倍。在实际应用中，由于磁心而引起的磁通密度增加通常只有 50%～60%，考虑到由于磁心的使用而造成的磁心损失、体积增加和成本的损失，这个数字显然太小了。然而，当接收（Rx）线圈靠近 Tx 线圈时，Tx 线圈和 Rx 线圈的磁心构成一个闭合的磁路。在此条件下，我们可以得到高功率传输和低电动势。

回想一下耦合磁谐振系统（CMRS），由于兆赫兹的工作，通常无法使用磁心。由于空气线圈的优点，即不使用磁心，高频操作也是可行的。同时，其实现了较高的感应电压，导致更高的功率转移，减少了输出电流。CMRS 曾经被认为是远距离电力传输的唯一可行的解决方案，但似乎并不是这样。CMRS 的优点，如高频操作和远距离功率传输可以用空气线圈来解释。使用 4 个线圈和一个非常高的品质因数（Q）是 CMRS 的缺点。此外，CMRS 只不过是 IPTS 的一种特殊形式，其中可以连续使用谐振线圈，即特斯拉线圈。CMRS 的关键特性来自于空气线圈特性。

因此，无磁心线圈（即空气线圈），可以用于高频长距离 WPT，此时磁心的作用不显著。此外，无磁心线圈的使用有一个独特的特点，即没有谐振频率变化，由于 Tx 和 Rx 磁耦合，在设计 IPT 时，如何处理由于气隙和失调而引起的电感变化是一个令人头痛的问题，但是空气线圈却没有这样的问题。

综上所述，必须对 IPT 中的无磁心应用进行更多的研究。

30.2.3　kHz 与 MHz

到目前为止，WPT 系统的工作频率在几 kHz 到几百 kHz 之间。然而，由于 MHz 频率受限、功率效率较低、电磁辐射增加等诸多限制，MHz 操作并不常用。由于来自 IPT 系统不想要的 RF 辐射在 MHz 范围内增加，并且增加了该频率在无线电通信中的使用，目前 WPT 只广泛使用于 6.78MHz 和 13.56MHz。而且，即使是现代的高频功率开关也不能有效地处理高效率的 MHz 转换器。然而，尽管 MHz 工作存在缺陷，但 WPT 在 MHz 范围内可以获得更高的感应电压或电容电流。

如果将来有合适的磁心材料，MHz 工作的 WPT 将会更加普遍。特别是以下 3 个磁心条件对 IPT 的未来至关重要：

1）高频特性（>1MHz）。

2）高磁导率（>1000）。

3）高磁通密度（>1T）。

对于现在可用的先进磁心，应该满足上面的一两个条件。IPT 的广泛应用必须在未来取得突破。如果必要的话，第二和第三种情况可以减轻到 100T 和 0.5T。如果任何一位工程师或科学家发现了这种创新的磁性材料——"魔法磁心"，那么他就应该获得诺贝尔奖。

30.2.4　从 μW 到 MW

通常，目前 WPT 的功率水平在几 W 到几百 kW 之间，但是，这将在两个方向上得到更大的扩展。

首先，由于增加了分布式网络传感器，即物联网传感器将需要更低的电力。非常低的功率从 μW 级到 mW 级的应用在不久的将来将是非常丰富的。事实上，能量收集就是这样一个可以用来获得非常低的能量或能源的区域；然而，它非常不可靠，而且太小，无法从环境中获得足够的电力。例如，阳光或人造光可以作为这种低功耗应用的电源，但是当它变暗或有阴影时，就不能使用这种光源。当冷热点之间的温差最终消失时，热电发电也不可靠。未来物联网可能在全球许多领域占据主导地位，我们需要一种不依赖财富或概率的可靠电源。WPT 可以适合 μW 应用到 mW 应用的低功耗，在远距离 WPT 比如多达几十米有时是必需的。

其次，由于功率级应用程序的增加，还需要更高的功率。其中之一是火车运输，需要 1~20MW 的电力。在感应加热和高频焊接中应用了几 MW 功率，技术上易于推广到 WPT。

30.2.5　脉冲静态充电与连续动态充电对比

对于智能手机或电动汽车充电，使用静态充电器是首选的快速充电方法，但道路电动汽车（RPEV）从道路供电导轨获得电力，这是首选的连续充电或供电。每种 WPT 方法都有优缺点；前者有活动范围的自由，而后者有时间的自由，反之亦然。前者依赖于储能元件（电池），而后者依赖于道路基础设施，但两者都很昂贵，而且往往体积庞大。具体的成本和方便程度将决定具体的应用领域或相互竞争。

30.2.6　定向 WPT 与全方位 WPT

与飞机和机器人一样，自由度（DoF）在 WPT 中也变得非常重要。全方位 WPT 概念是 Ron Hui 在他的论文[1]中明确提出的。这一概念在 WPT 的未来应用中非常有用，因为客户不希望受到时间和范围的限制。该全向 WPT 概念可以推广到 6 个自由度 WPT，保证了无线电能传输的三维位置和三维方向自由。想想最近商业化的 Galaxy 智能手机，它采用了静态 IPT，只有 1 个自由度；因此，6 个自由度 WPT 确实是一个无处不在的 WPT，在任何时间、任何地点都可以使用无线电源。

30.2.7　环路线圈与偶极子线圈

与环路天线和偶极子天线一样，环路线圈和偶极子线圈现在也用于 WPT。环路线圈和偶极子线圈的基本区别是什么？偶极子天线由于其相对于环路天线的紧凑性而得到广泛的应用。换句话说，偶极子天线是直线的，而环路天线是圆的，所以偶极子天线的尺寸小于环路天线的尺寸。这种无量纲的特点被保留为偶极子线圈。

对于较长距离的功率传输，即使偶极子线圈的磁耦合比环路线圈稍好，也需要较大的线圈直径或较长的偶极子线圈长度。特别是在 6 自由度的应用中，由于偶极子线圈的无量纲特性，只有偶极子线圈可以是平直型线圈结构，因此两种线圈应互相垂直位移。

目前，偶极子线圈的一个缺点是必须使用磁心，而环路线圈可能不需要磁心。幸运的是，在未来不会有唯一的答案。

30.2.8　有源调谐与失谐

如前所述，WPT 中一个非常麻烦的问题是由于气隙和位移的变化而引起的谐振频率的变化。一种补救办法是采用有源调谐方法，采用可变电容或可变电感。

另一种方法是改变工作频率，使输出电压、功率或效率最大化。如果不进行调优，无线功率传输通常会急剧下降，因此在实际中只能获得少量的功率。另一方面，设计了谐振电路失谐，使功率输出对频率变化不敏感。这种方法只适用于较低的功率水平且具有较低的效率。

30.2.9　WPT 与电池

WPT 和电池有什么关系？它们是好盟友还是敌人？如上所述，它们是动态充电领域的竞争对手；然而，它们在静态充电是一个很好的联盟。如果便捷的 WPT 可用，将使用更多的电动汽车，反之亦然。即使在动态充电中，价格和重量较低的好电池也是受欢迎的，因为它们也需要电池用于紧急能源使用和高电源。

在未来，电池的价格、容量、重量、大小、寿命、充电时间、效率和可靠性必将得到提高。粗略地说，价格和其他主要表现每 5~10 年就会提高两次。因此，电池有望在 10~20 年内实现真正的突破，工程师和科学家应该像 "1 美元 CPU" 一样，为这一变化做好准备。"1 美元 CPU" 开启了数字时代，那 WPT 的相应突破是什么？

30.2.10　电动汽车与内燃机汽车

电动汽车和内燃机（ICE）之间的区别是什么？如果未来有一种创新的电池和 WPT，内燃机车会消失吗？如果这种趋势持续几十年，答案可能是肯定的。然而，这似乎不太可能在不久的将来发生。如上所述，电动汽车的局限性在于其运行时间和范围。与 ICE 相比，电动汽车所需的充电站或充电基础设施要少得多。ICE 的加油时间约为 2min，电动汽车的充电时间至少为 20min。虽然充电时间已大幅减少，但目前 WPT 的功率容量是原来的 10~60 倍，电池寿命缩短，效率低下，都是问题。WPT 的可互操作的道路基础设施可以缓解这些问题，并可能会加快达到 EV 和 ICE 的盈亏平衡点的时间。

30.2.11　光学 PT 与射频 PT

尽管在本书中没有对它们进行过多的讨论，但是光学 PT 和射频 PT 将比以往得到了更多的应用，因为它们也是 WPT 的可行解决方案。光学铂，特别是红外铂，可能是有用的室内应用。射频 PT 对于需要连续远距离电源的户外应用可能非常有用。正如书的第一部分所讨论的，平流层无人机和用于短途航空母舰的电动飞机是射频 PT 的良好候选。

30.2.12　链接控制与非链接控制

在 WPT 中，通常将 Rx 的输出电压和负载状态信息传输给 Tx，从而对频率或电流水平进行适当的控制，称为 "链接控制"。虽然 Tx 可能不需要这些信息，但是这些信息可以通过 Tx 侧的电流或电压进行估计，这可以称为"无链接控制"。无链接控制有许多优点，如简单和低成本；然而，该方法对 Tx 与 Rx 之间的金属物体和 Rx 故障等异常情况天生缺乏鲁棒性。

30.3　小结

我们无法预测哪种技术将在未来占据主导地位，但可以看到各种可能性，因此可以为最坏和最好的未来场景做好准备。毫无疑问，未来 WPT 的应用将会增加。特别是在不久的将来，WPT 的应用速度将会加快。

当然，随着"细节决定成败"贯穿人类历史，未来 WPT 的应用将面临新的障碍和挑战。只有理解并战胜"魔鬼"的人才能打开未来。在未来的十年里，将会有很多的创新，衷心希望本书的读者成为 WPT 的领导者。

参 考 文 献

1 W.M. Ng, C. Zhang, D. Lin, and S.Y. Ron Hui, Two- and three-dimensional omnidirectional wireless power transfer, *IEEE Trans. on Power Electronics*, vol. 29, no. 9, pp. 4470–4474, September 2014.